Die im Kriege 1914–1918 verwendeten und zur Verwendung empfohlenen Brote, Brotersatz- und Brotstreckmittel

unter Zugrundelegung eigener experimenteller Untersuchungen

Zugleich eine Darstellung der Brotuntersuchung
und der modernen Brotfrage

von

Professor Dr. med. et phil. R. O. Neumann

Geheimer Medizinalrat
Direktor des Hygienischen Institutes der Universität Bonn

Mit 5 Textfiguren

Berlin
Verlag von Julius Springer
1920

ISBN-13:978-3-642-89410-7   e-ISBN-13:978-3-642-91266-5
DOI: 10.1007/978-3-642-91266-5

Vorwort.

Die vorliegende Schrift soll in erster Linie einen Gesamtüberblick über das ermöglichen, was über die im Kriege verwendeten und zur Verwendung empfohlenen Brote, Brotersatz- und Streckmittel in Erfahrung gebracht und ermittelt worden ist und was wir daraus gelernt haben.

Ausgehend von eigenen Untersuchungen über Kriegsbrote, die in den Jahren 1915, 1916 und 1917 ausgeführt worden sind, knüpft die Bearbeitung auch an die von anderen Seiten angestellten Versuche an und führt außerdem das Material vor Augen, was einer exakten Prüfung bisher noch nicht zugänglich gemacht wurde.

Um jedoch die Stellung der Kriegsbrote genauer charakterisieren zu können, erforderte die Darstellung andererseits auch ein Eingehen auf die älteren Brotuntersuchungen und einen Vergleich mit ihnen, da sie die Basis darstellen, auf der sich die Beurteilung der Kriegsbrote aufbaut.

Im wesentlichen handelt es sich bei unseren Betrachtungen um die ernährungsphysiologischen Gesichtspunkte. Es ist aber auch der Herstellung, Beschaffenheit und Brauchbarkeit der Brote ein weiter Raum gewidmet worden, ebenso wie Fragen ökonomischer Natur und die gesetzlichen Bestimmungen Platz gefunden haben.

Wollte man der Verwertung des Brotes im Organismus besonders Rechnung tragen, so hätte es mit Recht als Lücke empfunden werden müssen, wenn die Methoden des Ausnützungs- und Stoffwechselversuches nicht eingehend berührt worden wären, um so mehr, als sich hier viele Punkte finden, die einer Klarstellung bedurften, und weil andererseits durch Einbeziehung der von Rubner eingeführten Zellmembranuntersuchung die Methodik eine Vermehrung erfuhr und sich die Beurteilung in mancher Hinsicht geändert hat. Dementsprechend beschäftigt sich auch ein größerer Abschnitt mit der Brotuntersuchung, in welchem die bei Stoffwechselversuchen zu beachtenden Punkte erörtert werden.

Somit erweiterte sich das Ganze zu einer Darstellung der gegenwärtigen Brotfrage.

Wie wichtig letztere ist, wird nicht nur durch die mannigfache Betätigung der Ernährungsphysiologen, Hygieniker und Nahrungsmittelchemiker auf diesem Gebiete bewiesen, sondern auch durch das Interesse der Kreise, die sich mit Entstehung, Herstellung und Verwertung und nicht zuletzt mit dem Konsum des Brotes beschäftigen. Ihnen allen soll das verarbeitete Material zur Orientierung dienen.

Bei den unendlich zahlreichen, über die Kriegsbrote veröffentlichten und überall zerstreuten Angaben kann nicht erwartet werden, daß jede Notiz hier Platz gefunden hat, doch ist die Literatur, so wie sie mir zugänglich war, weitgehendst berücksichtigt und verarbeitet worden.

Wie alles während des Krieges über Ernährung Niedergeschriebene für später einen dauernden Wert behalten wird, so dürften auch die vielen Mitteilungen über unser Kriegsbrot ein historisches Dokument darstellen, welches nachmals verkünden kann, wie das Volk sich in diesen schweren Zeiten helfen wollte und zu helfen gewußt hat.

Bonn, den 29. Juni 1919.

Der Verfasser.

Inhaltsverzeichnis.

II. Teil.

Einleitung und Übersicht über die in der Arbeit untersuchten und besprochenen Brote, Brotersatz- und Streckmittel.

Nachdem sich der Krieg mehr und mehr in die Länge zog, mußte die Frage der Brotversorgung an Bedeutung zunehmen, zumal die ganzen Ernährungsverhältnisse immer schwieriger wurden und die zur Verfügung stehenden Brotgetreidemengen wegen des Abschlusses vom Auslande allmählich eine Verminderung erfuhren. Die Wandlung vom Überfluß zur Knappheit vollzog sich leider sehr rasch. Während z. B. noch zu Beginn des Jahres 1915 Brote aus Mais, Gerste und Reis gebacken werden konnten, hörte dieser „Luxus" schon im Spätsommer 1915 auf, und als kurze Zeit darauf die Brotkarte zur Einführung gelangte, war der Mangel an Brot damit bereits offiziell anerkannt.

Alle Kreise waren sich darüber einig, daß eine Steuerung des Brotverbrauches unerläßlich sei. Behörden, Verwaltungen und Ämter bemühten sich, das notwendige Getreide sicherzustellen, mancherlei Betriebe wurden zur Ersparung von Brotgetreide eingestellt, die Wissenschaft untersuchte neue Verfahren der Brotbereitung auf Brauchbarkeit, und wie nicht anders zu erwarten, gab es auch viele „wohlgemeinte" Ratschläge von unberufener Seite.

Aus schüchternen Versuchen heraus, den Weizen durch Roggen zu ersetzen, das Getreide intensiver auszumahlen, dem Brot Kartoffeln, Mais, Gerste, Rüben u. dgl. zuzusetzen, entwickelten sich alsbald dreistere Substitutionen. Man empfahl unnatürliche Zusätze, wie Heu, Stroh, Holz, und streifte damit manchmal schon das Gebiet des Strafbaren.

Während sachgemäße Vorschläge, die den wissenschaftlichen und wirtschaftlichen Anforderungen standhielten, verhältnismäßig selten gehört wurden, häuften sich die klugen Räte derer, denen vielfach weniger das Wohl des Volkes am Herzen lag, als der Verdienst. Andere Vorschläge, die Beachtung verdient hätten, waren wegen Mangel an Material, oder weil sie das Brot teurer gemacht haben würden, nicht durchzuführen. So ließ sich wohl die gute Absicht nicht verkennen, aber es fehlten die Voraussetzungen zur Verwirklichung. Daher sind im Laufe des Krieges ein ganzes Heer von Brotstreckmitteln angeboten worden, die nichts weniger als tauglich gewesen sind.

Viele davon haben allerdings nur ein kurzes Leben gefristet und sind sehr bald der Vergessenheit anheimgefallen.

Bei der Sucht nach derartigen „Erfindungen" wurde oft gar nicht mehr danach gefragt, ob der Ersatz brauchbar sei oder nicht, ganz zu schweigen von der Unterlassungssünde, die daraus hergestellten Brote vorher selbst zu prüfen.

Glücklicherweise hatte sich der Drang, noch weitere Streckmittel zu suchen, im letzten Kriegsjahr ziemlich gelegt, da kaum etwas Neues mehr zu „erfinden" war. Zudem richteten sich die untauglichen Brote selbst. Das Publikum verweigerte sie instinktiv, und so warfen sie, nachdem sie dem Verkehr entrückt waren, keinen Gewinn mehr ab.

Neben den vielen unzweckmäßigen Vorschlägen reifte aber doch auch der eine oder andere fruchtbare Gedanke, und von den Neuerungen, die hierbei entstanden sind, dürfte sich das eine oder andere Brot auch über den Krieg hinaus erhalten. Ich meine das Kartoffelbrot und vielleicht auch das Brot aus höher ausgemahlenem Mehl.

Jedenfalls haben sie ihre Lebensfähigkeit gezeigt, selbst wenn die Urteile darüber verschieden ausgefallen sind.

Im übrigen hat die intensive Arbeit auf allen Gebieten der Brotversorgung die Erkenntnis in der Broternährungsfrage stark gefördert. Denn abgesehen von der rein wirtschaftlichen Seite, sind durch zahlreiche wissenschaftliche Untersuchungen viele strittige Punkte über die Bereitung, Zusammensetzung, Ausnützung und Verdauung des Brotes gelöst, eine große Reihe physiologischer und hygienischer Tatsachen durch die Stoffwechselversuche klargestellt und die Kenntnis der Brotstreckungs- und -ersatzmittel wesentlich erweitert worden.

Unterzieht man das in vier Kriegsjahren niedergelegte Material einer Durchsicht, so läßt sich ein guter Überblick gewinnen:

1. über das, was auf den Markt kam und was angepriesen wurde;
2. inwieweit dieses Material untersucht worden ist und was sich für Resultate ergaben;
3. inwieweit die Ersatz- und Streckmittel den Anforderungen, die an „Brot" zu stellen sind, entsprochen haben.

Zunächst mag eine Übersicht folgen über die Brote, Brotersatz- und Streckmittel, die in der Arbeit untersucht und berücksichtigt worden sind.

I. Brote, die an mir selbst im Stoffwechselversuch geprüft wurden.

a) Im Jahre 1915.

1. Reines Weizenbrot, zu 70% ausgemahlen.
2. Reines Weizenbrot, zu 80% ausgemahlen.
3. Reines Roggenbrot, zu 80% ausgemahlen.
4. K-Brot, sog. Schwarzbrot, aus Roggenschrot, Roggenmehl und Kartoffelwalzmehl.
5. K-Brot-, sog. Feinbrot, aus Roggenmehl, Weizenmehl und Kartoffelwalzmehl.
6. Kommißbrot, aus Roggenmehl und Weizenmehl.
7. Rheinisches Schrotbrot, aus Roggenschrot, Roggenmehl und Weizenmehl.
8. Pumpernickel, aus Roggenschrot, Kleie und Zucker.
9. „Kölner Brot", aus Mais, Gerste und Reis.
10. Blutbrot, aus rheinischem Schrotbrotteig und Blut.
11. Strohmehlbrot mit 20% Strohmehl.
12. Strohmehlbrot mit 14% Strohmehl.

Diese Brote waren alle (mehr oder weniger lange) im Verkehr.

b) In den Jahren 1916 und 1917.

13. „Rolandbrot", aus Roggenmehl und Weizenmehl.
14. „Growittbrot", Großsches Vollkornbrot „fein", aus 75% enthülstem Roggen und 25% enthülstem Weizen.
15. Dasselbe „grob", aus 76% enthülstem Roggen und 24% enthülstem Weizen.
16. Dasselbe, aus 75% Roggenmehl und 25% Weizenmehl (enthülst).
    (Reiner Brotversuch ohne andere Beikost.)
17. Klopferbrot, Vollkornbrot nach Klopfer.

18. Reines Roggenbrot, zu 94% ausgemahlen, aus Bonn.
19. Reines Roggenbrot, zu 94% ausgemahlen, aus München.
20. „Zervesinbrot" (Treberbrot), aus Roggenmehl, zu 94% ausgemahlen + 5% Treber.
21. „Zervesinbrot" (Treberbrot), aus Roggenmehl, zu 94% ausgemahlen + 10% Treber.

Diese Brote waren alle (mehr oder weniger lange) im Verkehr.

II. Brote, die anderweitig im menschlichen Stoffwechsel- oder Ausnützungsversuch geprüft wurden.

1. Kleiebrot.
2. Steinmetzbrot
3. Schlüterbrot
4. Finklerbrot   Vollkornbrote.
5. Gelinckbrot
6. Avedykbrot
7. Schillerbrot
8. Keimlingsbrot.
9. Gerstenbrot.
10. Gerstenmalzbrot (Pettera).
11. Maisbrot.
12. Reisbrot.
13. Lupinenmehlbrot.
14. Roßkastanienmehlbrot.
15. Äpfel- und Birnenbrot.
16. „Brucker" Brot aus Fichtenholzschliff.
17. Brot mit aufgeschlossenem Stroh.
18. Spelzmehlstrohbrot.
19. Hefebrote.
20. N-Brot (Hefebrot).

Einige Brote sind vor dem Kriege, einige während des Krieges im Verkehr gewesen.
Andere fanden keinen Eingang.

III. Brote, die noch nicht im menschlichen Stoffwechsel- oder Ausnützungsversuch geprüft sind, von denen aber Angaben über die chemische Zusammensetzung, über „Bekömmlichkeit, Geschmack oder angebliche Vorzüge"
vorliegen. An einigen sind Tierversuche angestellt, von anderen ist das
Ausgangsmaterial für das Brot am Menschen geprüft.

1. Brot nach Große-Brankmann
2. Brot nach Fedder
3. Brot nach Oexmann   Voll-
4. Simonsbrot   korn-
5. Sanitasbrot   brote.
6. „Naturbrot"
7. Haferbrot.
8. Maisbrot nach Simons.
9. Caprivibrot (Maisbrot).
10. „Bonner" Brot (Gerste).
11. Erbsen- und Bohnenmehlbrote.
12. Sojabohnenmehlbrot.
13. „Asiatisches" Brot (Sojabohne).
14. Wickenmehlbrot.
15. Buchweizenmehlbrot.
16. Paderborner Brot (Buchweizen).
17. Reismeldemehlbrot.
18. Brot aus eßbaren Kastanien.
19. Eichelmehlbrot.
20. Haselnußmehlbrot.
21. Kürbisbrot.
22. Kartoffelbrot mit Möhren.
23. Kartoffelpülpebrot.
24. Geröstete Kartoffel als Brot.
25. Getreidemehlloses Brot aus Kartoffelstärke.
26. Getreidemehlloses Brot aus Tapioka-
stärke.
27. Stärkemehlblutbrot.
28. Zuckerrübenbrot.
29. Runkelrübenbrot.
30. Kohlrübenbrot.
31. Brote aus Raffinade, Sirup, Melasse.
32. Brote aus Invertzucker.
33. Queckenmehlbrot.
34. Adlerfarnwurzelbrot.
35. Rohrkolbenwurzelbrot.
36. Brot aus natürlichem Holzmehl.
37. Brot aus Buchenholzmehl.
38. Eckhoffbrot (Strohmehlbrot mit Blut).
39. Lupinenstrohmehlbrot.
40. Grasmehlbrot.
41. Luzernenheumehlbrot.
42. Serradellaheumehlbrot.
43. Gänsefußmehlbrot.
44. Kleeheumehlbrot.
45. Isländisches Moos-Brot.
46. Renntierflechtenbrot.
47. Pilzbrot.
48. N-Brot, ein Kraftbrot (Hefebrot).
49. Brote aus Molkereiprodukten.
50. Punkebrot
51. Wöppchenbrot
52. Esthnisches Brot   Blutbrote.
53. Spartanerbrot
54. Drostebrot
55. Radiumbrot.
56. Bergmehlbrot (Infusorienerde).

Einige Brote davon waren im Verkehr. Die meisten haben jedoch nur ihre Empfehlung erlebt und sind in größerem Umfange nicht hergestellt worden.

I. Teil.

Zieht man nach vierjähriger Kriegszeit das Fazit über die Nahrungsmittelversorgung in Deutschland, so läßt sich feststellen, daß den Umständen entsprechend (Blockade) die Verhältnisse im allgemeinen noch befriedigend gewesen sind. Die Regelung der Brotversorgung darf sogar als eine beachtenswerte Leistung angesehen werden; hat sie doch ermöglicht, der Bevölkerung wenigstens bis zu einem gewissen Grade das wichtigste Nahrungsmittel gleichmäßig und regelmäßig zuzuführen und sie vor der drückendsten Not zu schützen.

Leider können wir nicht behaupten, daß — vielleicht abgesehen von den Kartoffeln — das Erfassen und Verteilen der Vorräte anderer Nahrungsmittel auch nur annähernd so geglückt ist, wie dies beim Brot der Fall war, und deshalb hebt sich die Brotversorgung vorteilhaft heraus.

Trotzdem hat auch die Kritik einzugreifen Gelegenheit gehabt[1]), was bei einer so neuartigen Sachlage nicht wundernehmen wird. Sachliche Einwände haben alsdann vielfach zur Abstellung von Mißgriffen und Unzulänglichkeiten geführt.

An dem Gelingen des Erfolges hatten die behördlichen Maßnahmen sehr wesentlichen Anteil, die in einer Reihe von Verordnungen und Verfügungen ihren Ausdruck fanden. Sie geben gleichzeitig ein anschauliches Bild davon, wie allmählich das Vollwertige dem Geringeren weichen mußte, und wie es auch nötig war, Streckmittel zu Rate zu ziehen.

Da die Verfügungen jedenfalls geeignet sind, die Chronik der Brotversorgung mit vervollständigen zu helfen, so mögen die wichtigsten, die sich auf Getreide, Mehl und Gebäcke erstrecken und auf unsere Untersuchungen Bezug haben, hier besprochen werden.

1. Verfügungen und Verordnungen über die Brotfrage bis Ende 1917.

Die ersten Erlasse datieren vom 28. Oktober 1914. Es war dies die Zeit, wo man nach mehrmonatlichen Kämpfen bereits einsehen lernte, daß der Krieg nicht innerhalb eines halben oder eines Jahres beendet sein würde, und daß man einer unnötigen Vergeudung des Brotgetreides vorbeugen müsse. Starker Mangel daran war damals anscheinend noch nicht vorhanden, denn das Reichsgesetzblatt 1914, 461, machte nur bekannt, daß der Roggen zur Herstellung des Roggenmehles zu 72% und der Weizen zur Herstellung des Weizenmehles zu 75% durchgemahlen sein müßte.

Auch konnte nach einer Bekanntmachung vom 10. Dezember 1914 in Preußen ein Weizenauszugsmehl noch bis zu 30% Ausmahlung gestattet werden. Diese Verhältnisse, die etwa noch den Friedensgewohnheiten gleichkamen, änderten sich aber schon nach kurzer Zeit, denn nach dem Erlasse vom 5. Januar 1915

[1]) F. Hüppe, Unser Kriegsbrot. Berliner klin. Wochenschr. 1917, Nr. 30.

(Reichsgesetzblatt 1915, 3) mußte der Roggen bereits zu 82% und der Weizen zu 80% durchgemahlen werden.

Bei der Bereitung des Brotes war man von vornherein sehr vorsichtig und faßte alsbald das geeignetste Streckmittel, die Kartoffel, zur Herstellung des Brotes ins Auge. Schon in der Bekanntmachung vom 28. Oktober 1914 (Reichsgesetzblatt 1914, 459) wird bestimmt, daß zum Roggenbrot ein Pflichtzusatz von 5% Kartoffeln zu machen sei, und zwar konnten Kartoffelflocken, Kartoffelwalzmehl und Kartoffelstärke Anwendung finden. Vier Teile gequetschte und geriebene Kartoffeln entsprachen einem Gewichtsteil Kartoffelflocken, Kartoffelwalzmehl oder Kartoffelstärke.

Als Kennzeichen des Kartoffelzusatzes mußte das Brot, wenn es mehr als 5% Kartoffeln enthielt, die Bezeichnung „K" tragen, bei mehr als 20% Kartoffelzusatz sollte dem „K" die Prozentzahl zugefügt werden.

Weizenbrot durfte von Anfang an nicht aus reinem Weizenmehl gebacken werden, sondern mußte 10% Roggenmehl enthalten. Auch wurde am 18. Dezember 1914 das Schroten von Roggen und Weizen für die Verwendung von Roggen- und Weizenschrot zur alleinigen Brotbereitung verboten und nur noch das Schrotbrot für eigenen Hausbedarf — wo es noch üblich war — gestattet.

Bereits nach einem halben Jahre Kriegszustand machte sich eine Verschärfung der Bestimmungen notwendig. Man mußte nunmehr damit rechnen, daß, von allen Zufuhren abgeschnitten, möglicherweise die nach den früheren Berechnungen noch ausreichenden Getreidemengen für die Folge nicht mehr genügen würden. Daher versuchte man eine weitere Streckung des Getreides durch noch höhere Ausmahlung zu erreichen; und um der Verminderung der Kartoffeln vorzubeugen, deren Menge ohnehin als Ausgleich für die fehlenden Nahrungsmittel stark angegriffen wurde, gestattete man den Zusatz von Gerstenmehl, Hafermehl, Reismehl und Gerstenschrot.

Die Verfügungen vom 28. Oktober 1914 wurden aufgehoben und am 5. Januar 1915 brachte der Erlaß (Reichsgesetzblatt 1915, 8) die Bestimmung, daß reines Roggenbrot nur aus Mehl bestehen dürfe, welches bis zu 93% ausgemahlen sei, daß Weizenmehl zu Roggenbrot nicht mehr zuzusetzen sei und daß Weizenbrot nur noch mit einem Gehalt von 30% Roggenmehl verwandt werden dürfe.

Die Erlaubnis, die Kartoffel durch Gerstenmehl, Hafermehl, Reismehl und Gerstenschrot zu substituieren, bezweckte nebenbei, noch so viel Kartoffeln frei zu machen, um dem Brot einen höhern offiziellen Gehalt an Kartoffeln verleihen zu können, und so brachte die Bekanntmachung vom 15. Januar 1915 die Bestimmung, daß nunmehr der Pflichtzusatz von Kartoffelwalzmehl, Kartoffelflocken oder Kartoffelstärke 10% betragen müsse. Bei frisch geriebenen oder gequetschten Kartoffeln sollten auf 90 Teile Roggenmehl 30 Teile Kartoffeln zugesetzt werden. Die Bezeichnung „K" durften nur noch Brote tragen, die mehr als 10% bis 20% Kartoffeln enthielten. Waren sie noch kartoffelreicher, dann mußte „KK" eingepreßt sein.

Unvermischtes Roggengetreide zu Brot zu verbacken wurde nur noch in einer Ausnahme gewährt, und zwar zur Herstellung von Vollbrot.

Da die Landesbehörden sinngemäße Sonderbestimmungen außerdem treffen konnten, so fiel in unserer Rheingegend auch das Pumpernickel unter diese Bestimmung und konnte als Originalbrot weiter verarbeitet werden.

Ein anderes, in Bonn sehr beliebtes Brot, von dem noch später die Rede sein wird, das Feinbrot oder nunmehr „K-Feinbrot" erlitt allerdings ebenfalls eine Veränderung. Während es früher aus 70% Weizenmehl und 30% Roggenmehl hergestellt wurde, mußte es jetzt aus 50 Teilen Roggenmehl und 40 Teilen gemischten Weizenmehles — Weizenmehl mit 30 Teilen Roggenmehl — und 10% Kartoffelflocken, Kartoffelstärke oder Kartoffelwalzmehl gebacken werden.

Ohne einschneidende Änderungen hielten sich diese Bestimmungen über ein Jahr, bis sie am 26. Mai 1916 einige Zusätze erfuhren.

Schon am 1. Mai 1916 brachte das Reichsgesetzblatt 1916, 348—349, eine belangreiche Neuerung. Unter dem Drucke der bekannten Fettnot wurde verboten, die Brotlaibe vor dem Ausbacken mit Fett zu bestreichen. Da auch unter diesen Begriff Fett die Bestreichöle fielen, die allenthalben in größeren Betrieben benutzt wurden, so waren die Bäcker vor gewisse Schwierigkeiten gestellt. Es blieb als Ausweg nur das Bestreuen der Brote, um sie vor dem Zusammenkleben beim Backen zu schützen, übrig.

Das Verfahren nach alter Weise mit Mehl aufrecht zu erhalten, verbot sich von selbst, da die Verwendung desselben als Streupulver einer Vergeudung gleichkam. Man griff daher zu anderen Mitteln, auch untauglichen, wie Gips u. dgl. Infolgedessen erfolgte, wenn auch später, am 28. September 1916 (Reichsgesetzblatt 1084) eine Verfügung, wonach als Streupulver für Brot nur Holzmehl, Strohmehl oder Spelzmehl ohne mineralische Zusätze benutzt werden durfte. Am 13. Juni 1917 wurde sie dahin erweitert, daß auch technisch reines Steinnußmehl in Anwendung kommen konnte.

Die Zusätze vom 26. Mai 1916 (Reichsgesetzblatt 413—416) betrafen zunächst reines Weizenbrot. Das Weizenmehl mußte nunmehr ebenfalls wie das Roggenmehl bis zur 93% durchgemahlen werden. Der Weizenmehlgehalt der Weizenbrote konnte bis zu 20% durch Kartoffelstärkemehl oder durch andere mehlhaltige Stoffe ersetzt werden.

Außerdem wurde freigestellt, nicht nur die am 5. Januar 1915 erlaubten Ersatzstoffe, Gerstenmehl, Hafermehl, Reismehl und Gerstenschrot weiter zu benutzen, sondern auch Bohnenmehl, Sojabohnenmehl, Erbsenmehl, fein vermahlene Kleie, Maismehl, Maniok, Topiokamehl und Sagomehl zu verwenden, und zwar in der Menge, wie Kartoffelflocken.

Auch war jetzt die Verwendung von Sirup und Zucker bis zur Höhe von 5% auf 95% Mehl und Mehlzusatzstoffe möglich.

Leider ist die Menge der meisten hier aufgeführten Ersatzstoffe später derartig begrenzt gewesen, daß praktisch nur das Gerstenmehl, Gerstenschrot und fein gemahlene Kleie zur Verwendung gelangten. Wohl gab es im Sommer 1916 noch Leguminosenmehl und auch Maismehl, doch erreichten diese Stoffe schon eine solche Preissteigerung, daß eine billige Brotherstellung damit nicht mehr hätte gewährleistet werden können. Ebenso sind Sirup- und Zuckerbrote, abgesehen von „Kuchen", meines Wissens in weiterem Umfange nicht auf den Markt gekommen.

Währenddessen wurde als Ersatzmittel für Kartoffeln Weizenschrot in Vorschlag gebracht und dieser Stoff auch in einer weiteren Bekanntmachung vom 20. Juni 1916 (Reichsgesetzblatt 1916, 540) in den Mengen wie die Kartoffelflocken als Zusatz zum Roggenbrot für zulässig erklärt.

Mit diesen Ersatzmitteln hatte sich die Bevölkerung wiederum fast ein Jahr beruhigen lassen, und sie war damit an einer wirklichen Brotnot fast unbeschadet vorbeigekommen. Aber der unselige Winter 1916/17 mit seiner Kartoffelnot brachte neue Schwierigkeiten in der Zufuhr der Nahrungsmittel. Es hieß für die Kartoffeln einen Ersatz schaffen. — Der Ersatz wurde auch gefunden, und zwar in der Rübe, der Erdkohlrabi. Die Behörde zögerte nicht, in einer Verfügung vom 5. Februar 1917 zu erklären, daß zur Herstellung von Roggenbrot Rüben, mit Ausnahme der Zuckerrüben, verwendet werden dürften, und zwar in der Weise, daß 100 Teile Trockenrüben 100 Teile Kartoffelflocken und 100 Teile frische Rüben 50 Teilen gequetschten oder geriebenen Kartoffeln entsprächen.

Glücklicherweise ist die Zeit des Rübenbrotes nicht von allzu langer Dauer gewesen. Wo irgendwo noch die Möglichkeit vorlag, sich anderweitig zu helfen, wurde es nicht in den Verkehr gebracht, und so hat auch das Brot im Jahre 1917 im allgemeinen sein vorjähriges Gesicht beibehalten können, da sich die Verhältnisse im Herbst 1917 zweifellos etwas besserten.

Generelle Verfügungen besonderer Art sind seit Februar 1917 von seiten der Regierung weiterhin nicht mehr über das Brot erlassen worden, ein Beweis dafür, daß bis zu einem gewissen Grade ein stationärer Zustand eingetreten war und daß andererseits die Anordnungen im wesentlichen das Richtige getroffen hatten und auch genügten.

Nur dort, wo landesübliche Sitte eine Abänderung erheischte, sind noch einige unwesentliche Zusätze gemacht worden. So ordnete z. B. in Bonn-Land der Vorsitzende des Kreisausschusses an, daß vom 16. März 1917 ab das „rheinische Schwarzbrot" nur noch aus 90% geschrotetem Roggen und aus 10% Weizenmehl bestehen dürfe. Das Kleinbrot, die sog. „Röggelchen", wurden ganz verboten, und das sog. „Feinbrot" durfte nur noch aus Weizen und Roggenmehl bestehen, welches zu 94%, also noch um 1% mehr, als die allgemeine Verordnung bestimmte, ausgemahlen war.

Vor dem Steckrübenbrot konnte Bonn bewahrt bleiben, da sich hier die Streckung durch Gerstenmehl bewerkstelligen ließ.

Während noch zu Anfang des Krieges neben dem Brot auch die „Brötchen" auf dem Tische jeden Hauses zu finden waren, mußte auch hierin bald eine Änderung eintreten. Ebenso verhielt es sich mit dem „Feingebäck", dem Kuchen und den Konditoreiwaren. Es war vorauszusehen, daß bei der mangelnden Einfuhr von Weizenmehl und bei einem gleichbleibenden Verbrauch des Feingebäckes, der vor dem Kriege fast eine ungesunde Höhe erreicht hatte, Weizenmehlnot — und auch Zuckernot — eintreten mußte, wenn dem Verschwenden nicht vorgebeugt wurde.

Die Regierung regelte zunächst die Herstellung des Feingebäckes durch eine Verordnung vom 16. Dezember 1915: Zu Kuchen durften keine Eier und Eierkonserven benutzt werden. Der Zusatz von Fett und Zucker zu 500 g Mehl wurde auf je 100 g festgesetzt. Bei Torten konnten auf 500 g Mehl, 150 g Fett, Eier oder Eierkonserven und 150 g Zucker genommen werden und für Makronen betrug der Zusatz an Zucker auf 500 g Mandeln 150 g, auf 500 g Makronenrohmasse 500 g Zucker.

Wie heilsam diese Verfügung zunächst auch sein mochte, sie hat damals einen maßvolleren Verbrauch des Feinbackwerkes kaum zustande gebracht.

Zwar erschien am 26. Mai 1916 (Reichsgesetzblatt 1916, 413—416, § 8 u. 9) eine weitere Verordnung, wonach Kuchen nicht mehr als die Hälfte Weizenmehl enthalten durfte, und als Kuchen jede Backware zu gelten habe, die mehr als 10% Zucker enthielte. Doch sind diese Erlasse, wie sich jeder während des ganzen Krieges überzeugen konnte, ziemlich spurlos an Bäcker, Konditor und Publikum vorübergegangen.

Ungezählte Zentner Weizenmehl und Zucker, die einer besseren Verwendung würdig gewesen wären, wurden in Cafés, Bäckereien und Konditoreien in Form von Kuchen, Torten und Kleingebäck rein vergeudet. Nicht der Hunger trieb die Nachmittagsspaziergänger in die Cafés und Konditoreien, sondern die Genußsucht. Und da die Hersteller der Backwaren ja nur ein Interesse daran hatten, jene möglichst viel, und zwar zu horrenden Preisen zu verkaufen, so wurde von ihrer Seite nie dem Unfug gesteuert. Es hätte wahrscheinlich genügt, wenn von seiten der Regierung eine allgemeine Verordnung erlassen worden wäre, wonach Kuchen und Konditoreiwaren nur auf Brotmarken hätten abgegeben werden dürfen. Dann würde man auf einmal ganz anders über den überflüssigen Genuß dieser Leckereien gedacht haben und eine große Menge des Weizenmehles und des Zuckers wäre der Bevölkerung, die sich den Luxus des Kaffeehaus- und Konditoreibesuches nicht leisten konnte, erhalten geblieben.

Nach § 9 des Reichsgesetzblatt 1916, 413—416, vom 26. Mai 1916 konnten die einzelnen Landeszentralbehörden das Backen von Kuchen zwar auf bestimmte Wochentage beschränken, doch wurde man davon hier im Rheinlande, z. B. in Bonn und Köln, nichts gewahr[1]). Soweit ich aber unterrichtet bin, hatten Hamburg und einige süddeutsche Städte dem unverantwortlichen Verbrauch an Kuchen in sehr erfreulicher Weise Einhalt getan, indem später dort derselbe nur gegen Brotmarke abgegeben wurde. Auch waren inzwischen von der sächsischen Regierung die Konditoreien geschlossen worden.

<hr>

[1]) Ich kann mir nicht versagen, eine Zuschrift aus dem Publikum hier wiederzugeben, die den Unwillen über die unhaltbaren Zustände in dieser Beziehung kennzeichnet und durchaus das Richtige trifft. Die „Kölner Zeitung" vom 21. April 1917 schreibt: „ . . . Es ist auch ein unerhörter und ganz unerklärlicher Widerspruch, dazu ein aufreizender Anblick der offensichtlichen Brotnot gegenüber, die Schaufenster der Konditoreien mit Torten besetzt zu sehen. Der Einwand, dieses Gebäck trüge zur Volksernährung bei, wird einfach durch dessen Qualität und hohen Preise ohne weiteres widerlegt. Auf einem dünnen Scheibchen Teig liegt ein leicht wegzublasender Schaum ohne Nährwert; Kostenpunkt 35—40 Pf. (Oktober 1918 80 Pf. Ref.). Gegenüber anderen notleidenden Geschäften ist heute die Konditorei eine Goldgrube, und schon deshalb darf bei der bestehenden Brotnot die Ausnutzung der Mehlvorräte zu anderen als wirklichen Volksernährungszwecken nicht mehr geduldet werden. Kuchen ist ein Luxusartikel, den die Brotnot nicht vertragen kann, was man doch endlich begreifen sollte. Außerdem ist es größtenteils weibliche Jugend (nach meinen Beobachtungen auch leider viele weibliche Erwachsene. Ref.), die ihr Geld vernascht, während der ‚Kenner' auf diesen Genuß ganz verzichtet. Es ist auch zweierlei Maß und zeugt von wenig Einsicht, einer Minderheit aus knappen Mehlvorräten Kuchen, so viel sie essen will, zu geben und der Volksmehrheit Brot in unzulänglichen Rationen zuzuweisen. Das sind unerträgliche und zur Verstimmung und Erbitterung führende Zustände, deren schleunigste Beseitigung das Gebot des Tages sein muß. Eine Reihe von Geschäften, die wirtschaftlichen Zwecken besser dienten als das Kuchengewerbe, liegt brach und kein Hahn kräht danach, wenn sie sich nicht selbst zu helfen wüßten."

Endlich, aber erst nachdem durch die Revolution der Zusammenbruch Deutschlands eingeleitet war und die Bevölkerung einer Verhungerung entgegensah, kam am 28. Januar 1919 der erlösende Erlaß über das Verbot der Herstellung und des Verkaufs von Kuchen, Torten und sonstigen Backwaren. Er lautete: § 1. Bäckereien, Konditoreien, Gast-, Speise- und Kaffeewirtschaften ist die Herstellung und der Verkauf von Kuchen, Torten und allen sonstigen Backwaren, zu deren Herstellung Mehl oder mehlartige Stoffe verwandt sind, verboten.

Genau wie in Deutschland wirkte auch in unserem Bundesstaat Österreich-Ungarn der Krieg auf die Nahrungsmittel- und Brotversorgung außerordentlich einschneidend ein. Obwohl die Kronländer in Friedenszeiten mit ihren selbsterzeugten Getreidefrüchten ausreichten und vornehmlich an Weizen kein Mangel war, machte sich auch hier eine Einschränkung notwendig, da Galizien und die Bukowina, die Kornkammern Österreich-Ungarns, während des Krieges zum Teil von ihrer Produktion ausgeschaltet waren.

Österreich ist das Land, in welchem die Hochmüllerei in höchster Blüte steht und die Bevölkerung ist so an die besonders aus Weizen hergestellten feinsten Mehle gewöhnt, daß die Änderungen im Kriege ihr sehr schmerzlich sein mußten. Von den zahlreichen Mehltypen durften laut Verordnung vom 28. November 1914 (Regierungsblatt 301) nur noch drei verwandt werden, und zwar feines Backmehl, Kochmehl und Brotmehl.

Weizenbrot war neben Roggenbrot in Österreich zunächst noch so weit gestattet, als wenigstens 70% desselben aus Weizenmehl, die übrigen 30% nach der Verfügung vom 31. Oktober 1914 (RGBl. 301) aber aus Gerste, Mais, Kartoffelwalzmehl oder Kartoffelbrei bestehen mußten. Am 30. Januar 1915 (RGBl. 24) trat aber eine ziemliche Verschärfung ein. Das feine Weizenbackmehl und das Weizenkochmehl fielen für die Brotbereitung ganz weg und das übrig bleibende Weizenbrotmehl mußte bis zu 50% mit Streckmitteln versetzt werden. Als solche galten offiziell Kartoffelwalzmehl, Kartoffelstärkemehl, Kartoffelbrei, Gerstenmehl, Hafermehl, Reismehl und Maismehl.

„Brötchen", d. h. Kleingebäck, gab es noch, aber es durften auch nur 50% von feinem Weizenbackmehl oder 70% von Weizenkochmehl, das ohnehin schon mit 30% Gerstenmehl gemischt war, verwendet werden. Aber 3 Monate später, am 20. März 1915 (RGBl. 70) mußte eine weitere Einschränkung erfolgen, und so verschwand in Wien und einzelnen Teilen Österreichs das weiße Brötchen, Wiens Schmuck und Spezialität, vollkommen.

Im Gegensatz zu den Verfügungen unserer Behörden inbetreff des Kuchens und der Konditoreiwaren, zeigten sich die österreichisch-ungarischen Bestimmungen strenger. Die genannten Backwaren durften obligatorisch nur an zwei Tagen in der Woche hergestellt werden, und nach dem Erlaß vom 20. März 1915 konnten die Landesbehörden die Konditoreiwaren direkt verbieten.

Interessant wäre es gewesen, genauere Daten über die Beschränkung in der Brot- und Mehlzufuhr der feindlichen und neutralen Völker zu erhalten. Leider gelangten nur wenige Nachrichten zu uns und ob sie verbürgt sind, ist nicht sicher. So brachte der Pariser „Eclair" eine Zusammenstellung über die Brotzuteilung und erwähnt, daß Belgien 500 g, die Türkei 250 g, Österreich - Ungarn 280 g, die Schweiz 250 g, Dänemark 315 g, Schweden 260 g, die Niederlande 254 g, Italien 250 g und England 260 g Brot pro Kopf und Tag gewährten. Demnach lagen in den genannten Ländern die Verhältnisse nicht besser wie bei uns. In England soll übrigens nach einer Notiz der Frankfurter Zeitung vom 31. März 1918, Nr. 90, die Ausmahlungsgrenze für das jetzt aus Weizen, Mais und Hafer hergestellte Brotmehl auf 95%, also höher wie bei uns, heraufgesetzt gewesen sein, wobei außerdem ein Zusatz von 5% eines anderen Stoffes (Kartoffel?) verfügt wurde. Auch in dem getreidereichen Amerika ist der Verbrauch an Weizenmehl auf $1^1/_2$ englische Pfund pro Woche herabgesetzt worden, und die Brote waren auf drei Viertel ihres Gewichtes herabgesunken.

Immerhin war es in den feindlichen Ländern dank der noch immer genügenden Überseeverbindungen erst in neuerer Zeit nötig, die Rationierung des Brotes durchzuführen, und zwar auch nur teilweise.

2. Allgemeine Gesichtspunkte über Verschwendung des Brotes, Brotverbrauch und Rückgang desselben.

Kaum jemals — jedenfalls nicht in der Zeit des Friedens — dürfte dem Publikum die hohe Bedeutung des Brotes so zum Bewußtsein gekommen sein wie während des Krieges. Es war ja im Frieden der Tisch des Einzelnen reichlich gedeckt, an Nahrungsmitteln fehlte es nirgends, und überall konnte das zum Lebensunterhalt Notwendige billig erstanden werden. Wir lebten im Überfluß. Wenn die von Eltzbacher[1]) angegebenen Zahlen zutreffen, so überstiegen die verbrauchten Nährwerte den Gesamtbedarf um 59%, den des Eiweißbedarfs um 44%. Kein Wunder, daß wir daher auf Schritt und Tritt bei allen Nahrungsmitteln ohne Ausnahme auch einer Verschwendung und Vergeudung begegneten.

Von Vegetabilien, Gemüsen, Fleisch und Fleischpräparaten wanderten Hunderttausende von Zentner in verdorbenem Zustande zu den Abfallstoffen, in die Abwässer flossen Massen von Fett[2]) und allein an Kartoffelschalen gingen nach Winkels[3]) Ermittlungen 500 000 t zugrunde, ganz abgesehen von den Kartoffeln selbst, die man verderben ließ.

Aber geradezu unverantwortlich gestaltete sich die Vergeudung unseres wertvollsten Nahrungsmittels, des Brotes. Wer erinnert sich nicht der Erfahrungen, die täglich gemacht wurden, daß im Haushalt, in Pensionen, Wirtschaften, Speisehäusern, Verpflegungsanstalten und Krankenhäusern mittags und abends ungezählte Mengen von Brotresten vom Tisch getragen wurden, daß eine Masse Brot durch ungeeignete Aufbewahrung verschimmelte, und daß große Quantitäten mit Butter belegten Brotes von Kindern und sogar von Bettlern wieder weggeworfen wurden. Bezeichnend für diese Vergeudung ist die Angabe von Winkel (l. c. S. 69), daß in den Mülleimern Münchens täglich bis zu 500 kg Brot sich vorfanden.

Es ist berechnet worden, daß, wenn in zwei Millionen deutschen Haushal-

---

[1]) Paul Eltzbacher, Die deutsche Volksernährung und der englische Aushungerungsplan. Eine Denkschrift 1914. Vieweg & Sohn, Braunschweig. S. 64.
[2]) Rubner berechnete den Verlust pro Kopf und Tag auf 20 g.
[3]) Max Winkel, Kriegsbuch der Volksernährung. Carl Gerber, München 1916, S. 72.

tungen nur 2 g Brot pro Tag vertrockneten oder verkrümelten, nach Ablauf des ersten Kriegsjahres schon 3 600 000 Vierpfundbrote verloren gegangen sind.

Hier darf auch daran erinnert werden, daß durch das Brauen von Bier ungezählte Mengen von Brotgetreide für die Bevölkerung verloren gingen. Bei den großen Vorräten im Frieden spielte der Riesenverbrauch an Gerste für Bier keine wesentliche Rolle, aber bei der späteren Knappheit hätte man sich einer so unzulässigen Verschwendung doch besser bewußt sein sollen. Nachdem das Braukontingent schon auf 48% herabgesetzt worden war, wurden täglich doch noch 42 000 Zentner = 4 200 000 Pfund = 2 100 000 000 g Gerste zu Bier verbraut. Zu einem Liter Bier sind 230 g Gerste nötig. Aus 100 g Gerste zieht man mindestens 60 g Mehl. Wir wollen aber nur einmal 50 g annehmen[1]). Aus 100 g Mehl erbäckt man 136 g Brot. Dann hätte man aus 42 000 Ztr. Gerste 14 280 000 kg Brot herstellen und der Bevölkerung täglich noch (bei einer Einwohnerzahl von 65 Mill.) 218 g Brot zuführen können; eine Menge, die fast die rationierte Brotmenge von 250 g erreicht!!

Nun ist allerdings klar, daß man eine so gewaltige Industrie wie die Brauereiwirtschaft durch vollständigen Entzug des Rohmaterials nicht zu Grunde richten konnte, aber man muß sich einmal solche Zahlen vergegenwärtigen, um zu begreifen, wie berechtigt die Einschränkung des Bierverbrauches in so schweren Zeiten ist.

Mit Recht hatte daher eine Eingabe der Guttempler gefordert, daß das Bier nur gegen Brotkarte abgegeben werden dürfe[2]). Leider ist das meines Wissens nirgends geschehen!

Man erinnert sich da unwillkürlich an die Worte unseres großen Pettenkofer, als er in seinen populären Vorträgen schrieb: „Es wäre für die Ernährung der Massen viel vorteilhafter, die Gerste in Mehl zu verwandeln und als Brot zu essen, als mit vielen Kosten ein Getränk daraus zu brauen, das keine Nahrung mehr ist, kein Eiweiß und nur ein Paar Prozent andere Nahrungsstoffe noch enthält, sondern wesentlich nur ein Genußmittel ist. Oder man könnte auch daran denken, es wäre klüger, die großen Flächen Landes, welche mit Gerste und Hopfen für die Bierfabrikation bebaut werden, nur mit Weizen und Roggen zu bestellen, und dadurch den Menschen wieder wohlfeileres Brot zu schaffen.“

Das wäre wirklich am Platze gewesen!

Es bedurfte wahrlich einmal eines energischen Anstoßes, um der Bevölkerung vor Augen zu führen, wie verschwenderisch mit den Erzeugnissen des Lebensunterhaltes umgegangen worden ist. — Ob allerdings diese Erkenntnis von einer heilsamen Dauer sein wird, muß bezweifelt werden.

Der Überfluß in Friedenszeiten hatte aber auch noch in anderer Weise in die Brotfrage eingegriffen: Der Brotverbrauch wurde durch Überhandnahme der animalischen Nahrung zurückgedrängt.

---

[1]) Die Angaben über die Mehlausbeute scheinen sehr verschieden zu sein. Ich fand Angaben, daß die deutsche Müllerei aus Roggen im allgemeinen 68—69%, aus Weizen 77—78% Mehl zieht, aber auch höhere Ausbeute wird offenbar erzielt. Stoklasa (Das Brot der Zukunft. Fischer, Jena 1917, S. 23) gibt für Roggen im besten Falle 82%, für Weizen 85% an.

[2]) Notiz in der „Bonner Zeitung“ vom 14. Juli 1916.

Nach physiologischen Grundsätzen soll die normale Nahrung aus etwa ein Drittel animalischem und zwei Drittel vegetabilischem Eiweiß — dem Hauptträger der Lebensenergie — bestehen und von dem vegetabilischen Eiweiß wieder etwa zwei Drittel durch das Brot gedeckt werden.

In sehr schöner Weise ist dies auch zum Ausdruck gebracht in den Kostsätzen der sog. kleinen Friedensverpflegung des Militärs, die sich, wie die langjährige Erfahrung gezeigt hat, ausgezeichnet bewährte und dem Bedürfnis vollkommen Rechnung trug.

Danach[1]) beträgt bei 750 g Brot oder 500 g Feldzwieback, 180 g rohem Fleisch oder 120 g geräuchertem Speck oder 100 g Fleischkonserven, 250 g Hülsenfrüchten oder 125 g Reis, Graupen, Grieß, Grütze, oder 60 g Dörrgemüse oder 150 g Gemüsekonserven oder 1500 g Kartoffeln:

	Der Eiweißgehalt	Der Fettgehalt	Der Kohlehydratgehalt	Der Kaloriengehalt
aus der Brotportion	30,9	4,1	346,4	1585,0
„ „ Fleischportion	27,1	45,2	—	531,5
„ „ Gemüseportion . . .	20,5	5,0	168,4	821,0
	78,5	54,3	514,8	2938,0

Berechnet man hieraus das Prozentverhältnis, so ergibt sich:

$$\text{für das Eiweiß} \begin{cases} \text{aus der Brotportion} & 39,4\% \\ \text{„   „ Fleischportion} & 34,8\% \\ \text{„   „ Gemüseportion} & 26,1\% \end{cases} \quad \text{für die Kalorien} \begin{cases} 54\% \\ 18\% \\ 28\% \end{cases}$$

Es macht also das animalische Eiweiß 34,8% und das vegetabilische Eiweiß 65,5% aus, von dem wiederum das Brot mit zwei Drittel der Summe vertreten ist. Die Kalorien wurden zu 82% aus den Vegetabilien, zu 18% aus den Animalien bestritten. Das Brot allein übernimmt 54% derselben.

In dieser idealen Kostordnung nimmt also das Brot den wesentlichsten und ihm auch gebührenden Platz ein, und es wäre wünschenswert gewesen, daß die Zusammensetzung für die Zivilbevölkerung als Muster gedient hätte. Dies war aber nicht der Fall. Der Erfolg zeigte vielmehr, daß fast in allen Haushaltungen, wo einigermaßen auf sog. gute Kost Wert gelegt wurde, keineswegs das Brot an erster Stelle stand, sondern recht wenig davon genossen wurde. Es glich die Beköstigung einer Art Hotelkost. Nach meinen Ermittlungen betrugen in diesen Kreisen der Brotverbrauch — ich spreche hier nur von Schwarz- und Graubrot, nicht von Semmeln — niemals 750 g, auch niemals 500 oder 300 g, sondern er bewegte sich nur um 100 bis 250 g herum. Am Morgen wurden allgemein und ausschließlich „Brötchen" (= Weizenbrot) verzehrt. Auch der Nachmittagskaffee gab Gelegenheit zum Genuß von „Gebäck" (Weizenbrot). Der Verbrauch von „Brot" beim Mittagstisch belief sich auf höchstens 10 bis 20 g (1 bis 2 Schnittchen), und so blieben nur belegte „Brote" (bei denen der Fett-, Wurst- oder Fleischbelag vielfach dicker war wie die Brotscheibe) übrig, deren Menge je nach Bedarf auf 100 bis 150 g einzuschätzen ist.

Die arbeitende Bevölkerung und wohl auch viele Kinder der Arbeiter haben pro Tag mehr „Brot" zu sich genommen. Es handelte sich hierbei um Frühstücks- und Vesperbrot, deren Menge bei der ländlichen Bevölkerung nicht

---

[1]) H. Bischoff, W. Hoffmann und H. Schwiening, Lehrbuch der Militärhygiene. Hirschwald, Berlin 1910, I. Bd., S. 394.

gering anzuschlagen ist. Ich konnte auf dem Lande als Gesamtverbrauch im Durchschnitt 300 bis 500 g pro Tag und Kopf feststellen.

In städtischen Arbeiterkreisen und auch bei den weniger bemittelten Klassen in der Stadt trat aber der Genuß von „Brot" schon wieder zurück, da das eitle Verlangen nach „belegten Brötchen" und die Gelegenheit zum Genuß von Kuchen und Weizengebäck sich stark fühlbar machte. Die Menge des verbrauchten Brotes pro Kopf und Tag ließ sich auf durchschnittlich 200 bis 300 g berechnen.

Wie weit diese Erscheinung der „Brötchenernährung" oder der „kalten Küche" schon an Ausdehnung in Großstädten zugenommen hatte, wurde von Rubner und Schulze[1]) eingehend beleuchtet. Es hat sich da gezeigt, daß sich eine ganz bedeutende Verschiebung im Vergleich zu der Normalkost der Arbeiter bemerkbar macht. Die Kost wird außerordentlich konzentriert, wobei der große Fettreichtum bis zu 85% der Kalorien eines Brötchens geht. Dabei nimmt das Volumen der Nahrung bedenklich ab. Jedenfalls ist das Animalische in der Kost zu reichlich, was im Vergleich zum Volumen nicht wünschenswert erscheint. Gleichzeitig steigt der Preisgeldwert ganz bedeutend.

Nur dort scheint noch in alter und durchaus zweckentsprechender Weise „viel" Brot, d. h. etwa 500 bis 600 g pro Kopf und Tag gegessen zu werden, wo entweder, wie in manchen ländlichen Bezirken, jeder Bauer und jeder Kleinbesitzer sein Brot selbst bäckt und wo man in Ermangelung reichlicher animalischer Nahrungsmittel den Bedarf mit mehr vegetabilischer Nahrung decken muß oder dort, wo überhaupt der Brotverbrauch seit jeher eine große Rolle spielte.

Letzteres kennt der Reisende aus Frankreich. Zu jeder Mahlzeit wird auffällig viel Brot verzehrt, und so kommt es, daß der Jahresverbrauch·sich selbst in Paris, der Großstadt, viel höher stellt als bei uns. Trotzdem ist auch hier die Menge pro Kopf und Tag heruntergegangen. Aus einer Statistik, die auf dem Müllereikongreß in Paris am Anfang des Krieges vorgetragen wurde, geht hervor, daß 1637 noch 721 g, 1730: 556 g, 1770: 460 g, 1788: 587 g, 1820: 500 g, 1869: 426 g, 1880: 390 g und 1902 nur noch 345 g verbraucht wurden.

In anderen Staaten, in denen der städtische Einfluß auf dem Lande vielfach überhaupt noch keinen Eingang gefunden hat, wie z. B. in manchen Bezirken Rußlands, ist der Brotverbrauch noch wesentlich höher. So konnte ich sowohl in Nordrußland (Weißes Meer), wie in Mittelrußland (Moskau, Nischnijnowgorod), wie in Südrußland (Krim, Kaukasus), ebenso auch im asiatischen Rußland (Samara, Turkestan) feststellen, daß 2 Pfund Brot pro Kopf und Tag zur Norm gehörten, und daß 3 Pfund Brot keine Seltenheit waren. Auch der russische Soldat erhält bekanntlich 12—1500 g Brot als Tagesration. Die vegetabilische Ernährung macht dort höchstwahrscheinlich vier Fünftel bis fünf Sechstel der Gesamternährung aus.

Diese Veränderungen der ursprünglichen ländlichen, mehr vegetabilischen Ernährungsweise in eine mehr animalische haben sich ganz allmählich vollzogen und vollziehen sich noch. Es sind Gewohnheiten geworden, die ihr neues Recht fordern und die sich nicht ohne weiteres wieder umformen lassen. Be-

---

[1]) Rubner und Schulze, Das „belegte" Brot und seine Bedeutung für die Volksernährung. Archiv f. Hygiene **81, 260. 1913.**

strebungen, die darauf gerichtet sein würden, zur alten ländlichen Lebensweise wieder zurückzukehren, dürften, wie wohlgemeint sie auch sein mögen, mit großen Schwierigkeiten zu rechnen haben, falls sie nicht überhaupt als undurchführbar anzusehen sind.

Es erhebt sich nun die Frage, ob wir eine solche Umwandlung zugunsten einer animalischen Nahrung willkommen heißen und vom hygienischen Standpunkte begrüßen sollen. Diese Frage wird im allgemeinen zu verneinen sein und doch werden gewisse Konzessionen gemacht werden müssen. Es ist hier nicht der Ort, auf das einzugehen, was unzählige Male bereits von seiten der Vegetarianer gegen die Fleischkost ins Feld geführt wurde, und das zu erörtern, was dagegen spricht. Wir können uns mit der begründeten Tatsache abfinden, daß die gemischte Kost für unsere deutschen Verhältnisse die beste ist; aber es muß doch hervorgehoben werden, daß ein Überwiegen der animalischen Kost nach mancher Richtung hin unzweckmäßig erscheint.

Dies ist weniger begründet in etwaigen Schädigungen des Organismus, als vielmehr in sozialer Hinsicht. Die Animalien sind gegenüber den Vegetabilien sehr teuer, und eine zu weit getriebene animalische Ernährung belastet das Ausgabebudget des Einzelnen und der Familie unter Umständen derart, daß andere Ausgaben für den Lebensunterhalt nicht erfüllt werden können. Bezeichnend sind auch hierfür die Angaben von Rubner und Schulze, die bereits Erwähnung fanden.

Weiterhin ist die Auffassung nicht begründet, daß zur Erhaltung des Körpergleichgewichtes etwa nur animalisches Eiweiß nötig wäre. Auch das pflanzliche Eiweiß, wenn es nur in genügender Weise dem Körper zugeführt wird, kann denselben vor Verlust schützen. Und wenn in den Vegetabilien nebenbei noch ausreichend Brennstoffe, wie Kohlehydrate und Fette vorhanden sind, so könnte das Fleisch sogar ganz entbehrt werden.

In dieser Hinsicht stellt das Brot ein in seiner praktischen Zusammensetzung kaum zu übertreffendes vegetabilisches Nahrungsmittel dar, das, wie auch aus meinen Versuchen zu ersehen sein wird[1]), für sich allein als tägliche Nahrung ausreichen kann, den Körper auf seinem Gleichgewicht zu erhalten.

Es ist also gewiß vorteilhaft, bei der billigen und doch ausreichenden, mehr vegetabilischen, im übrigen aber gemischten Kost zu bleiben.

---

[1]) Es handelt sich um vier Arbeiten über Brot:
1. R. O. Neumann, Über das Verhalten von strohmehlhaltigem Brot, Kriegsbrot, Blutbrot und anderem Brot im menschlichen Körper. Vierteljahrsschr. f. gerichtl. Med. u. öffentl. Sanitätswesen 3. Folge **51**, 2. Heft.
2. R. O. Neumann, Über Vollkornbrote und das neue Großsche Verfahren zur Herstellung von Vollkornbrot. (Nach Stoffwechselversuchen am Menschen.) Ebenda 3. Folge **53**, 1. Heft.
3. R. O. Neumann, Untersuchungen über Treberbrot. (Nach Stoffwechselversuchen am Menschen.) Ebenda 3. Folge **55**, 1. Heft.
4. R. O. Neumann, Die „Kriegsernährung“ in Bonn im Winter 1916/17 auf Grund experimenteller Untersuchungen. (Nach Stoffwechselversuchen am Menschen mit anschließenden Brot-Zuckerversuchen.) Ebenda 3. Folge **57**, 1.H.

Da im Nachstehenden immer wieder auf diese Arbeiten verwiesen werden muß, so sollen sie der Einfachheit wegen zitiert werden: R. O. Neumann, Brotarbeit I, II, III, IV. Im obigen Falle ist gemeint: Brotarbeit IV, 2. Teil.

Nur eins wird die Konsumenten immer wieder veranlassen, den Animalien den Vorzug zu geben. Das ist die außerordentliche Schmackhaftigkeit, mit der Fleisch und seine Präparate zubereitet werden können.

Je ausgeprägter der Geschmackssinn und je verwöhnter der Gaumen, desto größer ist der Drang, sich Fleisch- und Fettspeisen zu verschaffen, und um so mehr treten die vegetabilischen zurück. Das geht so weit, daß auch sogar das schmackhafte Brot (Schwarz- und Graubrot) stark in Mitleidenschaft gezogen wird und der Verbrauch eine Verminderung erfährt.

Anders verhält es sich mit dem Weißbrot, d. h. dem aus reinstem Weizenmehl hergestellten Kleingebäck, den „Brötchen". Hier ist der Verbrauch in den letzten Jahrzehnten gestiegen, nicht weil etwa die Ausnutzung des dazu verwendeten feinen Mehles besser ist, als die des groben Schwarzbrotmehles, sondern einfach, weil es dem Verwöhnten besser mundet. Trotzdem es teurer ist als Schwarzbrot, ißt er es zum Morgenkaffee, am Vormittag als „belegtes Brötchen", zum Mittag als Suppenzuspeise und am Nachmittag in anderer Gebäckform, jedenfalls aber als Weizengebäck; und zahlt auch gern den höheren Preis dafür. Man erkennt daraus, was übrigens bei so vielen Nahrungs- und Genußmitteln der Fall ist, daß für viele die Brotfrage bis zu einem gewissen Grade zu einer Geschmacksfrage wird.

So kommt es auch, daß ganz allmählich durch die „Verfeinerung der Sitte", d. h. eine in bestimmter Richtung anerzogene oder angenommene Geschmacksgewöhnung, dem Weißbrot im allgemeinen nicht nur bei den Städtern, sondern auch schon bei der Landbevölkerung vor dem Schwarzbrot der Vorzug gegeben wird.

In größtem Maßstabe sehen wir dies ausgeprägt in Frankreich, aber auch in Italien, Belgien und der Schweiz, wo Schwarzbrot geradezu zu den Seltenheiten gehört, dagegen die weißen langen Weizenbrote das „tägliche" Brot darstellen.

Deutschland und Österreich nehmen in dieser Hinsicht eine Mittelstellung ein. Während es vor 30—40 Jahren nur Sonntags auf dem Lande zum Morgenkaffee eine weiße Semmel gab und weißes Weizenbrot, auch selbst Graubrot sehr selten anzutreffen war, hat seit dem Aufschwung der Müllereitechnik und der verbesserten Lebenshaltung der Weizenbrotkonsum merklich zugenommen, was auch in den Zahlen des Weizen- und Roggenverbrauches in Deutschland zum Ausdruck kommt.

Die Statistik beweist, daß noch vor wenigen Jahrzehnten die Einfuhr von Weizen nicht halb so hoch war wie am Anfang des Krieges. Zwar werden die Zahlen auch durch die Bevölkerungszunahme beeinflußt, aber den Hauptgrund bildet doch die große Nachfrage nach Weißbrot und Weizenbackwerk.

Zu Beginn der deutschen Reichsstatistik[1]

betrug im Jahre 1878 die Einfuhr an Weizen 1 054 262 t
1899[2] „   „   „   „   1 370 851 t
1912[3] „   „   „   „   2 297 422 t

Die Ausfuhr ging von 787 070 t im Jahre 1878 auf 322 590 t im Jahre 1912 zurück.

---

[1] Statistisches Jahrbuch des Deutschen Reiches 1880, 1. Jahrgang.
[2] Ebenda 1900, 10. Jahrgang.
[3] Ebenda 1913, 13. Jahrgang.

Die Einfuhr an Roggen betrug:

1878 . . . . 942 912 t
1891 . . . . 561 251 t
1912 . . . . 315 724 t

Dagegen stieg die Ausfuhr an Roggen von 196 244 t im Jahre 1878 auf 293 820 t im Jahre 1899 und auf 797 317 t im Jahre 1912.

Roggen wurde am Anfang des Krieges fast so viel ausgeführt, wie vor 40 Jahren eingeführt wurde, und vor 4 Jahrzehnten wurde fast so wenig ausgeführt, wie jetzt eingeführt wird. Die Zahlen der Einfuhr und Ausfuhr während einer relativ kurzen Spanne Zeit haben sich demnach in ein umgekehrtes Verhältnis verwandelt.

Die Weizeneinfuhr stieg innerhalb von 40 Jahren auf mehr als das Doppelte, die Weizenausfuhr fiel in derselben Zeit auf mehr als die Hälfte. Der Roggenverbrauch ging also immer mehr zurück, wogegen der Weizenverbrauch auf Kosten des Roggens eine immer größere Zunahme erfuhr.

Ob diese nicht ganz gesunden Verhältnisse sich nach dem Kriege ändern werden, muß die Zukunft lehren, nationalökonomisch richtiger wäre es für Deutschland freilich, wenn sich der Getreideverbrauch der inländischen Produktion, die für Weizen etwa ein Drittel des angebauten Roggens beträgt, anpassen könnte. Der Ernteertrag beträgt nach Elzbacher (l. c. S. 34) für Roggen 11 910 342 t und für Weizen nur 4 508 290 t, also fast dreimal weniger.

Wie sich aus vorstehenden Erörterungen ergibt, hatte trotz dieser Verschiebung die Bevölkerung reiche Vorräte an Roggen und Weizen zur Verfügung und konnte ganz nach Belieben ihre Wahl zwischen Schwarzbrot und Weißbrot treffen. Über Mangel an Brot ist im Frieden auch nie geklagt worden.

Aber etwas anderes machte sich vor dem Kriege auffällig bemerkbar. Das war die Sucht nach Neuerungen auf dem Brotgebiete. Zum Teil ist wohl das Publikum selbst daran mit schuld. Ihm genügte nicht mehr das einfache Schwarzbrot (Bauernbrot) nach alter Sitte. Es mußten im Feinheitsgrade und in der Farbe Abstufungen gemacht werden, um der Geschmacksrichtung und dem guten Aussehen Rechnung zu tragen. Es mußten Neuerungen im Backprozeß und Gärprozeß eingeführt werden, um Liebhabereien in Krume, Kruste, Lockerheit und Säuregrad nachzukommen. Es mußten Spezialitäten erfunden werden, die der Gewohnheit, der wissenschaftlichen Meinung, der Überzeugung oder auch dem Vorurteil des Einzelnen entsprachen, und endlich mußte das ganze Heer von Brotsorten hergestellt werden, die angeblich in gesundheitlicher Beziehung nicht zu entbehren waren. Denn dem einen „bekam" dieses, dem anderen jenes Brot nicht. Einer fand für seinen Kauapparat das Brot zu hart, der andere zu weich. Dem einen „lag das Brot zu schwer im Magen", der andere hatte zu viel Blähungen, bei einem dritten machte es Verstopfungen, bei einem vierten „regte es die Peristaltik nicht genügend an". Dem einen war der Eiweißgehalt des Brotes nicht hoch genug, dem anderen genügte die Ausnützung nicht, dem dritten fehlten die „Nährsalze", einem vierten hielt es wieder „nicht lange genug vor". Die Vollkornbrotverehrer wünschten aus „gesundheitlichen Gründen" alle Kleie in das Brot hinein, die verwöhnten Feinschmecker aber alle Kleie aus dem Brot heraus usw. Kurzum, fast ein jeder wollte etwas anderes, und da dementsprechend die Nachfrage nach Broten, die eine Abwechslung boten, sehr rege war, so stellte sich das Angebot darauf ein. Müllereien und backtechnische Betriebe wetteiferten, den Wünschen des gesunden Publikums, der Kranken und der angeblich Leidenden gerecht zu werden, und so entstanden allmählich eine Unmasse von Brotsorten und Gebäcken.

Allein von B r o t e n — von Weizengebäcken, wie Semmeln, Kuchen, Torten, Keks, Zwieback usw. soll hier abgesehen werden — lassen sich je nach der technischen Verarbeitung und auf Grund verschiedener Mahl- und Backverfahren eine Reihe von Gruppen herausheben, die jede für sich wiederum mehrere Vertreter aufweist.

Man kann da unterscheiden:

W e i z e n b r o t e (Weißbrote).

R o g g e n b r o t e (Schwarzbrot, Landbrot, Bauernbrot, Graubrot, Kommißbrot).

S c h r o t - u n d K l e i e b r o t e (Rheinisches Schrotbrot, Pumpernickel).

V o l l b r o t e bzw. V o l l k o r n b r o t e (Steinmetzbrot, Simonsbrot, Schlüterbrot, Klopferbrot, Finklerbrot, Growittbrot usw.).

M i s c h b r o t e aus Weizen- und Roggenmehl; oder Roggenmehl mit Spelzmehl (Triticum Spelta) oder Einkornmehl (Trit. monococcum); oder Roggenmehl mit Hafermehl oder Gerstenmehl.

U n g e s ä u e r t e B r o t e (Mazze).

K r a n k e n b r o t e: Weizenschrotbrot (Grahambrot), kohlehydratarmes Brot (Diabetikerbrot).

S p e z i a l b r o t e m i t Z u s ä t z e n: Meist grobes Roggenmehl mit Zusatz von Blut, Kalzium, Auguma- (Sojabohnen-) mehl, Leguminosenmehl, Maismehl, Reismehl usw.

Diese Brotsorten fanden sich noch am Anfang des Krieges fast alle im Verkehr; später mußten viele ihr Dasein wegen Mangels an Material beschließen und nur ein kleiner Teil konnte sich erhalten. Dafür lebte aber, wie schon oben angedeutet, eine ungeahnte Tätigkeit auf, die Lücken auszufüllen und Ersatz zu finden.

Wie bekannt, erschien schon im Februar 1915 das offizielle K - (Kartoffel-) B r o t; alsbald fanden sich auch nicht geeignete Ersatzbrote, wie z. B. das Strohmehlbrot, ein. Andere folgten. Einer bedenklichen Bereicherung unzweckmäßiger Nahrungsmittel war Tür und Tor geöffnet, und so hatten die Vertreter der Nahrungsmittelkunde, der Physiologie und der Hygiene die Pflicht, sich dieser Sache anzunehmen und die Neuerscheinungen zu prüfen.

Es entstanden eine Reihe neuerer Untersuchungen über den Wert der bisherigen Brote und der Kriegsprodukte, denen auch die folgenden zuzurechnen sind.

3. Stoffwechselversuche mit Weizenbroten, Roggenbroten, K-Broten (Schwarzbrot und „Feinbrot"), Kommißbrot, rheinischem Schrotbrot, Pumpernickel, Kölner Brot, Blutbrot und Strohmehlbrot.

Wer Gelegenheit nehmen mußte, die Literatur, welche sich auf Ausnutzung und Stoffwechsel des Brotes im menschlichen Organismus bezieht, durchzusehen, der wird mit mir einer Meinung sein, daß kaum auf einem anderen experimentellen physiologisch-hygienischen Gebiet so wenig Übereinstimmung in der Methodik und Anlage der Versuche wie auch in der Beurteilung der Resultate herrscht, als es hier der Fall ist. Die Ergebnisse der verschiedenen Untersuchungen, auch wenn es sich manchmal sogar um dieselbe Brotsorte handelt, lassen vielfach keinen Vergleich zu, weil grundsätzliche Vorbedingungen außer acht gelassen wurden oder weil man von ganz verschiedenen Vorbedingungen ausging. Es ist dies um so mehr zu bedauern, als dadurch manch mühsame Arbeit nutzlos verloren geht oder im besten Falle aus ihr doch nur sehr vage Schlüsse gezogen werden können.

Daher halte ich es für zweckmäßig, an dieser Stelle einige wichtige Punkte, die bei Brotstoffwechselversuchen im Auge zu behalten sind, herauszugreifen und zu besprechen.

A. Vorbemerkungen zur Brotuntersuchung am Menschen und die Methodik der Untersuchung.

1. Ausnutzungs- und Stoffwechselversuche.

Will man die Frage studieren, wie Brot im Organismus verarbeitet wird, so kann man entweder Ausnutzungsversuche oder Stoffwechselversuche anstellen. Die ersteren waren früher allgemein gebräuchlich. Man gab einige Tage lang eine gewisse Menge Brot und sah, wieviel davon im Kot als Verdauungsrest zurückblieb. Wurde in der Einnahme Trockensubstanz und Stickstoffsubstanz quantitativ bestimmt und im Kot ebenfalls, so konnte die vom Körper aufgenommene Menge — d. h. der ausgenützte Teil — aus der Differenz ermittelt werden.

Diese Methode sagte aber nichts über den Stickstoff-Stoffwechsel aus, da der im Harn ausgeschiedene Stickstoff nicht bekannt war. Die Kenntnis dieser Quote ist jedoch erforderlich, wenn gleichzeitig Bilanzversuche mit angeschlossen werden sollen, und deshalb sieht man sich mehr und mehr veranlaßt, an Stelle des Ausnutzungsversuches den Stoffwechselversuch zu setzen. Allerdings wird auch bei letzterem eine Einschränkung gemacht. Es ist nicht der Gesamtstoffwechsel, der untersucht wird, sondern es fällt der ganze Respirationsstoffwechsel fort, so daß nur der Umsatz von Trockensubstanz, Eiweiß bzw. Stickstoff, Fett, Kohlehydraten, Asche, Rohfaser bzw. Zellmembran und der Kalorien ermittelt wird.

Wichtig sind diese Feststellungen, wenn es sich um eine gemischte Nahrung handelt, in der das Brot nicht den alleinigen Faktor darstellt und dort, wo ermittelt werden soll, ob die Gesamtnahrung — oder evtl. die Brotzufuhr allein — den Körper auf dem Gleichgewicht erhalten soll. Dabei sind Unterbilanzen, die das Kalorienbedürfnis nicht befriedigen, stets zu vermeiden. Man wird daher zweckmäßig bei leichter Arbeit 30—35, bei mittlerer Arbeit 35—40, bei schwerer Arbeit 40—50 Kalorien pro Kilo in Rechnung setzen müssen.

Künstliche Verdauungsversuche bei Brotuntersuchungen anzustellen erübrigt sich. Man kann zwar mittels Pepsin und Trypsin den Grad der Eiweißverdaulichkeit des Brotes im Reagensglas ermitteln, da aber dabei der ganze chemische Mechanismus des Körpers, der doch so wesentlich an der Verwertung des Eiweißes im Organismus beteiligt ist, ausgeschaltet wird, so kann aus den Resultaten nichts Sicheres geschlossen werden, und man muß sie als unzulänglich ablehnen.

2. Dauer der Versuche.

Die Versuche werden meist zu kurz bemessen. Es ist nicht selten, daß man in der Literatur solche von zweitägiger Dauer findet, ja auch nur einen Tag sind sie ausgedehnt worden[1]). Es ist klar, daß diesen Versuchen nur eine äußerst geringe, manchmal auch gar keine Beweiskraft zugesprochen werden kann, da wir den zur eintägigen Periode gehörigen Kot nicht quantitativ ganz genau erhalten können und außerdem eine eintägige Periode durch so und so viele Zufälle, die für die Kotbildung und Resorption der verdaulichen Substanzen vielleicht von entscheidendem Einfluß waren, gefährdet ist. Auch zweitägige Perioden sind noch zu kurz.

Bei Ausnutzungsversuchen sollen dreitägige Perioden das Minimum darstellen, besser sind fünftägige Perioden. Das Mittel aus drei Tagen kann beweisend sein, wenn die Fäces innerhalb der dreitägigen Periode eine ganz gleichmäßige Konsistenz hatten. Ist aber auch nur ein Tag mit dünnflüssigem Stuhl zu verzeichnen, dann sind die Resultate nicht mehr zuverlässig. Ein drastisches Beispiel liegt in einem Brotversuch vor[2]), in dem bei einer Versuchsperson ein Durchfall auftrat und damit die Ausnutzung des Eiweißes um mehr als 20% sank. Trotzdem wurde dieses Ergebnis in Rechnung gestellt. Es muß mit allem Nachdruck darauf hingewiesen werden, daß der Ausfall solcher Versuche keinen wissenschaftlichen Wert für die Beurteilung des Brotes beanspruchen kann.

Mehr noch als bei Ausnutzungsversuchen ist es bei Stoffwechselversuchen angezeigt, längere Perioden zu wählen. 5—6 Tage scheinen mir hier wenigstens notwendig zu sein. Man muß bedenken, daß der Organismus sich nicht von heute auf morgen auf eine ganz neue Kost sofort einstellt, daß es im Gegenteil bei manchen Menschen 3—4 Tage und noch länger dauert, ehe das Gleichgewicht wieder erreicht ist. Unterdessen würde aber die Periode, wenn sie zu kurz bemessen war, fast schon wieder ihr Ende erreicht haben. Man ist dann, wofür sich viele Beispiele anführen lassen, geneigt gewesen, die durch den veränderten Stoffwechsel entstandenen Ausfälle auf das Brot zu beziehen, was natürlich fehlerhaft war.

Es ist daher anzuraten, der eigentlichen Versuchsperiode 2—3 Tage vorausgehen zu lassen, an denen dieselbe Menge Brot bzw. gemischte Kost gegeben wird, damit sich der Körper hierauf einstellen kann. Auch für gewöhnliche Ausnutzungsversuche ist das Verfahren empfehlenswert.

Je länger aber die Perioden ausgedehnt werden, um so sicherer und einwandfreier werden die Resultate, da Zufälligkeiten ausgeglichen werden können.

---

[1]) Boruttau, Über ein neues Ganzkornbrot und seine Ausnutzung. Zeitschr. f. physikal. u. diätet. Therapie **17**. 1913. Finkler, Die Verwertung des ganzen Kornes zur Ernährung. Zentralbl. f. allg. Gesundheitspflege **29**. 1910.

[2]) Brahm, bei Zuntz, Gutachten über das zum Patent angemeldete Verfahren der Brotbereitung nach der Erfindung des Herrn Direktor Groß vom 14. Dez. 1914.

Meine später zu besprechenden Untersuchungen über Growittbrot haben im ersten Versuch 43 Tage, im zweiten Versuch 40 Tage in Anspruch genommen.

Von einer Nachperiode kann bei Ausnutzungsversuchen abgesehen werden, wenn man nur darauf achtet, daß auch der zum letzten Versuchstage gehörige Kot und Urin quantitativ erfaßt wird. Bei Stoffwechselversuchen ist die Nachperiode notwendig. Treten während der in Aussicht genommenen kürzeren Periode Unregelmäßigkeiten im Befinden oder der Stuhlentleerung ein, so muß die Periode verlängert oder der Versuch ganz abgebrochen werden.

3. Die Versuchsindividuen.

Zu Brotversuchen kann man in bescheidenem Umfange auch Tiere, am besten wohl Hunde verwenden, entschieden zweckmäßiger ist es, die Versuche am Menschen anzustellen. Einmal sind die am Hunde gewonnenen Resultate nicht in allen Fällen ohne weiteres auf den Menschen übertragbar und dann müssen zur Beurteilung des Brotes Beobachtungen angestellt werden, die ein Tier schlechterdings nicht machen kann. Das sind Angaben über den Geschmack, Geruch, die sog. Bekömmlichkeit, Blähungen, Aufstoßen, Magenverstimmungen, Darmreizungen, überhaupt alle subjektiven Gefühle, die der Brotgenuß auslösen mag[1]).

Indessen sind auch nicht alle Menschen zu Brotversuchen geeignet. Es wird dies leider viel zu wenig beachtet. Manchen ist es schon eine unüberwindliche Aufgabe, sich von ihrer gewohnten Kost zu trennen, andere verzagen, wenn der Versuch länger als einige Tage dauert. Wieder anderen ist die Kost zu einseitig und sie wählen, um dem Übelstande zu begegnen, eine allzu reichliche Zukost, die aber die Resultate nur kompliziert und unsicher macht. Endlich gibt es solche, die das Brot als alleinige Nahrung oder in größerer Menge nicht vertragen. Es setzen Durchfälle oder auch Verstopfungen ein und damit ist eine weitere Fortsetzung der Versuche besiegelt. Die Ergebnisse sind meistenteils wertlos. Eine einwandfreie Verdauung und eine gewisse Gabe zur Selbstüberwindung ist notwendig. In sehr zahlreichen Fällen bedient sich der Experimentator fremder Personen, die gegen Entgelt oder auch aus wissenschaftlichem Interesse die Versuche übernehmen. Im letzteren Falle ist meist die Garantie vorhanden, daß die Anordnungen exakt eingehalten werden, bei gemieteten Personen trifft dies, wie die Erfahrung schon gelehrt hat, leider nicht immer zu, da dieselben kein persönliches Interesse an dem Erfolg des Versuches haben. Daher ist es am geratensten, wenn der Fragesteller seine Versuche an sich selbst ausführt.

---

[1]) Andererseits kann man aber Hunde manchmal nicht entbehren, wenn es sich um Stoffe handelt, die von vornherein für den Menschen schädlich erscheinen möchten oder von dem Menschen nur mit Widerwillen aufgenommen, dagegen von Hunden ohne Schwierigkeit verzehrt werden.

Für die Ausnutzung des Fleisches und verwandter Präparate ist der Hund ohne weiteres brauchbar, da sein Darm — worauf Rubner schon auch öfter hingewiesen hat — die gleiche Verdauungsgröße aufweist, wie der Mensch. Es hat sich aber auch der Hund als Versuchstier — wie die Rubnerschen vielfachen Versuche zeigen — dort bewährt, wo es sich um zellmembranreiche Zusätze zum Fleisch handelte. Weiteres darüber wird an den betreffenden Stellen mitgeteilt werden.

Soweit ich ermitteln konnte, nahmen bisher meist männliche Personen im Alter von etwa 20—35 Jahren an den Versuchen teil. Belege dafür, daß an Frauen Stoffwechselversuche angestellt worden sind, fand ich nur zwei[1]). Ältere Personen sind zu Brotversuchen kaum noch herangezogen worden. Vielleicht gehören aber die meinigen, die im Alter von etwa 50 Jahren angestellt sind, hierher. Bei Kindern fehlen Brotversuche ebenfalls so gut wie ganz.

Daß nicht für alle Lebensalter Untersuchungen vorliegen, ist sehr zu bedauern, weil uns damit die Möglichkeit genommen ist, Vergleiche anzustellen. Wahrscheinlich würden wir ziemliche Unterschiede finden.

Die Differenzen sind so wie so schon bei gesunden, etwa gleichaltrigen männlichen Versuchspersonen reichlich groß, da die einen das Brot besser, die anderen weniger gut ausnutzen. Es ist daher vor der definitiven Beurteilung eines Brotes gewiß sehr zweckmäßig, wenn von mehreren Seiten das Brot untersucht wird, damit man nicht nur optimale oder schlechteste, sondern gute Mittelwerte erhält. Zur Illustration über die verschiedene Verdaulichkeit zweier Männer führe ich einige Zahlen aus Rubners Brotuntersuchungen an[2]). Beide bekamen Kriegsbrot (1917). Zu Verlust gingen in Prozenten bei:

	Person K	Person R	Mittel
an Stickstoff	21,02	32,09	26,55
„ Kalorien	11,46	13,61	12,53
„ Zellmembran	38,16	47,03	42,59
„ Zellulose	45,32	53,16	49,24
„ Pentosan der Zellmembran	39,25	49,45	44,35
„ Restsubstanz der Zellmembran	31,35	36,69	34,02
„ Stärke	1,23	0,89	1,05

Hier wurden von Person R alle Bestandteile des Brotes sehr viel schlechter verwertet wie von Person K, nur die Stärke verdaute K etwas besser.

Beim Klopferbrotversuch sah man ähnliche Differenzen (ebenda S. 301). Es wurden unverdaut ausgeschieden in Prozenten bei:

	Person K	Person R
Stickstoff	31,3	43,37
Pentosan	19,54	24,15
Zellmembran	51,32	68,40
Zellulose	59,75	74,04
Restsubstanz	66,30	94,88

Auch Prausnitz[3]) machte solche Beobachtungen. Die eine Versuchsperson zeigte beim Weizenbrot einen Stickstoffverlust von 15,1%, die andere bei demselben Brot nur 9,1%, beim Roggen-Weizenbrot die erste 20,1%, die andere 15,9%.

Worauf dies beruht, läßt sich im Einzelfalle nicht immer ohne weiteres sagen, offenbar spielen dabei allerhand individuelle Eigentümlichkeiten mit. Wichtig scheint die Gewöhnung an Brotkost zu sein, vielleicht kommt

---

[1]) C. von Noorden und Ilse Fischer, Neue Untersuchungen über die Verwendung von Roggenkleie für die Ernährung des Menschen. Deutsche med. Wochenschr. 1917, Nr. 22 S. 674. (Versuch 4 an Frl. W.; Versuch 5 an Frl. F.)

[2]) Rubner, Untersuchungen über Vollkornbrote. Archiv f. Anat. u. Physiol. (physiol. Abt.) 1917 S. 267.

[3]) Prausnitz, Über die Ausnutzung gemischter Kost bei Aufnahme verschiedener Brotarten. Archiv f. Hygiene 17, 641. 1893.

auch schwere und leichte Arbeit in Betracht, oder die Beschäftigung (sitzende Lebensweise) spielt eine Rolle. Unter dem Begriff „Gewöhnung“ kann aber natürlich nur der Zustand verstanden werden, daß jemand von jeher auf große Brotmengen eingestellt war, nicht aber, daß eine Person sich innerhalb weniger Tage an eine Brotsorte „gewöhnt“ und dann etwa die Ausnutzung des eingeführten Brotes eine bessere würde.

Maurizio[1]) führt ein sehr drastisches Beispiel an, was Dementjeff beobachtete. Es handelte sich um einen Laboratoriumsdiener, der immer sehr große Mengen russisches grobes Roggenbrot zu sich genommen hatte, und einen Studenten, bei dem das nicht der Fall war.

	vom schwarzen Soldatenbrot	vom Brot aus gequetschtem Korn
Beim Laboratoriumsdiener gingen verloren	17,9%	24,2%
„ Studenten „ „	31,6%	35,2%

Der Laboratoriumsdiener nutzte also das Brot außerordentlich viel besser aus[2]).

Im Gegensatz dazu erwähne ich zwei Fälle[3]), bei denen eine festgestellte bessere Ausnutzung auf „Gewöhnung“ zurückgeführt wurde, die indessen bezweifelt werden muß. Zuntz[3]) nutzte das Eiweiß im Vollkornbrot zu 64,08% aus. Einige Tage später fand er in einem zweiten Versuch mit demselben Brot 74,05% Ausnutzung. Ebenso sollte bei v. d. Heyde[4]), der im ersten Versuch das Eiweiß zu 63,56%, im zweiten aber zu 70,54% ausnützte, diese Verbesserung auf Gewöhnung zurückgeführt werden. Bei v. d. Heyde stellte sich aber heraus, daß ein rechnerischer Irrtum vorlag. Im Zuntzschen Versuch ist die Differenz nicht aufgeklärt; eine Gewöhnung ist jedoch recht unwahrscheinlich. Träfe sie wirklich zu, dann müßte jedes schwerverdauliche Brot, auch wenn es nur kurze Zeit genossen würde, zu einem gut ausnützbaren werden, und man brauchte sich um Methoden der Brotbereitung, die eine bessere Verdaulichkeit herbeiführen sollten, nicht mehr zu sorgen. Alle bisherigen Erfahrungen sprechen aber dagegen und auch in meinen Brotversuchen, die in zwei Fällen über je 40 Tage ausgedehnt wurden, war von einer Verbesserung der Ausnützung durch Gewöhnung nichts zu bemerken.

Von Romberg[5]) ist festgestellt, daß „besonders tüchtige Brotesser“ das Brot besser ausnutzten als Menschen, die in ihrer gewöhnlichen Nahrung vorwiegend Fleisch genießen.

Will man vergleichende Untersuchungen über verschiedene Brote anstellen, so gibt es eigentlich nur ein zuverlässiges Mittel. Das ist die Ausführung aller Versuche durch ein und dieselbe Person, und zwar so, daß die Versuche in kurzen Zwischenräumen hintereinander folgen oder daß direkt einer auf den anderen folgt. Die Differenzen, die sich dabei ergeben, sind dann,

---

[1]) Maurizio, Getreide, Mehl und Brot. Paul Parey, Berlin 1903, S. 345.

[2]) Auch die oft recht überraschenden günstigen Ausnutzungsergebnisse, die Hindhede öfter erwähnt, dürften in der Individualität der Versuchspersonen begründet sein. (Dauernde Aufnahme großer Mengen Brot und Kartoffeln.)

[3]) Zuntz, vgl. S. 19, Anm. 2.

[4]) Ebenda.

[5]) Erich Romberg, Der Nährwert der verschiedenen Mehlsorten einer modernen Roggenkunstmühle. Archiv f. Hygiene 28, 286. 1897.

vorausgesetzt, daß der Organismus tadellos funktionierte, auf die Verschiedenheiten der Brote zurückzuführen.

Immer wird es auch hier nicht ganz leicht sein, ein geeignetes Versuchsobjekt zu finden.

Es braucht nicht darauf hingewiesen zu werden, daß während der Versuche, besonders, wenn es sich um Stoffwechselversuche handelt, Beschäftigung und Tätigkeit dieselben bleiben müssen. Ungewohnte körperliche Anstrengungen, die den Verbrauch von Kalorien vermehren würden, sind zu vermeiden.

4. Die Versuchskost.

a) Brot allein oder in gemischter Kost.

Die Versuchskost setzt sich zusammen aus dem Versuchsmaterial und der eventuellen Zukost. Es werden Versuche sowohl mit dem Brot allein als auch in Verbindung mit anderen Nahrungsmitteln angestellt. Beide Anordnungen haben ihre Berechtigung. Handelt es sich um reine Ausnützungsfragen, bei denen die Versuche nur wenige Tage dauern, dann ist es angebracht, das Brot nur allein zu genießen. Bei längeren Versuchen wird man aber meist, um die Nahrung nicht zu eintönig werden zu lassen, noch eine Beikost gewähren. Es wird dies jedoch immer davon abhängen, was man bezweckt.

Da Brot im gewöhnlichen Leben niemals längere Zeit allein genossen wird, so scheint es, wenn man die natürlichen Verhältnisse nachahmen will, nur logisch, andere Nahrungsmittel außerdem zu verabreichen. Es kann aber auch die Fragestellung so sein, daß man die Brotwirkung für sich zu sehen wünscht bzw. wie das Brot ohne Beikost vom Organismus verarbeitet wird. Dann muß natürlich jedes andere Nahrungsmittel fortgelassen werden.

So sind z. B. in manchen Versuchen[1]), in denen das Brot absichtlich in gemischter Kost untersucht werden sollte, leicht resorbierbare Nahrungsmittel mit beigefügt worden, während in zwei anderen Versuchen[2]), wo es gerade darauf ankam, ohne Beikost zu operieren, Brot allein verabreicht wurde.

In sinngemäßer Weise ist dies Verfahren freilich nicht immer so durchgeführt worden. Ich finde bei Durchsicht der Literatur, daß bei den meisten Brotversuchen Beigaben gewährt wurden und nur die kleinere Zahl der Untersucher das Brot allein verzehrte. Der Grund dafür ist, so weit aus den Mitteilungen hervorgeht, darin zu suchen, daß die Versuchspersonen auch nur wenige Tage allein nicht Brot zu sich nehmen mochten bzw. den gemieteten Individuen dies nicht zugemutet wurde.

Welche Beikost und wieviel man gab, mögen einige Beispiele zeigen:

Rubners Versuchsperson[3]) erhielt bei einem Versuch mit Weizenkleiebrot 3 Tage lang ca. 900 g Brot und 1500 g Bier. Auch Wicke[4]) und Rom-

---

[1]) R. O. Neumann, Brotarbeit II.

[2]) R. O. Neumann, Brotarbeit IV, 2. Teil, und Brotarbeit III.

[3]) Rubner, Über den Wert der Weizenkleie für die Ernährung des Menschen. Zeitschr. f. Biol. 1883, **29**; Neue Folge **1**, 45.

[4]) H. Wicke, Die Dekortikation des Getreides und ihre hygienische Bedeutung. Archiv f. Hygiene 1890, **11**, 335.

berg[1]) verfuhren nach dem Rubnerschen Schema, wenn auch noch unter Erhöhung des Bierquantums auf 2 l (Romberg). K. B. Lehmann[2][3]) gab in zweitägigen Versuchen mit Gelinck-, Avedyk- und Steinmetzbrot pro Tag 500 g Brot, 450 g Fleisch, 45 g Butter und $^3/_4 - 1^1/_2$ l Bier. Bei Plagge und Lebbin[4]) erhielt die Versuchsperson 3 Tage lang 800 g Soldatenbrot und 2000 g Bier. A. v. Decastello[5]) untersuchte Finalbrot und verabreichte in 3—5 tägigen Versuchen 600—700 g Brot, daneben 500—600 g Butter, 60—80 g Zucker, schwarzen Kaffee, meist $^1/_2$ l Wein oder 50 g Kognak.

In den Untersuchungen von O. v. Hellens[6]) über finnisches Roggenbrot wurden den Versuchspersonen in 2—3 tägigen Versuchen 350—500 g Brot neben 100 g Butter und 20 g Zucker bzw. 2100 g Brot, 150 g Butter und 60 g Zucker zugeteilt.

Bei einer Prüfung von „Brucker" Holzbrot durch Prausnitz[7]) erhielten die Versuchspersonen in einer dreitägigen Periode pro Tag etwa 600 bis 800 g Holzbrot, ca. 300—500 ccm Tee mit 20 g Zucker und ca. 70—100 g Reis, der gedünstet und mit 10 g Schmalz gefettet war. Zuntz[8]) gab bei Vollkornbrotversuchen neben dem Brot, Fleisch und Butter (wieviel?) und der „Abwechslung halber" noch Äpfel und Obstmarmelade (geringe Mengen! Wieviel?) nebst Bier.

Hindhede[9]), der verschiedene Brotsorten prüfte, ließ pro Tag nehmen:

900 g Schrotbrot + 100 g Kokosfett,
900 g Weißbrot + 100 g Kokosfett,
1000 g Schrotbrot + 120 g Butter,
900 g Weißbrot + 120 g Butter,
875 g Schrotbrot + 100 g Margarine + 500 g Milch,
1000 g Gerstenbrot + 115 g Margarine + 500 g Milch + 60 g Sahne
+ 60 g Zucker.

Endlich gewährte Rubner[10]) bei Strohmehlbrotversuchen, die 6 Tage dauerten, der einen Person zu ca. 1000 g Brot ca. 50—80 g Fett und ca. 50 g Zucker; die andere nahm nur ca. 30 g Fett und 35 g Zucker.

---

[1]) E. Romberg, Der Nährwert der verschiedenen Mehlsorten einer modernen Kunstmühle. Archiv f. Hygiene 1897, **28**, 244.

[2]) K. B. Lehmann, Über ein direkt aus den Getreidekörnern (ohne Mehlbereitung) hergestelltes Brot (Patent Gelinck). Archiv f. Hygiene 1894, **31**, 247.

[3]) K. B. Lehmann, Über die Bedeutung der Schälung und Zermahlung des Getreides für die Ausnützung (Avedyk- und Steinmetzverfahren). Archiv f. Hygiene 1896, **45**, 178.

[4]) Plagge und Lebbin, Untersuchungen über das Soldatenbrot. Veröffentl. a. d. Gebiet d. Militärsanitätswesens 1897, Heft 12, S. 126.

[5]) A. von Delcastello, Ausnützungsversuche mit dem Finklerschen Finalbrot. Zeitschr. f. physikal. u. diätet. Therapie 1917, **21**, Heft 3, S. 73.

[6]) O. von Hellens, Untersuchungen über den Nährwert des finnischen Roggenbrotes. Skand. Archiv f. Physiol. 1913, **30**, 253.

[7]) Prausnitz, Die Verwendung des Holzes zur Herstellung von Kriegsbrot. Archiv f. Hygiene **86**, 229.

[8]) Zuntz, Gutachten über das zum Patent angemeldete Verfahren der Brotbereitung nach der Erfindung des Herrn Direktor Groß vom 14. Dez. 1914.

[9]) Hindhede, Untersuchungen über die Verdaulichkeit einiger Brotsorten. Skand. Archiv f. Physiol. 1913, **28**, 166.

[10]) Rubner, Die Verwertung aufgeschlossenen Strohes für die Ernährung des Menschen. Archiv f. Anat. u. Physiol. (physiol. Abt.) 1917, S. 76.

Handelte es sich um **Brotversuche mit der absichtlichen Zugabe von gemischter Nahrung**, so wurde z. B. gewählt: von **Hindhedes**[1] Versuchsperson eine „Fruchtkost", bestehend aus 500—700 g Brot, ca. 100 g Margarine, ca. 400 g Zwetschen, ca. 50 g Zucker und 50 g Stärke, bzw. noch 500 g Rhabarber und ca. 2500 g Erdbeeren.

Prausnitz[2] schrieb als gemischte Kost für seine Versuchspersonen pro Tag vor: Kaffee mit 15 g Zucker und 100 g Milch, 300 g Fleisch und 150 g geröstete Kartoffeln, 100 g Salatkartoffeln und 6,5 g Öl nebst 50 g Butter und 500 g Brot. **In meinen Versuchen**[3] über **Vollkornbrot** nahm ich bei täglicher Zufuhr von 500 g Brot in einer 44 tägigen Periode außerdem 100 g Zervelatwurst, 60 g Käse und 60 g Fett ein.

Brotversuche ohne jedwede Zukost führte ich an mir selbst durch[4]. Es wurde in **wochenlangen** Versuchen daneben nur Wasser genossen.

Aus dieser kurzen Zusammenstellung geht hervor, daß in den Versuchsanordnungen sehr wenig Gleichmäßigkeit und Übereinstimmung herrscht und daher auch der Vergleich der Resultate Schwierigkeiten machen muß. Denn es ist nicht zu bestreiten, daß, wenn neben dem Brot eine ganze Folge von anderen Speisen mitgegessen wird[5], der Anteil, den das Brot an der Ausnützung nimmt, nicht so einwandfrei und klar hervortreten kann, als wenn man Brot allein genießt. Jedenfalls sollte man niemals — und das gilt prinzipiell für alle Ausnützungs- und Stoffwechselversuche — dort, wo es sich z. B. speziell um die Verwertung der **holzigen Bestandteile des Brotes** handelt, andere Nahrungsmittel mit **erheblichem Rohfasergehalt** geben, dort, wo die **Kohlehydratverwertung** in Frage kommt, keine **stärkehaltige Zuspeise** gestatten; dort, wo die **Eiweißresorption** eine Rolle spielt, keine **eiweißreiche Beikost** wählen und dürfte dort, wo nur nach der **Trockensubstanzausnützung** gefragt wird, **überhaupt keine Zuspeise** beifügen.

Nun wird man aber, wie die jahrzehntelange Untersuchungspraxis gezeigt hat, nicht darüber hinwegkommen, doch den Versuchspersonen, soweit sie eben nicht reine Brotkost genießen können oder wollen, Bewilligungen zu gewähren, und da bleibt nur ein Ausweg. Das ist die **Zulage von Fett oder Butter.**

Brot mit Fettaufstrich dürfte auch ein „Verwöhnterer" einige Tage lang allein genießen können und da, wie in verschiedenen Untersuchungen bewiesen ist **Rubner und Thomas**[6], **R. O. Neumann**[7], das Fett bei der Bewertung des Brotes nur eine ganz untergeordnete Rolle spielt, so hat es nichts auf sich, wenn die Fettzulage bewilligt wird.

---

[1] Hindhede, Das Eiweißminimum bei Brotkost. Skand. Archiv f. Physiol. 1914, **31**, 274.

[2] Prausnitz, zit. auf S. 26, Anm. 3.

[3] R. O. Neumann, Brotarbeit II.

[4] R. O. Neumann, Brotarbeit III und IV.

[5] So gab Boruttau (Zeitschr. f. physikal. u. diätet. Therapie 1913, **17**, 152) z. B. bei Stoffwechselversuchen mit Klopferbrot eine Kost von nicht weniger als neun Speisen, darunter vier verschiedene Gebäcke! Siehe Bemerkungen hierzu im Abschnitt „Klopferbrot" S. 161.

[6] Rubner und Thomas, Die Verdaulichkeit des Roggens bei verschiedener Vermahlung. Archiv f. Anat. u. Physiol. (physiol. Abt.) 1916, S. 194.

[7] R. O. Neumann, Brotarbeit IV.

In neuester Zeit hat auch Rubner das von ihm in den neunziger Jahren bevorzugte Regime geändert, seinen Versuchsindividuen mehr Fett als Zukost zum Brot gegeben und darauf hingewiesen[1]), daß die Anordnung jetzt in seinen Versuchen so durchgeführt wird.

Eine andere Frage ist die, ob es zweckmäßig bzw. wissenschaftlich gerechtfertigt werden kann, bei Brotausnützungs- und Stoffwechselversuchen Bier oder andere Alkoholica zu verabreichen.

Die Bierzulagen an die Versuchspersonen finden sich häufig. Sie steigen bis über 2 l pro Tag an und sind — da die ersten derartigen Brotversuche von Rubner 1879, 1883, von Wicke 1890, von Prausnitz 1893 in München angestellt wurden — als Konzession an die Versuchspersonen bewilligt worden, um ihnen „dieses unentbehrlich gewordene tägliche Brot" nicht zu nehmen. Aber auch von K. B. Lehmann 1894 und von Plagge und Lebbin 1897 wurde noch Bier erlaubt. In neuerer Zeit ist das alkoholische Getränk mehr und mehr in Wegfall gekommen und durch Wasser oder leichten Teeaufguß ersetzt worden. Nur bei A. v. Delcastello 1915 finden wir noch, daß 30 g Kognak zugegeben wurden, und bei Zuntz[2]) 1914 wird mitgeteilt, daß die Versuchsperson Bier erhielt.

Prausnitz[3]) motiviert die Bierzulage in seinen Versuchen damit, daß auch Mayer, Rubner, Menicanti und er haben Bier bereits trinken lassen, „weil es als vollständig resorbierbar angenommen wurde", und noch neuerdings hält Rubner[4]) diesen Standpunkt im allgemeinen fest, indem er sagt: „Es hat sich bei Wiederholung mancher Versuche auch ohne jeden Alkoholgenuß herausgestellt, daß dadurch die Ausnützung nicht im geringsten geändert wird."

Demgegenüber stellt sich M. P. Neumann[5]) auf einen anderen Standpunkt. Er zieht die Untersuchungsresultate von Plagge und Lebbin heran und sagt: „So erfordern die Plagge-Lebbinschen Ausnützungsresultate über die Proteinstoffe des Brotes eine Änderung, weil die ihnen zugrunde liegenden Versuche nicht mit indifferenten Zugaben ausgeführt wurden, sondern unter Darreichung von Bier an die Versuchspersonen."

„Die stickstoffhaltige Substanz des Bieres wird nun aber keineswegs vom Organismus zurückgehalten, sondern mit einem Verlust von etwa 50% nach Völtz, mit einem solchen von etwa 25% nach Verfasser (M. P. Neumann) ausgenützt. Gibt man daher Bier während der Brotausnützungsversuche, so wird ein Teil des Bierstickstoffes im Kot erscheinen und diesen an Stickstoff anreichern. Die Ausnützung des Bierstickstoffes wird sich dann geringer berechnen als sie tatsächlich ist, wenn man den unverdaulichen Teil des Bierstickstoffes berücksichtigt.

So ermittelte Verfasser[6]) bei einem Roggenbrot aus Mehl des Ausmahlungs-

[1]) Rubner, Die Verdaulichkeit von Weizenbrot. Archiv f. Anat. u. Physiol. (physiol. Abt.) 1916, S. 72.

[2]) Zuntz, zit. S. 24, Anm. 8.

[3]) Prausnitz, Über die Ausnützung gemischter Kost bei Aufnahme verschiedener Brotsorten. Archiv f. Hygiene 1893, 17, 630.

[4]) Rubner, Untersuchungen über Vollkornbrote. Archiv f. Anat. u. Physiol. (physiol. Abt.) 1917, S. 314.

[5]) M. P. Neumann, Brotgetreide und Brot. Paul Parey, Berlin 1914, S. 501.

[6]) M. P. Neumann, Landwirtschaftl. Versuchs-Stat. 1913, 79, 450.

grades 0—82 einen Ausnützungsverlust von 10,2% für die Trockensubstanz und 31,6% für die Stickstoffsubstanz. Wurde während der Versuchsdauer Bier gegeben, so erhöhte sich der Verlust auf 11,2% für die Trockensubstanz und 38,9% für die Eiweißstoffe."

Auch Hindhede[1]) hegt Bedenken gegenüber den Plagge - Lebbinschen Resultaten wegen des Genusses großer Biermengen.

Man sieht hieraus, daß die Meinungen über diesen Gegenstand noch nicht ganz geklärt sind.

Es gilt als erwiesen, daß bei Versuchspersonen, die an viel mehr Bier als 2 l pro Tag gewöhnt sind und nebenbei eine genügende Nahrung erhalten, die sie nicht aus dem N-Gleichgewicht bringt, die protoplasmazerstörende giftige Eigenschaft des Alkohols nicht mehr zur Wirkung kommt und damit der Eiweißstoffwechsel nicht alteriert wird[2]). Wenn dagegen Leute nicht an Alkohol gewöhnt sind und nebenbei nur wenig Brot im Versuch bekommen (üblicher Weise 500—700 g, wogegen erst ca. 1300 g die nötige Kalorienmenge für das N-Gleichgewicht darstellen würden), dann allerdings würde ein durch den Alkohol bedingter und vermehrter Eiweißzerfall eintreten können[3]), denn es sind bei 2 l Bier immerhin mindestens 60 ccm Alkohol, die zur Wirkung gelangen. (Vgl. auch die Bemerkungen hierzu S. 141 u. 142.)

Wenn man ferner nach den Untersuchungen von Völtz und M. P. Neumann annehmen muß, daß der Bierstickstoff nur mit einem Verlust von 50 bzw. 25% ausgenützt wird, so würden wohl die in 2 l Bier aufgenommenen ca. 100 g Extraktivstoffe in die Wagschale fallen.

Zuntz[4]) hat hieraus auch die Konsequenz gezogen und bei seinen Vollkornbrotuntersuchungen, bei denen Bier gegeben wurde, den Anteil des Bieres sowohl bei der Buchung des Kotstickstoffes als auch bei der Feststellung der Kalorien als mitsprechenden Faktor eingestellt. Da, wie er selbst sagt, „die Rechnung dadurch komplizierter wird" und damit auch natürlich nicht sicherer, so ist es das allergeratenste, wenn man den Alkohol und das Bier aus allen Brotversuchen in Zukunft herausläßt.

Ebenso ist es nur anzuempfehlen, die Zukost so zu vereinfachen, wie es irgendwie denkbar ist (Fettzulage). Jedes Mehr erschwert die Beurteilung der Resultate und es wird vor allen Dingen durch jedes neu hinzugefügte Nahrungsmittel das Analysenmaterial vergrößert. Wer aber seine Stoffwechselanalysen alle hat selbst ausführen müssen, weiß, was das für eine außerordentliche Mehrbelastung an Arbeit bedeutet und würde in jedem Falle vereinfachte Verhältnisse gern sehen.

Es wäre überhaupt zu begrüßen, wenn einmal durch eine Übereinkunft gewisse Normen festgelegt würden, nach denen Brotausnützungs- und Stoffwechselversuche auszuführen wären, schon damit eine Möglichkeit bestünde,

---

[1]) Hindhede, Untersuchungen über die Verdaulichkeit einiger Brotsorten. Skand. Archiv f. Physiol. 1913, **28**, 180.

[2]) R. O. Neumann, Die Bedeutung des Alkohols als Nahrungsmittel. Archiv f. Hygiene 1899, **36**.

[3]) R. O. Neumann, Die Wirkung des Alkohols als Eiweißsparer. Archiv f. Hygiene 1892, **41**.

[4]) Zuntz, zit. S. 24, Anm. 8.

die Ergebnisse besser vergleichen zu können, als es bisher der Fall war und noch ist.

Hier mag noch darauf hingewiesen sein, daß es für die Beurteilung des Brotes nach seiner Ausnützbarkeit nicht gleichgültig ist, ob dasselbe allein oder in gemischter Nahrung genossen wird. Denn es ist natürlich möglich, daß bei Einnahme zweier oder mehrerer verschiedener Nahrungsmittel nebeneinander das eine von dem anderen in seiner Resorption behindert oder auch gefördert wird. Rubner[1]) hat schon 1879 auf solche Vorkommnisse aufmerksam gemacht, indem er feststellen konnte, daß Kuhmilch bei Käsezugabe besser ausgenützt wurde. Siehe auch seine neuerlichen Hinweise[6])[7]).

Die ersten Erfahrungen bei Brot sammelte Prausnitz[2]), als er verschiedene Brotsorten mit gemischter Nahrung verabreichte, und auch Prausnitz und Menicanti[3]). Sie fanden in allen Fällen eine bessere Brotausnützung bei gemischter Kost. Auch Popoff[4]) bewies, als er zum russischen Schwarzbrot eine zweite Speise setzte: Sauerkraut, Zwiebeln, Kartoffeln, Erbsen, Hirsebrei und Rinderbraten, daß das Brot alsdann besser ausgenützt wurde, sowohl hinsichtlich der Trockensubstanz als auch hinsichtlich des Eiweißes.

Nach meinen Versuchen[5]) stellte sich die Ausnützung des Eiweißes ein und desselben Vollkornbrotes in Verbindung mit gemischter Nahrung ebenfalls besser. Sie betrug bei gemischter Nahrung 76,49% und bei alleiniger Brotzufuhr nur 75,38%.

Auch Rubner hält die Kombination von Nahrungsmitteln beim Brot auf Grund seiner Untersuchungen für „einen wichtigen Faktor, der die Verhältnisse wesentlich zu modifizieren vermag"[6]). Es ist, so schreibt er, möglich, daß zwei Substanzen gemischt, jede für sich eine besondere Rückwirkung auf die Erzeugung von Stoffwechselprodukten ausübt, es ist aber auch der Fall möglich, daß durch eine Substanz bereits so reichlich Verdauungssäfte entstehen, daß eine Beilage gewissermaßen „kostenlos" mitresorbiert wird[7]). Die experimentellen Ergebnisse werden noch in Aussicht gestellt.

Der logische Schluß wäre aus diesen festgestellten Tatsachen folgender:

Will man wissen, wie sich die Ausnützung des Brotes unter praktischen Verhältnissen abspielt, so muß man das Brot mindestens mit einem anderen (am besten mit einem leicht resorbierbaren) Nahrungsmittel (Fett) aufnehmen. Benützt man aber Brot als Versuchsobjekt allein, dann würde man, da die Resultate etwas ungünstiger ausfallen müßten, etwa 1% (wenigstens für die Eiweißverdauung)[4]) dazu zu rechnen haben.

---

[1]) Rubner, Über die Ausnützung einiger Nahrungsmittel im Darmkanal des Menschen. Zeitschr. f. Biol. 1879, **15**, 115.

[2]) Prausnitz, S. 626, zit. S. 26, Anm. 3.

[3]) Prausnitz und Menicanti, Untersuchungen über das Verhalten verschiedener Brotsorten im menschlichen Organismus. Zeitschr. f. Biol. 1894, **30**; Neue Folge **12**, 328 und 365 (Zusatz).

[4]) Popoff, zit. bei Maurizio, Getreide, Mehl und Brot. Paul Parey, Berlin 1903, S. 345.

[5]) R. O. Neumann, Brotarbeit IV, S. 59.

[6]) Rubner, Untersuchungen über Vollkornbrote. Archiv f. Anat. u. Physiol. (physiol. Abt.) 1917, S. 340.

[7]) Rubner, Die Verdaulichkeit von Weizenbrot. Archiv f. Physiol. u. Anat. (physiol. Abt.) 1916, S. 67.

b) Die Brotmenge.

Über die Menge von Brot, die pro Tag die Versuchsperson zu sich nehmen soll, läßt sich nur so viel sagen, daß sie dem „Eßvermögen" des einzelnen angepaßt sein soll. Die Aufnahmefähigkeit von Brot ist sehr verschieden, je nachdem der Betreffende von früher her an große Brotdosen gewöhnt war oder nicht. Wenn jemand in Friedenszeiten etwa 200—300 g pro Tag zu sich nahm, so wird er im Versuch das Doppelte ertragen und vertragen können. Das sollte aber auch das Minimum sein, was man geben muß, wenn gute Ausschläge erzielt werden sollen. In meinen Versuchen wurden im Mittel etwa 500—700 g Brot pro Tag veranschlagt und verzehrt. Es gibt aber auch Vielesser, die 900—1000 g anstandslos genießen können. Von Hindhede wird mit Vorliebe erwähnt, daß seine Versuchspersonen große Mengen verzehren konnten und so sehen wir in seinen Versuchen auch immer 900—1000 g Brot eingestellt.

Nun kommt es dabei sehr darauf an, ob das Brot trocken gegessen werden soll oder mit Fettbelag. Im ersteren Falle ist es entschieden schwieriger, eine größere Brotmenge zu bewältigen, und ich kann aus eigener Erfahrung sagen, daß 500 g Brot, die man nur unter Zugabe von Wasser essen muß, bereits das Eßvermögen eines normalen Brotessers vollkommen in Anspruch nehmen. 750 g zu verzehren ist schon eine anstrengende Leistung und 1000 g trockenes Brot dürfte die Höchstmenge sein, die man unter gewöhnlichen Verhältnissen vertilgen kann. Mehr als dieses Quantum ist aber auch keinesfalls notwendig für Ausnützungsversuche.

Ich würde im Gegenteil auf Grund der früher bei mir[1]) gemachten Feststellungen vorschlagen, die Höchstmenge auf 600—700 g festzusetzen, da die Stickstoffausnützung um so geringer wird, je mehr Brot man einführt. So ergab sich bei meinen Vollkornbrotversuchen z. B. ein Verlust von:

24,64% bei Einnahme von 500 g Brot
24,89%   „   „   „   750 g   „
25,45%   „   „   „ 1000 g   „

Das ist offenbar darauf zurückzuführen, daß die eingeführte Zellulosemenge bei vermehrter Broteinfuhr immer mehr steigt und den Darm zu vermehrter Schleimabsonderung anregt. Infolgedessen findet man dann im Kot mehr Stickstoff, möglicherweise wird aber auch durch die veränderten Verhältnisse die Resorption des Broteiweißes selbst etwas verringert.

Praktisch spielen diese kleinen Unterschiede natürlich keine Rolle, doch wird man bei Versuchen immer solche Verhältnisse wählen, bei denen die optimalsten Bedingungen zu erreichen sind.

Wieviel übrigens 500—700 g Brot schon für das Versuchsindividuum bedeuten können, geht aus zwei Notizen hervor, die gelegentlich von Brotuntersuchungen gemacht wurden. Prausnitz[2]) berichtet von einer Versuchsperson, daß sie bereits am ersten Tage eine Menge Brot von 650 g abgelehnt habe, „weil sie ihrer nicht Herr werden" konnte und auf 500 g heruntergegangen werden mußte; und von Plagge und Lebbin[3]) wurde ein Mann schon als „vorzüglicher Brotesser" geschildert, der in 3 Tagen 2000 g bewältigte.

---

[1]) R. O. Neumann, Brotarbeit IV, S. 58.
[2]) Prausnitz S. 633, zit. auf S. 26, Anm. 3.
[3]) Plagge und Lebbin S. 156, zit. auf S. 24, Anm. 4.

c) Kruste und Krume des Brotes.

Bei vielen Ausnutzungs- und Stoffwechselversuchen mit Brot finden sich keine Angaben, ob bei der Einnahme von „Brot" die Krume mit der Kruste verzehrt wurde oder nur die Krume allein. Aller Wahrscheinlichkeit nach hat sowohl das eine wie das andere stattgefunden, da man beide Wege für richtig halten kann.

O. v. Hellens[1]) gibt bei seinen Untersuchungen mit finnischem Roggenbrot an, daß er dasselbe absichtlich mit Krume und Kruste habe verzehren lassen. Dieser Standpunkt hat gewiß seine Berechtigung, aber nichtsdestoweniger scheint es mir doch geraten, sich bei Versuchen nur der Krume zu bedienen. Die wirkliche feste Kruste bildet nur einen sehr kleinen Teil des Brotes, während die Krume die wesentliche Menge der Brotnährstoffe einschließt. Die Kruste ist auch sehr ungleich, je nachdem man frei geschobene Brote oder sog. Kastengebäcke, d. h. angeschobenes Brot benützt. Und endlich bestehen zwischen Kruste und Krume in ihrer chemischen Zusammensetzung wesentliche Unterschiede, die bei jeder Brotsorte, falls sie stärker oder schwächer der Hitze ausgesetzt war, verschieden groß sind.

Nach den Untersuchungen von H. Kalning und A. Schleiner[2]) spricht sich die Verschiedenheit in den Kohlehydraten aus, die in der Kruste wegen der hohen Temperatur eine weitgehende Dextrinierung der Stärke erfahren und infolgedessen nicht mehr wie die Kohlehydrate in der Krume gerechnet werden können. Wenn daher auch die Fehler in den Versuchsergebnissen praktisch keine sehr große Rolle spielen werden, so wird man doch der Exaktheit wegen lieber nur die Krume verwenden.

Aus diesem Grunde habe ich auch bei all meinen Brotversuchen das Brot ohne Rinde genossen, und zwar unter Abtrennung eines ca. 1 cm breiten Streifens.

Nun ist zwar auch die Krume in bezug auf den Feuchtigkeitsgehalt kein einheitlicher Körper, da der Wassergehalt an verschiedenen Stellen verschieden groß ist.

Von F. Bienert[3]) wurde gezeigt, daß unterhalb der Rinde eine breitere Zone verläuft, die trotzdem, daß sie schon beim Backprozeß wasserärmer als der mittlere Teil des Brotes wird, beim Aufbewahren desselben immer mehr Wasser an die Umgebung abgibt und dadurch schließlich nur noch 40—43% Feuchtigkeit enthält, während die Krume im Innern des Brotes ca. 47% aufweist.

Die Differenz ist nicht ganz unbedeutend, doch kommt sie beim Versuch nicht in Betracht, da ja die Krume aus dem Innern und aus der trockenen Zone zusammen genossen wird. Es muß nur dafür gesorgt werden, daß auch das Analysenmaterial beiden Zonen entstammt.

d) Das zum Brot verwendete Rohmaterial.

Alle Untersuchungen, die wir mit Brot anstellen, beruhen in letzter Linie auf einem Vergleich unter sich oder mit Broten, die schon anderweitig unter-

---

[1]) O. von Hellens S. 255, zit. auf S. 24, Anm. 6.

[2]) Kalning und Schleiner, Über die Veränderungen der Mehlbestandteile beim Backprozeß. Zeitschr. f. d. ges. Getreidewesen 1914, 6. Jahrg., Nr. 7, S. 137.

[3]) F. Bienert, Die Verteilung des Wassergehaltes im Brot. Zeitschr. f. d. ges. Getreidewesen 1918, 10. Jahrg., Nr. 1/2, S. 8.

sucht wurden. Hierzu ist es notwendig, daß wir über das Ausgangsmaterial genügend unterrichtet sind. Durchblättert man aber die hierüber gemachten Mitteilungen, so findet man vielfach überhaupt keine Angaben oder sie halten sich in unzulänglichen Grenzen.

Von vornherein wäre es wünschenswert, zu wissen, woher das Getreide stammt. Ob ausländisches oder inländisches Getreide, ob Sommer- oder Wintergetreide, ob es kürzere oder längere Zeit gelagert hat und wo es aufbewahrt wurde. Leider wird der Experimentator hierüber nicht allzuviel erfahren können, weil die Auskünfte darüber gar nicht so leicht in der Praxis zu geben sind.

Sehr viel wichtiger sind aber Angaben über die Reinigung des Getreides. Abgesehen von der z. B. wohl überall eingeführten „trockenen" Reinigung von Staub, Erde, Unkrautsamen, Eisenteilen, anderem vegetabilischen und animalischen Unrat durch den Trieur, Exhaustor und Magneten, wird neuerdings das Getreide auch naß gesäubert. Das kann durch kaltes oder warmes Wasser geschehen, kann längere oder kürzere Zeit in Anspruch nehmen; bald wird das Getreide nur angefeuchtet, bald wird es „aufgeweicht" oder „naß erschöpft", bald wird es gebürstet, bald abgerieben.

Damit sind viele Grade der Reinigung gekennzeichnet.

Handelt es sich weiter um die Zerkleinerung des Kornes, so kann entweder der direkte Mahlprozeß einsetzen und eine ganze Reihe von Mehlen entstehen, die nach der Menge des „Kleieabschubes" benannt, in schwärzere und weißere Mehle eingeteilt oder durch Maschensiebe in gröbere und feinere getrennt sind und dann als Mehle mit so und so viel prozentiger Ausmahlung zur Brotbereitung dienen, oder es kann — wie bei der Herstellung der Vollkornbrote — erst ein „Enthülsungs-", „Entschälungs-" oder „Dekortikationsprozeß" vorgenommen werden, bei dem entweder nur die Hülsen oder auch ein Teil der Rinde des Kornes entfernt wird. Auch hier gibt es wieder Variationen aller Art, in dem die Getreidekörner in Apparaten geschleudert, gestoßen, geschlagen oder „aufgeschlossen", gelockert, gequetscht, zerrieben, zertrümmert, gewalzt oder geschrotet werden. Endlich können noch Prozesse eingeschaltet werden, die chemische Veränderungen hervorbringen und in „Ankeimen" und „Mälzen" des Kornes bestehen.

Dann erfolgt entweder wieder ein Trocknungsprozeß, dem sich das Vermahlen anschließt, oder das so vorbereitete Getreide wird auf Walzenstühlen oder anderweitigen Einrichtungen direkt in Teig verwandelt.

Mögen die Begriffe z. T. auch nur technische Einzelheiten in sich fassen, so unterliegt es doch keinem Zweifel, daß bei den verschiedenen Manipulationen auch Veränderungen im Korn vor sich gehen können, die sich bei der Aufnahme des Brotes im Organismus wiederspiegeln. So kann es doch z. B. nicht gleichgültig sein, ob man das Mahlgut kocht oder nicht kocht, ob man zum Trocknen des Getreides bzw. des Mehles heiße Walzen verwendet oder nicht, ob man einen Keimprozeß einleitet oder im Autoklaven erhitzt.

Bei dem Mehle selbst liegt die Sache besonders schwierig, und es ist dringend erwünscht, über seine Zubereitung bzw. Mischung Klarheit zu erhalten.

Man muß bedenken, daß jedes, auch das feinste Mehl Kleie enthält, daß die Mengen der Kleie, trotz anscheinend zuverlässiger Angaben, doch sehr wechseln, besonders in Handelsmehlen, wenn verschiedene Sorten gemischt werden. Dabei ist weiter zu berücksichtigen, daß „Kleie" kein einheitlicher Begriff ist. Als solche wird gewöhnlich alles, was außer Stärkekörnern im Mehl vorhanden ist, bezeichnet und kann sich aus Fruchtschalen, Samenschalen, Kleberzellen, Härchen, Keimlingen und pflanzlichem Bindegewebe zusammensetzen. Diese pflanzlichen Beimischungen sind aber wegen ihres wechselnden Gehaltes an Zellmembranen für die Resorption des Brotes nicht gleichgültig und es kann je nach der Verdaulichkeit dieser „Rohfaser" bzw. der Zellmembranen das Bild der Ausnützung sehr verändert werden.

Wir verdanken Rubner[1-7]), der durch neue eingehende Untersuchungen die Klarstellung der hierhergehörenden Fragen in neuerer Zeit in Angriff genommen hat, die Erkenntnis, daß erst durch die Ermittlung des Anteiles, den die Zellmembranen im Kote haben, ein Urteil über die Ausnutzung des Brotes mit Sicherheit gefällt werden kann. Es ist daher sehr wesentlich, besonders über den Grad der Schälung, Enthülsung, Vermahlung und Absiebung des Mehles Bescheid zu wissen.

Endlich mag noch darauf aufmerksam gemacht werden, daß die Führung der Säuerung des Brotes und der Backprozeß zur Beurteilung der Brotversuche bekannt sein müssen, da beide Handlungen nicht unwesentlich die „Bekömmlichkeit" und Verdauung des Brotes beeinflussen.

e) Das Kauen des Brotes.

Jeder Experimentator wird, wenn er Versuche an sich selbst anstellt oder wenn er an anderen sie ausführen läßt, darauf achten, daß das Versuchsmaterial in sachgemäßer Weise im Munde zerkleinert und nicht ungekaut verschlungen wird. Die alte Lebensregel „gut gekaut ist halb verdaut" hat bei besonnenen Menschen schon immer weitgehende Nachahmung gefunden, und es läge kein Grund vor, hier auch nur mit einem Worte darauf einzugehen, wenn nicht, unter Außerachtlassung exakter wissenschaftlicher Beweisführung, dem Kauakt eine übergroße Bedeutung zugeschrieben würde.

Es ist bekannt, daß Horace Fletcher, nachdem er mit etwa 44 Jahren durch unzweckmäßige und luxuriöse Lebensweise physisch zusammengebrochen war, in einfacher Lebensführung sein Heil suchte. Die Devise: „Iß wenig und kaue gut" diente ihm als Leitmotiv und er hat als Vertreter seiner Auffassung diese Lehre weiter zu verbreiten gesucht, wovon sein über 400 Seiten starkes Buch[8]) Zeugnis ablegt. Wie in vielen solchen Fällen, in denen eine alte

---

[1]) Rubner, Über Pentosen und Zellhüllen des Brotgetreides. Archiv f. Anat. u. Physiol. (physiol. Abt.) 1915, S. 120.

[2]) Derselbe, Über die Ausnützbarkeit der Zellmembranen der Kleie. Ebenda 1915, S. 135.

[3]) Derselbe, Der Kot nach gemischter Kost und sein Gehalt an pflanzlichen Zellmembranen. Ebenda 1915, S. 145.

[4]) Derselbe, Die Zusammensetzung des Birkenholzes. Ebenda 1915, S. 72—82.

[5]) Derselbe, Untersuchungen über die Resorbierbarkeit des Birkenholzes. Ebenda 1915, S. 83—103.

[6]) Derselbe, Die Verdaulichkeit des Birkenholzes bei wechselnden Mengen der Zufuhr. Ebenda 1915, S. 104—119.

[7]) Derselbe, Weitere Untersuchungen über die Resorbierbarkeit des Birkenholzes. Ebenda 1915, S. 152—160.

[8]) Horace Fletcher, The ABC. of our own nutrition. New York 1903.

Wahrheit in geschickter Weise propagiert, Anhänger findet, haben später nicht nur Laien, sondern auch Ärzte sich das „Fletchern" zu eigen gemacht, und verkünden nun von sich aus dieses Evangelium weiter. Ein in deutscher Sprache erschienenes Buch dieser Art über Fletchers Lehre ist das von A. v. Borosini[1]).

Gegen den guten Kern der Sache, der ja auch nichts neues ist, wird niemand etwas einzuwenden haben, am allerwenigsten der Arzt, welcher die Eß- und Genußsucht bekämpfen und die Mäßigung predigen soll. Aber es muß Einspruch erhoben werden gegen die Verallgemeinerung, gegen die phantastischen Behauptungen über Erfolge, die das systematische Kauen der Speisen bringen soll. Was soll man z. B. dazu sagen, wenn ein „Sanitätsrat"[2]) sich über das Fletchern folgendermaßen ausspricht: „Auf diese Art nutzt man die Speisen viel besser aus, so daß wir mit etwa der halben Menge unserer jetzigen Nahrung gut auskommen können und dabei gesund sind[3]). So einfach wie das klingt, es ist das Allheilmittel für die Menschheit! Es macht unsere Erde noch einmal so groß, indem es für die doppelte Anzahl Menschen Ernährungs- und Bestehungsbedingungen schafft. Es läßt die Aushungerungspläne unseres Feindes zu schanden werden, da wir auch bei einer schlechten Ernte mit unseren selbstgebauten Vorräten auskommen können. Es läßt uns so Schlachten gewinnen im Felde und in der Heimat. Es würde bei allgemeiner Anwendung die Brot- und Fleischkarte und Höchstpreise überflüssig machen, weil nirgends Preistreiberei auftreten könnte. Es macht jeden einzelnen gesünder, friedlicher, zufriedener, verhütet Krankheiten und Verbrechen gegen Leben und Gut. Deshalb möchte ich eine Stimme haben wie der Kreuzzugsprediger Bernhard von Clairvaux, der die Geister für die heilige Sache entflammte von den Pyrenäen bis zur Ostsee... „und dann weiter: „Hätten die Österreicher in Przemysl gefletchert, würden sie sich bis zur Vertreibung der Russen haben halten können" usw.

Durch derartige Übertreibungen und Entgleisungen, die an das Pathologische streifen, kann jemand das Gute, was an der Methode des Fletcherns ist, nur miskreditieren!

Es ist eine Verkennung der Tatsache, wenn man glaubt, das Kauen könne Wunder vollbringen und die einzuführende Nahrung vermindern. Ein genügendes Zerkleinern hilft zwar den Speisebrei zur Verdauung besser vorbereiten, aber mehr Nahrung wird dadurch nicht geliefert. Wenn nach v. Borosini[4]) 30 Bissen Brot, die auf „epikuräischem Wege" (d. h. zu jedem Bissen gehören danach 50—100 Mundbewegungen) im Munde aufgelöst, genügen sollen für einen kräftigen Mann als Nahrung für 24 Stunden zu dienen, der andere Weg (das normale Essen) aber „menschenunwürdige Gefräßigkeit" sein soll, so wüßte ich nicht, wie er diese Ernährungsart physiologisch begründen will.

30 normale Bissen Brot können den Kalorientagesbedarf eines kräftigen Mannes überhaupt nicht decken, auch wenn das Brot noch so gut gefletchert

---

[1]) A. v. Borosini, Die Eßsucht und ihre Bekämpfung durch Horace Fletcher. Holze & Pahl, Dresden (wohl 1914?), 4. Aufl.

[2]) San.-Rat Dr. Kersting-Aachen, Deutschland fletschere! 1916. Verlag der „Köln. Volksztg." 6.—10. Tausend. S. 25.

[3]) Dabei lebten wir 1916 bereits im Zeichen der stark reduzierten Kriegsernährung.

[4]) v. Borosini S. 83, l. c.

ist, denn wir brauchen dazu etwa 1200 g Brot. Solche unbewiesene Behauptungen sind es auch, durch die die Ansicht verbreitet wird, als könne die Ausnützung des Brotes durch längeres Kauen wesentlich gefördert und verbessert werden. Das ist aber ebenfalls ganz ausgeschlossen. Für die Ausnützung des Brotes im Organismus ist allerdings der Feinheitsgrad von Bedeutung. Das hat aber seine Grenzen. Denn wenn das Mahlgut einen bestimmten Grad der Feinheit erlangt hat, sind auch die Zähne nicht mehr imstande, es feiner zu zerreiben. Als Beweis führe ich meine Versuche mit Vollkornbrot an[1]). Es wurden in gleicher Weise ein gröberes Brot (also ein solches mit größeren Partikelchen) und ein feineres Brot (mit kleineren Partikelchen) 5 Tage lang gereicht. Hätte ein intensives Kauen, dessen ich mich bei allen Brotversuchen von jeher befleißigt habe, eine noch bessere Zerkleinerung erzielt, so würden die Resultate der Fein- und Grobbrotverdauung mindestens annähernd dieselben haben sein müssen. Das ist jedoch nicht der Fall. Sowohl der Verlust der Trockensubstanz, des Stickstoffes wie der Rohfaser und der Asche sind beim Grobbrot größer wie beim Feinbrot. Dementsprechend betrug die Ausnützung:

	Trockensubstanz	Stickstoff	Rohfaser	Asche
beim Growittbrot „grob" . . .	86,45	76,49	46,85	43,69
beim Growittbrot „fein"	87,86	78,95	47,13	48,10

Wenn man aber im Kot wirklich eine Verminderung der gröberen Teilchen des Brotes (Kleieanteil) gefunden hat, wie dies bei einem früheren Versuche von Rubner der Fall war, so ist das wieder nicht auf eine Zerkleinerung durch den Mahlprozeß der Zähne zurückzuführen, sondern wie Rubner nunmehr zu zeigen in der Lage ist[2]), auf eine teilweise Auflösung der Zellmembranen.

Das lange Kauen des Brotes kann also nur einen Teil der Kohlehydrate durch reichliches Einspeicheln in Zucker überführen und deren Verdauung erleichtern, aber eine bessere Ausnützung der übrigen Bestandteile des Brotes nicht herbeiführen.

Zu ganz ähnlichen Schlüssen kommt auch Cohnheim[3]). Nach seinen Versuchen ist es ganz gleichgültig, ob man fletchert oder nicht. Durch das Fletchern wird weder der Kalorienumsatz berührt, noch wird die Ausnützung der wichtigeren Nahrungsmittel irgendwie erhöht.

Auch Rubner[4]) lehnt das Fletchern als wissenschaftliche Methode ab. „Die Versuche beim Brot zeigen, daß auch durch das Kauen in verstärktem Maße hier nichts mehr zu gewinnen ist und nur Zeit unnötig verloren wird."

Endlich finde ich in einem Artikel von Sp. Irving[5]) dessen treffliche Worte lesenswert sind, die Fletchersche Lehre als das gekennzeichnet, was sie ist: „Nur ein Sport und Eigengebiet eines beschränkten Kreises, ganz ebenso wie Okkultismus, Christian science, Mazdananlehre usw. Sie kann nicht als Methode der Allgemeinheit empfohlen werden, da keine physiologischen Gründe für sie sprechen."

---

[1]) R. O. Neumann, Brotarbeit II, S. 40.
[2]) Rubner S. 69, zit. auf S. 28, Anm. 7.
[3]) Otto Cohnheim, Ernährungsfragen. „Hamburger Fremdenblatt" vom 4. Okt. 1916, 3. Beilage, Nr. 275 B, S. 11.
[4]) M. Rubner, Untersuchungen über Vollkornbrot. Archiv f. Anat. u. Physiol. (physiol. Abt.) 1917, S. 361.
[5]) Sp. Irving, Diätheilslehren für den Krieg. „Frankfurter Ztg." v. 27. März 1916.

5. Die Abgrenzung des Kotes.

Zu den technischen Schwierigkeiten beim Ausnützungs- bzw. Stoffwechsel- versuch gehört die Abgrenzung des Kotes. Jede Brotperiode, ob sie 2, 3, 5 oder mehr Tage in Anspruch nimmt, soll den in dieser Periode gelieferten Kot vollständig enthalten. Wenn jemand sich dauernd daran gewöhnt hat, nur einmal am Tage, und zwar früh zeitig (6—7) zu defäcieren und seine Abend- mahlzeit zeitig genug, etwa gegen 6—7 Uhr einnimmt, so kann der Tageskot mit ziemlicher Sicherheit genau gewonnen werden, da bis dahin der Kot bis in die letzten Darmabschnitte vorgerückt ist. Es bedarf dann keiner besonderen Abgrenzung. Vorbedingung ist allerdings ein tadelloses Funktionieren der Magendarmverdauung, die auch durch abwechselnde Kost oder durch ver- schiedene Brotsorten nicht gestört wird. Der Kot muß breiig dick sein, darf aber keine dünne oder gar dünnflüssige Konsistenz haben.

Da diese Voraussetzungen bei meiner Person in glücklichster Weise zu- treffen, so bin ich, nachdem ich in meinen zahlreichen Stoffwechsel- und Aus- nützungsversuchen[1]) alle bekannteren Abgrenzungsarten durchprobiert habe, schließlich bei der eben angegebenen Art geblieben. Wie exakt der Chemismus verläuft, hatte ich bei einer Brotarbeit[2]) unlängst wieder Gelegenheit zu beob- achten. Es gab viele Tage, an denen bei Mengen von 400—500 g Brot derselbe fast auf das Gramm genau abgesetzt wurde. Dabei schwankte im ganzen 40 tä- gigen Versuch die Feuchtigkeit des Kotes nur von 79,8—81%.

Ist der Organismus nicht in dieser günstigen Verfassung, dann wird man zu Abgrenzungsmethoden greifen müssen. Leider gibt es darunter aber kein Universalmittel. Empfohlen sind: Milch, Milch und Käse, Käse, Kohle, Lampenruß, Carmin, Heidelbeeren, Preißelbeeren, Knochen- pulver, Grünkohl, Blutwurst, auch reine Fleischkost, die einen weichen braungelben flüssigeren Stuhl liefert als Brotkost, und wohl noch andere.

Am häufigsten wird die von Rubner zuerst angewandte Methode der Ab- grenzung mit Milch benützt. Man gibt am Vortage des Versuches 1—1½ l Milch, nach der Versuchsperiode wieder 1—1½ l. Der Milchkot läßt sich, falls das Experiment bei der betreffenden Versuchsperson glückt, recht gut von dem Brotkot durch seine Farbe abgrenzen. Nicht selten verträgt aber das Individuum die Milch nicht und sie löst zuweilen sogar starke Diarrhöen aus[3]). Ich selbst habe bei meinen ersten Brotausnützungsversuchen[4]) 1896 mit ge- kochter Milch[5]) in großer Menge, Durchfälle gesehen, und daher später nur sehr

---

[1]) Die Zahl der Stoffwechseltage beläuft sich bisher auf 624. Außerdem wurde der Körper noch in 1562 Tagen zu anderen Ernährungsversuchen in Anspruch genommen. Von den Stoffwechselversuchstagen entfallen auf Brotversuche 197.

[2]) R. O. Neumann, Brotarbeit IV, S. 48.

[3]) Plagge und Lebbin S. 129, zit. auf S. 24, Anm. 4.

[4]) Bei K. B. Lehmann S. 190, zit. auf S. 24, Anm. 3.

[5]) Der Körper scheint hinsichtlich der Aufnahmefähigkeit der Milch bzw. ihrer „Be- kömmlichkeit" Veränderungen zu unterliegen. Als Kind bis 14 Jahr habe ich große Mengen ungekochter und gekochter Mich vertragen können, später führten diese Mengen zu Diarrhöen, jetzt vermag ich bis zu ½ l, ohne daß Durchfall auftritt, zu genießen. Da- gegen trat in der Kindheit bei Genuß von Buttermilch und saurer Milch Diarrhöe auf, eine Erscheinung, die ich aber in den letzten 20 Jahren nicht mehr beobachtet habe, auch wenn sehr große Mengen vertilgt wurden.

kleine Mengen neben Schweizerkäse genossen. Mittels Käse kann man ebenfalls gut abgrenzen; der Kot wird jedoch bei größeren Mengen (Schweizerkäse) sehr hart.

Auch bei einer Reihe anderer Versuche findet man Angaben (Prausnitz, Romberg, K. B. Lehmann), daß die Abgrenzung mit Milch nicht zufriedenstellend war. Manche Versuche mußten wiederholt werden. Diese Unzulänglichkeit findet ihre Erklärung darin, daß der Milchkot oft sehr weich ist und der nachfolgende härtere (oder auch zuweilen noch weichere) sich in den Milchkot infolge der Darmperistaltik hineinschiebt.

Ob das Milchabgrenzungsexperiment gelingt, läßt sich also nie voraussagen. Mit den übrigen Methoden steht es aber nicht besser. Eine gute Funktion des Organismus vorausgesetzt, kann die Abgrenzung durch Färbung des Kotes sehr schöne Resultate geben, und dann ist es ziemlich gleichgültig, ob man Kohlepulver oder Lampenruß oder Carmin gibt. Allerdings soll Carmin bei vielen Menschen Durchfälle veranlassen[1]), was ich bei mir aber nicht beobachten konnte. Kohlepulver (Carbo vegetabilis) wurde in Gummischleim verrührt zu geben von v. Noorden[2]) empfohlen, der direkt vor dem Versuch 3 Eßlöffel der Mischung nehmen ließ. Vor dem Versuch soll dann keine Milch verabreicht werden. Wir finden aber, daß O. von Hellens[3]) mit Milch und Kohlepulver, und zwar zur Zufriedenheit, abgrenzt. Von Romberg[4]) wiederum wird die Kohleabgrenzung als unzuverlässig abgelehnt. Die Kohle verliert sich in dem Vorkot und macht dadurch die Abgrenzung unsicher. v. Noorden macht selbst auch darauf aufmerksam, daß bei an sich dunklen Koten die Farbe des Kohlekotes den ersteren sehr ähnlich sei und dann mittels mikroskopischen Nachweises der Kohle die Stühle getrennt werden müßten. Das ist aber schon sehr umständlich.

War der Stuhl fest geformt, so sah ich mit der Kohle gute Abgrenzungsverhältnisse, bei dünneren Stühlen dagegen treffen auch bei mir die Beobachtungen zu, die Romberg machte.

Die Abgrenzung mit Heidelbeeren und Preißelbeeren halte ich für nicht ganz zuverlässig. Romberg, der sie ebenfalls benützte, berichtet, daß sie sich vielfach im Vorkot befunden hätten und dementsprechend die Abgrenzung ungünstig gewesen sei. Will man Heidelbeeren benützen, so habe ich es zweckmäßig gefunden, einige Stunden vor der ersten Broteinnahme eine Handvoll getrocknete Beeren zu essen, nicht aber gekochtes und gezuckertes Heidelbeermus mit dem Brot zu vermischen, weil der intensiv schwarze Saft im Darm in den Vorkot übergeht und Täuschungen veranlaßt. Heidelbeeren sind zur Abgrenzung auch von Hindhede[5]) benutzt worden. Prausnitz[6]) grenzte mit Blutwurst ab und hatte sehr gute Erfolge.

Stellt man Ausnützungs- oder Stoffwechselversuche am Hunde an, so

---

[1]) Mohr und Beutenmüller, Die Methodik der Stoffwechseluntersuchungen. J. F. Bergmann, Wiesbaden 1911, S. 6.

[2]) C. v. Noorden, Grundriß einer Methodik der Stoffwechseluntersuchungen. A. Hirschwald, Berlin 1892, S. 28.

[3]) O. v. Hellens, zit. auf S. 24, Anm. 6.

[4]) Romberg S. 270, zit. auf S. 24, Anm. 1.

[5]) Hindhede, zit. auf S. 27, Anm. 1.

[6]) Prausnitz, Archiv f. Hygiene 88, 53.

eignet sich am besten die Verabreichung von Knochen, die einen schönen weißgrauen bröckeligen Kot liefern.

Wie aus dieser Besprechung hervorgeht, kann man von vornherein nicht mit Sicherheit für den Erfolg bei irgendeiner künstlichen Abgrenzungsmethode garantieren und es wird immer wieder auf einen Versuch ankommen müssen.

Nur in einem Falle ist die Bedeutung der Abgrenzung geringer. Nämlich dann, wenn der Brotversuch mit einer Sorte Brot lange Zeit dauert (etwa mehr als 5 Tage). Dann kann man, ohne einen allzu großen Fehler zu begehen, den Kot des Vortages und den Kot des ersten Nicht-Brottages ohne Abgrenzung beiseite lassen. Das, was dann in den Kot des Nicht-Brottages noch mit übergetreten sein sollte, dürfte nach meinen Ermittlungen nicht mehr als 1 g Trockensubstanz betragen. Das spielt aber für die Summe von 6—10 und noch mehr Tagen keine Rolle. Man kann auch am Vortage der Periode reine Fleischkost genießen, wodurch, wie oben bemerkt, ein leicht abgrenzbarer Kot erzielt wird. Oder aber man macht einen Vortag mit dem gleichen Brot, benützt aber erst den Kot des zweiten Brottages für die Resultate.

6. Zur analytischen Methodik.

Was unter diesem Titel kurz besprochen werden soll, sind einige Fragen, die die Zusammensetzung des Brotes und der Ausscheidungsstoffe betreffen, so weit sie für die Stoffwechselversuche bemerkenswertes oder neues bieten; dagegen kann die eigentliche chemische Untersuchungsmethodik hier nur vereinzelt gestreift werden, da sie als bekannt vorausgesetzt wird.[1]

Wie unbedingt notwendig und unerläßlich die chemische Analyse für das Brot vor dem Versuch auch ist, so können doch die aus den Analysen gewonnenen Zahlen — das soll noch einmal ausdrücklich betont werden — keine Auskunft darüber abgeben, wie die Ausnützung desselben im Organismus sein wird.

Immer und immer werden bei der Empfehlung neuer Brotsorten die im Rohmaterial gefundenen Eiweißmengen als vollständig und rückstandslos verdaulich für das Brot eingesetzt und der hohe Nährwert desselben hervorgehoben, ohne auch nur einmal daran zu denken, daß die im Rohmaterial vorhandene Rohfaser bzw. alle die holzigen Bestandteile die Ausnützung des Eiweißes derart beeinflussen können, daß 30 und noch mehr Prozent verloren gehen.

Gerade in der Kriegszeit, unter dem Druck einer mangelnden Ernährung, haben wir erlebt, daß ohne Rücksicht auf die wirkliche Verwertung im menschlichen Organismus allerhand Dinge zur Brotbereitung empfohlen wurden, die man bei objektiver Überlegung von vornherein hätte ablehnen müssen. Ich erinnere da z. B. an das Strohmehlbrot, Zervesin-(Treberbrot), Flech-

---

[1] Von neueren Zusammenstellungen über eigentliche Untersuchungsmethodik bei Stoffwechselversuchen nenne ich: A. Weitzel, Die bei Stoffwechselversuchen an Menschen und Tieren zur chemischen Untersuchung der verabfolgten Nahrungsmittel und der Ausscheidungsprodukte angewendeten Verfahren. Arbeiten a. d. Kaiserl. Gesundheitsamte 1912, **43**, 304. — Außerdem finden sich in König (Chemie der menschlichen Nahrungs- und Genußmittel. Jul. Springer, Berlin 1910, III. Bd., 1. Teil) alle Untersuchungsmethoden ausführlich beschrieben; auch bei Mohr und Beutenmüller (zit. auf S. 36, Anm. 1).

tenbrot, Queckenbrot, Grasbrot usw., von denen noch weiter unten zu sprechen sein wird.

Auch der Hinweis auf eine gute Ausnützung der Rohprodukte im Tierkörper[1]) kann uns von vornherein keine Garantien leisten, wie das daraus zu bereitende Brot im Menschen verwertet wird, da bekannt ist, daß das Tier zelluloseartige Stoffe bei weitem viel besser verdaut als der Mensch. Was für das Tier ernährungsphysiologisch zweckmäßig ist, braucht für den Menschen noch lange nicht tauglich zu sein.

Ähnlich verhält es sich mit der verbreiteten Ansicht, daß ein Brot wertvoller werden müsse, wenn man dem Mehl ein an sich gut resorbierbares Eiweiß zusetzt, wie z. B. Molkeneiweiß, Blut, Hefeeiweiß. Die chemische Analyse ergibt dann zwar ein eiweißreicheres Brot, aber wenn das Mehl z. B. grob geschroten war und dadurch schlecht ausnützbar wurde, so wird auch die Verdaulichkeit des Eiweißes ungünstig beeinflußt. Wir kommen auch darauf später beim Blutbrot (S. 291) noch zu sprechen.

Durch die chemische Analyse erhalten wir also nur Rohwerte und können daraus Reinwerte erst errechnen, wenn wir das im Kot verlorengegangene und nicht verdaute Material von den Rohwerten abziehen.

a) Die Bestimmung des Wassergehaltes im Brote.

Wie bereits bei der Besprechung von Krume und Kruste (S. 30) erwähnt wurde, ist der Wassergehalt an den verschiedenen Stellen des Brotes nicht der gleiche. Da sich hieraus möglicherweise beim Stoffwechselversuch Schwierigkeiten ergeben können, so ist es angezeigt, bei der Bestimmung der Feuchtigkeit darauf zu achten.

Das Kaiserl. Gesundheitsamt hatte 1915[2]) in folgender Weise den Wassergehalt bestimmt: Das ganze Brot wird in 4 Teile geteilt, ein Viertel davon genau gewogen und in 2—3 mm starke Scheiben zerschnitten, welche im Dampftrockenschrank 8 Stunden oder über Nacht im warmen Zimmer und dann noch 2 Stunden vorgetrocknet werden. Die vorgetrocknete Masse wird gepulvert und davon etwa 10 g im Wägegläschen bis zum konstanten Gewicht bei 100° weitergetrocknet. Aus dem etwaigen Gewichtsverluste des ganzen Brotes vor Beginn der Untersuchung, dem Gewichtsverluste des Brotviertels beim Vortrocknen und demjenigen der Durchschnittsprobe bei 100° wird der Wassergehalt des Brotes zur Zeit der Einlieferung der Probe berechnet. T. Bienert (zit. auf S. 30, Anm. 3), der die Genauigkeit dieses Verfahrens anerkennt, hält die Untersuchung einer ganzen Brotquerschnitte aber für ebenso zweckmäßig, besonders wenn es sich um zahlreiche Untersuchungen handelt, die sonst zu viel Zeit in Anspruch nehmen würden. Er ist also auch der Meinung, daß man nicht einen bestimmten Teil des Brotes, etwa die Mitte der Krume oder den unter der Kruste befindlichen Streifen benützen soll, da diese Partien zu verschie-

---

[1]) Th. Paul, Untersuchungen über die Streckung des Brotmehles mit Nebenerzeugnissen der Bierbereitung (Zervesinmehl). Landwirtschaftl. Jahrb. f. Bayern 1917, Heft 4, S. 309.

[2]) Gutachten des Kaiserl. Gesundheitsamtes über die Verwertbarkeit von Kartoffelerzeugnissen zur Brotbereitung. Anhang: Verfahren bei der Bestimmung des Wassergehaltes von Brot. Zeitschr. f. d. ges. Getreidewesen 1915, 7. Jahrg., S. 124.

denen Feuchtigkeitsgehalt aufweisen. Der Wassergehalt der ganzen Quer-
scheibe berechnete sich auf 44,88% Wasser, der der mittleren Krume auf 47,39%,
der der seitlichen Krume (bei freigeschobenem Brot) auf 47,67% und der der
oberen Krume auf 43,7%. Auffällig ist hier, daß die mittelste Krume etwas
wasserärmer ist als die seitliche Krume.

In einer Anmerkung zu dieser Arbeit gibt Kalning an, daß er bei seinen
Bestimmungen in der Mitte der Krume 0,83% mehr Wasser fand als in den
seitlichen und den oberen Teilen und teilt gleichzeitig mit, daß, wenn man nach
Entfernung der Rinde die ganze Brotscheibe untersucht, der Feuchtigkeitsgehalt stets niedriger gefunden wird, als aus der Mitte der Krume. Der
Unterschied beträgt 2%. Daher solle man nicht den ganzen Brotquerschnitt
zur Feuchtigkeitsbestimmung heranziehen, sondern nur die mittelste Krume;
der hier gefundene Wassergehalt „sei von Wichtigkeit bei der Beurteilung des
Brotes, weil er Schlüsse zuläßt, wie die Teigbeschaffenheit war, insbesondere,
ob die Teige stark gesäuert waren.‟

Wir sind mit dieser Auffassung durchaus einverstanden, wenn es sich um
den Nachweis handelt, ob backtechnisch richtig verfahren wurde; für die Beurteilung von Stoffwechselversuchen ist aber die Kenntnis der Feuchtigkeit der
Gesamtkrume in erster Linie von Wichtigkeit, und deshalb scheint es mir auch
angezeigt, wenn man hierfür die Zahlen benützt, die man aus der Gesamtkrume (mit Ausschluß eines 1 cm breiten Rindenstückes) erhält.

Die Methodik der Wasserbestimmung ist bisher nicht einheitlich durchgeführt worden. Daher weichen auch die Resultate, die nach verschiedenen
Angaben erzielt wurden, manchmal nicht unwesentlich voneinander ab. Fornet[1]
ermittelte, daß nur dann gleichmäßige Werte erzielt werden, wenn die Trocknung im zirkulierenden Gasstrom erfolgt und eine Temperatur (103°) gewählt
wird, die nicht viel über dem Siedepunkt des Wassers liegt. In den gewöhnlichen Trockenschränken mußte man bei 125° 16 Stunden trocknen, um dieselben Resultate zu gewinnen. Er hat nun einen Schnelltrocknungsapparat
konstruiert, bei dem in wenigen Minuten bei einer Temperatur von 160° die
Substanz das Wasser vollständig verliert und die gewonnenen Zahlen mit den
analytisch ermittelten genau übereinstimmen. Die Differenz beträgt höchstens
0,2%. Nach mehreren Verbesserungen ist der Apparat so eingerichtet worden,
daß man ohne Wägungen den Wassergehalt direkt ablesen kann. Er eignet sich
für Korn, Mehl, Brot und alle anderen Zwecke.

b) Die Säurebestimmung im Brote.

K. B. Lehmann[2] hat im Jahre 1893 eine Methode zur Bestimmung der
Säure im Brot angegeben, die bei der hygienischen Beurteilung des Brotes bisher
wohl in der Mehrzahl der Fälle benutzt worden ist. Bekanntlich besteht sie darin,
daß 50 g Brotkrume zerpflückt, in einem Becherglase mit 150—200 ccm siedendem Wasser übergossen, und mit einer Glasplatte bedeckt alsdann bis zu

---

[1] A. Fornet, Ein neues Modell des Schnellwasserbestimmens nach Dr. Fornet für
alle Substanzen. D. R. G. M. Zeitschr. f. d. ges. Getreidewesen 1916, 8. Jahrg., Nr. 1
u. 2, S. 9.

[2] K. B. Lehmann, Qualitative und quantitative Untersuchungen über den Säuregehalt des Brotes. Archiv f. Hygiene 1893, **19**, 363.

24 Stunden im Kühlen beiseite gestellt wird. Hierauf zerquetscht man die Krume, gibt 2—3 ccm 2proz. Phenolphthalein hinzu und titriert mit $^1/_5$ Natronlauge bis zur bleibenden Rotfärbung. Den Grad der Säure drückt er in folgender Formel aus: Ein Brot hat so viele Säuregrade, als Kubikzentimeter Normalnatronlauge zur Titrierung von 100 g frischer Krume unter Anwendung von Phenolphthalein als Indikator nötig sind.

Die Methode hat sich gut bewährt, nur ist, wie er selbst sagt, die „Titrierung insofern eine Geduldsprobe, als ziemlich langsam der gesuchte Farbenwechsel bleibend wird."

Um dies zu vermeiden, habe ich 50 g Brotkrume zerpflückt mit 500 ccm heißem Wasser übergossen, die Masse in einem großen Rundkolben am Rückflußkühler $^1/_2$ Stunde gekocht, das Ganze alsdann in einem hohen schmalen Zylinder absetzen lassen und von der überstehenden Flüssigkeit einen aliquoten Teil (100 ccm = 10 g Brot) titriert. Die flüchtigen Säuren gehen dabei nicht verloren, und der Auszug ist, da von vornherein genügend Flüssigkeit zugesetzt wurde, nicht mehr kleisterig, sondern nur stark getrübt. Der Farbwechsel erscheint wie bei jeder anderen Titration unter Phenolphthaleinzusatz am Ende der Titration sofort. Da das Brot alsbald absetzt, ist ein Filtrieren unnötig. (Sollte das Brot im Zylinder in die Höhe steigen, so bleibt doch die untenstehende Flüssigkeit ohne Krümel und man kann mit der Pipette 100 ccm leicht herausheben.)

Meine Vergleichsuntersuchungen mit der Lehmannschen Originalvorschrift stimmen so gut überein, daß ich in der letzten Zeit die Säurebestimmungen nach meiner Abänderung vorgenommen habe, da die Titrierung schneller ausgeführt werden kann.

Weiterhin sind unterdessen und im Kriege noch einige andere Methoden bekannt geworden, die jede für sich einen kleinen Vorteil bieten sollen. So extrahiert Rammstedt[1]) mit siedendem Alkohol. Es werden 20 g Krume in einem Erlenmeyerkölbchen mit 175 ccm siedendem Alkohol unter Zerdrückung der Krume übergossen und dann die Masse am Rückflußkühler 30 Min. lang erhitzt, die Flüssigkeit von dem Rest abfiltriert, dreimal mit je 25 ccm Alkohol nachgewaschen und die Gesamtmenge titriert. Das Resultat wird ausgedrückt durch die verbrauchten Kubikzentimeter Normallauge für 100 g Substanz.

Th. v. Fellenberg[2]) empfiehlt folgendes Verfahren: Es werden 10 g Brotkrume mit 20 ccm Wasser in einer Porzellanreibschale zerrieben und danach mit 80 ccm Wasser in ein Becherglas gespült. Dazu setzt man 0,5 ccm einer 2proz. Phenolphthaleinlösung und 1 ccm einer gegen Phenolphthalein neutralisierten 10proz. Chlorkalziumlösung. Darauf gibt man noch bis zur tiefen Rotfärbung unter Umrühren $^1/_{10}$ n-Natronlauge hinzu und titriert sofort mit $^1/_{10}$ n-Salzsäure zurück. Der Wirkungswert der Natronlauge gegenüber der Salzsäure wird in Gegenwart von 100 ccm Wasser und 1 ccm Chlorkalziumlösung bestimmt. Die für 100 g Brotkrume verbrauchten Kubikzentimeter Normalnatronlauge geben den Säuregrad an.

---

[1]) O. Rammstedt, Über die Bestimmung des Säuregehaltes von Mehl, Grieß und Brot unter Berücksichtigung der Bakterien- und Enzymwirkung. Zeitschr. f. angew. Chemie 1913, **26**, 677.

[2]) Th. von Fellenberg, Bestimmung des Säuregrades in Brot und Teigwaren. Zit. Zeitschr. f. Unters. d. Nahr.- u. Genußm. 1917, **34**, 177.

In neuester Zeit hat H. Kalning eine sehr zweckmäßige und einfache Verbesserung für die Lehmannsche Methode angegeben. Er versetzt, nachdem 10 g Brotkrume mit 2 ccm neutralem Azeton fein zerrieben sind, das ganze allmählich mit 100 ccm Wasser. Durch das Azeton zerfällt die Brotkrume, die sonst störend wirkte, sehr schnell in feinste Teilchen. Dann werden einige Tropfen 3 proz. Phenolphthaleinlösung zugesetzt und die Titration mit $^{1}/_{100}$ n-Natronlauge ausgeführt. Durch diese kleine Modifikation wird das Zuwarten, bis der Farbenwechsel eingetreten, vermieden.

Kalning[1]) empfiehlt den Azetonzusatz auch für die Säurebestimmung beim Sauerteig, da die schmierige Masse auf diese Weise außerordentlich leicht auseinander fällt und benutzt ihn auch zur Trennung der flüchtigen und nicht-flüchtigen Säuren an Stelle des Äthers, mit dem Lehmann das Brot extrahierte.

In einer ganz anderen Weise als bisher will Th. Paul[2]) den Säuregrad des Brotes (und auch den Säuregrad anderer Nahrungs- und Genußmittel) aus-gedrückt wissen. Er schlägt für das Brot folgende Fassung vor: Der Säure-grad des Brotes ist die Zahl, welche angibt, wieviel Milligramm-Ion (mg-Ion) Wasserstoffion (H') in 1 l Lösung enthalten sind, die aus 200 g Brot unter bestimmten Bedingungen hergestellt ist. Man stellt die Lösung folgendermaßen her: Die Brotkrume wird zerrieben oder zerpflückt, davon eine Menge von 200 g mit 1 l destilliertem Wasser in einem Becherglase übergossen und bei 18° eine halbe Stunde lang unter Umrühren gemischt. Darauf wird die Flüssigkeit durch ein Seihtuch gegossen. Zum Filtrieren und Klären der Brotauszüge empfiehlt Paul das Ultrafilter von W. Ostwald, durch welches dieselben in ihrem Säuregrad nicht merklich verändert werden. Die Säuregradbestimmung erfolgt durch Zuckerinversion durch den von Paul konstruierten Thermostaten zur Polarisation. Soweit die Untersuchungen bisher über Brote vorliegen, ist ermittelt worden, daß der Säure-grad stets noch unter 0,1 mg-Ion H' gelegen hat.

Ob das neue Verfahren sich in gleicher Weise bewähren wird wie die bisher geübten Methoden, müssen weitere praktische Versuche lehren.

c) Zur Frage der „Rohfaser".

Es ist bekannt, daß mit der Bezeichnung „Rohfaser" kein einheitlicher Begriff verbunden ist. Bei den bisherigen Brotausnützungs- und Stoffwechsel-versuchen verstand man unter „Rohfaser" nur den Anteil an holziger Substanz, der nach entsprechender Behandlung mit verdünnter Schwefelsäure und ver-dünnter Kalilauge bei der Brotanalyse oder im Kot ermittelt werden konnte.

Die „Rohfaser" ist als solche in den Pflanzen gar nicht vorhanden, sondern in den Pflanzen sind Zellmembranen — und zwar nur diese — anzutreffen. Infolgedessen sind auch Zellmembranen und der Begriff Rohfaser nicht das-selbe. Die Rohfaser ist, wie Rubner[3]) sagt, nur ein Bruchstück der Zell-membran, da letztere zwei- bis dreimal soviel betragen kann wie die Roh-

---

[1]) H. Kalning, Die Bestimmung der sauren Bestandteile im Sauerteig. Zeitschr. f. d. ges. Getreidewesen 1918, 10. Jahrg., S. 11.

[2]) Th. Paul, Der Säuregrad des Brotes. Vorgetragen in der XXIV. Hauptversamm-lung der deutschen Bunsen-Gesellschaft.

[3]) Rubner, Über die Verdaulichkeitsverhältnisse unserer Nahrungsmittel. Berliner klin. Wochenschr. 1918, Nr. 47, S. 113.

faser. Andererseits ist die Rohfaser auch wieder nicht dasselbe wie die Zellu-lose, denn auch die Zellulose ist nur ein Bestandteil der Zellmembran.

Wir haben es aber, wie ersichtlich, bei der Beurteilung der holzigen Substanz in den Vegetabilien mit der Zellmembran zu tun, deren einzelne Bestandteile für die Brotfrage allerdings mehr oder weniger wichtig sind.

Nach König[1]) enthält die Zellmembran 1. echte Zellulose, die in verdünnten Säuren und Alkalien unlöslich ist, aber löslich in konz. Mineralsäuren und Kupferoxydammoniak. 2. Hemizellulosen, und zwar Pentosane und Hexosane (zelluloseähnliche Kohlehydrate), welche durch verdünnte Mineralsäuren unter Wasseraufnahme gelöst werden. 3. Eine Reihe von Stoffen, die als Einlagerungen und Auflagerungen (Inkrustationen) auf und in der Zellmembran angesehen werden können, wie Lignine, Suberine, Bitterstoffe, Gerbstoffe, Farbstoffe, Pektine.

In Wirklichkeit liegt die Sache nun so, daß alle Zellmembranen Zellulose enthalten, und wohl — mit Ausnahme der ganz jungen Zellen — auch meist Hemizellulosen und Inkruste. Mit dem Alter der Pflanze nehmen besonders die letzteren Stoffe zu, aber nicht gleichmäßig, so daß, je nach der Funktion des betreffenden Anteils der Pflanze, in Wurzeln, Blättern, Früchten usw. ganz verschiedene Mengen der einen oder der anderen Substanz ein- oder abgelagert sein müssen. Es ist nun bekannt, daß die Pflanzenstoffe von Tieren zum großen Teil, aber auch von Menschen bis zu einem gewissen Grade verdaut werden können. Die Frage freilich, welcher Anteil der Pflanzenmembranen der Resorption beim Menschen anheimfällt, war bisher nur ganz unvollkommen aufgeklärt, denn die analytische Bestimmung gab uns eben nur Auskunft über die eingeführte und wieder ausgeschiedene Rohfaser. Es fehlte die Möglichkeit, die Zellulose von der Zellmembran und der Hemizellulose zu scheiden, es mangelte an einer Bestimmung für die Zellmembran.

In dieser Richtung hat Rubner, wie schon erwähnt, ganz neue Wege gezeigt, auf denen es durchaus notwendig erscheint, weiter zu schreiten, wenn wir einen besseren Einblick in die verwickelten, aber so wichtigen und interessanten Fragen erhalten wollen.

Sein Hauptaugenmerk richtete er auf die Pentosen, die in der Natur weit verbreitet sind und von den zelluloseähnlichen Stoffen für die menschliche Verdauung in erster Linie in Betracht kommen. Ihre Bedeutung hatte man für die pflanzenfressenden Tiere schon längere Zeit erkannt, für den Fleischfresser war die Frage, da anscheinend minder wichtig, aber noch nicht angeschnitten worden.

Rubner sagt darüber[2]): „Indem man die Pentosenfrage als allgemein aus der Frage der Zelluloseverdauung heraushebt, betritt man ein Gebiet, das besser und eindeutiger zu lösen ist als dieses letztere. Indem man die Pentosenfrage für sich behandelt, hat man den Vorteil, daß man es mit einem an sich gut bestimmbaren Anteil der pflanzlichen Zellwand zu tun hat, nicht mit einem so unbestimmten Gemenge, wie es die meist untersuchten Rohfasern gewesen sind.“

---

[1]) König S. 451, zit. auf S. 37, Anm. 1. Gleichzeitig verweise ich auf die ausführlichen Arbeiten: J. König, Die sog. stickstofffreien Extraktstoffe in den Futter- und Nahrungsmitteln. Zeitschr. f. Unters. der Nahrungs- u. Genußmittel 1913, **26**, 273 und J. König u. E. Rump, Chemie u. Struktur der Pflanzenzellenmembran. Ebenda 1914, **28**, 177.

[2]) Rubner S. 90, zit. auf S. 32, Anm. 5.

Pentosen werden in pflanzlichen Substanzen reichlich angetroffen. In 100 g Trockensubstanz fanden sich[1]:

Roggenstroh	24,84 g
Wiesenheu	18—19 g
Buchenholz	23—33 g
Eichenholz	19,7 g
Fichtenholz . . .	8,9—9,2 g
Kirschgummi	46,7 g

Außerdem kommen sie vor bei allen niederen und höheren Pflanzen, Flechten, Pilzen, Algen, Moosen, in Wurzeln, Stengeln, Blättern, Rhizomen, Samen, Früchten; aber nicht für sich[2]) als monomolekulare Saccharide, sondern als Pentosane, hochmolekulare Polysaccharide, deren Abkömmling die Pentosen darstellen. Pentosane sind also die Anhydride der Pentosen bzw. Methylpentosen.

Es handelt sich bei der Untersuchung des Brotes nunmehr um die Feststellung der Pentosen, Pentosane, Zellmembran und Zellulose.

Pentosen bzw. Pentosane werden nach der Methode von Tollens[3]) bestimmt (1 g Pentose = 0,883 g Pentosane), Zellulose- und Zellmembranbestimmungen finden sich in den auf S. 32 zitierten Arbeiten von Rubner, wo auch die Isolierung der Bestandteile aus Kot mitgeteilt wird.

Auf die Bestimmungen selbst und deren Verwertung einzugehen, war hier nicht beabsichtigt; es lag mir nur daran, den Fortschritt in der Brotuntersuchung bei Stoffwechselfragen zu kennzeichen, mit dem auch gleichzeitig eine bessere und klarere Übersicht über das gegeben werden kann, was früher als Kohlehydrate oder N-freie Extraktstoffe zusammengefaßt worden ist.

d) Das Fett im Brotstoffwechselversuch.

Untersucht man bei Brotstoffwechselversuchen den ausgeschiedenen Kot auf Fett mittelst des Soxhletschen Extraktionsverfahrens, so erhält man oft Zahlen, die mit der erwarteten Ausnützung des Fettes im Organismus im Widerspruch stehen. Entweder sind die Werte zu niedrig oder zu hoch. Vielfach kann man sich überhaupt kein rechtes Bild machen, in welcher Weise das Fett verwertet sein könnte, da man in den Ausscheidungsprodukten sogar mehr Fett wieder findet, als eingeführt worden ist.

Das mußte zunächst zu der Annahme führen, daß wir in der Ätherfettlösung nicht den Rest des Fettes vor uns hätten, der nicht resorbiert worden wäre, und bei genauerer Untersuchung hat sich denn auch herausgestellt, daß allerhand ätherlösliche Substanzen darin enthalten sind, die mit „Fett" garnichts zu tun haben.

Wie ich sehe, fiel schon Romberg[4]) bei seinen Brotuntersuchungen die große Verschiedenheit seiner Extraktionswerte auf. Er fand z. B. (ich teile nur einige Zahlen mit):

---

[1]) Rubner S. 76, zit. auf S. 32, Anm. 4.
[2]) Nach Rubner kommen sie frei im Mehl vor. Nach Neuberg finden sie sich niemals frei.
[3]) Bei König S. 447, zit. auf S. 37, Anm. 1.
[4]) Romberg S. 261 ff., zit. auf S. 24, Anm. 1.

		Einnahme an Fett	„Fett" im Kot (Soxhletverfahren)
Brot 1 aus Mehl 1	I	20,21	6,48
	II	20,21	11,37
Brot 7 aus Mehl 7	I	5,88	12,74
	II	10,01	5,47
Brot 10 aus Mehl 10	I	2,91	6,60
	II	2,91	8,94
Brot 12 aus Mehl 12		12,18	10,33
Brot 4 aus Mehl 4	I	11,87	10,51
	II	6,27	13,56

Logischer Weise sah er in den großen Unregelmäßigkeiten, daß es sich „um keine brauchbaren, ja nicht selten um handgreiflich irrationelle Werte handelte" und unterließ es, hieraus eine etwaige Fettausnutzung zu berechnen.

Bei meinen Brotversuchen gestalteten sich die mittels Soxhlet extrahierten Fettmengen gleichmäßiger. Ich erhielt z. B. bei Vollkornbroten[1]) innerhalb 44 Tagen als Mittelzahlen in 5 Perioden (bei gemischter Nahrung):

		Einfuhr an Fett	Soxhletauszug aus Kot
Rolandbrot	10 Tage	95,67 g	6,54 g
Growittbrot „fein" . . I.	7 „	97,12 „	5,77 „
Growittbrot „fein" . . II.	7 „	95,72 „	5,93 „
Growittbrot „grob"	10 „	96,42 „	7,79 „
Klopferbrot	10 „	96,42 „	5,14 „

und bei einer Reihe anderer Brote[2]) (je 5 tägige Versuche):

	Einfuhr	Soxhletauszug
K-Brot (Schwarzbrot)	88,23 g	4,78 g
K-Brot (Feinbrot)	87,73 „	3,76 „
„Kölner" Brot	87,73 „	3,45 „
Roggenbrot (80% ausgemahlen) . .	88,28 „	4,13 „
Weizenbrot (80% ausgemahlen) . .	88,28 „	3,97 „
Weizenbrot (70% ausgemahlen) . .	87,83 „	2,93 „
Pumpernickel	89,38 „	5,49 „
Schrotbrot	89,13 „	6,44 „
Kommißbrot	88,78 „ .	5,50 „ .

Da sich aus den vorliegenden Zahlen eine mittlere Ausnützbarkeit des Fettes von 92—96% errechnen ließ und eine solche den Tatsachen wohl entsprechen konnte, hegte ich selbst zunächst keinen Zweifel an der Richtigkeit, bis mich neue Zahlen eines besseren belehrten.

Bei einem abermaligen Brotversuch mit alleiniger Brotnahrung[3]), in welchem nur sehr geringe Mengen Fett gereicht wurden, schied ich stets bedeutend mehr „Fett" aus.

		Einnahme an Fett	Soxhletauszug aus Kot
I. Periode	6 Tage	2,75 g	6,80 g
II. „	6 „	4,13 „	6,63 „
III. „	5 „	5,5 „	6,24 „
IV. „	5 „	5,5 „	6,50 „
V. „	8 „	5,5 „	6,00 „
VI. „	5 „	5,5 „	5,93 „
VII. „	5 „	5,5 „	5,80 „

---

[1]) R. O. Neumann, Brotarbeit II, S. 57.
[2]) R. O. Neumann, Brotarbeit I, S. 11 u. 15.
[3]) R. O. Neumann, Brotarbeit IV.

Hiernach würden die geringen Fettmengen nicht nur nicht unresorbiert geblieben sein, sondern der Körper würde direkt Fett von seinem Bestande abgegeben haben, das sich dann im Kot wiedergefunden hätte. Das ist aber natürlich ganz unmöglich und widersinnig. Die erheblichen Mengen von 88—97 g Fett, die in den ersteren Versuchen anstandslos resorbiert worden sind, bewiesen schon das Gegenteil.

Etwas fällt aber bei allen diesen in 129 Brotversuchstagen und an ein und derselben Person gewonnenen Zahlen auf, daß sie sich stets in ziemlich gleichen Grenzen halten und kaum über 7 g hinausgehen. Wenn also jeden Tag eine etwa gleich große Menge — im Mittel 5,25 g — Substanz abgegeben wird, ganz gleichgültig, ob 100 g oder 3 g Fett eingeführt wurden, so können diese Substanzen nichts mit dem genommenen Fett zu tun haben.

O. v. Hellens[1]) machte bei seinen Untersuchungen über finnisches Roggenbrot ähnliche Beobachtungen, und Tigerstedt[2]) schließt, daß, wenn die Menge des aus den Fäces erhaltenen Ätherextraktes nicht mehr als 6—7 g pro Tag beträgt, dasselbe im wesentlichen vom Organismus selbst herrührt und nicht etwa Reste der eingeführten Nahrung darstellt.

Ich verweise hier auch auf die Ausführungen von Rubner und Thomas[3]). Sie erhielten bei der Extraktion von 12 Roggenbrotkoten 1,9—7,0 g Ätherextrakt (Mittel 3,3 g) pro Tag. Das ist eine Menge, die den von mir gefundenen Zahlen nahe liegt. Die Verff. kommen ebenfalls zu dem Schluß, daß es sicher steht, daß der Ätherextrakt des Kotes, noch dazu bei Gaben von kleinen Fettmengen in der Kost, mit der Menge des eingeführten Nahrungsfettes[4]) nichts zu tun hat.

Aus alledem wird man entnehmen müssen, daß die Berechnung der Ausnützbarkeit des Fettes bei Brotuntersuchungen zwecklos ist, weil die im Soxhlet extrahierten „Fett"mengen keine Anhaltspunkte für eine zuverlässige Beurteilung bieten.

Im übrigen mag an dieser Stelle wiederum darauf aufmerksam gemacht werden, daß mittels des Soxhletverfahrens die restlose Gewinnung des Fettes aus einer getrockneten Substanz nicht zu erzielen ist. Das ist nicht nur sehr unangenehm für die Beurteilung der Fettsubstanzen im Kot, sondern auch ganz besonders macht sich diese Unvollkommenheit fühlbar, wenn es sich um ganz genaue Angaben über die Fetteinfuhr im Brot handelt. Diesem schon geraume Zeit erkannten Mangel hat Sonntag[5]) durch die Ausarbeitung einer neuen Fettbestimmungsmethode in jüngster Zeit abgeholfen. Das Verfahren basiert auf der Extraktion des Fettes durch Petroläther mittels Ausschütteln und ist kurz folgendes: 2—3 g lufttrockener Kot werden in einem Erlenmeyerkolben mit einem Gemisch aus 4 Raumteilen Petroläther und 1 Teil

---

[1]) O. von Hellens, Untersuchungen über den Nährwert des finnischen Roggenbrotes. Skand. Archiv f. Physiol. 1913, **30**, 259.

[2]) R. Tigerstedt (Nagels Handb. d. Physiol. d. Menschen 1909, **1**, 349), zit. bei v. Hellens.

[3]) M. Rubner und K. Thomas, Die Verdaulichkeit des Roggens bei verschiedener Vermahlung. Archiv f. Anat. u. Physiol. (physiol. Abt.) 1916, S. 194.

[4]) Für „eingeführtes Nahrungsfett" steht im Original nochmals „Ätherextrakt im Kot". Ist wohl ein Druckfehler.

[5]) G. Sonntag, Ein neues Ausschüttelverfahren zur Bestimmung des Fettes im Kot. Arbeiten a. d. Kaiserl. Gesundheitsamte 1918, **51**, Heft 1, S. 25.

Essigsäure durchfeuchtet. (Verbrauch etwa 2—3 ccm.) Nach 5 Minuten werden 20—25 ccm kalte 50 proz. (gleiche Raumteile!) Schwefelsäure hinzugefügt und das ganze 8 Minuten lang auf dem Wasserbade erwärmt. Nachdem sich die Mischung unter Zusatz von 15—25 ccm Wasserstoffsuperoxyd geklärt hat, wird sie auf 80 ccm verdünnt, abgekühlt und unter Hinzufügen von 20 ccm 96 proz. Alkohol in einem Scheidetrichter mit 100 ccm Petroläther (S. P. 30—60°) ausgeschüttelt. Die Petrolätherlösung läßt man nach dem Schütteln ablaufen, und schüttelt das Überstehende noch sechsmal mit je 50 ccm Petroläther aus. Die Petrolätherauszüge werden vereinigt und nach Abdestillieren des Petroläthers der Rückstand gewogen. Wegen Einzelheiten verweise ich auf das Original.

Die vergleichenden Untersuchungen zwischen dem herkömmlichen Soxhletverfahren und der neuen Methode haben nun ergeben, daß durch das Ausschüttelungsverfahren bei weitem mehr Fett herausgelöst wird, wie ehedem. (Viele Zahlen im Original!)

Auch beim Brot konnte viel mehr Fett herausgezogen werden. So fanden sich[1] z. B. bei Brot mit 94 proz. ausgemahlenem Mehl in 3 Proben:

nach Soxhlet	nach Sonntag
0,35%	1,13%
0,34%	0,64%
0,34%	0,74%

Da das Verfahren eine Reihe beachtenswerter Vorzüge aufweist, so wird es bei Stoffwechselversuchen an die Stelle des Soxhletverfahrens treten müssen.

e) Der Wassergehalt des Kotes und seine Bestimmung.

Der Wassergehalt des Kotes ist davon abhängig, ob die unverdauten Residuen im Dickdarm stärker oder weniger intensiv eingedickt werden. Vollzieht sich dieser Vorgang in normaler Weise und wurde auch gleichzeitig eine nicht ungewohnte Nahrung eingenommen, dann saugt der Darm in einer bestimmten Zeit so viel Wasser aus dem Kot auf, daß derselbe als dickbreiige Masse abgegeben werden kann. In vielen Fällen treten aber doch Störungen in dem Magendarmkanal auf, die eine vermehrte Peristaltik des Darmes bedingen und den Kot vorzeitig zur Entleerung bringen lassen oder die normale Aufsaugfähigkeit verhindern.

Solche Störungen scheinen außerordentlich häufig zu sein und ereignen sich gerade bei Stoffwechselversuchen nicht ganz selten, weil der Darm an die ganz veränderte, ihm vielleicht garnicht zusagende Nahrung nicht gewöhnt ist und mit Reizerscheinungen reagiert. Letztere beeinflussen aber dann die Konsistenz und wahrscheinlich auch die chemische Zusammensetzung, was für das Ergebnis des Versuches keineswegs gleichgültig ist.

Daher sollten Personen, die in dieser Beziehung nicht „taktfest" sind und bei kleinen Abweichungen von der Ernährungsnorm sofort mit dünnen Stühlen reagieren, von derartigen Versuchen abstehen.

Wie unregelmäßig der Kot in seiner Konsistenz sein kann, geht aus den

---

[1] Briefliche Mitteilung des Herrn Geh.-Rat Rost.

Untersuchungen von Romberg[1]) hervor, an denen sich etwa 10 verschiedene Personen in einer großen Reihe von Einzelversuchen beteiligten. Dort schwankte der Wassergehalt des Kotes zwischen 30 und 85%! Es mußte also in dem einen Extrem geradezu ein „knochenharter" Kot (altbackenes trockenes Brot enthält ungefähr 30% Wasser), in dem anderen dagegen ein dünnbreiiger vorgelegen haben.

Auch sonst fand ich bei Berechnung der Zahlen in anderen Brotversuchen sehr große Differenzen.

Es fragt sich nun, welcher Feuchtigkeitsgrad als etwa normal angesehen werden kann. Gemeinhin betrachtet man den Kot in seiner Konsistenz als normal, wenn er nicht zu dünn und nicht hart ist, also eine derbbreiige Beschaffenheit aufweist. Dazu bedarf es von seiten des Darmes einer besonderen Regulierung. An sich sehr wasserreiche Nahrungsmittel, wie z. B. Kraut, Gemüse, Kartoffeln, die 90 und mehr Prozent Feuchtigkeit aufweisen, erfordern eine wesentliche Eindickung. Wasserärmere Produkte, wie Brot u. dgl., mit etwa 40—45% Wassergehalt müssen noch Feuchtigkeit aufnehmen. Das ist aber auch wieder verschieden, je nachdem das Brot viel oder wenig wasserbindende Substanzen enthält (holzfaserartige Stoffe, Zellulose, Kleie). So sehen wir in sehr lehrreicher Weise, wie z. B. beim Strohmehlbrot, mit 20% Strohmehl, um den Kot aus 500 g Brot zu bilden, 413 g Wasser, bei Strohmehlbrot mit 14% Strohmehl 325 g, bei Schwarz- und Schrotbroten, in denen schon weniger zellulosereiche Stoffe enthalten sind, nur 274 g (Pumpernickel), 270,7 g (Schwarzbrot), 249,3 g (Schrotbrot), 204,6 g (Kommißbrot) Wasser notwendig sind. Und bei Feinbroten mit nur äußerst wenig „Rohfaser" genügen, um einen normalen Kot zu bilden, bei Weizenbrot mit Mehl zu 80% ausgemahlen, bereits 148 g, bei Weizen-Roggenbrot (Feinbrot) 140,9 g und bei Weizenbrot mit Mehl zu 70% ausgemahlen nur 126,2 g[2]).

Untersucht man nun solchen in seiner Konsistenz normal erscheinenden Kot, so findet man recht konstante Verhältnisse.

In meinem ersten Brotversuch mit 12 verschiedenen Broten und gemischter Nahrung ergaben sich innerhalb 63 Versuchstagen Schwankungen von 76,7 bis 83%. Im zweiten 44 tägigen Versuch mit 5 verschiedenen Brotsorten fanden sich bei gemischter Kost Schwankungen von 77—84%. Im dritten Versuch von 15 Tagen mit alleiniger Brotkost waren bei drei verschiedenen Broten Schwankungen von 80,9—83,2% nachzuweisen, und endlich im vierten Versuch, der 40 Tage dauerte, wiesen die Schwankungen bei alleiniger Brotkost 79,8—81% Feuchtigkeit auf.

Das Mittel aus allen Versuchen in 162 Versuchstagen mit 21 Broten beträgt demnach 80,7%. Man wird also wohl nicht fehl gehen, einen Kot, der 80—81% Feuchtigkeit enthält, als einen in seiner Konsistenz normalen ansehen zu müssen.

Dabei ist zu berücksichtigen, daß das Gesagte auch für Kot gilt, der zu normaler Zeit (außerhalb des Versuches) entleert wurde, d. h. etwa 12 Stunden nach der letzten Speiseaufnahme. (In meinen Versuchen täglich früh 6$^{1}/_{2}$, nachdem am Abend vorher um 7 Uhr die letzte Mahlzeit beendet war.)

---

[1]) Romberg, zit. auf S. 24, Anm. 1.
[2]) R. O. Neumann, Brotarbeit I.

Wenn dagegen, wie von Romberg berichtet wird, einige Versuchspersonen bis zu 4 Tagen auf eine Kotablage warten mußten, so erhärtet im Darmrohr der Kot durch Wasserentziehung immer mehr und es nimmt dann nicht wunder, wenn er bis zu 30% Wassergehalt sinkt. Neben der Unzulänglichkeit für die Gesundheit dürfte ein solcher Kot auch für die Verwertung im Stoffwechselversuch zweifelhaft geworden sein, da ein chemischer Abbau während der langen Verhaltungszeit schon erfolgt sein muß.

Zur Bestimmung des Kotes folgende Bemerkungen: Als Ausgangsmaterial für die Bestimmung des Fettes, der Rohfaser und der Asche verwendet man allgemein den vorgetrockneten Kot. Auch die Stickstoffanalysen werden meist mit getrocknetem Material ausgeführt, und nur in einzelnen Fällen wird frischer Kot benützt. Für solche Fälle, wo man nicht Zeit hat, alle Kotanalysen auf einmal zu bewältigen, ist es zweckmäßiger, den Kot zu trocknen, weil er verschlossen unbegrenzt haltbar ist.

Ein Verfahren, das nicht überall gleichmäßig durchgeführt wird, ist die Wasserbestimmung im Kot. In dem einen Fall wird zur weiteren Analyse „lufttrockener" Kot benützt, im anderen Falle Kot, der bei höheren Temperaturen oder bis zur Gewichtskonstanz getrocknet wurde. Das ist aber nicht ein und dasselbe und führt zu Differenzen. Mohr und Beutenmüller[1]) trocknen z. B. bei 100°, Romberg[2]) bei 98—99°. Weitzel[3]) berichtet von Nachtrocknung nichts und verwendet den Kot in lufttrockener Substanz.

Ich habe früher ebenfalls „lufttrockenen" Kot zur Stickstoffanalyse benutzt, bin aber sehr bald davon abgekommen, nachdem ich mich überzeugt hatte, daß „lufttrocken" doch ein sehr dehnbarer Begriff ist. Selbst wenn man, wie Weitzel, auch eine bestimmte Zeit der Abkühlung nach dem Trocknen auf dem Wasserbade (dort eine halbe Stunde) festsetzt, so ist damit ein bestimmter Feuchtigkeitsgehalt damit noch nicht charakterisiert. Je feuchter die Luft ist und je wärmer der Kot war, um so mehr Wasser zieht er wieder an. Ich konnte feststellen, daß ein im Wasserbade oder auf Porzellantellern bei gelinder Wärme gut getrockneter Kot in wenigen Stunden 0,5—1%, in 12 Stunden aber 2—3,4% Feuchtigkeit aufnahm. Daher trockne ich zwar auch jetzt noch den Kot, wie beschrieben, vor, aber dann einen Teil im Wägegläschen bei 100° bis zur Gewichtskonstanz und verwende zu weiteren Analysen nur diesen.

f) Harnmenge und Harnkonservierung. Körpergewicht.

Die Tagesharnmenge ist sehr verschieden groß. Es finden sich Angaben über Quantitäten von 700 ccm bis zu 2000 ccm und mehr. Bei der gewöhnlichen Flüssigkeitsaufnahme — ohne besondere Zusatzgetränke — werden etwa 1300—1600 ccm abgegeben; doch das wechselt, selbst bei gleichbleibender Nahrung, durch Temperaturschwankungen, Arbeit, Bewegung u. dgl.

Nun hat es an sich für den Ausfall des Versuches nichts zu sagen, wenn pro Tag nur 700—800 ccm oder 1600—1800 ccm ausgeschieden werden; bedenklich

---

[1]) Mohr und Beuttenmüller S. 133, zit. auf S. 36, Anm. 1.
[2]) Romberg S. 259, zit. auf S. 24, Anm. 1.
[3]) Weitzel S. 307, zit. auf S. 37, Anm. 1.

wird die Sachlage nur, wenn in den täglichen Urinmengen große Schwankungen auftreten. Liefert heute der Körper 700 ccm und morgen 1600 ccm, so tritt mit Sicherheit am zweiten Tage eine vermehrte Stickstoffausscheidung auf, die nicht der aufgenommenen Eiweißmenge entspricht, sondern auf N-Retention vom vorhergehenden Tage zurückzuführen ist[1]). Solche unkontrollierbaren Ausfälle sind für die Beurteilung der Eiweißverwertung besonders dann sehr störend, wenn der Versuch nur 2—3 Tage dauert und kein Ausgleich durch eine längere Versuchsperiode geschaffen werden kann.

Daher ist für eine möglichst gleichmäßige Urinausscheidung zu sorgen!

Man kann das bis zu einem hohen Grade erreichen, wenn man den Versuchstag früh um 7 Uhr beginnen läßt, den Harn von da ab bis zum Spätnachmittag sammelt und mißt. Je nach der bis dahin vorhandenen Menge nimmt man noch Zusatzgetränke (Wasser) auf, die das Gesamtquantum bis zum nächsten Morgen auf eine bestimmte Höhe, etwa 12—1300 ccm ansteigen lassen. Durch Ausprobieren gelingt es bald, das notwendige Quantum herauszufinden.

Ich habe auf diese Weise bei all meinen Versuchen jede größere Schwankung vermeiden können und stets Urinmengen von etwa 800—1200 ccm erhalten.

Für die Stickstoffbestimmung halte ich die sofortige Verarbeitung für notwendig. Mit Konservierung des Harnes für etwaige spätere Untersuchung macht man keine guten Erfahrungen. Es scheiden sich schon nach kurzer Zeit Bodensätze aus, ganz gleichgültig, ob man mit Chloroform, Thymol, Formalin oder Fluornatrium konserviert, von denen man nie weiß, wie sie die chemische Beschaffenheit des Urins bei der Länge der Aufbewahrungsdauer beeinflußt haben.

Im engsten Zusammenhang mit der Urinabgabe steht das Körpergewicht. Allerdings spielen dabei Flüssigkeitsaufnahme, Temperaturunterschiede, Körperbeschäftigung, Überfüllung des Magens, Schweißsekretion und Bewegung eine Rolle.

Will man gute verläßliche Zahlen über das Körpergewicht haben, so muß man dasselbe längere Zeit täglich kontrollieren, da eine einzige Wägung gar nichts besagt. Es kommen Schwankungen trotz anscheinend gleichmäßiger Lebensweise pro Tag von 500—600 g vor. Man nimmt die Wägungen stets früh vor, nachdem Urin und Kot entleert sind, bevor man aber noch etwas zu sich genommen hat. Selbstverständlich hat sie in unbekleidetem Zustande zu geschehen.

g) Die mikroskopische Untersuchung.

Die mikroskopische Untersuchung der Fäces hat dort ihre große Bedeutung, wo es sich um die Diagnose gewisser pflanzlicher und auch tierischer Stoffe, die in der Nahrung aufgenommen wurden, handelt. Auch zum Nachweis von morphologischen Veränderungen, die die Zellen im Magendarmkanal erleiden, zieht man sie heran. Bisher hatte man die mikroskopische Untersuchung des Kotes aber nicht dazu ausersehen, daß sie den Schlüssel zur Beurteilung der Verdaulichkeit eines Nahrungsmittels liefern sollte. Das hat sich

---

[1]) R. O. Neumann, Der Einfluß größerer Wassermengen auf die Stickstoffausscheidung des Menschen. Archiv f. Hygiene 1899, **36**.

nun neuerdings geändert, und zwar seit der Zeit, seit der man lebhaft über die Verdaulichkeit der in den sog. „Ganz- oder Vollkornbroten" vorhandenen Kleiebestandteile diskutierte. Hier wiederum war es die Kleberzellenschicht, die interessierte. Da das Eiweiß aus den starkwandigen Zellen anscheinend nicht herausgelöst werden kann, so liefen die Methoden „der Aufschließung" darauf hinaus, diese Zellen möglichst zu zertrümmern, und so sollte nunmehr das Mikroskop Aufklärung schaffen, was der Eingriff geleistet hatte. Es liegen auch schon Angaben vor[1] u. [2]), nach denen die Prozentzahl der „eröffneten" Kleberzellen angeblich bestimmt werden kann. Unter „eröffnet" sind die ganz oder teilweise entleerten Zellen verstanden.

Selbst wenn es denkbar wäre, im gesamten Stuhl (es macht schon in einem einzigen Präparat Schwierigkeiten, wovon ich mich oft genug überzeugt habe) sämtliche geöffnete Zellen herauszufinden, so ist damit natürlich noch lange nicht gesagt, ob nun auch eine den geöffneten Zellen äquivalente Menge des Kleberzelleneiweißes verdaut ist. Das letztere ist ein Zustand, den nur der Stoffwechselversuch klar erkennen läßt, aber nicht das Mikroskop.

Daher möchte ich hier zunächst nur vor einer Überschätzung solcher Befunde warnen. Es wird aber weiter unten bei der Besprechung des Groß schen Vollbrotes (S. 169) davon noch ausführlicher die Rede sein.

B. Der Stoffwechselversuch.

Was in diesem Kapitel mitgeteilt wird, bezieht sich nur auf die Anlage des Versuches und seine Ausführung, auf die verwendeten Brote und deren Zusammensetzung, auf die zahlenmäßigen Resultate und deren physiologische Bewertung.

Die Beurteilung der Brote hinsichtlich der gewonnenen Ergebnisse soll unter Berücksichtigung der Literatur im Zusammenhang mit den anderen Broten im zweiten Teil der Arbeit besprochen werden.

Die Veranlassung zu den nachstehenden Versuchen gab das von H. Friedenthal angegebene Strohmehlbrot, für das er im Frühjahr 1915 in Schrift und Wort[3]) auf das entschiedenste eintrat und von dem sich Proben bereits im Verkehr befanden. Untersuchungen am Menschen über die Brauchbarkeit des Brotes für Ernährungszwecke lagen von keiner Seite vor, auch nicht von Friedenthal selbst, und da auch bisher Erfahrungen über die Verwertbarkeit des Strohmehls im menschlichen Organismus fehlten, so waren Versuche mit dem Strohmehlbrot dringend erwünscht und geboten, zumal das Strohmehlbrot für die Ernährung weiter Kreise dienen sollte.

Um ein einwandfreies Urteil über dasselbe zu gewinnen, mußte es mit anderen Broten im Stoffwechsel verglichen werden, und so schien es mir zweckmäßig, zunächst das damals eben offiziell gewordene Kriegsbrot (K-Brot)[4])

---

[1]) W. Scheffer, Zur mikroskopischen Untersuchung der Vollkornbrote. Technische Rundschau, Beilage des „Berliner Tageblattes" 1914, Nr. 48, S. 501.

[2]) W. Scheffer, Mikroskopische Dünnschnitte durch Gebäcke. Zeitschr. f. d. ges. Getreidewesen 1916, Nr. 1 u. 2, S. 6.

[3]) Vgl. die zusammenhängende Darstellung im 2. Teil S. 256.

[4]) Ebenda S. 227.

mit heranzuziehen. Außerdem wählte ich dazu noch reines Weizenbrot[1]) und reines Roggenbrot[2]) aus und einige Brote, die auch vor dem Kriege allgemein im Gebrauch waren, das Kommißbrot[3]), das rheinische Schrotbrot[4]) und das Pumpernickel[5]). Endlich sollte auch ein Spezialbrot mit Blutzusatz, das sog. Blockbrot[6]), welches ebenfalls am Anfang des Krieges warm empfohlen wurde, und noch ein anderes echtes Kriegsprodukt, das sog. Kölner Brot[7]) aus Mais, Gerste und Reis, zum Vergleiche dienen. Es war damit eine Serie zusammengestellt, in der zwei Extreme, ein Brot aus feinst vermahlenem Weizenmehl und ein solches aus groben Roggenschrot den Anfang und das Ende der Untersuchungsreihe bildeten und in der auch wohl das Strohmehlbrot Platz finden mußte.

1. Herkunft und Mehlmischungen der verwendeten Brote.

Die Angaben über die Mehlmischungen beruhen auf behördlichen Unterlagen oder schriftlichen Mitteilungen der betreffenden Bäckereien.

A. Brote, lediglich aus Weizenmehl:

1. Brot aus Weizenmehl zu 70% ausgemahlen, wie es vor dem Kriege zu Semmeln verwendet wurde.

2. Brot aus Weizenmehl zu 80% ausgemahlen.
Beide Mehle stellte das städtische Mehldepot in Bonn zur Verfügung.
Die Brote wurden vom Bäcker Weiß in Bonn gebacken.

B. Brote, lediglich aus Roggenmehl:

3. Brot aus Roggenmehl zu 80% ausgemahlen.
Mehl und Brot stammt aus denselben Quellen.

C. Brote aus Roggenmehl, Roggenschrot, Weizenmehl bzw. deren Mischungen mit Zusatz von Streckmitteln:

a) Mit Zusatz von Strohmehl:

4. Strohmehlbrot aus:

80% Roggenmehl zu 80% ausgemahlen und
20% feinst gepulvertem Strohmehl.

5. Strohmehlbrot aus:

86% Roggenmehl zu 80% ausgemahlen und
14% Strohmehl.

Beide Brotsorten wurden auf amtliche Veranlassung des Ministeriums des Innern in der Strafanstalt Moabit in Berlin hergestellt und durch Herrn Geh. Regierungsrat Prof. Juckenack mir zu Versuchszwecken übersandt.

b) Mit Zusatz von Kartoffelwalzmehl:

6. K-Brot (sog. Feinbrot):

90 Teile einer Mischung aus
30% Roggenmehl zu 80% ausgemahlen und
70% Weizenmehl zu 80% ausgemahlen
+ 10 Teile Kartoffelwalzmehl,

---

[1]) Vgl. die zusammenhängende Darstellung im 2. Teil S. 106.
[2]) Ebenda S. 87.   [5]) Ebenda S. 134.
[3]) Ebenda S. 137.   [6]) Ebenda S. 292.
[4]) Ebenda S. 134.   [7]) Ebenda S. 207.

mithin bestehend aus:

> 27% Roggenmehl
> 63% Weizenmehl
> 10% Kartoffelwalzmehl.

7. K - Brot (sog. Schwarzbrot), hergestellt aus:

> 200 Pfund Roggenschrot
> 100 ,, Roggenmehl zu 80% ausgemahlen
> 40 ,, Kartoffelwalzmehl,

mithin bestehend aus:

> 58,8% Roggenschrot
> 29,4% Roggenmehl
> 11,8% Kartoffelwalzmehl.

Mehle und Brote lieferte Bäcker Weiß in Bonn.

D. Brote aus Roggenmehl, Roggenschrot, Kleie, Weizenmehl bzw. deren Mischungen ohne Zusatz von Streckmitteln:

8. Soldatenbrot (Kommißbrot):

Das Brot wurde mir überwiesen vom Kgl. Proviantamt Köln und bestand nach amtlicher Mitteilung aus:

> ,,60% Roggenmehl
> 40% Weizenmehl
> mit 5% Kleieauszug.''

9. Rheinisches Schwarzbrot, hergestellt aus:

> 3250 g Roggenschrot
> 250 ,, Weizenmehl zu 80% ausgemahlen
> 400 ,, Roggenmehl zu 80% ausgemahlen
> 3000 ,, Wasser,

mithin bestehend aus:

> 83,3% Roggenschrot
> 6,4% Weizenmehl
> 10,3% Roggenmehl.

Das Brot ist in Bonn sehr verbreitet. Es wurde geliefert vom Bäcker Schraut & Cie. in Bonn.

10. Blutbrot oder auch als ,,Blockbrot'' oder ,,Globulinbrot'' bezeichnet.

Das Blutbrot wurde von verschiedenen Bäckern in Bonn nach der Vorschrift von Block gebacken. Nach den Angaben von Bäcker Schraut & Cie. in Bonn, der das Brot für meine Versuche herstellte, ist es genau so zusammengesetzt wie das Rheinische Schrotbrot, nur wurden von den 3000 g Wasser 2000 g durch Blut ersetzt.

11. Westphälisches Pumpernickel, hergestellt aus:

> 100 kg Roggenschrot
> 20 ,, Kleie
> 5 ,, Feinzucker.

mithin bestehend aus:

> 80% Roggenschrot
> 16% Kleie
> 4% Feinzucker.

Es wurde nach dieser Vorschrift vom westfälischen Bäcker Schulten in Kessenich bei Bonn angefertigt.

E. Brot ohne Roggen- und Weizenmehl:
12. Sog. Kölner Brot.

Das „Kölner Brot" fand zu Anfang des Krieges in Köln und in der Umgebung guten Absatz, da es ohne Marken verkauft wurde. Der Vertrieb lag in den Händen der „Rheinischen Brotfabrik" Cöln - Hohenberg, Schulstraße 5, von wo es auch mir zugestellt wurde. Nach den Mitteilungen des Direktors der Brotfabrik war das Brot bereitet aus:

50% Mais
30% Gerste
20% Reis.

Nähere Angaben über Ausmahlungsgrad des Materials, Zubereitung und Backprozeß mir mitzuteilen wurden abgelehnt.

2. Anlage des Stoffwechselversuches.

Der gesamte Versuch dauerte 63 Tage ohne Unterbrechung. Zwecks Gewöhnung an die neue Kost ließ ich drei Brottage vorausgehen, so daß sich die eigentlichen Brotversuche auf 60 Tage verteilen. Jede der 12 Brotsorten umfaßte eine Prüfungsperiode von 5 Tagen. Auf das Strohbrot entfielen 10 Tage.

Die Reihenfolge mußte so gewählt werden, daß möglichst sichtbare Ausschläge erzielt wurden und bei den Vergleichsbroten die Unterschiede deutlich hervortreten konnten.

Daher begannen die Versuche mit:

K - Brot (Schwarzbrot), als einem stark schrothaltigen Roggenbrote. Ihm folgte:

K - Brot (Feinbrot), als ein schrotloses Weizenbrot; und im Anschluß daran das bisher noch unbekannte sog.

Kölner Brot, aus Mais, Gerste und Reis.

Eine zweite Reihe umfaßte die Strohmehlbrote mit 20% und 14% Strohmehl, und zwar so, daß als Vergleich zu Anfang

Roggenbrot (zu 80% ausgemahlen) gereicht wurde; dann folgte

Strohmehlbrot (mit 20% Strohmehl); darauf

Weizenbrot (zu 80% ausgemahlen). Nunmehr folgte

Strohmehlbrot (mit 14% Strohmehl), und endlich reines

Weizenbrot (zu 70% ausgemahlen).

Eine dritte Reihe brachte zuerst das vom Weizenbrot stark abweichende

Pumpernickel, dann folgte der Versuch mit

Blutbrot, dem zum Vergleich das entsprechend zusammengesetzte

Schrotbrot vorausging. Den Schluß bildete das wieder feinere

Kommißbrot.

Die Versuche führte ich an mir selbst aus.

Die Nahrung, die ich dabei genoß, war auch hier, wie bei allen meinen früheren Versuchen so einfach wie möglich gewählt.

Ich habe bei diesem Stoffwechselversuch absichtlich eine gemischte Kost benutzt, um gerade die Wirkung der verschiedenen Brotsorten unter gewöhnlichen Ernährungsbedingungen zu studieren[1]).

[1]) Ich verweise hier auf das im vorigen Abschnitt Gesagte über Stoffwechselversuche mit gemischter Nahrung plus Brot und reiner Brotkost S. 23 u. ff.

Tabelle I.

Prozentuale chemische Zusammensetzung der verwendeten Brote. (In trockener und frischer Substanz.)

	Brote	Wassergehalt	Trockensubstanz	Stickstoff		Eiweiß		Fett		Kohlehydrate		Rohfaser		Asche		Säure: In 100g Brot sind ccm Normalsäure enthalt.	Kalorien
				trocken	frisch	trocken	frisch	trocken	frisch	trocken	frisch	trocken	frisch	trocken	frisch		
1	K-Brot („Schwarzbrot")	40,4	59,6	1,624	0,968	10,15	6,05	0,60	0,36	83,80	49,99	2,39	1,74	2,28	1,36	7,8	233,11
2	K-Brot („Feinbrot")	39,9	60,1	1,932	1,160	12,07	7,25	0,43	0,26	84,70	50,91	1,33	0,79	1,48	0,89	5,4	240,87
3	„Kölner" Brot	44,1	55,9	1,876	1,048	11,72	6,55	0,47	0,26	83,40	46,63	2,17	1,21	2,24	1,25	6,5	220,45
4	Roggenbrot (zu 80% ausgemahl. Mehl)	37,9	62,1	1,596	0,991	9,97	6,19	0,60	0,37	86,10	53,49	1,47	0,91	1,84	1,14	10,0	248,13
5	Strohmehlbrot (mit 20% Strohmehl)	49,7	50,3	1,232	0,619	7,70	3,87	0,57	0,28	81,40	40,95	7,60	3,82	2,76	1,38	9,8	186,36
6	Weizenbrot (zu 80% ausgemahl. Mehl)	41,6	58,4	2,044	1,194	12,77	7,46	0,63	0,37	83,80	48,99	1,03	0,60	1,68	0,98	4,6	234,89
7	Strohmehlbrot (mit 14% Strohmehl)	44,3	55,7	1,288	0,717	8,05	4,48	0,57	0,32	82,20	45,92	6,57	3,65	2,20	1,22	11,2	209,61
8	Weizenbrot (zu 70% ausgemahl. Mehl)	39,3	60,7	2,128	1,291	13,30	8,07	0,47	0,28	84,30	51,22	0,40	0,24	1,48	0,89	1,8	245,69
9	Pumpernickel	42,0	58,0	1,792	1,038	11,20	6,49	1,03	0,59	83,30	48,33	2,40	1,39	2,08	1,20	8,2	243,94
10	Schrotbrot	41,9	58,1	1,680	0,976	10,50	6,10	0,93	0,54	85,09	49,54	1,47	0,85	1,84	1,07	8,0	233,15
11	Blutbrot	34,5	65,5	2,352	1,541	14,70	9,63	0,87	0,57	80,85	52,96	1,63	1,06	1,96	1,28	2,8	261,92
12	Kommißbrot	42,6	57,4	1,988	1,141	12,40	7,13	0,83	0,47	82,30	47,29	2,27	1,30	2,12	1,21	8,6	227,49

Die Nahrung bestand täglich aus:

500 g	Brot
60 „	Fleischwurst
60 „	Edamer Käse
60 „	ausgelassenem Schweinefett und etwa

1000—2000 ccm Wasser.

Alkoholika, Kaffee, Tee usw. wurden vermieden.

Fleischwurst und Käse derselben Art und Herkunft besorgte ich mir in größerer Menge für den ganzen Versuch, so daß die einheitliche Zusammensetzung gewährleistet war. Das Fett schmolz ich aus gleichen Teilen Schweineflomen und ungeräuchertem Speck aus. Die Brote für die jeweilige Periode wurden so gebacken, daß sie zu Beginn der Periode 2 Tage alt waren. Auch das zugesandte Brot wurde 48 Stunden alt verwendet. Nur das Strohmehlbrot hatte, infolge des längeren Transportes 3 Tage gelegen. Vom Brot wurde stets die Rinde entfernt und nur die Krume genossen.

Der Versuchstag begann morgens 7 Uhr und endete am folgenden Morgen 7 Uhr. Der Tagesharn wurde gesammelt, die Defäkation erfolgte ausschließlich und ganz regelmäßig einmal morgens vor 7 Uhr. Das Körpergewicht wurde morgens nach der Kot- und Urinabgabe festgestellt. Die Tätigkeit war die gewöhnliche im Laboratorium und im Institut.

Sämtliche Analysen wurden von mir selbst ausgeführt.

3. Zusammensetzung und Beschaffenheit d. verwendeten Brote.

Die in nebenstehender Tabelle wiedergegebenen Zahlen aus der chemischen Untersuchung der Brote beziehen sich auf die Krume des

Brotes. Die Werte sind gewonnen, nachdem das Brot nach der Herstellung 48 Stunden gelagert hatte.

So groß das Zahlenmaterial ist, so groß sind auch die Verschiedenheiten, die sich hier bei den einzelnen Broten kundgeben. Kaum ist ein Wert dem anderen gleich. Es ist dies aber auch nicht verwunderlich, wenn man in Betracht zieht, daß Brote vom feinsten bis zum gröbsten, vom kleieärmsten bis zum kleiereichsten, und auch viele Zwischenstufen vertreten sind.

Um den Einblick und die Übersichtlichkeit zu erleichtern, habe ich die Zahlenergebnisse aus der Untersuchung des Wassergehaltes, des Eiweißgehaltes, des Fettgehaltes, des Kohlehydratgehaltes, des Rohfasergehaltes, des Aschegehaltes, des Säuregehaltes und des Kaloriengehaltes nach ihrer Größe geordnet und in umstehende Rubriken zusammengefaßt:

Aus dieser Anordnung ist ohne weiteres zu ersehen, in welchen Grenzen sich die gefundenen Mengen bewegen, wie weit die Extreme auseinander liegen und welche Stellung die einzelnen Brote zueinander einnehmen.

Der mittlere Wassergehalt beträgt 41,5%; um diesen gruppieren sich:
Weizenbrot (80%) [41,6], Schrotbrot [41,9] und K-Brot (Schwarzbrot) [40,4].

Der mittlere Eiweißgehalt beträgt 6,6%; um diesen gruppieren sich:
Pumpernickel [6,49], „Kölner" Brot [6,55] und Roggenbrot (80%) [6,19].

Der mittlere Fettgehalt beträgt 0,39%; um diesen gruppieren sich:
K-Brot (Schwarzbrot)[0,36], Weizenbrot(80%)[0,37]undRoggenbrot(80%)[0,37].

Der mittlere Kohlehydratgehalt beträgt 48,8%; um diesen gruppieren sich:
Weizenbrot (80%) [48,90], Schrotbrot [49,5] und K-Brot (Schwarzbrot) [49,9].

Der mittlere Rohfasergehalt[1]) beträgt 0,84%; um diesen gruppieren sich:
Schrotbrot [0,85], Roggenbrot (80%) [0,91] und K-Brot (Schwarzbrot) [0,79].

Der mittlere Aschegehalt beträgt 1,16%; um diesen gruppieren sich:
Roggenbrot (80%) [1,14], Pumpernickel [1,20] und Kommißbrot [1,21].

Der mittlere Säuregehalt beträgt 7 ccm Normalsäure für 100 g Brot; um diesen gruppieren sich:
„Kölner" Brot [6,5], K-Brot (Schwarzbrot) [7,8] und Schrotbrot [8,0].

Der mittlere Kaloriengehalt beträgt 233,0; um diesen gruppieren sich:
K-Brot(Schwarzbrot)[233,1], Schrotbrot(80%)[233,2]undWeizenbrot(80%)[234,8].

Demnach würden das K-Brot (Schwarzbrot), das Roggenbrot (80%), das Weizenbrot (80%), also drei Brote von mittlerem Ausmahlungsgrade des Mehles, und auch das Schrotbrot in ihrer chemischen Zusammensetzung in der Mitte der Brote stehen, daneben nach oben und unten auch das Kommißbrot und das Kölner Brot.

Extreme Stellungen nehmen auf der einen Seite das Weizenbrot (70%) und das K-Brot (Feinbrot), auf der anderen Seite die Strohmehlbrote und das Blutbrot ein. Das Pumpernickel schließt sich mehr dem Schrot- und Blutbrot an.

---

[1]) Bei der Feststellung des Mittelwertes der Rohfaser sind die Strohmehlbrote hier nicht mit einbezogen worden. Ihr Rohfasergehalt weicht so von dem der normalen Brote ab [3,65 und 3,82%], daß, wenn man ihn mitberechnete, die Mittelzahl unnatürlich erhöht worden wäre.

Tabelle II.

Gruppierung der Brote nach der Größe ihres Prozentgehaltes an Wasser, Eiweiß, Fett, Kohlehydraten, Rohfaser, Asche, Säure und Kalorien.

1. Nach dem Wassergehalt.		2. Nach dem Eiweißgehalt.		3. Nach dem Fettgehalt.		4. Nach dem Kohlehydratgeh.	
Blutbrot	34,5	Strohmehlbrot (20%)	3,87	„Kölner" Brot	0,26	Strohmehlbrot (20%)	40,95
Roggenbrot (80%)	37,9	Strohmehlbrot (14%)	4,48	K-Brot (Feinbrot)	0,26	Strohmehlbrot (14%)	45,92
Weizenbrot (70%)	39,3	K-Brot (Schwarzbrot)	6,05	Weizenbrot (70%)	0,28	„Kölner" Brot	46,63
K-Brot (Feinbrot)	39,9	Schrotbrot	6,10	Strohmehlbrot (20%)	0,28	Kommißbrot	47,29
K-Brot (Schwarzbrot)	40,4	Roggenbrot (80%)	6,19	Strohmehlbrot (14%)	0,32	Pumpernickel	48,33
Weizenbrot (80%)	41,6	Pumpernickel	6,49	K-Brot (Schwarzbrot)	0,36	Weizenbrot (80%)	48,99
Schrotbrot	41,9	„Kölner" Brot	6,55	Weizenbrot (80%)	0,37	Schrotbrot	49,54
Pumpernickel	42,0	Kommißbrot	7,13	Roggenbrot (80%)	0,37	K-Brot (Schwarzbrot)	49,99
Kommißbrot	42,6	K-Brot (Feinbrot)	7,25	Kommißbrot	0,47	K-Brot (Feinbrot)	50,91
„Kölner" Brot	44,1	Weizenbrot (80%)	7,46	Schrotbrot	0,54	Weizenbrot (70%)	51,22
Strohmehlbrot (14%)	44,3	Weizenbrot (70%)	8,07	Blutbrot	0,57	Blutbrot	52,96
Strohmehlbrot (20%)	49,7	Blutbrot	9,63	Pumpernickel	0,59	Roggenbrot (80%)	53,49

5. Nach dem Rohfasergehalt.		6. Nach dem Aschegehalt.		7. Nach dem Säuregehalt.		8. Nach dem Kaloriengehalt.	
Weizenbrot (70%)	0,24	Weizenbrot (70%)	0,89	Weizenbrot (70%)	1,8	Strohmehlbrot (20%)	186,36
Weizenbrot (80%)	0,60	K-Brot (Feinbrot)	0,89	Blutbrot	2,8	Strohmehlbrot (14%)	209,61
K-Brot (Feinbrot)	0,79	Weizenbrot (80%)	0,98	Weizenbrot (80%)	4,6	„Kölner" Brot	220,45
Schrotbrot	0,85	Schrotbrot	1,07	K-Brot (Feinbrot)	5,4	Kommißbrot	227,49
Roggenbrot (80%)	0,91	Roggenbrot (80%)	1,14	„Kölner" Brot	6,5	K-Brot (Schwarzbrot)	233,11
Blutbrot	1,06	Pumpernickel	1,20	K-Brot (Schwarzbrot)	7,8	Schrotbrot	233,15
„Kölner" Brot	1,21	Kommißbrot	1,21	Schrotbrot	8,0	Weizenbrot (80%)	234,89
Kommißbrot	1,30	Strohmehlbrot (14%)	1,22	Pumpernickel	8,2	K-Brot (Feinbrot)	240,87
Pumpernickel	1,39	„Kölner" Brot	1,25	Kommißbrot	8,6	Pumpernickel	243,94
K-Brot (Schwarzbrot)	1,74	Blutbrot	1,28	Strohmehlbrot (14%)	9,8	Weizenbrot (70%)	245,69
Strohmehlbrot (14%)	3,65	K-Brot (Schwarzbrot)	1,36	Roggenbrot (80%)	10,0	Roggenbrot (80%)	248,13
Strohmehlbrot (20%)	3,82	Strohmehlbrot (20%)	1,38	Strohmehlbrot (20%)	11,2	Blutbrot	261,92

Wie groß die Schwankungen der einzelnen Bestandteile im ganzen sind und welche Extreme vorkommen, zeigen folgende Zahlen:

Der Wassergehalt   34,5 —49,7 % (Blutbrot — Strohmehlbrot 20%)
„ Eiweißgehalt   3,87— 9,63% (Strohmehlbrot 20% — Blutbrot)
„ Fettgehalt   0,26— 0,59% („Kölner" Brot — Pumpernickel)
„ Kohlehydratgehalt   40,95—53,49% (Strohmehlbrot 20% — Roggenbrot 80%)
„ Rohfasergehalt   0,24— 3,82% (Weizenbrot 70% — Strohmehlbrot 20%)
„ Aschegehalt   0,89— 1,38% (Weizenbrot 70% — Strohmehlbrot 20%)
„ Säuregehalt   1,8 —11,2 % (Weizenbrot 70% — Strohmehlbrot 20%)
„ Kaloriengehalt   186,4—261,9 (Strohmehlbrot 20% — Blutbrot).

Es fällt sofort auf, daß bei den niedrigsten und höchsten Zahlen am meisten das Strohmehlbrot und das Weizenbrot (70%) beteiligt sind. Das rührt daher, daß das Strohmehlbrot nach der ungünstigen Seite hin, das Weizenbrot aber nach der günstigen Seite hin die Grenze bildet. Das Blutbrot nimmt eine Sonderstellung ein.

Die Wertschätzung eines Brotes gründet sich bekanntlich in ernährungsphysiologischer Beziehung auf eine größtmögliche Menge an Eiweiß und Kohlehydraten und damit auch an Kalorien. Dagegen sinkt der Wert des Brotes bei zu hohem Wassergehalt, zu hohem Rohfasergehalt, zu hohem Säuregehalt. Auch einem sehr hohen Aschegehalt begegnet man skeptisch, weil daraus die Anwesenheit großer, die Verdauung beeinflussender Zellulosemengen hervorgeht. Der Fettgehalt spielt eine weniger wichtige Rolle, da die Menge stets nur gering ist. Übertragen wir diese Erkenntnis auf das Weizenbrot (70%) und das Strohmehlbrot und untersuchen, in welchen Rubriken auf Tabelle II diese Brote die höchsten und niedrigsten Zahlen einnehmen, so ergibt sich folgendes:

Beim Eiweißgehalt, dem Kohlehydratgehalt und dem Kaloriengehalt steht das Weizenbrot (70%) mit oben an, das Strohmehlbrot rangiert an tiefster Stelle. Umgekehrt ist beim Wassergehalt, dem Rohfasergehalt, dem Aschegehalt und dem Säuregehalt das Weizenmehl (70%) an unterster Stelle zu finden, während das Strohmehlbrot die höchsten Werte in sich vereinigt. D. h. mit anderen Worten: Das, was im Brot wenig wünschenswert erscheint, ist im Strohmehlbrot im Überfluß vorhanden, und die für die Ernährung wichtigsten Bestandteile sinken darin unter die Norm.

Im Vergleich zu den wasserärmsten Broten (34,5%) enthalten die Strohbrote über ein Viertel (49,7%) mehr, gegenüber den Broten von mittlerem Wassergehalt (41,5%) fast ein Fünftel mehr Wasser.

Der Rohfasergehalt des Strohmehlesbrot (3,82%) beträgt etwa das Dreifache des Roggenbrotes (0,91%), etwa das Fünffache des gewöhnlichen Weizenbrotes (0,60%) und etwa das Fünfzehnfache des Weizenbrotes aus feinstem Weizenmehl (0,24%). Der Eiweißgehalt des Strohmehlbrotes sinkt so (3,87%), daß er nur noch die Hälfte des Weizenbrotes (8,07%) und etwa zwei Drittel des Roggenbrotes (6,19%) ausmacht. Ebenso tritt eine Verminderung der Kohlehydrate (40,95%) auf vier Fünftel ein gegenüber dem Roggen- und Weizenbrot (53,49 und 52,96%), und auch der Kaloriengehalt (186,36) ist um ein Viertel niedriger wie beim Weizen- und Roggenbrot (245,69 und 261,92).

Dabei ist zu beachten, daß die betreffenden Strohmehlbrote nur 20 bzw. 14% Strohmehl enthielten. Bei höherem Zusatz würde der Ausfall noch bei weitem größer sein.

Demgegenüber zeigt also das Weizenbrot (70%) die günstigsten Verhältnisse und auch die anderen mit Weizenmehl erbackenen Brote, das Weizenbrot (80%) und das K-Brot (Feinbrot) heben sich vorteilhaft heraus.

Wie schon im vorigen Abschnitt besprochen wurde, kann aber die Beurteilung eines Brotes nicht auf Grund der chemischen Analyse allein erfolgen, weil diese über die Verwertung des Brotes im Organismus nichts aussagt. Jedenfalls ist ein hoher Eiweißgehalt des Mehles bzw. des Brotes allein nicht maßgebend, besonders wenn es nebenbei viel Kleiesubstanzen enthält.

In dieser Beziehung ist das Blutbrot ein interessanter Beleg. Zufolge des hohen Eiweißgehaltes des Blutes (ca. 18%) steigt auch der Eiweißgehalt des Brotes beträchltich an und erreicht in den von mir benutzten Broten 9,63%, also noch 1,5% mehr als das Weizenbrot (70%) enthält. Der Wassergehalt ist sehr gering, er beträgt nur 34,5%; der Kohlehydratgehalt ist sehr hoch (52,96%), ebenso der Kaloriengehalt (261,9). Die Bedingungen an ein „gehaltreiches" Brot würden also gegeben sein, und trotzdem verhält es sich im Stoffwechselversuch, wie wir noch später sehen werden, nicht günstiger als etwa ein Schwarzbrot (K-Brot) oder Schrotbrot.

Auf die Zusammensetzung der übrigen noch nicht genannten Brote, des Kommißbrotes, des Pumpernickels, des Schwarzbrotes, braucht nicht besonders eingegangen zu werden. Die Werte liegen in der Mitte der untersten und obersten Grenzen und bieten nichts besonderes. Nur ist hervorzuheben, daß das Pumpernickel infolge des hohen Kleiegehaltes von 16% und des Roggenschrotgehaltes von 80% recht viel Rohfasergehalt (1,39%) aufweist. Demzufolge konnte auf eine nicht besonders gute Ausnützung gerechnet werden.

Überhaupt kann man bis zu einem gewissen Grade, wenn man den Rohfasergehalt und den Wassergehalt kennt, ohne in große Fehler zu verfallen, die Ausnützbarkeit eines Brotes vorausbeurteilen, und wird ihre Größe bescheiden bemessen müssen, wenn z. B. der Rohfasergehalt sehr hoch und der Wassergehalt sehr niedrig ist.

Ein Zusatz von 10% Kartoffelwalzmehl zum K-Brot (Schwarzbrot) und K-Brot (Weißbrot) war voraussichtlich für die Verwertung im Körper von geringem Belang.

Wie das „Kölner Brot" im Stoffwechsel zu bewerten sein würde, ließ sich nicht leicht vorausbestimmen, da die Kombination von Mais, Gerste und Reis etwas durchaus Neues darstellte und die chemische Zusammensetzung dieses Brotes von der Analyse der gewöhnlichen Brote doch abwich. Der Wassergehalt war ziemlich hoch (44,1%), der Eiweißgehalt mittelhoch (6,55%), Fett fand sich außerordentlich wenig darin (0,26%), auch die Kohlehydrate waren nur gering vertreten (46,63), ebenso die Kalorien (220,45). Andererseits enthielt es viel Asche (1,25%) und ziemlich viel Rohfaser (1,21%).

Über die Beschaffenheit der Brote wird im einzelnen weiter unten im II. Teil der Arbeit noch Mitteilung gemacht werden; es mag aber doch hier

schon darauf hingewiesen werden, daß die Strohmehlbrote außerordentlich feucht,
das Blutbrot sehr fest und zähe war. Die K-Brote hatten eine weiche Konsistenz, das Kölner Brot zeigte stark krümelige Beschaffenheit und trocknete
sehr schnell aus. Aus dem Geschmack konnte man vielfach auf die Beimischung
bzw. Zusammensetzung schließen.

4. Zusammensetzung der neben dem Brot gereichten Nahrungsmittel in Prozenten.

	Wasser-gehalt	Trok-kensub-stanz	Stickstoff		Eiweiß		Fett		Asche		Ka-lorien
			trocken	frisch	trocken	frisch	trocken	frisch	trocken	frisch	
Fleischwurst ·	22,10	77,90	4,708	3,668	29,43	22,93	22,84	17,79	2,15	1,63	259,4
Edamer Käse ·	43,20	56,80	6,653	3,780	41,57	23,63	46,24	26,26	5,63	3,20	341,1
Schweinefett ·	—	100,0	—	—	—	—	—	100,0	—	—	930,0

5. Zusammensetzung der Tagesrationen an Brot, Wurst, Käse und Fett.

Tabelle III.

Zusammensetzung der Tagesrationen an Brot, Wurst, Käse und Fett.

	Menge g	Wasser	Trok-kensub-stanz	N	Ei-weiß	Fett	Koh-lehy-drate	Roh-faser	Asche	Kalo-rien
K-Brot („Schwarzbrot“).	500,0	202,0	298,0	4,84	30,25	1,80	249,9	8,70	6,80	1165,5
K-Brot („Feinbrot“)	500,0	199,5	300,5	5,80	36,25	1,30	254,5	3,95	4,45	1204,3
„Kölner“ Brot	500,0	220,5	279,5	5,24	32,75	1,30	233,2	6,05	6,25	1102,4
Roggenbrot (zu 80% ausgemahl. Mehl)	500,0	189,5	310,5	4,95	30,95	1,85	267,5	4,55	5,70	1240,6
Strohmehlbrot (mit 20% Strohmehl)	500,0	248,5	251,5	3,09	19,35	1,40	204,7	19,10	6,90	931,8
Weizenbrot (zu 80% ausgemahl. Mehl)	500,0	208,0	292,0	5,97	37,30	1,85	244,9	3,00	4,90	1174,5
Strohmehlbrot (mit 14% Strohmehl)	500,0	221,5	278,5	3,58	22,40	1,60	229,6	18,25	6,10	1048,1
Weizenbrot (zu 70% ausgemahl. Mehl)	500,0	196,5	303,5	6,45	40,35	1,40	256,1	1,20	4,45	1228,5
Pumpernickel	500,0	210,0	290,0	5,19	32,45	2,95	241,6	6,95	6,00	1219,7
Schrotbrot	500,0	209,5	290,5	4,88	30,50	2,70	247,7	4,25	5,35	1165,7
„Blut“brot. ‘	500,0	172,5	327,5	7,70	48,15	2,85	264,8	5,30	6,40	1309,6
Kommißbrot	500,0	213,0	287,0	5,70	35,65	2,35	236,4	6,50	6,05	1137,5
Fleischwurst	60,0	13,26	46 74	2,20	13,76	10,67	—	—	0,98	155,64
Edamer Käse	60,0	25,9	34,1	2,27	14,18	15,76	—	—	1,92	204,7
Schweinefett	60,0	—	60,0	—	—	60,0	—	—	—	558,0

6. Ergebnisse aus den Stoffwechselversuchen.

Sämtliche Zahlen über die gesamten täglichen Einnahmen und Ausgaben nebst Verlust, Ausnützung und Bilanz sind in der großen
Tabelle IV zusammengestellt.

Da das umfangreiche Zahlenmaterial aber auch für den Fachmann nicht
leicht übersehbar ist, gebe ich zunächst in Tabelle V die tägliche Gesamtzufuhr an Nahrung in den einzelnen Perioden und in Tabelle VI
die Mittelwerte der gesamten Ausfuhr in den einzelnen Perioden.

Tabelle IV. Einnahmen und Ausgaben im Versuch,

Einnahmen

Perioden	Versuchs-tage	Gesamt-Nahrungs-menge	Trockensub-stanz in der Nahrung	Wasser in der Nahrung	N	Eiweiß	Fett	Kohle-hydrate	Rohfaser	Asche	Kalorien
I. Periode	1	680,0	438,8	241,2	9,31	58,19	88,23	249,9	8,70	9,70	208:
K - B r o t	2	680,0	438,8	241,2	9,31	58,19	88,23	249,9	8,70	9,70	208:
„Schwarzbrot"	3	680,0	438,8	241,2	9,31	58,19	88,23	249,9	8,70	9,70	208:
	4	680,0	438,8	241,2	9,31	58,19	88,23	249,9	8,70	9,70	208:
	5	680,0	438,8	241,2	9,31	58,19	88,23	249,9	8,70	9,70	208:
Mittel		**680,0**	**438,8**	**241,2**	**9,31**	**58,19**	**88,23**	**249,9**	**8,70**	**9,70**	**208:**
II. Periode	6	680,0	441,3	238,7	10,27	64,19	87,73	254,5	3,95	7,35	212:
K - B r o t	7	680,0	441,3	238,7	10,27	64,19	87,73	254,5	3,95	7,35	212:
„Feinbrot"	8	680,0	441,3	238,7	10,27	64,19	87,73	254,5	3,95	7,35	212:
	9	680,0	441,3	238,7	10,27	64,19	87,73	254,5	3,95	7,35	212:
	10	680,0	441,3	238,7	10,27	64,19	87,73	254,5	3,95	7,35	212:
Mittel		**680,0**	**441,3**	**238,7**	**10,27**	**64,19**	**87,73**	**254,5**	**3,95**	**7,35**	**212:**
III. Periode	11	680,0	420,3	259,7	9,71	60,69	87,73	233,2	6,05	9,15	2020
„ K ö l n e r " B r o t	12	680,0	420,3	259,7	9,71	60,69	87,73	233,2	6,05	9,15	2020
	13	680,0	420,3	259,7	9,71	60,69	87,73	233,2	6,05	9,15	2020
	14	680,0	420,3	259,7	9,71	60,69	87,73	233,2	6,05	9,15	2020
	15	680,0	420,3	259,7	9,71	60,69	87,73	233,2	6,05	9,15	2020
Mittel		**680,0**	**420,3**	**259,7**	**9,71**	**60,69**	**87,73**	**233,2**	**6,05**	**9,15**	**2020**
IV. Periode	16	680,0	451,3	228,4	9,42	58,89	88,28	267,5	4,55	8,60	2158
R o g g e n b r o t	17	680,0	451,3	228,4	9,42	58,89	88,28	267,5	4,55	8,60	2158
zu 80% ausgemahlenes Mehl	18	680,0	451,3	228,4	9,42	58,89	88,28	267,5	4,55	8,60	2158
	19	680,0	451,3	228,4	9,42	58,89	88,28	267,5	4,55	8,60	2158
	20	680,0	451,3	228,4	9,42	58,89	88,28	267,5	4,55	8,60	2158
Mittel		**680,0**	**451,3**	**228,4**	**9,42**	**58,89**	**88,28**	**267,5**	**4,55**	**8,60**	**2158**
V. Periode	21	680,0	392,3	287,4	7,56	47,29	87,83	204,7	19,10	9,80	1850
S t r o h m e h l b r o t	22	680,0	392,3	287,4	7,56	47,29	87,83	204,7	19,10	9,80	1850
mit 20% Strohmehl	23	680,0	392,3	287,4	7,56	47,29	87,83	204,7	19,10	9,80	1850
	24	680,0	392,3	287,4	7,56	47,29	87,83	204,7	19,10	9,80	1850
	25	680,0	392,3	287,4	7,56	47,29	87,83	204,7	19,10	9,80	1850
Mittel		**680,0**	**392,3**	**287,4**	**7,56**	**47,29**	**87,83**	**204,7**	**19,10**	**9,80**	**1850**
VI. Periode	26	680,0	432,8	247,2	10,44	65,24	88,28	244,9	3,00	7,80	2092
W e i z e n b r o t	27	680,0	432,8	247,2	10,44	65,24	88,28	244,9	3,00	7,80	2092
zu 80% ausgemahlenes Mehl	28	680,0	432,8	247,2	10,44	65,24	88,28	244,9	3,00	7,80	2092
	29	680,0	432,8	247,2	10,44	65,24	88,28	244,9	3,00	7,80	2092
	30	680,0	432,8	247,2	10,44	65,24	88,28	244,9	3,00	7,80	2092
Mittel		**680,0**	**432,8**	**247,2**	**10,44**	**65,25**	**88,28**	**244,9**	**3,00**	**7,80**	**2092**
VII. Periode	31	680,0	419,3	260,7	8,05	50,34	88,03	229,6	18,25	9,00	1966
S t r o h m e h l b r o t	32	680,0	419,3	260,7	8,05	50,34	88,03	229,6	18,25	9,00	1966
mit 14% Strohmehl	33	680,0	419,3	260,7	8,05	50,34	88,03	229,6	18,25	9,00	1966
	34	680,0	419,3	260,7	8,05	50,34	88,03	229,6	18,25	9,00	1966
	35	680,0	419,3	260,7	8,05	50,34	88,03	229,6	18,25	9,00	1966
Mittel		**680,0**	**419,3**	**260,7**	**8,05**	**50,34**	**88,03**	**229,6**	**18,25**	**9,00**	**1966**
VIII. Periode	36	680,0	444,3	235,7	10,92	68,29	87,83	256,1	1,20	7,35	2146
W e i z e n b r o t	37	680,0	444,3	235,7	10,92	68,29	87,83	256,1	1,20	7,35	2146
zu 70% ausgemahlenes Mehl	38	680,0	444,3	235,7	10,92	68,29	87,83	256,1	1,20	7,35	2146
	39	680,0	444,3	235,7	10,92	68,29	87,83	256,1	1,20	7,35	2146
	40	680,0	444,3	235,7	10,92	68,29	87,83	256,1	1,20	7,35	2146
Mittel		**680,0**	**444,3**	**235,7**	**10,92**	**68,29**	**87,83**	**256,1**	**1,20**	**7,35**	**2146**
IX. Periode	41	680,0	430,8	249,2	9,66	60,39	89,38	241,6	6,95	8,90	2138
P u m p e r n i c k e l	42	680,0	430,8	249,2	9,66	60,39	89,38	241,6	6,95	8,90	2138
	43	680,0	430,8	249,2	9,66	60,39	89,38	241,6	6,95	8,90	2138
	44	680,0	430,8	249,2	9,66	60,39	89,38	241,6	6,95	8,90	2138
	45	680,0	430,8	249,2	9,66	60,39	89,38	241,6	6,95	8,90	2138
Mittel		**680,0**	**430,8**	**249,2**	**9,66**	**60,39**	**89,38**	**241,6**	**6,95**	**8,90**	**2138**
X. Periode	46	680,0	431,3	248,7	9,35	58,44	89,13	247,7	4,25	8,25	2084,
R h e i n i s c h e s	47	680,0	431,3	248,7	9,35	58,44	89,13	247,7	4,25	8,25	2084,
S c h r o t b r o t	48	680,0	431,3	248,7	9,35	58,44	89,13	247,7	4,25	8,25	2084,
	49	680,0	431,3	248,7	9,35	58,44	89,13	247,7	4,25	8,25	2084,
	50	680,0	431,3	248,7	9,35	58,44	89,13	247,7	4,25	8,25	2084,
Mittel		**680,0**	**431,3**	**248,7**	**9,35**	**58,44**	**89,13**	**247,7**	**4,25**	**8,25**	**2084,**
XI. Periode	51	680,0	468,3	211,7	12,17	76,09	89,28	264,8	5,30	9,30	2257,
„ B l u t " b r o t	52	680,0	468,3	211,7	12,17	76,09	89,28	264,8	5,30	9,30	2257,
	53	680,0	468,3	211,7	12,17	76,09	89,28	264,8	5,30	9,30	2257,
	54	680,0	468,3	211,7	12,17	76,09	89,28	264,8	5,30	9,30	2257,
	55	680,0	468,3	211,7	12,17	76,09	89,28	264,8	5,30	9,30	2257,
Mittel		**680,0**	**468,3**	**211,7**	**12,17**	**76,09**	**89,28**	**264,8**	**5,30**	**9,30**	**2257,**
XII. Periode	56	680,0	427,8	252,2	10,17	63,59	88,78	236,4	6,50	8,95	2085,
K o m m i ß b r o t	57	680,0	427,8	252,2	10,17	63,59	88,78	236,4	6,50	8,95	2085,
	58	680,0	427,8	252,2	10,17	63,59	88,78	236,4	6,50	8,95	2085,
	59	680,0	427,8	252,2	10,17	63,59	88,78	236,4	6,50	8,95	2085,
	60	680,0	427,8	252,2	10,17	63,59	88,78	236,4	6,50	8,95	2085,
Mittel		**680,0**	**427,8**	**252,2**	**10,17**	**63,59**	**88,78**	**236,4**	**6,50**	**8,95**	**2085,**

nebst Verlust, Ausnützung und Bilanz.

Ausgaben

Kot feucht	Kot trocken	Kot N	Harnmenge	Harn N	Gesamt-N	Fett	Rohfaser	Asche im Kot	N-Bilanz	N-Verlust in der Ausfuhr	N-Ausnützung	Fett-Verlust in der Ausfuhr	Fett-Ausnützung	Rohfaser-Verlust	Rohfaser-Ausnützung	Asche-Verlust in der Ausfuhr	Asche-Ausnützung	Trocken-substanz-Verlust	Trocken-substanz-Ausnützung
345,0	68,27	3,15	820,0	8,26	11,41	4,69													
335,0	70,34	2,94	830,0	8,62	11,56	4,64													
337,0	70,80	3,25	780,0	7,94	11,19	4,67													
357,0	81,88	3,63	890,0	8,40	12,03	5,03													
340,0	70,30	2,95	820,0	8,93	11,88	4,87													
343,0	**72,32**	**3,18**	**828,0**	**8,43**	**11,61**	**4,78**	**6,92**	**6,27**	**—2,30**	**34,16**	**65,84**	**5,42**	**94,58**	**79,54**	**20,46**	**64,64**	**35,36**	**16,48**	**83,52**
162,0	35,50	1,42	840,0	9,74	11,16	3,98													
178,0	35,40	1,68	920,0	9,58	11,26	3,54													
170,0	33,66	1,60	820,0	9,88	11,48	3,65													
183,0	37,25	1,69	910,0	9,74	11,43	3,53													
195,0	38,77	1,72	890,0	9,69	11,41	4,09													
177,0	**36,11**	**1,62**	**876,0**	**9,72**	**11,34**	**3,76**	**2,71**	**4,08**	**—1,07**	**15,77**	**84,23**	**4,29**	**95,71**	**68,61**	**31,39**	**55,51**	**44,49**	**8,18**	**91,82**
215,0	45,17	1,99	950,0	8,02	10,01	3,30													
229,0	48,35	2,15	980,0	8,45	10,60	3,60													
200,0	46,80	1,81	840,0	8,43	10,24	3,05													
215,0	50,11	2,10	980,0	8,67	10,77	3,69													
196,0	49,20	2,03	910,0	8,59	10,62	3,62													
211,0	**47,92**	**2,02**	**932,0**	**8,43**	**10,45**	**3,45**	**5,06**	**5,29**	**—0,74**	**20,80**	**79,20**	**3,93**	**96,07**	**83,63**	**16,37**	**57,81**	**42,19**	**11,40**	**88,60**
235,0	54,05	2,41	940,0	8,30	10,71	4,26													
241,0	52,29	2,35	980,0	8,31	10,66	4,00													
234,0	53,35	2,45	1050,0	7,99	10,44	4,34													
238,0	47,12	2,29	930,0	8,22	10,51	4,02													
242,0	48,16	2,16	820,0	8,64	10,80	3,94													
238,0	**50,99**	**2,33**	**944,0**	**8,29**	**10,62**	**4,13**	**3,52**	**4,28**	**—1,20**	**24,73**	**75,27**	**4,79**	**95,21**	**77,35**	**22,65**	**49,76**	**50,24**	**11,29**	**88,71**
550,0	108,90	2,96	840,0	7,65	10,61	5,02													
490,0	105,48	2,77	830,0	7,28	10,05	5,23													
534,0	118,48	3,04	860,0	7,71	10,75	5,89													
505,0	105,70	2,81	835,0	7,50	10,31	5,34													
543,0	116,20	3,03	850,0	7,58	10,61	5,42													
524,0	**110,95**	**2,92**	**843,0**	**7,54**	**10,64**	**5,38**	**18,20**	**8,03**	**—2,90**	**38,62**	**61,38**	**6,12**	**93,88**	**95,29**	**4,71**	**81,94**	**18,06**	**28,28**	**71,72**
181,0	37,98	1,75	1030,0	7,99	9,74	4,08													
205,0	30,90	1,70	980,0	8,38	10,14	3,05													
194,0	38,80	1,92	1000,0	8,50	10,42	4,23													
161,0	37,23	1,82	970,0	8,00	9,82	4,02													
190,0	37,48	1,78	1080,0	7,74	9,52	3,86													
186,0	**37,68**	**1,81**	**1012,0**	**8,12**	**9,93**	**3,97**	**1,99**	**4,59**	**+0,51**	**17,34**	**82,66**	**4,49**	**95,51**	**66,34**	**33,66**	**58,84**	**41,16**	**8,70**	**91,30**
449,0	96,30	2,73	830,0	7,41	10,14	5,16													
442,0	97,56	2,76	1140,0	8,92	11,68	5,28													
389,0	98,55	2,84	845,0	8,09	10,93	4,94													
450,0	99,68	3,02	1020,0	8,72	11,74	5,50													
386,0	95,26	2,86	850,0	7,56	10,42	4,92													
423,0	**97,47**	**2,84**	**937,0**	**8,14**	**10,98**	**5,16**	**17,32**	**7,79**	**—2,93**	**35,28**	**64,72**	**5,86**	**94,14**	**94,91**	**5,09**	**86,55**	**13,45**	**23,24**	**76,76**
159,0	27,04	1,59	1020,0	9,59	11,18	2,93													
154,0	25,03	1,50	1020,0	9,05	10,55	2,51													
145,0	25,40	1,65	1100,0	8,90	10,55	3,27													
149,0	26,02	1,34	1060,0	9,30	10,64	3,13													
155,0	25,61	1,52	1030,0	9,06	10,58	2,80													
152,0	**25,82**	**1,52**	**1046,0**	**9,18**	**10,70**	**2,93**	**0,78**	**3,01**	**+0,22**	**13,91**	**86,09**	**3,33**	**96,67**	**65,00**	**35,00**	**40,95**	**59,05**	**5,81**	**94,19**
355,0	82,36	3,87	850,0	7,28	11,15	5,80													
358,0	82,24	4,00	820,0	6,60	10,60	5,61													
358,0	81,30	3,64	760,0	6,86	10,50	5,08													
365,0	82,18	3,96	900,0	6,98	10,94	5,62													
349,0	81,54	3,70	720,0	7,50	11,20	5,36													
357,0	**81,92**	**3,83**	**810,0**	**7,04**	**10,87**	**5,49**	**6,01**	**7,54**	**—1,21**	**39,65**	**60,35**	**6,14**	**93,86**	**86,47**	**13,53**	**84,72**	**15,28**	**19,01**	**90,99**
309,0	61,19	2,71	700,0	6,66	9,37	5,98													
307,0	54,16	2,50	780,0	7,03	9,53	6,85													
290,0	49,47	2,45	810,0	6,88	9,33	6,51													
287,0	50,31	2,24	710,0	6,93	9,17	6,08													
312,0	53,42	2,80	665,0	6,77	9,57	6,80													
301,0	**51,71**	**2,54**	**733,0**	**6,85**	**9,39**	**6,44**	**3,69**	**5,09**	**—0,04**	**27,17**	**72,83**	**7,22**	**92,78**	**86,82**	**13,18**	**61,69**	**38,31**	**11,99**	**88,01**
339,0	69,98	3,58	700,0	6,80	10,38	8,28													
293,0	62,90	3,18	850,0	7,56	10,74	7,12													
304,0	68,40	3,52	830,0	7,37	10,89	7,90													
298,0	68,38	3,27	780,0	7,02	10,29	8,12													
326,0	65,80	3,57	805,0	7,46	11,03	7,43													
312,0	**67,09**	**4,32**	**793,0**	**7,24**	**10,66**	**7,77**	**4,52**	**7,22**	**+1,51**	**28,10**	**71,90**	**8,70**	**91,30**	**85,29**	**14,71**	**77,63**	**22,37**	**14,32**	**85,68**
265,0	53,00	2,10	820,0	8,76	10,86	6,27													
255,0	51,38	2,11	850,0	9,11	11,22	5,17													
248,0	49,85	2,01	800,0	9,25	11,26	5,07													
239,0	48,70	1,95	840,0	8,53	10,48	5,76													
273,0	54,12	2,19	805,0	8,40	10,59	5,24													
256,0	**51,41**	**2,07**	**823,0**	**8,81**	**10,88**	**5,50**	**4,65**	**5,57**	**—0,71**	**20,35**	**79,65**	**6,19**	**93,81**	**71,55**	**28,45**	**62,23**	**37,77**	**12,01**	**87,99**

Tabelle V.

Die tägliche Gesamtzufuhr in den einzelnen Perioden.

Peri- oden	Brotsorten	Menge g	Was- ser	Trok- ken- sub- stanz	Stick- stoff	Ei- weiß	Fett	Kohle- hy- drate	Roh- faser	Asche	Kalo- rien
I	K-Brot („Schwarzbrot").	680,0	241,2	438,8	9,31	58,19	88,23	249,9	8,70	9,70	2083
II	K-Brot („Feinbrot")	680,0	238,7	441,3	10,27	64,19	87,73	254,5	3,95	7,35	2122
III	„Kölner" Brot.	680,0	259,7	420,3	9,71	60,69	87,73	233,2	6,05	9,15	2020
IV	Roggenbrot (zu 80% ausgemahl. Mehl)	680,0	228,4	451,3	9,42	58,89	88,28	267,5	4,55	8,60	2158
V	Strohmehlbrot (mit 20% Strohmehl)	680,0	287,4	392,3	7,56	47,29	87,83	204,7	19,10	9,80	1850
VI	Weizenbrot (zu 80% ausgemahl. Mehl)	680,0	247,2	432,8	10,44	65,24	88,28	244,9	3,00	7,80	2092
VII	Strohmehlbrot (mit 14% Strohmehl)	680,0	260,7	419,3	8,05	50,34	88,03	229,6	18,25	9,00	1966
VIII	Weizenbrot (zu 70% ausgemahl. Mehl)	680,0	235,7	444,3	10,92	68,29	87,83	256,1	1,20	7,35	2146
IX	Pumpernickel	680,0	249,2	430,8	9,66	60,39	89,38	241,6	6,95	8,90	2138
X	Schrotbrot.	680,0	248,7	431,3	9,35	58,44	89,13	247,7	4,25	8,25	2084
XI	„Blut"brot	680,0	211,7	468,3	12,17	76,09	89,28	264,8	5,30	9,30	2257
XII	Kommißbrot	680,0	252,2	427,8	10,17	63,59	88,78	236,4	6,50	8,95	2085

Bei der Besprechung der Resultate beschränke ich mich hier auf die nackten Tatsachen, wie sie die Versuche ergaben, da die Vergleiche mit den anderen von mir untersuchten Broten und den in der Literatur vorhandenen Angaben im zweiten Teile der Arbeit durchgeführt werden sollen. Ich werde mich daher hier nur mit der Ausscheidung des Kotes, mit der Ausscheidung des Stickstoffes im Kote, mit der Ausnützung des Stickstoffes, des Fettes, der Rohfaser, der Kohlehydrate, der Asche und mit der Stickstoffbilanz im allgemeinen befassen.

Der ganze Versuch verlief — vom Strohbrot abgesehen — ohne jede Störung. Der Organismus funktionierte peinlichst genau; die Versuche wurden ohne Unterbrechung durchgeführt. Durchfälle oder Verstopfungen, wie sie bei so lange dauernden Versuchen vielfach beobachtet werden, waren — wiederum vom Strohbrot abgesehen — nicht zu verzeichnen.

a) Die Ausscheidung des Kotes.

Ein Blick auf Tabelle VI lehrt die große Verschiedenheit der ausgeschiedenen Kotmengen bei den einzelnen Broten. Es ergaben sich dabei Unterschiede von 152—524 g feuchten Kotes aus einer Menge von 680 g eingeführter Nahrungssubstanz.

Nun ist allerdings nicht die ganze Menge Kot auf das Brot zurückzuführen, da neben 500 g Brot auch noch 180 g Substanz in Form von Wurst, Fleisch und Käse eingeführt wurden. Aber da bekanntlich die genannten Animalien nur wenig Kot bei der Verdauung hinterlassen, so bildet der Brotkot doch die allergrößte Hauptmasse der ausgeschiedenen Substanz. Jedenfalls geben die Zahlen einwandfreie Vergleichswerte, da an jedem Tage dieselben Mengen Animalien zugeführt wurden.

Tabelle VI.

Die Mittelwerte der gesamten Ausfuhr in den einzelnen Perioden aus 680 g Nahrungsstoff, darunter 500 g Brot.

Perioden	Brotsorten	Trockensubstanz-Verlust	Trockensubstanz-Ausnützung	Kot frisch	Kot trocken	Wassergehalt des Kotes	Prozentgehalt des Kotes an Wasser	Kot-N	N-Verlust im Kot in %	N-Ausnützung im Kot in %	Harnmenge	Harn-N	Gesamt-N	N-Bilanz	Ausgeschiedenes Fett im Kot	Fett-Verlust in %	Fettausnützung in %	Ausgeschiedene Rohfaser	Rohfaser-Verlust in %	Rohfaser-Ausnützung in %	Ausgeschiedene Asche	Asche-Verlust	Asche-Ausnützung in %
I	K-Brot („Schwarzbrot“)	16,48	83,52	343,0	72,32	270,7	78,8	3,18	34,16	65,84	828,0	8,43	11,61	—2,30	4,78	5,42	94,58	6,92	79,54	20,46	6,27	64,64	35,36
II	K-Brot („Feinbrot“)	8,18	91,82	177,0	36,11	140,9	79,5	1,62	15,77	84,23	876,0	9,72	11,34	—1,07	3,76	4,29	95,71	2,71	68,61	31,39	4,08	55,51	44,49
III	„Kölner“ Brot	11,40	88,60	211,0	47,92	163,1	77,3	2,02	20,80	79,20	932,0	8,43	10,45	—0,74	3,45	3,93	96,07	5,06	83,63	16,37	5,29	57,81	42,19
IV	Roggenbrot (zu 80% ausgemahl. Mehl)	11,29	88,71	238,0	50,99	187,0	78,6	2,33	24,73	75,27	944,0	8,29	10,62	—1,20	4,13	4,79	95,21	3,52	77,35	22,65	4,28	49,76	50,24
V	Strohmehlbrot mit 20% Strohmehl	28,28	71,72	524,0	110,95	413,1	78,8	2,92	38,62	61,38	843,0	7,54	10,46	—2,90	5,38	6,12	93,88	18,20	95,29	4,71	8,03	81,94	18,06
VI	Weizenbrot (zu 80% ausgemahl. Mehl)	8,70	91,30	186,0	37,68	148,3	79,7	1,81	17,34	82,66	1012,0	8,12	9,93	+0,51	3,97	4,49	95,51	1,99	66,34	33,66	4,59	58,84	41,16
VII	Strohmehlbrot mit 14% Strohmehl	23,24	76,76	423,0	97,47	325,5	76,9	2,84	35,28	64,72	937,0	8,14	10,98	—2,93	5,16	5,86	94,14	17,32	94,91	5,09	7,79	86,55	13,45
VIII	Weizenbrot (zu 70% ausgemahl. Mehl)	5,81	94,19	152,0	25,82	126,2	83,0	1,52	13,91	86,09	1046,0	9,18	10,70	+0,22	2,93	3,33	96,67	0,78	65,00	35,00	3,01	40,95	59,05
IX	Pumpernickel	19,01	90,99	357,0	81,92	275,1	76,7	3,83	39,65	60,35	810,0	7,04	10,87	—1,21	5,49	6,14	93,86	6,01	86,47	13,53	7,54	84,72	15,28
X	Schrotbrot	11,99	88,01	301,0	51,71	249,3	82,8	2,54	27,17	72,83	733,0	6,85	9,39	—0,04	6,44	7,22	92,78	3,69	86,82	13,18	5,09	61,69	38,31
XI	„Blut“brot	14,32	85,68	312,0	67,09	244,9	78,5	3,42	28,10	71,90	793,0	7,24	10,66	+1,51	7,77	8,70	91,30	4,52	85,29	14,71	7,22	77,63	22,37
XII	Kommißbrot	12,01	87,99	256,0	51,41	204,6	79,8	2,07	20,35	79,65	823,0	8,81	10,88	—0,71	5,50	6,19	93,81	4,65	71,55	28,45	5,57	62,23	37,77

Nach den ausgeschiedenen Kotmengen geordnet, ergibt sich folgende Reihe:

Brotsorten	Feuchter Kot	Lufttrockner Kot	Wassergehalt des Kotes	Prozentgehalt des Wassers
Weizenbrot (70%)	152,0	25,82	126,2	83,0
K-Brot („Feinbrot")	177,0	36,11	140,9	79,5
Weizenbrot (80%)	186,0	37,68	148,3	79,7
„Kölner" Brot	211,0	47,92	163,1	77,3
Roggenbrot (80%)	238,0	50,99	187,0	78,6
Kommißbrot	256,0	51,41	204,6	79,8
Schrotbrot	301,0	51,71	249,3	82,8
„Blutbrot"	312,0	67,09	244,9	78,5
K-Brot („Schwarzbrot") . . .	343,0	72,32	270,7	78,8
Pumpernickel	357,0	81,92	275,1	76,7
Strohmehlbrot (14%)	423,0	97,47	325,5	76,9
Strohmehlbrot (20%)	524,0	110,95	413,1	78,8

Die geringste Menge feuchten Kot liefern die Weizenbrote, und hier wieder das aus dem feinsten zu 70% ausgemahlenen Mehl hergestellte Brot, welches fast gar keine Kleiebestandteile mehr enthält. Es werden nur 152 g ausgeschieden und der Trockenkot beträgt nur 25,82 g. Die Roggenbrote liefern etwa ein Drittel mehr an feuchtem Kot und ebenso an Trockenkot. Als Mittel kann man etwa das Roggenbrot ansehen, dessen Mehl zu 80% ausgemahlen war und eine Kotmenge von 238 g lieferte. Der Trockenkot beträgt 50,99 g. Noch einmal soviel frischen und trockenen Kot wie die Weizenbrote liefern die Schrotbrote mit bedeutend mehr Kleiesubstanz (z. B. Schrotbrot 301 g feuchten Kot und 51,71 g trockenen Kot). Ihnen folgen die eigentlichen Kleiebrote, wie das Pumpernickel mit 357 g frischem Kot und 81,92 g trockenem Kot. Die höchsten Mengen erreichen die Strohmehlbrote. Die kotbildende Masse übersteigt hier mit 423 bzw. 524 g noch wesentlich das Pumpernickel, welches wohl bisher als das am meisten Kot liefernde Brot bekannt war. 524 g Kot mit 110,9 g Trockensubstanz stellen bei einer Gesamteinfuhr von nur 680 g Nahrungsstoff mit 427,8 g Trockensubstanz eine so gewaltige und so absonderliche Menge Ausscheidungsstoffe dar, daß sie für ein Brot ohne weiteres als unnatürlich erscheinen müssen. Der Grund für die hohe Kotabgabe ist der sehr bedeutende Rohfasergehalt des Strohmehlbrotes, der mit 20% Strohmehl nicht weniger als 3,82% in der frischen Substanz beträgt, während z. B. im Weizenbrot (70%) nur 0,24% vorhanden sind. Es werden also allein beim Strohmehlbrot in 500 g Brot 19,10 g Rohfaser eingeführt.

Nun könnte man aber schließlich auch versucht sein, bei der Erhöhung der Kotmenge dem Wassergehalte des Kotes eine entscheidende Rolle zuzuschreiben. Denn wir sehen in der Tat aus der Zusammenstellung, daß auch der Wassergehalt bedeutend steigt. Beim Weizenbrot (70%) beträgt er 126 g, beim Roggenbrot (80%) bereits 187 g, beim Schrotbrot 249 g, beim Pumpernickel 275 g und endlich beim Strohmehlbrot (20%) 413 g. Danach ist allerdings eine Wasserzunahme unverkennbar, aber doch nur in relativem Sinne. Rubrik IV der obigen Zusammenstellung gibt darüber Auskunft. Es zeigt sich hier, daß der Wassergehalt, ganz gleichgültig, ob es sich um das feinste

Weizenbrot oder das gröbste Schwarzbrot handelt, fast ganz gleich bleibt. Der Prozentgehalt schwankt nur zwischen 76,7 und 83%. Wenn demnach der Wassergehalt des Kotes in seinem Prozentverhältnis sich nicht ändert, die Menge des feuchten Kotes aber doch zunimmt, so muß diese Zunahme durch die vermehrten Ausscheidungsstoffe bedingt sein. Das ergibt sich auch sofort aus Rubr. II (S. 64) der Zusammenstellung des lufttrockenen Kotes, dessen geringste Menge 25,82 g, dessen höchste Menge 110,95 g beträgt.

Der prozentual gleichmäßige Wassergehalt des Kotes hat aber auch eine andere interessante Seite. Er zeigt einmal, wie der normale Organismus bestrebt ist, trotz Zufuhr von verschiedenartigem Material eine stets gleichmäßige Kotbildung zu schaffen, und andererseits kommt dadurch deutlich zum Ausdruck, von welcher Bedeutung es ist, ob ein Brot mit wenig oder mit viel kotliefernder Substanz eingeführt wird. Denn es ist physiologisch für den Organismus gewiß nicht gleichgültig, ob er bei der Verdauung von 500 g Brot nur 126 g oder 413 g Wasser in den Darmkanal absondern muß. Abgesehen von der Leistung, die er zu vollbringen hat, ist die Zuführung von mehr als $1/_2$ Pfund Wasser aus anderen Geweben unter Umständen bedeutungsvoll und auf den Körper von Einfluß. Die Wirkung war in unserem Falle auch insofern zu spüren und nachzuweisen, als der Urin in der Strohmehlbrotperiode sehr hochgestellt war und spärlicher wurde. Erst nach erneuter Wasserzufuhr wurde der Wassermangel wieder ausgeglichen.

Als praktische Folgerung könnte man daraus ableiten, daß man den Organismus nicht mit Substanzen und Nahrungsmitteln überlasten soll, die viel Kot liefern, weil der Körper unnötigerweise zu Leistungen veranlaßt wird, deren Kräfte er zu anderen Funktionen besser verwenden kann.

b) Die Ausscheidung des Stickstoffes im Kot und dessen Ausnützung.

Es ist eine bekannte Tatsache, daß mit der Ausscheidung des Brotkotes eine gewisse Menge Stickstoff dem Organismus verloren geht. Entweder sind die an sich verdaulichen Eiweißkörper für die Verdauungssäfte nicht zugänglich, weil sie fest in Zellen (Kleberzellen) eingeschlossen sind, oder das Eiweiß ist überhaupt nicht assimilierbar, d. h. es kann nicht für den Aufbau der Körperzellen verwendet werden, oder aber es wird Eiweiß durch den Darmschleim mit ausgeschieden, der in größerem oder geringerem Maßstabe durch die unverdauliche Rohfaser gebildet wurde.

In jedem Falle haben wir Verluste zu beklagen, und zwar um so mehr, je größer die Mengen des gelieferten Kotes sind — also in überwiegendem Maße die unverdaulichen Rohfaserstoffe. Wir werden demnach dort, wo aus dem Brot die kleiehaltigen Bestandteile zum größten Teile entfernt sind, weniger Stickstoff im Kot vorfinden als dort, wo das ganze Korn zu Mehl und Brot verarbeitet wurde.

Folgende Zusammenstellung mag dies zeigen:

Es gingen aus 680 g Nahrungsstoff, darunter 500 g Brot, an Stickstoff pro Tag verloren bei:

		Verlust		Ausnützung
Weizenbrot zu 70% ausgemahlen	1,52 g	=	13,91%	=	86,09%
K - Brot („Feinbrot")	1,62 „	=	15,77 „	=	84,23 „
Weizenbrot zu 80% ausgemahlen	1,81 „	=	17,34 „	=	82,66 „
„Kölner" Brot	2,02 „	=	20,80 „	=	79,20 „
Kommißbrot	2,07 „	=	20,35 „	=	79,65 „
Roggenbrot zu 80% ausgemahlen	2,33 „	=	24,73 „	=	75,27 „
Schrotbrot	2,54 „	=	27,17 „	=	72,83 „
Strohmehlbrot mit 14% Strohmehl	2,84 „	=	35,28 „	=	64,72 „
Strohmehlbrot mit 20% Strohmehl	2,92 „	=	38,62 „	=	61,38 „
K - Brot („Schwarzbrot")	3,18 „	=	34,16 „	=	65,84 „
Blutbrot	3,42 „	=	28,10 „	=	71,90 „
Pumpernickel	3,83 „	=	39,65 „	=	60,35 „

Am wenigstens wird beim Weizenbrot, dessen Kleie fast vollständig entfernt ist, ausgeschieden; am meisten dagegen bei dem die gesamte Kleie enthaltenden Pumpernickel. Die übrigen Brote reihen sich ihren „Ballaststoffen" entsprechend zwischen die beiden Extreme ein.

Auffällig ist der relativ geringe Verlust des Stickstoffes beim Strohmehlbrot, bei dem doch, wie wir oben sahen, ganz gewaltige Mengen Ballaststoffe ausgeführt werden. Dies Verhalten erklärt sich aber damit, daß mit den Strohbroten überhaupt nur sehr wenig Stickstoff in den Körper eingeführt wurde — es waren nur 3,09 und 3,58 g in 500 g Brot gegenüber 5,19 g im Pumpernickel und 7,70 g im Blutbrot. Daher mußte auch — gleichbleibende Wirkung der Zellulose vorausgesetzt — weniger Stickstoff im Kot gefunden werden.

Die Ausnützung des Stickstoffes bewegt sich in ganz ähnlichen Bahnen wie die Ausscheidung desselben im Kot. Der geringste Verlust und die beste Ausnützung finden sich beim Weizenbrot (mit Mehl zu 70% ausgemahlen). Sie steigt bis zu 86%, und der Verlust beträgt nur 13,91%. Brote von mittlerer Stickstoffausfuhr, wie z. B. das Kommißbrot, zeigen eine Ausnützung von ca. 80%. Die stark kleiehaltigen Brote, wie z. B. das Schrotbrot und Blutbrot, ca. 72%. Am schlechtesten wurde der Stickstoff im Pumpernickel ausgenützt. Der Verlust desselben beträgt 39,6%. Es entspricht dies nur einer Ausnützung von 60,35%. Nicht viel besser steht es um die Strohmehlbrote. Die Ausnützung des Stickstoffes in ihnen stellt sich auch nur auf 61,38 bzw. 64,72%. Das ist aber hier noch um so bedeutungsvoller, als bei den Strohmehlbroten ja überhaupt nur sehr wenig Stickstoff eingeführt wird. Geht davon aber auch noch etwas mehr als ein Drittel verloren, so sinkt die Menge Eiweiß, die dann noch durch das Strohmehlbrot dem Körper zugeführt wird, geradezu auf ein Minimum herab.

Bei all den hier zum Versuch herangezogenen Broten erhöht sich in Wirklichkeit die Ausnützungsziffer um ein geringes, etwa um 1%, da die Verlustquote, die auf das Fleisch-, Wurst- und Käseeiweiß entfällt, eigentlich noch abgezogen werden muß. Ich habe dies absichtlich zu tun unterlassen, um die große Menge von Zahlen nicht noch zu vermehren und die Übersicht zu erschweren.

c) Die Ausscheidung und Verwertung der Rohfaser.

Wie bereits im Abschnitt „Zur Frage der Rohfaser" S. 41 erörtert wurde, kann die Bestimmung der Rohfaser allein keinen vollkommenen Aufschluß darüber geben, wie im Organismus die holzigen Anteile, die in der Kleie enthalten sind (Zellmembran, Zellulose, Pentosane usw.), verwertet worden sind. Das Weenderverfahren[1]) oder eine andere Rohfaserbestimmungsmethode ermittelt eben nur die in entsprechend verdünnter Schwefelsäure und Kalilauge nicht löslichen Substanzen. Daher mußte man bisher, so lange nur die Rohfaser bestimmt wurde, immer mit gewissen Fehlerquellen, d. h. mit nicht übersehbaren Faktoren, rechnen, die eine falsche oder wenigstens nicht ganz zutreffende Beurteilung zuließen.

Immerhin gibt die Rohfaserbestimmung bei sorgfältiger Ausführung doch so zuverlässige Werte, daß wenigstens ein einwandfreier Vergleich zwischen den einzelnen Broten gezogen werden kann.

Da die Rubnerschen Untersuchungen über die Zellmembran[2]) erst zur Veröffentlichung gelangten, als meine Kriegsbrotuntersuchungen schon abgeschlossen waren, war ich nicht mehr in der Lage, sie bei den Analysen zu berücksichtigen, und so liegen hier nur noch die Rohfaserbestimmungen vor. Sie geben aber ein anschauliches Bild von der Verschiedenheit der Zusammensetzung und Ausnützung der Brote.

Ich lasse zunächst eine Tabelle folgen, in der die Brote nach ihrem Gehalt an Rohfaser gruppiert sind, die weiterhin die Tageseinfuhr, die tägliche Ausscheidung, den Verlust und die Ausnützung enthält.

Brotsorte	100 g frische Nahrung enthalten Rohfaser in g	100 g trockene Nahrung enthalten Rohfaser in g	Tageseinfuhr an Rohfaser in frischer Nahrung in g	Ausscheidung an Rohfaser im Kot pro Tag in g	Verlust an Rohfaser in %	Ausnützung der Rohfaser in %
Weizenbrot (Mehl zu 70% ausgemahl.)	0,24	0,40	1,20	0,78	65,00	35,00
Weizenbrot (Mehl zu 80% ausgemahl.)	0,60	1,03	3,00	1,99	66,34	33,66
K - Brot. (Feinbrot)	0,79	1,33	3,95	2,71	68,61	31,39
Schrotbrot	0,85	1,47	4,25	3,69	86,82	13,18
Roggenbrot (Mehl zu 80% ausgemahl.)	0,91	1,47	4,55	3,52	77,35	22,65
Blutbrot	1,06	1,63	5,30	4,52	85,29	14,71
„Kölner" Brot	1,21	2,17	6,05	5,06	83,63	16,37
Kommißbrot	1,30	2,27	6,50	4,65	71,55	28,45
Pumpernickel	1,39	2,40	6,95	6,01	86,47	13,53
K - Brot (Schwarzbrot)	1,74	2,39	8,70	6,92	79,54	20,46
Strohmehlbrot mit 14% Strohmehl	3,65	6,57	18,25	17,32	94,91	5,09
Strohmehlbrot mit 20% Strohmehl	3,82	7,60	19,10	18,20	95,29	4,71

Wir sehen hier schon aus den ersten Reihen, daß die Menge der Rohfaser in den Weizenbroten am geringsten ist. Sie beträgt nur 0,24 bzw. 0,6% in der frischen Nahrung und 0,4 bzw. 1,03% in der trockenen Nahrung. Das Weizen-Roggenbrot, das sog. K - Brot (Feinbrot) enthält bereits wesentlich mehr (0,79 bzw. 1,33%). Bei reinen Roggenbroten erreicht die Rohfasermenge das Vierfache des Weizenbrotes zu 70% Ausmahlung, und dort, wo dem Roggenmehl noch Kleie zugemischt ist, wie beim Pumpernickel und Kommißbrot, steigt die Menge auf 1,3—1,9 bzw. 2,27—2,40%, also auf

---

[1]) Ich bestimmte die Rohfaser nach den Vereinbarungen zur Untersuchung von Nahrungs- und Genußmitteln. Springer, Berlin 1897.
[2]) Die Arbeiten sind zit. auf S. 32, Anm. 1—7.

das Fünffache. Ganz aus dem Rahmen jeder Brotsorte heraus fällt aber der Rohfasergehalt des Strohmehlbrotes. Er beträgt 3,65 bzw. 3,82% in der frischen und 6,57 bzw. 7,60% in der trockenen Substanz und ist demnach etwa 15 mal so groß wie beim Weizenbrot aus Mehl mit 70% Ausmahlung.

Besonders deutlich zeigen sich die Differenzen bei den einzelnen Brotsorten in der 3. Kolonne, in der die Gesamttageseinfuhr an Rohfaser eingetragen ist. Sehr gering erscheint wieder die Menge beim Weizenbrot (Mehl zu 70% ausgemahlen) mit 1,20 g, sie erfährt eine bedeutende Steigerung bei den kleiehaltigen Broten Pumpernickel und Kommißbrot, wo die Menge etwa 7 g beträgt, und erreicht bei den Strohmehlbroten die gewaltige Höhe von 18,25 bzw. 19,10 g pro Tag.

Ich weise bei den letzten Zahlen rückblickend noch einmal darauf hin, welche Bedeutung so große Holzfasermengen im Brot für die Verdauung der Brotbestandteile haben müssen. Es ist klar, daß sie von sehr ungünstigem Einfluß auf die Resorption der Trockensubstanz und des Eiweißes sind. Es ist aber auch einleuchtend, daß die Riesenmengen selbst nur ungenügend von den Verdauungssäften angegriffen werden können, wenn sie, wie beim Strohmehlbrot, in dichter undurchdringlicher Masse in Magen und Darm zusammengeballt sind. Die gefundenen Ausnützungswerte lassen denn darüber auch keinen Zweifel.

Überblickt man die vorletzten beiden Kolonnen, die Einfuhr und die Ausfuhr von Rohfaser, so fällt sofort auf, daß stets weniger ausgeschieden ist, als eingeführt wurde. Es mußte also ein Teil der holzigen Substanz verdaut worden sein.

Am besten schneidet das Weizenbrot ab, dessen Mehl bis zu 70% ausgemahlen ist. Von dem noch darin verbleibenden fein zerkleinerten holzigen Material werden 65% unverdaut ausgeschieden, so daß eine Ausnützung von 35% vorhanden ist. Ihm folgt das etwas gröbere Weizenbrot (80% Ausmahlung) mit 33,66% Ausnützung. Vom K - Brot (Feinbrot), einem Weizen-Roggenbrot, wird die Rohfaser wieder etwas weniger gut verwertet (nur 31,39%) und so geht es ganz entsprechend dem ansteigenden Gehalt an unverdaulicher Zellulose (gröbere Kleiebestandteile) mit der Ausnützung bergab — Kommißbrot 28,45%, Roggenbrot (80% Ausmahlung) 22,65%, K - Brot (Schwarzbrot) 20,46%, „Kölner Brot" 16,37%, Blutbrot 14,71%, Pumpernickel 13,53%, Schrotbrot 13,18% —, bis schließlich bei den Strohmehlbroten nur noch 5,09 bzw. 4,71% ausgenützt werden, also 94,91 bzw. 95,29% unverdaut verloren gehen. Die Strohzellulose mit ihren verkieselten Zellwänden wird demnach trotz allerfeinster Vermahlung weder im Magen noch im Darm in merklicher Weise angegriffen, ausgelaugt und verdaut; sie ist daher ein zweckloser Ballast.

d) Einnahmen und Ausgaben, Verlust und Ausnützung der Asche.

Die bei den Stoffwechselversuchen gewonnenen Zahlen über Einnahmen und Ausgaben, Verlust und Ausnützung der Asche teile ich hier zunächst nur als „Material" mit, um wenigstens die Werte festzuhalten. Da uns nur die im Kot ausgeschiedenen Salz- bzw. Aschemengen bekannt sind, während wir die durch den Urin ausgeschwemmten Mineralbestandteile nicht kennen, so ist es schwer, sich über den Gesamtumsatz im Körper ein Urteil zu bilden Höchstens kann man analog dem Verfahren bei der Trockensubstanz, dem Stickstoff und der Rohfaser aus den im Kot wiedergefundenen, also nicht resorbierten Anteilen eine „Ausnützung" berechnen resp. konstruieren.

Ob sie für die Beurteilung der Brote von wesentlicher Bedeutung ist, mag vorläufig dahingestellt bleiben. Theoretisch ist es jedenfalls immerhin interessant, zu verfolgen, wie auch diese Ausnützung der „Asche" bei den einzelnen Broten verschieden ist. Es macht durchaus den Eindruck, als ob auch hier die von Weißbrot bis zum Strohbrot ansteigende unverdauliche Rohfasersubstanz auf die Ausnützung der Asche einen bestimmenden Einfluß hätte, denn der Prozentverlust der Asche im Kote entspricht nicht den Verschiedenheiten der Aschemengen in den Einnahmen.

Die folgenden Zahlen mögen dies erläutern:

	Eingeführte Asche in 680 g frischer Nahrung	Im Kot ausgeschiedene Asche pro Tag in g			Verlust in %	Ausnützung in %
Weizenbrot (70%) . .	7,35	3,01	Weizenbrot (70%) . .		40,95	59,05
K-Brot (Feinbrot) . .	7,35	4,08	Roggenbrot (80%) . .		49,76	50,24
Weizenbrot (80%) . .	7,80	4,59	K-Brot (Feinbrot) . .		55,51	44,49
Schrotbrot	8,25	5,09	„Kölner" Brot . . .		57,81	42,19
Roggenbrot (80%) .	8,60	4,28	Weizenbrot (80%) . .		58,84	41,16
Pumpernickel	8,90	7,54	Schrotbrot		61,69	38,31
Kommißbrot	8,95	5,57	Kommißbrot		62,23	37,77
Strohmehlbrot (14%)	9,00	7,79	K-Brot (Schwarzbrot)		64,64	35,36
„Kölner" Brot . . .	9,15	5,29	Blutbrot		77,63	22,37
Blutbrot	9,30	7,22	Strohmehlbrot (20%)		81,94	18,06
K-Brot (Schwarzbrot)	9,70	6,27	Pumpernickel		84,72	15,28
Strohmehlbrot (20%)	9,80	8,03	Strohmehlbrot (14%)		86,55	13,45

Es ist begreiflich, daß auch der Aschegehalt von den in den Broten vorhandenen Kleiebestandteilen zum großen Teil mit abhängt und daher das Weizenbrot mit Mehl zu 70% ausgemahlen den Anfang, und das Strohmehlbrot mit 20% Strohmehl das Ende der Reihe bildet[1]). Die Reihenfolge der Brote selbst aber hat sich doch etwas geändert, was wohl auf den verschiedenen Gehalt der Salze in den verwendeten Getreidesorten zurückzuführen ist.

Von den eingeführten Mineralstoffen wird, wie die zweite Kolonne zeigt, ein nicht unerheblicher Teil unbenützt ausgeschieden. Die Ausscheidungen gehen aber bei den verschiedenen Broten nicht parallel den Einnahmen; wenigstens nicht in dem Maße, wie man das annehmen könnte. Es machen sich sogar einzelne auffallende Unterschiede bemerkbar. Während z. B. beim Strohmehlbrot (mit 14% Strohmehl,) 9,0 g und beim „Kölner Brot" 9,15 g Asche eingeführt wurden, fanden sich im Kot des Strohmehlbrotes 7,79 g, im „Kölner Brot" dagegen nur 5,29 g Asche wieder. Ähnlich liegt der Fall beim Pumpernickel und dem Kommißbrot. Bei ersterem wurden 8,9 g Asche aufgenommen, beim Kommißbrot fast genau so viel (8,95 g). Aber im Kot fanden sich beim Pumpernickel 7,54 g und beim Kommißbrot nur 5,57 g.

---

[1]) Von den hier aufgeführten Aschemengen gehen jeweils 2,9 g auf Kosten der in der gemischten Nahrung mit aufgenommenen Wurst und des Käses. Da diese Zahlen bei jedem Brot dieselben bleiben, so geben die oben angegebenen Werte doch eine genaue Übersicht über die in den 500 g Brot eingeführte Asche.

Hier kann nur die eine Annahme zutreffend sein, daß nämlich in den einen Broten leicht, in den anderen Broten schlecht resorbierbare Mineralsalze vorlagen. Bei den Strohmehlbroten mit der großen Menge verkieselter Rohfaser, die auch am meisten Ascherückstände im Kot lieferten (7,79 bzw. 8,03 g) wäre dies ohne weiteres verständlich.

Infolge der Verschiedenheit der Resorption der Mineralsalze erleidet nun auch die Kolonne des „Verlustes" an Asche und mithin die der Ausnützung eine Änderung. Weizenbrot mit 70% ausgemahlenem Mehl und Strohmehlbrot bilden allerdings auch noch die Extreme, aber zwischen diesen haben viele Brote ihre Plätze gewechselt. Ohne auf die einzelnen Werte eingehen zu wollen, sei nur bemerkt, daß die Verluste der nicht zur Resorption gelangten Aschebestandteile von 40,95—86,55% betragen und demnach die Ausnützung von 59,05 bis auf 13,45% sinkt. Das sind so große Differenzen, daß sie auch für die Beurteilung der Brote nicht ohne Bedeutung sein dürften. Weitere Erörterungen sollen darüber vorläufig nicht angestellt werden, zumal wir über den Mineralstoffwechsel im Körper noch wenig genau unterrichtet sind.

e) Die Ausnützung des Fettes.

Die Menge Fett, welche in der täglich zu bemessenden Brotmenge eingeführt wird, spielt eine so untergeordnete Rolle für die Beurteilung der Brote, daß auf eine Mitteilung der gefundenen Zahlen ganz verzichtet werden könnte. Es werden nur aufgenommen in 500 g Brot im „Kölner Brot" 1,3 g, im K - Brot (Feinbrot) 1,3 g, im Weizenbrot (70%) 1,4 g, im Strohmehlbrot (14%) 1,4 g, im Strohmehlbrot (20%) 1,6 g, im K - Brot (Schwarzbrot) 1,8 g, im Weizenbrot (80%) 1,85 g, im Roggenbrot (80%) 1,85 g, im Kommißbrot 2,35 g, im Schrotbrot 2,7 g, im Blutbrot 2,85 g und im Pumpernickel 2,95 g.

Außerdem wissen wir jetzt, daß das ausgeschiedene „Fett" im Kot, d. h. die in Äther löslichen Substanzen im Kot, gar nichts mit den im Brot aufgenommenen Fettmengen zu tun haben. Ein Schluß von dem im Kot wiedergefundenen Ätherextrakt auf die Ausnutzung des Fettes im Organismus würde daher zu ganz falschen Schlüssen führen. Ich verweise hier auf die Auseinandersetzungen über diese Frage im Kapitel: „Das Fett im Brotstoffwechsel", S. 43.

Da die bei den untersuchten Broten gefundenen Zahlen jedoch für weitere Erörterungen von Wert sein können, sollen sie hier Platz finden[1].

Im „Kölner" Brot	beträgt der Verlust	3,93%,	die Ausnützung	(?)	96,07%	
„ Weizenbrot (70%)	„ „ „	5,86 „	„ „	„	96,67	„
„ Roggenbrot (80%)	„ „ „	4,79 „	„ „	„	95,21	„
„ Weizenbrot (80%)	„ „ „	4,49 „	„ „	„	95,51	„
„ K-Brot (Schwarzbrot) „	„ „	4,29 „	„ „	„	95,71	„
„ Strohmehlbrot (14%) „	„ „	5,86 „	„ „	„	94,14	„
„ K-Brot (Schwarzbrot) „	„ „	5,42 „	„ „	„	94,58	„
„ Kommißbrot	„ „ „	6,19 „	„ „	„	93,81	„
„ Strohmehlbrot (20%) „	„ „	6,12 „	„ „	„	93,88	„
„ Schrotbrot	„ „ „	7,22 „	„ „	„	92,78	„
„ Blutbrot	„ „ „	8,70 „	„ „	„	91,30	„

[1] Die Bemerkungen über die Ausnützung des Fettes in der früheren Arbeit: „Über das Verhalten von strohmehlhältigem Brot" usw. Vierteljahrschr. f. ger. Med. u. öffentl. Sanitätswesen. 3. Folge, 51. Bd., Heft 2, S. 17, sind damit überholt.

f) Die Stickstoffbilanz.

Aus dem Kotstickstoff erhielten wir Auskunft über die im Körper nutzlos ausgeschiedenen Stickstoffmengen. Im Harnstickstoff finden wir die Angaben, wieviel von dem eingenommenen Eiweiß für den Organismus verwendet wurde. Harn- und Kotstickstoff zusammen ergeben die Gesamtausfuhr. Die Differenz von Einfuhr und Ausfuhr ist die Stickstoffbilanz. Erscheint sie negativ, so beweist dies, daß das eingeführte Eiweiß nicht ausgereicht hat und der Körper von seinem Eiweißbestande zusetzen mußte. Fällt sie positiv aus, so ist dies ein Zeichen, daß ein Überschuß von Eiweiß eingeführt wurde, der nun zum Ansatz gelangt.

In folgender Tabelle sind Kot - N, Harn - N, Gesamt - N, N - Einfuhr und N - Bilanz in den einzelnen Perioden zusammengestellt.

Periode	Brote	Kot-N	Harn-N	Gesamt-N	N-Einfuhr	N-Bilanz
I	K-Brot (Schwarzbrot) . .	3,18	8,43	11,61	9,31	— 2,30
II	K-Brot (Feinbrot)	1,62	9,72	11,34	10,27	— 1,07
III	„Kölner" Brot	2,02	8,43	10,45	9,71	— 0,74
IV	Roggenbrot (80%)	2,33	8,29	10,62	9,42	— 1,20
V	Strohmehlbrot (20%). . .	2,92	7,54	10,46	7,56	— 2,90
VI	Weizenbrot (80%)	1,81	8,12	9,93	10,44	+ 0,51
VII	Strohmehlbrot (14%) . .	2,84	8,14	10,98	8,05	— 2,93
VIII	Weizenbrot (70%)	1,52	9,18	10,70	10,92	+ 0,22
IX	Pumpernickel	3,83	7,04	10,87	9,66	— 1,21
X	Schrotbrot	2,54	6,85	9,39	9,35	— 0,04
XI	Blutbrot . . ·	3,42	7,24	10,66	12,17	+ 1,51
XII	Kommißbrot	2,07	8,81	10,88	10,17	— 0,71

Vergleicht man Plusbilanz und Minusbilanz, so ergibt sich für den ganzen Versuch eine Minusbilanz von 0,9. Da diese geringe Differenz von 0,9 bis zur Plusbilanz praktisch bedeutungslos ist, so kann von Stickstoffgleichgewicht gesprochen werden. Die Ernährung war also im ganzen genügend.

Von bemerkenswerten Unterschieden mögen folgende herausgehoben werden. Es handelt sich um die Perioden IV—VIII, in denen Strohmehlbrot gereicht wurde.

Das Strohmehlbrot mit 20% Strohmehl weist eine Bilanz von — 2,90 auf, das Strohmehlbrot mit 14% Strohmehl eine solche von — 2,93. Demgegenüber stehen die Perioden: IV, Roggenbrot (80%) mit nur — 1,20; VI, Weizenbrot (80%) mit + 0,51 und VIII, Weizenbrot (70%) mit + 0,22.

Es war also bei den Strohmehlbroten in Anbetracht der großen Verluste an Stickstoff im Kot die eingeführte Eiweißmenge von nur 7,56 und 8,05 g pro Tag ganz ungenügend, um den Körper auf dem Stickstoffgleichgewicht zu halten.

Er verlor an Eigeneiweiß mehr als das Doppelte gegenüber dem des Roggenbrotes (80%) und so erklärt sich auch das in diesen Perioden sinkende Körpergewicht. Bei den Weizenbroten machte sich dagegen ein Stickstoffüberschuß bemerkbar.

Kommißbrot und „Kölner" Brot verhielten sich im Kotstickstoff, Harnstickstoff und Stickstoffbilanz außerordentlich ähnlich und zeigten nur eine Minusbilanz von — 0,71 bzw. — 0,74. K - Brot (Feinbrot) ist etwa auf die gleiche Stufe zu stellen wie das Roggenbrot mit 80% Ausmahlung (Bilanz — 1,07 bzw. — 1,20).

Die Aufstellung einer Bilanzübersicht ist weniger gemacht worden, um die Verwertung der Brote im Organismus zu erkennen, als vielmehr, um einen Einblick zu bekommen, ob die Gesamtnahrung während dieses 60 tägigen langen Versuches ausreichend gewesen ist. Wie die Übersicht zeigt, war dies durchaus der Fall und damit auch die Gewähr vorhanden, daß jeder Einzelversuch als beweiskräftig angesehen werden kann.

Über die Beurteilung der im vorstehenden untersuchten Brote als Kriegsbrote, über ihre Verwendung im Kriege und über ihre allgemeine Bedeutung wird in den nachfolgenden Zeilen weiter abgehandelt werden.

II. Teil.

A. Allgemeines über die „Kriegsbrote".

Wenn man sich die Frage vorlegt, was man unter „Kriegsbroten" zu verstehen hat, so kann sie in verschiedener Richtung beantwortet werden. Entweder bezeichnet man alle die Brote als Kriegsbrote, die während des Krieges konsumiert wurden, auch wenn das Publikum von ihnen schon im Frieden Gebrauch machte, oder man läßt nur das als Kriegsbrot gelten, was die Not des Krieges geboren hat. Die letztere Auffassung ist offenbar die natürlichere, da man mit dem Wort Kriegsbrot einen Begriff verbindet, der einen speziellen Zweck im Auge hat, nämlich den, mit diesem Spezialbrot über eine unnormale Ernährungsperiode hinwegzukommen.

Inwieweit sich solches Kriegsbrot von den Friedensbroten in seiner verfügbaren Menge, seiner Zusammensetzung, Herstellung, seinem Geschmack und seiner Bekömmlichkeit entfernt, hängt von den Bedingungen ab, die die Kriegsverhältnisse (Blockade) und die Dauer des Krieges mit sich bringen.

Wenn, wie wir gesehen haben, auch keine idealen Zustände in bezug auf unser Kriegsbrot herrschten, so sind wir doch wenigstens von den Kriegshungerbroten früherer Zeiten verschont geblieben. Es war unser Kriegsbrot etwa als ein Sparbrot zu betrachten, mit dem wir haushalten mußten.

Wo aber Sparsamkeit angezeigt ist, da fehlt die Fülle, und ein jeder mußte am eigenen Leibe erfahren, daß der erste und „Hauptfehler" des Kriegsbrotes darin bestand, daß seine Menge zu gering war.

a) Die Menge des Brotes und Ausstellungen am Kriegsbrot.

Nach den Feststellungen von Rubner[1]), die auf Grund von Haushaltungsbüchern verschiedener Berufsklassen gemacht worden sind, konnte man im Frieden pro Kopf und Tag in Deutschland einen mittleren Verbrauch von 436 g Brot annehmen. Nach der Mühlenproduktion 1908/09 betrug die Menge 457 g; Münchener Arbeiter verbrauchten 570 g, ostpreußische Landarbeiter 600 g, sächsische Weber, die fast ganz auf Brotnahrung angewiesen sind, 711 g pro Tag.

Demgegenüber stand nun im Kriege nur rund 250 g Brot zur Verfügung, also eine Menge, die ein Drittel bis die Hälfte dessen betrug, was notwendig war. Aber auch diese Quantität wurde bekanntlich nicht immer und überall

---

[1]) Rubner, Vom Brot und seinen Eigenschaften. Deutsche med. Wochenschr. 1915, Nr. 19, S. 548.

gewährt, so daß an einzelnen Orten schon 1915 nur weniger als 200 g zur Verfügung standen. Morgenrot[1]) berichtet, daß in München zahlreiche Erwachsene mit geringem Einkommen sich mit 1000 g Brot pro Woche = 143 g pro Tag begnügen mußten.

Überhaupt führte die ungleichmäßige Verteilung, von der bei R. Kuczynski und N. Zuntz[2]) sehr illustrative Beispiele angegeben werden, zu argen Mißständen.

Da auch andere Nahrungsmittel nicht in ausreichendem Maße zur Verfügung standen, so hätte wenigstens eine größere Menge Mehl einen gewissen Ausgleich für das fehlende Brot herbeiführen können, zumal das Mehl in Friedenszeiten etwa ein Drittel des gesamten Nahrungsverbrauches ausmachte. Doch auch hier versagte der Vorrat. Es wurde am 15. März 1915 die schon erheblich herabgesetzte Menge von 225 g Mehl auf 200 g verkürzt, die in Friedenszeiten pro Kopf und Tag 340 g betragen hatte. Die Bevölkerung erlitt somit noch eine Einbuße an kohlehydratreicher Nahrung von 14%, die bei Minderbemittelten sogar bis auf 25% stieg.

Zudem war bereits nach dem ersten halben Kriegsjahre das Roggenbrot um 33%, das Weizenbrot um 26% teurer geworden.

Trotz dieser einschneidenden Maßregeln mußte das Brot auch weiterhin für den Hauptteil der Bevölkerung den wichtigsten Bestandteil der Ernährung bilden, da auch Fleisch (die Fleischversorgung war schon auf $^1/_7$ gesunken), Milch, Butter, Eier, Käse, Zucker, Kartoffeln seltener und seltener wurden.

Ein Wunsch, der sich folgerichtig hieraus entwickelte, war der, daß wenigstens dieses eine Nahrungsmittel allen Anforderungen hätte entsprechen sollen.

Leider haben mancherlei Klagen von Seiten des Publikums gezeigt, daß man mit dem Kriegsbrot nicht immer zufrieden war oder wenigstens daran auszustellen hatte.

Nun waren aber viele derartige Klagen keineswegs sehr tragisch zu nehmen, da sie zum großen Teil nur der Unlust über die plötzlich veränderten Verhältnisse entsprangen. Wie sollte sich auch eine an die verschiedenartigste Brotkost gewöhnte und vor dem Kriege überhaupt in der Ernährung verwöhnte Bevölkerung mit einem „Kriegsbrot" von heute auf morgen abfinden können? Es gab keine Frühstückssemmeln mehr, die belegten Weißbrötchen fehlten, die in großer Variation hergestellten Weizengebäcke mit und ohne Milch waren nicht mehr zu haben und die vielen Abstufungen von Weiß- und Schwarzbrot, abgesehen von allen Spezialbroten, wurden nicht mehr gebacken, es gab ja „nur noch Schwarzbrot und zwar grobes mit Kartoffeleinlage"! So sah sich mancher eingebildete Kranke, mancher Neurastheniker und mancher Hysteriker, auch die große Menge der Unzufriedenen, Unvernünftigen, Besserwisser und Nörgler veranlaßt, ihre Stimme zu erheben und absprechend über das Kriegsbrot zu urteilen.

Glücklicherweise hatten diese Art Klagen keine große Bedeutung, sie sind zumeist auch immer mehr verstummt, weil man das Unvermeidliche ein-

---

[1]) Morgenrot, Gerechtere Brotverteilung. Im „Tag" vom 17. VI. 1915.
[2]) R. Kuczynski und N. Zuntz, Unsere bisherige und unsere künftige Ernährung im Kriege. Vieweg & Sohn, Braunschweig 1915, S. 23.

sehen lernte; aber es hat sich bei objektiver Betrachtung doch herausgestellt, daß das Kriegsbrot im Vergleich zum Friedensbrot auch Mängel aufwies, die zur Kritik Veranlassung gaben.

So sah man z. B. zu wasserreiche Brote, Brote die backtechnisch nicht den Anforderungen entsprachen, man bemerkte, wenn auch seltener, Verunreinigungen im Brot, das Brot war infolge des schlecht ausgemahlenen Mehles zu grob und für die Friedensbegriffe zu schwarz, man stellte ein zu geringes Brotgewicht fest, der Geschmack ließ zu wünschen übrig, es zeigte stellenweise einen zu hohen Säuregrad, die Verdaulichkeit wurde bemängelt, wozu die vielen Blähungen Veranlassung gaben, und in den Augen eines größeren Teiles der Bevölkerung stand auch die „Bekömmlichkeit" des Kriegsbrotes in schlechtem Ruf.

Es sind dies Punkte, die wohl z. T. vermeidlich gewesen wären, z. T. aber auch durch die Kriegsverhältnisse direkt bedingt, als unvermeidlich hingenommen werden mußten.

Als Kriegsbrot im eigentlichen Sinne kam nur das „K - Brot", unser bekanntes Roggenmehlkartoffelbrot in Frage, während Weizengebäcke aus grobem Weizenmehl und Mischgebäcke aus Weizen- und Roggenmehl als sog. Krankenbrote, ebenso wie einige andere zugelassene Brotarten nur „Mitläufer" waren, die für die Ernährung der gesamten Bevölkerung keine Rolle spielten.

Die Vorbedingungen für ein einwandfreies Brot sind gutes Korn und tadelloses Mehl und außerdem eine sachgemäße Herstellung.

Da die Vorbedingungen nicht immer erfüllbar waren oder erfüllt wurden, so ergaben sich naturgemäß Abweichungen, die mehr oder weniger charakteristisch hervortraten.

b) Der Wassergehalt des Mehles und des Brotes.

Von einem, in bezug auf seinen Wassergehalt normalen Mehl verlangt man eine Feuchtigkeit, die 15% nicht übersteigen soll[1]). 16% ist wohl das Maximum, bei dem das Mehl backtechnisch ohne Nachteile für das Brot verwertet werden kann, es sei denn, daß es vorher getrocknet oder mit Mehl von geringerer Feuchtigkeit gemischt wird[2]). Wir haben aber auch Mehle in den Händen gehabt mit 18 und 19%, die verbacken worden sind. Sie ergaben ein weiches „nicht ausgebackenes" und schliffiges (mit Wasserstreifen versehenes) Brot.

Trotz der augenfälligen Verschlechterung des Brotes mußte ein Vorwurf dem Bäcker gegenüber unterbleiben, da die Belieferung von einwandfreiem Mehl zeitweilig stockte und verbacken werden mußte, was gerade zur Verfügung stand.

Die nassen Mehle gingen hervor aus frischem unausgetrocknetem Korn, welches der Not gehorchend, so schnell wie möglich seiner Bestimmung zugeführt werden mußte und nicht lange genug hatte lagern können.

---

[1]) Romberg (bereits zit. Archiv f. Hygiene 1897, 28, 255) fand bei 22 Roggenmehlen, die alle gereinigt waren, nur 11—12%. Der höchste war 12,49%.

[2]) Das sollte aber möglichst vermieden werden.

Andererseits sind aber auch Mehle zum Verbacken gekommen, die durch ungeeignete Lagerung verdorben waren, oder solche, bei denen das Korn bereits infolge unterbliebener oder nachlässig bewirkter Lockerung und Lüftung dumpfig geworden war. Derartige Brote wurden hier vielfach beobachtet.

Ein Zeichen des zu hohen Wassergehaltes ist die klebrige Krume, die sich nicht mehr ändert, auch wenn das Brot schon mehrere Tage gelegen hat. Wir sind zwar gewohnt, bei groben dunklen Broten die Krume feuchter zu sehen, als bei Weizenbroten, da das gröbere zellreiche Mehl an sich mehr Wasser aufnimmt, es darf jedoch der Feuchtigkeitsgrad eine bestimmte Höhe nicht überschreiten. Die Feuchtigkeit in der Krume ist abhängig von dem Wassergehalte des Teiges, den man nach den Angaben von M. P. Neumann[1]) normalerweise auf 43—47% veranschlagt. Da beim Backprozeß der Wasserverlust nur etwa 2% in der Krume beträgt, so dürften die fertigen Brote im Mittel 45%, jedenfalls aber nicht mehr als 47% Feuchtigkeit aufweisen.

Zweifellos sind aber, wie ein Fall[2]), der auch eine Strafe wegen Nahrungsmittelverfälschung nach sich zog, beweist, viel höhere Zahlen gefunden worden. Schellbach[2]) ermittelte „57% und mehr". Er hat dann eine große Reihe Wasserbestimmungen (50) in K-Broten vorgenommen, die wesentlich geringere Werte lieferten, vielfach Zahlen, die bis 41% heruntergingen. Ein Bäcker, welcher erst ein Brot mit 48,77% Feuchtigkeit geliefert hatte und dann verwarnt worden war, fertigte später solches von 43,09% an, ein Beweis, daß auch mit grobem Schwarzmehl und Kartoffelzusatz ein niedriger Wassergehalt erzielt werden kann. Die Mittelwerte berechnet Schellbach auf etwa 45%. Auch Vollkornbrote ergaben diesen Feuchtigkeitsgrad.

F. Herrmann[3]) untersuchte 175 Brote aus Steglitz und fand einen Wassergehalt von 42,50% bis 49,20%. Unter Berücksichtigung der Austrocknung des Brotes haben die Brote durchgängig einen höheren Wassergehalt von 45% gehabt und es müßte bei einem Brot, welches 24 Stunden alt ist, ein solcher von 47% bei Kriegsbroten zugestanden werden.

Weiterhin liegen von Bienert[4]) Angaben über den Wassergehalt von Broten vor. Er teilt die Zahlen von 15 Brotuntersuchungen mit, bei denen die Krume aus der Mitte des Brotes und 15 solche, bei denen die Krume 1 cm unter die Rinde analysiert wurde. Im ersteren Falle fand er im Durchschnitt 46,7%, im anderen Falle 46,1% Feuchtigkeit.

Bei meinen eigenen Untersuchungen, die sich auf 22 Vollkorn-, Schrot- und Kriegsbrote beziehen, ermittelte ich im Durchschnitt 42,1% Wassergehalt. Es waren darunter sowohl Brote mit einer Feuchtigkeit von 46,7% und auch solche bis herunter zu 38,2%. Über 47% Wassergehalt konnte ich in keinem Falle feststellen[5]).

---

[1]) M. P. Neumann, Unser Kriegsbrot. B. Ollech, Steglitz 1917, S. 17.

[2]) H. Schellbach, Über den Wassergehalt im Kriegsbrot. Zeitschr. f. Unters. d. Nahr.- u. Genußm. 1918, 36, 166.

[3]) F. Herrmann, Über den Wassergehalt im Kriegsbrot. Zeitschr. f. Unters. d. Nahr.- u. Genußm. 1919, 37, 159.

[4]) T. Bienert, Die Verteilung des Wassergehaltes im Brot. Zeitschr. f. d. ges. Getreidewesen 1918, 10. Jahrg., Nr. 1 u. 2, S. 8.

[5]) Romberg (zit. auf S. 75) fand bei 24 Roggenbroten einen Wassergehalt von 32,71—39,45%. Nur 2 Brote hatten 40,32%, ein einziges 45,39%.

Technisch wird man also eine Höchstgrenze von 46—47% Feuchtigkeit innehalten können. Hiernach gehört es jedenfalls zu den Seltenheiten, wenn Brote mit übertrieben hohem Feuchtigkeitsgehalt angetroffen werden und man darf daher sagen, daß Klagen über einen zu hohen Wassergehalt im allgemeinen nicht berechtigt waren. Etwas anderes ist freilich die Klage über zu naß erscheinendes sog. klitschiges Brot. An dieser unangenehmen Beschaffenheit des Brotes ist aber meist nicht die zu hohe Feuchtigkeit schuld, sondern das Brot war nicht genügend ausgebacken.

c) Das Brotgewicht.

Ein weiterer Punkt, der mit dem Wassergehalt des Brotes zusammenhängt, ist die Veränderung des Brotgewichtes.

Bei der zugemessenen knappen Brotration war es selbstverständlich, daß ein jeder seine ihm zustehende Menge möglichst auf das Gramm genau zu haben wünschte. Einen Verlust wollte der Käufer nicht auf sich nehmen und konnte ihn auch nicht tragen. Ebensowenig konnte man aber auch vom Bäcker die Abgabe von Übergewicht verlangen, wenn er mit der ihm überwiesenen Mehlmenge auskommen wollte. Auch hier fehlte es an einem Ausgleichsquantum. Es gab viel Unzufriedenheit, Klagen und Anzeigen wegen Untergewichtes. Besonders war es eine Kalamität für die Kleinhändler, die auf Zusatzkarten kleine Stücke Brot abgeben mußten. Sie arbeiteten, wie aus einer mir vorliegenden Zuschrift an die „Kieler Zeitung" aus dem Jahre 1916 hervorgeht, geradezu mit Verlust.

Der Grund dieses fatalen Zustandes ist begründet in dem Schwinden des Brotgewichtes beim Backen und Aufbewahren und einer zu geringen Teigeinlage vor dem Backprozeß.

Es ist Sache des Bäckers insofern für das Vollgewicht des Brotes zu sorgen, als er den Ausbackverlust beim Einlegen des Teiges in Rechnung stellt. Nach M. P. Neumann beträgt dieser Verlust etwa 11% und schwankt von 10—12%. Außerdem kann auch bei sehr genauer Teilung des Teiges der Wägefehler noch 0,6—0,8% betragen. Dafür ist der Bäcker mit genügender Zuteilung an Mehl entschädigt. Für einen weiteren Verlust an Gewicht kann er aber nicht verantwortlich gemacht werden und es ist demgemäß unberechtigt, wenn das Publikum 3—4 Tage nach Einkauf des Brotes Beschwerde erhebt, daß das Brot nicht dem vorgeschriebenen Gewicht entspäche.

Die Gewichtsabnahme ist verschieden, je nachdem das Brot groß oder klein, frei geschoben oder als Kastenbrot gebacken, mit scharf gebackener Rinde oder mit weicher Rinde versehen ist. Und außerdem spielen sowohl die Aufbewahrung, ob in einem kühleren oder wärmeren Raum, als auch die Art (Weizen oder Roggen) und Zusammensetzung des Brotes eine Rolle.

M. P. Neumann[1]) gibt an, daß beim Roggenbrot nach den ersten 2 Stunden nach Herausnahme aus dem Ofen 0,4—0,7% „Auskühlungsverlust" zu konstatieren ist. Weiterhin gehen beim Aufbewahren eines 2-Kilobrotes nach den ersten 24 Stunden 1,18%, nach 2 Tagen 2,19%, nach 3 Tagen 3,15% zu Verlust. Nach 6 Tagen sind es 6,13%, nach 9 Tagen 8,38%,

---

[1]) M. P. Neumann, Brotgetreide und Brot. Paul Parey, Berlin 1914, S. 448.

nach 12 Tagen 10,24%, nach 15 Tagen 11,82%, nach 18 Tagen 13,51%, nach 21 Tagen 14,89%, nach 24 Tagen 16,35%, nach 27 Tagen 17,49%.

Weitere Prüfungen liegen von A. Fornet[1]) vor, der Roggenbrot mit verschiedenen Kartoffelpräparaten verbacken in kühlem und warmem Raum, in scharf und schwach ausgebackenem Zustande aufbewahrte. Er fand nach 3 Tagen bei reinem Roggenbrot im Mittel einen Verlust von 3,52%, bei Brot mit Kartoffelstärke nach 3 Tagen 3,58%, nach 4 Tagen 4,01%, bei Brot mit frisch gekochten Kartoffeln nach 3 Tagen 4,01%, nach 4 Tagen 4,59%, bei Brot mit Kartoffelwalzmehl nach 3 Tagen 3,68%, nach 4 Tagen 4,28%.

Meine eigenen Beobachtungen[2]) erstrecken sich auf Brote aus Roggen-Weizenmehl (Rolandbrot = 4 Teile Roggen und 1 Teil Weizen) und auf Vollkornbrote (Growittbrot „fein" und Growittbrot „grob"). Sie gelangten stets 48 Stunden nach Fertigstellung in meine Hände, so daß am Ende des 3. Tages die erste Gewichtsverlustaufzeichnung gemacht werden konnte. Sie wurden in einem kühlen Raum aufbewahrt. Um einen Vergleich mit den obigen Zahlen ermöglichen zu können, müßte zu den angegebenen Verlusten dann stets noch etwa 2,5—3% Gewichtsabnahme, wie sie innerhalb der ersten 3 Tage Regel ist, hinzuaddiert werden. Die Rolandbrote wogen im Durchschnitt bei der Ankunft 1972 g, die Vollkornbrote 1950 g.

Es gingen vom Tage der hier vorgenommenen Wägungen verloren:

Nach wieviel Tagen	vom Rolandbrot		vom Growittbrot „fein"		vom Growittbrot „grob"	
1			5 g =	0,25%		
2	5 g =	0,25%	16 g =	0,82%		
3			22 g =	1,13%	23 g =	1,17%
4	38 g =	1,9 %	35 g =	1,79%		
5			46 g =	2,35%	46 g =	2,35%
6			76 g =	3,89%	65 g =	3,33%
7	73 g =	3,4 %				
10	124 g =	6,3 %				
12					95 g =	4,87%
14			101 g =	5,16%		
15	192 g =	9,7 %			140 g =	7,17%
19			143 g =	7,33%	193 g =	10,00%
22	266 g =	13,4 %				
25			172 g =	8,82%		
27	302 g =	15,3 %				
28					274 g =	14,05%
31			252 g =	12,92%		
33	333 g =	16,8 %				
35			337 g =	17,28%		
46			408 g =	20,92%		
51	462 g =	23,4 %				

Wie man sieht, stimmen die Zahlen von M. P. Neumann mit den beim Rolandbrot und dem Growittbrot „grob" gefundenen, nachdem man den vorausgegangenen Verlust von etwa 2,5—3% dazuaddiert, ziemlich gut überein.

[1]) A. Fornet, Über den Gewichtsverlust des Kriegsbrotes bei der Aufbewahrung. Zeitschr. f. d. ges. Getreidewesen 1915, 7. Jahrg., S. 227.
[2]) R. O. Neumann, Brotarbeit II.

Bei M. P. Neumanns Roggenbrot betrug der Verlust nach 27 Tagen 17,49%, beim Rolandbrot 15,3% + 2,5% = 17,8% und beim Growittbrot „grob" nach 28 Tagen 14,05% + 2,5% = 16,10%. Das Growittbrot „fein" zeigt einen weit geringeren Verlust. Vielleicht ist hier der Grund in dem schärferen Ausbacken zu suchen.

Wenn auch im Verlauf der längeren Aufbewahrung größere Verschiedenheiten bei den einzelnen Broten auftreten, so ist doch das eine sicher, daß bis zum dritten oder vierten Tage die Verluste sich überall ziemlich gleich verhalten. Nimmt man bis zum 3. Tage auch nur rund 3% an, so sind das auf ein 4-Pfundbrot doch schon 60 g, also eine Menge, die beim unkundigen Publikum, wenn es das Gewicht nachkontrolliert, den Verdacht absichtlicher Übervorteilung wachruft. Eine Reklamation wäre aber dann vollständig unbegründet.

d) Unreinlichkeit des Kornes und Beschaffenheit des Mehles.

Nach den mir zugänglichen Berichten und Mitteilungen kann angenommen werden, daß unreine Mehle oder verunreinigtes Korn zwar nicht übermäßig häufig, aber doch auch nicht ganz selten zur Verwendung gekommen sind.

Wir haben selbst in zwei Fällen bei mikroskopischer Untersuchung von Kriegsmehlen Reste von Unkrautsamen gefunden und in einem Falle eine größere Menge von Streumehl aus Buchenholz. Ferner wurden aus einer Getreideprobe sehr reichliche Mengen von Milben isoliert. Bei der Nachfrage nach näheren Begleitumständen wurde uns mitgeteilt, daß 7 Personen, die mit dem Abwiegen des Vorrates beschäftigt waren, an Hautaffektionen erkrankt sein sollten. Über die weitere Verwendung des schon in den Verkehr gebrachten Kornes und etwaige Schädigungen konnte weiteres nicht ermittelt werden. Endlich stellten wir im Mehl viele Male Larven und Puppen von der Mehlmotte, Hephestia Kühniella, fest, die in größerer Anzahl vorhanden war. Leider sind diese Motten, die vor noch nicht allzu langer Zeit mit amerikanischem Mehle bei uns eingeschleppt wurden, eine arge Plage für Getreide-, Mühlen- und Mehlwirtschaft.

Dem Verarbeiten von verunreinigtem Mehle wurde besonders auch Vorschub geleistet durch Prämien der Reichsgetreidestelle für eine höchstmögliche Mehlausbeute. Dadurch gelangte naturgemäß mancherlei Unrat, der sonst sorgfältig ausgeschaltet wurde, mit ins Mehl hinein, ebenso Mühlenschmutz, Unkrautsamen, Reste von Ähren und anderes. Auch die sonst für Tierfutter zurückgestellten etwa 5% Anteile, die aus sog. Hinterkorn bestehen, sind nicht selten mit ins Mehl hineingewandert.

Von wesentlicher Bedeutung war für das Publikum auch die veränderte Beschaffenheit des Mehles. Aus einem relativ weißen Mehl von 82—85% Ausmahlung, wie es früher war, wurde allmählich ein solches von 94% Ausmahlung mit recht dunkler Farbe. Damit hatte aber auch das Brot den früheren Charakter eines „Feinbrotes", d. h. eines relativ weißen Brotes verloren. Es war zu einem Schrotbrot geworden, nur mit dem Unterschied, daß das grobe schalenhaltige Material weiter zerkleinert und durch ein feines Gazesieb (Nr. 32 = 16 Fäden auf 1 qcm) hindurchgeschickt wurde, um die Zellhüllen im Brote

nicht allzu deutlich erscheinen zu lassen und vor allen Dingen, um das Mehl
dadurch backfähiger zu machen, denn ein grobschaliges Mehl ist für die Teigbereitung wenig geeignet.

Wie zu erwarten, fand solches Brot nicht überall Beifall, doch eigentliche
Klagen ergaben sich erst dann, als man an dem Säuregehalt, dem Geschmack,
der Verdaulichkeit und der Bekömmlichkeit Anstoß nahm.

Besonders gab

e) Der Säuregehalt des Brotes

Veranlassung zu mannigfachen Ausstellungen.

Die Säure im Brot verdankt ihre Entstehung im wesentlichen den Säure-
bakterien, während die Hefen hauptsächlich die Lockerung des Teiges bzw.
des Brotes besorgen. Wie bekannt, kann man Brot mit Hefe oder mit Sauerteig in gleicher Weise herstellen. Die Gepflogenheit, daß eine oder andere zu
benützen, richtet sich ganz nach den ortsüblichen Gewohnheiten, und daher
ist der Geschmack der Konsumenten auch meist an den Säuregrad „angepaßt“,
den sie von Jugend auf kennen. In manchen Gegenden verwendet man nicht
nur — wie überall üblich — die Hefe für Weizengebäck, sondern auch
für Roggenbrot. Die Folge davon ist eine an jenen Orten eingebürgerte Vorliebe für wenig saure Gebäcke. Das geht unter Umständen so weit, daß diese
Leute ein Mißbehagen finden, wenn sie mit Sauerteig gesäuertes Brot genießen
müssen: Und doch ist andererseits ein gewisser Säuregrad im Schwarzbrot
geradezu ein Gewürz und ein geschmackliches Korrigens gegenüber dem ein-
tönigen Weißbrot.

Anderenorts wiederum wird zum Roggenbrot nur Sauerteig verwendet
und man wünscht dort vielfach einen höheren Säuregrad, damit das Brot
recht „kräftig“ schmeckt. In dieser Beziehung sind die Geschmacksrichtungen
so verschieden, wie fast auf keinem anderen Gebiete, aber wohl auch aus dem
Grunde, weil die Variationsbreite des Säuregehaltes beim Brot außerordentlich
groß ist.

Um einen Anhaltspunkt zu geben, wie viel Säure Brote verschiedener
Zusammensetzung enthalten, lasse ich eine Reihe Brotsorten folgen, bei denen
ich nachstehende Zahlen fand:[1])

Weizenbrot aus Weizenmehl zu 70% ausgemahlen	1,2 ccm
Blutbrot aus Roggenschrot mit $^1/_3$ Wasser und $^2/_3$ Blut ver-backen	2,8 „
Weizenbrot aus Weizenmehl zu 80% ausgemahlen	4,6 „
K - Brot (Feinbrot) aus 30% Roggenmehl und 70% Weizenmehl	5,4 „
„Kölner“ Brot aus 50% Mais, 30% Gerste, 20% Reis . . .	6,5 „
Klopferbrot (Vollkornbrot?) aus Roggenmehl	7,3 „
K - Brot (Schwarzbrot) aus 58,8% Roggenschrot, 29,4% Roggen-mehl, 11,8% Kartoffelwalzmehl	7,8 „
Schrotbrot aus Roggenschrot	8,0 „
Pumpernickel aus 80% Roggenschrot, 16% Kleie, 4% Fein-zucker	8,2 „
Roggenbrot aus Roggenmehl zu 94% ausgemahlen	8,2 „

---

[1]) Der Säuregehalt ist ausgedrückt in ccm Normalalkali, die zur Sättigung von 100 g
Brot verbraucht werden.

Kommißbrot aus 60% Roggenmehl, 40% Weizenmehl, 5%
    Kleieauszug . . . .   8,6 ccm
Growittbrot „grob" aus 4 Teilen Roggenmehl und 1 Teil
    Weizenmehl (Vollkornbrot) . . . .   9,0 „
Rolandbrot aus 4 Teilen Roggenmehl und 1 Teil Weizenmehl   9,1 „
Strohmehlbrot aus 20% Strohmehl . . . .   9,8 „
Roggenbrot aus Roggenmehl zu 80% ausgemahlen . . . .   10,0 „
Treberbrot mit 10% Zervesinmehl . . . .   10,0 „
Growittbrot „fein" I aus 4 Teilen Roggenmehl und 1 Teil
    Weizenmehl (Vollkornbrot) . . . .   10,2 „
Growittbrot „fein" II aus 4 Teilen Roggenmehl und 1 Teil
    Weizenmehl (Vollkornbrot) . . . .   10,4 „
Treberbrot mit 5% Zervesinmehl . . . .   10,8 „
Strohmehlbrot mit 14% Strohmehl . . . .   11,2 „

Hieraus sieht man, wie groß die Unterschiede sein können. Die Grenze
nach oben ist aber bei weitem noch nicht erreicht, da K. B. Lehmann[1]) bis
zu 20 ccm, bei Pumpernickel einmal sogar bis zu 24 ccm Normalalkaliverbrauch
fand.

Am meisten trifft man niedere Säurewerte bei Weißbroten, höhere bei
Graubroten, die höchsten bei Schwarzbroten an, was auch aus Lehmanns
Zusammenstellung hervorgeht.

Azidität	Schrotbrote	Schwarz- und Graubrote aus Mehl	Weißbrote und Semmel
	Proben	Proben	Proben
1—2 ccm	—	1	9
2—4 „	2	7	17
4—7 „	5	19	9
7—10 „	12	26	—
10—15 „	17	21	—
über 15 „	11	6	—
Summa	37	80	35

Lehmann nennt Brote, die   1— 2 ccm Normalalkali verbrauchen, nicht sauer.
    „   2— 4 „   „   „   schwach säuerlich.
    „   4— 7 „   „   „   schwach sauer.
    „   7—10 „   „   „   kräftig sauer.
    „ 10—15 „   „   „   stark sauer.
    „ 15—20 „   „   „   äußerst stark sauer.

Danach würden unsere „Kriegsbrote", das Roggenkartoffelbrot und die
Vollkornbrote, die sämtlich zwischen 7—10 ccm Normalalkali verbrauchen,
alle das Prädikat „kräftig sauer" erhalten. Für den Kenner sind sie auch
kräftig sauer. Aber die Mehrzahl der Konsumenten ist sich, wenn sie nicht
gerade an das ganz säureschwache Weizenbrotgebäck gewöhnt waren, offenbar nicht klar darüber, ob die Menge der Säure groß oder klein ist.

Sehr bezeichnend wirkt in dieser Beziehung eine Zusammenstellung, die
sich in dem Bericht von Th. Paul[2]) befindet. Es wurden eine Reihe (16) sehr

---

[1]) K. B. Lehmann, Qualitative und quantitative Untersuchungen über den Säuregehalt des Brotes. Archiv f. Hygiene 1893, **19**, 363.

[2]) Th. Paul, Untersuchungen über die Streckung des Brotmehles mit Nebenerzeugnissen der Bierbrauerei (Zervesinmehl). Landwirtschaftl. Jahrb. f. Bayern, Jahrg. 1917,
Heft 4, S. 324—326.

urteilsfähige Männer nach dem Geschmack von Zervesinbrot und Kommißbrot befragt, ohne daß sie die Art und Zusammensetzung der Brote kannten. Alle Brote zeigten einen Säuregehalt von 8—10,8 (Grad), waren also „kräftig bis stark sauer".

Eine kleine Zahl der Prüfenden fand die Brote nur „etwas säuerlich", „ein wenig sauer" oder „deutlich sauer". In zwei Fällen erklärte man das Kommißbrot, das aber weniger Säure enthielt, als das Zervesinbrot, für „etwas zu sauer" bzw. „viel zu sauer". Die übrigen Herren hatten aber in ihrer Mitteilung überhaupt keine Notiz von der Säure genommen, sie muß ihnen also gar nicht aufgefallen sein, obwohl sie mehr als 10 (Grad) betrug. Besonders spaßhaft berührt, daß einem Direktor einer Kunstmühle das 10 prozentige Zervesinbrot mit 10 (Grad) Säure „widerlich süß schmeckte".

Hiernach macht es durchaus den Eindruck, als ob ein sachgemäßes Urteil abzugeben schwierig sei. Um so mehr werden Klagen über zu großen Säuregehalt mit einer gewissen Reserve aufgenommen werden müssen, besonders wenn wir sehen, daß 10 und mehr (Grade) im allgemeinen nur als „säuerlich" empfunden werden.

In der Tat macht ein Säuregrad, der 6—7 ccm Normalalkali entspricht, den Geschmack des Schwarzbrotes nur angenehm, und werden 8—9 ccm zur Sättigung gebraucht, so erleidet der Geschmack noch keine Einbuße.

Es wäre nun sehr wünschenswert, wenn es gelänge, jedem Brot einen bestimmten mittleren Säuregrad zu erteilen. Das hat aber seine Schwierigkeiten. Wie M. P. Neumann in seinem Buch: Brotgetreide und Brot, 367 u. ff. überzeugend nachweist, ist ·die Sauerführung des Teiges ein recht kompliziertes Verfahren, und sie muß mit Geschick und Verständnis geleitet werden. Schon unter normalen Verhältnissen bedarf es der Aufmerksamkeit des Bäckers, daß das Gebäck die richtige Säure und die genügende Lockerung erhält. Bei den veränderten Verhältnissen mit dem grobgemahlenen Mehl und dem Kartoffelzusatz stellten sich bisher noch ungekannte Schwierigkeiten ein, die erst im Lauf der Zeit überwunden werden mußten. Und daher kam es auch, daß die im Anfang der Kriegsbrotzeit backtechnisch mißlungenen Brote zuweilen einen übermäßig hohen Säuregrad aufwiesen, sehr kompakte ungelockerte Gebäcke darstellten und die Bekömmlichkeit sehr erschwerten.

Viel hat dazu beigetragen das

f) Verbot der Nachtarbeit in den Bäckereien.

Bekanntlich wurde durch eine Verordnung bestimmt, daß in Bäckereien von abends 7 Uhr bis morgens 7 Uhr nicht gearbeitet werden dürfe. Wie sozial diese Maßnahme auch gedacht war, so hat sie doch in unbegreiflicher Verkennung der Notwendigkeit einer Betätigung während der Nachtstunden nur dazugeführt, das Brot zu verschlechtern. Es ist eine durch wissenschaftliche Untersuchungen längst feststehende Tatsache, daß der Sauerteig keinesfalls 12 Stunden lang ohne Umarbeitung stehen darf, soll er nicht durch zu weitgehende Essigsäurebildung die Wirkung des Teiges lahmlegen und die Güte des Brotes verderben.

Nachdem der Sauerteig mit Mehl „abgefrischt", ist, wobei durch die im Teige vorhandenen Hefen die Kohlensäureentwicklung, die zur Lockerung des

Teiges notwendig ist, eingeleitet wurde, muß, je nach der Temperatur, der abgefrischte Sauer nach 4—6 Stunden weiter „angefrischt" werden, d. h. er muß mit Mehl verrührt werden, um die Weiterentwicklung der Hefen zu fördern.

Unterbleibt dieser Eingriff oder wird er zu spät ausgeführt, so wird die Hefevermehrung und damit die Alkohol- bzw. Kohlensäureentwicklung gehemmt und nebenbei einer unerwünschten und schädlichen Säurebildung, die durch die nun in den Vordergrund tretenden Bakterien, Vorschub geleistet. Bleibt der Teig aber ohne neue Anfrischung 12 Stunden bei der warmen Temperatur im Backraum stehen, so ist er auch durch nachheriges Anfrischen vor Übersäurung nicht mehr zu retten. Alle Maßnahmen der unerwünschten Säuerung durch Kühlstellen des Sauers oder durch Zumischen von kaltem Wasser vorzubeugen sind sehr unsicher und können die sachgemäße Anfrischung nach 4—6 Stunden nicht ersetzen.

Es kommt dann noch hinzu, daß nach 12stündigem Warten, die Arbeit, die schon hätte getan sein müssen, erst am Morgen ausgeführt werden muß, und nun die Zeit für die eigentliche Back- und Ofenarbeit zu kurz ist. Es werden dann die Öfen überheizt und das Brot bäckt nicht genügend aus.

F. Hüppe[1][2]) und M. P. Neumann[3]) haben diese Vorgänge ausführlich besprochen und die Konsequenzen in das richtige Licht gesetzt. Ich kann mich ihnen nur anschließen. Mit Recht macht Hüppe darauf aufmerksam, daß es gar keiner eigentlichen Nachtarbeit aller Bäckereiarbeiter bedürfe, um eine einwandfreie Sauerführung zu bewerkstelligen. „Auf 20 Gehilfen, die nur am Tage zu beschäftigen wären, reiche ein Mann vollständig aus, um die Sauerführung während der Nacht zu beaufsichtigen und das sog. Auffrischen durch Nachbeschickung des Sauers mit Mehl bis zum Beginn der Morgenarbeit richtig durchzuführen." Er ist also kein Gegner des eigentlichen Nachtarbeitsverbotes, wünscht aber, daß am Tage in zwei achtstündigen Schichten gearbeitet und in der Nacht nur die unbedingt notwendige Beaufsichtigung des Gärvorganges vorgenommen wird.

Es muß vom hygienischen Standpunkte dafür gesorgt werden, daß einem Volksnahrungsmittel, wie dem Brot, alle die Förderung zugebilligt werden soll, welches es bei seiner Bedeutung auch verdient, selbst wenn eine gewisse Unbequemlichkeit einer Arbeitsklasse damit verbunden sein sollte.

Man kann nicht dauernd Brotfehler (zu hohen Säuregrad, Abgebackensein, Rißbildung, Wasserstreifen, ungenügende Lockerung) mit in Kauf nehmen, wenn sie sich technisch vermeiden lassen.

Abgesehen von diesen Fehlern muß eine mangelhafte Brotbereitung dazu führen, daß die

g) Bekömmlichkeit des Kriegsbrotes

leidet. Da wird man sich zunächst fragen, was man unter Bekömmlichkeit zu verstehen hat. Mit einem Worte läßt sich dieser „Begriff" nicht definieren.

---

[1]) Ferdinand Hüppe, Unser Kriegsbrot. Berliner klin. Wochenschr. 1917, Nr. 30.

[2]) Ferdinand Hüppe, Unser täglich Brot im Krieg und Frieden. Th. Steinkopf, Dresden und Leipzig 1918, S. 113.

[3]) M. P. Neumann. S. 29, zit. auf S. 76, Anm. 1.

Vielleicht wird man aber die Bekömmlichkeit als einen Zustand betrachten können, welcher eintritt, wenn Nahrungsmittel irgendwelcher Art symptomlos den Körper passieren.

Beim Brot im speziellen: wenn es keine üblen Sensationen, keine Magenbeschwerden und keine Reizerscheinungen im Darm auslöst. Die Bekömmlichkeit ist also nicht gleich einer guten Verdauung Zur Bekömmlichkeit gehört noch mehr. Viele hart gesottene Eier werden sehr gut verdaut, brauchen aber noch lange nicht bekömmlich zu sein (da sie meist Magendrücken verursachen). Oft werden bei Angaben über Brot die beiden Begriffe Bekömmlichkeit und Verdaulichkeit verwechselt oder zusammengeworfen. Man muß sie streng auseinanderhalten, weil die erstere meist erst die Folge der zweiten ist.

Es braucht unter Umständen die Bekömmlichkeit mit der Verdauung sogar nur im sehr losen Zusammenhang zu stehen oder noch gar nichts mit ihr zu tun gehabt zu haben. So wird z. B. Lebertran von vielen Kindern wegen des schlechten Geschmackes nicht vertragen; sie brechen ihn wieder aus, er ist unbekömmlich, obwohl die Verdauung dabei nicht mitgespielt hat.

Die Eigenschaften des Brotes, die dasselbe unbekömmlich machen können, sind sehr verschiedener Natur. Ein unansehnliches oder zweifelhaftes Äußere (schwarzes Blutbrot), ein dumpfiger Geruch (Schimmelpilzwucherung), ein bitterer (fadenziehende Bakterienwucherung), fader (Diabetikerbrot), dumpfiger (dumpfiges Mehl), saurer (zu hohe Säurebildung) Geschmack, zu große Nässe der Krume, Schliffigkeit, Unausgebackenheit können bereits unangenehme Sensation im Gefühlszentrum auslösen. Weiter vermögen, wenn man die Bekömmlichkeit mit „Ertragbarkeit" identifizieren will, dem Brot zugesetzte Ersatzstoffe (Stroh, Holz oder grobe Kleieteile) oder auch zu saures Brot Unbekömmlichkeit im Magen verursachen, weil sie nicht vertragen werden (Aufstoßen, Magendrücken, Beklemmungen). Ferner können im Darm Störungen auftreten, die als Unbekömmlichkeit zu bezeichen sind, wenn durch die Verdauung zu viel Gase entwickelt werden, die starke Blähungen verursachen oder wenn infolge der Beschaffenheit des Brotes zu große Kotmassen gebildet werden. Endlich ist auch das ein unbekömmliches Brot, welches im Darm Reizerscheinungen hervorruft oder dessen Kot so hart wird (Strohbrot, Spelzmehlbrot), daß er mit Hilfe der Bauchpresse nicht entleert werden kann.

Alle diese Symptome treten aber nicht bei jedem einzelnen, der etwa solch fehlerhaftes Brot genießt, auf. Es gibt hier die merkwürdigsten Gegensätze. Was dem einen zusagt, ist für den anderen unter Umständen nachteilig. Mancher kann täglich gewaltige Mengen grobes Schrotbrot oder Pumpernickel ohne Störungen genießen, während andere durch eine Schnitte zu sauren Brotes bereits ihren Magen beleidigen.

Infolge dieser Verschiedenheiten in der Organisation des Organismus, auch in der Verschiedenheit der Gewohnheiten, der Eßsitten, des ästhetischen Gefühls, der Lebensweise, der Empfindlichkeit und Auffassung lassen sich Klagen über Unbekömmlichkeit des Brotes nicht immer eindeutig verwerten und sind nicht selten übertrieben. Dazu kommt, daß sehr häufig ein Urteil über ein Brot in bezug auf Bekömmlichkeit gefällt wird, wenn der Betreffende nur etwa eine Schnitte Brot gekostet hat. Diese Art Urteil ist ganz unzulässig.

Wenn man eine sichere Auskunft über die Bekömmlichkeit eines Brotes haben will, so muß man genügend große Mengen längere Zeit genießen, oder noch besser: es müssen viele Personen dieses Experiment ausführen.

Mit dem Kriegsbrot sind bisher genügend große Versuchsreihen an unzähligen Menschen angestellt worden, so daß zur Zeit reichliche Erfahrungen vorliegen. Man wird bei der Beurteilung unterscheiden müssen die Zeit direkt nach der Einführung des Einheits-Kartoffel-Roggenbrotes und die spätere Zeit. Die erste Periode hatte mit allerhand backtechnischen Schwierigkeiten zu kämpfen. Die Belieferung eines ganz einwandfreien Mehles und Kornes war nicht immer gewährleistet, und die Bevölkerung stand sich gegenüber einer für die tägliche Ernährung so einschneidenden Veränderung, daß es begreiflich erscheint, wenn über das neue Brot und seine Bekömmlichkeit manche Klagen geführt wurden. Man bemängelte, wie schon erwähnt, vor allen Dingen die **grobe Beschaffenheit**, den **sauren Geschmack**, die **nasse Krume** und die **geringe Lockerung** und die mit diesen Fehlern verbundenen Erscheinungen, **große Kotmassen**, **Belästigung des Darmes**, **viel Blähungen**, **Aufstoßen**, **Magendrücken**. Das hat sich im Laufe der Zeit bis zu einem gewissen Grade geändert, und zwar dadurch, daß die Bäckereien lernten, ein besser gebackenes Brot zu liefern. Viele Übelstände sind infolgedessen weggefallen. Andererseits hat die Bevölkerung sich allmählich an das Brot gewöhnen müssen und gewöhnt, so daß auch dadurch manche Klagen verstummt sind.

Immerhin weist das Kriegsbrot auch gegenwärtig noch Mängel auf, die auch für **den** Teil der Bevölkerung erhalten bleiben werden, die im Weißbrot oder wenigstens in einem „Feinbrot‟ ihr Ideal sehen und sich nicht an das Schwarzbrot gewöhnen wollen oder können. Ein solcher Mangel ist die grobe Beschaffenheit des Brotes, bedingt durch den hohen Kleiegehalt. Infolge der Weitervergärung der zellulosereichen Anteile entstehen die **stark belästigenden reichlichen Darmgase**, welche beim Genuß feinen Brotes nicht in den Vordergrund treten. Von kleineren zeitlichen und örtlichen Übelständen abgesehen, die immer wieder zu beobachten waren, aber nur von der Unzuverlässigkeit des Bäckers, vielleicht auch von einer zufällig unzweckmäßigen Mehlbelieferung abhingen, darf man indessen sagen, **daß das Kriegsbrot den Anforderungen an seine Bekömmlichkeit im allgemeinen entsprach.**

Von ärztlicher Seite ist dies für **Gesunde** vielmals und ausdrücklich bestätigt worden, ja es finden sich auch Stimmen, die ihm noch günstigere Seiten abgewonnen haben. So lesen wir z. B. bei Klemperer[1]): „Das Kriegsbrot wurde, wenn es nur einigermaßen gut ausgebacken war, nicht nur von den meisten gut vertragen, sondern übte teilweise sogar vortreffliche Wirkungen aus, durch seinen größeren Zellulosegehalt wirkte es anregend auf die Sekretion der Verdauungssäfte und auf die Darmperistaltik. Es scheint, daß der Magendarmkanal mit seinen Bewegungs-, Absonderungs- und Aufsaugungsverhältnissen sich dem gröberen Brot angepaßt hat.

Interessant ist aber jedenfalls auch die Tatsache, daß nicht nur Gesunde, sondern auch **Kranke** das Kriegsbrot, wenn es gut gebacken und genügend

---

[1]) G. Klemperer, Kriegsmehl, Mehlpräparate und Krankendiät. Münch. med. Wochenschr. 1917, Nr. 22, S. 731.

gelockert war, gern gegessen und gut vertragen haben. Nach den Ausführungen einer großen Anzahl berufenster Männer auf dem Gebiete des Ernährungswesens[1]), die sich über die Bekömmlichkeit der Kriegsbackwaren, speziell des Kriegsbrotes bei Kranken und Gesunden aussprachen, kann es keinem Zweifel unterliegen, daß dasselbe bei Kranken nicht zu wesentlichen Störungen führte und daß, wie v. Noorden hervorhob, aus gesundheitlichen Gründen nicht der geringste Grund vorläge, an den bestehenden Vorschriften zu rütteln. Dasselbe gelte auch für Halbpatienten, selbst solche mit „schwachem und empfindlichem Magen und Darm".

Etwas anders verhielt sich die Sache bei wirklichen Magen- und Darmkranken. Dort sah man Erscheinungen, die den Genuß von Kriegsbrot nicht tunlich erscheinen ließen und die eine Abänderung der Roggenmehlkost in Weizenmehlkost erforderten, eine Maßnahme, die aber auch schon in Friedenszeiten zum Teil notwendig gewesen ist, wenn Kranke gröberes Brot nicht vertrugen.

Auf die Frage der Krankenernährung, die in jener Versammlung eingehend erörtert wurde und viel lehrreiches Material zutage förderte, weiter einzugehen, verbietet der Raum.

h) Die Verdaulichkeit des Kriegsbrotes.

Während zur Fassung des Begriffes „Bekömmlichkeit" Symptome herangezogen werden müssen, die vielfach quantitativ nicht faßbar sind, wie z. B. Unbehagen, Sensationen, Aufstoßen, Magendrücken, Reizerscheinungen, Blähungen, so können wir den Begriff „Verdaulichkeit" des Brotes besser umgrenzen, wir vermögen die Verdaulichkeit des Brotes sogar exakt zu messen. Die Verdaulichkeit ist gleichbedeutend mit der Ausnützung, und da wir das von einer Nahrung, was nicht ausgenützt ist von dem ausgenützten oder verdauten Anteil sehr wohl zu scheiden wissen, so wird die Verdaulichkeit für uns ein faßbarer Begriff.

Leider ist, wie schon oben bemerkt, bei Besprechungen von „Verdaulichkeit" der Begriff der „Bekömmlichkeit" fälschlicherweise dafür benützt worden, so daß daraus vielfache Unklarheiten hervorgegangen sind.

Spricht man von der Verdaulichkeit eines Nahrungsmittels oder des Brotes, so kennzeichnet man damit, daß ein bekannter Anteil desselben vom Organismus resorbiert und assimiliert wurde. Wie groß dieser Anteil ist, läßt sich aus den Einnahmen und Angaben ermitteln. Ist er groß, dann wird das Nahrungsmittel oder das Brot „gut verdaulich" gewesen sein (nicht bekömmlich), ist er klein, dann haben wir es mit einer verminderten Verdaulichkeit zu tun.

Die Verdaulichkeit kann von verschiedenen Dingen abhängen. Sie kann in dem Material des Nahrungsmittels begründet sein, sie kann aber auch von der betreffenden Person abhängen. Gepulvertes Stroh wird weniger verdaulich sein wie gepulverter Zucker, weil eben die Zellulose für die menschlichen Verdauungskräfte kaum angreifbar ist. Ein Gesunder wird besser verdauen wie ein Magendarmkranker, weil dessen Verdauungsorgane intakt sind.

---

[1]) Verhandlungen über die Bekömmlichkeit der Kriegsbackwaren am 6. III. 1915 in Berlin. Deutsche med. Wochenschr. 1915, Nr. 14, S. 408.

Beim Brot liegt die Sache nun so, daß die Stärke (die Kohlehydrate) leicht verdaulich ist, ebenso das Fett, das Eiweiß wird zu $^2/_3$ bis $^4/_5$ verdaut, die zellreichen Bestandteile werden jedoch im allgemeinen schlecht verwertet. Je zahlreicher und je gröber sie sind, desto mehr bleibt unverdaut zurück.

Damit ist auch im großen und ganzen schon ausgesprochen, wie sich das Kriegsbrot verhalten wird. In diesem finden wir viel zellreiches Material, es ist bis zu 94% ausgemahlen und enthält demnach eine große Menge Kleie, die schlecht verdaulich ist. Im Kriegsbrot von 1917 erreichte die zellreiche Substanz sogar einen Höchstgrad, so daß in der Trockensubstanz des Kotes 37% Zellmembran[1]) gefunden wurde.

Dazu kommt noch die bekannte Erscheinung, daß die Ausnutzung des Kleieeiweißes um so schlechter wird, je mehr Zellmembran vorhanden ist.

Wir haben daher von einer „guten Verdaulichkeit" des Kriegsbrotes nicht viel zu erwarten, ebenso wie es bei allen anderen Broten aus hoch ausgemahlenen Mehlen auch der Fall ist.

Es wird nun von manchen Seiten, z. B. auch von Decker[2]) darauf hingewiesen, daß bei der Verdaulichkeit des Kriegsbrotes das Kauen eine Rolle spiele. Dazu ist zu bemerken, daß ein gutes Kauen gewiß empfehlenswert ist, aber auf die Ausnützung, wenn der Feinheitsgrad im Mehl eine bestimmte Größe erreicht hat, dasselbe keinerlei Einfluß mehr ausübt. Vergleiche die Ausführungen auf Seite 32 u. ff. über das Kauen des Brotes.

Ein weiteres Eingehen auf die Fragen der Verdauung des Kriegsbrotes erübrigt sich hier, da weiter unten im Kapitel Kartoffelbrot und in den Abschnitten über andere Brote ausführlich darüber gesprochen werden wird.

B. Die Kriegsbrote im speziellen.
I. Brote aus Halmfrüchten und deren Abkömmlingen.

1. Brote aus Roggen.

Im ursprünglichen Sinne ist bei uns in Deutschland unter „Brot" das reine Roggenbrot verstanden worden. Die Verhältnisse haben sich aber allmählich verschoben und zwar in der Weise, daß dem Roggenmehl Weizenmehl zugesetzt wurde. Infolgedessen ist das allenthalben erhältliche „Roggenbrot" eigentlich ein Mischbrot geworden. Der zur Brotbereitung verwendete Roggen verhielt sich vor dem Kriege zum Weizenverbrauch etwa wie 3—3,5: 1 und auch im Kriege ist nach den Angaben von M. P. Neumann[3]) kaum eine Verschiebung eingetreten, wiewohl sich Einfuhr und Ausfuhr des Roggens und Weizens geändert hatten.

Wenn nun auch das Mischbrot — Roggenmehl mit etwa 10% Weizenmehl — allgemein Eingang gefunden hat, so ist doch der Sinn oder vielleicht auch das Bedürfnis für reines Roggenbrot nicht verlorengegangen. Im Gegenteil, es macht den Eindruck, als ob neuerdings wieder Vorliebe für das-

---

[1]) M. Rubner, Untersuchungen über Vollkornbrot. Archiv f. Anat. u. Physiol. (physiol. Abt.) 1917, S. 362.

[2]) Decker, Die Verdaulichkeit der Kriegsbrote. Münch. med. Wochenschr. 1915, Nr. 21, S. 709.

[3]) M. P. Neumann, Unser Kriegsbrot. B. Ollech, Steglitz-Berlin 1917, S. 12.

selbe vorhanden wäre. Mindestens bemüht man sich in Wort und Schrift für das Schwarzbrot, das alte Bauernbrot, Propaganda zu machen und die Vorzüge des Roggenbrotes in den lichtesten Farben zu schildern.

Die Veranlassung zu diesem Vorgehen ist verschieden, sie entspringt aber etwa denselben Motiven, die wir bei der Propaganda für das Vollkornbrot wiederfinden und geht wohl in der Hauptsache von einzelnen oder von Gruppen aus, die eine rationelle Broternährung nur im Schwarzbrot sehen und dabei dessen Vorzüge vielfach überschätzen. Einmal soll der Geschmack bedeutend besser sein, ein anderes Mal sollen sich mehr „Nährsalze" darin befinden. Die einen bevorzugen es wegen der härteren Rinde, die die Kaumuskeln mehr in Tätigkeit setzen soll, die anderen sehen im Schwarzbrot ein geeignetes Mittel zur Erhaltung gesunder Zähne[1][2]. Manche versprechen sich von dem höheren Zellulosegehalt einen günstigen Einfluß auf die Darmtätigkeit und den Stoffwechsel und wieder andere meinen, daß dem „Vitamingehalt" im Schwarzbrot eine bedeutendere Rolle zuzumessen sei als im Feinbrot. Im ganzen wird es für viel „gesünder" gehalten, ohne daß man wirkliche wissenschaftliche Beweise dafür erbringt.

Diese einseitige und schiefe Beurteilung beruht auf der Unkenntnis oder dem Nichtsehenwollen der Faktoren, die in erster Linie für die Beurteilung eines Brotes maßgebend sind: Das ist die Frage nach der Verwertung der Brotbestandteile im Organismus, d. h. wie viel und wie wenig vom Eiweiß, der Trockensubstanz, den Kohlehydraten und den holzigen Bestandteilen im Körper ausgenutzt werden bzw. verlorengehen[3].

Da einzig und allein auf dieser Basis die Ermittlung der physiologischen Wertigkeit eines Brotes möglich und nur der Stoffwechsel- oder der Ausnutzungsversuch maßgebend ist, so kann man nur seiner Verwunderung Ausdruck geben, wenn unter dem Mantel der Wissenschaftlichkeit der Wunsch ausgesprochen wird[1], „in der Brotfrage endlich von dem Ausnützungswahne der „exakten" Schule loszukommen, der in der Hauptsache mit schuld daran ist, daß unser Volk auf der schiefen Bahn zu immer weicherem, d. h. schlechterem Gebäck tiefer und tiefer hinabgleitet". Gegen solche Entstellungen muß entschieden Protest erhoben werden.

Es kann sich bei der objektiven Beurteilung der Brotsorten nicht darum handeln, ob dem einzelnen das Schwarzbrot besser gefällt als das Feinbrot, sondern es muß durch Versuche festgestellt werden, ob das eine besser oder schlechter verwertet wird als das andere.

Zu diesem Zwecke ist zunächst die Frage zu erörtern, welche Bestandteile des Kornes in das Mehl übergehen.

[1] Kunert, Das Schwarzbrot als Grundlage der Volksernährung. Mitteil. d. med. biolog. Gesellschaft 1905, 3. Jahrg., Nr. 3 u. 4.

[2] Walkhoff, Unser Kriegsbrot als wichtigste Ursache der Zahnkaries. Münch. med. Wochenschr. 1917, Nr. 31, S. 1007. — Nach Walkhoff wird sowohl durch Schwarzbrot wie durch Weißbrot Zahnkaries veranlaßt, was er durch experimentelle Untersuchungen an gesunden Zähnen feststellen konnte.

[3] Damit soll aber keineswegs gesagt sein, daß nicht auch den Imponderabilien, die den Genußwert des Brotes bedingen: gutes Aussehen, Frische, vollkommenes Ausgebackensein, einwandfreie Kruste und Krume, anregender Geruch und ansprechender Geschmack, ein großer Wert beigelegt werden müsse.

Das Getreidekorn besteht aus der **Schale** (Fruchtknotenwand, Rinde, Hülle, Hülse), aus dem **Endosperm** und aus dem **Keimling**. Die Schale zerfällt in die **Fruchtschale** und in die **Samenschale** (Samenhaut). Die Fruchtschale setzt sich von außen nach innen zusammen aus: 1. Der **Oberhaut** (Epidermis), 2. aus der **Mittelschicht**, beide Schichten aus Längszellen bestehend, 3. aus der **Querzellenschicht** und 4. aus der **Schlauchzellenschicht** (Innenepidermis).

Die **Samenschale** wird gebildet aus zwei Zellenlagen, der **Farbstoffschicht** und einer **hyalinen Membran**. Das **Endosperm** besteht aus der sog. **Kleberschicht**, von M. P. **Neumann Aleuronatschicht** genannt[1]), und dem im Innern gelegenen **Mehlkörper** (Mehlkern, Mehlschicht).

Das **Eiweiß** ist an drei Stellen verteilt:

1. Als **echter Kleber** im Mehlkörper, d. h. in der **Stärkezellenschicht** (Mehlzellen). Dort sind die Stärkekörnchen von den Kleberkörnchen (Aleuronatkörnchen, **Plagge** und **Lebbin**) umgeben bzw. mit diesen vermischt. Es gelingt leicht, diesen echten Kleber aus dem Mehle zu isolieren, wenn man das reine Weizenmehl aus dem Mehlkörper mit Wasser anrührt, in ein Säckchen bringt und unter der Wasserleitung die Stärke auswäscht. Solcher Kleber wird im menschlichen Organismus leicht verdaut und ist als reines Pflanzeneiweiß = plasmatisches Eiweiß (M. P. **Neumann**, S. 12)[1]) = Aleuronat (M. P. **Neumann**, S. 511) anzusehen.

2. Als **sogenannter Kleber** = Kleieeiweiß = Kleberzelleneiweiß = Kleiestickstoff (**Plagge** und **Lebbin**), Aleuron (M. P. **Neumann**) in den sog. **Kleberzellen**, die die sog. Kleberschicht bilden. Dieses Kleieeiweiß ist in sehr starkwandigen, harten, fast quadratischen Zellen eingebettet und scheint sich chemisch und physiologisch anders als der echte Kleber zu verhalten.

3. Als **leichtverdauliches Eiweiß** im **Keimling**. Es sind davon 41% darin enthalten und außerdem 14,4% Fett.

Fett findet sich also im Keimling und reichlich in den **Kleberzellen**. Vgl. **Paul Lindner**[2]).

Von diesen Bestandteilen darf die **Stärke des Mehlkernes** als vollkommen verdaulich angesehen werden, ebenso der **echte Kleber** und das **Eiweiß des Keimlings**. Der sogenannte Kleber, das Kleberzelleneiweiß, ist an sich auch verdaulich, nimmt aber insofern eine Sonderstellung ein, als die ihn umschließenden starken Zellwände, seiner Verdauung Schwierigkeiten entgegensetzen. Ferner ist das **Fett** aus dem Keimling leicht aufnahmefähig; wohl sicher auch das Fett aus den Kleberzellen, wenn es frei ist. Anders liegen die Verhältnisse bei der **Samenschale**, **Fruchtschale** und den im Innern des Samenkorns noch vorhandenen faserigen Zellsubstanzen. Die mit einem Worte als **Zellmembranen** benannten Bestandteile sind nicht oder nur zum Teil verdaulich. Daher wird auch ein Brot, welches viel von jenen enthält, von vornherein als weniger verdaulich angesehen werden müssen.

Verwandelt man nun von **Schmutz** und **Unkrautsamen** befreites Getreide (also solches, welches nur den „Zylinder" und den „Trieur" passiert

---

[1]) M. P. **Neumann**, Brotgetreide und Brot. Paul Parey, Berlin 1914.

[2]) **Paul Lindner**, Die Aleuronschicht des Getreidekorns, eine höchst ergiebige Fett- und Eiweißquelle. Wochenschr. f. Brauerei 1918.

hat) zu Mehl, ohne daß dasselbe anderweitig bearbeitet wurde, so enthält es alle Zellmembranen, alles Eiweiß und alle Stärke. Wird das Getreide vor dem Mahlen noch enthülst (Entfernung der Fruchtschale), so scheidet ein Teil der nicht oder nur schwer resorbierbaren Zellmembran aus. Das nun gewonnene Mehl enthält also alle nährenden Bestandteile, da sich in der Fruchtschale keine solchen vorfinden.

Anders wird die Sache, wenn man die „Entschälung" weiter treibt. Mit der Entfernung der Samenschale verliert das Korn bereits Zellmembranen, die bis zu einem gewissen Grade resorbierbar sind (Pentosane), und wenn gar die Kleberzellenschicht bei scharfer Dekoration mit angegriffen wird, so geht neben weiterer Zellmembran auch ein erheblicher Teil Nährstoffmaterial (Eiweiß) zu Verlust. Das aus dem Rest des Kornes bereitete Mehl enthält dann nur noch geringe Mengen Zellmembran, aber das gesamte Klebereiweiß, die gesamte Stärke und ein Teil des Kleberzelleneiweißes, nebst dem Keimling.

In extremen Fällen der Schälung kann auch schließlich die Kleberzellenschicht in toto und der Keimling noch wegfallen, so daß das Mehl nur noch aus Stärke und dem echten Klebereiweiß besteht, neben Spuren von Zellmembranen, die die Stärkezellenwand bildeten.

Damit ist das anfänglich „Schwarzmehl" zu einem „Weißmehl" geworden, weil es nunmehr alle „Kleie" verloren hat.

Es leuchtet ein, daß der Begriff der Kleie nichts Bestimmtes ausdrückt und sehr dehnbar ist. Die Kleie kann viel oder wenig Zellmembran und viel oder wenig Eiweiß enthalten, sogar auch reichlich Stärke, falls mit der Kleberzellenschicht auch ein Teil des Mehlkerns weggerissen wurde.

Was man mit dem eben beschriebenen allmählichen Schälen des Getreides erreicht, kann auch erzielt werden, wenn das Korn nach Entfernung von Schmutz und Unkrautsamen im ganzen vermahlen und dann durch Sieben und Beuteln von der Kleie befreit wird. Die Mengen der abgeschiedenen Kleie, des „Kleieauszuges" entsprechen dann den Prozenten der sogenannten Ausmahlung des Getreides.

Je mehr also dem Mehl Kleie entzogen wird, desto geringer ist der sog. Ausmahlungsgrad des Mehles, und je mehr man das Korn an Mehl ausbeutet, desto weniger Kleie kann abfallen.

Somit ist klar, daß hochausgemahlene Mehle einen sehr großen Prozentsatz Zellmembran enthalten müssen, während in Mehlen von geringem Ausmahlungsgrad der Zellmembrangehalt fast fehlt.

In diesen Verhältnissen spiegelt sich die ganze Frage der Ausnutzung des Brotes, denn sie hängt aufs innigste mit der Menge der Zellmembran zusammen. Bei stärkerer Ausmahlung (also bei vermehrter Zellmembran) steigt die Kotbildung, und der vermehrte Kot ist ein Zeichen für die verminderte Resorption. Es wird also nicht nur die Menge der Trockensubstanz im Kot beeinflußt, sondern auch die Ausnutzung des Eiweißes wird in Mitleidenschaft gezogen, wenn eine genügende Verdauung der Zellmembran nicht vor sich geht.

Es heißt daher die wissenschaftliche Forschung geradezu ignorieren, wenn Kunert, nachdem durch mehr als 100 experimentelle Versuche allein beim Schwarzbrot, diese Tatsachen festgestellt sind, in seinem Artikel über Schwarzbrot[1]) sagt: „Ich verwerfe die Entfernung der Hülse unbedingt; sie hat sehr wichtige Funktionen zu erfüllen. Einmal regt gerade die Hülse die Darmtätigkeit energisch an; sodann macht die durch das Brot feinverteilte Hülse das Brot lockerer (!), hilft es aufschließen (!), so daß die Verdauungssäfte besser wirksam werden können (!!)."

Während es beim Weizenmehl in Friedenszeiten eine ganze Reihe von Mehltypen gab, kannte man vom Roggenmehl[2]) eigentlich nur zwei: ein helleres Vordermehl und das übliche Brotmehl des Handels, ein durchgemahlenes bis 65 oder 70% gezogenes Vollmehl. Später wurde, wie bekannt, das Korn weiter ausgebeutet, so daß erst ein zu 80%, dann zu 85% und endlich solches zu 94% ausgemahlenes Mehl in den Handel kam und zum Brot verwendet wurde. Ganz neuerdings (März 1919) erhielt ich Roggenmehl aus einer Bonner Mühle, welches, nur grob von Schmutz und Unkrautsamen gereinigt, direkt vermahlen und zu Brot verbacken wurde. Es war ein Mehl mit weit über 98% Ausmahlung und enthielt die gesamte Zellmembran, verdiente also eigentlich den Namen eines wirklichen Vollkornbrotes. Vom Schrotmehl unterschied es sich nur durch die etwas feinere Vermahlung.

Man sieht hieraus, daß unter der Bezeichnung „Roggenbrot" nicht der Begriff eines mit einer bestimmten Ausmahlung des Mehles gebackenen Brotes zu verstehen ist und daß auch die Mehle von „Vollkornbrot" und „Schrotbrot" nur Abstufungen in dem Gehalt der Zellmembran darstellen.

Nun ist gewiß sehr interessant zu wissen, wie sich die einzelnen Mehle bzw. Brote entsprechend ihrem Ausmahlungsgrade[3]) im Körper verhalten. Allein hierauf läßt sich eine bindende Auskunft nur mit Vorbehalt geben. Ein Schwarzbrot schlechthin, ohne jede Angabe der Mehlausmahlung, läßt überhaupt keine Schlüsse zu. Aber auch die Bezeichnungen 70, 80, 90, 94, 97% bieten keine ganz sicheren Anhaltspunkte, denn einmal ist der Zellmembrangehalt in den Mehlen aus verschiedenen Roggensorten (verschiedene Herkunft, verschiedener Boden) verschieden, so daß in dem einen Falle z. B. ein zu 80% ausgemahlenes Mehl mehr Zellmembran enthalten kann als im anderen Falle. Sodann werden mit den Handelsmehlen häufig Mischungen vorgenommen, wodurch sich die Anteile an Kleie wesentlich verändern, und endlich können die Müller für die genaue Richtigkeit ihrer Mehlausbeute selbst oft gar nicht einstehen.

Das hat allem Anschein nach außer in der technischen Schwierigkeit, die Kleie exakt abzusondern, darin seinen Grund, daß die Auffassungen über Mahlschwund, Verstaubung und Entschälung bei den Müllern selbst sehr verschieden sind und die bei der Herstellung des Mehles aus Korn entstehenden Verluste verschieden berechnet werden. Jedenfalls habe ich bei der Umfrage bei verschiedenen Müllern und sachverständigen Bäckern immer wieder verschiedene Meinungen vertreten gefunden.

---

[1]) Kunert, bereits zit. auf S. 88.
[2]) M. P. Neumann S. 257, bereits zit. auf S. 89.
[3]) Ganz jüngst hat Gerum (Über den Ausmahlungsgrad der Mehle. Zeitschr. f. Unters. d. Nahr.- u. Genußm. 1919, **37**, 150) vorgeschlagen, den Ausmahlungsgrad durch den Gehalt an Stärke in der lufttrocknen Substanz zu bestimmen.

Nach amtlicher Festsetzung soll der „Mahlschwund" 3% betragen[1]). Danach würde also das Brot, falls keine Schälung des Getreides stattfand, aus einem bis zu 97% ausgemahlenen Mehl bestehen. Ein Müller erklärte mir aber, daß, wenn er 101 kg Getreide erhielte, er 100 kg Mehl abliefern müßte. Hierbei betrüge der Mahlschwund und der Verstaubungsverlust zusammen nur 1%, und das Brot würde dann ein fast absolutes Vollbrot von mindestens 99,5% Ausmahlung darstellen. Ein anderer Müller teilte mit, daß der Verstaubungsverlust $1-1\frac{1}{2}$ ausmachen dürfe und der Mahlschwund mit 1% zu berechnen sei. Danach wäre das Mehl für das Roggenbrot zu 97,5% ausgemahlen. Gehe noch eine Schälung nebenher, dann seien noch 3% in Ansatz zu bringen, so daß nunmehr das Mehl zu 94,5% ausgemahlen wäre.

Ein dritter Müller erklärte, jetzt im Kriege würde überhaupt keine Dekortikation vorgenommen. Demnach müßte, bei Annahme von höchstens 3% Mahlschwund, ein zu 97% ausgemahlenes Mehl verwendet. werden. Entweder ist das nun tatsächlich so, wie mir der in einer Mühle selbst beobachtete Fall zu beweisen scheint, oder es kommt — da von einer amtlichen Stelle aus nichts bekannt ist, daß zu 97% ausgemahlenes Mehl verbacken wird —, ein Brot aus zu 94% ausgemahlenem Mehl in den Handel, und die fehlenden 4% gehen „irgendwohin" verloren.

Rubner[2]) teilt in einer Übersicht über die Reinigungs- und Ausmahlungsprodukte von Korn der Ernte 1917/18 mit, daß in dem zu 94% ausgemahlenen Mehl nur 2,06% Schälkleie und 1,25% Mahlverlust vorhanden war. Die 6% Abfall setzten sich folgendermaßen zusammen:

Spreu	0,17%
Radenabfälle	0,54„
Keime	0,97„
Putzmaschinenüberschläge	0,29„
Schälkleie	2,06„
	4,54%
Mahlverlust	1,25„
Summa	5,84%

Danach würde man, den Schälanteil abgerechnet, mit einem Gesamtmahlschwund von 3,22% zu rechnen haben.

Die Verluste sind, wie die Angaben zeigen, recht verschieden, und sie können auch wohl nie ganz gleich sein, weil das Korn verschieden verunreinigt in den Handel kommt und auch die Methoden der Reinigung verschieden sind.

Sehr lehrreich sind die Zusammenstellungen bei Maurizio[3]) und die Untersuchungen von Lehmann[4]), welche zeigen, daß allein an Unkrautsamen und anderen Verunreinigungen unter Umständen 3—4%, ja bei manchen Getreiden bis zu 10% von vornherein zu Verlust gehen können.

Auch die Dekortikation kann die Differenzen erheblich vermehren, da, wie wir sahen, das Korn bald weniger, bald ausgiebiger abgeschält wird.

---

[1]) M. P. Neumann, S. 13, schon zit. auf S. 87, Anm. 3.

[2]) M. Rubner, Untersuchungen über Vollkornbrote. Archiv f. Anat. u. Physiol. (physiol. Abt.) 1917, S. 273.

[3]) Maurizio, Nahrungsmittel aus Getreide. I. Bd., S. 128ff. Paul Parey, Berlin 1917.

[4]) K. B. Lehmann, Hygienische Studien über Mehl und Brot mit besonderer Berücksichtigung der gegenwärtig in Deutschland üblichen Brotkost. Archiv f. Hygiene 1893, **19**, 71.

Infolgedessen werden wir auch uns nicht wundern können, wenn die bisher ausgeführten Ausnutzungs- und Stoffwechselversuche zu sehr ungleichmäßigen Resultaten geführt haben.

Nach meinen Zusammenstellungen sind bis jetzt 143 Versuche mit 78 Brotsorten aus reinem Roggenbrot gemacht worden.

Es muß bemerkt werden, daß bei sämtlichen Untersuchungen, mit Ausnahme einiger in letzter Zeit von Rubner ausgeführten, eine Prüfung des Zellmembrangehaltes der Brote und des Kotes nicht stattgefunden hat. Man beschränkte sich auf die Feststellung der Trockensubstanz, des Stickstoffs bzw. des Eiweißes, der Salze und analysierte auch in einigen Fällen die „Rohfaser". Dadurch erhält man aber, wie schon ausgeführt wurde, keine vollkommene Übersicht über die Verdaulichkeit und Wertigkeit des Brotes. Und wenn auch Hindhede[1]) sagt: „daß die ausschließliche Trockensubstanzbestimmung ein genaues und zuverlässiges Bild von der Verdaulichkeit eines Nahrungsmittels gibt", so beweist das nichts gegen die von Rubner festgestellten Tatsachen.

Es ist im Gegenteil richtig, daß „wir mit der bloßen Aneinanderreihung von Einzelwerten tatsächlich im Verständnis der Verdaulichkeit seit den ersten Versuchen Rubners (1879, 1883) keinen Schritt weiter gekommen sind und daß die Gegenüberstellung von Ausnutzungsversuchen mit Brot unbekannter Ausmahlungsweise keinen anderen Wert hat, als daß sie eben die unendlichen Verschiedenheiten der Herstellung von Mehlen und ihrer Verdaulichkeiten dokumentiert"[2]).

Daher ist es dringend wünschenswert, daß in Zukunft bei allen Brotversuchen die Frage der Resorption der Zellmembran studiert wird, weil sie allein den Schlüssel zum Verständnis der Gesamtverdaulichkeit des Brotes liefert.

Nichtsdestoweniger sind die bisherigen Brotuntersuchungen für die Beurteilung der Ausnutzbarkeit nicht ohne Wert gewesen, denn sie haben die Grundlage gebildet, auf der sich die Verbesserung der Brotbereitung entwickelt hat.

In eine Besprechung aller dieser Untersuchungen hier einzugehen, kann ich unterlassen, da vieles davon allgemein bekannt und in der stark angewachsenen Literatur häufig genug schon diskutiert worden ist.

Ich habe aber, was bisher noch nicht geschah, versucht, durch Nebeneinander- und Gegenüberstellung des Trockensubstanz- und des Eiweißverlustes aller untersuchten Roggenbrotsorten ein Urteil darüber zu gewinnen, ob Trockensubstanz- und Eiweißverlust einander parallel gehen und ob man von der Ausnutzung der Trockensubstanz auf die Eiweißausnutzung schließen kann, und zweitens: ob aus den verschiedenen Trockensubstanz- und Eiweißverlusten auf den Grad der Ausmahlung ein sicherer Schluß zu ziehen ist, bzw. ob die Ausmahlung mit einer Erhöhung des Trockensubstanz- und Eiweißverlustes Hand in Hand geht.

---

[1]) Hindhede, Untersuchungen über die Verdaulichkeit einiger Brotsorten. Skand. Archiv f. Physiol. 1913, 28, 175.

[2]) M. Rubner und K. Thomas, Die Verdaulichkeit des Roggens bei verschiedener Vermahlung. Archiv f. Anat. u. Physiol. (physiol. Abt.) 1916, S. 166.

Es kamen nur Roggenbrotversuche in Betracht. Gemische aus Roggen- und Weizenmehl sind hier nicht berücksichtigt.

Einbezogen sind die Untersuchungen von: Meyer[1]), Rubner[2])[2a]), Popoff[3]), Butschynskij[4]), Solncew[5]), Tschakalew[6]), Wicke[7]), Menicanti und Prausnitz[8]), Prausnitz[9]), K. B. Lehmann[10])[11])[12]), Pannwitz[13]), Romberg[14]), Poda[15]), Hultgren und Landergren[16]), von Hellens[17]), Hindhede[18]), Rubner[19])[19a])[20]), R. O. Neumann[21])[22])[23])[24]).

Die Zusammenstellung der Trockensubstanz- und Ausnützungsverluste ließ sich, abgesehen von der Umrechnung einiger Zahlen leicht bewerkstelligen.

[1]) G. Meyer, Ernährungsversuche mit Brot am Hund und Menschen. Zeitschr. f. Biol. 1871, 7, 1.

[2]) M. Rubner, Über den Wert der Weizenkleie für die Ernährung des Menschen. Zeitschr. f. Biol. 1883, 19, 71.

[2a]) Derselbe, Über die Ausnützung einiger Nahrungsmittel im Darmkanal des Menschen. Zeitschr. f. Biol. 1879, 15, 115.

[3]) N. P. Popoff, Beiträge zur Frage der Assimilierbarkeit verschiedener Sorten von Schwarzbrot, hauptsächlich in bezug auf dessen Eiweißstoffe. Sammlung von Arbeiten des hygien. Instituts in Moskau 1891, Heft 4 (russisch). Zit. bei Maurizio, Getreide, Mehl und Brot. Paul Parey, Berlin 1903, S. 338.

[4]) Butschynskij, [5]) Solncew, [6]) Tschakalew, zit. bei Maurizio S. 342.

[7]) H. Wicke, Die Dekortikation des Getreides und ihre hygienische Bedeutung. Archiv f. Hygiene 1890, 11, 335. Dazu Rubner, Nachtrag zur Frage über die Dekortikation des Getreides. Archiv f. Hygiene 1891, 13, 122.

[8]) Menicanti und Prausnitz, Untersuchungen über das Verhalten verschiedener Brotsorten im menschlichen Organismus. Zeitschr. f. Biol. 1894, 30, 328; Zusatz S. 365.

[9]) Prausnitz, Über die Ausnützung gemischter Kost bei Aufnahme verschiedener Brotsorten. Archiv f. Hygiene 1893, 17, 626.

[10]) K. B. Lehmann, Über die hygienische Bedeutung des Säuregehaltes des Brotes. Archiv f. Hygiene 1894, 20, 1.

[11]) Derselbe, Über ein direkt aus den Getreidekörnern (ohne Mehlbereitung) hergestelltes Brot (Patent Gelinck). Archiv f. Hygiene 1894, 21, 247.

[12]) Derselbe, Über die Bedeutung der Schälung und Zermahlung des Getreides für die Ausnützung (Avedyk- und Steinmetz-Verfahren). Archiv f. Hygiene 1902, 45, 178.

[13]) Pannwitz, bei Plagge und Lebbin, Untersuchungen über das Soldatenbrot. Hirschwald, Berlin 1897, S. 216.

[14]) E. Romberg, Der Nährwert der verschiedenen Mehlsorten einer modernen Roggenkunstmühle. Archiv f. Hygiene 1897, 28, 288.

[15]) Poda, Zeitschr. f. Unters. d. Nahr.- u. Genußm. 1898, 1, 472.

[16]) Hultgren und Landergren, Nord. med. Arch. 1889, 21, Nr. 8; zit. bei von Hellens, Skand. Archiv f. Physiol. 1913, 30, 253.

[17]) O. von Hellens, Untersuchungen über den Nährwert des finnischen Roggenbrotes. Skand. Archiv f. Physiol. 1913, 30, 253.

[18]) Hindhede, Untersuchungen über die Verdaulichkeit einiger Brotsorten. Skand. Archiv f. Physiol. 1913, 28, 165. Außerdem: Ernährungsversuche mit grobzerquetschtem Weizen. Ebenda 1916 33, 262.

[19]) M. Rubner und K. Thomas, Die Verdaulichkeit des Roggens bei verschiedener Vermahlung. Archiv f. Anat. u. Physiol. (physiol. Abt.) 1916, S. 165.

[19a]) M. Rubner, Die Verdaulichkeit von Weizenbrot. Archiv f. Anat. u. Physiol. (physiol. Abt.) 1916, S. 61.

[20]) Derselbe, Untersuchungen über Vollkornbrote. Archiv f. Anat. u. Physiol. (physiol. Abt.) 1917, S. 245.

[21]) R. O. Neumann, Brotarbeit I.

[22]) Derselbe, Brotarbeit II.

[23]) Derselbe, Brotarbeit III.

[24]) Derselbe, Brotarbeit IV.

Als es sich bei der zweiten Betrachtung darum handelte, die Verluste mit der Ausmahlungsgröße in Verbindung zu bringen, stieß ich aber auf einige Schwierigkeiten, da die Prozente der Ausmahlung bei vielen Versuchen nicht angegeben sind.

Um nun aber doch einen Weg zum Vergleich zu finden, habe ich, den oben besprochenen Erfahrungen gemäß, bei den Roggenbroten ohne Dekortikation, den Schrotbroten, den Vollkornbroten und dem Pumpernickel einen Ausmahlungsverlust von 3% in Rechnung gestellt. Für die Entschälung wurde noch 3% mehr in Abzug gebracht. Für die Roggenbrote, die vor dem Kriege untersucht worden sind, wie z. B. die von Lehmann und Prausnitz geprüften, nahm ich den üblichen damaligen Kleieauszug von 15% + 3% Ausmahlungsverlust an, was etwa einem zu 82% ausgemahlenem Mehl entsprechen würde.

Selbst wenn in dem einen oder anderen Falle diese Voraussetzungen nicht ganz zutreffen sollten, so wird doch das Übersichtsbild der Wirklichkeit im allgemeinen entsprechen.

Ich gebe nun zunächst in Tabelle I eine Übersicht über den Trockensubstanz- und Eiweißverlust der untersuchten Roggenbrote mit Angabe des Autors, der Brotsorte, der Anzahl der Untersuchungen und der Ausmahlung. Wo letztere nicht vom Autor angegeben ist, ist die von mir eingesetzte Zahl in Klammern beigefügt.

In einer Tabelle II folgen die Werte des Trockensubstanzverlustes nach ihrer Größe geordnet und daneben die zugehörigen Eiweißverluste.

Diese Zahlen sind in Tabelle III in Kurven aufgetragen.

Tabelle IV bringt die Brote nach der Ausmahlung geordnet, nebst den zugehörigen Trockensubstanz- und Eiweißverlusten.

Ausmahlung, Trockensubstanzverlust und Eiweißverlust sind in Tabelle V in Kurven wiedergegeben.

Tabelle I.

Übersicht über die Trockensubstanz- und Eiweißverluste der untersuchten Roggenbrote.

(Die Nummern entsprechen den Literaturangaben.)

Nr.	Autor	Brotsorten	Versuche	Wieviel verschiedene Brote	An wieviel Personen	Prozente der Ausmahlung	Trockensubstanzverlust	Eiweißverlust	
1	G. Meyer	Horsford Liebigs Roggenbrot (Schrotbrot mit geringem Kleieauszug)	a	1	1	(90)	11,5	32,4	
1	„	Pumpernickel aus Oldenburg .	b	1	1	(97)	19,3	42,3	
2a	M. Rubner	Pumpernickel		1	1	(97)	19,3	43,0	
2	„	Schwarzbrot vom Lande aus grobem Roggenmehl, rindenfrei		1	1	(97)	15,0	32,0	
3	N. P. Popoff	Soldatenschwarzbrot des Reservebataillons	a	1	2	(97)	13,23	23,09	Mittel
	„	Soldatenschwarzbrot der Artilleriebrigade	b	1	2	(97)	13,83	29,99	„

Tabelle I (Fortsetzung).

Nr.	Autor	Brotsorten	Versuch	Wieviel verschiedene Brote	An wieviel Personen	Prozente der Ausmahlung	Trockensubstanzverlust	Eiweißverlust	
3	N. P. Popoff	Süßes Schwarzbrot des Marktes (eine Art russischer Pumpernickel)	c	1	2	(97)	11,89	25,75	Mittel
	„	Schwarzes Hausbrot aus gesiebtem Mehl mit 18% Kleieauszug	d	1	2	82	9,14	18,07	„
	„	Roggenzwieback aus Schwarzbrot des Reservebataillons	e	1	2	(97)	18,06	41,03	„
	„	Roggenzwieback aus Schwarzbrot der Artilleriebrigade	f	1	2	(97)	19,69	40,78	„
4	Butschynskij	Schwarzbrot aus grobem Roggenmehl		1	1	(97)	22,7	36,6	
5	Solncew	Schwarzbrot der Gefangenen .		1	5	(97)	14,6	31,2	„
6	Tschakalew	Russisches Schwarzbrot		1	1	(97)	13,0	37,0	
7	Wicke	Brot aus dekortiziertem Roggen (nach Uhlhorn geschält) .	a	1	1	(94)	13,11	36,72	
	„	Brot aus nichtdekortiziertem Roggen	b	1	1	(97)	20,89	46,6	
8	Menicanti und Prausnitz	Brot aus dekortiziertem Roggen (nach Steinmetz geschält u. zu 80—82% ausgemahlen). .	a	1	2	80—82	11,10	30,32	
						80—82	9,66	28,09	
							10,38	29,02	„
	„	Brot aus nichtdekortiziertem Roggen zu 80—82% ausgem.	b	1	2	80—82	9,89	30,23	
						80—82	10,61	31,12	
							10,25	30,67	„
9	Prausnitz	Münchener Roggenbrot in gemischter Nahrung		1	2	(82)	9,5	23,5	
						(82)	7,9	15,9	
							8,7	19,7	„
11	K. B. Lehmann	Russisches Soldatenbrot (Gelinckbrot aus ungeschältem Roggen (naß vermahlen)	a	1	2	(97)	18,4	33,9	
							18,9	36,7	
							18,6	35,3	„
	„	Gelinckbrot aus geschältem Roggen, nach Steinmetz geschält	b	1	2	(94)	16,1	50,1	
							15,2	45,8	
							15,6	47,9	„
12	„	Steinmetzmehlbrot aus Schweizer Roggen, zu 94% ausgemahlen	a	1	3	94	12,8	48,9	
							15,14	60,7	
							14,6	54,5	
							14,2	54,7	„
	„	Roggenbrot aus Schweizer Roggen, zu 70% ausgemahlen .	b	1	2	70	10,7	54,9	
							10,8	56,6	
							10,75	55,8	„

Tabelle I (Fortsetzung).

Nr.	Autor	Brotsorten	Versuche	Wieviel verschiedene Brote	An wieviel Personen	Prozente der Ausmahlung	Trockensubstanzverlust	Eiweißverlust	
12	K. B. Lehmann	Steinmetzmehlbrot a. schlesisch. Roggen, zu 82% ausgemahlen	c	1	2	82	12,3 12,29 ——— 12,3	47,4 44,4 ——— 45,9	Mittel
	„	Gewöhnliches Roggenbrot mit 62% Ausmahlung	d	1	2	62	12,66 10,03 ——— 11,3	53,19 43,5 ——— 48,3	„
	„	Roggenbrot aus fein vermahlen. Würzburger Roggenmehl (75% Ausmahlung)	e	1	3	75	12,95 12,4 12,1 ——— 12,7	50,8 44,7 44,4 ——— 46,6	„
13	Pannwitz	Soldatenbrot aus ungeschältem Roggen mit 15% Kleieauszug	a	1	8	(85)	13,2	43,3	„
	„	Soldatenbrot aus geschältem Roggen mit 7,4% Kleieauszug	b	1	2	(91,6)	15,9	56,6	„
	„	Soldatenbrot aus geschältem Roggen mit 15% Kleieauszug	c	1	3	(85)	12,24	41,4	„
	„	Soldatenbrot aus Magdeburger geschältem Roggen. Kunstmehl fein vermahlen mit 10,8% Kleieauszug	d	1	5	(89,2)	12,24	33,6	„
	,	Soldatenbrot aus ungeschältem Roggen, fein vermahlen mit 10,9% Kleieauszug	e	1	2	(84)	12,6	39,1	„
	„	Soldatenbrot aus Roggen-Kunstmehl, fein vermahlen mit 25% Kleieauszug	f	1	3	(72)	9,94	33,75	„
	„	Pumpernickel (westfälischer), aus grob zerkleinertem Korn. . .	g	1	1	(97)	15,66	52,04	„
	„	Brot aus Handelskleie auf Handmühle gemahlen	h	1	2	(100)	42,30	56,32	„
14	Romberg[1]	Roggenbrot mit mindestens 20% Kleieabfall	a	12	18	(80)	6,46	25,74	„
	„	Roggenbrot mit mindestens 15% Kleieabfall	b	12	18	(85)	13,61	30,59	„
15	Poda	Roggenbrot mit ca. 20% Kleieabfall		1	1	(80)	5,09	32,05	
16	Hultgren und Landergren	Roggenbrot aus grobem Roggenmehl (schwedisches Knäckebr.)		1	1	(97)	16,65	44,95	
17	O. v. Hellens	Finnisches Roggenbrot, hart getrocknet	a	1	3	(97)	15,6	29,4	„
	„	Finnisches Roggenbrot, weich .	b	1	2	(97)	15,9	34,1	„
	„	Aländer Schwarzbrot	c	1	3	(97)	15,5	38,7	„

[1] An Stelle der 36 Einzelversuche sind hier die zwei Durchschnittswerte angegeben, wie sie von v. Hellens (siehe Zitat unter Nr. 14, S.94) ausgerechnet wurden.

Tabelle I (Fortsetzung).

Nr.	Autor	Brotsorten	Versuche	Wieviel verschiedene Brote	An wieviel Personen	Prozente der Ausmahlung	Trockensubstanzverlust	Eiweißverlust	
17	O. v. Hellens	Roggenbrot aus gebeuteltem Roggen	d	1	1	(75)	6,5	27,1	Mittel
18	M. Hindhede	Schrotbrot (grobes Roggenbrot aus ungesiebtem Mehl) . .	a	1	1	(97)	12,6	34,7	
				1	1	(97)	13,6	34,7	
				1	1	(97)	17,0	48,1	
				1	1	(97)	12,3	28,1	
	„	Roggenbrot aus halbgesiebtem Mehl mit 20% Kleieauszug .	b	1	1	(80)	7,7	28,3	
19	M. Rubner	Roggenvollkornbrot (Mehl in elektr. Mühle gemahlen, etwas über 70% Ausmahlung) . .	a	1	3	70	10,6	38,4	„
	„	Roggenvollkornbrot, Roggen naß vermahlen, nur die Hülle entfernt	b	1	2	(97)	12,1	35,1	„
	„	Roggenbrot mit 65% Ausmahlg.	c	1	2	65	7,6	37,3	„
	„	Roggenbrot mit 82% Ausmahlg.	d	1	2	82	11,6	40,3	„
20	„	Roggenbrot mit 94% Ausmahlg.	a	1	2	94	14,8	37,05	„
	„	Klopferbrot, Roggenmehl mit 75% Ausmahlung	b	1	2	75	8,4	30,52	„
	„	Klopferbrot, Roggenmehl mit 94% Ausmahlung	c	1	2	94	11,3	37,33	„
21	R. O. Neumann	Roggenbrot mit 80% Ausmahlg.	a	1	1	80	11,29	24,73	
	„	Bonner Pumpernickel	b	1	1	(100)	19,01	39,65	
22	„	Münchener Roggenbrot mit 94% Ausmahlung		1	1	94	20,07	32,66	

Tabelle II.

Die untersuchten Roggenbrote nach ihrem Trockensubstanzverlust geordnet unter Hinzufügung des Eiweißverlustes.

Nr.	Trockensubstanzverlust	Eiweißverlust	Prozent der Ausmahlung	Brotsorte	Autor	Korrespond.Nr. der Tabelle I	
1	5,09	32,05	(80)	Gewöhnliches Roggenbrot	Poda	15	
2	6,46	25,74	(80)	Gewöhnliches Roggenbrot	Romberg	14a	
3	6,50	27,10	(75)	Roggenbrot (gebeuteltes Mehl)	O. v. Hellens	17d	
4	7,60	37,30	65	Gewöhnliches Roggenbrot	Rubner	19c	
5	7,70	28,30	(80)	Roggenbrot aus halb gesiebt. Mehle	Hindhede	18b	
6	8,40	30,52	75	Klopferbrot	Rubner	20b	
7	8,70	19,70	(82)	Münchener Roggenbrot	Prausnitz	9	
8	9,14	18,07	82	Russisch. Schwarzbrot a. gesiebt. Mehl	Popoff	3d	Mittel
9	9,50	23,50	(82)	Münchener Roggenbrot	Prausnitz	9	
10	9,94	33,75	(72)	Soldatenbrot, fein vermahlen	Pannwitz	13f	Mittel
11	10,25	30,67	80—82	Brot aus nichtdekort. Roggen	Menicanti	8b	„
12	10,38	29,02	80—82	Brot aus dekortiziertem Roggen	und Prausnitz	8a	„

Tabelle II (Fortsetzung).

Nr.	Trockensubstanzverlust	Eiweißverlust	Prozent der Ausmahlung	Brotsorte	Autor	Korrespond. Nr. der Tabelle I	
13	10,60	38,40	70	Roggenvollkornbrot	Rubner	19a	Mittel
14	10,75	55,80	70	Roggenbrot aus Schweizer Roggen	K. B. Lehmann	12b	„
15	11,29	24,73	80	Bonner Roggenbrot	R. O. Neumann	21	
16	11,30	37,33	94	Klopferbrot	Rubner	20c	Mittel
17	11,30	48,30	62	Gewöhnliches Roggenbrot	K. B. Lehmann	12d	Mittel
18	11,50	32,40	(90)	Horsford-Liebig-Brot	G. Meyer	1	
19	11,60	40,30	82	Gewöhnliches Roggenbrot	Rubner	19d	Mittel
20	11,89	25,75	(97)	Russischer Pumpernickel	Popoff	3c	„
21	12,10	35,10	(97)	Roggenvollkornbrot, Hülle entfernt	Rubner	19b	„
22	12,24	41,40	(85)	Soldatenbrot, geschälter Roggen	Pannwitz	13c	„
23	12,24	33,60	(89,2)	Soldatenbrot, geschälter Roggen, fein vermahlen	„	13d	„
24	12,30	28,10	(97)	Schrotbrot	Hindhede	18a	
25	12,30	45,90	82	Steinmetzmehlbrot	K. B. Lehmann	12c	Mittel
26	12,60	34,70	(97)	Schrotbrot	Hindhede	18a	
27	12,60	39,10	(84)	Soldatenbrot aus ungeschält. Roggen	Pannwitz	13e	Mittel
28	12,70	46,60	75	Würzburger Roggenbrot, fein	K. B. Lehmann	12e	„
29	13,00	37,00	(97)	Russisches Schwarzbrot	Tschakalew	6	.
30	13,11	36,72	(94)	Roggenbrot aus dekortiz. Roggen	Wicke	7a	
31	13,20	43,30	(85)	Soldatenbrot aus ungeschält. Roggen	Pannwitz	13a	Mittel
32	13,23	23,09	(97)	Russisches Soldatenbrot	Popoff	3a	„
33	13,60	34,70	(97)	Schrotbrot	Hindhede	18a	
34	13,61	30,59	(85)	Gewöhnliches Roggenbrot	Romberg	14b	Mittel
35	13,83	29,99	(97)	Russisches Soldatenbrot	Popoff	3b	„
36	14,60	31,20	(97)	Russisches Gefangenenbrot	Solncew	5	
37	14,20	54,70	94	Steinmetzbrot	K. B. Lehmann	12a	Mittel
38	14,80	37,05	94	Gewöhnliches Roggenbrot	Rubner	20a	„
39	15,00	32,00	(97)	Schwarzbrot aus grobem Roggenmehl	Rubner	2	
40	15,50	38,70	(97)	Åländer Schwarzbrot	O. v. Hellens	17c	Mittel
41	15,60	29,40	(97)	Finnisches Roggenbrot, hart	„	17a	„
42	15,60	47,90	(94)	Gelinckbrot aus geschältem Roggen	K. B. Lehmann	11b	Mittel
43	15,66	52,04	(97)	Westphälischer Pumpernickel	Pannwitz	13g	Mittel
44	15,90	·34,10	(97)	Finnisches Roggenbrot, weich	O. v. Hellens	17b	„
45	15,90	56,60	(91,6)	Soldatenbrot aus geschält. Roggen	Pannwitz	13b	„
46	16,65	44,95	(97)	Schwedisches Knäkebrot	Hultgren und Landergren	16	
47	17,00	48,10	(97)	Schrotbrot	Hindhede	18a	
48	18,06	41,03	(97)	Russischer Roggenzwieback	Popoff	3e	Mittel
49	18,60	35,30	(97)	Gelinckbrot aus ungeschält. Roggen	K. B. Lehmann	11a	„
50	19,01	39,65	(100)	Bonner Pumpernickel (Kleiezusatz)	R. O. Neumann	21b	
51	19,30	42,30	(97)	Oldenburger Pumpernickel	G. Meyer	1b	
52	19,30	43,00	(97)	Pumpernickel	Rubner	2a	
53	19,69	40,78	(97)	Russischer Roggenzwieback	Popoff	3f	Mittel
54	20,07	32,66	94	Münchener Roggenbrot	R. O. Neumann	23	
55	20,89	46,60	(97)	Roggenbrot aus ungeschält. Roggen	Wicke	7b	
56	22,70	36,60	(97)	Schwarzbrot aus grobem Roggen	Butschinskij	4	
57	42,30	56,32	(100)	Brot aus Roggenhandelskleie	Pannwitz	13h	Mittel

Tabelle IV.

Die untersuchten Roggenbrote nach dem Ausmahlungsgrade des Mehles
geordnet unter Hinzufügung des Trockensubstanz- und Eiweißverlustes.

Nr.	Prozent der Ausmahlung	Brotsorte	Trokkensubstanzverlust	Eiweißverlust	Autor	Korrespond. Nr. der Tabelle I
1	62	Gewöhnliches Roggenbrot	11,30	48,30	K. B. Lehmann	12d
2	65	Gewöhnliches Roggenbrot	7,60	37,30	Rubner	19c
3	70	Roggenvollkornbrot	10,60	38,40	„	19a
4	70	Roggenbrot aus Schweizer Roggen	10,75	55,80	K. B. Lehmann	12b
5	(72)	Soldatenbrot, fein vermahlen	9,94	33,75	Pannwitz	13f
6	(75)	Roggenbrot (gebeuteltes Mehl)	6,50	27,10	O. v. Hellens	17d
7	75	Würzburger Roggenbrot	12,70	46,60	K. B. Lehmann	12e
8	75	Klopferbrot	8,40	30,52	Rubner	20b
9	(80)	Gewöhnliches Roggenbrot	5,09	32,05	Poda	15
10	(80)	Gewöhnliches Roggenbrot	6,46	25,74	Romberg	14a
11	(80)	Roggenbrot aus halbgesiebtem Mehle	7,70	28,30	Hindhede	18b
12	(80)	Bonner Roggenbrot	10,75	55,80	R. O. Neumann	21
13	80—82	Brot aus nicht dekort. Roggen	10,25	30,67	Menicanti und	8b
14	80—82	Brot aus dekort. Roggen	10,38	29,02	Prausnitz	8a
15	(82)	Münchener Roggenbrot	8,70	19,70	Prausnitz	9
16	82	Russisches Schwarzbrot aus gesiebtem Mehle	9,14	18,07	Popoff	3d
17	(82)	Münchener Roggenbrot	9,50	23,50	Prausnitz	9
18	82	Gewöhnliches Roggenbrot	11,60	40,30	Rubner	19d
19	82	Steinmetzmehlbrot	12,30	45,90	K. B. Lehmann	12c
20	(84)	Soldatenbrot aus ungeschältem Roggen	12,60	39,10	Pannwitz	13e
21	(85)	Soldatenbrot aus geschältem Roggen	12,24	41,40	„	13c
22	(85)	Soldatenbrot aus ungeschältem Roggen	13,20	43,30	„	13a
23	(85)	Gewöhnliches Roggenbrot	13,61	30,59	Romberg	14b
24	(89,2)	Soldatenbrot aus geschältem Roggen, fein vermahlen	12,24	33,60	Pannwitz	13d
25	(90)	Horsford-Liebig-Brot	11,50	32,40	G. Meyer	1
26	(91,6)	Soldatenbrot aus geschältem Roggen	15,90	56,60	Pannwitz	13b
27	94	Klopferbrot	11,30	37,33	Rubner	20c
28	(94)	Roggenbrot aus dekort. Roggen	13,11	36,72	Wicke	7a
29	94	Steinmetzbrot	14,20	54,70	K. B. Lehmann	12a
30	94	Gewöhnliches Roggenbrot	14,80	37,05	Rubner	20a
31	(94)	Gelinckbrot aus geschältem Roggen	15,60	47,90	K. B. Lehmann	11b
32	94	Münchener Roggenbrot	20,07	32,66	R. O. Neumann	22
33	(97)	Schrotbrot	12,30	28,10	Hindhede	18a
34	(97)	Schrotbrot	12,60	34,70	„	18a
35	(97)	Schrotbrot	13,60	34,70	„	18a
36	(97)	Schrotbrot	17,00	48,10	„	18a
37	(97)	Russisches Soldatenbrot	13,23	23,09	Popoff	3a
38	(97)	Russisches Soldatenbrot	13,83	29,99	„	3b
39	(97)	Russisches Schwarzbrot	13,00	37,00	Tschakalew	6
40	(97)	Russisches Gefangenenbrot	14,60	31,20	Solncew	5
41	(97)	Russisches Schwarzbrot aus grobem Roggen	22,70	36,60	Butschinskij	4
42	(97)	Russischer Roggenzwieback	18,06	41,03	Popoff	3e
43	(97)	Russischer Roggenzwieback	19,69	40,78	„	3f
44	(97)	Äländer Schwarzbrot	15,50	38,70	O. v. Hellens	17c
45	(97)	Finnisches Roggenbrot, hart	15,60	29,40	„	17a
46	(97)	Finnisches Roggenbrot, weich	15,90	34,10	„	17b

Tabelle IV (Fortsetzung).

Nr.	Prozent der Aus- mah- lung	Brotsorte	Trok- kensub- stanz- verlust	Eiweiß- verlust	Autor	Korre- spond. Nr. der Ta- belle I
47	(97)	Schwedisches Knäkebrot	16,65	44,95	Hultgren und Landergren	16
48	(97)	Roggenvollkornbrot, Hülle entfernt . .	12,10	35,10	Rubner	19 b
49	(97)	Schwarzbrot aus grobem Roggen . . .	15,00	32,00	„	2
50	(97)	Gelinckbrot aus ungeschältem Roggen .	18,60	35,30	K. B. Lehmann	11 a
51	(97)	Roggenbrot aus ungeschältem Roggen .	20,89	46,60	Wicke	7 b
52	(97)	Russischer Pumpernickel	11,89	25,75	Popoff	3 c
53	(97)	Westphälischer Pumpernickel	15,66	52,04	Pannwitz	13 g
54	(97)	Oldenburger Pumpernickel	19,30	42,30	G. Meyer	1 b
55	(97)	Pumpernickel	19,30	43,00	Rubner	2 a
56	(100)	Bonner Pumpernickel (Kleiezusatz) . .	19,01	39,65	R. O. Neumann	21 b
57	(100)	Brot aus Roggenhandelskleie	42,30	56,32	Pannwitz	13 h

Ohne auf die große Menge von Zahlen im Einzelnen einzugehen, verweise ich zunächst auf die Kurventabelle III, auf der die Trockensubstanzver- luste nach ihrer Größe geordnet und die zugehörigen Eiweißverluste eingezeichnet sind.

Tabelle III.
Trockensubstanzverluste nach ihrer Größe geordnet nebst den zu- gehörigen Eiweißverlusten bei Roggenbroten.

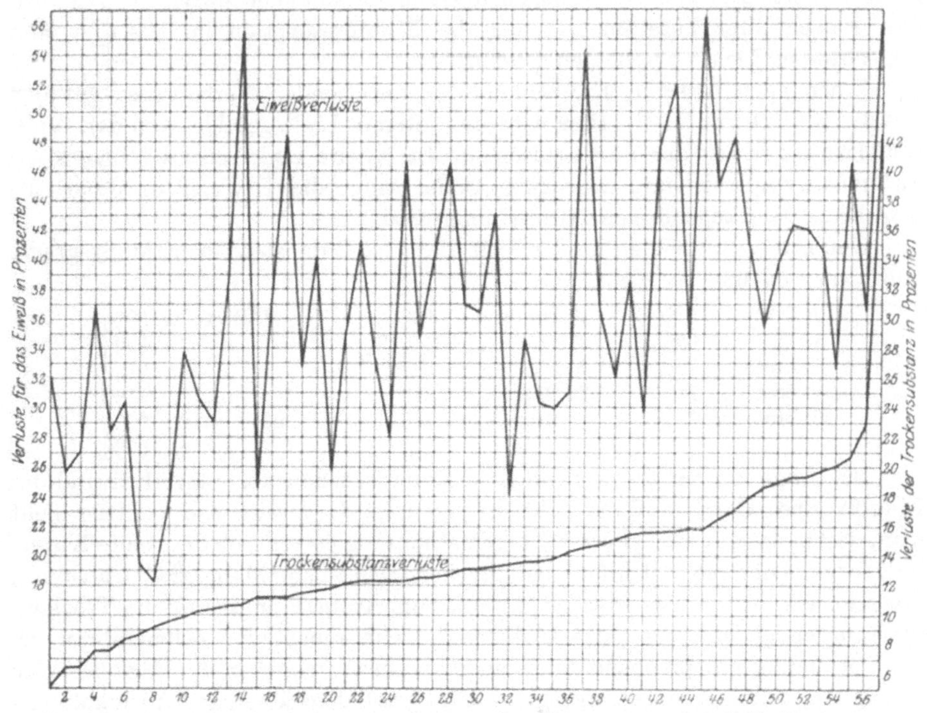

Die Nummern der Brotsorten entsprechen den Nummern auf Tabelle II, S. 98.

Die Trockensubstanzverluste schwanken entsprechend der Ausmahlung der Brotmehle recht erheblich. Wir finden Brote nur mit 5,09% Verlust, aber auch solche mit 22,70%, abgesehen von dem einen Extrem, dem von Pannwitz untersuchten Brot aus Roggenhandelskleie, welches 42,30% Trockensubstanzverlust aufwies. Zwischen 5,09 und 22,70% Verlust sind alle Übergänge vertreten, so daß die Kurve eine langsam aber gleichmäßig ansteigende Linie aufweist.

Das Mittel aus 78 Roggenbroten und 143 Einzelversuchen beträgt für die Trockensubstanz 13,33% Verlust. (Die Roggenhandelskleie ist dabei nicht einbegriffen, weil ihr Trockensubstanzverlust als ganz aus der Reihe herausfallend das Bild total verschoben haben würde.)

Betrachtet man im Anschluß an die leicht ansteigende Kurve des Trockensubstanzverlustes die Eiweißverluste, so ergibt sich, die Kurve als Ganzes genommen, ebenfalls ein leichter Anstieg. Im übrigen verhält sich aber der Eiweißverlust durchaus unregelmäßig. Die Schwankungen erstrecken sich von 18,07% bis zu 56,6%. Sie sind ganz unregelmäßig auf die einzelnen Brotsorten verteilt und es ist vollkommen unmöglich, aus dem Trockensubstanzverlust eines Brotes auf dessen Eiweißverlust zu schließen. Würde die Eiweißverlustkurve mit der Trockensubstanzverlustkurve auch nur einigermaßen parallellaufen, dann dürfte man annehmen, daß die Eiweißresorption mit der Trockensubstanzaufnahme Hand in Hand ginge, da die Kurven aber nicht übereinstimmen, so ist dies ein Beweis, daß die Eiweißverdauung von ganz anderen Faktoren abhängt. Und diese Faktoren sind nichts anderes als die in der Trockensubstanz vorhandenen Zellmembranen, die je nach ihrer Zusammensetzung die Eiweißresorption in besserem oder schlechterem Lichte erscheinen lassen.

Einen noch besseren Einblick in die vorliegenden Verhältnisse gewährt uns die Kurventafel V. Hier wird die unterste Linie gebildet von den Ausmahlungsgraden der Brotmehlsorten. Die zweite Linie zeigt die Trockensubstanzverluste und die dritte Linie bringt die Eiweißverluste entsprechend dem zugehörigen Ausmahlungsgrad.

Unter den Brotmehlen fanden sich die verschiedensten Ausmahlungsgrade, und zwar von 62—100%:

1	Brot	zu	62%	4	Brote zu	80%	1	Brot zu 89%
1	„	„	65%	2	„ „	80—82%	1	„ „ 90%
2	Brote	„	70%	5	„ „	82%	1	„ „ 91,6%
1	Brot	„	72%	1	Brot „	84%	6	Brote „ 94%
3	Brote	„	75%	3	Brote „	85%	23	„ „ 97%
							2	„ „ 100%

Die Frage, ob mit der Ausmahlung der Trockensubstanzverlust und der Eiweißverlust Hand in Hand geht, beantwortet die zweite Kurve. Hier sieht man, daß in der Tat eine gewisse Übereinstimmung besteht, da die zweite Kurve, im ganzen genommen, ebenfalls entsprechend den Ausmahlungsgraden ansteigt. Das ist auch nicht verwunderlich, da mit dem Ausmahlungsgrade die Trockensubstanz steigt und die darin mehr und mehr angehäufte Zellmembran bei der Verdauung entsprechend auch mehr Verluste zeigen muß. Aber es wäre unmöglich, bei einer einzelnen Untersuchung aus dem jeweiligen Ausmahlungsgrade auf den Trockensubstanzverlust schließen zu wollen. Das erkennt man sofort aus den großen Differenzen, die die Trockensubstanzkurve gegenüber der Ausmahlungskurve zeigt.

Und wollte man gar aus der Ausmahlungskurve auf den Eiweißverlust schließen, so würde man zu absolut falschen Zahlen gelangen. Die Eiweißverlustkurve ist so unregelmäßig wie nur irgend möglich. Es finden sich bei geringer Ausmahlung vielfach genau so hohe Eiweißverluste, wie bei höherer Ausmahlung. Umgekehrt sind bei letzterer die Eiweißverluste oft auffällig

Tabelle V.
Ausmahlungsgrade nach ihrer Größe geordnet nebst den zugehörigen Trockensubstanz- und Eiweißverlusten bei Roggenbroten.

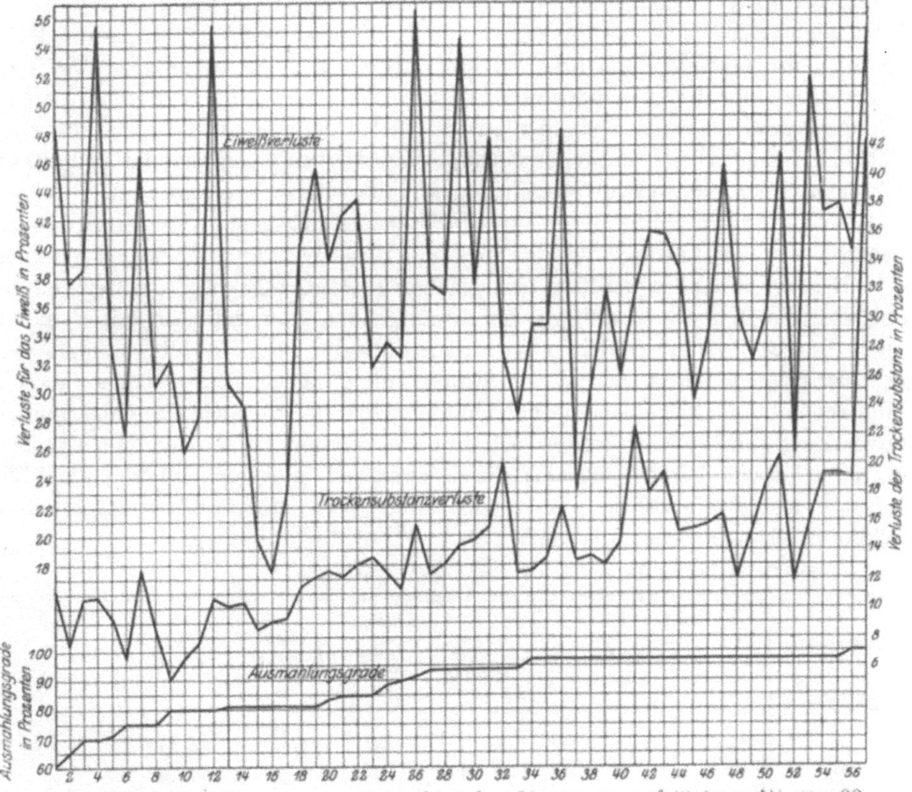

Die Nummern der Brotsorten entsprechen den Nummern auf Tabelle IV, S. 100.

gering. Die Eiweißverlustkurve zeigt im ganzen nicht einmal die Tendenz eines Anstieges, wie es wenigstens bei Tabelle III der Fall war.

Aus der Ausmahlung allein sind also für die Verdaulichkeit des Eiweißes keine bindenden Schlüsse zu ziehen. Es bedarf dazu der Kenntnis der in dem betreffenden Mehl oder Brot vorhandenen Zellmembran und deren Resorptionsgröße.

Da vorerst von Rubner in dieser Zeit der Anfang gemacht worden ist, durch das Studium der Zellmembran einen besseren Einblick in die Verdaulichkeit des Brotes zu gewinnen, ist es noch nicht möglich, auf Grund einer gleichgroßen Anzahl Roggenbrotuntersuchungen den Zusammenhang der Ausmahlung mit dem Eiweißverlust in der neuen Auffassung zu beleuchten. Das werden weitere Arbeiten gewiß noch ermöglichen. Aus diesen Kurven wird aber entschieden zu entnehmen sein, daß mit der bisherigen Aneinanderreihung von Ausmahlung, Trockensubstanz- und Eiweißverlust ein sachgemäßes Bild von der Verdaulichkeit des Brotes nicht gegeben werden kann.

Die Zahlen zeigen wohl die Tatsache von der besseren oder schlechteren Ausnützung der Trockensubstanz und des Eiweißes, aber worin die Gründe dafür zu suchen sind, darüber geben sie keine Anhaltspunkte.

So scheint es, um nur ein Beispiel unter den vielen herauszugreifen, doch höchst merkwürdig und zunächst unverständlich, daß bei zwei Broten aus Mehl von 70% Ausmahlung (vgl. Nr. 13 und 14 auf Tabelle II) und einem fast gleichen Trockensubstanzverlust von 10,60 bzw. 10,75% im ersteren Falle 38,40%, im anderen Falle aber 55,80% Eiweiß zu Verlust gingen. Die Verschiedenheit der Versuchspersonen konnte solche gewaltige Differenzen nicht erklären, wohl aber die Verschiedenheit des Untersuchungsmaterials, das hinsichtlich seiner Abstammung und seiner Verarbeitung voneinander bedeutend abweicht. Das erstere Brot war ein Roggenvollkornbrot, das andere ein Brot aus Schweizer Roggen. Hier konnte nur die Verschiedenartigkeit des Zellmembrangehaltes den Einfluß auf die abweichende Eiweißverdauung ausgeübt haben.

Bei der Unzulänglichkeit einer sicheren Grundlage für die Beurteilung der von der Kurvendarstellung herauszulesenden Unregelmäßigkeiten haben auch Durchschnittszahlen nur einen bedingten Wert. Finden sich größere Reihen, wie z. B. bei den Broten mit 97 proz., 85 proz. oder 80 proz. Mehlausmahlung, so geben die berechneten Mittelwerte noch ein einigermaßen zuverlässiges Bild, aber wo es sich nur um wenige Brotsorten mit wenigen Untersuchungen handelt, nimmt die Genauigkeit entsprechend ab. Das Resultat einer Brotsorte an einer oder zwei Personen erlaubt, weitgehendere Schlußfolgerungen nur mit Vorbehalt.

Folgende Übersicht mag das Gesagte erläutern:

Ausmahlung in %	Brotsorten	Anzahl der Brote	Anzahl der Untersuchungen	Trockensubstanzverlust	Eiweißverlust	
				Mittelwerte		
62	Verschiedene Brotsorten	1	2	11,30	48,30	
65		1	2	7,60	37,30	
70 und 72		3	8	10,43	42,65	
75		3	6	9,20	34,74	
80 und 80—82		16	25	8,44	33,59	
82		5	8	10,25	29,51	
84 und 85	Soldatenbrote	15	32	12,91	38,59	
89,2; 90; 91	Verschiedene Brotsorten	3	9	13,21	40,87	
94		6	10	14,84	41,06	
97	Schrotbrote	4	39	13,87	36,40	Mittel: Trockensubstanzverlust 15,95 Eiweißverlust 37,05
	Russische Roggenbrote	7		16,30	34,24	
	Schwedische „	4		15,91	36,79	
	Grobe Roggenbrote . .	4		16,65	37,25	
	Pumpernickel	5		17,03	40,55	
100	Brot aus Kleie	1	2	42,30	56,32	
		78	143			

Das Mittel aus 78 Brotsorten und 143 Brotuntersuchungen
mit Ausnahme des Kleiebrotes beträgt also: an Trockensubstanzverlust 11,61%, an Eiweißverlust 37,36%.

Bis zu einer Ausmahlung von 75% weichen nicht nur die Eiweißverluste,
sondern auch die Trockensubstanzverluste weitgehend voneinander ab und
entsprechen nicht den allmählich ansteigenden Ausmahlungsgraden. Von
80% Ausmahlung an kann man aber wenigstens einen gewissen Parallelismus der
Trockensubstanzverluste mit den Ausmahlungsgraden heraus-
lesen und mit einiger Sicherheit sagen, daß:

einem Ausmahlungsgrade von 80% ein Trockensubstanzverlust von 8,44%
  ,,   ,,   ,, 82% ,,   ,,   ,, 10,25%
  ,,   ,,   ,, 85% ,,   .,   ,, 12,91%
  ,,   ,,   ,, 90% ,,   ,,   ,, 13,21%
  ,,   ,,   ,, 94% ,,   ,,   ,, 14,84%
  ,,   ,,   ,, 97% ,,   ,,   ., 15,95%

im Mittel entspricht. Die Eiweißverluste bewegen sich trotz verschieden großer
Ausmahlung auf einer mittleren Höhe von 37,36%.

Um das Gesamtbild über die Verdaulichkeit der Roggenbrote zu vervollständigen, gebe ich noch die Zahlen über Resorption der Zellmembran,
Zellulose und Pentosen, wie sie von Rubner[1]) in jüngster Zeit ermittelt
worden sind.

Von den Versuchspersonen wurden pro Tag aufgenommen und resorbiert:

Brotsorten	Aufgenommen			Resorbiert			In % wurden verdaut	
	Zell-mem-bran	Zellu-lose	Pento-sane	Zell-mem-bran	Zellu-lose	Pento-sane	Zellu-lose	Pento-sane
Roggenbrot zu 65% Ausmahl.	20,40	8,85	27,10	11,97	6,29	22,50	51,70	37,00
,, ,, 65% ,,	24,72	10,73	32,80	11,15	3,46	21,90		
,, ,, 75% ,,	34,04	12,30	—	11,23	2,02	—	21,93	42,04
,, ,, 75% ,,	37,06	13,38	—	11,91	3,91	—		
,, ,, 82% ,,	43,06	12,20	48,00	23,80	5,34	35,60	30,50	58,30
,, ,, 82% ,,	45,77	13,01	53,40	15,37	2,25	42,60		
,, ,, 94% ,,	43,69	15,23	—	10,23	2,54	—	33,11	60,59
,, ,, 94% B ,,	44,91	15,16	—	13,45	2,45	—		
, ,, 94% ,,	45,40	10,87	—	22,49	2,51	—	20,18	39,58
,, ,, 94% ,,	47,94	11,47	—	17,38	1,75	—		
Vollkornbrot	43,50	15,03	43,50	17,48	4,32	34,30		
	49,00	16,56	52,80	24,26	7,35	39,50		
			58,20			48,40		

Aus diesen Zahlen geht hervor, daß der Zellmembrangehalt des Brotes
mit der Ausmahlung des Mehles etwa parallelläuft. Die Resorption der Zellmembran hält sich aber nicht an dieses Schema. Die hier vorhandenen Unregelmäßigkeiten geben den Fingerzeig für die oben gekennzeichneten Differenzen in der Trockensubstanz- und besonders in der Eiweißsubstanzverdauung.

---

[1]) M. Rubner, Die Verdaulichkeit der Vegetabilien. Archiv f. Anat. u. Physiol.
(physiol. Abt.) 1918, S. 54 u. 134.

2. Brote aus Weizen.

Die Verhältnisse des Krieges haben es mit sich gebracht, daß das reine Weizenbrot fast ganz verschwunden ist. Der größte Teil der Bevölkerung, vielleicht mit Ausnahme der Schwarzbrotfreunde und der Vollkornbrotverehrer, hat diesen Zustand tief bedauert, und zwar mit einem gewissen Recht. Schon die lebhafte Nachfrage nach Weißbrot, dem Weizenkleinbrot, den „Brötchen“ in Friedenszeiten, zeigte die Vorliebe für das Weizengebäck; außerdem ließ aber auch die vielfache, wenn auch zum Teil unberechtigte Klage über das Schwarzbrot im Kriege erkennen, daß dem Publikum etwas fehlte. Und dieses Verlangen nach Weißbrot hat sich ungeschwächt bis auf diese Tage forterhalten. In einigen Städten ist es auch geglückt, daß neben Roggenbrot reines Weizenbrot für die Bevölkerung gebacken wurde, in den meisten dagegen sah man nur „Krankenbrot“, welches aus Weizen hergestellt wurde.

Mit dem Fehlen des Brotgetreides überhaupt nahm auch beim Weizenmehl die Ausmahlung zu, so daß genau wie beim Roggenbrot ein bis zu 94% ausgemahlenes Weizenmehl verwandt werden mußte. Aber selbst auch diese gröbere Ausbeutung des Getreides konnte das Verlangen nach Weißbrot nicht abschwächen, da für dessen Vorliebe nicht die Feinheit des Mehles die Hauptrolle spielt, sondern die Eigenschaften des Weizenmehles an sich. Bekanntlich vereinigen Weizenkorn, Weizenmehl und Weizenbrot eine Reihe von Vorzügen in sich, die dem Roggen und seinen Präparaten abgehen. Zunächst kann aus dem Weizenkorn, weil der Mehlkern leichter als beim Roggen sich trennen läßt, eine höhere Mehlausbeute (etwa 75% gegenüber 65% beim Roggen) erzielt werden. Sodann sind die Kleberstoffe im Roggen und Weizen verschieden. Der Kleber des Weizens kann durch Kneten des Mehles in Wasser abgeschieden werden, der des Roggens nicht. Der Weizenkleber verfügt außerdem über eine

Tabelle III.

Trockensubstanzverluste nach ihrer Größe geordnet nebst den zugehörigen Eiweißverlusten bei Weizenbroten.

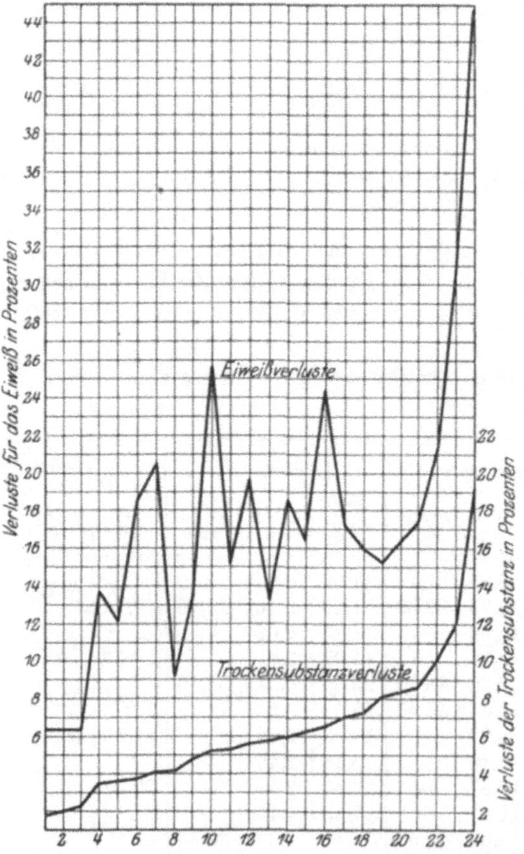

Die Nummern der Brotsorten entsprechen Tab. II, S. 110.

ausgezeichnete Bindung, die später für die Lockerung des Brotes ungemein wichtig ist. Das Mehl des Weizens ist weißer wie das Roggenmehl, auch ist im ganzen das Weizenmehl etwas eiweißreicher als das Roggenmehl.

Im allgemeinen gilt das Weizenbrot für schmackhafter. Besonders wird das Weizen-Kleingebäck bevorzugt wegen der wohlschmeckenden Kruste. Aber auch die Weizenbrotkrume ist infolge der zumeist geübten Hefegärung im Geschmack milder wie das mit Sauerteig vergorene Roggenbrot. Zudem zeigt sie eine voluminösere und lockerere Beschaffenheit.

Bei all den Vorzügen spielt aber die Gewohnheit noch eine außerordentlich große Rolle, es wäre sonst nicht verständlich, daß wegen kleinen Abweichungen gegenüber dem Roggenbrot ganze Völkerschaften, wie die Italiener und besonders die Franzosen sich geradezu auf das Weißbrot eingeschworen haben und ein Opfer zu bringen scheinen, wenn sie Roggenbrot essen sollen. Einige sehr bezeichnende Tatsachen in dieser Beziehung lesen wir bei Maurizio[1]).

Für die wissenschaftliche Frage der Weizenbroternährung würden aber alle diese hervortretenden Merkmale keine Bedeutung haben, falls nicht nachgewiesen werden könnte, daß das Weizenbrot im Organismus besser verwertet wird als das Roggenbrot. Es handelt sich also auch hier um die Ausnützung.

Von vornherein wäre gewiß die Annahme berechtigt, daß bei

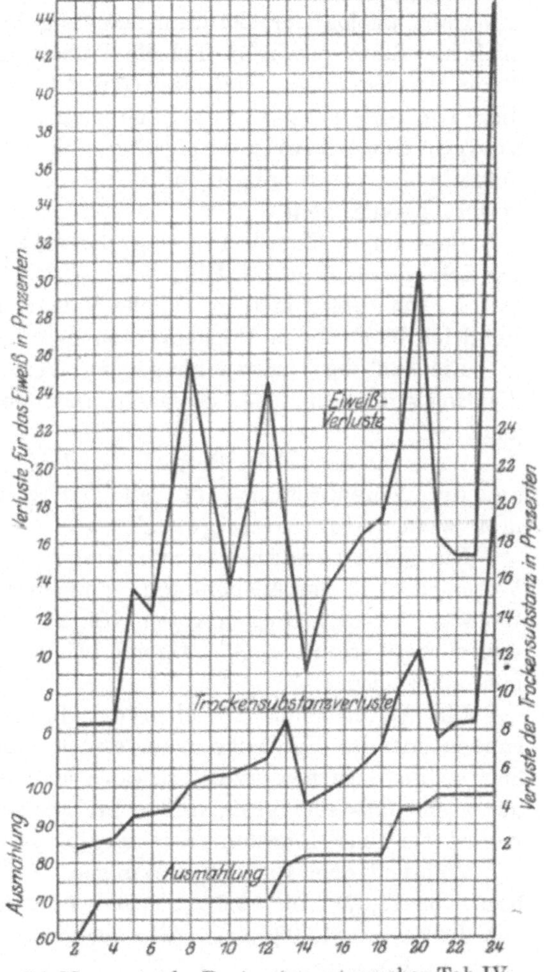

Tabelle V.

Ausmahlungsgrade nach ihrer Größe geordnet nebst den zugehörigen Trockensubstanz- und Eiweißverlusten bei Weizenbroten.

Die Nummern der Brotsorten entsprechen Tab. IV. S. 111.

der fast gleichen chemischen Zusammensetzung keine oder höchstens sehr geringe Unterschiede zu finden sein dürften, dennoch lehren die Versuche etwas anderes.

---

[1]) Maurizio, Die Getreidenahrung im Wandel der Zeiten. Orelli Füssli, Zürich 1916, S. 180.

Die ersten Untersuchungen darüber fallen bereits in die siebziger Jahre des vorigen Jahrhunderts, als Rubner und Meyer ihre ersten Brotstudien begannen. Später schlossen sich solche von Menicanti und Prausnitz, Lehmann, Pannwitz, Hindhede und R. O. Neumann an und neuerdings hat Rubner die Fragen erneut aufgegriffen und unsere Kenntnis auf dem Gebiet der Zellmembranverdauung auch für das Weizenbrot erweitert.

Im ganzen habe ich 24 Versuche aufgefunden, die an reinem Weizenbrot ausgeführt wurden. Es beteiligten sich daran 32 Personen.

Ganz analog der Zusammenstellung bei den Roggenbrotversuchen sind auch hier die Versuche in Tabelle I übersichtlich aufgeführt mit Angabe des Trockensubstanz- und des Eiweißverlustes. In Tabelle II habe ich die Trockensubstanzverluste nach ihrer Größe geordnet und den zugehörigen Eiweißverlust beigefügt. Die Zahlen sind in Tabelle III in Kurven aufgetragen, um zu zeigen, ob der Trockensubstanzverlust mit dem Eiweißverlust parallel geht.

Eine weitere Tabelle IV bringt die Weizenbrote nach dem Ausmahlungsgrade[1]) geordnet unter Hinzufügung des Trockensubstanz- und Eiweißverlustes. Die Zahlen sind in Tabelle V in Kurven aufgetragen und sollen ein Vergleichsbild zu den Roggenbroten geben.

Die Zahl der Untersuchungen an Weizenbrot sind wesentlich geringer als die Roggenbrotversuche, sie lassen aber trotzdem einen guten Vergleich mit jenen zu.

Was zunächst bei der Betrachtung der Roggenbrotkurve (Tabelle III, S. 101) und der Weizenbrotkurve (Tabelle III, S. 106) auffällt, ist die beim Weizenbrot wesentlich niedrigere Kurve.

Die Trockensubstanzverluste sind zwar auch, entsprechend der Verschiedenheit der Ausmahlung, von sehr wechselnder Größe und reichen bis 19,28% (bei den Roggenbroten bis 22,70%), aber der geringste Prozentverlust beträgt nur 1,93, während bei den Roggenbroten der Verlust sofort mit 5,09% beginnt.

Ein Parallelismus zwischen der Kurve des Trockensubstanzverlustes und des Eiweißverlustes ist, ähnlich wie beim Roggenbrot, auch hier im ganzen herauszulesen, doch sind die Schwankungen des Eiweißverlustes ebenfalls sehr groß, daß vom Trockensubstanzverlust auf den Eiweißverlust bei einer Einzeluntersuchung nicht zu schließen ist.

Während aber die Schwankungen im Eiweißverlust beim Roggenbrot von 18,07% bis 56,6% reichen, kommen beim Weizenbrot nur solche von 6,30% bis 44,70% vor. Also auch hier ist die Kurve wesentlich niedriger als beim Roggenbrot.

Tabelle V zeigt uns die Ausmahlung nach ihrer Größe geordnet, dazu die Trockensubstanzverluste und die Eiweißverluste.

Das Brot Nr. 1 mit nur 30% Ausmahlung, aber mit 4% Trockensubstanz und 20,70% Eiweißverlust ist nicht mit aufgenommen, weil es vollständig aus dem Rahmen der übrigen herausfällt.

---

[1]) Wo der Ausmahlungsgrad in der Originalarbeit nicht angegeben ist, habe ich ihn nach den auf S. 95 angegebenen Annahmen in Klammern eingezeichnet.

Tabelle I.

Übersicht über die Trockensubstanz- und Eiweißverluste der untersuchten Weizenbrote.

(Die Nummern entsprechen den Literaturangaben auf S. 94.)

Nr.	Autor	Brotsorten	Versuche	Wieviel verschiedene Brote	An wieviel Personen	Prozent der Ausmahlung	Trockensubstanz-verlust	Eiweißverlust	
2	M. Rubner	Weißbrot aus feinem Weizenmehl (Semmelmehl)		1	1	(70)	5,2	25,7	
				1	1	(70)	3,7	18,7	
							4,4	22,2	Mittel
2a	M. Rubner	Weizenbrot aus Odessaer, kaliforn. und engl. Weizen . . .	a	1	1	30	4,00	20,7	
	„	Weizenbrot aus Girka- u. Minnesotaweizen, Mittelsorte . . .	b	1	1	70	6,66	24,56	
	„	Weizenbrot a. Ganzkorn „Wheat meal flour" mit $3^1/_2\%$ Dekortikations- und $2^1/_2\%$ Mahlverlust	c	1	1	(94)	12,23	30,47	
1	G. Meyer	Weißes Weizenbrot (Semmel) .		1	1	(70)	5,6	19,9	
8	Menicanti und Prausnitz	Weizenbrot aus dekort. Weizen	a	1	1	80—82	4,82	13,35	
		Weizenbrot aus nicht dekort. Weizen	b	1	2	80—82	7,18	17,35	
							6,29	16,51	
							6,73	16,93	Mittel
9	Prausnitz	Weizenbrot in gemischt. Nahrung		1	1	(82)	5,3	15,1	
				1	1	(82)	4,1	9,1	
							4,7	12,1	Mittel
12	K. B. Lehmann	Avedykbrot Weizenvollkornbrot, naß vermahlen		1	2	(97)	19,28	44,7	
13	Pannwitz	Brot aus Weizenzwiebackmehl .		1	2	(70)	6,07	18,68	
18	Hindhede	Weißbrot aus gesiebt. Weizenmehl	a	1	1	(70)	2,0	6,3	
				1	1	(70)	2,3	6,3	
							2,2	6,3	Mittel
	„	Grahambrot, Weizenbrot aus ungesiebtem Mehl	b	1	1	(97)	8,5	16,4	
				1	1	(97)	8,4	15,4	
				1	1	(97)	8,4	15,4	
				1	1	(97)	7,3	16,1	
							8,10	15,8	Mittel
19a	M. Rubner	Weizenbrot aus „bester Sorte Weizenmehl der Z. E. G." . .	a	1	1	(70)	Org. Substz. 3,58	12,3	
		Weizenbrot aus „feinstem Weizenmehl Marke 00"	b	1	1	(60)	1,93	6,3	
		Vollkornbrot aus dekort. Weizen	c	1	1	(94)	10,27	21,14	
20	M. Rubner	Weißbrot aus Weizenauszugmehl		1	2	70	3,5	13,82	Mittel
21	R. O. Neumann	Weizenbrot	a	1	1	70	5,81	13,91	
		Weizenbrot	b	1	1	80	8,70	17,34	

Tabelle II.

Die untersuchten Weizenbrote nach ihrem Trockensubstanzverlust geordnet unter Hinzufügung des Eiweißverlustes.

Nr.	Trocken-substanzverlust	Eiweißverlust	Prozent der Ausmahlung	Brotsorte	Autor	Korrespond. Nr. auf S. 94	
1	1,93	6,30	(60)	Weizenbrot aus feinstem Weizenmehl Nr. 00	Rubner	19a	
2	2,00	6,30	(70)	Weißbrot aus gesiebtem Weizenmehl	Hindhede	18	
3	2,30	6,30	(70)	Weißbrot aus gesiebtem Weizenmehl	,,	18	
4	3.50	13,82	70	Weißbrot aus Weizenauszugsmehl	Rubner	20	Mittel
5	3,58	12,30	(70)	Weizenbrot aus bestem Weizenmehl der Z. E. G.	,,	19a	
6	3,70	18,70	(70)	Weißbrot aus Semmelmehl	,,	2	
7	4,00	20,70	30	Weizenbrot aus ausländ. Weizen	,,	2a	
8	4,10	9,10	(82)	Weizenbrot in gemischter Nahrung	Prausnitz	9	
9	4,82	13,35	80—82	Weizenbrot aus dekort. Weizen	Menicanti und Prausnitz	8	
10	5,20	25,7	(70)	Weißbrot aus Semmelmehl	Rubner	2	
11	5,30	15,1	(82)	Weizenbrot in gemischter Nahrung	Prausnitz	9	
12	5,60	19,9	(70)	Weißes Weizenbrot (Semmel)	G. Mayer	1	
13	5 81	13,91	70	Weizenbrot	R. O. Neumann	21	
14	6,07	18,68	(70)	Brot aus Weizenzwiebackmehl	Prausnitz	13	
15	6,29	16,51	80—82	Weizenbrot aus nicht dekort. Weizen	Menicanti und Prausnitz	8	
16	6,66	24,56	70	Weizenbrot aus ausländ. Weizen, Mittelsorte	Rubner	2a	
17	7,18	17,35	80—82	Weizenbrot aus dekortiz. Weizen	Menicanti und Prausnitz	8	
18	7,30	16,10	(97)	Grahambrot, Weizenbrot aus un-gesiebtem Mehl	Hindhede	18	
19	8,4	15,40	(97)	Desgl.	,,	18	
20	8,5	16,40	(97)	Desgl.	,,	18	
21	8,7	17,34	80	Weizenbrot	R. O. Neumann	21	
22	10,27	21,14	(94)	Vollkornbrot aus dekortiz. Weizen	Rubner	19a	
23	12,23	30,47	(94)	„Wheat meal flour"-Brot aus gan-zem Weizen	,,	2a	
24	19,28	44,70	(97)	Avedykbrot, Weizenvollkornbrot	K. B. Lehmann	12	

Die meisten Untersuchungen entfallen auf Brote mit 70 proz. Ausmahlung, ein anderer größerer Teil auf 80 proz. Ausmahlung. Sowohl bei dieser wie bei jener kommen, wie die Trockensubstanzverlustkurve zeigt, Schwankungen vor. Bei 70 proz. Ausmahlung von 2—8%, bei 80 proz. von 4—7%. Im ganzen hält aber der Trockensubstanzverlust mit der Ausmahlungskurve ungefähr gleichen Schritt. Sehr unregelmäßig sind aber wieder, wie beim Roggenkorn, die Eiweißverluste. Zwar ist ein leichtes Ansteigen der Gesamtkurve zu beobachten, was beim Roggenbrot vollständig fehlte, aber die sehr erheblichen Unregelmäßigkeiten sind doch wieder ein Beweis dafür, daß auch beim Weizen-brot die Eiweißverdauung durch die sehr verschiedenartige Resorbierbarkeit der Zellmembran stark beeinflußt wird.

Tabelle IV.

Die untersuchten Weizenbrote nach dem Ausmahlungsgrade des Mehles geordnet unter Hinzufügung des Trockensubstanz- und Eiweißverlustes.

Nr.	Prozent der Ausmahlung	Brotsorte	Trokkensubstanzverlust	Eiweißverlust	Autor	Korrespond. Nr. auf S. 94
1	30	Weizenbrot aus ausländischem Roggen	4,00	20,70	Rubner	2a
2	(60)	Weizenbrot aus feinstem Weizenmehl Nr. 00	1,93	6,30	„	19a
3	(70)	Weißbrot aus gesiebtem Weizenmehl .	2,00	6,30	Hindhede	18
4	(70)	Weißbrot aus gesiebtem Weizenmehl .	2,30	6,30	„	18
5	70	Weißbrot aus Weizenauszugsmehl . . .	3,50	13,82	Rubner	20
6	(70)	Weizenbrot aus bestem Weizenmehl der Z. E. G.	3,58	12,30	„	19a
7	(70)	Weißbrot aus Semmelmehl	3,70	18,70	.,	2
8	(70)	Weißbrot aus Semmelmehl	5,20	25,70	„	2
9	(70)	Weißes Weizenbrot (Semmel)	5,60	19,90	G. Meyer	1
10	70	Weizenbrot	5,81	13,91	R. O. Neumann	21
11	(70)	Weizenbrot aus Zwiebackmehl	6,07	18,68	Prausnitz	13
12	70	Weizenbrot aus ausländischem Weizen (Mittelsorte)	6,66	24,56	Rubner	2a
13	80	Weizenbrot	8,70	17,34	R. O. Neumann	21
14	82	Weizenbrot in gemischter Nahrung . .	4,10	9,10	Prausnitz	9
15	80—82	Weizenbrot aus dekortiziertem Weizen	4,82	13,35	Menicanti und Prausnitz	8
16	82	Weizenbrot in gemischter Nahrung . .	5,30	15,10	Prausnitz	9
17	80—82	Weizenbrot aus nicht dekortiz. Weizen	6,29	16,51	Menicanti und Prausnitz	8
18	80—82	Weizenbrot aus dekortiziertem Weizen	7,18	17,35	„	8
19	(94)	Vollkornbrot aus dekortiz. Weizen . .	10,27	21,14	Rubner	19a
20	(94)	„Wheat meal flour"-Brot aus ganzem Weizen	12,23	30,47	„	2a
21	(97)	Grahambrot, Weizenbr. a. ungesiebt. Mehl	7,30	16,10	Hindhede	18
22	(97)	Desgl.	8,40	15,40	„	18
23	(97)	Desgl.	8,50	16,40	„	18
24	(97)	Avedykbrot, Weizenvollkornbrot . . .	19,28	44,70	K. B. Lehmann	12

Berechnet man **Durchschnittszahlen** aus den vorhandenen Untersuchungen, so ergibt sich folgendes Bild:

Ausmahlung in %		Anzahl der Brote	Anzahl der Untersuchungen	Trockensubstanzverlust	Eiweißverlust
60		1	1	1,93	6,30
70		10	12	4,42	16,01
80—82	Verschiedene Brotsorten	6	7	6,06	14,79
94		2	2	11,20	25,83
97		4	6	10,87	23,10[1]

Der Vergleich mit den **Roggenbroten von derselben Ausmahlung** läßt nun ganz eindeutig erkennen, daß beim **Weizenbrot in jedem Falle**

[1] Die auffallend niedrigen Zahlen bei 97 proz. Ausmahlung sind bedingt durch die Versuchsperson **Hindhedes**, welche auch das grobe Brot anscheinend sehr gut verdaute.

die Verluste der Trockensubstanz und besonders des Eiweißes
viel, zuweilen bedeutend geringer sind als beim Roggenbrot. Die
Ausnützung ist also beim Weizenbrot eine weit bessere.

Weizenbrote:			Roggenbrote:		
Ausmahlung	Trockensubstanz-verlust	Eiweißverlust	Ausmahlung	Trockensubstanz-verlust	Eiweißverlust
60%	1,93	6,30	65%	7,60	37,30
70%	4,42	16,01	70—72%	10,43	42,65
80—82%	6,06	14,79	80—82%	8,44	33,59
94%	11,20	25,83	94%	14,84	41,06
97%	10,87	23,10	97%	15,95	37,05

Wir klar dies aus der Summe der vielen Untersuchungen auch hervorgeht,
so findet doch diese Tatsache nicht in der Literatur allseitige Zustimmung.
So äußert sich noch Romberg[1]) in den Schlußsätzen seiner Arbeit, daß „feinstes
Roggenmehl, gut verbacken, ein ebenso ausnutzbares Brot liefert, als Weizen-
mehl", und daß die nach den bisher bekannten Versuchen scheinbar schlechte
Ausnützung des Roggenbrotes darauf beruht, daß bei der Herstellung von
Roggenmehl in der Regel nicht mit der Sorgfalt verfahren wird, wie sie beim
Weizenmehl seit längerer Zeit üblich ist." Auch Plagge und Lebbin[2]) sprechen
aus, daß gutes Roggenmehl fast ebensogut wie gutes Weizenmehl ausgenutzt
wird.

Diese Meinungen können jetzt nicht mehr als zutreffend gelten, sie waren
aber verständlich, da die Autoren damals ohne Kenntnis der Wirkung der
Zellmembran einen genauen Einblick nicht zu gewinnen vermochten. Vor allem
fehlte es an vergleichenden Untersuchungen, bei denen das Roggen- und Weizenbrot den gleichen Zellmembrangehalt aufwies.

Derartige Untersuchungen sind nunmehr von Rubner ausgeführt worden.
Er konnte durch Berechnung aus älteren Versuchen und auch neu angestellten
Untersuchungen zeigen, daß zwar der Verlust an Kalorien bei Roggen-
und Weizenbroten derselben Ausmahlung sich nicht ganz, aber etwa gleich
verhielt, daß jedoch der Hauptunterschied in der Verwertbarkeit der Eiweißstoffe lag:[3])

	Verlust an Kalorien	an N	
Dekort. Weizenmehl (94%)	12,20	30,50	
Dekort. Roggen (95%)	14,60	38,70	
Weizen (70%)	6,91	18,68 }	Nach Versuchen v. Plagge
Roggen (75%)	11,53	33,75 }	und Lebbin berechnet
Weizen (5,09% Zellmembran) . . .	11,10	21,10 }	Neue Versuche.
Roggen (4,54% „) . . .	11,35	30,52 }	

Beim Weizen wird also, wie Rubner auch an anderer Stelle mitteilt[4]),
das „Eiweiß doppelt so gut aufgenommen wie beim Roggen, ebenso
ist der N-Gehalt der Stoffwechselprodukte beim Roggen viel höher als beim
Weizen. Somit ist der Weizen dem Roggen zweifellos vorzuziehen."
Wie ausgezeichnet übrigens die Eiweißresorption beim Weizenmehl

---

[1]) Romberg S. 289, zit. bereits auf S. 93, Anm. 14.
[2]) Plagge und Lebbin S. 158, bereits zit. auf S. 94, Anm. 13.
[3]) Rubner S. 367, bereits zit. auf S. 94, Anm. 20.
[4]) Rubner S. 196, bereits zit. auf S. 94, Anm. 19.

sein kann, falls ein fast vollkommen kleiefreies Mehl vorliegt, zeigt Rubner[1]) aus den Versuchen von Thomas. Es gingen bei diesem reinen Brotversuch nur 6,3% Eiweiß zu Verlust. Das ist die bisher niedrigste beobachtete Zahl und sie stellt sich fast den bei animalischer Nahrung gefundenen an die Seite. Ähnlich auffallend niedrig und noch nie gesehen war der geringe Trockensubstanzverlust von nur 1,93%, der Verlust der Kalorien von 2,7% und der Verlust der organischen Substanz von 1,3%.

Diese Zahlen sind ein deutlicher Beweis dafür, daß das Weizenmehl als ganzes genommen ausgezeichnet verdaut wird und nur die vorhandenen Zellmembranen schuld sind, wenn höhere Zahlen gefunden werden. Selbstverständlich war auch die Stärke bis auf Spuren gelöst.

Es liegen auch noch zwei andere Versuche an ein und derselben Person vor[2]), bei denen nur 6,3% Eiweißverlust und 2,0% bzw. 2,3% Trockensubstanzverlust gefunden wurden. Auch der Kaloriengehaltverlust betrug nur 2,2% bzw. 2,6%. Hindhede berichtet darüber, daß das Weizenmehl gesiebt gewesen sei und 30% Kleieabschub gehabt habe. Es ist daher anzunehmen, daß auch hier nur äußerst geringe Mengen von Zellmembran sich im Mehle befunden haben.

Demgegenüber kommt in einigen weiteren Versuchen an derselben Versuchsperson deutlich zum Ausdruck, wie die Zellmembran die Ausnützung beeinflußt. Es wurde grobes Weizenbrot (Grahambrot) aus ungesiebtem Weizenmehl in 4 Einzelperioden untersucht und dabei festgestellt, daß im Mittel 8,5% Trockensubstanz, 16,4% Eiweiß und 8,4% Kalorien verloren gingen. Das bedeutet für die Trockensubstanz den vierfachen, für das Eiweiß fast den dreifachen und für die Kalorien ebenfalls den vierfachen Verlust des Weizenbrotes ohne Zellmembran.

Wie übrigens die Zellmembranverdauung beim Weizenbrot verläuft, sieht man aus einer Nebeneinanderstellung von Rubner[3]), der Brote aus „Karamehl" (ein Weizenvollkornbrot aus dekortiziertem Weizen) und ein Brot aus feinstem Weizenmehl im Stoffwechsel untersuchte. Der Verlust betrug in Prozenten:

	beim Karamehl	bei feinstem Mehl
an Gesamtpentosen	15,01	6,6
„ Zellmembran	53,04	24,6
„ Zellulose	97,58	21,9
„ Restsubstanzen, Lignine	44,18	24,5
„ Pentosan aus Zellmembran	38,73	43,2
„ freiem Pentosan	0	4,1

Die Unterschiede sind zum Teil recht erheblich. Freie, nicht in der Zellmembran eingeschlossene Pentosen werden in beiden Fällen vollständig bzw. fast vollständig verdaut. Auch bei den Pentosen aus Zellmembran sind die Differenzen nicht groß. Dagegen fällt die Verdauung der Zellulose im Karamehl auf. Sie ist gegenüber dem feinsten Mehle sehr schlecht. Die Zellmembran selbst wird im Karamehlbrot noch einmal so ungünstig resorbiert als im Brot

---

[1]) Rubner S. 84, bereits zit. auf S. 94, Anm. 19a.
[2]) Hindhede S. 167, bereits zit. auf S. 94, Anm. 18.
[3]) Rubner S. 90, bereits zit. auf S. 94, Anm. 19a.

aus feinstem Mehl. Bei den Restsubstanzen und dem Gesamtpentosan kann man dasselbe sagen. Deutlich zeigt sich jedenfalls, daß die Zellmembran des feinen Mehles bei gleicher Zusammensetzung der Mehle vom Vollkornmehl verschieden ist und daß bei den groben Broten insgesamt auch von der Zellmembran reichlich viel verloren geht.

Nachdem die bisherigen wissenschaftlichen Feststellungen gezeigt haben, daß fast in allen Punkten, in der chemischen Zusammensetzung, in der technischen Ausbeutung und Zubereitung und auch in der Ausnützung der Weizen gegenüber dem Roggen günstiger abschneidet, so ist die Forderung oder mindestens der Wunsch berechtigt, in Zukunft dem Weizenbrot noch ein größeres Feld einzuräumen als es bisher der Fall war. Freilich hängt die Verwirklichung aufs engste mit der wirtschaftlichen Frage zusammen, die in Deutschland zu lösen nicht ganz leicht ist. Es müßte die Erzeugung von Weizen im eigenen Lande so gesteigert werden, daß der bisherige Import überflüssig würde. Ob dies möglich sein würde, entzieht sich meiner Beurteilung. Nach den Berechnungen von Rubner[1] ist es denkbar. Die Mehrproduktion an Weizen „würde nicht einmal eine Vermehrung der Bebauungsfläche über 16% notwendig machen, da das Erträgnis an Weizen an sich mit Rücksicht auf die Ernährung des Menschen günstiger liegt als für den Roggen."

Als Schlußbetrachtung über die Weizenbrote ist vielleicht noch eine Notiz von Interesse, welche zeigt, daß man auch anderen Ortes eine Verbesserung des hoch ausgemahlenen Weizenbrotes herbeizuführen wünschte. Lapicque und Legendre[2] machten, da man in Frankreich auch den vor dem Kriege sehr niedrigen Ausmahlungsgrad des Weizenmehles auf 72, dann auf 76,8 und endlich auf 85% hinaufsetzen mußte, den Vorschlag, die Nachmehle (über 60% Ausmahlung), die leicht zur Säuerung neigen, mit Alkalien, in diesem Falle mit Kalkwasser zu behandeln und so ein weißes Mehl bzw. Backwerk zu erzielen. Ganz abgesehen, daß ein Kalkwasserzusatz beim Backprozeß schon bekannt ist, also die Idee nichts Neues darstellt, wurde sehr bald von anderer Seite darauf hingewiesen, daß das Kalkwasser die Gärung verzögere. Jean Effront[3] glaubt sogar, daß derartiges Weizenbrot schwerer verdaulich ist, weil die Mono- und Diphosphate, die für die Verdauung durch den Speichel vorteilhaft sind, in dem Kalkbrot durch unlösliche Triphosphate ersetzt werden.

3. Mischbrote aus Roggen und Weizen.

Je nachdem der überwiegende Teil im Brot aus Roggen oder Weizen besteht, spricht man von Roggen - Weizenbroten oder Weizen - Roggenbroten. Eine einheitliche Zusammensetzung gibt es nicht. Im allgemeinen wurden, um dem Brot den Hauptcharakter nicht zu nehmen, im Frieden

---

[1] Rubner, Vom Brot und seinen Eigenschaften. Deutsche med. Wochenschr. 1915, Nr. 20, S. 579.

[2] Rühl, Französisches Kriegsbrot. Zeitschr. f. d. ges. Getreidewesen 1918, 10. Jahrg. Nr. 3.

[3] Jean Effront, Über die Anwendung des Kalkes beim Brotbacken. (Moniteur scient. 1917, 7.) Ref. Zeitschr. f. d. ges. Getreidewesen 1918, 10. Jahrg., Nr. 9, S. 129.

10—20% von der einen Sorte Mehl der anderen zugesetzt. Mehr als 30 Anteile des fremden Mehles beeinflussen unter Umständen Aussehen und Geschmack nicht unbedeutend, auch muß die Sauerführung mit Sauerteig bzw. mit Hefe besonders danach eingerichtet werden.

Im Kriege durfte zum Roggenbrot. Weizenmehl nicht Verwendung finden und Weizenbrot mußte mit einem Gehalt von 30% Roggenmehl verbacken werden. Freilich ist diese letztere Maßnahme gegen das Ende des Krieges nicht immer durchzuführen gewesen und auch nicht durchgeführt worden, weil in den verschiedenen Versorgungsgebieten nicht immer die vorgeschriebene Menge an Roggen oder Weizen zur Verfügung stand. Ganz neuerdings (März 1919) wurde hier in Bonn ein sog. Einheitsbrot geliefert, welches aus 50% Roggen und 50% Weizen besteht. Wie lange dieser Zustand andauern wird, ist jedoch nicht zu übersehen; er wird sich aber sicher wieder ändern. Das eine dürfte aber die Zukunft bringen, daß genau, wie es früher war, die Roggen- und Weizenmischbrote gegenüber den reinen Weizen- und Roggenbroten in den Vordergrund treten werden. Denn backtechnisch bietet ihre Bereitung keine Schwierigkeiten und im Geschmack überbrücken sie die Sondereigentümlichkeiten der reinen Roggen- und Weizenbrote.

Die Frage nach der Verwertung im Organismus läßt sich auf Grund der bei den Roggenbroten und Weizenbroten besprochenen Gesichtspunkte leicht beantworten. Es kommt darauf an, wie groß der Prozentsatz des einen oder anderen Mehles beim Brot ist und wie sich der Ausmahlungsgrad des Mehles verhält. Bisher sind auch hierüber eine ganze Reihe von Untersuchungen ausgeführt worden, die ich in folgender Tabelle I zusammengestellt habe. Teils wurden sie von den Autoren, die auch früher schon Roggen- und Weizenbrotuntersuchungen anstellten, vorgenommen, teils habe ich selber während des Krieges eine Anzahl derartiger Mischbrote untersucht.

Tabelle I.

Übersicht über die Trockensubstanz- und Eiweißverluste der untersuchten Roggen-Weizenbrote.

(Die Nummern entsprechen den Literaturangaben auf S. 94.)

Nr.	Autor	Brotsorte		Versuche	Wieviel verschiedene Brote	An wieviel Personen	Prozente der Ausmahlung	Trockensubstanzverlust	Eiweißverlust	
1	G. Meyer	Münchener Roggenbrot (Riemischbrot) aus gebeuteltem Roggenmehl mit Zusatz groben Weizenmehles			1	1	(85)	10,1	22,2	
8	Menicanti und Prausnitz	Brot aus Roggenmehl Nr. 1 und Weizenmehl Nr. 4 zu gleichen Teilen mit Hefe gebacken .	a		1	1	(75)	7,23	17,83	
					1	1		5,83	15,80	
								6,53	16,81	Mittel
	„	Dasselbe Brot mit Sauerteig gebacken	b		1	1	(75)	7,85	19,60	
					1	1		6,22	17,00	
								7,03	18,30	Mittel

8*

Tabelle I (Fortsetzung).

Nr.	Autor	Brotsorte	Versuche	Wieviel verschiedene Brote	An wieviel Personen	Prozente der Ausmahlung	Trockensubstanzverlust	Eiweißverlust	
9	Prausnitz	Brot aus Roggen und Weizen zu gleichen Teilen	a	1	1	(80)	7,8	20,1	
	„	Kommißbrot aus Roggen und Weizen	b	1	1	(80)	9,4	31,9	
10	K. B. Lehmann	Brot aus $^2/_3$ Roggenmehl Nr. 00 und 1 und $1^1/_3$ Weizenmehl Nr. IV und V (schwach sauer)	a	1	6	(80)	8,51	24,68	Mittel
	„	Dasselbe Brot (stark sauer) . .	b	1	6	(80)	7,22	21,93	Mittel
12	K. B. Lehmann	Würzburger „Graubrot" aus Weizen und Roggen		1	2	(85)	10,27 10,70 10,48	33,13 30,80 31,96	 Mittel
13	Pannwitz	Gelinckbrot aus $^4/_5$ Roggen und $^1/_5$ Weizen, naß vermahlen .		1	4	(97)	21,4	52,8	Mittel
18	M. Hindhede	„Roggenbrot" aus feinem Roggen- und Weizenmehl mit 30% Kleieauszug		1 1	1 1	(70)	4,0 4,8 4,4	10,21 17,20 13,70	 Mittel
21	R. O. Neumann	Rheinisches Schrotbrot aus 83,3 Roggenschrot, 6,4% Weizenmehl und 10,3% Roggenmehl, beides zu 80% ausgemahlen .	a	1	1	(94)	11,99	27,17	
	„	Soldatenbrot (Kölner Kommißbrot) aus 60% Roggenmehl, 40% Weizenmehl mit 5% Kleieauszug	b	1	1	(92)	12,01	20,35	
22	R. O. Neumann	Berliner „Rolandbrot" aus 80% Roggenmehl (zu 82%) u. 20% Weizenmehl zu 80% ausgem.	a	1	1	80—82	9,11	18,40	
	„	Growittbrot „fein" I, Vollkornbrot aus 75% Roggen u. 25% Weizen, enthülst, naß verm.	b	1	1	(97)	12,14	21,05	Brot in gemischter Nahrung
	„	Growittbrot „fein" II, ebenso .	c	1	1	(97)	11,78	20,49	
	„	Growittbrot „grob", ebenso . .	d	1	1	(97)	13,55	23,51	
24	R. O. Neumann	Growittbrot „grob", ebenso, Brot allein		1	1	(97)	15,67	24,64	
20	M. Rubner	Finklerbrot aus feinem Weizenauszugsmehl u. 30% Finklerroggenkleie		1	1	(80)	9,4	22,42	Mittel

Wie aus der Tabelle hervorgeht, handelt es sich um 21 verschiedene Mischbrote aus Roggen und Weizen, die in 35 Einzeluntersuchungen geprüft wurden.

Die Mischungsverhältnisse der Mehle sind sehr verschieden. Es befinden sich Roggenbrote mit 6,4%, 10%, 20%, 25%, 30%, 40% und 50% Weizenmehl darunter. Bald war das Mehl sehr fein gemahlen und gebeutelt, bald war es ein grobes Mehl aus entschältem Korn, bald von ungeschältem Getreide.

Auch Ganz- und Vollkornbrote, wie das Gelinckbrot und das Growittbrot befanden sich unter den Mischbroten.

Ich habe, um die Resultate mit den Ergebnissen aus den Untersuchungen reiner Roggen- und Weizenbrote vergleichen zu können, auch hier die untersuchten Mischbrote nach ihrem Trockensubstanzverlust geordnet unter Hinzufügung des Eiweißverlustes und des Ausmahlungsgrades und auf Tabelle II zusammengestellt.

Tabelle II.

Die untersuchten Roggen-Weizenbrote nach ihrem Trockensubstanzverlust geordnet unter Hinzufügung des Eiweißverlustes.

Nr.	Trocken-substanzverlust	Eiweißverlust	Prozent der Ausmahlung	Brotsorte	Autor	Korrespond. Nr. auf S. 94.	
1	4,00	10,21	(70)	Brot aus feinem Roggen- u. Weizenmehl mit 30% Kleieauszug	M. Hindhede	18	
2	4,80	17,20	(70)	Desgl.	,,	18	
3	5,83	15,80	(75)	Brot aus Roggenmehl Nr. 1 und Weizenmehl 4	Menicanti und Prausnitz	8	
4	6,22	17,00	(75)	Desgl.	,,	8	
5	7,22	21,93	(80)	Brot aus $^2/_3$ Roggen- u. $^1/_3$ Weizenmehl	K.B. Lehmann	10	Mittel
6	7,23	17,83	(75)	Brot aus Roggenmehl Nr. 1 und Weizenmehl 4	Menicanti und Prausnitz	8	
7	7,80	20,10	(80)	Brot aus Roggen-Weizenmehl zu gleichen Teilen	Prausnitz	9	
8	7,85	19,16	(75)	Brot aus Roggenmehl Nr. 1 und Weizenmehl 4	Menicanti und Prausnitz	8	
9	8,51	24,68	(80)	Brot aus $^2/_3$ Roggen- u. $^1/_3$ Weizenmehl	K.B. Lehmann	10	Mittel
10	9,11	18,40	80—82	Rolandbrot aus 80% Roggen- u. 20% Weizenmehl	R.O. Neumann	22	
11	9,40	22,42	(80)	Finklerbrot aus Weizenauszugsmehl und 30% Finklerroggenkleie	M. Rubner	20	Mittel
12	9,40	31,90	(80)	Kommißbrot aus Roggen- und Weizenmehl	Prausnitz	9	
13	10,10	22,20	(85)	Brot aus gebeuteltem Roggen- und grobem Weizenmehl	G. Meyer	1	
14	10,27	33,13	(85)	Graubrot aus Weizen- u. Roggenmehl	K.B. Lehmann	12	
15	10,70	30,80	(85)	Desgl.	,,	12	
16	11,78	20,49	(97)	Growittbrot „fein“ II, Vollkornbrot aus Weizen und Roggen	R.O. Neumann	22	
17	11,99	27,17	(94)	Schrotbrot aus Roggenschrot, Weizen- und Roggenmehl	,,	21	
18	12,01	20,35	(92)	Kommißbrot aus 60% Roggenmehl und 40% Weizenmehl	,,	21	
19	12,14	21,05	(97)	Growittbrot „fein“ I, Vollkornbrot aus Weizen und Roggen	,,	22	
20	13,55	23,51	(97)	Growittbrot „grob“, Vollkornbrot aus Weizen und Roggen	,,	22	
21	15,67	24,64	(97)	Desgl.	,,	24	
22	21,40	52,80	(97)	Gelinckbrot aus $^4/_5$ Roggen- und $^1/_5$ Weizenmehl	Prausnitz	13	Mittel

Hieraus ist ersichtlich, daß die Trockensubstanzverluste von 4 bis 21,40%, die Eiweißverluste von 10,21—52,80% schwanken. Die Verluste stehen also in der Mitte zwischen den Weizen- und Roggenbroten:

	Weizenbrote	Roggen-Weizenbrote	Roggenbrote
Trockensubstanzverlust . .	1,93—19,28%	4,00—21,40%	5,09—22,70%
Eiweißverlust	6,30—44,70%	10,21—52,80%	18,07—56,60%

Die Trockensubstanzverluste entsprechen bei den Mischbroten ziemlich den Ausmahlungsgraden und gehen mit ihnen fast parallel. Dagegen zeigen, wie auch bei den Roggenbroten und den Weizenbroten die Eiweißverluste, abgesehen von einem, im ganzen betrachtet, allmählichen Anstieg keinerlei Übereinstimmung, so daß auch hier von einem Schluß des Ausmahlungsgrades oder des Trockensubstanzverlustes auf den Eiweißverlust keine Rede sein kann.

In nebenstehender Tabelle III (S. 119) sind die Kurven des Ausmahlungsgrades, des Trockensubstanz- und des Eiweißverlustes aufgetragen.

Man sieht das allmähliche Ansteigen der Trockensubstanzverlustkurve entsprechend den Ausmahlungsgraden und die ganz unregelmäßigen und großen Schwankungen des Eiweißverlustes.

Die Steigerung der Verluste an Trockensubstanz und Eiweiß, bedingt durch die immer höhere Ausmahlung, läßt sich sehr schön aus den berechneten Mittelwerten erkennen:

Ausmahlung in %		Anzahl der Brote	Anzahl der Untersuchungen	Trockensubstanzverlust	Eiweißverlust
70%		2	2	4,40	13,70
75%		4	4	6,78	17,44
80—82%	Verschiedene Brotsorten	5	15	8,56	23,24
85%		2	3	10,36	28,71
92—94%		2	2	12,00	23,76
97%		5	9	14,98	28,49

Verglichen mit den Verlusten beim Roggenbrot und Weizenbrot ergibt sich die Mittelstellung der Mischbrote:

Ausmahlungsgrade	Weizenbrote		Mischbrote		Roggenbrote	
	Trockensubstanzverlust	Eiweißverlust	Trockensubstanzverlust	Eiweißverlust	Trockensubstanzverlust	Eiweißverlust
60%	1,93	6,30			7,60	37,30
70%	4,42	16,01	4,40	13,70	10,43	42,65
75%			6,78	17,44		
80—82%	6,06	14,79	8,56	23,24	8,44	33,59
85%			10,36	28,71		
94%	11,20	25,83	12,00	23,76	14,84	41,06
97%	10,87	23,10	14,98	28,49	15,95	37,05

Will man aus diesen Zahlen eine praktische Folgerung ziehen, so kann es nur die sein, daß Mischbrote aus Roggen- und Weizenmehl besondere Empfehlung verdienen und daß ein Zusatz von Weizenmehl zum Roggenmehl das Roggenbrot hinsichtlich seines Geschmackes, seines Aussehens und seiner Ausnützbarkeit verbessern hilft.

4. Die Kleiebrote und die Kleiefrage.

Kaum ist in der Broternährungslehre über ein Kapitel so oft und in so widerspruchsvoller Weise verhandelt und diskutiert worden, als über die Bedeutung der Kleie. Die Erörterungen beginnen schon in der Zeit, als sich Liebig mit der Abtrennung der Kleie aus dem Mehl befaßte und ziehen sich wie ein roter Faden durch die ganzen Jahre hindurch bis in die neueste Zeit, ohne daß eine vollständige Klärung der Frage erfolgt wäre.

Nichts charakterisiert die verschiedenen Auffassungen mehr als die Äußerungen zweier Autoren, welche auf Grund der bei ihren Versuchspersonen gewonnenen Resultate den Stand der Kleiefrage folgendermaßen präzisieren: So sagten Plagge und Lebbin[1]: „Der angeblich hohe Nährwert der Kleie ist eine Fabel, die aus der Ernährungslehre verschwinden muß" und Hindhede[2] meint: „der angeblich geringe Nährwert der Kleie ist eine Fabel, die aus der Ernährungslehre verschwinden muß."

In dem einen Falle wird also der Nährwert der Kleie gering eingeschätzt, während im anderen Falle ein hoher Nährwert vorhanden sein soll.

Beide Meinungen haben, wie sehr sie auch voneinander abweichen, viele Verfechter gefunden, die ihrerseits die gegenteilige Auffassung immer wieder hartnäckig weiter bekämpfen. Dieser unerfreuliche Zustand ist nur dadurch zu erklären, daß die bei den Untersuchungen ermittelten nackten Zahlen zur Norm erhoben wurden und daß man den Begleitumständen und den Bedingungen, unter denen die Kleie zur Nahrung bzw. zum Versuch diente, nicht genügend Rechnung trug.

Tabelle III.

Trockensubstanzverluste nach ihrer Größe geordnet nebst den zugehörigen Ausmahlungsgraden und den Eiweißverlusten.

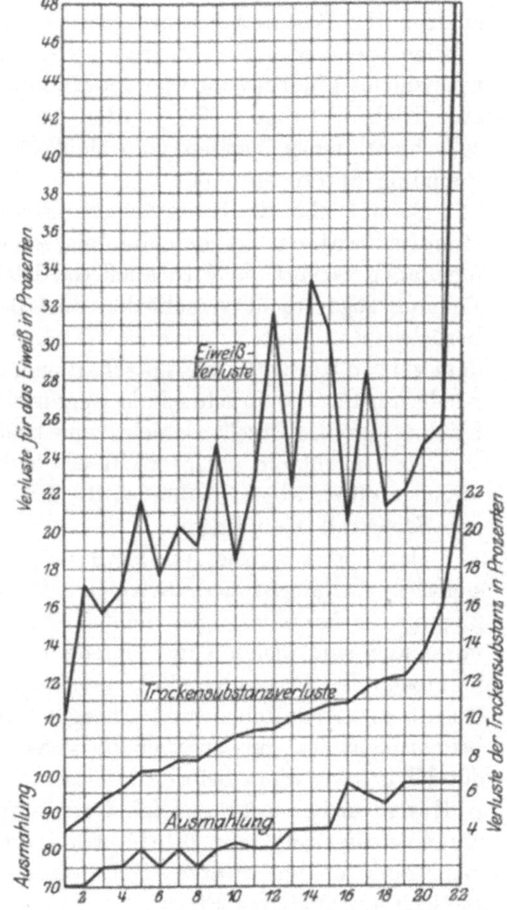

Die Nummern der Brotsorten entsprechen Tabelle II auf S. 117.

---

[1] Plagge und Lebbin S. 150, bereits zit. auf S. 94, Anm. 13.
[2] Hindhede, Die Verdaulichkeit der Kleie. Skand. Archiv f. Physiol. 1916, **33**, 80.

Es ist ganz klar, daß Kleie einmal besser und einmal schlechter ausgenützt werden kann. Es kommt nur darauf an, was für Kleie es ist und unter welchen Voraussetzungen die Versuchsperson sie nimmt. Zudem ist nicht bei jeder Person die gleiche Verdaulichkeit vorhanden.

Was ist überhaupt Kleie? Der Verband deutscher Müller gibt folgende Definition[1]): Kleie ist der wohl zerkleinerte Rückstand von Getreide handelsüblicher Beschaffenheit nach Wegnahme des Mehles und derjenigen Beimischungen, die für Tiere ungenießbar oder schädlich sind. Die Menge der in der Kleie befindlichen Sämereien darf nicht durch Hinzufügen von Sämereien fremder Herkunft erhöht werden.

Die Kleie besteht also hiernach müllereifachtechnisch aus allen Bestandteilen des Kornes unter Abzug des Mehles. Zu diesen Bestandteilen würden gehören: Fruchtschale, Samenschale, Kleberzellenschicht, Haare, pflanzliches Bindegewebe und der Keimling. Ganz „ohne Mehl" dürfte freilich eine Kleie nie angetroffen werden, schon deshalb nicht, weil an der Kleberzellschicht immer Partien vom Mehlkörper noch anhaften und weil auch der Keimling Stärke enthält.

Da weiterhin die Kleie der Rückstand von Getreide „handelsüblicher Beschaffenheit" ist, das Handelsgetreide je nach Ursprungsort, Lage, Ernte usw. aber variiert, so wird auch die Kleie verschieden ausfallen können. Ja, sie muß sogar recht verschieden ausfallen, wenn man alle die Möglichkeiten berücksichtigt, unter denen sie erhalten wird. Man denke nur an Kleie aus dem ganzen Korn oder aus entschältem Getreide. Je nachdem die Dekortikation wiederum nur die Fruchtschale wegnimmt oder gar bis zur vollständigen Entfernung der Kleberzellenschicht vorschreitet, wird die Kleie wesentlich anders sein. Es macht einen Unterschied, ob die Kleie aus gebeuteltem Mehle oder ungebeuteltem abgeschieden wird. Kleie ohne Keimling ist verschieden von der Kleie mit Keimlingen.

Dabei ist aber die Ausmahlung des Getreides noch gar nicht berücksichtigt. Vergleicht man beispielsweise einen 5proz. Kleieauszug mit einem 25proz., so kann man gar nicht im Zweifel sein, daß sehr große Differenzen vorhanden sind. Diese Unterschiede, die unendlich variieren können und schon makroskopisch erkennbar sind, lassen sich auch chemisch durch den wechselnden Gehalt an organischen und anorganischen Bestandteilen klarstellen. Noch bedeutungsvoller müssen aber die Verschiedenheiten für die Verdaulichkeit der Kleie sein, wenn bei den Kleiesorten der Eiweiß-, Kohlehydrat- und Zellenmembrangehalt sich fortwährend verschiebt. Dann ist naturgemäß die Ausnützung der Kleie bald besser und bald schlechter, je nachdem mehr oder weniger Stärke, mehr oder weniger Zellmembran und mehr oder weniger aufsaugbares Eiweiß vorhanden ist.

In ernährungsphysiologischer Hinsicht ist also die Kleie, wie Rubner[2]) auch betont, ein Gemenge von nährenden Bestandteilen und Zellmembranen verschiedener Art, welches aber nicht einem einheitlichen Produkte entspricht.

---

[1]) Was ist Kleie? Zeitschr. f. d. ges. Getreidewesen 1916, 8. Jahrg., Nr. 12, S. 215.
[2]) Rubner, Archiv f. Anat. u. Physiol. (physiol. Abt.) 1916, S. 73 u. 1917, S. 277.

Wie verschiedenartig diese Produkte an sich sind, ersieht man aus der Zusammenstellung einiger Zahlen:

	Roggenkleie nach König[1]	Kriegshandelskleie nach Rubner[2]	Futterkleie nach Rubner[2]
Wasser	12,50%		in der Trockensubstanz
Rohprotein	14,50%	11,87%	16,29%
Ätherextrakt (Fett)	3,40%	2,11%	4,78%
N-freie Extrakte	59,00%	—	—
Rohfaser	6,00%	—	11,61%
N-freie Extrakte + Rohfaser . . .	—	78,76%	71,07%
Asche	4,60%	7,76%	7,86%

und wie die Kleie bei **verschiedener Ausmahlung** sich verhält, ergeben die Untersuchungen von Rubner[3]:

In 100 Teilen Kleie sind[4]:

	Reine Schälkleie	¹/₂ Schälkleie + ¹/₂ Mahlkleie = 90% Ausmahlung	Mahlkleie bei 70% Ausmahlung
Asche	5,74	5,80	5,89
Organisch	94,26	94,20	94,11
N	2,25	2,47	2,66
Protein	14,06	15,43	16,62
Pentosan	23,24	24,27	22,65
Zellmembran	47,94	37,97	25,94
Zellulose	11,50	9,64	7,20
Pentosan der Zellmembran	19,60	16,88	11,78
Restsubstanz der Zellmembran . .	16,84	11,45	6,96
Fett	3,70	3,70	3,70
Stärke	24,92	29,70	36,98
Kalorien	458,10	452,20	445,10

In 100 Teilen Zellmembran sind:

	Reine Schälkleie	¹/₂ Schälkleie + ¹/₂ Mahlkleie = 90% Ausmahlung	Mahlkleie bei 70% Ausmahlung
Zellulose	23,98	25,10	27,76
Pentosan	40,88	44,42	45,41
Restsubstanz	35,14	30,48	26,83

Aus den letzteren Zahlenreihen geht hervor, daß bei Kleien von 90 bis 70 proz. Ausmahlung mit der Vermehrung des Kleieabschubs der Aschengehalt der Kleie zunimmt. Ebenso nimmt der N-Gehalt zu. Da bei jeder weiteren Ausmahlung aber auch mehr Mehlkern in die abfallende Kleie gerät, nimmt naturgemäß die Zellmembran, die Zellulose, die Pentosane und die Restsubstanz entsprechend ab. Der Pentosangehalt der Zellmembran verringert sich deshalb, weil die Zellmembran geringer wird, dagegen nimmt in der Zellmembran selbst

---

[1] König, Chemie der Nahrungs- und Genußmittel Bd. II, S. 832. Mittel aus 140 Analysen.

[2] Rubner, Über Pentosen und Zellhüllen des Brotgetreides. Archiv f. Anat. u. Physiol. (physiol. Abt.) 1915, S. 122.

[3] Rubner, Untersuchungen über Vollkornbrote. Ebenda 1917, S. 277.

[4] Für Kleie, von Mehlbestandteilen befreit, gibt Rubner (ebenda 1918, S. 70) an: 67,14% Zellmembran in der Trockensubstanz. In der Zellmembran sind enthalten 29,47% Zellulose, 40,48% Pentosan und 30,05% Restsubstanzen.

der Pentosangehalt zu, woraus geschlossen werden muß, daß die Kleberzellen in ihren Wänden relativ viel Pentosan enthalten. Das letztere spielt bei der Verdaulichkeit bzw. Angreifbarkeit der Kleberzellen durch die Säfte eine erhebliche Rolle. Die Stärke steigt infolge des größeren Mehlgehaltes der abfallenden Kleie bei höherer Ausmahlung.

Im Anschluß hieran ist noch zu bemerken, daß die Frucht- und Samenschalen, die in der Kleie überwiegen, die pentosanreichsten Zellmembranen darstellen, während die im Mehl enthaltene Zellmembran ungemein pentosanarm ist[1]).

Diese Hülsen des Kornes enthalten nicht weniger als 41,43% der Trockensubstanz, Pentosen, d. i. = 36,58% Pentosane. Roggen ist pentosereicher als Weizen.

Dem verschiedenen Gehalt an Zellmembran in der Kleie entspricht auch die verschiedene Resorption. Die Verschiedenheit ist dadurch bedingt, daß die in der Zellmembran wechselnden Mengen von Zellulose und Pentosan nebst den Restsubstanzen (Ligninen und Hemizellulose) in größerer oder geringerer Menge vom Organismus aufgenommen werden. Die Rubnerschen Untersuchungen bringen in dieser Beziehung sowohl über die Kleie wie auch über eine sehr große Reihe Vegetabilien reichliches Zahlenmaterial, worauf besonders verwiesen sein mag. Hier sollen nur einige allgemeine Tatsachen erwähnt werden.

Absolut sicher ist, daß die Zellulose verdaut wird, sie ist aber der weniger gut verdauliche Anteil der Zellmembran und die Produkte der Zelluloseverdauung stellen nicht vollwertige Nährstoffe dar. Es gibt Fälle, in denen die Zellulose nur minimal verdaut wird, gelegentlich versagt sogar die Resorption. Woher dies kommt ist nicht ganz klar. Rubner nimmt, da die Lösungsbedingungen für die Zellmembran der Hauptsache nach in der Wirkung der Bakterien zu suchen sind, an, daß die Entwicklung derselben bzw. die Bedingungen der Entwicklung sehr ungleich sind und weitgehende Hemmungen in der Resorption dadurch auftreten können. Der Aufenthalt im Darm spielt zweifellos eine große Rolle und es kann unter Umständen bei längerem Verweilen im Darm eine sehr beträchtliche Auflösung der Zellulose vor sich gehen.

Auffälligerweise zeigt der Hund eine ziemlich bedeutende Resorption der Zellmembran und der Zellulose, jedenfalls ist sie größer als beim Menschen. Die Widerstände in der Zelluloseverdauung liegen in der Zellulose selbst begründet. „Junge" Zellulose dürfte eine ganz andere Konstitution aufweisen als „alte" Zellulose. Die Zellmembran der Kleie, der Frucht- und Samenschalen wird z. B. nur halb so gut verdaut, wie die Zellmembran aus Obst und Gemüse. Ähnlich wie die Kleiezellulose verhält sich auch die Zellulose der Vogelwickenzellmembran.

Im ganzen geht aus den Rubnerschen Zahlen hervor, daß die Zellulose nur eine geringe Bedeutung als Nährstoff für den Menschen hat. Im höchsten Falle kommen nur 5,3% der Gesamtnahrung auf die Zellulose, gewöhnlich darf man jedoch nur mit der Hälfte rechnen. Von der Lösung der Zellmembran hängt auch in den meisten Fällen der Ausnützungsgrad des Eiweißes

---

[1]) Rubner, Die Verdaulichkeit der Vegetabilien. Archiv f. Anat. u. Physiol. (physiol. Abt.) 1918, S. 74.

ab. Für das Kleieeiweiß (Rubner) = Kleiestickstoff (Plagge u. Lebbin) fand Rubner früher schon einen Verlust von 38,9%. Sein Versuchshund resorbierte es besser, weil er die Hälfte der Kleiezellmembran auflöste und zwar gleichgültig, ob die Kleie mittelfein oder grob zermahlen war. Es lagen eben bei ihm bessere Bedingungen der Zellmembranlösung im Darm vor.

Im Gegensatz zur Zelluloseverdauung ist die Resorption der Pentosen bei weitem günstiger. Bei Gemüsen werden bis 94,6% davon resorbiert. Bei den verschiedenen Brotsorten 77,6%. Enthalten die Brote Surrogate wie Spelzmehl, Stroh u. dgl., dann nimmt die Verdaulichkeit ab und fällt bis 60,9%. Je mehr Kleie abgeschieden wird, um so weniger enthalten die Mehlsorten Pentosen. Der Pentosengehalt ist also im kleiereichen Mehl erhöht, da die Frucht- und Samenschalen zu den pentosereichsten Zellmembranen gehören. Die Verdaulichkeit für die Pentosen wird aber herabgesetzt, weil die Aufnahmefähigkeit für die Zellmembran eine sehr geringe ist.

Da die Pentosane in den Ausscheidungen nicht mehr anzutreffen sind, muß angenommen werden, daß sie als Nahrungsstoffe verbraucht werden. Es sind aber dabei auseinanderzuhalten die Zellmembranpentosane und die anderweitigen Pentosane.

Es kommt allerdings vor, daß Pentosen, auch wenn sie durch die Lösung der Zellmembranen freiwerden, im Darme liegen bleiben und dann im Kot gefunden werden, so daß der Kot mehr freie Pentosen enthält, als vorher vorhanden waren. Zu erklären ist dies damit, daß die Zellmembran noch an Stellen verdaut wird, an welchen die Resorption sehr vermindert ist, z. B. im unteren Dickdarm.

Ähnlich, wenn auch nicht ganz so günstig wie die Pentosen, verhalten sich die Restsubstanzen (Lignine, Hemizellulose) bei der Verdauung. Sie stellen die Differenz aus Zellmembran minus Zellulose plus Pentosen dar. Ihre Verdaulichkeit beläuft sich auf 60%.

Am glänzendsten schneidet von den Bestandteilen des Brotes bei der Verdauung die Stärke ab. Sie wird bei feinem Weißbrot bis 99,7% ausgenützt. Mit der Zunahme der Zellmembran nimmt die Verdaulichkeit aber ebenso wie beim Eiweiß ab. Es handelt sich zwar nur um 3—4%, das bedeutet aber gerade bei der hohen Aufnahmefähigkeit der Stärke besonders viel. In früheren Versuchen fanden sich noch bei weitem größere Verluste[1].

Mit zunehmender Kleiemenge im Brot, d. h. also mit der Vermehrung der Zellmembran geht auch eine Vermehrung der Stoffwechselprodukte einher.

Auf Grund dieses von Rubner gewonnenen Tatsachenmaterials erscheinen die großen Differenzen, die sich bei Kleie- und Kleiebrotuntersuchungen ergaben, in einem wesentlich milderen Lichte und viele Meinungsverschiedenheiten lassen sich damit aufklären. Das eine steht aber jedenfalls fest: Je mehr Kleie im Brot verbleibt, um so schlechter wird es in seinen Bestandteilen im allgemeinen ausgenützt.

Das haben schon unzweifelhaft die ersten Ausnützungsversuche aus den siebziger Jahren des vorigen Jahrhunderts von Meyer und Rubner[1] erwiesen:

[1] Rubner, Über den Wert der Weizenkleie für die Ernährung des Menschen. Zeitschr. f. Biol. 1883, 19, 71.

	Verlust an		
	Trockensubstanz	Eiweiß	Kohlehydraten
I. Feinstes Mehl	4,03	20,70	1,10
Weißbrot	4,40	22,20	1,10
Semmel	5,60	19,90	2,89
II. Mittelsorte	6,66	24,56	2,57
Riemischbrot	10,10	22,20	6,82
III. Ganzes Korn	12,23	30,47	7,37
Bauernbrot	15,00	32,00	10,90
Pumpernickel	19,30	43,00	13,79

Man ersah das ferner aus den Versuchen von Pannwitz[1]), aus denen ich nur einige Zahlen wiedergebe:

	Verlust an		
	Trockensubstanz	Protein	Rest (Kohlehydrate)
Brot aus Weizenzwiebackmehl mit 30% Kleieauszug ... Mittel	6,07	18,68	3,13
Brot aus feinem Roggenmehl mit 25% Kleieauszug „	9,94	33,75	5,61
Soldatenbrot aus grobem Roggenmehl (ungeschält) mit 15% Kleieauszug „	13,20	43,30	8,32
Westfälischer Pumpernickel aus grobem Korn ohne Kleieauszug „	15,66	52,04	9,70
Gelinckbrot aus zerquetschtem Roggen ohne Vermahlung „	21,4	52,80	14,48
Brot aus Handelskleie, fein vermahlen „	42,3	56,30	37,34

Sodann wurden diese Erfahrungen bestätigt durch Rombergs[2]) systematische Reihenuntersuchungen von Broten verschiedener Ausmahlung. Wenige Zahlen mögen dies erläutern:

	Verlust an		
	Trockensubstanz	Protein	Rest (Kohlehydrate)
Brot aus 1. Grießvermahlung, sehr weiß ... Mittel	4,95	19,11	1,78
„ „ 5. „ , grau wie Berliner Roggenbrot .. „	8,35	28,52	3,92
„ „ 8. „ , dunkel .... „	10,94	30,99	5,26
„ „ 11. „ , sehr dunkel .. „	12,53	23,46	7,55
„ „ 12. „ , „ „ .. „	15,58	31,36	10,76
„ „ 13. „ , aus zweitschlechtestem Mehl . „	16,79	40,95	11,49

Und endlich konnte auch durch meine Untersuchungen an Kriegsbroten[3]) gezeigt werden, daß tatsächlich die Zellmembran bzw. die Kleie in den Broten für die Ausnützung von wesentlicher Bedeutung ist. Zur Orientierung folgen die Zahlen aus 6 Broten:

	Verlust an		
	Trockensubstanz	Eiweiß	Rohfaser
Weizenbrot mit 70% Ausmahlung ..	5,81	13,91	65,00
„ „ 80% „ ..	8,70	17,34	66,34
Roggenbrot „ 80% „ ..	11,29	24,73	77,35
K-Brot (Schwarzbrot) 85% Ausmahlung	16,48	34,16	79,54
Pumpernickel 97% Ausmahlung ..	19,01	39,65	86,47
Strohmehlbrot mit 20% Strohmehl ..	28,28	38,62	95,29

---

[1]) Pannwitz bei Plagge und Lebbin S. 216 und 217, bereits zit. auf S. 94, Anm. 13.
[2]) Romberg, bereits zit. auf S. 94, Anm. 14.
[3]) R. O. Neumann, Brotarbeit I. Vgl. auch Tabelle VI auf S. 63 dieser Arbeit.

Aus diesen kurzen Zusammenstellungen, die leicht um ein vielfaches vermehrt werden könnten, geht eindeutig hervor, daß die Untersuchungen, die unter ganz verschiedenen Verhältnissen und von ganz verschiedenen Personen ausgeführt wurden, alle mit demselben Ergebnis abschlossen: Das Brot wird, je mehr Kleie darin ist, um so schlechter verdaut.

An dieser unumstößlichen Tatsache können auch die wenigen Einzelversuche nichts ändern, bei denen aus den Resultaten abgeleitet worden ist, daß die Kleie im Brot besser verdaut würde.

Hierzu gehören in erster Linie die Versuche, über die Hindhede[1]) berichtet und die er als Beweis gegen die schlechte Ausnützbarkeit des von Plagge und Lebbin untersuchten Kleiebrotes ins Feld führt.

Plagge und Lebbin hatten Brot aus feingemahlener Handelskleie, da aus grober Kleie kein genießbares Brot herzustellen war, gebacken und 2 Versuche angestellt. Die eine Versuchsperson aß 1545 g Brot innerhalb 2 Tagen = 880,6 g Trockensubstanz, die andere in derselben Zeit 1100 g = 643,9 g Trockensubstanz. Die Ausnützungsverluste betrugen in %:

	Trockensubstanz	Protein	Kohlehydrate (Rest)
I. Versuch	41,98	59,09	36,08
II.　　„　　.	42,71	53,55	38,60
Mittel	42,35	56,32	37,34

Plagge und Lebbin machen mit Recht auf die ganz außerordentlich hohen Verluste aufmerksam und wünschen deshalb, „daß eine möglichst vollständige Ausscheidung aus dem Brotmehl anzustreben sei, da die Kleie selbst in feinstvermahlenem Zustande kein geeignetes Nahrungsmittel für den Menschen bildet und sogar einen nachteiligen Einfluß auf die Ausnutzung der übrigen an sich gut verdaulichen Mehlbestandteile, namentlich des Stärkemehls ausübt.“

Zu der gleichen Auffassung war schon 1850 M. Poggiale[2]) gekommen, der bei der Kleie ebenfalls einen Verdauungsverlust von 56% fand.

Wenn Hindhede beweisen wollte, daß die von Plagge und Lebbin festgestellte Tatsache von der schlechten Ausnützung der Kleie nicht zu recht bestände, so mußte er dieselbe Versuchsanordnung wählen, wie die genannten Autoren, und Brote aus Kleie backen. Das hat er aber nicht getan, sondern er verschaffte sich grobes Roggenmehl zu etwa 98% Ausmahlung und solches zu 72,2% Ausmahlung. Die Versuchspersonen aßen dann von dem Brot aus dem einen und dem anderen Mehl. Die Resultate aus beiden Versuchen wurden nun verglichen und aus der Differenz die betreffenden Zahlen für die Kleie eingesetzt.

Über Unterschiede in den Ergebnissen würde man sich nicht zu wundern brauchen, denn es ist natürlich etwas ganz anderes — auch schon hinsichtlich der Menge der Zellmembranen — ob ich ein Vollkornschrotbrot bzw. Brot aus halbgesiebtem Mehl, oder ob ich Brot aus reiner Kleie vor mir habe.

Die Versuchspersonen nahmen innerhalb von 12 Tagen erst 12 800 g bzw.

---

[1]) Hindhede, Die Verdaulichkeit der Kleie. Skand. Archiv f. Physiol. 1916, **33**, 59—80; **31**, 271.

[2]) Zit. bei Plagge und Lebbin S. 151.

11 500 g Graubrot und darauf 12 000 g bzw. 10 200 g Schrotbrot. Die Trockensubstanz der „Kleie" betrug 2608 g, also 217 g pro Tag.

	Trockensubstanz	Protein	Kohlehydrate	Organ. Substanzen
Verdaut wurden (in %) von F. M.	62,6	39,3	73,7	67,3
H. M.	66,8	42,0	77,4	70,6
Mittel	64,7	40,6	75,5	68,3
Also Verluste:	35,3	59,4	24,5	31,7
Verluste bei Plagge u. Lebbin	42,35	56,32	37,34	

Wie man bemerkt, sind Unterschiede vorhanden, aber doch keineswegs solche, die zu der ganz gegenteiligen Auffassung Hindhedes gegenüber der von Plagge und Lebbin hätten führen müssen. Beim Eiweißverlust handelt es sich sogar nur um 3%. Die Differenzen in der Trockensubstanz lassen sich bis zu einem gewissen Grade dadurch erklären, daß bei Plagge und Lebbin 321—440 g Kleietrockensubstanz pro Tag aufgenommen wurden, während Hindhedes Versuchspersonen nur 217 g pro Tag einführten; denn wir wissen, daß mit der größeren Menge verabfolgter Zellmembran die Trockensubstanz- und Kohlehydratausnützung abnimmt. Außerdem muß berücksichtigt werden, daß die Versuchspersonen Hindhedes an sehr große Brotmengen gewöhnt waren und anscheinend — wie wenigstens den veröffentlichten Zahlen aus anderen Versuchen entnommen werden kann — auch grobes Brot gut verdauten.

Bedenkt man endlich, daß doch ganz verschiedene, in ihrer Zusammensetzung abweichende Mehle bzw. Kleieprodukte vorlagen, so dürften die Unterschiede ihre Erklärung finden.

Im übrigen ist auch die Ausnützung des Vollkornschrotbrotes bei Hindhedes Versuchspersonen keine glänzende. Abgesehen von der guten Resorption der Kohlehydrate zeigt auch die Trockensubstanz einen erheblichen Verlust, und der Verlust an Eiweiß (59,4%) war sogar noch größer als bei Plagge und Lebbin.

Danach kann man, wenn wie im vorliegenden Falle mehr als die Hälfte von einem der wertvollsten Brotbestandteile — dem Eiweiß — verloren geht, gewiß nur von einem geringen Nährwert der Kleie reden. Er ist also nicht nur „angeblich" gering, sondern auch keine „Fabel", wie Hindhede es ausspricht.

Bei der Beurteilung der Versuche von Plagge und Lebbin und den seinigen hebt Hindhede den Unterschied hervor, der darin bestand, daß sein Schrotmehl grob vermahlen war, während die Kleie von Plagge und Lebbin große Feinheit zeigte, und er meint — offenbar wohl unter dem Eindruck der nicht sehr abweichenden Resultate aus den beiderseitigen Versuchen, „es könnte hiernach aussehen, als ob die Feinvermahlung der Kleie keine Bedeutung hätte. Daß ein solcher Schluß jedoch verkehrt ist, geht aus anderen Untersuchungen hervor."

Zu diesen „anderen Untersuchungen" rechnet Hindhede die Versuche, welche seine beiden Versuchspersonen Frederik und Holger Madsen[1] an Broten aus Klopferschem Vollkornmehl ausführten, das „aus Roggen ohne Abzug der Kleie" hergestellt gewesen sein soll und sehr fein pulverisiert war.

---

[1] Hindhede S. 67, bereits zit. auf S. 125; außerdem siehe dieselbe Zeitschr. **28**, 156.

Es wurden verdaut in %	Trockensubstanz	Protein	Kohlehydrate
von Fr. M.	84,1	68,4	90,1
„ H. M.	83,4	55,3	91,0
Mittel	83,7	61,8	90,5
Demnach Verluste	16,3	38,2	9,5

Diese Klopferbrote gaben also viel bessere Ausnützungszahlen als die Plagge - Lebbinschen Kleiebrote und auch als die Hindhedeschen Vollkornschrotbrote.

Da die Vollkornschrotbrote aus grobem Mehl mit 98% Ausmahlung hergestellt waren, die Klopferbrote aber aus feinstem Mehl, so war für Hindhede bewiesen, daß die Differenz auf Rechnung der feineren Vermahlung komme, also daß eine fein vermahlene Kleie besser ausgenützt würde wie eine grob ausgemahlene.

Die Plagge - Lebbinschen Kleiebrote hätten nach Hindhede dieselben günstigen Verdauungszahlen ergeben müssen, wie die Klopferbrote, da sie ja auch aus feinstem Material[1]) hergestellt waren. Da das Gegenteil aber beobachtet wurde, so glaubte er, die „schlechten Resultate" aus dem gleichzeitigen Bierverbrauch, der ungünstigen Abgrenzung und der zu kurzen Versuchsdauer erklären zu müssen.

Hier liegen die Verhältnisse aber nun doch ganz anders. Hindhede vergleicht das Plagge - Lebbinsche Kleiebrot mit dem Klopferbrot, in der Annahme, daß beide gleich seien, da das Mehl beider Brote feine Vermahlung aufwies. Das ist aber ganz und gar nicht der Fall. Sie sind zwar sehr fein pulverisiert gewesen, aber das Klopferbrotmehl ist keine Kleie, es ist nicht einmal ein feingemahlenes Vollkornmehl mit der Gesamtkleie. Das Klopfermehl hat sich bei den Ausnützungs- und Stoffwechselversuchen[2])[3]) stets als ein kleiearmes Mehl erwiesen, denn es wird aus dekortiziertem Getreide hergestellt und entspricht nach Rubner nur etwa einem Zellmembrangehalt eines auf 80% ausgemahlenen Mehles.

Unter diesen Umständen ist es nichts Merkwürdiges, wenn die Ausnützung auffällig gut ist, zumal die Versuche auch an den Personen angestellt wurden, die anscheinend die Brotbestandteile an sich recht gut ausnützten. Die von Hindhede für die Differenzen herangezogenen Gründe dürften damit berichtigt sein.

Übrigens ist allerjüngst von E. C. van Leersum[4]) auf einen Punkt aufmerksam gemacht worden, der unter Umständen manche Differenz in der schlechten und guten Kleieausnützung aufzuklären vermag. Er gibt an, daß, wenn man bei einer Versuchsperson, die vorwiegend mit Brot aus ungebeuteltem Mehl ernährt wird, die Darmtätigkeit durch Opium herabsetzt, die Menge

---

[1]) Die Kleie von Plagge und Lebbin ging durch ein Sieb von $^1/_5$ mm. Vom Klopfermehl gingen 20% nicht hindurch.

[2]) R. O. Neumann, Brotarbeit II. Bei der Besprechung des Klopferbrotes werden noch nähere Angaben folgen.

[3]) Rubner, Über Vollkornbrote. Archiv f. Anat. u. Physiol. (physiol. Abt.) 1917, S. 303.

[4]) E. C. van Leersum, Die Bedeutung der Art des Stuhlganges auf die Aufnahme von Stickstoff aus Brot aus ungebeuteltem Mehl. Tijdschr. v. Geneesk. 1918, vom 2. Nov.; Ref. Deutsche med. Wochenschr. 1919, Nr. 2, S. 49.

des Stuhlganges, sein Wassergehalt und sein Stickstoffgehalt kleiner wird. Die resorbierte Stickstoffmenge wird also größer. v. Leersum und J. Munk[1]) hatten vergleichende Untersuchungen an völlig ungesiebtem und gesiebtem Weizenmehl angestellt und für das Vollkornmehlbrot Eiweißverluste von 46,6—54,2% gefunden, also ganz ähnlich wie Plagge und Lebbin und Poggiale. Sie geben dem Weißbrot vor dem Schwarzbrot physiologisch den Vorzug[2]). Hindhede antwortete ihnen in der Tijdschr. voor Geneesk. vom 22. IX. 1917, wie nicht anders zu erwarten, daß Kleie von normalen Versuchspersonen genau so ausgenützt würde wie von den Haustieren. van Leersum meint aber doch, daß die gute Ausnützung der Kleie bei Hindhedes Versuchsperson damit zusammenhänge, daß sie an trägem Stuhlgang litten, und so also der resorbierbare Anteil sich steigerte.

Von weiteren Untersuchungen, in denen der Kleie eine gleichgute Verdaulichkeit für den Menschen zugeschrieben wird wie für die Tiere, nenne ich die von Wiegand[3]). Leider habe ich die Originalarbeit nicht erhalten können und muß mich nur auf die Wiedergabe einiger in dem Referat in der Zeitschrift für das gesamte Getreidewesen wiedergegebenen Zahlen beschränken. Danach wurde Weizenbrot in folgender Weise ausgenützt:

	Vollkornbrot Auszug 100%	Kriegsbrot Auszug 90%	Weißbrot Auszug 80%
Trockensubstanz	87,8	93,1	96,0
Organische Substanz	89,7	93,9	96,4
Rohprotein	80,1	87,2	88,6
Reinprotein	81,9	90,3	90,5
Rohprotein korrig.	94,0	95,4	96,4
Rohfett	35,4	59,0	45,8
Rohfaser	32,8	50,8	80,3
N-freie Extraktivstoffe	94,2	97,3	99,0
Asche	53,3	63,5	74,3

Hiernach wäre allerdings die Ausnützung eine überraschend gute und würde mit den bisherigen Erfahrungen kaum in Einklang zu bringen sein. Ohne Einsicht in das Original sind die Zahlen jedoch nicht zu kommentieren. Verfasser empfiehlt daraufhin, die Kleie in das Brot zu verbacken.

Nachdem die Tatsache sichergestellt ist, daß Kleie bis zu einem gewissen Grade verdaulich ist, fragt es sich noch, ob sie in fein vermahlenem Zustande besser ausgenützt wird, als wie im groben. Auch darüber ist viel diskutiert worden, man kann jetzt nicht mehr im Zweifel sein, daß sich die Sache wirklich so verhält. Es ist ja von vornherein einleuchtend, daß die Verdauungsflüssigkeit an die Einzelbestandteile leichter und besser herantreten kann, wenn durch den Zerkleinerungsprozeß die Angriffsfläche stark vergrößert wird. Ganz gesetzmäßig muß dann die Lösung vor sich gehen,

---

[1]) van Leersum und J. Munk, Nährwert von Brot aus völlig ungesiebtem Weizenmehl. Ebenda; Ref. 1916, Nr. 39, S. 1206.

[2]) Eykmann, Pain blanc ou pain brun? Arch. néerland. de physiol. de l'homme et des animaux 1917, 1, 176 (Ref. Hyg. Rundschau 1918, Nr. 11, S. 387) spricht sich dagegen aus, da die Autoren einseitig nur die Stickstoffausnutzungen ihren Berechnungen zugrunde gelegt hätten.

[3]) Wiegand, Die zweckmäßige Verwertung des Brotgetreides im Kriege. Ref. in Zeitschr. f. d. ges. Getreidewesen 1918, Nr. 9, S. 130.

wenn die Stoffe lösbar sind, und es trifft dies überall dort zu, wo sie freigelegt sind. Bei der Kleieverdauung liegen freilich die Verhältnisse nicht so einfach, weil wegen der bekannten starkwandigen Kleberzellen den eingeschlossenen Nährstoffen nicht ohne weiteres die Lösungsflüssigkeiten zugeführt werden können. Immerhin muß angenommen werden, daß bei intensiver Zerkleinerung der Kleie und Durchtreiben durch feinste Siebe so winzige Teilchen abgesondert werden, daß diese bei nachheriger Untersuchung günstigere Verdauungszahlen liefern werden als grobscholliges Material.

Wie wir oben aus den Hindhedeschen Untersuchungen sahen, ließen sich Unterschiede in der Verdauung feststellen, die, wenn sie dort auch nicht als Vergleichsobjekte dienen konnten, doch eine bessere Verdaulichkeit des feingesiebten Materials zeigten. Derartige Beobachtungen sind noch mehr gemacht worden.

Schon 1897 haben Plagge und Lebbin selbst, ohne sich dessen bewußt zu werden, — wenigstens haben sie, wie es auch Hüppe[1]) aufgefallen ist, von dieser nicht unwichtigen Beobachtung keine besondere Notiz genommen —, in einigen Versuchen diesbezügliches Beweismaterial geliefert.

Sie untersuchten I. gewöhnliches Soldatenbrot aus grobem Roggenmehl und ungeschältem Korn mit 15% Kleieauszug;

II. Brot aus fein vermahlenem Roggenmehl und ungeschältem Korn mit 12,68% Kleieauszug;

III. Brot aus fein vermahlenem Roggenmehl und geschältem Korn mit 10,84% Kleieauszug.

Der Verdauungsverlust betrug	an Trockensubstanz	Protein	Kohlehydrate
bei I	13,2 %	43,3	8,32
„ II	12,6 %	39,1	8,31
„ III	12,24%	33,4	7,10

Sieht man von der geringen Differenz in der Ausmahlung, die bei Brot II nur etwa 2%, bei Brot III etwa 4% weniger beträgt als bei Brot I, ab, dann sind Brot I und II ganz gleich, nur ist das Brot I aus grobem, Brot II aus feinem Mehl. Brot III ist ebenfalls aus feinem Mehl bereitet, nur war das Korn dekortiziert.

Die günstigere Ausnützung bei Brot II (in der Trockensubstanz 0,6%, in der Eiweißsubstanz 4,2%) ist auf die feine Vermahlung zurückzuführen. Bei dem Brot III aus geschältem Korn ist die Wirkung der feinen Vermahlung noch deutlicher zu sehen. Hier beträgt die Differenz bei der Trockensubstanz etwa 1%, beim Eiweiß sogar fast 10%. Auf die Schälung entfallen nach einem anderen, hier nicht aufgeführten Versuch nur 2%, so daß die Eiweißresorption in Wirklichkeit tatsächlich 8% verbessert worden ist.

Wenn auch vielleicht nicht in allen Fällen ein so großer Gewinn zu erzielen sein wird, so gibt er doch einen Fingerzeig dafür, daß man rationellerweise die Kleie bzw. das Mehl für Brotzwecke stets feiner vermahlen sollte.

Ich selbst konnte bei meinen Versuchen mit Großschem Vollkornbrot[2]), bei denen sehr fein zermahlenes und gröberes Material zur Verwendung

---

[1]) Hüppe, Unser täglich Brot im Krieg und Frieden. Th. Steinkopf, Dresden 1918, S. 91.·

[2]) R. O. Neumann, Brotarbeit II, S. 40 und 44.

kam, im übrigen aber das Mahlgut absolut dasselbe war, im Brot aus fein gemahlenen Material eine bessere Ausnützung der Trockensubstanz um 1,59% und eine solche des Eiweißes um 2,74% feststellen.

Auch Rubner faßt seine Untersuchungsergebnisse über diesen Punkt dahin zusammen, daß er sagt: „Es ist sichergestellt, daß der menschliche Darm bei feinerer Vermahlung der Kleie nicht Unerhebliches aus derselben zu resorbieren vermag" — und an anderer Stelle: „Die hohe Bedeutung des Zermahlungsgrades der Kleie ist nachgewiesen; das idealste wäre das Aufbrechen aller Kleberzellen."

Mit diesem wünschenswertesten aller Wünsche auf dem Gebiet der Broternährung berührt Rubner ein Problem, das wichtiger als alle Feinvermahlung der Kleie ist. Solange diese Aufgabe nicht gelöst ist, wird auch die sog. Kleiefrage nicht aus der Welt geschafft. Es handelt sich dabei um zwei Dinge. Einmal ist die Frage zu beantworten, ob das in den Kleberzellen vorhandene „Kleieeiweiß" wie der echte Kleber verdaut wird, und dann, ob die dicke Zellhülle der Kleberzellen das Eiweiß vor der Verdauung schützt oder ob davon ein Teil resorbiert wird.

Vom echten Kleber wissen wir aus Rubners Versuchen[1]) aus dem Jahre 1879 bereits, daß dieses Eiweiß nur einen Verlust von 5,76% aufwies und Constantinidi[2]) berechnete in seinen Untersuchungen ihn nur auf 2,5%, so daß die Ausnützung dem Fleisch, mindestens aber der Milch, gleichkam. Plagge und Lebbin[3]) konnten diese Angaben bei einem Versuche mit Hundhausenschem reinem Aleuronat, bei dem nur 5,73% Trockensubstanz und 3,42% Eiweißstoffe zu Verlust gegangen waren, bestätigen.

Diesen Versuchen gegenüber gibt es zum Vergleich keine reinen Versuche aus Kleieeiweiß, weil es — jedenfalls nicht in größeren Versuchsmengen — noch nicht dargestellt werden konnte. Es müssen also schon zum Vergleich solche Versuche genügen, wie sie in großer Zahl vorliegen: nämlich Brotuntersuchungen mit stark kleiehaltigem Mehl. Ich führe nur einige wenige an[4]):

Es gingen verloren an	Trockensubstanz	Eiweiß	
im Wheat-meal-flour-Brot, einem Weizenvollbrot	12,23	30,47	Rubner
im Roggenbrot aus ganzem Getreide	20,49	46,00	Wicke
im Roggenmehl aus ungeschältem Getreide. . .	9,89	30,23	Prausnitz und Menicanti
im Schrotbrot aus ungeschältem Getreide . . .	11,99	27,17	R. O. Neumann
im Pumpernickel aus ungeschältem Getreide . .	19,01	39,65	„

Wie man sieht, ist die Eiweißverdauung recht schlecht, im Mittel gingen 38% zu Verlust. Rechnet man davon etwa 5% als nicht verdauliches echtes Klebereiweiß ab, so bleiben noch 33% unresorbiertes Kleieeiweiß. Selbst für den Fall, daß die in den Kleiebroten vorhandene große Masse Zellmembran stark auf die Verdauung hindernd eingewirkt hat, so würden doch mindestens 30% Verlust auf das nicht resorbierbare Kleieeiweiß entfallen.

----

[1]) Rubner, Über die Ausnutzung einiger Nahrungsmittel im Darmkanal des Menschen. Zeitschr. f. Biol. 1879, **15**, 160.

[2]) Constantinidi, Zeitschr. f. Biol. 1887, **23**, 433.

[3]) Plagge und Lebbin S. 170, bereits zit. auf S. 94, Anm. 13.

[4]) Die Literatur ist bereits zit. auf S. 94.

Dieser ungefähre Überschlag, der noch günstige Verhältnisse ins Auge faßt, läßt den Unterschied in der Verdaulichkeit des Kleber- und des Kleie- eiweißes schon recht deutlich erkennen.

Nach Rubners eingehenden Berechnungen, die sich auf seine Kleieversuche beim Hunde erstrecken[1]), ist der Verlust der Ausnützung im Kleieeiweiß noch größer und beträgt, in der Annahme, daß 55% Zellmembran gelöst ist, 59,2%. Allerdings macht Rubner selbst eine Einschränkung, indem er sagt: Es kann aber doch fraglich sein, ob es eine spezifische Ausnützung des Kleberzelleneiweißes dieser Art gibt; denn es ist denkbar, daß sich dieses Eiweiß nur deshalb als schlechter resorbierbar zeigt, weil es erst im Dickdarm bei Lösung der Zellmembranen frei wird, also an einer Stelle liegt, welche für die Resorption weniger geeignet ist als der Dünndarm mit seinem Fermentreichtum und Mitteln zur Resorption.

Mag dem sein, wie ihm wolle, jedenfalls steht es fest, daß ein erheblicher Teil — annähernd 40% — des Kleieeiweißes als verdaulich anzusehen ist.

Damit ist aber auch schon die zweite Frage, ob trotz der dicken Zellhülle der Kleberzellen das darin enthaltene Kleieeiweiß der Verdauung zugänglich ist, bis zu einem gewissen Grade beantwortet.

Wenn tatsächlich Kleieeiweiß verdaut wird, so kann entweder der Fall so liegen, daß die Kleberzellen beim Vermahlungs- und Zerkleinerungsprozeß ganz oder zum Teil zerrissen wurden und das Kleieeiweiß freilag, oder die Zellwand selbst mußte durch die Verdauungssäfte aufgelöst worden sein.

Beides trifft zu. Wenn es auch bisher noch nicht gelungen ist, die Kleberzellenschicht vollständig zu zertrümmern, so daß alle Zellen geöffnet sind, so dürfte, wie ich mich durch zahlreiche mikroskopische Untersuchungen überzeugt habe, in günstigen Fällen doch wohl ein Drittel der Zellen zertrümmert oder verletzt werden. Die jeweiligen hierzu bestimmten Verfahren sind recht verschieden und es soll noch im nächsten Abschnitt davon die Rede sein, jedenfalls kann man aber von einer Beeinflussung der Zellen durch die Mahlmethode sprechen.

Ähnliches gilt von der Verdaulichkeit der Zellwände. Da dieselben, wie wir oben sahen, aus Zellenmembranen bestehen, die mehr oder weniger leicht lösbare Pentosen und angreifbare Zellulose enthalten, so muß eine Öffnung der Zelle unter geeigneten Bedingungen möglich sein. Rubner hat dies durch seine Untersuchungen festgestellt. Der Grad der Resorption dieser Zellmembran ist aber verschieden. Sind die Bedingungen zur Lösung gegeben, dann scheint es weniger belangreich, ob das Material ganz fein oder nur mittelfein zerkleinert ist.

Die vorstehenden Erörterungen ergeben bisher das positive Resultat, daß die Kleiebestandteile — wenn auch nicht in größerem Maßstabe — vom menschlichen Organismus aufgenommen werden. Die ermittelten Zahlen bezogen sich dabei alle auf den Ausnützungsverlust in der Trockensubstanz und im Eiweiß, wobei auf den Eiweißverlust der Hauptwert gelegt wurde.

---

[1]) Rubner, Die Verdaulichkeit von Weizenbrot. Archiv f. Anat. u. Physiol. (physiol. Abt.) 1916, S. 76.

Es würde aber der objektiven Betrachtung nicht Gerechtigkeit widerfahren, wenn man bei der Beurteilung der Kleie nur den Ausnützungsverlust berücksichtigen und nicht auch die Menge an ausnützbarem Eiweiß beachten wollte, die im Kleiebrot im Gegensatz zu manchem Brot aus geschältem Roggen oder Weizen aufgenommen wird und werden kann.

Ich habe schon früher[1]) darauf aufmerksam gemacht, daß man erst dann von dem Wert des Brotes ein zuverlässiges Bild erhält, wenn man das ausnützbare Eiweiß mit in Betracht zieht. Zur Illustration gebe ich nebenstehende Tabelle mit einer Reihe von mir untersuchter Brote mit diesbezüglichen Zahlen:

Es sind im Versuch stets 500 g Brot pro Tag eingeführt worden. Berechnet ist der Ausnützungsverlust und wieviel an ausnützbarem Eiweiß in 500 g Brot aufgenommen wurde:

Hieraus geht folgendes hervor: Ist der Ausnützungsverlust gering und die Eiweißeinfuhr hoch, so ist die Menge an ausnützbarem, eingeführtem Eiweiß groß, z. B. bei Nr. 24 (Weizenbrot aus Semmelmehl), bei Nr. 22 (Weizenbrot), bei Nr. 21 (K-Brot, Feinbrot). Ist der Ausnützungsverlust dagegen hoch und die Eiweißeinfuhr gering, so vermindert sich die ausnützbare Eiweißmenge sehr bedenklich, z. B. bei Nr. 3 (Gelinckbrot), bei Nr. 4, 5, 6 (Soldatenbrot und Pumpernickel).

Diese Ergebnisse entsprechen den Erwartungen. Ganz anders verhält sich aber die Sache, wenn die Eiweißeinfuhr gering und auch der Ausnützungsverlust klein ist, wie z. B. bei Nr. 7 (Klopferbrot). Dann sinkt auch die Menge des ausnützbaren Eiweißes sehr bedeutend herab. Umgekehrt sehen wir den Fall, wenn der Ausnützungsverlust sehr erheblich ansteigt und zugleich die Einfuhr an Eiweiß sehr groß ist, wie z. B. bei Nr. 25, dem Kleiebrote. Es betrug die Einfuhr in 500 g Brot 81,05 g Eiweiß, der Ausnützungsverlust erreichte die höchste Höhe von 56,32 und dennoch enthielt dann das Kleiebrot unter den 26 untersuchten Broten fast die größte Menge (34,41 g) ausnützbares Eiweiß.

Das scheint nach alledem, was wir über die Kleieverwertung gehört haben, paradox. Und doch ist es so.

Die Erklärung ist darin zu finden, daß die Kleie mit 16,21% Eiweißgehalt eine solche große Menge Eiweißsubstanz lieferte, daß trotz einer erheblichen Menge unresorbierten Materials doch noch genug verdaubares Eiweiß übrigblieb. Der Verlust an unverdaulicher Substanz ist also geradezu von der großen Menge zugeführten Eiweißes überkompensiert worden.

Hiernach könnte es scheinen, als sei es doch rationell, Kleie an den Menschen zu verfüttern. Das wäre aber ein Trugschluß. Ohne hier der schon oft besprochenen Frage nochmals nähertreten zu wollen, ob eine indirekte Ausnützung der Kleie durch das Tier für den Menschen wirtschaftlicher ist oder nicht, mag darauf hingewiesen werden, daß, solange es nicht gelingt, noch mehr verdauliches Material für den Menschen aus der Kleie herauszuholen wie bisher, für normale Zeiten wenigstens, die Kleie als ungeeignetes menschliches Nahrungsmittel angesehen werden muß. Es geht davon zuviel verloren, und deshalb ist sie vorläufig als solches abzulehnen.

---

[1]) R. O. Neumann, Brotarbeit II, S. 48.

Lfde. Nr.	Brotsorten[1]	Bereitet aus:	Eingeführtes Eiweiß in 500 g Brot	Ausnützungsverlust in %	Von ausnützbar. Eiweiß werden in 500 g Brot aufgenommen
1	Strohmehlbrot . . .	80% Roggenmehl zu 80% ausgemahlen, 20% Strohmehl	19,35	38,62	11,88
2	Strohmehlbrot . . .	86% Roggenmehl zu 80% ausgemahlen, 14% Strohmehl	22.40	35,28	14,50
3	Gelinckbrot (Russisch. Soldatenbrot) . . .	Geschälter Roggen[2]	30,90	50,10	15,42
4	Soldatenbrot	Ungeschälter Roggen mit 15% Kleieauszug .	28,13	43,35	15,94
5	Soldatenbrot	Geschälter Roggen mit 15% Kleieauszug . .	28,13	41,44	17,48
6	Pumpernickel	80% Roggenschrot, 16% Kleie, 4% Feinzucker	32,45	39,65	19,59
7	Klopferbrot	?	25,30	21,55	19,85
8	K-Brot (Schwarzbrot)	58,8% Roggenschrot, 29,4% Roggenmehl, 11,8% Kartoffelmehl	30,25	34,16	19,92
9	Schrotbrot	83,3% Roggenschrot, 6,4% Weizenmehl, 10,3% Roggenmehl	30,50	27,17	22,32
10	Steinmetzbrot . . .	Dekortizierter Roggen[3]	31,62	29,20	22,59
11	Growittbrot „grob“ .	80,57% Roggenmehl, 19,43% Weizenmehl . .	30,30	23,51	23,18
12	Roggenbrot	Roggenmehl zu 80% ausgemahlen	30,95	24,73	23,30
13	Rolandbrot	80,56% Roggenmehl, 19,44% Weizenmehl . .	29,50	18,40	24,08
14	Finklerbrot mit 4% Schalen	75% Weizenmehl (zu 70—75% ausgemahlen) und 25% Finalmehl mit 4% Schalen . .	40,46	28,10	25,00
15	„Kölner“ Brot . . .	50% Maismehl, 30% Gerstenmehl, 20% Reismehl	32,75	20,80	25,74
16	Growittbrot „fein“ I	81,13% Roggenmehl, 18,87% Weizenmehl . .	34,05	21,05	26,89
17	Finklerbrot mit 10% Schalen	75% Weizenmehl (zu 70—75% ausgemahlen) und 25% Finalmehl mit 10% Schalen . .	40,23	32,50	27,16
18	Finklerbrot mit 20% Schalen	75% Weizenmehl (zu 70—75% ausgemahlen) und 25% Finalmehl mit 20% Schalen . .	42,86	37,40	27,24
19	Kommißbrot	60% Roggenmehl 40% Weizenmehl, 5% Kleieauszug	35,65	20,35	28,40
20	Growittbrot „fein“ II	81,13% Roggenmehl, 18,87% Weizenmehl . .	36,25	20,49	28,83
21	K-Brot (Feinbrot). .	27% Roggenmehl, 63% Weizenmehl, 10% Kartoffelmehl	36,25	15,77	30,54
22	Weizenbrot	Weizenmehl zu 80% ausgemahlen	37,30	17,34	30,84
23	Blutbrot	83,3% Roggenschrot, 6,4% Weizenmehl, 10,3% Roggenmehl	48,15	28,10	34,62
24	Weizenbrot aus Semmelmehl	Weizenmehl zu 65—70% ausgemahlen	40,35	13,91	34,74
25	Kleie	Roggenkleie von W. Schütt (Berlin Moabit)[4]	81,05	56,32	35,41
26	Finklerbrot ohne Schalen	75% Weizenmehl (zu 70—75% ausgemahlen) und 25% Finalmehl ohne Schalen	44,76	13,90	38,54

[1] Schillerbrot und Schlüterbrot konnten nicht berechnet werden, weil mir die Menge des aufgenommenen Eiweißes unbekannt geblieben ist.

[2] Archiv f. Hygiene 1894, **21**, 257. Versuch XVI.

[3] Mittel aus 2 Versuchen. Zeitschr. f. Biol. **30**, 349.

[4] Zugrunde gelegt ist der Gehalt an Eiweiß der Roggenkleie von Bernegau (Plagge und Lebbin, l. c. S. 193).

Dabei bleibt es natürlich jedem unbenommen, wenn er bei der Kleiebroternährung die vermehrten Ausscheidungsprodukte und die Überlastung des Darmes und andere unangenehme Zugaben, wie reichliche Blähungen usw., mit in Kauf nehmen will, sich der Vollkornbrote, Pumpernickelbrote und Schrotbrote zu bedienen, da schließlich auch andere Dinge, wie Geschmack, Aussehen, Säuregehalt, Backart und auch die Gewohnheit für den Genuß derartigen Brotes mitbestimmend sind.

Daß durch die „Gewöhnung der Verdauungsorgane an die kleiehaltige Nahrung auch die Fähigkeit der besseren Ausnützung der in der Kleie enthaltenen Eiweißstoffe erlangt würde", wie Stoklasa[1]) meint, dafür liegen keine wissenschaftlichen Beweise vor. Nur Zuntz[2]) wollte sie in noch dazu kurzdauernden Versuchen gesehen haben. Seine Berechnungen gaben aber keine Anhaltspunkte dafür. Die Sache liegt vielmehr so, daß, wenn die einen Menschen die Kleie etwas besser ausnützen wie andere — und wie wir sahen, gibt es solche — so besitzen sie diese Fähigkeit von vornherein, d. h. die Lösungsverhältnisse in ihrem Darm sind etwas andere wie bei solchen Menschen, die die Kleie schlechter ausnützen. Aber eine bessere Aufnahmefähigkeit hinzulernen kann der Darm von heute auf morgen nicht. Erscheint mir daher auch der weitere Satz von Stoklasa: „Die Verdauungsorgane unserer Vorfahren, welche bei dem früheren Stande der Mühlentechnik stets das schwarze Mehl und einen Teil der Kleie mit dem Brote gegessen haben, besaßen die Fähigkeit, die Nahrungsstoffe der Kleie in besserem Maße auszunützen als wir", noch nicht durch Unterlagen bestätigt.

5. Pumpernickel und Schrotbrote.

Alles, was im vorigen Kapitel über Kleiebrote im allgemeinen gesagt wurde, gilt im speziellen auch für die zwei Vertreter der Kleiebrote: Pumpernickel und Schrotbrot. Sie sind aus einem Mehlmaterial von höchster Ausmahlung hergestellt, ja sie erhalten unter Umständen noch einen Kleiezusatz.

Man könnte sie wohl ebensogut auch als Schrotbrote auffassen, da das charakteristische an ihnen, beim Pumpernickel und den eigentlichen Schrotbroten, die grießige, grobe Beschaffenheit der Krume ist.

Von diesen zwei Brotarten hebt sich der Pumpernickel schon durch seine äußere Beschaffenheit deutlich ab. Er ist dunkelbraun bis schwarzbraun und erhält seine eigentümliche Farbe durch den Backprozeß, der von dem Vorgang bei den übrigen Broten abweicht. Die Temperatur des Backofens bleibt stets unter 200° (etwa 160°). Außerdem ist der Ofen fest verschlossen und das Brot steht unter reichlicher Wasserdampfeinwirkung. Die Backzeit beträgt mehr als 12 Stunden[3]).

Hierbei wird unter dem Einfluß der feuchten Atmosphäre die Krustenbildung hintangehalten, die Krume selbst aber unterliegt mehr einem „Kochprozeß" und wird, da die Hitze sehr lange Zeit hindurch energischer auf die

---

[1]) Stoklasa, Das Brot der Zukunft. Fischer, Jena 1917. S. 103.
[2]) Zuntz, zit. auf S. 22. Dort auch die Widerlegung. Vgl. auch R. O. Neumann, Brotarbeit II, S. 23.
[3]) Hier in Bonn, wo meine Versuchsbrote gebacken wurden, dauerte der Backprozeß 20 Stunden.

Bestandteile eindringen kann, dunkler, unter Bildung von Röstsubstanzen. Die Stärke geht mehr in Dextrin über und der Zucker karamelisiert.

Dementsprechend verändert sich auch der Geschmack, zumal vielfach auch Zucker oder Syrup dem Teige zugesetzt wird.

Die Zusammensetzung des Brotes für meine Untersuchungen war folgende:

Roggenschrot	100 Kilo	=	80%
Kleie	20 „	=	16%
Feinzucker	5 „	=	4%

Mit 7,5 kg Sauerteig wurde die ganze Masse schwach angesäuert, der Zucker in Wasser gelöst und dann dem Teige zugegeben. Der Backprozeß der Brote erfolgte in geschlossenen Eisenkästen.

Infolge des erheblichen Zusatzes von 16% Kleie (Handelskleie) konnte die Ausnützung des Brotes keine glänzende sein. Parmentier[1]) klagte schon über das mangelhafte Mehl und das Backverfahren beim Pumpernickel und es soll auch zur Zeit der Franzoseninvasion am Anfang des 19. Jahrhunderts ein Offizier, dem man in Westphalen das schwarze Brot vorgesetzt hatte, dasselbe mit den Worten „bon pour Nickel" (Gut für sein Pferd Nickel) zurückgewiesen haben[2]). Das Wort „bon pour Nickel" ist aber natürlich nur eine hübsch erfundene Geschichte, denn der Name „Pumpernickel" stammt vom lateinischen „bonum paniculum" und ist schon sehr alt. Die Stadt Osnabrück ließ um das Jahr 1400, als eine große Teuerung ausgebrochen war, derartiges Brot backen.

Hier handelte es sich offenbar schon um eine Art „gestrecktes" Brot, bei dem die Kleie als Streckmittel dienen mußte.

Alle Ausnützungsversuche, die bisher mit Pumpernickel gemacht worden sind, ergaben sehr ungünstige Resultate und zeigten einen außerordentlich großen Verlust der Trockensubstanz und besonders des Eiweißes, ganz abgesehen von der Massenproduktion von Kot, die diesen Kleiebroten eigen ist.

Ich gebe einige Beispiele[3]):

Es gingen verloren an:		Trockensubstanz in %	Eiweißsubstanz in %
nach Popoff	bei Russischem Pumpernickel	11,89	25,75
„ Pannwitz	„ Westphälischem „	15,66	52,04
„ G. Meyer	„ Oldenburger „	19,30	42,30
„ Rubner	„ Westphälischem(?) „	19,30	43,00
„ R. O. Neumann	„ Bonner „	19,01	39,65

Mit diesen Verlustmengen an Eiweiß, die sich im allgemeinen etwa zwischen 40 und 50% bewegen, steht der Pumpernickel als das schlechtest ausnützbare von allen Broten obenan, denn es geht fast die Hälfte des vorhandenen Stickstoffes unbenützt in die Ausscheidungsstoffe über.

Nur die Versuchspersonen Popoffs resorbierten mehr, sowohl von der Trockensubstanz wie vom Eiweiß (11,89% bzw. 25,75%). Das kann nur so erklärt werden, daß die Russen, in dem schon weiter oben besprochenen Sinne, von jeher diese grobe Nahrung zu sich nahmen und die Löslichkeitsver-

---

[1]) Bei Maurizio, Die Getreidenahrung im Wandel der Zeiten. Orelli Füßli, Zürich 1916, S. 175.

[2]) Nach einer Zeitungsnotiz in den „Kieler Neuesten Nachrichten" 1916 (?).

[3]) Literatur siehe S. 94.

hältnisse für Zellmembranen in ihrem Darm andere waren als bei unserer Bevölkerung, und sie daher dieses Brot besser verwerteten.

Es würde interessant sein, bei eingeborenen Westphalen, die selbst starke Pumpernickelesser sein müßten und in deren Familien schon seit langen Zeiten nur dieses grobe Kleiebrot als Hauptnahrung gedient hätte, neue Versuchsreihen auszuführen, um zu sehen, ob auch bei diesen eine so veränderte Anpassung zu konstatieren ist. Denn Rubner[1]) sagt sehr schön: „Das Pumpernickel essen macht aus einem Städter noch keinen westphälischen Bauern mit all seinen guten Eigenschaften, man muß zuerst das letztere sein, um das erstere auf die Dauer zu ertragen."

Das Pumpernickelbrot ist übrigens ein typisches Beispiel dafür, daß der Mensch gewöhnlich nicht danach fragt (leider!), wie groß der Ausnützungseffekt eines Nahrungsmittels ist und wieviel Wärmeeinheiten er mit demselben aufnimmt, sondern er schätzt es danach ein, wie es ihm zusagt und schmeckt. Da der Geschmack für viele etwas Angenehmes in sich schließt, so erwirbt sich der Pumpernickel an manchem Tische den Grad eines Genußmittels und er wird dann auch als wohlschmeckender Belag dem Weißbrot hinzugefügt.

Das Schrotbrot, nur in manchen Gegenden Deutschlands eine bekannte Erscheinung, ist schwieriger zu definieren als der Pumpernickel. Sein Aussehen und seine Konsistenz wechseln sehr, je nachdem das Brot gröber oder feiner, mit mehr oder weniger Mehl gemischt oder als Sauerteig- oder Hefebrot in den Handel kommt.

Wir haben hier in Bonn, einer Hauptstätte des bekannten rheinischen Schrotbrotes, während des Krieges alle Abstufungen kennen gelernt, doch könnte ich nicht behaupten, daß das Schrotbrot, ob gröber oder feiner, vom hygienischen Standpunkte aus zu begrüßen wäre. Es wird hier gefordert und gegessen, weil es seit jeher so üblich ist, und das Publikum hat sich daran gewöhnt. Aber wirtschaftlich in seiner Ausnützung ist es nicht. Es gibt besonders im Frühjahr 1919 wieder auffälligerweise Brote, bei denen man auf dem Durchschnitt nicht nur „geschrotenes" Getreide sieht, sondern bei denen auf der Schnittfläche Korn an Korn liegt, kaum gequetscht, nur ein wenig aufgequollen. Es ist unmöglich, daß diese Art Brot auch nur annähernd ausgenützt wird, und die größten Verluste sind sicher.

Trotz der nur zweistündigen Backdauer erhält das Schrotbrot in dem stark geheizten Ofen eine außerordentliche harte, schwer schneidbare Kruste, die angenehm schmeckt, dafür ist die Krume aber häufig feucht und klitschig und neigt zum „abbacken". Lockerer wird sie nur, wenn genügende Mengen Mehl dem Roggenschrot beigefügt sind. Wird das Brot mit Sauerteig gebacken, so ist der Geschmack hinreichend gut, Hefebrote dagegen fallen ungemein ab, werden leicht trocken und schmecken, wie man hier häufig sagt „wie Sägespähne".

Es wäre gewiß an der Zeit, diese Art Brotbereitung zu reformieren. Ob sie Aussicht auf Erfolg haben würde, ist zweifelhaft, da die Bevölkerung ihr „liebgewordenes" Schrotbrot nicht missen mag.

---

[1]) Rubner, Vom Brot und seinen Eigenschaften. Deutsche med. Wochenschr. 1915, Nr. 18, S. 518.

Am wenigsten zusagend ist — wenigstens für einen normalen Geschmack — das auch an hiesigem Ort verbreitete Grahambrot, ein reines Weizenschrotbrot, welches, mit Hefe gebacken, als weißes Schrotbrot in den Handel kommt.

Ausnützungsversuche mit Schrotbroten der verschiedensten Art sind zahlreich gemacht worden. Ich verweise auf die Zusammenstellungen auf Seite 95—101, aus denen große Verluste an Trockensubstanz und Eiweiß deutlich hervorgehen. Das für meine Versuche hergestellte Schrotbrot wurde nach Angaben des Bonner Bäckerobermeisters aus

3250 g Roggenschrot
250 „ Weizenmehl zu 80% ausgemahlen
400 „ Roggenmehl zu 80% ausgemahlen
3000 „ Wasser

bereitet. Es enthielt mithin:

83,3% Roggenschrot
6,4% Weizenmehl
10,3% Roggenmehl.

Der Verlust in der Ausnützung betrug:

an Trockensubstanz . . . 11,99%
„ Eiweiß 27,17%
„ Rohfaser 86,28%
„ Asche 61,69%

Weitere Angaben darüber sind enthalten im ersten Teil, Abschnitt B, Stoffwechselversuch, Seite 59—72.

6. Soldatenbrote (Kommißbrot).

Wenn auch die Soldatenbrote nur reine Roggenbrote oder Mischbrote aus Weizen- und Roggenmehl sind, so rechtfertigt doch ihre spezielle Stellung eine besondere Betrachtung.

Mit dem Wort „Kommißbrot" war lange Zeit hindurch ein Begriff verbunden, dem etwas Rauhes, Unfreundliches anhaftete. Das stammte noch aus der Zeit vor dem siebziger Kriege, wo das Soldatenbrot aus einem groben Roggenmehl nur mit 5% Kleieauszug hergestellt wurde. Es wich von dem der Bevölkerung sonst zugänglichen Brote mit 25—30 proz. Ausmahlung so ab, daß der neu eingezogene Soldat im Gedanken, während seiner ganzen Militärzeit das grobe Schwarzbrot essen zu müssen, von einem leisen Horror befallen wurde. Trotzdem bald nach dem Kriege, am Anfang des Jahres 1872, ein viel besseres Mehl, bis zu 15% Kleieauszug oder auch ein Mischmehl aus $^3/_4$ Roggenmehl mit 12% Ausmahlung und $^1/_4$ Weizenmehl mit 8% Ausmahlung zum Kommißbrot verwendet wurde, ist das Vorurteil gegen dieses Gebäck doch nicht ganz geschwunden.

Das Brot, welches von jener Zeit ab bis zum Kriege 1914 verabfolgt wurde, entsprach einem Roggenbrot aus Mehl mit 82% Ausmahlung (15% Kleieabschub und 3% Mahl- und Reinigungsverlust), also einem Brot, das bei genügender Feinvermahlung allen billigen Anforderungen entsprechen konnte. Da von den Militärbäckereien ein gleichmäßig gut ausgebackenes und aus stets einwandfreiem Getreide hergestelltes Brot geliefert wurde, sind Klagen wohl nur aus den Kreisen laut geworden, die von früher her an Weißbrot oder an Roggenbrot mit hoher Ausmahlung gewöhnt waren. Im übrigen hat das bisherige Kommißbrot auch sehr viele Liebhaber gefunden, und es ist eine bekannte Tatsache, daß dasselbe auch in der Zivilbevölkerung wegen seiner guten Beschaffenheit und seines angenehmen Geschmackes geschätzt wurde und begehrt war[1]).

Nach der Ausnützung hat niemand gefragt, da es ja den Wünschen der Konsumenten entsprach.

Man ist erst eigentlich spät, nachdem schon eine große Reihe Ausnützungsversuche an den verschiedensten Broten ausgeführt worden waren, an die Untersuchung der Soldatenbrote systematisch herangetreten. Die Versuche sind niedergelegt bei Plagge und Lebbin[2]). Als Vorläufer der eigentlichen Kommißbrotuntersuchungen existiert von deutschen Kommißbroten nur ein Versuch von Prausnitz[3]), der an eine Versuchsperson je 500 g Brot 3 Tage lang mit gemischter Kost verfütterte. Leider ist nicht angegeben, wie die genaue Zusammensetzung des Mehles war. Es heißt nur, daß das Soldatenbrot aus Roggen und Weizen in verschiedener Menge bestand, „je nachdem gerade die Verhältnisse vorhanden sind“. Infolgedessen ist ein einwandfreier Vergleich mit den später geprüften Broten nicht vorzunehmen.

Das Brot enthielt   59,80% Trockensubstanz,   6,25% Eiweiß,   1,78% Asche. Der Verlust im Kot betrug   9,4 %   „   31.9 %   „   19,0 %   „.

Von anderen Soldatenbrotuntersuchungen liegen noch einige Versuche von Popoff[4]) vor, die mit russischem Kommißbrot ausgeführt wurden. Zu diesem Brot wurde Schrotmehl verwendet, zum Teil mit einem gewissen Kleieabzug. Es enthielt (im Mittel aus 60 Analysen) 43,06% Wasser und 2,55% Asche und ist demnach aschereicher als das preußische Kommißbrot.

Die Ausnützungsversuche dauerten je 3 Tage und wurden vorgenommen an russischen Soldaten, die seit jeher an grobes Roggenbrot gewöhnt waren.

Die Verluste betrugen:			an Trockensubstanz	Eiweiß	Asche
I. beim Soldatenbrot	des Reservebataillons		12,88	27,42	36,89
II. „	„	„ „	13,59	28,77	44,04
III. „	„	der Artilleriebrigade	14,99	30,56	36,72
IV. „	„	„ „	12,67	29,43	19,29
V. „ Roggenzwieback	„	„	17,79	42,50	62,53
VI. „	„	„ „	21,60	39,07	38,18
VII. „	„	des Reservebataillons	18,61	39,75	65,79
VIII. „	„	„ „	17,55	42,32	41,26

Wie hieraus ersichtlich, schneidet bei den Popoffschen Versuchen der Roggenzwieback wesentlich schlechter ab als das Kommißbrot, obwohl er

---

[1]) Ratner (Brotmarken in der Bibel nebst einer physiologischen Notiz über das Schwarzbrot. Hygien. Rundschau 1915, S. 308) billigt dem Soldatenbrot sogar medizinische Wirkungen zu und sagt: Das schmackhafte Kommißbrot ist ein vorzügliches Mittel gegen die Kulturkrankheit Obstipation und die daraus resultierende vielgestaltige Nervosität. Ich sah bei regelmäßigem, täglichem Gebrauch einiger Schnitten Kommißbrot die hartnäckigsten Verstopfungen schwinden. Wer das Schwarzbrot nicht verträgt, kann es in Form der sehr schmackhaften Brotsuppe genießen.

[2]) Plagge und Lebbin, bereits zit. auf S. 94.

[3]) Prausnitz, Über die Ausnützung gemischter Kost bei Aufnahme verschiedener Brotsorten. Archiv f. Hygiene 1893, 17, 635.

[4]) Popoff, mitgeteilt von Maurizio, Getreide, Mehl und Brot. Paul Parey, Berlin 1903, S. 339.

aus dem gleichen Mehl gewonnen wurde. Der Grund liegt offenbar darin, daß bei seiner Herstellung durch die lange Hitzeeinwirkung (es werden Brotschnitten 2—3 Nächte lang im heißen Backofen auf Eisenblechen gedörrt) das Eiweiß zum großen Teil verändert wird und der Resorption nicht mehr wie sonst zugänglich ist.

Bei Vergleichsversuchen mit „süßem Schwarzbrot des Marktes" und mit „schwarzem Hausbrot aus gesiebtem Mehl", welche beide weniger Kleie enthielten (das letztere 18% Kleieabschub wie unser Soldatenbrot) ergeben sich wesentlich niedrigere Zahlen:

Es gingen zu Verlust:	an Trockensubstanz	Eiweiß	Asche
I. beim süßen Schwarzbrot des Marktes	12,58	25,87	42,05
II. „ „ „ „ „	11,39	25,63	33,64
III. „ schwarzen Hausbrot	8,76	17,81	38,08
IV. „ „ „	9,62	18,34	36,47

In den Jahren 1892—1895 sind dann von Plagge und Lebbin die bekannten Untersuchungen über Soldatenbrote und verschiedene andere Brote vorgenommen worden, die sich auch auf Brote aus geschältem und ungeschältem Korn, auf solche aus grob und fein vermahlenem Korn, aus Mischmehl und aus Mehl mit Zusätzen erstreckten. Diese Versuche sind deshalb von besonderem Werte, weil hier zum erstenmal ganz genau angegeben werden konnte, wie das Mehl zusammengesetzt, d. h. wieviel Kleie wirklich im Mehl vorhanden war, da die Mehle und Brote unter Kontrolle der Untersucher selbst im Proviantamt Berlin hergestellt wurden. Auf Kommißbrote entfallen allein 34 Ausnützungsversuche, die von Pannwitz bearbeitet sind.

Aus dem großen Material, dessen Wiedergabe im einzelnen zu weit führen würde, greife ich einige Zahlen heraus, die als Mittelwerte von untersuchten Brotgruppen einen Überblick über die Resultate ergeben.

Die Verluste betrugen in %:	Versuche	Trockensubstanz	Eiweiß	Kohlehydrate
in Gruppe I. Gewöhnliches Soldatenbrot aus grobem Roggenmehl aus ungeschältem Korn mit 15% Kleieauszug	8	13,20	43,30	8,30
in Gruppe II. Brot aus grobem Roggenmehl von geschält. Korn mit 8,4% Kleieauszug	2	15,08	56,60	9,04
in Gruppe III. Brot aus grobem Roggenmehl von geschält. Korn mit genau 15% Kleieauszug . .	3	12,24	41,44	7,56
in Gruppe IV. Brot aus fein vermahlenem Mehl aus geschältem Magdeburger Roggen mit 10,84% Kleieauszug	5	12,24	33,60	7,60
in Gruppe V. Brot aus fein vermahlenem Roggen aus ungeschältem Korn mit 84% Ausbeute und 12,68% Kleieauszug	2	12,60	39,12	8,32
in Gruppe VI. Brot aus fein vermahlenem Roggenmehl (Kunstmehl) mit 25% Kleieauszug . .	3	9,49	33,75	5,61

Später hat G. Lebbin[1]) noch einen Ausnützungsversuch mit „Soldatenbrot" (leider fehlt die Angabe der Ausmahlung des Mehles), das 38,66% Wasser,

---

[1]) G. Lebbin, Ausnützungsversuch mit Soldatenbrot. Zeitschr. f. Unters. d. Nahr.- u. Genußm. 1913, **26**, Heft 2.

5,56% Eiweiß und 0,96% Asche enthielt, an einer Person angestellt, bei welchem ein Verlust von

9,65% Trockensubstanz, 32,67% Eiweiß, 5,80% Kohlehydrate und 38,77% Asche ermittelt wurde.

Nach der geringen Aschenmenge von 0,96% zu urteilen, muß das Brot ziemlich weit ausgemahlen gewesen sein; dementsprechend stimmen auch der Trockensubstanz- und besonders der Eiweißverlust besser mit den Pannwitzschen Zahlen überein, die sich auf Brote aus fein vermahlenem Mehl mit höherem Kleieauszug beziehen, als mit denen aus groben Mehlen.

Letztere weisen an sich einen hohen Trockensubstanz- und einen noch höheren Eiweißverlust auf. Denn wenn beim gewöhnlichen Kommißbrot mit 82% Ausmahlung 43,3% Eiweiß bzw. 41,44% (Gruppe I und III) und gar beim Kommißbrot mit 88,6% Ausmahlung 56,60% Eiweiß (Gruppe II) verlorengehen, so ist das sehr viel, und man würde sich dann der Forderung Plagge und Lebbins anschließen müssen, wenn sie eine weitere Verminderung des Kleiegehaltes um etwa 10% (wie bei bürgerlichen Brotmehlen) und die Einführung feinerer Siebe vorschlagen. Von einer Schälung wäre jedoch abzusehen, da die Wirkung derselben ohne Erhöhung des Kleieabzuges gering ist.

Um wieviel mehr alsdann die Ausnützung des Eiweißes zunimmt, zeigen die Gruppen IV und VI, in denen bei feinvermahlenem Mehl aus geschältem Korn und bis zu 25% Kleieauszug der Verlust an Eiweiß nur 33,6% bis 33,75% beträgt.

Die hohen Eiweißverluste bei dem deutschen Kommißbrot stehen nun aber gar nicht im Einklang mit dem von Popoff untersuchten russischen. Dort sind die Eiweißverluste viel geringer, trotzdem die russischen Kommißbrote reine Schrotbrote waren mit einem offenbar nur sehr kleinen Kleieabzug bzw. gar keinem. Im Mittel beträgt der Verlust dort nur 29,04%. Ebenso fällt auf, daß die Plagge und Lebbinschen Brote aus feingemahlenem Roggenmehl bis zu 25% Ausmahlung (Gruppe IV und VI) den hohen Eiweißverlust von etwa 33,6% aufweisen, während bei Popoff das „süße Schwarzbrot des Marktes", eine Art russischer Pumpernickel, nur 25,7%, und das „schwarze Hausbrot", ein Brot aus Mehl mit 18% Kleieauszug, im Mittel nur 18,07% Eiweißverlust ergab. Wenn nun auch die deutschen und die russischen Brote nicht die ganz gleichen Voraussetzungen für den Vergleich bieten, so zeigt doch die Gegenüberstellung, daß auf seiten der deutschen Kommißbrote eine wesentlich ungünstigere Ausnützung zu verzeichnen ist. Ich habe den Grad der Differenzen, wie schon oben angedeutet, in der verschiedenen Veranlagung des Verdauungstraktus der Versuchspersonen gesehen, der in diesem Falle besonders in die Erscheinung treten konnte, da die russischen Soldaten seit jeher nichts anderes als grobes russisches Brot genossen hatten und ihr Magendarmkanal auf diese Kost eingestellt war.

M. P. Neumann[1]) neigt jedoch der Ansicht zu, daß die Unterschiede in der Anlage der Versuche begründet sind. Die Versuchspersonen Plagges und Lebbins erhielten neben dem Brot 2 Liter Bier, die Russen dagegen

---

[1]) M. P. Neumann, Untersuchungen über die Verdaulichkeit des Brotes, im besonderen des Soldatenbrotes. Zeitschr. f. d. ges. Getreidewesen 1913, 5. Jahrg., Nr. 4, S. 119.

kein Bier. Durch die Untersuchungen von F. Völtz[1]), der nachwies, daß der Bierstickstoff nur zu etwa 40—50% ausgenützt wird, aufmerksam gemacht, glaubte nun M. P. Neumann, daß auch im vorliegenden Falle die Bierzugabe an der Differenz schuld sei; es mußte, wenn dieser Faktor von vornherein nicht in Rechnung gesetzt war, der unausgenützte Stickstoff des Biers mit im Kot erscheinen und die nicht resorbierbaren Eiweißstoffe des Brotes vermehren helfen.

Um hierüber Klarheit zu bekommen, stellte M. P. Neumann an zwei Versuchspersonen je 6 zweitägige Versuche an. Sie erhielten dasselbe Brot aus dem Proviantamt Berlin, wie es Plagge und Lebbin verwendet hatten, und zwar in je 4 Versuchen ohne Bier und in je zwei Versuchen mit Bier.

Die Verluste betrugen in % (i. Mittel):

		an Trockensubstanz	Eiweiß
bei Person N	ohne Bier	11,4	36,4
	mit „	11,6	42,1
bei Person S	ohne „	8,9	26,9
	mit „	10,7	35,6

Die Ergebnisse überraschen zunächst insofern, als zwischen den beiden Versuchspersonen, die doch ganz das gleiche Material zu sich nahmen, so stark voneinander abweichende Ausnützungswerte erzielt wurden. Wenn die Person S das Eiweiß im gewöhnlichen Soldatenbrot 10% (!) schlechter ausnützt als die Person N, so geht doch daraus — wie schon bemerkt und so oft bewiesen — wiederum unzweifelhaft hervor, was für eine große Rolle die Individualität der Versuchspersonen spielt. Das ist ein Faktor, der sehr wesentlich bei der Beurteilung von Differenzen in der Ausnützung der Brote mitspielt.

Noch auffälliger ist aber die Beobachtung, daß bei ein und derselben Person Verschiedenheiten in der Ausnützung von ca. 10% sich eingestellt haben. So wurde im ersten „Bier"-Versuch der Person S das Eiweiß zu 30,9, im zweiten „Bier"-Versuch unter denselben Vorbedingungen aber zu 40,2% ausgenützt. (Vgl. Originalarbeit.) Das gibt direkt zu Bedenken Anlaß.

Sehen wir von diesen Ungleichmäßigkeiten aber ab und vergleichen die von M. P. Neumann gezogenen Mittelwerte mit den Plagge und Lebbinschen Zahlen aus Gruppe I (Brot aus 85proz. ausgemahlenem Mehl), die 43,30% Eiweißverlust ergaben, so stimmen die bei Person N gewonnenen Werte mit 42,1% Eiweißverlust damit ziemlich überein. Da bei dem Versuch ohne Bier aber nur 36,4% Eiweißverlust zu konstatieren war, so würde also ein Verlust zu ungunsten des „Bier"-Versuchs von 5,7% anzunehmen sein. Person S nützte an sich besser aus und zeigte im „Bier"-Versuch nur einen Eiweißverlust von 35,6%, im Versuch ohne Bier einen solchen von 26,9%. Damit wäre das Brot bei Biergenuß um 8,5% schlechter ausgenützt worden.

Verluste sind also unzweifelhaft da und sie würden einmal die von Völtz gefundene Tatsache bestätigen, anderenteils auch die höheren Eiweißverluste bei Plagge und Lebbin erklären.

Wie ich aber schon weiter oben (S. 26 u. 27) mitteilte, ist nach den Angaben Rubners die Zugabe von Bier für die Ausnützung des Brotes ohne Bedeutung. Er hat seine früheren Ausnützungsversuche stets mit Bierzugabe ausführen lassen und keine Störungen beobachtet. Hiernach stehen sich zwei Ansichten

---

[1]) F. Völtz, Archiv f. d. ges. Physiol. 1910, **134**, 133.

gegenüber, die zwar ganz verschieden voneinander sind, sich aber doch vielleicht überbrücken lassen. Die bei den Rubnerschen Versuchen beteiligten Personen waren Münchner und dauernd an größere Mengen Bier gewöhnt. Gleichzeitig hatte sich durch die tägliche Zufuhr von Bier auch der Organismus an den Alkohol gewöhnt. Nun wissen wir aber aus Alkoholstoffwechsel-versuchen[1]), daß dann, nachdem sich dieser Zustand eingestellt hat, und sonst eine das Stickstoffgleichgewicht nicht störende Menge Nahrung genossen wird, keine Störungen im Stoffwechsel, etwa Eiweißunterbilanz usw., auftreten. Es wäre also wohl erklärlich, wenn bei Rubners Versuchspersonen keine Anhaltspunkte für Stickverluste beim Bier-Brotversuche zu finden gewesen sind.

Ganz anders liegen die Dinge bei M. P. Neumanns Versuchspersonen. Sie waren jedenfalls nicht an Bier gewöhnt, wenigstens wohl nicht an fast 3 Liter Bier (2975 g), die sie während des Versuches erhielten. In solchen Fällen wirkt aber der Alkohol (es sind unter der Annahme von 3,5% Alkohol nicht weniger als etwa 100 g absoluter Alkohol!) als Gift so deletär auf den Organismus und den Stoffwechsel, daß eine Mehrausscheidung des Stickstoffs erfolgt. Es können also die Eiweißverluste auch eine Folge des ungewohnten Alkoholgenusses gewesen sein, ohne daß man an die Ausscheidung einer so bedeutenden Menge nicht verdauten Bierstickstoffs denken müßte.

Ganz ebenso würden dann auch, wenn diese Voraussetzungen zuträfen, die Verhältnisse bei Plagge und Lebbins Versuchen zu beurteilen sein.

Die Frage, ob die Eiweißverluste von 43,3% beim Kommißbrot nach Plagge und Lebbin wirklich nun richtig sind oder als zu hoch angesehen werden müssen, ist, wie man sieht, auch durch die Versuche von M. P. Neumann noch nicht über jeden Zweifel erhoben, besonders auch deshalb nicht, weil durch die sehr ungleichmäßige Ausnützung der beiden Versuchspersonen eine gewisse Unsicherheit in die Beurteilung hereingetragen wird. Sind doch die durch individuelle Differenzen entstandenen Unterschiede zum Teil größer als die durch das Versuchsmaterial. Es wird daher noch weiteren Untersuchungen vorbehalten bleiben müssen, die Sachlage zu klären.

Mögen nun neue Versuche auch eine Entscheidung darüber bringen, ob die Bierzugabe oder etwas anderes an dem hohen Stickstoffverlust die Schuld trägt, bestehen bleibt die Tatsache, daß bei den meisten Versuchen über Kommißbrot mit 85 proz. ausgemahlenem Roggenmehl, auch im gröberen Zustande, viel niedrigere Verluste gefunden worden sind als bei Plagge und Lebbin. Die Popoffschen Brote zeigten im Mittel nur 29% Eiweißverlust, die von M. P. Neumann nur 36,4% bzw. 26,9%, im Mittel 31,7%, und die von Prausnitz nur 31,9%.

Endlich sind auch von mir während des Krieges[2]) neue Versuche über Kommißbrot ausgeführt worden, die ebenfalls weit niedrigere Werte ergaben.

Es handelte sich um Kommißbrot vom Proviantamt Köln, welches nach der amtlichen Angabe aus „60% Roggen- und 40% Weizenmehl, ausgemahlen mit 5% Kleieauszug" bestand.

Wenn ich diese Angaben recht verstehe, so war es ein hoch ausgemahlenes Mehl von etwa 92% Ausmahlung (3% Verlust + 5% Kleieauszug). Der hohe

---

[1]) R. O. Neumann, bereits zit. auf S. 27.
[2]) R. O. Neumann, Brotarbeit I.

Eiweißgehalt von 7,13%, der hohe Rohfasergehalt von 1,30% und auch der reichlich hohe Aschengehalt von 1,21% konnte der Ausmahlung entsprechen.

Danach hätte die sonst übliche Zusammensetzung des Soldatenbrotes im Kriege eine Änderung in der Weise erfahren, daß man auch nicht bei einer 85 proz. Ausmahlung des Mehles stehengeblieben ist, sondern bis 92% heraufstieg und außerdem $^2/_3$ Roggen und $^1/_3$ Weizen mischte. Ob diese Art Kommißbrot bei anderen Proviantämtern ebenfalls verausgabt worden ist, ist mir nicht bekannt geworden[1]).

Jedenfalls war auf Grund der Erfahrungen, die Plagge und Lebbin mit Brot aus 85proz. ausgemahlenem Mehl gemacht hatten, eine noch ungünstigere Ausnützung zu erwarten. Diese Voraussetzung hat sich aber nicht bestätigt.

Der Verlust betrug an Trockensubstanz 12,01%, an Eiweiß 20,35%, an Rohfaser 28,45%, an Asche 37,77%.

Wenn man hier den Eiweißverlust mit dem Plagge - Lebbinschen Brot vergleicht, so beträgt er nur die Hälfte des letzteren und nur ungefähr $^2/_3$ der Brote von Popoff, M. P. Neumann und Prausnitz. Diese auffällig günstige Ausnützung ist nur so zu erklären, daß die äußerst feine Vermahlung des Mehles die Verdaulichkeit erleichterte, oder daß die Zusammensetzung eine andere gewesen ist; letzteres aber würde der Mitteilung und der chemischen Analyse widersprechen. Dazu beigetragen kann schließlich auch der Weizenmehlzusatz haben. Alkoholika wurden im Versuch nicht gegeben.

Aus vorstehenden Versuchsergebnissen und Erörterungen geht hervor, daß es eine Norm für die Ausnützung einer bestimmten Brotsorte nicht gibt, und daß ebenso wie bei anderen Broten dieselbe auch beim Kommißbrot von der Individualität des Untersuchers in weitem Maße abhängt. Dabei kann man aber der Forderung Plagges und Lebbins durchaus zustimmen, daß zur weiteren Verbesserung des Soldatenbrotes eine höhere Ausmahlung wünschenswert ist.

7. Vollkornbrote.

Mit dem Namen „Vollkornbrot", „Vollbrot", „Ganzbrot" oder „Vollmehlbrot" würde man solche Brote belegen müssen, welche aus dem Mahlgut des ganzen Getreides, ohne jeden Abzug, hergestellt sind. Derartige Brote gibt es, sie führen aber gerade nicht die Bezeichnung Vollkornbrot. Es sind das Brote, deren Mehle bei der alten Flachmüllerei erhalten wurden, z. B. die Bauernbrote, Schrotbrote älteren Datums und, um auch ein Brot aus der Jetztzeit herauszugreifen, das „Bonner Einheitsbrot". Vom Getreide wird nichts weggenommen als der grobe Schmutz und die Unkrautsamen.

Bei den Broten, die aber jetzt landläufig als „Vollkornbrote" bezeichnet werden, trifft dies nicht ganz zu. Sie werden wohl fast ausschließlich aus dekortiziertem Getreide hergestellt und verlieren infolgedessen einen Teil

---

[1]) Gemäß der Verordnung vom 28. Oktober 1914 mußte auch das Kommißbrot der Soldaten 5 Teile Kartoffelflocken, Kartoffelwalzmehl oder Kartoffelstärkemehl auf 95 Teile Roggenmehl enthalten. Das Brot für Kriegsgefangene enthielt 20 Teile Kartoffelpräparate auf 100 Teile Roggenmehl.

von dem, was sie zum „Vollkornbrot" stempeln soll. Damit aber nicht genug! Es kommen im Handel sog. Vollkornbrote vor, die in ihrer Zusammensetzung gar nicht einmal mehr an Brote aus hoch ausgemahlenen Mehlen erinnern. Wir finden, wie bei den Roggenbroten, alle Abstufungen der Dekortikation und der Ausmahlung, der Kleiegehalt ist demnach äußerst wechselnd und daher auch die Ausnützung entsprechend sehr verschieden.

Ein einheitliches Vollkornbrot gibt es nicht und wird es auch nicht geben, weil die Methoden der Herstellung viel zu verschieden sind. Wollte man Brote als Vollkornbrote in einer Kategorie unterbringen, so dürften es, um der gegenwärtigen Hochmüllerei Rechnung zu tragen, nur Brote sein, die im Höchstfalle 3—4% Ausmahlungs- oder Schälverlust aufweisen. Obwohl hieraus hervorgeht, daß ein sog. „Vollkornbrot" in seiner ernährungsphysiologischen Bedeutung nicht anders beurteilt werden kann als ein gewöhnliches Roggen- oder Weizenbrot mit denselben mahltechnischen Verschiedenheiten, so erfreuen sich die sog. „Vollkornbrote" doch einer ganz besonderen Wertschätzung.

Nicht nur in Laien-, sondern auch in den Kreisen vieler Ärzte ist das Wort „Vollkornbrot" zum Schlagwort geworden; es ist, als ob in diesem Brot, das doch nur ein Gebäck aus höchstausgemahlenem Getreide darstellt, der Schlüssel zur ganzen Broternährungsfrage gefunden wäre. So äußert sich K u n e r t[1]), einer der Hauptverfechter des „Vollkornbrotes": „Wir können auf dem ganzen Ernährungsgebiet im Interesse der Wahrung unserer körperlichen Kraft nichts Besseres tun, als unser Volk zu einem richtigen Vollkornbrot zurückleiten. — Ein richtiges Vollkornbrot macht Fleisch direkt entbehrlich."

Ich sehe hier davon ab, die zahlreichen zum Teil sehr ins Oberflächliche gehenden Publikationen über „Vollkornbrote" aus wissenschaftlichen und populären Blättern zur Besprechung heranzuziehen. Sehr häufig sind die Ausführungen nur wieder der etwas veränderte Abklatsch eines früheren Aufsatzes, so daß sich dieselben Gedanken, dieselben Sätze und dieselben Worte wiederfinden, ohne daß auch nur einmal der Versuch gemacht worden wäre, für die Behauptungen experimentelle Beweise zu bringen. Besonders sieht man dort, wo irgendein persönliches Interesse sich an das Brot knüpft, die Veröffentlichungen zu Dutzenden in den verschiedensten Fachblättern auftauchen. Das ist insofern sehr betrüblich, als dadurch das Zutrauen zur Objektivität der Sache nicht gefördert wird.

Unter den Argumenten, die zugunsten des „Vollkornbrotes" in den Propagandaschriften immer und immer wieder ins Feld geführt werden, ist zunächst die angebliche Bedeutung der in den Schalenteilen vorhandenen „Vitamine"[2]) und die in der Kleie enthaltenen „Mineralsalze bzw. Nährsalze"[2]) zu nennen. Ohne auf die Vitaminfrage hier eingehen zu wollen, mag nur gesagt sein, daß wir über diese Dinge vorläufig nur recht mangelhaft unterrichtet sind. Die Angaben widersprechen sich. R ö h m a n n[3]) hält die Angaben von C. F u n k,

<hr>

[1]) K u n e r t, Weißbrot oder Vollkornbrot. Zeitschr. f. physikal. u. diätet. Therapie 1916, **20**.

[2]) Findet sich in vielen Publikationen von V. K l o p f e r, K u n e r t, S t e i n m e t z u. a.; z. B. K l o p f e r, Wichtige Ernährungsfragen unserer Zeit (Vollkornernährung). Zeitschr. f. angew. Chemie 1915, Aufsatzteil v. 16. II. 1915, S. 57.

[3]) F. R ö h m a n n, Zur Frage nach dem Nährwert des Vollkornbrotes. Berl. klin. Wochenschr. 1916, Nr. 5.

der den Einfluß der Kleie auf die Vitamine zurückführt, nicht für richtig, meint vielmehr, daß in den Kleberzellen die fehlenden Atomgruppen des Gliadins sich finden. Diese sollen also, gleich den Funkschen Vitaminen, den Körper davor schützen, daß er durch zu weit ausgemahlenes Brot Schaden leide. Rubner[1]) widerlegt aber in seinen Ausführungen über die Vitamine nicht nur, daß sie als Krankheitsursache beim Brotgenuß überhaupt in Frage kommen können, sondern er hält auch auf Grund der Haberlandschen Untersuchungen die Annahme Röhmanns für nicht zutreffend. Gleichzeitig weist Rubner nach, daß den Mineralsalzen in der Kleie die Bedeutung, die ihnen beigelegt werde, gar nicht zukommt. Der Mineralstoffwechsel des Körpers bleibt von den Mengen von Salzen, welche etwa in den Kleiebroten mehr eingeführt werden als in Broten aus hochausgemahlenem Mehl, vollkommen unbeeinflußt.

Ein weiteres Argument, was zu Gunsten der Vollkornbrote angeführt wird, betrifft das mit der Kleie mehr eingeführte Eiweiß.

Es ist durchaus richtig, daß Brote, die die gesamte Kleie ohne jeden Abzug enthalten, eiweißreicher sind, als Brote aus dekorticiertem Getreide, aber hierbei kommt es weniger darauf an, wieviel Eiweiß eingeführt wird, als vielmehr darauf, wie es ausgenützt wird. Ein ziemlich erheblicher Teil des Eiweißes geht, weil es in den Kleberzellen eingeschlossen liegt und weil auch die Hüllen die Ausnützung stören, verloren, und daher kann auch der Nutzwert solcher Brote kaum größer sein als der grober Schrotbrote. Aber selbst wenn mehr Eiweiß eingeführt würde, als der Körper unbenützt wieder abgibt, wenn also eine gewisse Überkompensation Platz griffe, wäre doch die Ernährung mit derartigen hüllenreichen „Ganz-Broten" wenig wirtschaftlich.

Von sehr vielen Seiten wird ferner ein heilsamer Einfluß des Vollkornbrotes auf die Verdauung behauptet: Die Kleie, die Hüllen des Getreides, die groben Bestandteile regten die Darmverdauung und die Peristaltik an, in diätetischer Hinsicht dürfe nur noch Vollkornbrot genossen werden usw. Dabei kann manchem Vollkornbrotverehrer das Brot nicht grob genug sein. So nennt z. B. Kunert[2]) das Klopfersche, aus feingemahlenem Material bereitete Vollkornbrot, ein „trauriges, schwammiges Vollkornbrot", es müsse ganz grob vermahlen, „geschrotet" sein. Auch Hindhede[3]) wünscht nur Brot aus grob geschrotetem Getreide. Es habe ein ganz anderes Sättigungsvermögen, meint Kunert, während das feingemahlene ein „total entwertetes" Brot liefere, von geringerer Haltbarkeit und erheblich geringerem Aroma[4]). In einer populären Zeitschrift finden wir von einer gewissen Marg. Ehrlich[5]) sogar eine wissenschaftliche Neuentdeckung über die Wirkung der Kleie im Magen. Nach ihr „lockert die Kleie im Magen das Brot, das dadurch vom Magensaft besser durch-

---

[1]) Rubner, Untersuchungen über Vollkornbrote. Archiv f. Anat. u. Physiol. (physiol. Abt.) 1917, S. 344 u. 369.

[2]) Kunert, Vortrag i. d. med. Sektion d. schlesisch. Ges. f. vaterl. Kultur in Breslau vom 19. Nov. 1915. Berl. klin. Wochenschr. 1916, Nr. 4.

[3]) Hindhede, Untersuchungen über die Verdaulichkeit einiger Brotsorten. Skand. Archiv f. Physiol. 1913, 28, 165.

[4]) Kunert, bereits zit. auf S. 144.

[5]) Marg. Ehrlich, Volksbrot — Volkskraft. Zeitschr. Hellauf f. deutsche Erneuerung 1918, Juni/Juli, S. 53.

drungen werden kann als das sich zusammenballende und auch die Därme verstopfende Feinbrot". Außerdem soll nach v. Stechow[1]) das Vollkornbrot eine den Darm reinigende, ausputzende, die Darmtätigkeit beschleunigende Wirkung haben. Solche haltlosen Phrasen und ähnliche törichten Erörterungen finden sich leider ungemein zahlreich, und sie tragen nur dazu bei, die wünschenswerte Aufklärung beim Publikum in Frage zu stellen.

In Wirklichkeit liegt die Sache so, daß grob geschrotenes, zellulosehaltiges Material bei der Vergärung im Darm höchst unliebsame Gasentwicklungen veranlaßt, die gewöhnlich nicht jedermanns Sache sind. Daß bei manchen Personen die unverdauliche Zellulose einen Anreiz zur Peristaltik gibt, soll nicht bestritten werden und daß damit in manchen Fällen auch eine diätetische Wirkung erzielt werden kann, leuchtet jedem Mediziner ein. Nur darf man nicht das Kind mit dem Bade ausschütten und alles Heil im grob geschrotenen Brot suchen wollen.

Trotz aller Empfehlung, die so weit geht, daß man in „der Einführung des kleiehaltigen Mehles und des daraus hergestellten dunklen Brotes einen großartigen Gewinn für die Volksernährung" erblickt[2]), finden sich doch auch andere Stimmen, die sich für das Vollkornbrot weniger begeistert aussprechen. Ich verweise hier auf A. Theilhaber[3]), der im Gegensatz zu den vorerwähnten günstigen Beeinflussungen durch das Vollkornbrot auffallend viele Darmstörungen beobachtete, abgesehen von den dauernden Blähungen durch reichliche Gasbildung. Es bestanden sogar kolikartige Schmerzen und Tenesmen, hervorgerufen durch den entzündlichen Reiz, den die vergärende Zellulose ausgeübt hat. Selbst Unterernährung und Abmagerung meint er auf das Vollkornbrot zurückführen zu müssen. Ganz ablehnend verhält sich auch H. Trillich[4]).

So sehen wir, daß über den Einfluß des Vollkornbrotes auf den Magen-Darmkanal durchaus keine einheitliche Auffassung besteht, und auch wohl nicht bestehen kann, weil es sich im wesentlichen um subjektive Erscheinungen handelt, die zum Teil in der Individualität des einzelnen begründet sein können, die aber auch durch die Verschiedenheiten der Vollkornbrote selbst bedingt sind.

Um objektiv den Wert eines Vollkornbrotes zu bemessen, bleibt, wie auch bei allen anderen Brotsorten, nichts übrig, als durch den Stoffwechselversuch festzustellen, wie groß die Ausbeute an ausnützbarer Substanz bei dem einzelnen Vollkornbrot ist.

Ich weiß natürlich sehr wohl, daß für die endgültige Beurteilung eines Brotes als brauchbares und genußreiches Nahrungsmittel manche Imponderabilien, wie Geschmack, Bekömmlichkeit, Gewohnheit in Rücksicht gezogen werden müssen, aber ernährungsphysiologisch entscheidet in erster Linie der Versuch.

---

[1]) v. Stechow, Vollbrot oder Beutelbrot? Hausfrauenblatt 1916, Beiblatt „Arzt fürs Haus".

[2]) Hans Aron, Die Ausnützung unseres Brotgetreides. „Frankf. Ztg." vom 25. 7. 1917, Morgenblatt Nr. 203.

[3]) A. Theilhaber, Das Vollkornbrot. Münch. med. Wochenschr. 1918, Nr. 23, S. 621.

[4]) H. Trillich, Zur Nährstoffausnützung der Gerste. Deutsche Nahrungsmittelrundschau Mainz 1918, Nr. 14 u. 15.

Hierbei bemerke ich ausdrücklich, daß ich gegenüber einem rationellen „Vollkornbrot" durchaus nicht auf einem ablehnenden Standpunkt stehe, mich aber den ziellosen unbewiesenen und übertriebenen, zum Teil auch zielbewußten reklamehaften Ausführungen nicht anschließen kann.

Eine gute Seite, die man im Kriege dem Vollkornbrote bzw. den Broten aus hochausgemahlenem Mehle abgewinnen konnte, war die Möglichkeit, das Brot um etwa 13% zu strecken, ohne daß Ersatzstoffe verwendet werden mußten.

Weiterhin mag daran erinnert sein, daß nach den Untersuchungen von Lindner[1]) dem Vollkornbrot mit dem ganzen Gehalt an Aleuronzellen eine erhebliche Menge von Fett zugeführt wird, was den Broten mit viel Kleieabschub fehlt. Freilich hat dies zum Teil noch seine Schattenseiten. Das Fett wird eben auch nur, wie das Eiweiß, herausgelöst und verdaut, wenn die Kleberzellen zerrissen bzw. „aufgeschlossen" sind. Die Beseitigung der Zellhülle versuchte Lindner durch Kochen der Kleie mit Salzsäure. Nachdem das Material entsäuert war, verzehrte Lindner die Kleie und fand von den Aleuronschollen nichts mehr vor. Er nimmt an, daß das Fett und das Eiweiß restlos verdaut worden ist. Größere Versuchsreihen liegen meines Wissens aber noch nicht vor, so daß über die Erfolge dieser Methode noch die Erfahrungen fehlen.

Nachdem erwiesen war, daß für die schlechte Ausnützung der Brote aus hochausgemahlenem Mehl die zellulosehaltigen Hüllen des Getreides und die Kleberzellenschicht verantwortlich zu machen sei, trat man sehr bald an Versuche heran, das Brot zu „verbessern".

Vorschläge hierzu gehen allerdings weit zurück und haben ihre ersten Anfänge schon bei Parmentier, der 1773 bereits empfahl, die äußeren Hüllen des Kornes zu entfernen. Im weiteren Verfolg hatte auch Mège - Mouriès 1859 sich der Frage wieder angenommen und sie weitergefördert. Die Verbesserungsvorschläge, die bei uns vorgenommen worden sind, lassen sich etwa in drei Gruppen teilen:

a) das Verfahren der Dekortikation, das Entfernen der Fruchtschale oder das Enthülsen, Schälen usw., z. B. nach Till, Uhlhorn, Steinmetz;

b) das Verfahren des sog. „Aufschließens" der Kleie, z. B. nach Schlüter, Finkler, Klopfer;

c) das Verfahren der direkten Teigbereitung aus dem Korn, z. B. nach Avedyk, Gelinck, Simons, Groß.

Es sollen hier nur die wichtigsten besprochen werden, zu denen ich auch eigene Unterlagen beibringen kann.

Die einfachste Methode, überhaupt eine Verbesserung herbeizuführen, schien zunächst die trockene Vermahlung zu sein. Es lehrte jedoch die Erfahrung, daß gerade die nächstliegende Methode in der Praxis nicht zum Ziele führte.

Plagge und Lebbin[2]) berichten von der ungeheuren Zähigkeit der Kleber-

---

[1]) Lindner, Die Aleuronschicht des Getreides, eine höchst ergiebige Fett- und Eiweißquelle. Wochenschr. f. Brauerei 1918, Nr. 37 ff.

[2]) Plagge und Lebbin, wiederholt zitiert.

zellenschicht, die nur unter den größten Anstrengungen in ein staubfeines Pulver umgewandelt werden konnte. Trotz der feinen Vermahlung wurde eine bessere Ausnützung der Kleie nicht erzielt. Das Brot ergab einen Verlust von 42,35% in der Trockensubstanz und 56,32% in der Eiweißsubstanz.

Damit war anscheinend die Frage dahin geklärt, daß auch eine feingemahlene Kleie, die das feinste Sieb von $1/3$ mm zu passieren vermochte, den Verdauungssäften noch nicht zugänglich war.

a) *Dekortikationsverfahren.*

Steinmetzbrot.

Für eine rationelle Entschälung des Kornes ist vor mehr als 20 Jahren Steinmetz in Wort und Schrift eingetreten. Durch zahlreiche Veröffentlichungen, Flugblätter und Prospekte[1]) hat er oft in derber, aber auch vielfach zutreffender Weise den Wert dieses Verfahrens ins rechte Licht zu setzen versucht, die Methode durch Konstruktion von Maschinen in die Praxis umgesetzt und sich zweifellos Verdienste erworben.

Nach dem Verfahren von Till[2]) und Uhlhorn[2]) wird das Getreide trocken geschält, nach Steinmetz auf nassem Wege. Die trockene Schälung, die unter Umständen eine weitgreifende ist und bis zur Wegnahme der Kleberzellenschicht führt, wird mit Schmirgelschälmaschinen erreicht. Trotzdem ist die Wirkung auf die Menge der Körner bezogen, sehr viel geringer als beim nassen Schälverfahren. Hierüber geben einige Zahlen von Buchwald[3]) anschauliche Auskunft:

<table>
<tr><td>

a) Ein trocken geschälter Roggen

ergab: 10 g Körner = 355 Stück
ungeschält   184 Stck. = 0
bis $1/4$ geschält 167 ,, =41,75
bis $1/2$,,   4 ,, = 2
bis $3/4$,,   0 ,, = 0
mehr als $3/4$,,   0 ,, = 0
<hr>
355 Stck. = 43,75 geschält

gleich 12,3% Schälwirkung.

</td><td>

b) Ein nach Steinmetz naß geschälter Weizen

ergab: 10 g Körner = 254 Stück
ungeschält   3 Stck. = 0
bis $1/4$ geschält 0 ,, = 0
bis $1/2$,,   7 ,, = 3,5
bis $3/4$,,   43 ,, = 32,25
mehr als $3/4$,,   201 ,, =201
<hr>
254 Stck. = 236,75 geschält

gleich 93,2% Schälwirkung.

</td></tr>
</table>

Die Steinmetzsche Schälmaschine besteht aus drei übereinandergestellten Schältrommeln mit Schlägerwerk[4]). Der Mantel ist aus gebuckeltem Blech. Bevor das Getreide in die Maschine gelangt, wird es mit warmen Wasser geweicht, wobei die Oberhaut aufquillt. Dann folgt ein Abbrausen mit reichlich kaltem

---

[1]) Ich nenne hier nur: Steinmetz, Reinliche Nahrung, 2. Bearbeitung. Blücher Nachfolger, S-.Altenburg. — Derselbe, Mobilmachung aller Brotesser gegen die Unvernunft in der Ernährung. Paul Lorenz, Freiburg. — Derselbe, Zeitgemäßes Mehl und Brot. Der Grundstein zum Aufbau neuer Volkskraft. Paul Lorenz, Freiburg 1917. — Derselbe, Wie kann der Nahrungsnot abgeholfen werden? Allen deutschen Brotessern zur Aufklärung. Flugblatt 1916.

[2]) Bei Plagge u. Lebbin S. 102. Zit. S. 24, Anm. 4.

[3]) Buchwald, Der Müller, 1914, Nr. 34/35 vom 28. Aug.

[4]) Genau geschildert ist das Verfahren in der Zeitschr. f. d. ges. Getreidewesen 1916, Nr. 1/2, S. 19.

Wasser. In der ersten Trommel wird die Oberhaut dadurch, daß die Körner an die Mantelwand geschleudert werden, weitgehend gelockert, in der zweiten Trommel abgestreift und in der dritten Trommel erfolgt ein Nachschälen einzelner Körner. Die losgelösten Oberhautfetzen werden durch Aspiration abgesaugt. Es handelt sich dabei um die Längs- und Querfaserschicht. Die Samenhaut und die Kleberzellenschicht wird nicht berührt.

Es wird also eine vollkommene Schälung erzielt, wobei nach Steinmetz 4,6% Schalen entfernt werden. Durch den intensiven Waschprozeß wird nebenher aller Schmutz hinweggenommen und ein hygienisch einwandfreies Mahlgut erzeugt. Die Mehle, die aus dem wieder getrockneten Getreide hergestellt werden, sind heller, und wie Buchwald sagt, können die Ausbeuten bei Einhaltung eines bestimmten Farbentons entsprechend größer sein. Nach den Angaben von Menicanti und Prausnitz[1]), die allerdings weit zurückliegen, war das Aussehen des Mehles kein besonders gutes. Das mag sich aber bei der Vervollkommnung der Methode gebessert haben.

Genannte Autoren waren die ersten, welche die Frage zu beantworten suchten, wie die Wirkung des Steinmetzverfahrens, also die Dekortikation, sei. Indem ich hier auf die ausführliche Originalarbeit und ebenso auf die zusammenhängende Besprechung bei Maurizio[2]) verweise, gebe ich nur einige Durchschnittszahlen, die den Erfolg der Untersuchung zeigen.

Es gingen verloren in %:		an Trockensubstanz	an Eiweiß
bei Roggenbrot, geschält		10,38	29,20
„ „ ungeschält	80—82% Mehlausbeute	10,25	30,67
„ Weizenmehl, geschält		4,86	13,35
„ „ ungeschält		6,73	16,93

Hieraus geht hervor, daß die Unterschiede zwischen den Broten aus geschältem und ungeschältem Getreide recht gering sind. Nebenbei sieht man nur, daß der Roggen schlechter ausgenützt wird als der Weizen.

Weitere Versuche, bei denen ich selbst in 6 Perioden teilgenommen habe, sind von K. B. Lehmann[2]) veröffentlicht worden.

Es handelt sich um Schweizer und Schlesischen Roggen, teils nach Steinmetz geschält, teils ungeschält. Die Ausmahlungsgrade waren verschieden. Als Vergleichsbrot diente solches aus Würzburger Roggen.

Der Verlust der Ausnützung betrug in % (Mittelwerte aus mehreren Versuchen)	an Trockensubstanz	an Eiweiß
1. Schweizer Roggen, geschält, zu 94% ausgemahlen	14,2	54,7
2. „ „ , ungeschält, „ 70% „	10,3	55,7
3. Schlesischer „ , geschält, „ 82% „	12,2	45,9
4. „ „ , ungeschält, „ 62% „	11,3	48,3
5. Würzburger „ , ungeschält, „ 65% „	12,48	46,6

Gegenüber den Resultaten von Menicanti und Prausnitz sind die Ausnützungsverluste beim Eiweiß recht hoch. Falls die Unterschiede nicht in der Individualität der Untersucher begründet sein sollten, ist eine Erklärung

---

[1]) Menicanti und Prausnitz, Untersuchungen über das Verhalten verschiedener Brotarten im menschlichen Organismus. Zeitschr. f. Biol. 1894, **30**, 345.
[2]) Maurizio, Nahrungsmittel aus Getreide. II. Bd., S. 60. Paul Parey, Berlin.
[3]) K. B. Lehmann, Hygienische Untersuchungen über Mehl und Brot. XI. Avedyk- und Steinmetzverfahren. Archiv f. Hygiene 1902, **45**, 185.

schwer zu geben. Im übrigen zeigen aber auch die hier gewonnenen Ergebnisse keine sehr wesentlichen Differenzen. Der Einfluß des Schälens tritt zwar deutlich zutage, wenn man jedoch berücksichtigt, daß in den Versuchen mit ungeschältem Getreide ein Mehl von geringerer Ausmahlung vorlag, das an sich besser ausgenützt wird, so verschwinden die Unterschiede noch mehr.

Man kann daher nicht sagen, daß der Schälprozeß, dem etwa 4% des Kornes zum Opfer fallen, auf die Ausnützung wesentlich verbessernd einwirkt.

Immerhin spricht sich K. B. Lehmann dahin aus, daß ein Steinmetzmehl mit nicht unter 15% Kleieabsonderung etwa dem in der Volksernährung üblichen Roggenmehl gleichwertig ist und die Einführung des Steinmetzverfahrens an Stelle der gewöhnlichen Roggenmehlgewinnung in Betracht zu ziehen sei — wenn das Verfahren finanzielle Vorteile böte. Das letztere scheint aber fraglich zu sein.

b) *Aufschließungsverfahren.*

Schlüterbrot.

Im Gegensatz zu dem Dekortikationsverfahren, welches eine bessere Verdaulichkeit des Getreides dadurch herbeiführen wollte, daß die äußeren Schichten des Kornes weggenommen wurden, befassen sich die „Aufschließungsverfahren" mit der Kleberzellenschicht. Sie soll in der einen oder anderen Form so angegriffen bzw. verändert werden, daß die Kleberzellen sich öffnen und die darin enthaltenen Stoffe der Verdauung mehr zugänglich sind.

Von den verschiedenen Verfahren mag zunächst das Schlütersche genannt werden. Nach Schlüter[1] wird der Roggen in 60% feines Mehl, 15% dunkles Mehl und etwa 25% Kleie zermahlen, die Kleie mit Wasser verrührt und im Autoklaven erst einige Zeit bei 60° vorgewärmt und dann auf 110° erhitzt, wobei sie durch Einlassen von überhitztem Wasserdampf „gargekocht" wird. Entweder trocknet man nun diese Maße im Trockenofen oder zwischen heißen Walzen, um sie dann erst zu vermahlen. Die Vermahlung geht jetzt leichter vonstatten, da sie durch den Erhitzungsprozeß die Zähigkeit eingebüßt hat. Das nunmehr dunkelgefärbte karamelisierte Mehl wird dann mit dem Vormehl zusammengebracht und dieses Gemenge — das Schlütermehl — mit dem Feinmehl im Verhältnis von 60:40 gemischt.

Wenn das Verfahren als Kleieaufschließungsmethode angegeben wird, so ist das nicht ganz richtig, denn hier handelt es sich nur um das „Aufschließen" der in der Kleie vorhandenen Kohlehydrate. Sie werden durch den Kochprozeß verkleistert, und dann entstehen durch die Hitze im Trockenofen Umsetzungen der Stärke bzw. des Zuckers, die dem Brot später den süßlichen Geschmack verleihen. Dagegen kann von einem Aufschließen der Kleberzellen oder vom Aufschließen des Kleieeiweißes keine Rede sein, da auch die in der Kleie etwa vorhandenen proteolytischen Enzyme die unverletzten Kleberzellen nicht zu durchdringen vermögen. Daher gehört das Schlütersche

---

[1] Bei M. P. Neumann S. 486. Bereits zit. S. 26, Anm. 5.

Verfahren streng genommen gar nicht zu denjenigen, die eine Verbesserung der Ausnützung des Kleieeiweißes im Auge haben.

Die einzigen Ausnützungsversuche, die mit Schlüterbrot gemacht worden zu sein scheinen, stammen von H. Strunk[1]), welcher im Mittel von 8 Versuchen einen Verlust an Trockensubstanz von 11,6, an Eiweiß von 44,3% fand. Letzterer ist so hoch, daß er als Beweis dafür angesehen werden kann, daß das Eiweiß sicher nicht aufgeschlossen war. Als gering kann dagegen der Trockensubstanzverlust angesehen werden.

Neuerdings hat H. Feddersen[2]) das Schlüterverfahren zu verbessern gesucht. Nach seiner Methode wird die nach dem Absondern sich ergebende Kleie eingeteigt, ebenfalls wie bei Schlüter zur „Enzymwirkung" erwärmt, dann aber nicht erhitzt, sondern der Teig noch warm einer nassen Vermahlung unterworfen. Es soll auf diese Weise gelingen, eine noch weitergehende Aufschließung des Zelleninhaltes der Kleie herbeizuführen. Die vermahlene Masse ist eine feine, völlig homogene Paste von süßlich aromatischem, angenehmem Geschmack und feinem Malzgeruch und kann ohne weiteres mit den anderen Bestandteilen des Kornes, den Vor- und Nachmehlen, vermischt und verarbeitet werden. Die Paste läßt sich auch trocknen und dann nochmals vermahlen, doch ist die nasse Vermischung mit dem Mehl vorzuziehen. Das Verfahren ist patentiert.

Da auch durch die nasse Vermahlung das Kleieeiweiß nicht verändert werden kann, so bietet das Feddersensche Verfahren gegenüber dem Schlüterschen in bezug auf bessere Ausnützung des Eiweißes wohl keine Vorteile.

Eine andere Idee, um die Nährstoffe der Kleie zu gewinnen, hat Große-Brankmann[3]) in die Praxis einzuführen gesucht. Er will die Kleiesubstanzen von den Holzfasern durch Ausgärung trennen. 25 Pfund Kleie werden mit 30 l kaltem Wasser gemischt und so lange in einem Rührbottich durchgearbeitet, bis ein gleichmäßiger, dünner, schaumiger Brei erzielt ist. Nachdem der Brei 24 Stunden lang gestanden hat, setzt man 2 Pfund Sauerteig und 10 l laues Wasser zu und läßt nochmals unter Umrühren 24—36 Stunden stehen. Nach erfolgter Gärung wird in einer Filterpresse die Holzmasse von dem „Extrakt" abgepreßt. Das Extrakt mischt man mit 10 Pfund Mehl und $10^1/_2$ l Wasser durcheinander, gibt noch 1 Pfund Sauerteig und 45—50 Pfund Mehl hinzu und verarbeitet das Ganze zu Brot. „Das auf diesem Wege gewonnene Brot ist nach den Angaben des Erfinders außerordentlich nährstoffhaltig und wohlschmeckend." Das Verfahren ist patentrechtlich geschützt. Was in dem „Extrakt" für Nährstoffe enthalten sind, wird leider nicht mitgeteilt, ebenso habe ich nicht ermitteln können, ob Ausnützungsversuche mit diesen Broten gemacht worden sind.

Man ist auch dazu übergegangen, mit Hilfe chemischer Mittel die Kleie aufzuschließen. Ganz analog dem Verfahren, die Zellulose mit Alkalien zu

---

[1]) Bei M. P. Neumann S. 504. Bereits zit. S. 26, Anm. 5.

[2]) H. Feddersen, Verfahren zur Vorbereitung der Kleien, um sie für die Bereitung von Brot aus der Gesamtheit der Kornbestandteile geeignet zu machen. Zeitschr. f. d. ges. Getreidewesen 1918, Heft 10/11, S. 151.

[3]) Große-Brankmann, Verfahren zur Gewinnung eines möglichst nährstoffhaltigen Vollkornroggenbrotes. Zeitschr. f. d. ges. Getreidewesen 1914, Heft 3, S. 64.

behandeln, um sie als Tierfutter geeigneter zu machen, schlägt H. Oexmann[1]) vor, die Kleie mit 4 proz. alkalischer Lauge zu kochen. Neu ist sein Gedanke, das Lignin von der Zellulose vollständig zu trennen. Nachdem die Kleie gekocht ist, wird die Eiweißlösung von der Zellulose abgesondert, letztere dann vom Lignin durch besondere Verfahren befreit, das Eiweiß aus der Eiweißlösung ausgefällt und der Zellulose wieder zugesetzt. Hierauf werden Mehl, Zellulose und Eiweiß wieder gemischt.

Diese Mischung soll dann „im Nährwert und bezüglich der Verdaulichkeit mit dem sonst zur Verwendung kommenden reinen Mehl vollkommen gleichwertig sein". Das Verfahren ist ebenfalls patentamtlich geschützt. Über eine praktische Verwendung der Methode zur Brotbereitung ist bisher nichts bekannt geworden.

Finklerbrot.

Finkler[2]) sah in der mechanischen Bearbeitung der Kleie die Möglichkeit einer Aufschließung, und zwar in der Behandlung in nassem Zustande. Die Kleie wird mit einer etwa 1 proz. Chlornatriumlösung in kalkhaltigem Wasser im Verhältnis von etwa 1 : 5 versetzt, gut gemischt und nun auf Raffineuren oder Walzen, welche rollende und schiebende Bewegungen machen und sich mit ungleicher Geschwindigkeit drehen, gemahlen. Die so erhaltene Masse ist eine weiche, breiige, senfartige Mischung, in der fühlbare Teilchen nicht mehr vorhanden sind. Sie wird auf Walzen (heiß?) getrocknet und trocken nochmals vermahlen, alsdann dem Brotmehl beigefügt. Das daraus entstandene Kleiemehl bezeichnete Finkler als „Finalmehl". Für die Brotbearbeitung kann es auch ohne Trocknung direkt in feuchtem Zustande dem Brotteig zugemischt werden. Das sog. Finklerbrot, welches vor 9 Jahren hier in Bonn zuerst hergestellt wurde, ist im Verkehr nicht allzulange angetroffen worden, jedenfalls habe ich seit 6 Jahren keines zu Gesicht bekommen. Es wurde mir mitgeteilt, daß das Mahlverfahren umständlich sei, besonders wenn es auf die allerfeinste Vermahlung ankomme, und dadurch das Brot verteuert würde. Auch die Mannheimer Großmüllerei, die damals das Finalmehl für Finklers Versuche herstellte, scheint das Produkt für die Brotfabrikation nicht mehr herzustellen. Finkler war der Meinung, daß nach seiner Methode die Kleberzellen vollkommen zerrissen und geöffnet würden und dadurch ein besserer Ausnützungserfolg erzielt werden müsse, im Gegensatz zur Plagge und Lebbinschen Trockenvermahlung, bei der trotz der großen Feinheit der Kleie noch unverletzte Zellen gefunden wurden.

Die Beweise dafür erblickte Finkler zunächst darin, daß im mikroskopischen Präparat die Kleberzellen zerstört waren, auch schien ihm ein künstlicher Verdauungsversuch solcher Kleie dafür zu sprechen.

Ein endgültiger Beweis konnte freilich erst durch Ausnützungsversuche erbracht werden. Finkler ließ Brote backen 1. mit 75% feinem Weizenmehl (von 70—75% Ausmahlung) + 25% Finalmehl; 2. mit 50% Weizenmehl + 50%

---

[1]) H. Oexmann, Verfahren zur besseren Ausnützung der in den Getreidepflanzen enthaltenen Nährstoffe. Zeitschr. f. d. ges. Getreidewesen 1919, Heft 1 u. 2, S. 12.

[2]) Finkler, Die Verwertung des ganzen Kornes zur Ernährung. Zentralbl. f. allg. Gesundheitspflege 1910, **29**, 241.

Finalmehl und 3. mit 90% Weizenmehl + 10% Finalmehl. Die Versuchspersonen erhielten in 3—4 tägigen Perioden ca. 400—650 g Brot. (Über die Zukost und deren chemische Zusammensetzung ist nichts mitgeteilt.)

Der Versuch mit Brot unter Zusatz von 25% Finalmehl zerfiel in 3 Gruppen, da infolge der verschiedenen Leistung der Maschinen das eine Mal das Finalmehl noch 20% Schalen aufwies, das andere Mal 10% und im dritten Falle 3—4%.

Die Ausnützung verlief folgendermaßen:

Es gingen zu Verlust im Mittel	an Trockensubstanz	an Eiweiß
1. Brot mit 10% Finalmehl und 90% Weizenmehl	15,3	27,4
2. Brot mit 25% Finalmehl und 75% Weizenmehl		
a) mit 3—4% Schalen	13,3	28,1
3. Dasselbe b) mit 10% Schalen	14,9	32,5
4. Dasselbe c) mit 20% Schalen	17,8	37,4
5. Brot mit 50% Finalmehl und 50% Weizenmehl	24,6	36,4
6. Brot aus feinem Weizenmehl allein	13,8	25,9

Finkler schließt nun aus den Zahlen, daß in der Ausnützung kein Unterschied vorhanden sei zwischen dem Brot mit 10% Finalmehl und dem mit 25% Finalmehl, ja es sei die Ausnützung dieselbe wie beim Weizenmehl. Hierin vermag ich aber Finkler nicht zu folgen.

Sieht man sich die Ausnützung des Brotes aus Weizenmehl an, so beträgt der Verlust der Eiweißausnützung 25,9%, bei Brot mit 10% Finalmehl 27,4%, bei Brot mit 25% Finalmehl aber gar 28,1%, 32,5% und 37,4%. Das sind doch Unterschiede von 2,2%, 6,6% und 11,5% zu ungunsten des Finalmehles! Wenn es außerdem richtig wäre, daß die Ausnützung des Weizenmehles gleich des der Finalmehles wäre, dann dürfte doch nicht bei einem Brot aus der Hälfte Weizenmehl und der Hälfte Finalmehl ein Mehrverlust von 10,5% auftreten!

Ferner ist auch ganz übersehen worden, daß bei den Ausnützungswerten nicht nur die Kleie des „Finalmehles" eine Rolle spielt, sondern auch die nicht-finklanisierte Kleie im Weizenmehl, aus dem das Brot gebacken wurde. Wir besitzen leider keine Angaben, wie hoch der Kleiegehalt der letzteren gewesen ist, aber bei 75% Ausmahlung ist die Menge immerhin noch sehr beachtenswert. Wenn nun die eine Versuchsperson 500 g Brot pro Tag zu sich nimmt, in welchem (bei 10% Finalmehl) 450 Teile aus Weizenmehl bestehen und eine andere 500 g, in welchem (bei 50% Finalmehl) nur 250 Teile aus Weizenmehl bestehen, so müssen an sich schon die Resultate verschieden ausfallen. Diese Differenzen mußten also ermittelt und in Rechnung gesetzt werden.

Demnach tragen die Resultate etwas Unsicheres an sich.

Es ist anzunehmen, daß Finkler selbst diesen Eindruck gehabt hat, denn er gibt an, daß das zu den Versuchen benützte Mehl noch nicht als „ideal" bezeichnet werden könne, und daß es erst den Anstrengungen des Mühlendirektors der Rheinmühlen in Mannheim gelungen wäre, ein „in der Feinheit der Vermahlung vollendetes Produkt" zu erreichen.

Mit diesem neuen Finalmehl wurden wiederum Versuche angestellt.

Finkler ließ Brot aus „Weizenmehl" backen und außerdem Brot aus diesem „Weizenmehl" + 25% Finalmehl. Das Weizenbrot enthielt 15,66% Eiweiß, das Finalbrot 17,02 Eiweiß in der Trockensubstanz und 2,80% Rohfaser.

Über die sonstigen Bestandteile des Finalbrotes ist nichts angegeben, ebenso fehlen Mitteilungen über die Zusammensetzung des Weizenmehles.

Es ergaben sich folgende Verluste in %		an Trockensubstanz		an Eiweiß	
beim Finalbrot	Person I	8,8		17,2	
	„ II	6,9	7,85	10,5	13,9
beim Weizenbrot	Person I	5,0		10,8	
	„ II	5,4	5,20	10,1	10,4

Was zunächst beim Vergleich der früheren mit den neuen Versuchen auffällt, ist der sehr große Unterschied in der Gesamtausnützung sowohl der Trockensubstanz wie des Eiweißes. Es sind etwa 100% Differenz! Das neue Brot mit 25% Finalmehl, ein „in der Feinheit der Vermahlung vollendetes Produkt", enthielt offenbar keine „Schalen" mehr, das im ersten Versuche verwandte (unter Versuch 2) aber auch nur 3—4%, und dabei betrug der Verlust im ersten Falle beim Eiweiß im Mittel 13,9%, früher aber 28,1%, bei der Trockensubstanz 7,85%, früher aber 13,3%. Falls das Weizenmehl in beiden Versuchen wirklich dasselbe gewesen ist, können die 3—4% „Schalen" nicht diese Differenz erklären. Da stimmt etwas nicht! Entweder sind die ersten Resultate nicht zuverlässig oder die zweiten.

Ebenso unerklärlich ist der Ausfall in der Ausnützung des Weizenbrotes. Im ersten Versuch war in der Trockensubstanz ein Verlust von 13,8%, im zweiten ein Verlust von 5,20% vorhanden, der Eiweißverlust betrug im ersten Versuch 25,9%, im zweiten 10,4%. Also war er beinahe nur ein Drittel so groß wie im·ersten Versuch! Dabei ist die Ausnützung überhaupt so gering im zweiten Versuch, wie wir sie bei Weizenmehl mit 75% Ausmahlung überhaupt kaum einmal antreffen.

Nun ist der Unterschied zwischen dem Weizenbrot und dem Finalbrot in der Trockensubstanz nur auf 2,65%, im Eiweiß auf 3,5% ermittelt. Selbst wenn wir annehmen wollten, daß durch das Finklersche Verfahren die Öffnung der Kleberzellen so gelungen wäre, daß das in denselben vorhandene Eiweiß nur 3,5% schlechter ausgenützt würde, so ist doch alle Zellmembran in dem Finalmehl geblieben, und da kann die Zahl von 2,6% Mehrverlust in der Trockensubstanz keinesfalls richtig sein. Die Unterschiede müßten viel bedeutender ausgefallen sein.

Zu Bedenken Veranlassung gibt auch, daß die erste Versuchsperson das Eiweiß fast 7% (!) schlechter ausnützte als die zweite. Mittelwerte aus zwei Versuchen mit Ausnützungen von 17,2% und 10,5% zu berechnen und sie als maßgebend einzusetzen, ist sehr gewagt.

Endlich währten die Versuche nur einen Tag! Ich habe mich an anderer Stelle[1]) bereits kurz über diesen und andere Punkte der Finklerschen Untersuchung geäußert, muß aber nochmals hervorheben, daß, wie auch aus den Ausführungen im Abschnitt „Stoffwechsel" S. 19 hervorgeht, so kurz bemessenen Versuchen keine große Beweiskraft zuzuerkennen ist.

Auch Rubner[2]) äußert sich später zu den Ausnützungsversuchen, welche

---

[1]) R. O. Neumann, Brotarbeit II.

[2]) Rubner, Untersuchungen über Vollkornbrote. Archiv f. Anat. u. Physiol. (physiol. Abt.) 1917, S. 318.

Finkler zum Beweise seiner Anschauungen ausgeführt hat, dahin, „daß sie der am wenigsten befriedigende Teil seiner Untersuchungen sind und tragen in dem Ergebnis, daß bei Finalbrot 7,8% der Trockensubstanz zu Verlust gehen, bei Weißbrot aber 5,2%, den Stempel der Unwahrscheinlichkeit".

Jedenfalls ist aus den Zahlen Finklers nicht zu erweisen, daß, wie er sagt: „der Nutzen an resorbierbarem Eiweiß demnach für den Menschen gleich groß ist, wenn er feines Weißbrot oder wenn er das dem Vollkornbrot entsprechende Finalbrot in gleicher Menge ißt." Erwiesen ist nur, daß die Zahlen sehr wenig übereinstimmen und keine sicheren Schlüsse daraus zu ziehen sind. Sieht man von allen Ungereimtheiten aber ab, so wird man einen gewissen günstigen Einfluß seines „Aufschließungsverfahrens" auf die Eiweißresorption anerkennen können, der aber nicht so weit geht, daß das Finalbrot dem feinen Weizenbrot gleichzustellen ist.

Trotz der bestehenden Unklarheiten, die jeder bei genauer Durchsicht der Finklerschen Veröffentlichung erkennen muß, finden sich fast überall, wo die Finalbrotuntersuchungen ausführlicher erörtert sind, wie z. B. bei M. P. Neumann, Maurizio, Stoklasa, die Finklerschen Folgerungen ohne Kommentar unterschrieben. Auch Hüppe sagt: „Finkler hat das Verdienst, zuerst eindeutig festgestelltzu haben, daß die Kleiebestandteile ebensogut ausgenützt werden wie die des Mehlkerns."

Nur von Hasterlick[1]) wird eine gegenteilige Ansicht vertreten: Die mit Finklerschem Brot und Schlüterbrot angestellten Ausnützungsversuche haben ergeben, daß durch keines dieser Verfahren eine erhöhte Verdaulichkeit der Mehleiweißstoffe erreicht werden kann, und man geht wohl nicht fehl, wenn man alle bisherigen Versuche, durch die Mitverwertung der holzstoffhaltigen Kleie eine Brotverbesserung erzielen zu wollen, trotz mancher kleiner Errungenschaften, die sich im Geschmack und Aussehen dieser Sondergebäcke kundgeben, als ergebnislos anspricht. Es sind Fortschritte — auf dem Holzwege." Wenn man auch vielleicht das Extrem nicht wird unterschreiben wollen, so sagen die· Worte doch vieles Zutreffende.

Besonders auffallend ist die Begeisterung, mit der Stoklasa[2]) für das Finklerbrot eintritt. Er nennt es sogar „das Brot der Zukunft". In seinem etwas vielversprechend geschriebenen Buch, in dem er über seine „biochemischen" Untersuchungen des Finalmehles und des Finalbrotes ausführlich berichtet, wird den Salzen und den „hochwichtigen" Enzymen, von denen er polysaccharidespaltende, glykolytische, proteolytische Enzyme, fettspaltende Fermente, Peroxydasen und Katalasen nachwies, große Bedeutung beigemessen. Auch besitze die Zellulose im Finalmehl einen ganz andern chemischen Charakter. Durch diese Eigenschaften würde „natürlich die Verdaulichkeit des Mehles und des aus ihm hergestellten Brotes noch sehr erhöht und sie erreichte dann beim Menschen annähernd die gleiche Höhe wie bei den Wiederkäuern". Eigene Ausnützungs- oder Stoffwechseluntersuchungen hat aber Stoklasa

---

[1]) A. Hasterlick, Über Brotverbesserungen. Blätter f. Volksgesundheitspflege 1916, Nr. 1, S. 8.

[2]) Stoklasa, Das Brot der Zukunft. Fischer, Jena 1917. — Vgl. auch Stoklasa, Entspricht die jetzige Broterzeugung der modernen biochemischen Forschung? Deutsche med. Wochenschr. 1916.

nicht angestellt. Er stützt sich einmal auf Versuche von O. v. Czadek[1]), der an 2 Personen Finklerbrot verfütterte und die Ausnützung der Nährstoffe dem Roggenbrot „praktisch“ gleichwertig fand (Zahlen werden leider von Stoklasa keine mitgeteilt) und auf Versuche von A. v. Decastello und Ritter[2]), die an Patienten der Wiener Klinik das Finalmehlbrot prüften. Das Brot wurde geliefert aus dem „österreichischen Finalwerk Fischamend“.

v. Decastello verabreichte an 6 Personen in 13 Versuchen pro Tag 450—700 g Finklerbrot mit 20% Finalmehl, dazu noch 50—100 g Butter, 60—80 g Zucker, 500 g Wein und Kaffee. In einem zweiten Vergleichsversuch an drei Personen Brot aus Roggen mit 20% Kleieauszug. (Einige Zeilen darunter steht aber 25% Kleieauszug.) Der Verlust betrug im Durchschnitt im 1. Versuch mit Finklerbrot an Trockensubstanz 10,6%, an Eiweiß 29,2%. Im zweiten Versuch mit Roggenbrot ergab sich ein Verlust in der Trockensubstanz von 9,6% und im Eiweiß 29,8%. (Einige Zeilen darunter steht aber 29,9%.)

Danach wäre die Ausnützung des Roggenbrotes und des Finklerbrotes „praktisch“ — wie bei v. Czadek — eine gleich gute gewesen, denn die Unterschiede im Eiweißverlust von 29,2% und 29,8% sind zu unbedeutend, als daß sie eine Rolle spielen könnten.

Die angegebenen Zahlen sind Mittelwerte. Sieht man sich aber die Zahlen im Original genauer an, so sind die Schwankungen in den Versuchen derselben Personen und dann wiederum die Schwankungen in den Versuchen der verschiedenen Personen so bedeutend, daß die Zahlen ihre Sicherheit verlieren. So variierte z. B. der Eiweißverlust bei der Versuchsperson Kriwan in 4 Versuchen von 20,3%—31,2%, bei Dermelow in 4 Versuchen von 23,7% bis 36,9%, bei Zoltanski von 36,5%—40,5%.

Weiterhin hat Rubner schon darauf aufmerksam gemacht[3]), daß sich ganz andere Zahlen ergeben, wenn, wie es richtiger ist, die Zahlen der gleichen Versuchspersonen miteinander verglichen werden. Nach den Berechnungen Rubners, auf die ich hier verweise, wird dann aber das Finalmehl noch einmal so schlecht ausgenützt wie das Roggenmehl.

Auf Grund dieser Tatsachen wird man zugeben müssen, daß die angeblich so ausgezeichnete Ausnützbarkeit des Finklerbrotes noch keineswegs feststeht.

Rubner hat nun in seiner ausführlichen Untersuchung[3]), auch unter Hinzuziehung der Zellmembranfrage das Finklerverfahren eingehend bearbeitet und ganz klare und beweisende Unterlagen beigebracht, die ein endgültiges Urteil gestatten.

Er zeigte zunächst aus der Analyse, daß normale Roggenkleie von der finklanisierten Kleie nicht wesentlich abwich. Es enthielt an:

---

[1]) O. v. Czadek, Ernährungsversuche mit Finalmehl. Zeitschr. f. d. landw. Versuchswesen in Österreich 1915. Das Original war mir nicht zugänglich. In einem Referat in der Zeitschr. f. Unters. d. Nahr.- u. Genußm. 1916, Nr. 32, S. 518, sind auch keine Zahlen angegeben.

[2]) A. v. Decastello, Ausnützungsversuche mit dem Finklerschen Finalbrot. Zeitschr. f. physikal. u. diätet. Therapie 1917, 21, 3. Heft, S. 73.

[3]) Rubner, S. 319, bereits zit. auf S. 154, Anm. 2.

	Normale Kleie	Finklanisierte Kleie
Asche	5,89	5,94
Organisches	94,11	94,06
Eiweiß	16,62	16,43
Pentosan	22,65	21,60
Zellmembran	25,94	24,85
darin: Zellulose	7,20	7,17
Pentosan	11,78	12,56
Rest	6,96	5,12
Fett	3,70	2,39
Stärke	36,98	41,56
Verbrennungswärme	445,10	456,10

Das Finalmehl ist also reich an Asche, Protein, Pentosan, Zellmembran. Etwa 40% beträgt die leichtresorbierbare Stärke. Die ausgezeichnete Vermahlung des Finalmehles ist natürlich für die Eiweißverdauung von Bedeutung, weil das freigelegte bereits im Darm resorbiert werden kann. Andererseits scheint wichtig, daß das Protein im Finalmehl nicht so fest an der Zellwand haftet wie in manchen anderen Kleiearten.

Das Brot selbst hatte nicht denselben angenehmen Geschmack und das Aroma wie ein Roggenbrot mit 80% Ausmahlung. Es litt an einem spezifischen Geruch nach dem Finalmehl. Jedenfalls war das Verlangen nach diesem Brot nicht besonders ausgeprägt.

Die Untersuchung des Brotes aus 70% feinstem Weizenmehl und 30% Finalmehl ergab eine Zusammensetzung (in der Trockensubstanz) von:

Asche	3,48%	Zellmembran	8,72%
Organisches	96,52%	darin: Zellulose	2,70%
Eiweiß	12,68%	Pentosan	4,08%
Pentosan	9,45%	Restsubstanz	1,94%
Fett	1,65%	Kalorien	421,70
Stärke	68,10%		

Der Zellmembrangehalt entsprach etwa dem eines Vollkornbrotes, es war eiweißreich und zeigte einen bedeutenden Gehalt an Pentosan und Zellmembran.

Rubner führte an 2 Soldaten zwei 7tägige Versuche aus, in denen sie 800—1200g Finalbrot nebst etwas gesüßtem Kaffeesurrogat erhielten. Außerdem wurden zum Vergleich 2 Versuche mit 8tägiger Periode nachgeschaltet, in denen 1050—1200 g Weißbrot, dessen Mehl auch für das Finalbrot gedient hatte, verabreicht wurde.

Es ergaben sich als Mittel aus den Untersuchungen in Prozenten:

Verlust	beim Finklerbrot	beim Weißbrot	im Finalmehl[1]
an N	22,42	13,82	34,40
„ Protein N	10,53	6,51	20,10
„ Kalorien	12,42	4,50	29,50
„ Stoffwechselkalorien	5,15	2,78	10,00
„ Zellmembran	46,23	32,50	55,60
„ Stärke	0,93	0,29	3,90

Wie ersichtlich, ist der Ausnützungsverlust in allen Fällen beim Finklerbrot etwa noch einmal so hoch als beim Vergleichsbrot. Man kann beim Protein N beobachten, wie die N-Resorption stufenweise schwieriger

---

[1]) Durch Berechnung ermittelt.

wird. Im Weizenbrot ist der N-Verlust sehr klein, beim Finklerbrot fast noch einmal so hoch und in dem Finalmehl über dreimal so hoch als im Weizenbrot. Der Kalorienverlust beträgt im Finklerbrot das dreifache des Weizenbrotes und der Stärkeverlust ungefähr ebensoviel.

Auf die interessanten Einzelheiten im Finklerbrotversuch und im Weizenbrotversuch einzugehen muß hier verzichtet werden. Ich führe nur die Schlußfolgerung noch an, die Rubner selbst aus seinen Untersuchungen zieht. Er sagt: die Behauptung, daß alle Zellen aufgeschlossen seien und daß das Eiweiß des Finalmehles gleich verdaulich sei mit Mehl ohne diesen Kleiezusatz, beruht auf einer Selbsttäuschung der bisherigen Experimentatoren. Es weist im Gegenteil alles darauf hin, daß eine allgemeine Aufschließung der Zellen nicht eingetreten ist. Wenn demnach — führt Rubner später fort, im Gesamteffekt die Rückwirkung der Finklanisierung nicht derart ist, daß eine sehr ausschlaggebende Beeinflussung im Nährstoffgewinn zum Ausdruck kommt, und wenn ferner auch zuzugeben ist, daß die ganze Vermahlungsweise dieser Art irgendeine Umwälzung auf dem Gebiete der Brotbereitung nicht herbeiführen wird, so kann doch andererseits gesagt werden, daß die bessere Vermahlung der Kleie nicht ohne allen Effekt gewesen ist.

Damit dürfte über alle unrichtigen Meinungen und falschen Voraussetzungen über das Finklerbrot Klarheit geschaffen sein.

Klopferbrot.

Bei der Herstellung des Klopferschen „Vollkornbrotes" handelt es sich um ein Verfahren, bei dem auf rein mechanischem Wege eine Zerkleinerung und Eröffnung der Kleberzellen erzielt und durch die feine Vermahlung eine bessere Ausnützung des „ganzen Korns" gewährleistet werden soll. Über das Verfahren und die ihm beigelegten Vorzüge hat V. Klopfer selbst an vielen Stellen, von denen ich hier einige nenne[1]), berichtet, auch von Noorden[2]) ließ sich die Klopferbrotfrage sehr angelegen sein, und viele andere, Berufene und Unberufene, haben in Anlehnung an diese Schriften für das Klopferbrot und für die Vollkornbrotfrage in weiteren Kreisen Interesse zu wecken gesucht.

In den erwähnten Veröffentlichungen wird das Verfahren übereinstimmend in der Weise geschildert, daß das gereinigte Getreide in ein System hinterein-

---

[1]) Volkmar Klopfer, Wichtige Ernährungsfragen unserer Zeit (Vollkornernährung). Zeitschr. f. angew. Chemie 1915, Aufsatzteil **1**, 57. — Derselbe, Über die Frage der Beibehaltung der hohen Ausmahlung von Getreide in Friedenszeiten und ihren Einfluß auf die Volksernährung. Therapeut. Monatshefte 1915, 29. Jahrg., Juniheft. — Derselbe, Wichtige Ernährungsaufgaben im Kriege. Archiv f. Sozialwissenschaft u. Sozialpolitik **40**, 499. — Derselbe, Die Verbesserung des Brotes durch Aufschließung der Kleie und Vervollkommnung des Backverfahrens. Bibliothek f. Volks- u. Weltwirtschaft. Dresden, Verlagsanstalt „Globus" 1918.

[2]) C. von Noorden und Ilse Fischer, Neue Untersuchungen über die Verwendung der Roggenkleie für die Ernährung des Menschen. Deutsche med. Wochenschr. 1917, Nr. 22, S. 674. — C. von Noorden, Über Kriegsbrot. „Frankfurter Ztg." 1917, Nr. 226, 1. Morgenblatt vom 17. August. — Derselbe, Das Kriegsbrot. Centralbl. f. Bäcker u. Konditoren 1917, Nr. 43. — Derselbe und Ilse Fischer, Über einen Ausnützungsversuch mit Roggenvollkornbrot. Therapeut. Monatshefte 1918, März.

ander geschalteter Schleudermühlen eingeführt wird, von denen jede nachfolgende den Überschlag der vorderen aufnimmt. Die Körner schlagen mit großer Heftigkeit auf eiserne Roste (sog. „Prallflächen", die geschlitzt sind) auf, wodurch zunächst der innere Mehlkern „ausgeschüttelt" und durch Seidengaze abgetrennt wird. Die Trümmerstücke der Randschicht werden dann durch weiteres Schlagen und Sichten so weit zerkleinert, daß schließlich ein Mehl von sehr feiner Beschaffenheit resultiert.

Es besteht also das Verfahren nicht·in einer eigentlichen Trennung des Mehles von der Kleie, sondern das ganze Korn wird vermahlen, nur mit der Einschränkung, daß der eigentliche Mehlkörper „griffig", also etwas gröber, erhalten bleibt, während die Randschichten sehr fein zerkleinert werden.

Ein sehr genaues Protokoll über eine derartige Vermahlung in der Klopferschen Vollkornmühle Dresden - Leubnitz hat Prof. Buchwald geliefert. Es findet sich bei Rubner in seinen bereits zitierten „Untersuchungen über Vollkornbrote" S. 309. Daraus ist noch zu entnehmen, daß die Roggenkeimlinge beim Mahlprozeß entfernt, aber nach der Entbitterung und Entfettung (?)[1] im Verhältnis von 1:99 dem Mehl wieder zugesetzt werden. Im ganzen stellt das erhaltene Mehl — „Karamehl" — nach Abzug von ca. $\frac{1}{2}\%$ Reinigungs- und $1\frac{1}{2}\%$ Mahlverlust ein Produkt von 94% Ausbeute dar.

Fragen wir nun, wo die fehlenden 4% Verlust[2] bleiben, so wird uns die Antwort von Buchwald und auch von Klopfer (Literatur S. 158, Anm. 1) selbst damit gegeben, daß „mit vollendet ausgebildeten Maschinen die Körner auf das sorgfältigste trocken abgerieben bzw. abgeschmirgelt werden". Es geht also dem Mahlprozeß eine Dekortikation, eine Schälung voraus! Von dieser für die ganze Beurteilung des Klopferverfahrens wichtigen Tatsache ist aber in den vorerwähnten Arbeiten (außer in der von Klopfer) nichts gesagt und auch in eine Reihe anderer Veröffentlichungen, die sich mit der Klopferschen Methode beschäftigen[3-12]), ist ein Hinweis hierauf nicht zu finden. Nur Rubner und R. O. Neumann[13])

[1] Nach den Ausführungen von C. von Noorden in der Frankfurter Ztg. vom 17. Aug. 1917, Nr. 226 und Frankfurter Ztg. vom 15. Februar 1917, Nr. 45, 1. Morgenblatt, in der er das von Klopfer aus Keimlingen hergestellte Präparat „Materna" empfiehlt, hat es den Anschein, als ob die Keimlinge von Klopfer auch entfettet würden.

[2] ·Nach Rubner sind es 5,5% (1% Keimlinge eingerechnet).

[3] Hindhede, Das Ganzkornbrot. Zeitschr. f. physikal. u. diätet. Therapie 1914, **18** und Skand. Archiv f. Physiol. 1916, **33**, 59.

[4] Boruttau, Über ein neues Ganzkornbrot und seine Ausnützung. Zeitschr. f. physikal. u. diätet. Therapie 1913, **17**, 152.

[5] M. Winckel, Kriegsbuch der Volksernährung. Gerber, München. S. 40.

[6] F. Hüppe, Unser täglich Brot in Krieg und Frieden. Steinkopf, Leipzig 1918. S. 95.

[7] Amalie Baur, Studien über Getreidemehle. Dissert. München vom 17. VI. 1918.

[8] W. Scheffer, Zur mikroskopischen Untersuchung der Vollkornbrote. Techn. Rundschau 1914, Nr. 48.

[9] F. Röhmann, Zur Frage nach dem Nährwert des Vollkornbrotes. Berl. klin. Wochenschr. 1916, Nr. 5, S. 105.

[10] M. P. Neumann, Brotgetreide und Brot. Parey, Berlin. S. 484.

[11] Meltzer, Weniger Fleisch in der Anstaltskost. Psych.-neurol. Wochenschr. 1914, Nr. 25/26.

[12] Derselbe, Die menschliche Ernährung und der Krieg. Sächsische landwirtsch. Ztg. 1915, Nr. 18.

[13] R. O. Neumann, Brotarbeit II, S. 14.

heben das Abpolieren hervor. Daher wird (allerdings auch von **Klopfer** selbst) das Mehl als **Vollkornmehl** bezeichnet, **was es eigentlich gar nicht ist!**

Das trockene Polieren bzw. Abschleifen mit Schmirgel ist für das Korn insofern ein etwas eingreifendes Verfahren, weil man es, im Gegensatz zum nassen Schälverfahren, nicht so genau in der Hand hat[1]), die **Fruchtschale** von der **Samenschale** zu trennen. Infolgedessen werden einmal Reste von der ersteren noch im Mehle zurückbleiben, im anderen Falle aber werden auch Teile der Kleberzellenschicht, ja Teile des Mehlkörpers in die Schälkleie mit übergehen. Der Keimling gelangt beim Schleifverfahren, wenn es weit getrieben wird, immer mit zum Schälprodukt. (Daher beim Klopferverfahren ja auch die 5,5% Schälverlust.) Es ist nicht unwahrscheinlich, daß die dadurch entstehenden Verschiedenheiten des Mehles auch einen Einfluß auf die Resultate bei Ausnützungsversuchen gehabt haben, die, wie wir sehen werden, auch sehr verschiedenartig ausgefallen sind.

Jedenfalls steht das eine fest: Durch das Abschälen von etwa 5% des Getreidekorns fallen Teile weg (die ganze Fruchtschale mit den zellulose- und pentosanreichen Hüllen), die den Verehrern des „Vollkornbrotes" wegen des angeblichen „Nährsalz- und Vitamingehaltes" besonders wertvoll erscheinen.

Es fallen damit aber auch Teile weg, die bei der Ausnützung des Brotes eine geradezu entscheidende Rolle spielen. Infolgedessen darf es nicht wundernehmen, wenn ein Brot aus derartigem Mehl an sich schon erheblich besser ausgenützt wird wie ein **wirkliches** Vollkornbrot, welches noch die Fruchtschalen enthält.

Nun kann freilich auch die sehr weitgetriebene Zerkleinerung der Randschichten des Mehlkörpers, also der Kleberzellenschicht, noch einen nicht unerheblichen Anteil an einer besseren Verdaulichkeit haben, wie wir das schon beim **Finklerbrot** kennenlernten. Endlich ist es denkbar, daß der beim Klopferbrot geübte **Backprozeß** weiterhin günstig einwirkt.

Klopfer teilt in seiner Broschüre (S. 158, Anm. 1, 4. Arbeit) mit, daß er sein Brot in „milde geheizten" Öfen[2]) 4 Stunden lang backen läßt und dadurch ein Brot erzielt, „bei dessen Herstellung nicht nur mechanische, sondern auch fermentative Aufschließungen stattfinden". In welcher Weise diese vor sich gehen sollen, ist nicht weiter ausgeführt. Doch ist ein Einfluß auf die Kohlehydrate ohne weiteres anzunehmen. Wie es mit den Eiweißstoffen steht, mag zunächst dahingestellt bleiben[3]). Jedenfalls wird aber der Geschmack des Brotes verändert. Ich habe schon 1915 bei der Untersuchung über Klopferbrote[4]), als ich noch nicht über den Backprozeß unterrichtet war, den von sonstigem Brot abweichenden Geschmack beobachtet und damals gesagt: „Man könnte das Brot dem Geschmack nach für ein Brot aus einem schwach angemälztem Getreide halten." Nachdem ich nun die Ursache in der langen Backzeit sehe, ist mir diese Geschmacksveränderung auch verständlich.

---

[1]) **Scheffer**, Über das Schälen der Getreidekörner. Zeitschr. f. d. ges. Getreidewesen 1918, Nr. 10/11, S. 143.

[2]) Nach einer persönlichen Mitteilung vom 1. Mai 1918.

[3]) Vgl. auch die Kritik über den verlängerten Backprozeß bei M. P. **Neumann**, Zeitschr. f. d. ges. Getreidewesen 1918, Heft 5/6, S. 85, welcher nicht **Klopfers** Meinung ist.

[4]) R. O. **Neumann**, Brotarbeit II, S. 33.

Das Brot stellt an sich ein einwandfreies, wohlschmeckendes Gebäck dar (vgl. auch Rubner[1])), das aber nicht an ein „Vollkornbrot" erinnert. Infolge der feinen Vermahlung des Kornes ist die Krume sehr gleichmäßig, und man beobachtet nichts von etwaigen gröberen Bestandteilen, Zellhüllen usw. Was ich sonst über Aussehen, Geschmack und Ausnützung berichtete, betraf Brote, die 1915 im freien Handel in Dresdner Bäckereien gekauft worden waren.

Die ersten Versuche über die Ausnützung des Klopferbrotes stellte Boruttau[2]) an. Er berechnet als Mittel aus 4 Versuchen mit 3 Personen einen Verlust an Trockensubstanz von 13,15% und an Eiweiß von 36,6% und schließt, daß diese Werte ebenso gut oder selbst besser sind wie die von den Autoren für normales Roggenbrot aus gut ausgemahlenem Mehl gefundenen. Günstig ist allerdings ein Eiweißverlust von 36,6% nicht zu nennen.

Der Schluß, den Boruttau aus den Mittelwerten zieht, mag zutreffend sein, dagegen scheinen mir die gewonnenen Zahlen nicht über jeden Zweifel erhaben. Sieht man sich die Originalarbeit genauer an, so begegnet einem manches, was die Ergebnisse unsicher macht. Ich erwähne nur einiges:

1. Jeder Versuch dauerte nur einen Tag, an dem das zu untersuchende Brot gereicht wurde. Das ist, wie im vorigen Abschnitt beim Finklerbrot schon erörtert wurde, eine zu knappe Periode, um beweisende Werte zu erhalten.

2. Die als Beikost gegebene Nahrung war in drei Versuchen immer verschieden. Das beeinflußt den Vergleich. Im zweiten Versuch erhielt die Versuchsperson 250 g Rindfleisch als Beikost, im dritten Versuch eine andere Person 200 g Weißbrot, 60 g Butter und 300 g Schinken und in den ersten beiden Versuchen die Versuchsperson gar den gewaltigen Speisezettel von 85 g Weißbrot, 35 g Graubrot, 100 g Kuchen[3]), 85 g Roastbeef, 75 g Schinken, 10 g Wurst, 50 g Birnen, 25 g Schweizerkäse. Also darunter drei Arten Gebäck! Und dazu am Haupttage noch eine Zulage von 150,0 Klopferbrot.

Ist es schon, wenn man die Ausnützung eines Brotes prüfen will, sehr bedenklich, so viele andere Nahrungsmittel als Beikost zu geben, so muß das Resultat vollkommen unsicher und verwischt werden, wenn sich gar vier verschiedene Gebäcksorten in der Versuchsnahrung befinden. Dabei war gar noch das Zukostgebäck mit zusammen 220 g stärker vertreten als das Hauptuntersuchungsobjekt, das Klopferbrot mit 150 g. Außerdem fehlt jede Angabe über den Rohfasergehalt der Gebäcke und des Hauptbrotes, aus denen man hätte vielleicht noch Klarheit schöpfen können.

3. Die Werte des Trockensubstanz- und Eiweißverlustes sind so gewonnen, daß die Verluste der Nahrung des Vortages (Beikost) von den Verlusten des Haupttages (Beikost + Klopferbrot) einfach abgezogen und die Differenz für das Klopferbrot in Rechnung gesetzt wurde. Dies Verfahren muß auch wieder zu unsicheren Resultaten führen, da bei verschiedener Beikost natürlich sich auch der Anteil des Stoffwechsel-N ändert. Es ist doch ein großer Unterschied,

---

[1]) Rubner, Untersuchungen über Vollkornbrote. Archiv f. Anat. u. Physiol. (physiol. Abt.) 1917, S. 289.

[2]) Boruttau, zit. auf S. 159, Anm. 4.

[3]) Daß 100 g Kuchen 100 g Trockensubstanz gehabt haben sollen, wie Boruttau angibt, ist nicht recht glaubhaft, da müßte doch der Kuchen bretthart gewesen sein.

ob man 250 g leichtresorbierbares Fleisch + 250 g Klopferbrot genießt oder den langen Speisezettel (3 verschiedene Brotarten und Birnen mit ganz unverdaulicher Zellmembran!) + 150 g Klopferbrot.

4. Die gewonnenen Zahlen der Versuchspersonen sind nicht gleichmäßig ausgefallen.

	1. Versuch	2. Versuch	3. Versuch	4. Versuch
Der Verlust an Trockensubstanz betrug	13,6	15,7	11,4	21,9
„ „ „ Eiweiß „	24,7	31,3	34,0	48,5

Unter diesen Umständen haben die Ergebnisse dieser Ausnützungsversuche nur geringen Wert.

Auf Veranlassung Boruttaus hat dann Hindhede[1]) an seinen brotgewohnten Versuchspersonen Frederik und Holgar Madsen je einen 12 tägigen Versuch angestellt, bei dem der eine pro Tag durchschnittlich 1016 g Klopferbrot (das Brot wurde in Dänemark mit Hefe aus dem eingesandten Klopfermehl gebacken) + 158 g Margarine und der andere pro Tag 766 g Brot und 83 g Margarine erhielt.

Der Verlust an	Trockensubstanz	Eiweiß	Asche stellte sich
bei Fr. Madsen auf	7,3%	24,2%	26,1%
„ H. Madsen „	8,6%	29,9%	21,5%
Mittel	7,9%	27,0%	25,6%

Das Hauptergebnis ist nach Hindhede, „daß das Klopferbrot ebenso gut verdaut wird wie das Roggenbrot aus gewöhnlichem Roggenmehl mit 20% Kleieabzug, es habe also keinen Sinn, erst hellgesiebtes Mehl zu produzieren, wenn das Klopfermehl wirklich Vollkornmehl darstellt." Letzteres trifft nun aber eben nicht ganz zu und daher sind auch die günstigen Ergebnisse Hindhedes nur so zu beurteilen, daß den Versuchspersonen kein Vollkornbrot im eigentlichen Sinne vorgelegen hat, sondern ein Brot aus entschältem Getreide mit einer offenbar außerordentlich geringen Menge Zellmembran, denn sonst hätte keinesfalls die Trockensubstanz so niedrig ausfallen können.

Rubner[2]), der die Hindhedeschen Versuche bespricht, wendet sich u. a. gegen die Auffassung Hindhedes, als seien die Verluste nur „scheinbar". Scheinbar seien sie durchaus nicht, sondern ganz reale Größen, und zwar Objekte, die man direkt darstellen kann.

Bei meinen Versuchen mit dem Klopferschen Vollkornbrot lagen mir fertige Brote vor, ohne daß ich das Mehl kannte und selbst hätte analysieren können. Immerhin mußte bei der Analyse des Brotes auffallen, daß der Eiweißgehalt, der Gehalt an Rohfaser und an Asche erheblich niedriger war als bei Broten aus dem ganzen Korn. Es enthielt bei 46,40% Wassergehalt nur 5,06% Eiweiß, 0,73% Rohfaser und 1,06% Asche, während z. B. Growittbrot, ein Vollkornbrot, dem auch schon ca. 1% Hüllen vom Korn entzogen waren, doch einen Gehalt von 7,25% Eiweiß, 1,14% Rohfaser und 1,13% Asche aufwies. 5,06% Eiweiß war sogar der niedrigste Eiweißgehalt, den ich unter 15 verschiedenen Broten fand.

---

[1]) Hindhede, bereits zit. auf S. 159, Anm. 3.
[2]) Rubner, Vollkornbrot S. 312, schon zit. S. 161, Anm. 1.

Zur Frage der Ausnützung nahm ich in einer 5tägigen Periode je 500 g Brot pro Tag und ermittelte dabei folgende Verluste:

In der Trockensubstanz 11,29%, im Eiweißgehalt 21,55%, in der Rohfaser 70,96, in der Asche 23,76%. Hiernach wären die Ergebnisse viel besser als bei Boruttau, auch in bezug auf das Eiweiß und die Asche noch besser als bei Hindhede, aber in der Trockensubstanz etwas schlechter, wie bei Hindhede. Da ich damals vergleichende Versuche mit dem sog. Rolandbrot, einem Brot aus 4 Teilen Roggen zu 82% und 1 Teil Weizen zu 80% ausgemahlen, dem Growittbrot und dem Klopferbrot ausführte, und die Ausnützungsverluste des Klopferbrotes etwa in der Mitte zwischen Growittbrot und Rolandbrot standen, so mußten die Ergebnisse zu der Annahme führen, daß das Klopferbrot kein Brot im Sinne eines eigentlichen Vollkornbrotes sei. Einige Punkte, — ich verweise hier auf die Originalarbeit[1]) — haben sich aber damals nicht ganz aufklären lassen.

Ich bemerke hierbei aber noch eins. Trotzdem der Ausnützungsverlust recht gering ist, so schneidet das Klopferbrot doch bei der Berechnung des in 500 g Brot eingeführten ausnützbaren Eiweißes nicht so günstig ab, weil auch die Einfuhr an Roheiweiß im Brotmehl nur gering ist. An ausnützbarem Eiweiß wurden in 500 g Brot aufgenommen beim Klopferbrot 24,08 g und beim feingemahlenen Growittbrot 26,89 g

C. von Noorden berichtet dann über weitere Versuche[2]), bei denen das Mehl in etwas anderer Weise gewonnen worden ist, wie die oben angegebene Klopfersche Methode angibt. v. Noorden hatte, wie er mitteilt[3]), im November 1916 dem Kriegsministerium den Vorschlag gemacht, man möge den Roggen wie früher zunächst zu 75% ausmahlen lassen, wozu sämtliche Mühlen imstande seien und die 25% Kleieabfall Spezialwerken überweisen, die darauf eingerichtet wären. Da sich letztere Einrichtung bei Klopfer vorfand, so nahm er Gelegenheit, ein derartiges Mischmehl von 75 Teilen Kernmehl und 25 Teilen Kleiemehl im Ausnützungsversuch zu prüfen. „Wie Versuche bestätigten, wurde durch das neue Mahlverfahren der Kleie eine noch feinere Zerpulverung und Zertrümmerung der Schalen- und Aleuronschicht bewirkt, als beim Zerschleudern des ganzen Kornes." Das Produkt aus den beiden Komponenten nennt v. Noorden „Vollkorn-Roggenmehl".

Die Versuche, die dem neuen Klopferbrot galten, wurden an 7 Personen ausgeführt. Es ist nur summarisch darüber berichtet, da diese 8 Versuche neben anderen noch später ausführlicher veröffentlicht werden sollen. Daher ist auch leider über die Zusammensetzung des Brotes, dessen Zellmembrangehalt und der Beikost nichts mitgeteilt und ein tieferer Einblick in den Versuch nicht möglich. Ein Versuch mußte ganz ausgeschaltet werden, da er „ganz aus der Reihe" fiel. Es berechnen sich so aus 7 Versuchen folgende Verluste:

an Trockensubstanz	Eiweiß	Rohfaser	Asche
7%	27,9%	40,0%	29,4%

[1]) R. O. Neumann, Brotarbeit II.

[2]) C. von Noorden, bereits zit. auf S. 158, Anm. 1, erste Arbeit.

[3]) Derselbe, Über Kriegsbrot. Frankfurter Ztg. vom 17. Aug. 1917, Nr. 226, erstes Morgenblatt.

Die Resultate stimmen mit den Hindhedeschen fast genau überein, denn dieser gab an Verlust an:

Trockensubstanz	Eiweiß	Asche
7,9%	27%	25,6%

Wenn man diese beiden Versuchsreihen miteinander vergleicht, so sind praktisch keine Unterschiede vorhanden und man sähe dann den Grund nicht recht ein, weshalb das neue Verfahren, die Kleie vom Mehl zu trennen, für sich zu vermahlen und dann wieder mit dem Mehl zu vermischen einen Vorzug verdienen sollte, wenn die alte Methode dieselben Ergebnisse liefert. Nun teilte aber C. v. Noorden (Zit. S. 158, Anm. 2, vierte Arbeit) noch von einem an Ilse Fischer vorgenommenen Versuch Resultate mit, die noch günstiger lauten. Das Brot war ebenfalls aus dem Mehl neueren Datums (getrennte Vermahlung von 75% Mehl und 25% Kleie) gebacken, nachdem aber „sowohl béi der Zertrümmerung des Roggenkornes wie beim Backen verschiedene technische Verbesserungen vorgenommen worden waren."

Das Brot enthielt 6,94% (5,06%) Eiweiß, 1,41% (0,73%) Rohfaser und 2,44% (1,06%) Asche, war also dieses Mal durchaus anders zusammengesetzt, wie das Brot, das ich 1915 (die Zahlen sind in Klammern gesetzt) untersuchte. Besonders ist der Rohfaser- und Aschegehalt sehr hoch. Die Verluste in dem 4tägigen Ausnützungsversuch betragen bei Ilse Fischer (die von mir gewonnenen Zahlen sind wieder in Klammern beigesetzt): in der Trockensubstanz 5,5% (11,29%), im Eiweiß 22,1% (21,55%), in der Rohfaser 23,0% (70,96%), in der Asche 21,8% (23,76%).

Gegenüber den Verlusten in meinem Versuch ist der Trockensubstanzverlust und der Rohfaserverlust ganz auffällig gering, selbst unter Berücksichtigung einer weitgehenden Dekortizierung. Die Zahlen sind daher nicht leicht mit dem hohen Rohfasergehalt des Brotes in Einklang zu bringen. Sie sind auch niedriger als in den letzten Versuchen von v. Noordens und Hindhedes, wiewóhl Hindhedes Versuchspersonen anscheinend ja auch Kleiebestandteile besonders gut ausnützten. Hier herrscht noch nicht volle Klarheit. Sollten die allmählichen Verbesserungen des Verfahrens aber zu solcher Vervollkommnung geführt haben, daß dauernd auch bei anderen Versuchspersonen so gute Resultate erzielt wurden, so verdiente die Methode alle Beachtung. Jedenfalls darf wohl der staubfeinen Zerkleinerung der Kleie ein großer Anteil an der günstigen Ausnützung zugeschoben werden.

Endlich sind noch Versuche zu nennen, die Rubner[1]) über das Klopferbrot ausgeführt hat. Sie sind die ausführlichsten, die bisher gemacht wurden und insofern besonders wertvoll, weil er vom Getreide ab bis zum Brot in allen Phasen der Dekortikation und der Vermahlung die Zusammensetzung durch analytische Untersuchungen festgelegt hat. Diese Analysen erstrecken sich auch auf die Zellmembran, Pentosane und Zellulose und sie zeigen ohne weiteres, wie groß der Einfluß der Schälung beim Klopferschen Verfahren ist. Zur Illustration gebe ich die Zahlen des ursprünglichen Kornes und des auf 94,5% dekortizierten wieder.

---

[1]) Rubner, Untersuchungen über Vollkornbrote. Bereits zit. auf S. 161, Anm. 1.

Es beträgt in % n der Trockensubstanz	im ursprüng- lichen Korn	im dekortizierten[1])
Asche	1,82	1,61
Organisches	98,18	94,00
Stickstoff	1,67	1,49
Pentosan	10,64	8,53
Zellmembran	9,09	6,05
darin Zellulose	2,25	1,61
Pentosan	3,97	2,84
Stärke	70,47	70,31
Fett	1,52	1,56
Kalorien	430,60	406,00

Danach gehen beim Schälprozeß 70,4% des Zellmembrangehaltes verloren, also beinahe ein Drittel, ebenso gehen Eiweiß und Asche verloren und fast 20% der Pentosane. „Wer alle Teile des Kornes für unentbehrlich hält", äußert sich Rubner, „kann sonach das entschälte Korn nicht mehr als Vollkorn betrachten, da Salze und Eiweiß in nicht unerheblichem Maße abfallen."

Rubner stellte nun an 2 Personen Ausnützungsversuche an und zwar mit Brot aus Mehl mit 94,5% Ausmahlung (Klopfermehl) und mit Brot aus Mehl mit 75% Ausmahlung. Es war also dasselbe Mehl, nur mit verschiedener Ausmahlung.

Es gingen zu Verlust im Mittel	beim Klopferbrot	beim Brot mit 75proz. Mehl
an Stickstoff	37,33	30,52
„ Protein	20,65	17,74
„ Pentosan	21,99	21,49
„ Zellmembran	59,86	67,43
„ Zellulose	66,89	78,07
„ Pentosan der Zellmembran .	39,41	57,96
„ Restsubstanz	80,59	65,87
„ Stärke.	1,33	1,24
„ freien Pentosanen	14,21	13,20
„ Kalorien	14,74	11,35

Die vielen Zahlen und Berechnungen, die Rubner mitgeteilt hat, hier anzugeben, würde zu weit führen. Ich verweise auf das Original und beschränke mich nur auf folgendes: Die Werte, die beim Brot mit 75% Ausmahlung gefunden wurden, sind naturgemäß alle, bis auf die Zellmembran, Zellulose und die Pentosane aus den Zellmembranen niedriger als beim Klopferbrot. Die des Klopferbrotes reichen aber wiederum nicht heran an die Verluste eines Brotes aus Mehl mit 94 proz. Ausmahlung.

In bezug auf den Proteinverlust und den Zellmembrangehalt entspricht das Klopferbrot etwa einem Brot, das aus Mehl mit 80% Ausmahlung nach sonst üblicher Weise hergestellt ist.

Bei der Gegenüberstellung des Klopferbrotes, welches 6,23% Zellmembran enthielt mit einem früher von Rubner untersuchten Brot mit einem Zell-

---

[1]) M. Winckel (Vollkornbrot und Steinmetzbrot. Zeitschr. f. d. ges. Getreidewesen 1916, Nr. 3, S. 41) teilt eine Reihe Analysen von Klopfermehl und Klopferbrot, von Schlütermehl und Steinmetzmehl mit. Er findet, daß beim Klopferschen Verfahren eine Abnahme des Eiweißes von 1,38, der Rohfaser um 0,46 bewirkt wird. Aus diesen Befunden und noch einigen anderen Feststellungen schließt Winckel, daß beim Klopferschen Verfahren eine geringe Menge Kleie — wodurch, bleibt dahingestellt — entfernt wird. Diese Beobachtung deckt sich mit den Erfahrungen, die bei den besprochenen Versuchen gemacht worden sind.

membrangehalt von 6,69% war ein wesentlicher Unterschied zwischen den beiden Broten nicht zu sehen, woraus sich ergibt, daß „dem Klopferbrot spezifisch eigenartige Ausnützungsverhältnisse eigentlich nicht zukommen."

Zusammenfassend dürfen wir sagen, daß das Wesentliche und Beachtenswerte, was der Klopfermethode ebenso wie auch dem Finklerverfahren eigen ist, demnach in erster Linie in der feinen staubartigen Vermahlung zu liegen scheint, bei der auch die Kleberzellenschicht weitgehender angegriffen wird als beim gewöhnlichen Mahlverfahren und daher auch die Proteinverdauung verbessert wird. Zu gleicher Zeit wirkt auch die stärkere Entschälung infolge der Wegnahme der die Verdauung störenden Zellhüllen auf die Resorption günstig ein.

In neuestem Zeit ist darauf hingewiesen worden[1]), daß bei der mechanischen Verarbeitung des Kornes die Teilchen einer so bedeutenden Erwärmung ausgesetzt würden, daß dadurch auch das im Mehlkörper vorhandene Eiweiß seinen ursprünglichen Charakter verlöre. Es wird deshalb ein patentiertes Verfahren vorgeschlagen, bei dem der nach der ersten Schleudermaschine eingeschalteten Sichtmaschine eine so große Maschenweite gegeben wird, daß die Masse des inneren Mehlkernes zwecks Schutz vor weiterer Erhitzung abgesichtet wird.

c) *Nasse Vermahlung.*

Im Gegensatz zu den bisher besprochenen Methoden der Brotgewinnung steht die direkte Teigbereitung aus dem Korn. Der Grundgedanke ist bei diesem Verfahren der, das Vermahlen des Getreides ganz auszuschalten und das aufgeweichte Getreide direkt zu Teig zu verarbeiten.

Hiernach arbeiteten die Verfahren von Gelinck, Avedyk-Desgoffe und Simons, in etwas veränderter Form auch das von Schiller und die neue Methode von Groß.

Beim **Gelinckbrot** verfährt man so[2]), daß das Getreide trocken geputzt und so lange mit kaltem Wasser gewaschen wird, bis das Wasser sich nicht mehr trübt. Dann brüht man es mit heißem Wasser auf und schickt es durch die „Teigmühle", einen Apparat mit einigen Quetschwalzen und einem nicht näher bezeichneten Schraubengang, aus dem es in Form von weichen Fadennudeln heraustritt. Der Teig wird gesäuert, in der Knetmaschine gemischt und dann sofort verbacken. Ausnützungsversuche mit diesem Brot sind schon mehrfach gemacht worden.

Lehmann[3]) fand in der Trockensubstanz 18,9% Verlust, in der Eiweißsubstanz 50,1% Verlust.

---

[1]) Richard Claus, Verfahren zur Gewinnung eines vom menschlichen Darm gut ausnutzbaren Vollkornmehles. Zeitschr. f. d. ges. Getreidewesen 1918, Nr. 1/2, S. 29.

[2]) Nach Plagge und Lebbin, die das Gelincksche Verfahren genau beschrieben haben, scheint die Avedyksche Methode im wesentlichen die gleiche zu sein, wie Gelinck angibt.

[3]) K. B. Lehmann, Über Gelinckbrot. Archiv f. Hygiene 1894, **21**, 247.

Plagge und Lebbin[1]) fanden im Mittel in der Trockensubstanz 22,41%
Verlust, in der Eiweißsubstanz 50,35%.

Es geht daraus hervor, daß die Kleberzellschicht nicht „aufgeschlossen"
worden ist, auch die Zelluloseausnützung ist sehr schlecht.

K. B. Lehmann[2])[3]) teilt dann später auch Untersuchungen über das
Avedykbrot mit, an denen ich selbst damals als Versuchsperson mit teilgenommen habe. Eine wesentliche Verbesserung der Ausnützung ist gegenüber dem Gelinckbrot nicht zu beobachten. Der Verlust an Eiweißsubstanz
betrug bei mir 46,1%, bei der anderen Versuchsperson 43,4%. An Trockensubstanz ging verloren, bei mir 19,6%, bei der anderen Person 18,96%.

Gelinckbrot und Avedykbrot sind aus dem Verkehr verschwunden;
ich teile die Zahlen nur mit, um zu zeigen, daß unter Anwendung dieser
Verfahren, wie sie bei diesen Broten geübt worden sind, kein günstiges Ergebnis zu erzielen war.

In ähnlicher Weise wie das Gelinckverfahren gestaltet sich die Herstellung
des **Simonsbrotes**[4]).

Simons reinigt das Getreide auf trockenem Wege und wäscht es dann,
bis das Wasser klar abläuft. Dann wird·das Korn in 26—28° warmem Wasser
24 Stunden lang eingeweicht, was die Fabrik mit „anmälzen" bezeichnet.
Es gelangt dann im aufgequollenen Zustande ebenfalls in eine „Teigmühle",
in der es durch ein Schneckengewinde und die gerippten Wände des Apparates
zermahlen wird. Schließlich wird die Masse durch siebartige Platten heraus-
gequetscht, mit Hefe vergoren und der Teig alsdann 14—16 Stunden in mäßiger
Hitze und genügendem Wasserdampf gebacken. Durch den langen Backprozeß
erhält es eine tiefbraune Farbe.

Ein Prospekt aus dem Jahre 1905 teilt mit, daß sich durch das „An-
mälzen" aus den wertvollen stickstoffhaltigen Bestandteilen des Korns durch
die Enzyme ein Ferment, die sog. Diastase (!), welche den sonst unlöslichen
Kleber in Dextrin (!)[5]) und dieses in Maltose überführe, und daß durch die
Mälzung eine Art Verdauung geschaffen würde, ähnlich der im Kropf des
Vogels (!). Merkwürdiger physiologischer Vergleich!

Ausnützungsversuche über Simonsbrot habe ich in der Literatur nicht
finden·können. Sie wären aber wahrscheinlich wohl nicht besser ausgefallen
als beim Gelinck- und Avedykbrot, da nach einem Briefe vom 25. Oktober
1905 an mich, angenommen werden muß, daß reichlich genug Zellmembran
noch im Brot vorhanden ist. Es heißt: „Beim Verdauungsprozeß werden die
Schleimhäute des Darmes durch die Rohfaser gewissermaßen frottiert, wodurch etwaige Ablagerungen im Darm nach und nach beseitigt werden." Der
„höhere Nährwert" sei durch die chemische Analyse bewiesen (!).

Die „wissenschaftlichen" Unterlagen in solchen Prospekten und Mitteilungen dürften gern etwas wissenschaftlicher sein.

---

[1]) Bei Plagge und Lebbin S. 157, bereits zit. S. 24, Anm. 4.

[2]) K. B. Lehmann, Über Avedyk- u. Steinmetzverf. Arch. f. Hygiene 1902, **45**, 177.

[3]) Pagliani, La panification intégrale du froment. Hygien. Rundschau 1918, **8**,
Nr. 15, S. 747.

[4]) Nach mir zugegangenem Prospekt. Vgl. auch M. P. Neumann S. 483, bereits zit.
S. 159, Anm. 10.

[5]) Erstaunliche Verwechslung der stickstoffhaltigen Bestandteile mit Kohlehydraten.

Eine Modifikation des Simonsbrotes ist das in Süddeutschland anzutreffende **Sanitasbrot.** Brauchbare Untersuchungsergebnisse liegen auch hier offenbar nicht vor. Ich fand nur[1]) die Angabe, daß das Sanitasbrot unter „besonderem technischen Verfahren" hergestellt sei aus sauber gewaschenem Vollkorn, dessen Eiweiß-, Stärkemehl- und Nährsalzzellen (!) möglichst fein aufgeschlossen wären. Auch seien alle aromatischen Öle (Welcher Unsinn!) und Fermente darin. Herr Dr. Selp in Baden-Baden hielte das Brot für das beste Gesundheitsbrot, was heute im Handel zu haben wäre. Um diesem Brot auch noch eine besondere Empfehlung mit auf den Weg zu geben, steht als „Motto" über dem Artikel:

> Das Vollkorn hat der Schöpfer einst gegeben
> Zur Speise uns als unser täglich Brot;
> Wer darum Vollkraft haben will im Leben,
> Der esse Vollbrot, dann hats keine Not.

Dann bedarf es allerdings keiner wissenschaftlichen Untersuchung mehr!

Das **Schiller**sche Verfahren[2]) basiert „auf der teilweisen Ausmahlung des Korns in Verbindung mit einer nassen Erschöpfung der reichlich abgesonderten Kleie". Das Getreide wird in der üblichen Weise trocken gereinigt, etwas angefeuchtet und etwa 6 Stunden sich selbst überlassen. Dann wird es naß geschrotet und passiert einen Walzenstuhl. Die beim Schroten abfallenden Schalen, die sich in großen zusammenhängenden Fetzen finden, werden eine Stunde mit lauwarmem Wasser behandelt, 5 Minuten durchgerührt und dann abgeschleudert. Das Schleudermehl wird mit dem vorgewonnenen Mahlgut gemischt und mit Sauerteig direkt zu Brot verbacken.

Lebbin fand bei seinen Ausnutzungsversuchen an zwei Personen im Mittel einen Verlust von 9,39% in der Trockensubstanz und 33,69% in der Eiweißsubstanz und 3,6% an Stärke.

Die Ausnützung des Eiweißes ist demnach auch nicht besonders günstig; denn die Kleberzellen waren durch diese Methode jedenfalls auch nicht mehr aufgeschlossen, wie bei den vorher beschriebenen nassen Verfahren.

Die gute Ausnützung der Trockensubstanz ist wohl so zu erklären, daß, wie ich annehme (aus der Beschreibung geht das nicht deutlich hervor), die Schalen durch den Ausschleuderungsprozeß aus dem Mehl beseitigt werden.

Damit sind die in Deutschland von früher her bekannten Verfahren der nassen Vermahlung erschöpft[3]).

Growittbrot.

Zu Beginn des Krieges hörte man von einem neuen Brot, welches nach dem „Großschen Verfahren" bereitet wurde. Die Herstellung der sog. Growittbrote erfolgt ohne vorherige Vermahlung des Getreides zu Mehl, ist also im gewissen Sinne die Fortführung der bei dem Gelinckverfahren zutage getretenen Idee.

---

[1]) Mauderbach, Noch einmal die Brotfrage. Arzt fürs Haus 1914, Nr. 483.

[2]) Lebbin, Über ein neues Brotbereitungsverfahren. Hygien. Rundschau 1900, **10,** Nr. 9, S. 409.

[3]) In Bergamo in Italien wurde 1916 ein „Naturbrot" hergestellt, welches ebenfalls aus naß vermahlenem Getreide gewonnen wurde. Siehe R. O. Neumann, Brotarbeit II, S. 17.

Vom ernährungsphysiologischen Standpunkt aus war man, nachdem die Brote nach dem alten Verfahren so ungünstige Ergebnisse geliefert hatten, berechtigt, die Hoffnungen auf das neue Brot nicht zu hoch zu spannen. Es handelte sich jedoch anscheinend um eingreifende Verbesserungen und neue technische Einrichtungen, und so war es immerhin möglich, daß auch die Resultate dementsprechend etwas besser ausfallen würden und daß eine günstigere Ausnützung des ganzen Kornes erzielt werden konnte.

Da auch von behördlicher Seite dem Verfahren Interesse entgegengebracht wurde, veranlaßte das Ministerium des Innern Untersuchungen über das Growittbrot, die ich im Sommer 1915 ausführte. Weitere Untersuchungen über dieses Brot folgten im Winter 1916/17.

Die Resultate sind zum Teil in Berichten niedergelegt[1]). Hier sollen die Haupttatsachen beider lange Zeit fortgeführten Versuche, die voneinander zeitlich getrennt und unter verschiedenen Voraussetzungen angestellt worden sind, im Zusammenhang wiedergegeben werden.

Der Prozeß der Growittbrotbereitung geht in folgender Weise vor sich:

Das vorher durch die bekannten modernen Trockenreinigungsapparate (den Stauber, den Magnet, den Unkrautsamenausleser usw.) gereinigte Getreide gelangt in einen eisernen kastenähnlichen Behälter einer Spezialvorbereitungsmaschine, in welcher sich ein äußeres Schaufelwerk und ein inneres mit gitterartigen Stäben versetztes Schlagwerk gegeneinander bewegen. Hier wird das Getreide unter vorheriger Zuführung von Wasser mit 50—60° C etwa 20 Minuten geschlagen, wodurch eine erstmalige intensive Reinigung des Getreides und die Beseitigung der zellulosehaltigen äußeren Fruchtschale bewirkt wird und als Vorbereitung für den Zerkleinerungsprozeß die Zellwände einer Erschütterung unterliegen. Hierauf werden durch Wasser bzw. Preßluft die abgeschlagenen Schalenteile entfernt und das enthülste Korn durch abermalig hinzutretendes Wasser vollkommen gewaschen. Nachdem Siebe die Schalen aufgenommen haben, gelangt das Getreide auf ein unterhalb des Enthülsungsapparates montiertes Walzwerk aus 11 Walzen, das eine Gesamtleistung von 7 Zentner pro Stunde ermöglicht. Die Körner passieren zuerst zwei sich langsam bewegende Quetschwalzen und werden dann von dreimal drei Walzen in einzelnen Schichten übernommen, wobei durch die differenzierte Geschwindigkeit derselben das Getreide zum Schluß in eine homogene Teigmasse verwandelt wird.

Bei diesem Prozeß erhöht sich die Temperatur des Teiges auf 35° C. Diese Erhöhung ist nicht unwesentlich für den nun sogleich einsetzenden Gärungsvorgang. Der Teig wird in der Knetmaschine sofort mit Sauerteig bzw. Hefe und Salz versetzt, die Laibe nach genügender Durchmischung geformt und $1/_2$—$1^1/_2$ Stunde im Gärraum belassen.

Daran schließt sich sofort der Backprozeß an. Es ist gleichgültig, ob das Brot freigeschoben oder angeschoben wird. Zweckmäßig wird bei ausschließlicher oder fast ausschließlicher Verwendung von Roggen eine etwas höhere Temperatur und eine etwas längere Backzeit gewählt.

Von der Enthülsung bis zum fertigen Brot vergehen etwa 3—4 Stunden.

Die wesentlichsten Punkte sind also der intensive **Waschprozeß,** die **Entfernung der Hülle des Kornes, der Fruchtschale** und die

---

[1]) R. O. **Neumann,** Brotarbeit II und IV.

nasse Zermahlung der Körner auf eingestellten Walzen zu einer homogenen feinen Masse. Neu gegen früher ist das eigenartige Walzensystem, das in der Zerkleinerung des Getreides wohl mehr leisten kann, als ältere Vermahlungsmethoden. Das Brot, was hieraus resultiert, ist ein „Vollkornbrot" etwa im Sinne anderer Volkornbrote (Klopfer, Finkler). Ein Vollkornbrot im wissenschaftlichen Sinne ist es natürlich auch nicht, da bei der Ablösung der Fruchtschale ein Teil des Kornes verlorengeht[1]). Bei meinen ersten Versuchen ermittelte ich nur 0,7% Schalen, später lieferten die Abschlagapparate mehr als 1%. Höher als 3% dürfte der Verlust aber wohl nie steigen, da der Keimling ja stets erhalten bleibt im Gegensatz zum Klopferverfahren, wo bei der Dekortikation inklusive Keimling 5,5% verlorengingen.

Das Brot entspricht allen Anforderungen, die man an ein sog. „Vollkornbrot" stellen kann. Es hebt sich von den bekannten Ganz- oder Schrotbroten vorteilhaft dadurch ab, daß die Krume homogen ist und keine gröberen Teile oder Körnerbrocken auf der Schnittfläche zu sehen sind. Es ähnelt etwa einem Feinbrot. Reste von Zellhüllen kommen hier oder da vor. Das ist aber auch ganz natürlich, da die Fruchtschale, die mit der Samenschale in der Körnerfurche verwachsen ist, dort abreißt. Der Geschmack des Brotes ist zusagend, wie der des „einstigen dunklen Bauernbrotes" und angenehm, wozu die durch die Sauerteiggärung gebildete Säure wesentlich beiträgt. Auch bei längerer sachgemäßer Lagerung hält es sich, zeigt keine Schimmelbildung und ändert den Geschmack nicht. Ich fand es noch nach 5—7 Wochen genußfähig.

Trotz der offensichtlich guten Eigenschaften und Vorzüge, die das neue Brot aufzuweisen schien, blieb es noch der ernährungsphysiologischen Untersuchung vorbehalten, ob das Verfahren eine bessere Ausnützung verbürgte, als wie es bei den früheren Vollkornbroten der Fall war.

Hierüber hat sich Zuntz[2]) bereits in einem vorläufigen Gutachten vom 19. November 1914 und in einem zweiten Bericht vom 24. Dezember 1914 geäußert. Nach seinen Ermittelungen wurde das Großsche Brot besser ausgenützt, als die vorher bekannten Vollkornbrote; da jedoch die Angaben im ersten und zweiten Bericht variierten und auch die Ergebnisse bei den 3 Personen, an denen die Versuche ausgeführt wurden, wenig befriedigend übereinstimmten, so ließ sich ein maßgebender Schluß schwer fällen.

Die mitgeteilten Zahlen sind folgende:

```
I. Gutachten: 1. Person (Brahm)       39,80% Verlust an Eiweiß = 60,20% Ausnutzung
              2.    „     (Zuntz)      23,20%    „     „    „   = 76,80%      „
              3.    „     (v. d. Heyde) 26,60%   „     „    „   = 73,40%      „
II. Gutachten: (Zuntz)     1. Versuch  35,92%    „     „    „   = 64,08%      „
                           2.    „     25,95%    „     „    „   = 74,05%      „
              (v. d. Heyde) 1.   „     36,44%    „     „    „   = 63,56%      „
                           2.    „     29,46%    „     „    „   = 70,54%      „
              (Brahm)      1.    „     53,47%    „     „    „   = 46,53%      „
                           2.    „     50,36%    „     „    „   = 49,64%      „
```

---

[1]) Vgl. die Besprechungen auf S. 143, 144; 159, 160.

[2]) Zuntz, Gutachten über das zum Patent angemeldete Verfahren der Brotbereitung nach der Erfindung des Herrn Direktor Groß, Hamburg (jetzt Berlin) vom 14. Dez. 1914.

Auffallend sind zunächst die großen Eiweißverluste von 53,47% bzw. 50,36% bei Brahm. Sie erklären sich aus der Indisposition des Untersuchers, bei dem während des Versuches Durchfall eintrat. Dementsprechend können diese Zahlen keine volle Beweiskraft beanspruchen.

Ferner befremdet der erhebliche Unterschied der Ausnützung bei derselben Person und demselben Brot. Bei Zuntz 23,20—35,92%, bei Brahm 39,80 bis 53,47% (kommt jedoch nicht mehr in Betracht), bei v. d. Heyde 26,60 bis 36,44%. Das sind Unterschiede, wie sie etwa sonst nur gefunden werden, wenn ein und derselbe Untersucher ganz grobe und ganz feine Brotsorten im Stoffwechsel prüfen würde.

Zuntz will allerdings die Unterschiede auf die „Gewöhnung" an das Brot zurückführen, denn er sagt, „daß die Ausnützung des Brotes schon nach achttägiger Gewöhnung wesentlich besser geworden sei"; doch darin kann ich ihm nicht beistimmen. Bisher ist mir kein Fall bekannt, bei dem ein an sich schlecht ausnützbarer Stoff binnen acht Tagen zu einem gut ausnützbaren geworden wäre. Man kann sich wohl an den Stoff gewöhnen, aber besser verwertet wird er deshalb im Organismus nicht. So müßte beispielsweise die reine Zellulose, die in Gemüsen und auch im Vollkornbrot vorhanden ist und unverdaulich für den Menschen ist, wenn man sie kürzere oder längere Zeit einführt, vom Organismus verdaut werden. Das ist aber nicht der Fall[1]).

Auch die Zahlen bei dem Versuch v. d. Heydes, bei dem eine Verbesserung der Ausnützung von 7% erfolgt sein sollte, geben keine Stütze dafür ab, da sich bei einer Nachrechnung seiner Werte ergibt, daß die Ausnützung nicht nur nicht besser, sondern um 6% schlechter geworden war.

Bei dieser Sachlage schien es angezeigt, weitere Versuche mit dem Growittbrot anzustellen.

Es handelte sich bei meinen Untersuchungen um zwei große Versuchsreihen.

Die erste umfaßte einen im Sommer 1915 vorgenommenen 44tägigen Versuch, bei dem das Brot in Verbindung mit gemischter Nahrung gereicht wurde[2]). Der zweite Versuch schloß sich im Winter 1916/17 an Untersuchungen über die Kriegsernährung in Bonn an. Hierbei wurde Growittbrot 40 Tage lang als alleinige Nahrung gegeben[3]).

Die Anordnung wurde deshalb so getroffen, weil ich ein klares Urteil darüber gewinnen wollte, ob das Brot in gemischter Kost besser ausgenützt wird, als wenn man es ohne Zusatz verabreicht. Gleichzeitig sollte der zweite Versuch mit demselben Brot, der aber unter anderen Voraussetzungen begonnen wurde, zeigen, ob er zu dem gleichen oder einem anderen Resultate führen würde.

In der ersten Versuchsreihe schien es wünschenswert, andere Brotsorten zum Vergleich mit heranzuziehen. Ich wählte dazu das „Rolandbrot", ein in Berlin verbreitetes Gebäck aus Roggen- und Weizenmehl von etwa 80% Ausmahlung und noch ein im freien Handel käufliches „Vollkornbrot", das Klopferbrot. Ich verweise hier auf das betreffende Kapitel S. 158 u. ff.,

---

[1]) Vgl. auch die Ausführungen S. 21 u. 22.
[2]) R. O. Neumann, Brotarbeit II.
[3]) Derselbe, Brotarbeit IV.

erwähne aber nochmals, daß schon die chemische Analyse, aber noch viel mehr der Stoffwechselversuch erkennen ließ, daß dasselbe — wenigstens die von mir untersuchten Proben — nicht die Eigenschaften aufwies, die wir von Vollkornbroten kennen und nicht als solches angesprochen werden konnte. Es hatte einen auffallend niedrigen Eiweißgehalt, nur 5,06% (den niedrigsten, den ich bisher bei Broten überhaupt fand) und einen sehr niedrigen Rohfasergehalt, nur 0,73%, also etwa so viel wie die Roggen- und Weizenfeinbrote, mit 80% Ausmahlung zeigen. Hiergegen weisen gerade Vollkornbrote, in denen die Kleie enthalten ist, stets besonders hohe Zahlen an Eiweiß und Rohfaser auf. Außerdem wurden bei der Ausnützung der beiden Substanzen auffallende Werte gefunden, die ebenfalls nicht in den Rahmen von Vollkornbroten paßten.

Vom Growittbrot benützte ich zwei Sorten. Das eine Backmaterial wurde hergestellt aus gröberem Mahlgut und als Growitt „grob" bezeichnet, während das andere Mahlgut durch enger gestellte Walzen hindurchgelaufen war und einen höheren Feinheitsgrad aufwies. Es erhielt die Bezeichnung Growitt „fein". Der Grund zu dieser Doppeluntersuchung lag darin, nachzuweisen, ob eine feinere Zermahlung und damit eine weitere Zerreißung der Kleberzellen auch eine bessere Ausnützung ergeben würde.

Das Growitt „fein"-Brot wurde bereitet aus:

    Roggen . . . . 150 Pfd.
    100 Pfd. Sauerteig, entsprechend Roggen . 65 „
    Weizen . . . . 50 „
    Kochsalz . . . . 3 „

Das Growitt „grob"-Brot bestand aus:

    Roggen . . . . 100 „
    64 Pfd. Sauerteig, entsprechend Roggen . . 41 „
    Weizen . . . . 34 „
    Kochsalz . . . . 2 „

Die chemische Zusammensetzung des Growittbrotes ergibt sich aus folgender Zusammenstellung, die 12 Backserien umfaßt. Aus jeder Serie wurde ein Brot analysiert.

Chemische Zusammensetzung von Growittbroten.

Growittbrote	Wassergehalt	Trokkensubstanz	Stickstoff	Rohprotein (Eiweiß)	Rohfett	Kohlehydrate	Rohfaser	Asche	Säure: 100 g Brot verbrauchen wieviel ccm Normalalkali
I	38,70	61,30	1,01	6,32	0,58	51,22	1,83	1,35	9,8
II	39,60	60,40	1,12	7,00	0,49	50,20	1,48	1,23	10,4
III	38,50	61,50	1,01	6,31	0,47	52,08	1,44	1,20	10,0
IV	41,20	58,80	0,97	6,06	0,56	49,67	1,33	1,18	9,6
V	38,60	61,40	0,98	6,13	0,60	51,60	1,68	1,38	10,2
VI	40,40	59,60	0,86	5,38	0,57	50,53	1,72	1,40	10,7
VII	45,95	54,05	1,09	6,81	0,68	44,60	1,15	1,01	10,2
VIII	44,60	55,40	1,15	7,25	0,40	45,48	1,14	1,13	10,4
IX	41,80			7,35					
X	42,20			7,90					
XI	43,60			6,87					
XII	44,20			6,67					
Mittel aus I—VI	39,50	60,50	0,99	6,20	0,55	50,88	1,58	1,29	10,1

Die Zahlen zeigen ziemliche Verschiedenheiten sowohl im **Wasser**- wie im **Eiweiß**-, wie im **Kohlehydratgehalt**. Auch die Werte für **Fett**, **Rohfaser** und **Asche** differieren.

Bei einigen von anderer Seite analysierten Growittbroten[1]) sah man ähnliche Verhältnisse. Es fand sich dort:

	Vollkornbrot aus Roggen 1916	Vollkornbrot aus Roggen 1917	Vollkornbrot aus Roggen 1917
Wasser	49,46	47,19	48,30
Trockenrückstand	50,54	52,81	51,70
Asche	1,48	1,72	1,54
Stickstoffbestandteile	5,49	5,21	5,46
Ätherauszug (Fett)	1,12	1,20	1,47
Kohlehydrate	40,25	42,76	40,82
Rohfaser	1,35	1,43	1,96

Die Verschiedenheiten haben ihren Grund teils in der chemischen Zusammensetzung des Kornes, teils sind sie im **Backprozeß** zu suchen. Besonders ist der **Wassergehalt**, der bei dem zuletzt aufgeführten Brot recht hoch erscheint, auf den Backprozeß zurückzuführen. Die Schwankungen betragen 10%. Wenn aber mehrere Bäckereien ein Brot von nur 38—39% Wassergehalt liefern konnten, so ist damit erwiesen, daß ein höherer Prozentgehalt nicht notwendigerweise ein Spezifikum des Vollkornbrotes sein muß und daß nur backtechnische Schwierigkeiten zu überwinden sind, um einen gleichmäßig niedrigen Wassergehalt zu garantieren.

Auf die **Haltbarkeit** des Brotes hat die anfängliche größere Feuchtigkeit keinen Einfluß. Ich habe Brote mehr als 5 Wochen (37 Tage) und einige mehr als 7 Wochen (46 Tage) aufgehoben, ohne eine Veränderung des Geschmackes konstatieren zu können. Es trat auch bei geeigneter Lagerung keine Schimmelpilzwucherung auf. Nur der Wassergehalt nahm ab.

Nach 1 Tag   gingen verloren von einem Brot von 1950 g   5 g = 0,25%
„   2 Tagen „   „   „   „   „   „ 1950 g   16 g = 0,82%
„   3 „   „   „   „   „   „   „ 1950 g   22 g = 1,13%
„   4 „   „   „   „   „   „   „ 1950 g   35 g = 1,79%
„   5 „   „   „   „   „   „   „ 1950 g   46 g = 2,35%
„   6 „   „   „   „   „   „   „ 1950 g   76 g = 3,89%
„ 14 „   „   „   „   „   „   „ 1950 g 101 g = 5,16%
„ 19 „   „   „   „   „   „   „ 1950 g 143 g = 7,33%
„ 25 „   „   „   „   „   „   „ 1950 g 172 g = 8,82%
„ 31 „   „   „   „   „   „   „ 1950 g 252 g = 12,92%
„ 35 „   „   „   „   „   „   „ 1950 g 337 g = 17,28%
„ 46 „   „   „   „   „   „   „ 1950 g 408 g = 20,92%

Die Schwankungen im **Eiweißgehalt** sind wesentlich geringer, immerhin betragen sie bei den von mir untersuchten 12 Brotserien 5,38—7,90%. Sie hängen lediglich vom Eiweißgehalt des Roggens ab und gehen nicht mit dem Wassergehalt des Brotes parallel.

---

[1]) C. Griebel, Beiträge zum mikroskopischen Nachweis von pflanzlichen Streckungsmitteln und Ersatzstoffen bei der Untersuchung der Nahrungs- und Genußmittel. Veröffentl. a. d. Gebiete d. Sanitätswesens 1918, S. 108.

Nebenstehend sind die Brote nach ihrem Wassergehalt geordnet und die dazugehörigen Eiweißmengen darunter eingetragen.

Brot	III	V	I	II	VI	IV	IX	X	XI	XII	VIII	VII
Wassergehalt i.%	38,50	38,60	38,70	39,60	40,40	41,20	41,80	42,20	43,60	44,20	44,60	45,95
Roheiweiß i.%	6,31	6,13	6,32	7,00	5,38	6,06	7,35	7,90	6,87	6,67	7,25	6,81

Daraus geht hervor, daß sowohl bei höherem wie bei niederem Wassergehalt bald mehr, bald weniger Eiweiß im Brot gefunden wird. Wenn dies aber der Fall ist, so kann man aus einem höheren Wassergehalt allein niemals auf einem niederen Eiweißgehalt oder, wie es gar schon vorgekommen ist, auf ein minderwertiges Brot schließen.

Fett, Asche und Kohlehydrate entsprechen in ihren Mengen etwa den Zahlen, wie sie sonst auch bei Vollkornbroten gefunden werden. Auffallend niedrig ist aber der Rohfasergehalt. Er geht bei den Growittbroten herunter bis 1,14% und erreicht nur eine Höhe von 1,83%. Auch die Griebelschen Zahlen liegen in diesem Bereich. Man kann dies als Beweis dafür ansehen, daß ein sehr erheblicher Teil Holzfaser (in unserem Falle die zellulosereiche Hülle des Kornes) aus dem Brot herausgeschafft ist.

Der Säuregehalt des Brotes wurde in allen Fällen reichlich hoch angetroffen, denn es war im Durchschnitt 10 ccm Normalalkali für 100 g Krume zur Sättigung nötig. Es entspricht dies einem mit Sauerteig gut gesäuerten Brote. Inwieweit damit dem Geschmack Rechnung getragen ist, dafür lassen sich zwar keine allgemeinen Angaben machen, doch empfindet die bei weitem größere Masse der Konsumenten beim Schwarzbrot auch einen reichlichen Säuregehalt durchaus nicht als unangenehm. Ich selbst kann mich dieser Beobachtung nur anschließen, und finde sogar, daß ein höherer Säuregrad den Geschmack verbessern hilft. Doch das ist individuell. Jedenfalls verursachte der höhere Säuregehalt keine Beschwerden oder Belästigungen.

Anlage der Versuche.

Der erste Versuch zerfiel in 5 Perioden. Die erste Periode umfaßte einen 10 tägigen Versuch mit „Rolandbrot“. Ihr folgten 2 je 7 tägige Perioden mit „Growittbrot fein“ (Brot von verschiedenen Backtagen). Daran schloß sich eine 10 tägige Periode mit „Growittbrot grob“ und den Schluß bildete eine 10 tägige Periode mit Klopferbrot.

Im Gegensatz dazu führte ich den zweiten Versuch nur mit einer Brotsorte durch und zwar mit „Growittbrot“ (dem Growittbrot „grob“ ähnlich).

Dieser Versuch dauerte 40 Tage. Zuerst wurden 6 Tage lang 500 g, alsdann 6 Tage 750 g, darauf 28 Tage 1000 g Brot gegeben. Aus besonderen Gründen, die aber mit der eigentlichen Brotprüfung nichts zu tun hatten, legte ich in der letzten längeren Periode noch Zucker zu.

Da das Brot im ersten Versuch mit gemischter Nahrung untersucht werden sollte, so bestand die Zulage pro Tag noch aus 60 g Käse, 50 g Fett und 100 g Zervelatwurst. Von Brot wurden im ersten Versuch täglich 500 g genommen.

Insgesamt wurden eingeführt (im ersten Versuch):

Tägliche Gesamtzufuhr an Nahrung in den 5 Perioden des ersten Versuches[1]).

Perioden	Brote	Gesamtmengen an Nahrung	Trockensubstanz in der Nahrung	Wasser in der Nahrung	Stickstoff	Rohprotein (Eiweiß)	Rohfett	Kohlehydrate	Rohfaser	Asche	Kalorien
I 10 Tage	Rolandbrot . . .	710,0	429,3	280,7	10,29	64,33	95,67	238,1	3,05	6,96	2129,4
II 7 Tage	Growitt „fein“ I .	710,0	423,1	286,9	11,02	68,88	97,12	223,0	5,75	8,42	2099,9
III 7 Tage	Growitt „fein“ II	710,0	429,8	280,2	11,37	71,08	95,72	227,4	5,70	9,02	2113,9
IV 10 Tage	Growitt „grob“ .	710,0	419,3	290,7	10,42	65,13	96,42	222,6	5,40	8,72	2076,5
V 10 Tage	Klopferbrot . . .	710,0	420,8	289,2	9,62	60,13	96,42	231,0	3,65	8,67	2090,5

Die Gesamtmenge der Nahrung im zweiten Versuch setzte sich folgendermaßen zusammen:

Tägliche Gesamtzufuhr an Nahrung in den 5 Perioden des zweiten Versuches.

Perioden	Brote	Gesamtmenge an Brot	Trockensubstanz in der Nahrung	Wasser in der Nahrung	Stickstoff	Rohprotein (Eiweiß)	Rohfett	Kohlehydrate	Rohfaser	Asche	Kalorien
I 6 Tage	Growittbrot	500,0	302,5	197,5	4,95	31,00	2,75	254,4	7,90	6,45	1212,5
II 6 Tage	„	750,0	453,8	296,2	7,43	46,50	4,13	381,6	11,85	9,68	1818,8
III 5 Tage	„	1000,0	605,0	395,0	9,90	62,00	5,5	508,8	15,80	12,90	2425,0
IV 5 Tage	„	1000,0 +300 Zucker	899,3	395,3	9,90	62,00	5,5	802,8	15,80	13,20	3630,4
V 18 Tage	„	1000,0 +500 Zucker	1095,5	395,5	9,90	62,00	5,5	998,8	15,80	13,40	4434,0

Beide Versuche verliefen ohne Unterbrechung.

Ergebnisse der Versuche.

Um ein Urteil über die Resultate der Stoffwechselversuche gewinnen zu können, müssen zunächst den Einnahmen die Ausgaben gegenübergestellt werden:

[1]) Die Mittelwerte der bei den Versuchen benützten Brote sind:

	Im 1. Versuch			Im 2. Versuch
	Growittbrot „fein“ I	Growittbrot „fein“ II	Growittbrot „grob“	Growittbrot „grob“
Wasser	45,95	44,60	46,70	39,50
Eiweiß	6,81	7,25	6,06	6,20
Fett	0,68	0,40	0,54	0,55
Kohlehydrate . .	44,60	45,48	44,53	50,88
Rohfaser	1,15	1,14	1,10	1,58
Asche	1,01	1,13	1,07	1,29

I. Die täglichen Ausscheidungen aus der Nahrung im ersten Versuch.

Perioden	Brote	Kot feucht	Kot lufttrocken	Feuchtigkeit im Kot in %	Kotstickstoff	Harnmenge	Harnstickstoff	Gesamtstickstoff im Harn und Kot	Fett	Rohfaser	Asche
I 10 Tage	Rolandbrot	197,5	39,13	80	1,89	934,0	8,29	10,18	6,54	1,96	2,94
II 7 Tage	Growitt „fein" I	269,0	51,39	80	2,32	911,0	8,65	10,97	5,77	3,04	4,37
III 7 Tage	Growitt „fein" II	262,0	50,63	80	2,32	938,0	8,81	11,13	5,93	3,00	4,31
IV 10 Tage	Growitt „grob" . .	286,0	56,83	80	2,45	984,0	8,35	10,80	7,79	2,87	4,91
V 10 Tage	Klopferbrot	254,0	47,50	81	2,16	949,0	7,18	9,34	5,14	2,59	2,06

II. Die täglichen Ausscheidungen aus der Nahrung im zweiten Versuch.

Perioden	Brote	Kot feucht	Kot lufttrocken	Feuchtigkeit im Kot in %	Kotstickstoff	Harnmenge	Harnstickstoff	Gesamtstickstoff im Harn und Kot	Fett	Rohfaser	Asche
I 6 Tage	Growittbrot	235,0	47,4	79,8	1,22	1080,0	11,88	13,10	6,80	4,51	3,70
II 6 Tage	„	356,0	70,1	80,3	1,85	1210,0	10,75	12,16	6,63	6,83	5,54
III 5 Tage	„	483,0	96,5	80,0	2,52	1240,0	9,37	11,89	6,24	9,21	7,42
IV 5 Tage	„	505,0	96,0	81,0	2,44	1090,0	8,04	10,48	6,50	9,16	7,59
V 18 Tage	„	494,0	95,8	80,6	2,41	1160,0	5,89	8,30	6,00	9,18	7,65

Wie ein Blick auf die Einnahmen und Ausgaben beider Versuche lehrt, finden sich zum Teil erhebliche Abweichungen. Bei den **Einnahmen** sind dieselben dadurch bedingt, daß im ersten Versuch Brot in **gemischter Kost** genossen wurde. Dementsprechend wurden in diesem Versuch mehr Eiweiß, reichlich Fett, relativ wenig Rohfaser und nur verhältnismäßig wenig Kohlehydrate eingeführt (entsprechend 500 g Brot). Im zweiten Versuch, in welchem steigende Brotmengen bis zu 1000 g genossen wurden, sind die Mengen des Eiweißes, des Fettes, der Kohlehydrate, der Rohfaser und der Asche anfänglich gering, später erheblich größer als im ersten Versuch. Besonders ist aber vom Fett verschwindend wenig vorhanden.

In ähnlicher Weise zeigen sich auch Verschiedenheiten in den **Ausgaben** in beiden Versuchen. Im ersten ist der feuchte und lufttrockene Kot viel niedriger als im zweiten, ebenso die Rohfaser und die Asche. Dagegen ist die Fettausfuhr in beiden Versuchen so gut wie gleich, trotz der äußerst geringen Einnahme im zweiten Versuch. Die Zahlen der Stickstoffausfuhr sind in beiden

Versuchen einander sehr ähnlich; auch die Feuchtigkeit des Kotes bleibt stets dieselbe.

Wir sehen also, daß die Differenzen durch die Versuchsanlage bedingt sind. Das Endergebnis der Untersuchungen muß aber doch schließlich dasselbe sein, wenn das Brot im ersten Falle genau so beschaffen ist, wie im zweiten. Nur dann, wenn etwa größere Abweichungen zu verzeichnen wären, würde man — gleichbleibende Funktion des Organismus vorausgesetzt — die Differenzen in der Verschiedenheit der Brote zu suchen haben.

Um dies zu erweisen, bedurfte es daher nicht nur der Nebeneinanderstellung der Einnahmen und Ausgaben, sondern auch der Berechnung der Ausnützung der im Brot eingeführten Stoffe und des Verlustes, der sich dabei ergibt.

Die folgenden Tabellen mögen zunächst die Übersicht vermitteln:

I. Verlust und Ausnützung der Nahrung im Kot im ersten Versuch.

Perioden	Brote	Trockensubstanz		Stickstoff		Fett		Rohfaser		Asche	
		Verlust	Ausnützung	Verlust	Ausnützung	Verlust	Ausnützung	Verlust	Ausnützung	Verlust	Ausnützung
I 10 Tage	Rolandbrot	9,11	90,89	18,40	81,64	6,83	93,17	64,26	35,74	42,24	57,76
II 7 Tage	Growitt „fein" I. .	12,14	87,86	21,05	78,95	5,94	94,06	52,87	47,13	51,90	48,10
III 7 Tage	Growitt „fein" II .	11,78	88,22	20,49	79,60	6,19	93,81	52,63	47,37	47,78	52,22
IV 10 Tage	Growitt „grob" . .	13,55	86,45	23,51	76,49	8,08	91,92	53,15	46,85	56,31	43,69
V 10 Tage	Klopferbrot	11,29	88,71	21,55	77,50	5,33	94,67	70,96	29,04	23,76	76,24

II. Verlust und Ausnützung der Nahrung im Kot im zweiten Versuch.

Perioden	Brote	Trockensubstanz		Stickstoff		Fett		Rohfaser		Asche	
		Verlust	Ausnützung	Verlust	Ausnützung	Verlust	Ausnützung	Verlust	Ausnützung	Verlust	Ausnützung
I 6 Tage	Growittbrot	15,67	84,33	24,64	75,36	6,80	93,20	57,34	42,66	57,30	42,70
II 6 Tage	,,	15,44	84,56	24,89	75,11	6,63	93,37	57,70	42,30	57,30	42,70
III 5 Tage	,,	15,95	84,05	25,45	74,55	6,24	93,76	58,30	41,60	57,52	42,48
IV 5 Tage	,,	10,67	89,33	24,65	75,35	6,50	93,50	58,00	42,00	57,50	42,50
V 18 Tage	,,	8,74	91,26	24,34	75,66	6,00	94,00	58,15	41,85	57,10	42,90

Von wesentlicher Bedeutung für die Beurteilung des Brotes sind der Verlust und die Ausnützung der Trockensubstanz, d. h. des lufttrockenen

Kotes, weiterhin des Stickstoffs im Kot und der Rohfaser. Weniger wichtig ist die Frage nach dem Aschengehalt und der Kohlehydrate. Bedeutungslos sind die Zahlen über das Fett, da, wie wir bereits früher gesehen haben (S. 43 u. ff.), sie nichts über die Verwertung des Fettes im Organismus aussagen.

Die Trockensubstanz.

Um die Trockensubstanz in der Ausfuhr richtig würdigen zu können, muß man die Trockensubstanz in der Einnahme kennen. Diese steht aber wieder in engster Beziehung zur frischen eingenommenen Substanz, ebenso wie in der Ausfuhr der feuchte Kot mit dem lufttrockenen korrespondiert. Ich lasse die hierhergehörigen Zahlen folgen:

Einfuhr und Ausfuhr der feuchten und trockenen Substanz, Verlust und Ausnützung der Trockensubstanz.

| | Perioden | Brote | Einfuhr | | Ausfuhr | | Feuchtigkeit des Kotes in % | Verlust in % | Ausnützung in % |
			Gesamtmenge an Nahrung	Trockensubstanz	Kot feucht	Kot lufttrocken			
I. Versuch	I	Rolandbrot	710,0	429,3	197,5	39,13	80,0	9,11	90,89
	II	Growitt „fein" I	710,0	423,1	269,0	51,39	80,0	12,14	87,86
	III	Growitt „fein" II	710,0	429,8	262,0	50,63	80,0	11,78	88,22
	IV	Growitt „grob"	710,0	419,3	286,0	56,83	80,0	13,55	86,45
	V	Klopferbrot	710,0	420,8	254,0	47,50	81,0	11,29	88,71
II. Versuch	I	Growittbrot	500,0	302,5	235,0	47,4	79,8	15,67	84,33
	II	„	750,0	453,8	356,0	70,1	80,3	15,44	84,56
	III	„	1000,0	605,0	483,0	96,5	80,0	15,95	84,05
	IV	„	1000,0 + 300 Zucker	899,3	505,0	96,0	81,0	10,67	89,33
	V	„	1000,0 + 500 Zucker	1095,5	494,0	95,8	80,6	8,74	91,26

In allen 5 Perioden des ersten Versuches war die eingeführte Nahrungsmenge von 710 g gleich und dementsprechend auch die Trockensubstanz (ungefähr 420,0). Im zweiten Versuch wechselte jedoch die Tageseinfuhr. Sie begann mit 500 g Brot und endete mit 1000 g. Die Trockensubstanz stieg parallel dazu von 302 g auf 453,8 g und bei 1000 g Brot auf 605 g.

Mit der Gesamtmasse der eingeführten Nahrung steht nun zwar auch die Gesamtmasse des ausgeführtes Kotes in engster Beziehung, aber ausschlaggebend ist für letzteren eigentlich nur die unverdauliche bzw. kotbildende Substanz der Nahrungsmittel.

Hierfür gibt uns Art und Menge der Brote in den einzelnen Perioden das beste Beispiel. Unverdaulich ist in ihnen in erster Linie die Zellulose, und da die Brotsorten je nach Ausmahlung mehr oder weniger zellulosereiche Kleie enthalten, so muß die Kotmenge bei Broten aus feinen Mehlen geringer sein als aus Broten mit gröberen. Das sehen wir hier im Rolandbrot, einem Brot aus Mehl zu 80% ausgemahlen, welches nur 197 g frischen Kot lieferte im

Gegensatz zu den Growittbroten aus dem ganzen Roggen, die 262—286 g Kot in gemischter Kost zurückließen[1]).

Je mehr Brot eingeführt wird, um so höher steigt die frische Kotmasse. Bei 1000 g Brot erreicht sie bereits die nicht unbeträchtliche Höhe von 483 g.

Sehr auffällig parallel mit dem frischen Kot geht die Kottrockensubstanz. Das ist darauf zurückzuführen, daß der Wassergehalt im Kot eine sehr erfreuliche Konstanz zeigte und innerhalb der 83 Tage während der Versuche überhaupt nur zwischen 79—81% schwankte. Ich finde darin den Beweis für die äußerst regelmäßige Funktion des Darmes und der Verdauung. Andererseits zeigt dieser nicht unwichtige Befund, daß ein normaler Stuhl etwa 80% Wasser haben muß, wenn er beschwerdelos das Darmrohr passieren und den Körper in dickbreiiger Form, weder zu hart noch zu weich, verlassen soll. Endlich geht daraus hervor, daß es dem Organismus in dieser Hinsicht völlig gleich zu sein scheint, ob er mit gemischter Kost oder mit einseitiger Vegetabiliennahrung gefüttert wird, ob ihm große oder kleine Mengen zugeführt werden, immer versorgt er den Darm mit der Wassermenge, die gerade zur Bildung eines normalen Stuhles hinreicht (vgl. auch S. 47).

Beim Rolandbrot beträgt die Trockensubstanz im Kot 39,13 g, beim Growittbrot „fein" 51,39 bzw. 50,63 g, also wesentlich mehr. Bei der einfachen Brotkost bleiben von 500 g Growittbrot „grob" 47,4 g, von 750 g Brot 70,1 g und von 1000 g Brot 96,5 g Trockensubstanz.

Berechnet man daraus den Verlust an nicht ausnützbarer Trockensubstanz, so ergibt sich folgendes: Das Rolandbrot verliert 9,11%, das Growittbrot „fein" 12,14 bzw. 11,78%, das Growittbrot „grob" im ersten Versuch 13,55% im zweiten Versuch 15,67, 15,44, 15,95%. Demnach beträgt die Ausnützung des Rolandbrotes 90,89%, die des Growittbrot „fein" 87,86 bzw. 88,22%, des Growittbrot „grob" im ersten Versuch 86,45%, im zweiten Versuch 84,33, 84,56 und 84,05%. Der Verlust und die Ausnützung der beiden Feinbrotsorten kann als gleich angesehen werden, ebenso sind die Unterschiede bei den drei Growitt „grob"-Sorten im 2. Versuch zu klein, als daß sie in die Wagschale fielen. Verlust und Ausnützung sind also auch gleich, es sei denn, daß man die bei 1000 g Broteinnahme erhaltene etwas geringere Ausnützung von 84,05% gegenüber der bei 500 g Einnahme gefundenen von 84,33% für die größere Quantität verantwortlich machen wollte.

Bemerkenswert ist jedoch zuerst die Differenz zwischen dem Rolandbrot und den Feinbroten. Sie beträgt etwa 3% Verlust zu ungunsten der letzteren. Das Vorhandensein von mehr unverdaulicher Zellulose in den Feinbroten hat also den erhöhten Verlust bewirkt.

Ein kleiner Verlust des Growittbrot „grob" gegenüber den Growitt „fein"-Broten von 1,7% ist ebenfalls zu konstatieren. Er muß der gröberen Vermahlung des Kornes zur Last gelegt werden. Das ist jedoch nicht so zu verstehen, daß im Growitt „grob"-Brot mehr Zellulose vorhanden wäre

---

[1]) Da die gemischte Nahrung von 710 g aus 500 g Brot und 210 g Käse, Wurst und Fett bestand, so ist die Menge Kot, die auf das Brot allein entfällt, natürlich geringer. Sie beträgt, wie aus der ersten Periode des zweiten Versuches hervorgeht, 235 g für 500 g Growittbrot. Käse, Wurst und Fett haben, als leicht resorbierbare Substanzen, nur etwa 30 g Kot geliefert.

(denn im Growitt „grob"- und im Growitt „fein"-Brot sind die Hülsen in gleicher Weise entfernt) als im Growitt „fein"-Brot. Die Ursache dürfte vielmehr darin zu suchen sein, daß im Feinbrot infolge der weitgehenden Zerkleinerung des Kornes die verdaulichen Bestandteile besser herausgelöst werden konnten und dementsprechend im Growitt „grob"-Brot relativ mehr unverdauliche Substanz in den Kot überging. Das weist auch der Trockenkot nach, indem beim Growitt „grob"-Brot 56,8 g, dagegen bei den Feinbroten nur etwa 51 g zurückblieben.

Während im ersten Versuch der Verlust beim Growitt „grob"-Brot 13,55% und die Ausnützung 86,45% betrug, findet sich im zweiten Versuch ein Durchschnittsverlust von 15,7% und eine Ausnützung von 84,3%. Die Differenz von 2,2% ist zwar nicht allzu bedeutend und praktisch kaum ins Gewicht fallend, man wird dafür aber doch eine Erklärung suchen müssen. Sie ist leicht zu geben, wenn man die Einfuhr an Rohfaser in beiden Versuchen ins Auge faßt. Im ersten Versuch gelangten beim Growittbrot „grob" 5,4 g Rohfaser in 500 g Brot in den Organismus[1]), im zweiten Versuch dagegen 7,9 g. Dieser Überschuß machte sich naturgemäß in der Ausfuhr der Rohfaser und damit auch im Verlust und der Ausnützung der Trockensubstanz bemerkbar. Es ist wohl möglich, daß im zweiten Versuch ein Backmaterial vorgelegen hat, welches nicht dem Feinheitsgrad des im ersten Versuch verwendeten gleichkam.

Wie dem auch sein mag, die Zahlen zeigen uns, daß eine möglichst feine Vermahlung und Zerkleinerung des Kornes sehr wünschenswert erscheint, um alles das Verdauliche aus dem Material herauszuholen, was von den Verdauungssäften irgendwie angreifbar ist. Es wiesen ja auch schon die Zahlen über Verlust und Ausnützung des Growittbrot „fein" und „grob" im ersten Versuch darauf hin.

Es erübrigt noch festzustellen, ob der Verlust an Trockensubstanz beim Growittbrot gegenüber anderen Broten günstig oder ungünstig genannt werden muß. Wie wir sehen, beträgt er beim Growittbrot „fein" im Mittel 11,96%, die Ausnützung 88,04%. Beim Growittbrot „grob" (Mittel aus dem I und II. Versuch) beläuft sich die Ausnützung auf 84,85%, der Verlust auf 15,15%.

Bei anderen Broten, die ebenfalls Kleie noch enthalten, wurden von mir und anderen Untersuchern gefunden[2]):

beim Roggenbrot (aus Mehl zu 80% ausgemahlen) (R. O. Neumann)	11,29%	Verlust
„ rheinischen Schrotbrot (R. O. Neumann)	11,99%	„
„ Soldatenbrot (Plagge und Lebbin)	12,24%	„
„ Klopferbrot (Boruttau)	13,20%	„
„ K-Brot (Schwarzbrot) (R. O. Neumann)	16,48%	„
„ Finklerbrot mit 20% Schalen	17,18%	„
„ Gelinckbrot (K. B. Lehmann)	18,90%	„
„ Pumpernickel (R. O. Neumann)	19,01%	„
„ reinen Kleiebrot (Plagge und Lebbin)	42,35%	„

---

[1]) Wurst, Käse und Fett sind dabei als rohfaserfrei angenommen.

[2]) Die Ergebnisse von 24 untersuchten Broten finden sich in der Originalarbeit über das Großsche Verfahren R. O. Neumann, Brotarbeit II, S. 42.

Danach nimmt das Growittbrot „fein" unter den kleiehaltigen Broten einen ersten Platz ein, und sogar das Growittbrot „grob" steht in der Mitte der groben Schwarzbrote. **In dem Effekt seiner Trockensubstanzausnützung würde es etwa einem Kommißbrote mit 80—85% Ausmahlung gleichkommen.**

Das Eiweiß und der Stickstoff.

Über die tägliche Einfuhr und Ausfuhr, den Verlauf und die Ausnützung an Eiweiß und Stickstoff mag folgende Übersicht orientieren:

Einfuhr und Ausfuhr, Verlust und Ausnützung an Eiweiß und Stickstoff.

	Perioden	Brote	Einfuhr		Ausfuhr			Verlust in %	Ausnützung in %
			Eiweiß	Stickstoff	Kotstickstoff	Harnstickstoff	Gesamtstickstoff		
I. Versuch	I	Rolandbrot	64,33	10,29	1,89	8,29	10,18	18,40	81,64
	II	Growitt „fein" I	68,88	11,02	2,32	8,65	10,97	21,05	78,95
	III	Growitt „fein" II	71,08	11,37	2,32	8,81	11,13	20,49	79,60
	IV	Growitt „grob"	65,13	10,42	2,45	8,35	10,80	23,51	76,49
II. Versuch	I	Growittbrot	31,00	4,95	1,22	11,88	13,10	24,64	75,36
	II	„	46,50	7,43	1,85	10,75	12,16	24,89	75,11
	III	„	62,00	9,90	2,52	9,37	11,89	25,45	74,55

Betrachten wir zunächst die im ersten Versuch verwendeten Growittbrote: Entsprechend dem etwas verschiedenen Eiweißgehalt des Kornes sind auch die eingeführten Stickstoffmengen etwas verschieden. Beim Growittbrot „fein" betragen sie 11,02 bzw. 11,37. Die Differenz ist hier ganz unbedeutend. Etwas größer ist sie beim Growittbrot „grob". Dort sind nur 10,42 g täglich eingeführt.

Wäre die Verwertung beim Growitt „grob" im Organismus ganz dieselbe gewesen wie beim Growitt „fein", so hätte auch der ausgeschiedene Kotstickstoff vom Growitt „grob" weniger betragen müssen, als der vom Growitt „fein". Er beträgt aber 2,45 g gegenüber 2,32 g beim Growitt „fein". Es ist also relativ mehr Stickstoff beim Growitt „grob" ausgeschieden worden. Das heißt nichts anderes, als daß aus dem gröberen Material des Growitt „grob" das Eiweiß nicht so gut herausgelöst worden ist, also mit anderen Worten nicht so gut ausgenützt wurde. **Die Ausnützung beim Growitt „grob" beträgt demnach** — entsprechend einem **Verlust an Eiweiß von 23,51%** — **76,49%**, gegenüber der **Ausnützung des Eiweißes beim Growitt „fein"**, die sich auf **78,95 bzw. auf 79,60%** — entsprechend einem **Verlust von 21,05 bzw. 20,49%** — berechnet.

Das Rolandbrot weist naturgemäß eine bessere Ausnützung in seinem Eiweißgehalte auf, da die Kleie und mithin die schwer zugängliche Kleberzellenschicht zum großen Teil aus dem Mehle herausgeschafft war. Die Ausnützung betrug 81,64%, der Verlust 18,40%; der ausgeschiedene Kotstickstoff nur 1,89 g. Immerhin ist der Unterschied von 2,69% gegenüber dem Growitt „fein" nicht sehr bedeutend in anbetracht der Tatsache, daß es sich beim Growittbrot um ein Vollkornbrot handelt.

Sehr lehrreich sind die Ergebnisse über die Eiweißverwertung im zweiten Versuch: Hier wurde ein etwas gröberes Brot verabreicht und zwar in der ersten Periode 500 g, in der zweiten Periode 750 g und in der dritten Periode 1000 g. Die Eiweißeinfuhr belief sich auf 31, 46 und 62 g, die des Stickstoffs auf 1,22, 1,85 und 2,52 g. Die Verhältnisse lagen so verschieden wie nur möglich. Es mußte sich gegenüber dem ersten Versuche, in dem gleichgroße Mengen Brot genossen wurden, zeigen, ob die Ausnützung dieselbe sein würde oder nicht. Dazu kam auch noch, daß im ersten Versuch gemischte Kost gereicht wurde, während im zweiten Versuch nur reine Brotkost vorlag.

Überraschenderweise stimmen nun die Resultate der drei Perioden in ihrer Ausnützung des Eiweißes unter sich fast genau überein. In der ersten Periode betrug sie 75,36%, in der zweiten Periode 75,11% und in der dritten Periode 74,55%, entsprechend einem Verlust von 24,64, 24,89 und 25,45%; im Mittel also 24,99% Verlust und 75,01% Ausnützung.

Vergleicht man hiermit den Verlust und die Ausnützung des Growitt „grob" im ersten Versuch (23,51 bzw. 76,49%), so ergibt sich eine Differenz von 1,48% zu ungunsten des Growittbrotes im zweiten Versuch.

Der Grund dafür kann in zwei Möglichkeiten zu suchen sein. Entweder hat das Backgut in noch gröberer Form als im ersten Versuch vorgelegen, wodurch eine mindere Ausnützung veranlaßt worden ist, oder die reine Brotkost war für die Verschlechterung der Ausnützung ausschlaggebend. Sowohl das eine als das andere mag für unseren Fall zutreffen.

Für die erstere Annahme fanden wir bereits Anhaltspunkte bei der Untersuchung der Trockensubstanz, aber auch der andere Punkt spielt zweifellos eine Rolle. Es ist anzunehmen, daß das Brot, besonders aber Vollkornbrot allein, ganz anders wie eine gemischte Kost die Darmsaftbildung und damit auch eine vermehrte Eiweißabsonderung begünstigt. Der Effekt wird natürlich ein um so bedeutenderer sein, je höher die eingeführten Mengen steigen.

Aus unserem Beispiel geht dies ohne weiteres hervor:

Bei 500 g Broteinnahme wird das Eiweiß zu 75,36% ausgenützt. Verlust 24,64%
„ 750 g „ „ „ „ „ 75,11% „ „ 24,89%
„ 1000 g „ „ „ „ „ 74,55% „ „ 25,45%

Während bei 500 g Broteinnahme 1,22 g Stickstoff ausgeschieden wurde, fanden sich bei 1000 g nicht nur nicht noch einmal so große Mengen, sondern 2,52 g, also 0,08 g = 3,2% Stickstoff mehr.

Wenn auch diese Zahlen bei der praktischen Ernährungsfrage mit Brot keine sehr große Rolle spielen, so kann man doch wissenschaftlich nicht an ihnen vorbeigehen. Eine Folgerung wird immerhin daraus gezogen werden müssen, nämlich die, daß das Brot in gemischter Kost besser im Organismus verwertet wird als in reinem Zustande.

So erklären sich auch ungezwungen die Unterschiede in der Ausnützung des Broteiweißes im ersten und zweiten Versuch.

Daß das Growittbrot als Vollkornbrot in seiner Eiweißausnützung nicht ganz einem Feinbrote entsprechen würde, war wohl vorauszusehen. Aber dafür sollte auch gar nicht der Beweis erbracht werden. Es handelte sich vielmehr darum, ob das neue Verfahren besseres leiste als wie wir es bisher bei ähnlichen Verfahren kennen.

Stellt man die früher von anderen und mir untersuchten Brote nach dem Eiweißverlust zusammen, so zeigt sich folgendes:

Gewöhnliche Bereitungsweise		Nach besonderem Verfahren	
Reines Weizenmehl 13,91%		Finklerbrot . . 13,90% (ohne Schalen)	
K. Brot (Feinbrot) 15,77%		Klopferbrot . . 21,55% (R. O. Neumann)	
Weizenbrot (80%) 17,34%		Finklerbrot . . 28,10% (mit 4% Schalen)	
Rolandbrot 18,40%		Steinmetzbrot . 29,20%	
Kommißbrot 20,35%		Finklerbrot . . 32,50% (mit 10% Schalen)	
Kölner Brot 20,80%		Schillerbrot . . 33,69%	
Roggenbrot (80%) 24,73%		Klopferbrot . . 36,60% (Boruttau)	
Schrotbrot 27,17%		Finklerbrot . . 37,40% (mit 20% Schalen)	
Blutbrot 28,10%		Soldatenbrot . 41,44% (entschält)	
K-Brot (Schwarzbrot) . . . 34,16%		Soldatenbrot . 43,35% (ungeschält)	
Strohbrot (14%) 35,28%		Schlüterbrot . 44,32%	
Strohbrot (20%) 38,62%		Gelinckbrot . . 50,10%	
Pumpernickel 39,65%		Kleie 56,32%	

(Die mittlere Spalte trägt senkrecht: R. O. Neumann)

Growittbrot „fein" 20,77% (Mittel aus beiden Perioden) I. Versuch

Growitbrot „grob" 23,51% I. Versuch

Das Growittbrot, sowohl das feine als auch das grobe, verhält sich gegenüber den anderen nach besonderem Verfahren hergestellten Brotarten recht günstig.

Den niedrigsten Eiweißgehalt mit 13,90% hatte das Finklerbrot ohne Schalen, also die Sorte, bei der aus dem Finalmehl alle Kleiereste herausgenommen waren; bei den anderen Finklerbroten, welche 4% und 20% Schalen enthielten, also eher mit dem Growittbrot zu vergleichen wären, fanden sich Verluste von 28,10%, 32,50% und 37,4%. Growittbrot „fein" zeigte nur 20,77% Verlust und muß daher mindestens an die zweite Stelle gesetzt werden, da die nach allen übrigen Verfahren hergestellten Brote, wie die Tabelle zeigt, weit höhere Verluste aufweisen.

Wichtig scheint mir auch das Resultat zu sein, daß das Growittbrot „grob", dessen Korn nicht so fein vermahlen war, sich nur mit 23,51% am Eiweißverlust beteiligte und demnach eine vorteilhaftere Ausnützung zeigt, wie die übrigen Brote.

Das Growittbrot schneidet aber auch beim Vergleich mit dem nach gewöhnlichem Verfahren hergestellten Broten gut ab. Es läßt sich in die in der ersten Spalte aufgeführten und von mir früher untersuchten Brote einreihen zwischen das Kommißbrot und Kölner Brot, die einen Verlust von 20,35 bzw. 20,80% zeigten. Nur reines Weizenbrot mit 13,91%, K-Brot (Feinbrot) mit 15,77%, Weizenbrot (80% Ausmahlung) mit 17,34% und das Großsche Rolandbrot (Weizen- und Roggenmehl mit 80 bis 82% Ausmahlung) waren besser, während alle übrigen Brote aus geschältem und ungeschältem Korn nachstanden.

Berechnet man endlich noch aus den oben angegebenen Zahlen und der im Brot enthaltenen Eiweißmenge das verdauliche bzw. ausnützbare Eiweiß im Brot, so ergeben sich für die Growittbrote wiederum durchaus günstige Werte.

Im Growittbrot „grob"   werden in 500 g Brot zugeführt   23,18 g
„ Growittbrot „fein" I   :,   „ 500 g „   „   26,89 g
„ Growittbrot „fein" II   „   „ 500 g „   „   28,83 g
„ Rolandbrot   „   „ 500 g „   „   24,08 g

Sehr deutlich kommt hier zum Ausdruck, wie das Growittbrot „grob", das dem Rolandbrot im Ausnutzungsverlust erheblich nachsteht, ihm im ausnutzbaren Eiweiß doch außerordentlich nahetritt und wie das Growittbrot „fein" I und II infolge der größeren Eiweißzufuhr und des geringeren Ausnutzungsverlustes das Rolandbrot an ausnutzbarem Eiweiß übertreffen. Wir finden sogar das Growittbrot „fein" als Roggenbrot unter den übrigen Roggenbroten an erster Stelle. Erst dann folgt das Kommißbrot, das Rolandbrot und das gewöhnliche Roggenbrot.

Die Rohfaser.

Je nach der Zubereitung des Kornes bzw. des Mehles vor dem Backprozeß finden sich im Brot mehr oder weniger holzige Bestandteile (Zellmembranen), die wir bisher als „Rohfaser" im Brote nachwiesen. Es handelt sich dabei einmal um Zellulosen, die so gut wie unverdaulich für den Menschen sind, z. B. die Hüllen der Samenschale des Kornes, und um Hemizellulosen, die vielfach wie z. B. die Pentosane im Bindegewebe, Zellwänden, Gefäßen, usw. in erheblichem Maße der Verdauung zugänglich sind[1]). Bei Broten, die aus dem ganzen nicht enthülsten Korn bereitet werden, wie z. B. die Schrotbrote oder bei solchen, deren Mehle zellulosereiche Kleie enthalten, wird demnach die Verdaulichkeit der Zellmembran („Rohfaser") nur sehr mangelhaft sein, im Gegensatz zu solchen Broten, deren Korn oder Mehl frei oder fast frei von der nicht resorbierbaren Holzsubstanz ist.

Wie oben bereits mitgeteilt wurde, findet bei dem Growittverfahren eine größtmögliche Enthülsung des Kornes statt, so daß wenigstens der allergrößte Teil der ganz unverdaulichen Bestandteile aus dem Backmaterial heraus ist. Die Mengen der reinen Zellulosehüllen betrugen in meinen ersten Versuchen 0,7%, in letzter Zeit ergaben die Nachprüfungen über 1%[2]). Wie gering diese Mengen auch zunächst scheinen mögen, so bedeutungsvoll sind sie aber, wenn es sich um ihren Einfluß auf die Resorption des Eiweißes und der Trockensubstanz des Brotes handelt. Wir wissen, daß die unverdaulichen holzigen Bestandteile nicht nur unnütz die Kotmenge und den Trockenkot vermehren, sondern auch die Verdaulichkeit der Trockensubstanz der Nahrung und des Nahrungseiweißes vermindern. Ich verweise hier auf das bisher bei der Besprechung der Trockensubstanz und des Eiweißes Gesagte.

Zur Orientierung, wie die Sachlage sich beim Growittbrot verhält, gebe ich zunächst folgende Übersicht:

---

[1]) Ich verweise hier auf die Ausführungen auf S. 41 (Abschnitt: Zur Frage der Rohfaser).

[2]) Neuerdings soll durch maschinelle Verbesserung ein noch höherer Prozentsatz erreicht werden.

Einfuhr und Ausfuhr, Verlust und Ausnützung der „Rohfaser"[1]).

Perioden	Brote	Einfuhr			Ausfuhr			Verlust	Ausnützung
		Nahrung frisch	Nahrung trocken	Rohfaser	Kot frisch	Kot trocken	Rohfaser		
1. Versuch I	Rolandbrot	710,0	429,3	3,05	197,5	39,13	1,96	64,26	35,74
II	Growitt „fein" I	710,0	423,1	5,75	269,0	51,39	3,04	52,87	47,13
III	Growitt „fein" II	710,0	429,8	5,70	262,0	50,63	3,00	52,63	47,37
IV	Growitt „grob"	710,0	419,3	5,40	286,0	56,83	2,87	53,15	46,85
11. Versuch I	Growittbrot	500,0	302,5	7,90	235,0	47,4	4,51	57,34	42,66
II	„	750,0	453,8	11,85	356,0	70,1	6,83	57,70	42,30
III	„	1000,0	605,0	15,80	483,0	96,5	9,21	58,30	41,60

Im ersten Versuch sind zwar 710 g Gesamtnahrung aufgenommen worden, für die Rohfaser kommen aber nur die in den 710 g Gesamtnahrung enthaltenen 500 g Brot in Betracht, da die übrigen 210 g reine animalische Nahrung darstellten.

Die benützten Growittbrote zeigen hier alle fast genau denselben Rohfasergehalt von 5,75 bzw. 5,70 bzw. 5,40 g pro 500 g Brot. Es war dies auch vorauszusehen, da alle Kornproben, sowohl für das Growitt „fein" als auch für das Growitt „grob" nach derselben Methode enthülst worden sind. Die Kleie blieb aber darin. Im Gegensatz dazu findet sich beim Rolandbrot, einem ziemlich kleiefreien Brot, nur 3,05 g Rohfaser für 500 g Brot. Dementsprechend ist auch die Menge des frischen und des trockenen Kotes beim Rolandbrot viel geringer als bei den Growittbroten.

Vergleicht man nun die Rohfaser in der Einfuhr mit der Rohfaser in der Ausfuhr, so fällt sofort auf, daß ein erheblicher Anteil in der Ausfuhr fehlt. Es ist also nicht alle Rohfaser wieder ausgeschieden, sondern ein gewisser Prozentsatz ist resorbiert worden. Und dieser Prozentsatz erreicht eine ziemliche Höhe. Er beträgt bei den Growittbroten 47,13 bzw. 47,37 bzw. 46,85%, im Mittel 47,11%.

Diese Zahlen gewinnen noch mehr an Bedeutung, wenn man das Vergleichsbrot, das Rolandbrot in Betracht zieht; dort sind nur 35,74% ausgenutzt und 64,26% zu Verlust gegangen. Es ist das damit zu erklären, daß im Rolandbrot trotz Entfernung des größten Teiles der Kleie noch so viel unverdauliche „Zellulose"substanz vorhanden war, daß die Ausnützung merklich herabgedrückt wurde. In den Growittbroten dagegen störten die unresorbierbaren Hüllen, weil sie entfernt waren, nicht mehr, und so konnte ein großer Teil der den Verdauungsstoffen zugänglichen Faserstoffe (Pentosane) verwertet werden.

Es kommt also für eine Beurteilung des Brotes nach seinem Rohfasergehalt, wie man aus diesem Beispiel schon erkennen kann, nicht so sehr darauf an, **wie viel holzige Substanz** darin enthalten ist, als vielmehr darauf, **ob und inwieweit** sie im Organismus verwertet wird.

---

[1]) In diesen Versuchen sind die neuen Verfahren von Rubner zur Bestimmung der Zellmembran und der Pentosen noch nicht angewandt worden, sondern nur die bisher geübte „Rohfaserbestimmung".

Der zweite Versuch bringt eine Bestätigung des ersten insofern, als auch hier die „Rohfaser" recht gut ausgenützt worden ist. Der Verlust an nicht ausgenütztem Material betrug in der ersten Periode 57,34%, in der zweiten 57,70 und in der dritten 58,30%, daher die Ausnützung 42,66 bzw. 42,30 bzw. 41,60%, im Mittel 41,85%. Gegenüber dem ersten Versuch, der eine Ausnützung der Rohfaser mit 47,11% ergab, besteht allerdings ein Unterschied. Derselbe ist jedoch nicht verwunderlich, wenn wir bedenken, daß das zum Versuch benützte Backmaterial von vornherein mehr Rohfaser enthielt wie dasjenige im ersten Versuch (500 g Brot im ersten Versuch wiesen 5,7 g, im zweiten Versuch 7,9 g Rohfaser auf) und demnach auch in der Ausfuhr etwas mehr wiedererscheinen mußte. Andererseits trifft hier auch das, was schon im vorigen Abschnitt erörtert wurde, zu; die Anlage des Versuches war eine andere; es wurde nur reine Brotkost gereicht und außerdem reines Brot in sehr großen Mengen. Wie wir bereits sahen, sind diese Faktoren nicht ohne Einfluß auf die Ausnützung der Trockensubstanz und des Eiweißes gewesen und haben nun auch hier bei der verminderten Ausnützung der Rohfaser einen gewissen Anteil.

Selbst wenn wir aber nun die Ausnützung von 41,85% als gegeben annehmen wollten — ·ie ist es aber nicht, da wir ja in gemischter Kost die Resorption der Rohfaser bis 47,37% steigen sehen, — so wäre trotzdem die Ausnützung noch eine ganz vorzügliche.

Ein Vergleich mit den Zahlen, die bei anderen Broten gewonnen wurden, mag dies zeigen:

	Verlust	Ausnützung
Growittbrot „fein" II	52,63	47,37
Growittbrot „fein" I	52,87	47,13
Growittbrot „grob" 1. Versuch	53,15	46,85
Growittbrot „grob" 2. „	58,15	41,85
Rolandbrot	64,26	35,74
Reines Weizenbrot	65,00	35,00
Weizenbrot (80%)	66,34	33,66
K-Brot (Feinbrot)	68,61	31,39
Klopferbrot	70,96	29,04
Kommißbrot	71,55	28,45
Roggenbrot (80%)	77,35	22,65
K-Brot (Schwarzbrot)	79,54	20,46
Kölner Brot	83,63	16,37
Blutbrot	85,29	14,71
Pumpernickel	86,47	13,53
Schrotbrot	86,82	13,18
Strohbrot (14%)	94,91	5,09
Strohbrot (20%)	95,29	4,71

Die Growittbrote stehen an erster Stelle, bei ihnen ist der Verlust am geringsten, die Ausnützung am höchsten. Es wird sogar das reine Weizenbrot noch übertroffen. Besonders lehrreich tritt hier zutage, wie die Brote aus nicht enthülstem Getreide, die die ganze Holzfaser enthalten, z. B. Pumpernickel und Schrotbrot mit ihrem Verlust von 86,47 und 86,82% gegenüber dem Growittbrot zurückstehen.

Bei der ausgezeichneten Resorption der von reiner unverdaulicher Zellulose fast vollständig befreiten Holzfaser ist die Annahme gewiß berechtigt, daß sich unter dieser leicht angreifbaren Faser auch Material der Kleberzellschicht befunden haben wird, die zu einem Teil wenigstens den lösenden Fermenten der Verdauung nicht entgangen ist. Ist dies aber der Fall, dann muß auch vom Kleberzelleneiweiß eine gewisse, wenn auch kleine Menge resorbiert worden sein. Anhaltspunkte fanden wir dafür bereits im vorigen Abschnitt, wo es sich um auffallend günstige Verdauungsverhältnisse des Eiweißes im Growittbrot handelte.

Es wäre dann nicht einmal nötig, daß man in den im Kot ausgeschiedenen Resten die Kleberzellen alle zertrümmert finden müßte. Die Sache läge vielmehr so, daß ein Teil von ihnen abgebaut und von den Verdauungssäften durchlässig gemacht worden ist, wodurch das Eiweiß herausgelöst werden konnte, ohne daß sich dabei das mikroskopische Bild hätte zu ändern brauchen.

Daher kann auch nie der mikroskopische Nachweis von anscheinend unveränderten Zellen über das, was in der Zelle vor sich gegangen ist, Auskunft geben.

Hierüber entscheidet einzig und allein der Stoffwechselversuch!

Diese Auffassung spricht auch Rubner aus, indem er sagt: „aus meinen eigenen zahlreichen Beobachtungen muß ich betonen, daß aus dem mikroskopischen Bilde allein nie ein Urteil über die quantitativen Verhältnisse des Unverdauten gefällt werden kann."

Es ist daher, nachdem die durch die Stoffwechselversuche experimentell festgestellten Tatsachen bereits bekannt waren, um so verwunderlicher, daß in einem Schreiben der Reichsgetreidestelle in Berlin vom 15. August 1918 an die Vollbrotverwertungsgesellschaft auf Grund von mikroskopischen Untersuchungen an Growittbrot, Kommißbrot und Growittbrotteig, die im kaiserlichen Gesundheitsamte und der Versuchsanstalt für Getreideverwertung in Berlin ausgeführt worden waren, ein Urteil über die Güte des Brotes abgegeben werden konnte, daß nur auf diesen Ergebnissen fußt.

Man hat sich offenbar, in Verkennung der Tatsachen, von dem Gedanken leiten lassen, daß die Menge der „aufgeschlossenen" bzw. „geöffneten" oder zerrissenen Zellen einen Maßstab für die Verdaulichkeit und Güte des Brotes abgebe.

Das ist aber ein großer Irrtum und ebenso unrichtig, als wenn man aus der chemischen Analyse des Brotes allein auf seine Verwertung im Organismus schließen wollte. Wenigstens hätte man aber einen Vergleich ziehen müssen zwischen den Kleberzellen im Brot und den im Kot wiedererschienenen Kleberzellenfragmenten, um einen Einblick zu bekommen, ob beim Passieren des Verdauungstraktus Änderungen an den Zellen zu konstatieren gewesen wären. Aber auch das ist unterlassen worden.

Es hat daher auch keinen praktischen Zweck, wenn man, wie W. Scheffer[1]) es beim Klopferbrot tat, die geöffneten und nicht geöffneten Kleberzellen zählt und mittels einer Methode die Prozentzahl derselben berechnet, um Anhaltspunkte für die Verdaulichkeit des Brotes zu gewinnen Einen „ernährungstechnischen Fortschritt", wie er seine Methode nennt, kann ich darin nicht sehen.

---

¹) W. Scheffer, bereits zit. auf S. 159, Anm. 8.

Als Beleg dafür, daß größere Zellkonglomerate kaum wesentlich schlechter verdaut werden wie feineres Mahlgut, mag noch folgende Beobachtung angeführt werden:

Im ersten Versuch wurde die Rohfaser im Growittbrot „fein" mit 47,25% ausgenützt, im Growittbrot „grob" mit 46,85%, also nur mit einer Differenz von 0,4%. Die Unterschiede sind so gering, daß sie gar nicht zum Vorschein gekommen wären, hätte der Organismus nicht so exakt reagiert.

Hieraus ist deutlich zu erkennen, daß die feinste mechanische Zerkleinerung nur einen geringen Einfluß auf die Ausnutzung der Rohfaser gehabt hat, und es muß also offenbar das gröbere Material — also auch größere Komplexe Kleberzellenmaterial — den Verdauungssäften in ähnlicher Weise zugänglich gewesen sein, wie das stark zerkleinerte.

Rubner[1] meint: Im allgemeinen kann man sagen, daß bei gesundem Darm die Verdaulichkeit der Vegetabilien an sich eine so weitgeehnde ist, daß alle wertvollen Stoffe auch aufgenommen werden; was hinterbleibt, ist nicht aus Mangel an Zerkleinerung oder nebensächlichen Gründen hinterblieben, vielmehr deshalb, weil es in keiner Weise weiter zu verarbeiten ist. Und weiterhin[2]: In Fällen mit guter Zellmembranlösung liegt das Eiweiß dann frei vor. — Wenn im Darm die Bedingungen zur Zellmembranlösung vorhanden sind (diese scheinen wechselnd zu sein), so wird sie gelöst, gleichgültig, ob sie ganz fein oder mittelfein zermahlen ist[3].

Das Fett und die Asche.

Das Fett und die Asche spielen bei der Beurteilung der Growittbrote keine wesentliche Rolle. Einnahmen und Ausgaben, Verlust und Ausnützung verhalten sich nahestehenden Brotsorten ganz ähnlich und bieten nichts Besonderes. Ich begnüge mich hier daher mit dem Hinweis auf die Zusammenstellungen in den schon mehrfach erwähnten Originalarbeiten und auf das im Abschnitt: „Das Fett im Brotstoffwechsel" (S. 43) Gesagte.

Außer den Versuchen von Zuntz und mir liegen auch noch Untersuchungen von Rubner und Thomas[4] über Growittbrot vor.

Da es in der Absicht der Autoren lag, einen Vergleich anzustellen zwischen einem Vollkornbrot „mit trockener Vermahlung" und einem solchen „mit nasser Vermahlung", so wurde von demselben Ausgangsmaterial für den ersten Versuch Mehl hergestellt, für den zweiten Versuch nach der Großschen Methode verfahren. Das Mehl entsprach aber nicht ganz einem Vollkornmehl, da ein gewisser, leider nicht genau bestimmbarer Anteil in Wegfall

---

[1] Max Rubner, Über die Verdaulichkeitsverhältnisse unserer Nahrungsmittel. Berl. klin. Wochenschr. 1918, Nr. 47, S. 1113.

[2] Max Rubner, Die Verdaulichkeit von Weizenbrot. Archiv f. Anat. u. Physiol. (physiol. Abt.) 1916, S. 76.

[3] Trotz der festgestellten Tatsachen wird man doch eine weitgehendste Zerkleinerung empfehlen müssen, da die damit erzielte Verbesserung der Ausnützung, wenn sie auch nur gering ist, doch unter Umständen in die Wagschale fällt. Vgl. die Bemerkungen beim Finklerbrot S. 158 und beim Klopferbrot S. 166.

[4] Max Rubner und K. Thomas, Die Verdaulichkeit des Roggens bei verschiedener Vermahlung. Archiv f. Anat. u. Physiol. (physiol. Abt.) 1916, S. 168ff.

kam und dadurch ein etwas hülsenärmeres Brot entstand. Auf seiten des „Trockenbrotes" war also von vornherein ein Vorteil zu verzeichnen.

An den Versuchen nahmen drei verstümmelte, sonst aber gesunde Soldaten teil, die je 6 Tage lang Brot ad libitum, rund 1000—1200 g pro Tag, verzehrten. Als Zugabe war etwas Malzkaffee und Fett als Brotaufstrichmittel gestattet.

Aus den Zusammenstellungen geht hervor, daß im ersten Versuch (Brot mit trockener Vermahlung)

$$\begin{array}{lll}
\text{von der Trockensubstanz} & \text{I.} & 12,8 \qquad \text{vom Stickstoff } 35,7 \\
& \text{II. } \}\text{Person} \quad 9,7 & 39,5 \\
& \text{III.} \quad 10,1 & 39,9 \\
\hline
& \text{im Mittel } 10,6\% & 38,4\%
\end{array}$$

verlorenging.

Im zweiten Versuch (Brot mit nasser Vermahlung) ging zu Verlust:

$$\begin{array}{lll}
\text{von der Trockensubstanz} & \text{I. Person } 12,5 \qquad \text{vom Stickstoff } 37,6 \\
& \text{II.} \qquad\qquad 11,7 \qquad\qquad\qquad\qquad 32,6 \\
\hline
& \text{im Mittel } 11,1\% \qquad\qquad\qquad 35,1\%
\end{array}$$

Hiernach wäre der Trockensubstanzverlust etwa gleich, an Eiweiß wäre etwas weniger beim naß vermahlenen Getreide verloren.

„Nimmt man, wie Rubner und Thomas schreiben, nur die Mittelwerte der zwei Versuchspersonen und vergleicht N-Aufnahme im Brot und Proteinverlust im Kot, so hat man:

Reihe	Aufnahme g Stickstoff	Verlust an Protein-N im Kot g	Verlust an Protein %
I	9,63	2,25	23,4
II	11,64	3,02	25,9

Die etwas ungünstigen Werte bei feuchter Vermahlung können nicht gegen das System der feuchten Vermahlung ausgewertet werden, sie liegen einfach darin begründet, daß das Brot im Versuch mit feuchter Vermahlung mehr Vollkornbrot war wie das Brot mit trockener Vermahlung. Das Resultat beider Reihen zeigt also, daß kein Unterschied im Proteinverlust ist, ob trocken oder feucht vermahlen wird."

Wenn sich aus dem Verlust an Proteinstoffen bei den Rubner-Thomasschen Versuchen eine Ausnützung von 74,1% ergibt, so ist das eine Zahl, die sich mit den Ergebnissen aus meinen Versuchen ungefähr deckt. Es fand sich dort im Mittel aus dem ersten und zweiten Versuch ein Verlust an Eiweiß von 23,33% = einer Ausnützung von 76,67%. Die 2% Differenz fallen kaum in die Wagschale, wenn man bedenkt, daß bei den Versuchen von Rubner-Thomas und von mir ganz andere Versuchspersonen benützt worden sind und auch eine andere Versuchsanordnung vorlag.

Wenn Rubner-Thomas in ihrer damaligen Veröffentlichung weiter schrieben, daß sich ihre Versuche mit den meinigen nicht ohne weiteres vergleichen ließen, weil ich die Brotnahrung in gemischter Kost genossen hätte, so fällt dieser Einwand jetzt weg, da ich unterdessen den zweiten Versuch mit alleiniger Brotkost durchgeführt habe. Es lassen sich dann sehr wohl die Soldatenversuche und mein zweiter Versuch in Parallele setzen. Der Proteinverlust beim Rubner-Thomasschen Versuch betrug 25,9%, bei meinem Versuch 25,2%. Ein Unterschied ist kaum noch wahrnehmbar und praktisch nicht mehr vorhanden.

Vergleicht man aber meinen ersten Versuch (der mit gemischter Kost angestellt ist) mit den Soldatenversuchen, so ergibt sich dort ein Verlust von 21,7% an Protein, während hier 25,9% verlorengingen. Daraus geht hervor, daß das Brot in gemischter Kost besser ausgenützt wird, als wenn es allein gereicht wird. Das sahen wir auch schon beim Vergleich meines ersten Versuches mit dem zweiten, bei denen sich 21,7% und 24,99% Verlust an Protein gegenüberstanden.

Sollte es noch eines Beweises bedürfen, daß Brot in gemischter Kost besser ausgenützt wird, so ließen sich auch noch Ausnützungszahlen der Rohfaser heranziehen. In meinem ersten Versuch mit gemischter Kost wurde dieselbe im Mittel zu 47,1% ausgenützt, im zweiten Versuch, bei alleiniger Brotkost, nur mit 42,1%. Bei dem reichlich großen Unterschiede spielt allerdings, wie schon oben erwähnt, auch die im zweiten Versuch eingeführte vermehrte Rohfasermenge eine Rolle, aber dieser Punkt würde allein die Differenz nicht erklären lassen, so daß der Einfluß der gemischten Kost bzw. der alleinigen Brotkost hier außer Zweifel steht.

Fassen wir die Ergebnisse dieser Untersuchungen ganz kurz zusammen, so läßt sich über das Growittbrot folgendes sagen:

Durch das neue Großsche Verfahren wird dem Roggenkorn der größte Teil seiner unverdaulichen Fruchtschale, die aus Zellulose besteht, genommen. Mithin wird von vornherein die eingeführte Rohfaser vermindert und dadurch für eine bessere Ausnützung der Trockensubstanz und des Eiweißes, auch der Rohfaser selbst Sorge getragen.

Die intensive Zerquetschung des Mahlgutes im Walzenstuhl bewirkt im Verein mit dem nassen Enthülsungs- und Mahlprozeß, daß die Verdaulichkeit der Rohfaser und des Eiweißes zunimmt.

Die Versuche von Zuntz, Rubner-Thomas und die meinigen lassen übereinstimmend die bessere Ausnützung der Trockensubstanz, des Eiweißes und der Rohfaser im Growittbrote gegenüber der Ausnützung früherer Vollkornbrote und mancher anderer Brote erkennen.

So zeigt z. B. in meinen ersten Versuchen das Growittbrot „fein" einen Verlust an Trockensubstanz von 11,29%, während Soldatenbrot 12,24%, K-Brot (Schwarzbrot) 16,48%, Pumpernickel 19,01%, Gelinckbrot 18,90%, und Kleie 42,35% Verlust aufweist. Ähnlich so verhält es sich mit der Verdaulichkeit des Eiweißes: beim Growittbrot „fein" finden wir 20,77%, beim Soldatenbrot 41,44%, beim K-Brot (Schwarzbrot) 34,16%, beim Pumpernickel 39,65%, beim Gelinckbrot 50,1%, bei der Kleie 56,32% Verlust. Die in Growittbrot „fein" verbleibende Rohfaser wird mit einem Verlust von 52,63% verdaut, während K-Brot (Schwarzbrot) 79,54%, Pumpernickel 86,47% Verlust aufweist.

Der Effekt des Verfahrens entspricht also etwa den Verhältnissen, wie wir sie bei Broten nach dem gewöhnlichen Mahlverfahren aus Roggenmehl mit 80—85% Ausmahlung vorfinden.

Das Brot selbst stellt ein wohlschmeckendes, gleichmäßiges, vollhaltiges Gebäck nach Art der bekannten Bauernbrote dar, das dauernd ohne jede

Beschwerde genossen werden kann und vielleicht billiger herzustellen ist als andere Brote. Die Ausschaltung der Müllerei muß in seiner Art als ein Vorteil begrüßt werden, da Mehl zu diesem Brot nicht hergestellt und aufbewahrt zu werden braucht. Es kann demnach auch nicht verderben.

Das Großsche Verfahren weißt also gegenüber den älteren Verfahren der Kleieaufschließung Vorzüge auf, die die weitere Verwertung der Methode gerechtfertigt erscheinen lassen. In dieser Beziehung hat sich auch die Versuchsanstalt für Getreideverwertung in einem Gutachten vom 12. August 1915 günstig geäußert.

8. Roggen- und Weizen-Keimlingsbrot.

Es ist seit langem bekannt, daß die Keimlinge der Brotgetreidepflanzen (Roggen und Weizen), aber auch anderer Gräser, besonders des Maises, reichlich Öl und Eiweißkörper enthalten. Man hat dem daraus zu bereitenden Öl, mit Ausnahme des Maisöls, aber keine besondere praktische Bedeutung beigelegt, weil vor dem Kriege Speiseöle anderweitig genug und bequemer zu haben waren. Während des Krieges ging ·man aber, um das Öl wegen des bekannten Fettmangels zu gewinnen, daran, auch die Roggen- und Weizenkeimlinge in großem Maßstabe aus den Getreidekörnern zu entfernen. Als Rückstand blieb das eiweiß- und stärkereiche Keimlingspulver zurück.

Nach Boruttaus[1]) Angaben hat sich zuerst Chevalier auf dem zweiten Kongreß für Ernährungslehre in Lüttich 1911 für die Verwendung dieses Präparats eingesetzt. In Deutschland finden wir ein Jahr später ein Nährpräparat „Materna“ im Handel, welches von V. Klopfer in Dresden fabriziert wurde und ein entbittertes und entöltes Keimlingspulver darstellt. Wie C. v. Noorden[2]), der das Präparat angelegentlichst empfiehlt, mitteilt, werden die gepulverten Keime einige Stunden lang im luftverdünnten Raume strahlender Wärme ausgesetzt. Nach seinen „umfangreichen Versuchen“ am Menschen (in dem Artikel der Frankfurter Zeitung ist der Ort der Veröffentlichung dieser Versuche leider nicht angegeben), war die Ausnützung „überraschend günstig“.

Die ersten Verdauungsversuche mit dem Präparat Materna stellte Boruttau 1912 an. Über das Präparat sagt er nur, daß das Aussehen desselben gut sei, der Geschmack und Geruch angenehmer als der gar mancher Nährmittel. Nach ihm enthält „Materna“ 10% Wasser, 5,7% Stickstoff = 36% Eiweißstoffe, 28% lösliche Kohlehydrate, 4,3% Asche und 1,6% Phosphate.

Sein Versuch am Menschen, der aber nur einen Tag dauerte, ergab eine Ausnützung des Präparates von 94,4%. Ein zweiter Versuch hatte ebenfalls 94% Ausnützung ergeben. Über den ersten Versuch erfahren wir, daß 75 g Materna mit 4,3 g Eiweiß als Zulage zu einer gemischten Nahrung aus 90 g Weißbrot, 150 g Kuchen, 75 g Schwarzbrot, 125 g Hackfleisch, 1 Hühnerei, 25 g Käse und 150 g Salat gegeben worden sei, daß alsdann die im Kot des

---

[1]) Boruttau, Getreidekeime als Nährmittel. Zeitschr. f. physikal. u. diätet. Therapie 1912, **16**, Nr. 10, S. 577.

[2]) C. von Noorden, Über Getreidekeime als Volksnahrungsmittel und Nährpräparat. Frankfurter Ztg. 1917, Nr. 45 vom 15. Febr., 1. Morgenblatt und Über Kriegsbrot. Ebenda 1917, Nr. 226 vom 17. Aug., 1. Morgenblatt.

Vorversuchstages (aus derselben Kost ohne Materna) errechnete Stickstoffsubstanz von der des Haupttages (dieselbe Nahrung + Materna) abgezogen und als Ausnützungsquote angegeben worden ist.

Ich habe schon im vorigen Kapitel (S. 161) bei den Versuchen über Klopferbrot, an denen Boruttau ebenfalls sich beteiligt hat und eine ähnliche Versuchsanordnung anwendete, darauf hingewiesen, daß bei einer solchen Fülle von Speisen, deren Ausnützung im einzelnen gar nicht vorher bekannt war und zu übersehen ist, die Verdaulichkeit des im Haupttage zugefügten Präparats, bei dem nur 4,3 g Eiweiß in Betracht kamen, nicht genau genug ermittelt werden kann, so daß das Resultat einigermaßen zweifelhaft bleibt.

Einige Tierversuche, die auch angestellt werden, ergaben eine Zunahme des Gewichtes.

Da es Boruttau in den Versuchen wohl nur darauf ankam, „eine vorhäufige experimentelle Grundlage", wie er sagt, zu gewinnen, ob die glänzenden Versprechungen über Materna sich erfüllen würden, so mögen die Versuche als Orientierungsversuche ihre Geltung haben.

Am eingehendsten hat sich bisher Rubner[1]) mit der Verwertung der Keimlinge im Organismus beschäftigt, und zwar mit Roggen- und Weizenkeimlingen.

Im Gegensatz zu dem weißlichgelben Pulver der Maiskeimlinge bilden die Roggen- und Weizenkeimlinge ein braunes flockiges Mehl ohne besonderen Geruch und Geschmack.

Die Zusammensetzung wies in der Trockensubstanz auf in Prozenten:

	in den Roggenkeimlingen	in den Weizenkeimlingen
Asche	6,7	5,09
Organisches	93,24	94,91
Gesamtpentosan	7,33	10,29
Zellmembran	7,98 (mit 2,55 g Pentosan)	17,42 (mit 8,34 g Pentosan)
Zellulose	3,13	4,71
Restsubstanz	2,31	4,37
Protein	41,05 (N = 6,57)	25,80 (N = 4,13)
Fett	14,44	6,01
Kalorien	487,8	479,5

Die Werte sind etwas verschieden. Besonders spricht sich das in dem Gehalt an Zellmembranen und im Fettgehalt aus. Die Weizenkeimlinge waren mehr entfettet als die Roggenkeimlinge. Der mehr als doppelt so hohe Zellmembrangehalt ist darauf zurückzuführen. daß den Keimlingen noch Zellmembran aus der Kleie anhaftete, die offenbar nicht ganz leicht von den Keimlingen zu trennen ist.

Die ersten Verdaulichkeitsprüfungen wurden am Hunde ausgeführt, der je 70 g trockenes Keimlingsmehl zu 1000 g Fleisch erhielt. Die Versuche dauerten 3 Tage.

Als Resultat ergab sich sowohl bei den Roggenkeimlingen wie bei den Weizenkeimlingen eine recht günstige Resorption. Das Eiweiß, welches dem Embryonalgewebe angehört, ist restlos aufgenommen worden, auch die Verdaulichkeit der Zellmembran ist gut und ebenso sind reich-

---

[1]) Rubner, Über die Zusammensetzung und Verdaulichkeit der Keime einiger Zerealien. Archiv f. Anat. u. Physiol. (physiol. Abt.) 1916, S. 123.

lich Pentosane gelöst. Um diese ausgezeichneten Verhältnisse aber garantieren zu können, ist eine vollkommene Befreiung der Keimlinge von der Kleiezellmembran notwendig.

Bei diesen aussichtsvollen Ergebnissen waren auch Versuche am Menschen nochmals angezeigt. Rubner[1]) ließ für diese Zwecke Brote backen, die ersten, die mit Keimlingsmehl hergestellt wurden. Um die Resultate klar vor Augen führen zu können, benützte er als Brotgrundlage feinstes Weizenmehl mit nur 2,66% Zellmembran, die mit 24,6% Verlust verdaulich war. Der Kalorienverlust dieses Mehles betrug 4,5% und 12,3% Proteinverlust. Die Verluste, die das neue Brot ergeben würden, waren also leicht zu berechnen.

Das in der staatlichen Versuchsbäckerei gebackene Brot bestand aus 20% Roggenkeimlingen und 80% Weizenmehl. Es war dunkler als das reine Weizenbrot, aber außerordentlich locker und von vorzüglichem Geschmack. Es enthielt in 100 g Trockensubstanz in Prozenten:

Asche . . .	2,30	Zellmembran	2,87
Organisches	97,70	davon Pentosan . . .	0,68
Protein . .	16,4 (N = 2,63)	Zellulose . . .	1,42
Pentosan .	5,02	Restsubstanz .	0,77
Fett . . .	2,80	Kalorien	438,7

Bemerkenswert ist der hohe Gehalt an Protein.

Zwecks Ausnützung erhielten 2 Personen 6 Tage lang 965—1410 g Brot pro Tag. Die Versuche stimmen, abgesehen von kleinen individuellen Schwankungen, recht gut überein und zeigen dieselben guten Resultate, wie wir sie bei dem Tierversuch sahen. Die Gesamtpentosen werden ausgezeichnet resorbiert. Der Verlust beträgt nur 2,51%. Auch die Zellulose und das Zellmembrangemenge wurde recht gut aufgelöst. Die Resorption der Stärke ist vorzüglich. Der Verlust stellt sich nur auf 0,38%. An Protein ergaben sich Verluste von 7,54% im Mittel, da hier aber wahrscheinlich der in der Zellmembran des Brotes steckende Anteil beteiligt ist, so meint Rubner, daß jenes nicht an die Zellmembran gebundene Protein vollständig resorbiert worden sein wird.

Die Gesamtergebnisse unterscheiden sich nicht viel von den Resultaten, wie sie beim feinsten Weizenmehl gewonnen waren, und so müssen auch die „Keimlinge für den menschlichen Darm als ein leicht resorbierbares Material angesehen werden, daß nach keiner Richtung hin ungünstige Rückwirkungen zeigt".

Die Wirkung dieses leicht resorbierbaren Eiweißes läßt sich auch erkennen an dem Eiweißansatz, der bei den Versuchspersonen erzielt wurde. Bei der einen Person beträgt sie am letzten Versuchstage noch 4,68 g. Es unterliegt keinem Zweifel, daß dem Keimlingsmehl demnach eine große Bedeutung zukommt und daß es zur Verbesserung der Eiweißernährung herangezogen zu werden verdient.

9. Gerstenbrot.

Nach der Verordnung vom 5. Januar 1915 wurde als Streckmittel für das Roggen- und Weizenbrot auch Gerstenmehl und Gerstenschrot zuge-

---

[1]) Rubner, Die Verwertung von Keimlingen der Zerealien für die menschliche Ernährung. Archiv f. Anat. u. Physiol. (physiol. Abt.) 1916, S. 352.

lassen. Gerstenschrot zum Brot zu benützen konnte nach M. P. Neumann[1]) jedoch nicht gutgeheißen werden, da das grob zerkleinerte Gerstenkorn ein sehr spelzenreiches Getreideprodukt ist, welches die Lockerung des Brotteiges stark behindert und die Verdaulichkeit des Brotes wesentlich verschlechtert.

Im Gegensatz dazu ist das Gerstenmehl ein durchaus brauchbarer Ersatz. In seiner chemischen Zusammensetzung steht die Gerste dem Roggen ziemlich nahe, weicht vom Hafer aber wesentlich ab[2]).

	Roggen	Gerste	Hafer
Stickstoffhaltige Stoffe . . .	10,0	9,5	10,0
Fett	1,5	2,0	4,5
Kohlehydrate	70,5	68,0	58,0
Rohfaser	2,0	4,0	10,5
Mineralstoffe	2,0	2,5	3,0
Wasser	14,0	14,0	14,0

Die Gerste ist zur Brotbereitung schon in alter Zeit im Gebrauch gewesen, und zwar ohne Beimischung von anderem Getreide. Das beweisen uns Funde aus den Pfahlbauten und die Überlieferungen römischer und orientalischer Schriftsteller. Auch wird sie als das älteste deutsche Getreide bezeichnet. In Deutschland selbst findet man noch reine Gerstenbrote im Spessart, außerhalb Deutschlands in Rußland, Schweden und Norwegen.

Im übrigen ist die Gerste als Brotgetreide in Deutschland schon längst durch den Roggen und den Weizen verdrängt worden und nur in Zeiten der Not griff man dazu. Die Zurücksetzung der Gerste hat offenbar darin seinen Grund, daß das Verarbeiten des Gerstenmehles zu Brot mit manchen Schwierigkeiten verknüpft ist und das Brot selbst dem Roggen- und Weizenbrot in vieler Beziehung nachsteht. Durch die geringere Menge Kleber, die das Gerstenmehl enthält, kann nur eine geringe Bindigkeit des Teiges erreicht werden und das Brot wird brüchig, trocknet schnell aus und ist wenig porös.

Bei geringen Zusätzen von 10—20% Gerstenmehl zu Weizen- oder Roggenmehl kann jedoch bei geeigneter Aufbereitung ein tadelloses Brot erzielt werden. Es kann sogar bei einem Zusatz von 3—5% zu einem zähen Roggenteig das Gerstenmehl als wichtiges Backhilfsmittel dienen, um den Teig günstig zu beeinflussen. Wieweit ein Zusatz von Gerstenmehl zum Roggenmehl praktisch noch brauchbar erscheint, hat Stoklasa[2]) in Versuchen festzustellen versucht, bei denen er 30, 40, 50% Gerstenmehl dem Roggenmehl zusetzte. Es wird berichtet, daß selbst bei hohen Prozentsätzen (bis 50%) die Beschaffenheit der Brote in ihrer chemischen Zusammensetzung, im Aussehen und Geschmack sich kaum geändert hat und auch ein Zusatz von 50% noch empfehlenswert erscheint.

Neben diesem einfachen Verfahren, die Gerste als Mehl anderen Mehlen zuzusetzen, hat man sie auch noch in anderer Weise für das Brot nutzbar zu machen gesucht, und zwar als gekeimtes und geröstetes und dann gemahlenes Mehl. Nach einem patentierten Verfahren[3]) wird bei der Schälung die Frucht- und Samenschale fortgenommen, nur der Keimling bleibt am Korn

---

[1]) M. P. Neumann, Unser Kriegsbrot. S. 44. Bereits zitiert.
[2]) Stoklasa, Das Brot der Zukunft. S. 53. Bereits zitiert.
[3]) Rubner, Über die Gerste als Nährmittel. Archiv f. Anat. u. Physiol. (physiol. Abt.) 1916, S. 339.

haften. Dann läßt man das Korn keimen, röstet es und verwandelt es in Mehl. Bei diesem Vorgang, der mit dem bei der Gerstenmalzkaffeebereitung identisch ist, soll die Zellmembran aufgeschlossen werden, wobei das Eiweiß sehr leicht daraus zu entfernen sei.

Der Idee dieses Verfahrens liegt wahrscheinlich der Vorschlag Petteras[1] zugrunde, Gerstenmalz oder Malzauszüge als Zusatz zum Brotmehl zu verwenden, um den Zuckergehalt zu erhöhen und dadurch eine bessere Lockerung durch vermehrte Gärung zu erzielen. Pettera machte seine ersten Angaben 1872. Ob auch anderwärts vor ihm schon die Methode angewandt wurde, mag dahingestellt bleiben, jedenfalls ist sie als Backhilfsmittel weit verbreitet. M. P. Neumann[2] macht darüber genaue Angaben und führt auch weiter aus, daß die Vorteile in einer Verkürzung der Gärzeit oder in Ersparnis an Hefe zu suchen sind. Um der Praxis entgegenzukommen, gibt es im Handel sowohl Präparate in Form von Gerstenmalzmehlen, wie z. B. das Solfarin, als auch Malzsäfte bzw. Extrakte, wie z. B. das Diamalt.

Petteras Gedanke ging aber offenbar noch weiter, als nur eine backtechnische Verbesserung mit dem Malzzusatz zu erreichen. Er behauptet, daß außerdem die auf diese Weise gebackenen Brote eine bessere Verdaulichkeit um mindestens 10% gewännen. Kleinpeter, der auf seinen Vorschlag in Wien Versuche damit anstellte, habe sogar eine vermehrte Verdaulichkeit von 25% konstatiert. Zahlen, die einen Einblick darüber gewähren könnten, sind leider nicht angegeben, und Stoklasa übernimmt diese Werte auch (5 bis 15%), ohne etwas Näheres darüber mitzuteilen. Immerhin liegt die Möglichkeit einer besseren Eiweißausnützung vor, da alle Malzmehle, besonders aber die Malzextrakte, eine eiweißlösende Wirkung entfalten, die auch auf die Kleberzellen nicht ohne Einfluß sein könnte.

Das mit Malz bereitete Brot unterscheidet sich nach Pettera von dem nach der gewöhnlichen Methode hergestellten in keiner Weise. Es hat allerdings ein dichteres Porengefüge, enthält einen höheren Zuckergehalt und bleibt längere Zeit frisch. In anderen Mischungen als Roggen und Gerste (Kartoffeln, Gerste, Mais) wird es dichter, dunkler und gewinnt auch infolge der Karamelisierung des Zuckers einen besonderen (nach Pettera besseren) Geschmack. Stoklasa, der auch viele Backversuche mit verschiedenen Mehlmischungen und Malz anstellte, äußert sich in ähnlicher Weise. Nur Rubner nennt das Brot, was nach dem oben genannten patentierten Verfahren bereitet war, „unvollkommen", es war wenig porös, nicht gut aufgegangen, wurde nach wenigen Tagen sehr hart, schmeckte aber sehr angenehm.

Über Verdauungsversuche des Gerstenbrotes liegen bereits einige Angaben vor. Von älteren Untersuchungen nenne ich die bei Rubner zitierten Versuche von Kellner und Mori mit gekochter und geschälter Gerste, bei denen 15,1% Trockensubstanz und 56,7% Eiweiß zu Verlust gingen. Hiernach wäre die Verdaulichkeit keine gute gewesen.

Bei weitem bessere Resultate erzielte Erismann[3] mit Roggen-Gersten-

---

[1] Alfred Pettera, Vorteile der Anwendung des Gerstenmalzes bei der Brotbereitung. Zeitschr. f. d. ges. Getreidewesen 1915, Heft 2, S. 43.

[2] M. P. Neumann, Brotgetreide und Brot. S. 540. Bereits zitiert.

[3] Erismann, Zeitschr. f. Biol. 1901, **42**, 672.

brot. Die Ausmahlung des Roggenmehles ist nicht angegeben, doch dürfte sie über 15% Kleieabschub wohl nicht hinausgegangen sein. Er fand in der Trockensubstanz einen Verlust von 15,85%, einen Eiweißverlust von 29,24% und einen Ascheverlust von 40,18%.

Noch befriedigender fielen die Versuche aus, die von von Hellens[1]) an 2 Versuchspersonen mit Gerstenbrot anstellte, das aus gleichen Teilen Gerstenmehl und Roggenmehl zu 85% ausgemahlen, bereitet war. Im Mittel betrug der Verlust in Prozenten:

an Trockensubstanz	an Eiweiß	an Kohlehydraten	an Asche	an Kalorien
12,9	24,0	7,0	70,3	16,8

Da von Hellens Vergleichsuntersuchungen mit reinem Roggenbrot und mit Brot aus gleichen Teilen Roggen- und Weizenmehl zur Verfügung standen, so konnte er zeigen, daß das Gersten - Roggenbrot besser als das reine Roggenbrot, aber etwas schlechter als das Roggen-Weizenbrot ausgenützt wurde.

Stoklasa fand sogar bei Brot aus gleichen Teilen Roggen- und Gerstenmehl nur einen Trockensubstanzverlust von 7,7%.

Will man das sog. „Kölner" Brot (vergleiche den Abschnitt Reisbrot S. 206) als Gerstenbrot auffassen (es enthielt 30% Gerstenmehl, 50% Maismehl und 20% Reismehl), so würde auch die von mir festgestellte Ausnützung sehr günstig zu nennen sein, denn der Verlust an Trockensubstanz betrug nur 11,40%, der Verlust an Eiweiß nur 15,77%.

Eingehende Untersuchungen führte Rubner aus, und zwar an Brot, welches nach dem patentierten Verfahren in der staatlichen Versuchsanstalt für Getreideverwertung hergestellt war.

Neben 60 g Fett erhielten die beiden Versuchspersonen in einem sechstägigen Versuch 1100—1260 g Brot pro Tag.

Das Gerstenbrot hatte folgende Zusammensetzung in der Trockensubstanz (in Prozenten):

Asche	3,90	Pentosan der Zellmembran	1,63	In 100 Tl. Zellmembran:	
Organisches . .	96,10	Zellulose „ „	1,78		
N	1,67	Restsubst. „ „	2,38	Zellulose	30,74
Pentosan . . .	6,51	Fett	0,28	Pentosan	28,25
Zellmembran .	5,79	Kalorien	446,1	Restsubstanz . .	41,01

Hiernach entspricht es in seinem Zellmembrangehalt einem Roggenmehl von ca. 72% Ausmahlung. Die Zellmembran enthielt weniger Pentosan als etwa Graupenproben, da bei der Schälung der Gerste für das Brot der Keimling erhalten geblieben ist. Der Eiweißgehalt ist reichlich hoch.

Das Gesamtergebnis des Ausnützungsversuches lautet dahin, daß im Vergleich zum Roggen- und Weizenbrot keine sehr großen Unterschiede bestehen. Die Ausnützung der Stärke ist nennenswert besser als die des Roggens, aber nicht so gut wie die des Weizens. Vielleicht trägt hierzu der Keimprozeß der Gerste etwas bei. Auch die Zellmembranverdauung ist etwas besser als beim Roggen. Verglichen mit dem Roggenbrot ergaben sich folgende Zahlen:

---

[1]) O. von Hellens, Untersuchungen über den Nährwert des finnischen Roggenbrotes. Skand. Archiv f. Physiol. 1913, **30**, 267.

	Gerstenbrot	Roggenbrot
von den Gesamtpentosanen . . .	15,73	19,0
„ der Zellmembran	38,97	47,0
„ der Zellulose der Zellmembran	53,10	50,8
„ den Pentosanen	37,28	37,8
„ der Restsubstanz	29,55	52,4
„ den freien Pentosen	8,53	5,6

Die Proteinausnützung ist bei beiden Versuchspersonen erheblich verschieden. Im günstigsten Falle beträgt sie 15,43%, ist also wesentlich besser als bei Roggen mit gleichem Zellmembrangehalt. Aber eine besondere Aufschließung der Proteinstoffe durch den Keimprozeß ließ sich nicht nachweisen. Im ganzen steht das Gerstenbrot dem Weizenbrot näher als dem Roggenbrot und daher ist die Mitanwendung der Gerste als Streckmittel für das Roggenbrot durchaus zu empfehlen.

10. Zervesinbrot (Treberbrot).

Treber als Streckmittel für Brot zu benützen, wurde im Frühjahr 1917 besonders von Th. Paul in München befürwortet, der in den bei der Bierbrauerei abfallenden großen Mengen ein wertvolles Material erblickte, welches seines Eiweißgehaltes und seines Gehaltes an stickstoffreien Extraktivstoffen wegen zur Brotbereitung geeignet sei. Auf seine Veranlassung sind auch in München Treber zu Brot verbacken worden, welches den Namen „Zervesinbrot" erhielt.

Nach den Mitteilungen Pauls[1][2] lieferten vor dem Kriege die Brauereien Münchens allein bei jährlich etwa 600 000 Doppelzentner Malzverarbeitung ungefähr 195 000 Doppelzentner Trockentreber, und auch im Kriege betrug die jährliche Menge noch 53 500 Doppelzentner. Unter der Annahme eines Gehaltes von etwa 20% Eiweiß und 20% Fett[3] würden ungefähr 12 400 Doppelzentner Pflanzeneiweiß und 349 Doppelzentner Fett und außerdem noch 24 400 Zentner stickstoffreie Extraktivstoffe im Trockentreber zur Verfügung gestanden haben.

Das sind Zahlen, die den Wunsch rechtfertigten, diese Nährstoffe dem Menschen zugänglich zu machen; denn bisher dienten sie nur als wertvolles Futtermittel für das Vieh, besonders Milchvieh.

Hierbei darf freilich nicht übersehen werden, daß die durch die chemische Analyse ermittelten Werte nicht ohne weiteres als eine dem menschlichen Körper zugute kommende Menge angesetzt werden kann, da es sich zunächst nur um Rohprotein handelt, das physiologisch nur bis zu einem gewissen Grade resorbiert und assimiliert wird. Weiterhin muß berücksichtigt werden, daß in den Trebern das Eiweiß nicht aufgeschlossen vorliegt, sondern, wie bei der Roggen-

---

[1] Th. Paul, Untersuchungen über die Streckung des Brotmehles mit Nebenerzeugnissen der Bierbereitung (Zervesinmehl). Erster Bericht. Landwirtsch. Jahrbücher f. Bayern 1917, Heft 4.

[2] Derselbe, Zervesinbrot. Ein Vorschlag zur Streckung des Brotmehles. München-Augsburger Tagesztg. 1917, Nr. 369.

[3] Die Fettmenge ist aber zu hoch gegriffen. Sie betrug in mir zugesandtem „Zervesinmehl" nur 7,24% in der Trockensubstanz.

kleie und Weizenkleie, fest in den Zellen eingeschlossen ist, die den menschlichen Verdauungssäften nur schwer zugänglich sind. Dazu kommt noch, daß die in der Kleie vorhandenen Hüllen, also zum größten Teil reine Zellulose, vom menschlichen Körper nicht verwertet werden können und die Verdauung der anderen mit eingeführten Stoffe beeinträchtigen.

Beim Roggen- und Weizenkorn gelingt es verhältnismäßig leicht, die Hüllen vom Korn zu trennen. Dies ist jedoch bei der Gerste, die die Treber liefert, nur in beschränktem Umfange der Fall, weil hier die Spelzen mit dem Korn verwachsen sind. Insofern liegen also bei den Trebern die Verhältnisse wesentlich ungünstiger.

Diese Tatsache führte dazu, die getrockneten Treber nicht einfach auf Walzenstühlen in ein feines Pulver umzuwandeln, sondern ein besonderes Verfahren auszuarbeiten, das die Trennung der Hüllen vom Korn weitgehend gestattete.

Auf diese Weise entstand das „Zervesinmehl".

Es ist zusammengesetzt (Proben nach eigenen Analysen) aus 7,4% Wasser, 92,6% Trockensubstanz, 4,65% Stickstoff, 29,05% Rohprotein, 6,70% Rohfett, 21,02% Rohfaser und 4,81% Asche. In der Trockensubstanz war enthalten: 5,02% Stickstoff, 31,37% Rohprotein, 7,24% Rohfett, 22,70% Rohfaser und 5,20% Asche.

Die wichtigsten Bestandteile, die für das Brot eine Rolle zu spielen vermögen, sind darin der Eiweißgehalt, das Fett und die Rohfaser. Wenn die Mengen des Eiweißes auch recht hoch, die des Fettes relativ hoch sind, so verringern sie sich doch ganz bedeutend, wenn man den Prozentgehalt des Zervesinmehles ins Auge faßt, der sich praktisch in das Brot — ohne daß es den Charakter eines normalen Brotes verliert — hineinverarbeiten läßt.

Diese Mengen werden zu 5—10% angenommen und mit einem zu 94% ausgemahlenen Roggenmehl zu dem „Zervesinbrot" verbacken.

Die Zusammensetzung des Brotes (nach eignen Analysen) gestaltete sich alsdann folgendermaßen (in frischer Substanz):

Brote	Wasser	Stick-stoff	Roh-protein	Roh-fett	Kohle-hydrate	Roh-faser	Asche	Verbrauchte ccm Normal-alkali für 100 ccm Brot	Ka-lorien
Roggenbrot (94%)	40,4	1,05	6,56	0,45	48,58	2,64	1,37	8,2	230,3
Treberbrot (5%)	39,0	1,16	7,26	0,64	48,40	3,24	1,46	10,8	234,2
Treberbrot (10%)	38,2	1,24	7,78	0,87	47,66	3,91	1,58	10,0	235,4

Man sieht hieraus, daß der Eiweißgehalt (Rohprotein) des normalen Roggenbrotes (aus Mehl zu 94% ausgemahlen) von 6,56 auf 7,26% steigt, wenn 5% Zervesinmehl zugesetzt werden. Er erhöht sich auf 7,78%, bei einem Zusatz von 10% Zervesinmehl. Der Fettgehalt steigt von 0,45% auf 0,64% bei 5 proz. Zervesinbrot; auf 0,87% beim 10 proz. Zervesinbrot.

Unter der Annahme, daß uns im Kriege pro Tag 250 g Brot zur Verfügung stehen, würde man im 5 proz. Treberbrot 1,75 g Rohprotein und 0,47 g Rohfett, im 10 proz. Treberbrot 3,05 g Rohprotein und 1,05 g Rohfett mehr zu sich nehmen.

Diese Mengen sind praktisch nicht sehr bedeutend, sie könnten aber immerhin noch beachtenswert sein, wenn das Rohprotein im Organismus restlos assimiliert würde. Das ist aber, wie meine dahingehenden Untersuchungen[1]) ergeben haben, leider nicht der Fall. Es erklärt sich dies aus dem hohen Rohfasergehalt des Zeresinmehles (21,02% in der frischen Substanz) bzw. des Treberbrotes.

Schon das Brot aus einem zu 94% ausgemahlenen Roggenmehl enthält 2,64% Rohfaser. Nach Hinzufügen von 5% Zervesinmehl steigt der Rohfasergehalt auf 3,24% und bei Zusatz von 10% Zervesinmehl ist 3,91% Rohfaser darin enthalten. Derartig große Mengen sind bisher nur im Strohmehlbrot mit 20% Strohmehl (= 3,82% Rohfaser) vorgefunden worden und haben dort schon gezeigt, wie nachteilig sie die Ausnützung des Broteiweißes beeinflussen.

Um genaue Unterlagen für das Treberbrot zu gewinnen, habe ich mit 5% und 10% Zervesinmehl enthaltenden Brot Stoffwechselversuche an mir selbst angestellt, zu denen mir Herr Geheimrat Th. Paul das Material freundlichst zur Verfügung stellte. Es war, wie auch das Kontrollbrot aus Roggenmehl (zu 94% ausgemahlen), in der Militärbäckerei in München hergestellt worden.

Ich wählte drei Perioden zu je 5 Tagen, in deren ersten das Kontrollbrot genossen wurde. In der zweiten Periode folgte das Zervesinbrot mit 5% Zervesinmehl und in der dritten Periode das Zervesinbrot mit 10% Zervesinmehl. Von jeder Brotsorte führte ich täglich 1000 g ein.

Folgende Zahlen geben über den Versuch Aufschluß:

1. Die täglichen Gesamteinnahmen in 1000 g Brotkrume.

	Wasser	Stickstoff	Eiweiß	Fett	Kohle-hydrate	Rohfaser	Asche	Ka-lorien
Roggenbrot (94%)	404,0	10,5	65,6	4,5	485,8	26,4	13,7	2302,6
Treberbrot (5%)	390,0	11,6	72,6	6,4	484,0	32,4	14,6	2341,6
Treberbrot (10%)	382,0	12,4	77,8	8,7	476,6	39,1	15,8	2353,9

2. Die täglichen Ausgaben in Grammen.

Perioden	Brote	Kot frisch	Kot luft-trocken	Stickstoff im Kot	Fett im Kot	Rohfaser im Kot	Asche im Kot	Stickstoff im Harn	Gesamt-stickstoff
1	Roggenbrot (94%)	574,0	109,6	3,43	4,42	18,31	7,23	5,48	8,91
2	Treberbrot (5%)	650,0	115,7	4,00	5,31	24,25	8,38	6,50	10,50
3	Treberbrot (10%)	849,0	142,6	5,03	6,55	30,41	10,90	6,86	11,89

3. Verlust und Ausnützung in Prozenten.

Perioden	Brote	Eiweiß (Stickstoff) Verlust	Eiweiß (Stickstoff) Ausnützung	Rohfaser Verlust	Rohfaser Ausnützung	In 1000 g Brot werden an ausnutzbarem Eiweiß aufgenommen
1	Roggenbrot (94%)	32,66	67,34	69,35	30,65	51,55
2	Treberbrot (5%)	34,49	65,51	74,84	25,16	54,45
3	Treberbrot (10%)	40,56	59,44	77,77	22,23	53,35

[1]) R. O. Neumann, Untersuchungen über Treberbrot. Vierteljahrsschr. f. gerichtl. Med. u. öffentl. Sanitätswesen 1918 (3. Folge) **55**, Heft 1.

Zusammenfassend geht hieraus zunächst hervor, daß das Kontrollbrot — Roggenbrot aus Mehl zu 94% ausgemahlen — einen Eiweißverlust von 32,66% aufweist und somit schon zu den geringwertigen Broten gehört, da ein Drittel des wichtigen Eiweißes unbenützt ausgeschieden wird. Die Ausnützung beträgt nur 67,34% und ist noch etwas geringer als bei dem bekannten Schrotbrot.

Die Treberbrote verhalten sich noch ungünstiger. Beim Zervesinbrot mit 5% Zervesinmehl gehen 34,49% Eiweiß verloren und beim Zervesinbrot mit 10% Zervesinmehl sogar 40,56%. Die Ausnützung beträgt demnach nur 65,51% bzw. 59,44%.

Diese Zahlen finden eine einfache Erklärung, wenn man die pro Tag abgegebenen Kotmengen betrachtet. Beim Roggenbrot wurden 574 g, beim 5 proz. Zervesinbrot 650 g und beim 10 proz. Zervesinbrot 849 g Kot ausgeschieden. Je bedeutender die Kotbildung war, um so mehr steigerte sich der Eiweißverlust. Und der Grund für die vermehrte Kotbildung war wiederum in dem größeren Gehalt an Rohfaser zu suchen. Wir finden beim Roggenbrot im Kot pro Tag 18,31 g, beim 5 proz. Zeresinmehl 24,25 g und beim 10 proz. Zervesinmehl 30,41 g Rohfaser.

Die ungünstige Ausnützung erstreckt sich aber nicht nur auf das Eiweiß des Brotes, sondern auch auf die Rohfaser selbst; ebenso wird die Trockensubstanz und die Asche in Mitleidenschaft gezogen. Ich verweise hier nur auf die Zahlen des Rohfaserverlustes, während die anderen Angaben im Original einzusehen sind. Der Verlust an Rohfaser beträgt 69,35% beim Roggenbrot, 74,84% beim 5 proz. Treberbrot und 77,77% beim 10 proz. Treberbrot, woraus sich eine Ausnützung von 30,65 bzw. 25,16 bzw. 22,23% ergibt.

Auf Grund dieser Tatsachen wäre das Treberbrot gegenüber dem untersuchten Roggenbrot bedeutend im Nachteil. Derartige Brote, bei denen viel Eiweiß eingeführt wird und die trotzdem eine mangelhafte Ausnützung ergeben, lassen sich aber noch nach einem anderen Gesichtspunkte beurteilen: Es kommt darauf an, wieviel ausnützbares Eiweiß[1]) in 1000 g Brot dem Körper zugeführt wird.

Führt man die Berechnung aus, so ergibt sich, daß man im Roggenbrot (94%) 51,55 g; im Treberbrot (5%) 54,45 g; im Treberbrot (10%) 53,35 g ausnützbares Eiweiß aufnimmt, also gegenüber dem Roggenbrot pro Tag in dem 5 proz. Treberbrot 2,9 g, in dem 10 proz. Treberbrot 1,8 g Eiweiß mehr.

Dieser Vorzug vor dem Roggenbrote kommt dadurch zustande, daß, obwohl beim Treberbrot der Eiweißverlust größer war als im Roggenbrot und dementsprechend die Ausnützung geringer, die mehr eingeführte Menge von Eiweiß im Treberbrot doch ausreichte, um den Verlust nicht nur auszugleichen, sondern ihn noch zu übertreffen.

Freilich reduzierte sich der Gewinn bei Aufnahme des zugebilligten rationierten Tagesquantums von nur 250 g Brot, beim Treberbrot (5%) auf 0,72 g und beim Treberbrot (10%) auf 0,45 g Eiweiß, eine Menge, die vom ernährungshygienischen Standpunkte aus keine große Rolle zu spielen vermag. Es fragt sich deshalb, ob es rationell ist, ein Brot zu allgemeiner Verwendung vorzu-

---

[1]) Berechnet aus der in 100 g Brot enthaltenen Eiweißmenge und aus dem Prozentgehalt des Eiweißverlustes.

schlagen, das hinsichtlich seiner Ausnützung im Organismus noch hinter einem Roggenbrot, welches aus einem zu 94% ausgemahlenen Roggenbrot hergestellt ist, zurücksteht. Im Frieden hätte man die Frage ohne weiteres verneinen müssen. Im Kriege dagegen lagen die Verhältnisse insofern anders, als mit Brotgetreide gespart werden mußte und alle einigermaßen brauchbaren Streckmittel heranzuziehen waren.

Es unterlag keinem Zweifel, daß das Zervesinmehl bis zu einem gewissen Grade dazugerechnet werden konnte. Er war reichlich vorhanden, stellte sich als Abfallprodukt bei der Bierbrauerei naturgemäß billiger als Getreidemehl, enthielt reichlich Eiweiß und entfaltete im menschlichen Körper keine nachteiligen Eigenschaften. Die Brote, die damit gebacken wurden, fanden Anklang, der Geschmack desselben — wenigstens bis zu einem Gehalt von 5% Zervesinmehl — wurde kaum beeinflußt und auch ein fortgesetzter Gebrauch des Brotes brachte keine Störungen hervor. Nach den Berechnungen hätte die Verwendung des Zervesinmehles die Brotmenge nicht unbeträchtlich vermehren helfen.

Danach hätte das Zervesinmehl die Bedingungen für Kriegszwecke wohl erfüllen können, wenn nicht noch andere Gesichtspunkte zu berücksichtigen gewesen wären. Wir sahen, daß die Treber als Futtermittel für Vieh, besonders Milchvieh, eine sehr große Rolle spielen, und sie sind deshalb sehr wertvoll, weil das Vieh allein imstande ist, das gesamte Eiweiß der Treber vollständig zu verwerten und auszunützen, während beim Menschen mindestens 30% unbenützt verloren gehen.

Es traten also bei der Beurteilung auch wirtschaftliche Fragen hervor, die unter Umständen dafür entscheidend sein konnten, ob die Treber besser den Tieren vorbehalten blieben oder für die Menschen reserviert werden sollten. Falls die Lage der Verhältnisse es gestattet, die Treber als Tierfutter im Kriege zu verwenden, so würde ich für den Menschen keine wesentliche Schädigung erblicken, wenn die Treber nicht zu Brot verbacken werden, da sie für seine Ernährung doch nicht als zweckmäßig angesehen werden können.

Für den Fall ihrer Verwendung als Streckmittel dürfte aber nur ein Zusatz von 5% Zervesinmehl zum Brot als noch rationell anzusehen sein, da bei höheren Zusätzen die Verwertung des Brotes wegen des großen Eiweißverlustes ganz unwirtschaftlich wird.

11. Haferbrot.

Während Hafermehle und Präparate aus Hafer (Grütze, Flocken, Kindermehle) zu Dutzenden im Handel sind und eifrig benützt werden, ist Brot aus reinem Hafer bei uns in Deutschland nicht üblich[1]) und als solches auch während des Krieges nicht verwendet worden.

Der Grund ist darin zu suchen, daß aus reinem Hafermehl ein wirklich gutes Brot nach Art des Roggen- oder Weizenbrotes sich nicht erzielen läßt. Das Mehl ist wenig backfähig, die Teigbildung mangelhaft, im Brot entstehen leicht Wasserstreifen und eine genügende Lockerung ist nicht zu erreichen. Es mag hierbei die Zusammensetzung des Hafers (siehe S. 194), der weniger Kohlehydrate und mehr Fett als Roggen enthält, eine Rolle spielen. Der Ge-

---

[1]) Nur im Schwarzwald und im Spessart trifft man es gelegentlich an.

schmack des Brotes tritt eigenartig hervor, auch wird es beim Aufbewahren wegen des erhöhten Fettgehaltes leicht ranzig und etwas bitter.

In anderen Ländern, wie Norwegen und Schweden ist Haferbrot zuweilen die am meisten verbreitetste Brotart (Fladenbröte), aber man bäckt dann das Brot als Dauerbrot in harten Scheiben nach Art des Knäckebrotes. Hierbei treten die unliebsamen Eigenschaften weniger in den Vordergrund. In England, Schottland, auf den Shettlands- und Orkneyinseln ist Haferbrot ebenfalls im Gebrauch. Dort wird aber üblicherwiese der Hafer erst gedarrt, dann geschält und gemahlen, wodurch eine größere Haltbarkeit des Gebäcks erreicht wird.

In Österreich ordnete man durch eine Verfügung das Darren des Hafers zur Brotbereitung an, da in der österreichischen Monarchie in verschiedenen Gebirgsgegenden Hafer in größeren Mengen zur Brotbearbeitung oder wenigstens als Streckmittel viel verwandt wird.

Wird Hafermehl als Streckmittel zum Brot benützt, was im Kriege durch die Verordnung vom 5. Januar 1915 auch bei uns zulässig war, so ist es zweckmäßig, ein gut durchgemahlenes, möglichst spelzenarmes Mehl zu verwenden, das backtechnisch sich leicht verarbeiten läßt. Da die Menge der Spelzen beim Hafer sehr groß ist, die Spelzen aber die Plastizität des Teiges vermindern, so muß das Mehl von ihnen genügend befreit sein.

Nach den praktischen Versuchen in der Getreideverarbeitung-Versuchsanstalt in Berlin und auch nach Stoklasa[1]) hat sich ein Zusatz Hafermehl von 20—25% zum Roggenmehl leicht verarbeiten lassen. Bei 30% Zusatz sind die Poren des Brotes nicht vollkommen ausgebildet, auch die Rinde erhält einen bitteren Geschmack. Bei noch größeren Anteilen, 40—50%, treten die Fehler des reinen Hefenbrotes deutlich hervor, so daß ein derartig großer Zusatz nicht gutgeheißen werden kann.

Der Gehalt an nährenden Bestandteilen in den Haferbroten darf den Gerstenbroten und den Roggenbroten gleichgeachtet werden. Jedenfalls sind die Unterschiede praktisch bedeutungslos. In der Ausnützung würde die Reinheit des Hafermehles bzw. der Spelzengehalt natürlich eine wesentliche Rolle spielen. Es können darüber aber noch keine genauen Angaben gemacht werden, weil besondere Untersuchungen über Haferbrotausnützungen noch nicht vorliegen.

12. Maisbrot.

Ähnlich wie beim Hafer gelingt es wohl auch mit reinem Maismehl Brot zu backen, aber diese Brote sind unansehnlich, werden rasch hart und brüchig; die Krume hat keinen Zusammenhang, ist wenig porös und der eigentümliche an Mais erinnernde Geschmack wirkt abstoßend. Das ist wohl auch der Grund, weswegen in den Mais konsumierenden Ländern Nordamerika, Mexiko, Italien, Teilen von Rußland, Tirol, Bukowina, Bessarabien, Ostgalizien, Rumänien usw. nicht Brote nach unserem Sinne gebacken werden, sondern der Mais in allerlei anderen Formen, als dicke Breie, Polenta, Mehle, Grieße gekocht oder geröstet genossen wird[2]).

---

[1]) Stoklasa, Das Brot der Zukunft. S. 60. Bereits zitiert.
[2]) Vgl. Maurizio, Der Hackbau und die Breipflanzen in „Die Getreidenahrung im Wandel der Zeiten". Orelli Füssli, Zürich 1916, S. 28.

Als Zusatz zu Roggen- und Weizenmehlen ist der Mais aber auch bei uns in Deutschland nichts Unbekanntes. Schon 1855 wurden, nachdem J. Bienert in Dresden[1]) gelegentlich der Hungersnot im Erzgebirge große Mengen Mais dahin geliefert hatte, von ihm Versuche mit Maisbrot gemacht. Man setzte 10—15% Mais dem Roggenmehl zu und erzielte damit ein einwandfreies Gebäck. Nach Plagge und Lebbin[2]) hatte schon eine Hamburger Firma 1880 ein Patent auf Bereitung von Brot aus 30 Teilen Maismehl und 100 Teilen Weizenmehl genommen. Das Maismehl wurde, um das Austrocknen zu verhindern, zuerst mit heißem Wasser verkleistert, wobei es sich mit Wasser sättigt. Darauf wurde erst das Weizenmehl zugesetzt. Von dem Verfertiger ist das Brot gelobt worden.

Nach Sells Versuchen[3]) gelang es auch noch mit einem Zusatz von etwa 30% ein Maisbrot herzustellen, welches von der arbeitenden Bevölkerung gern genommen wurde. Ähnliche günstige Erfahrungen wurden bei den Arbeitern in Laurahütte in Oberschlesien gemacht.

Interessant ist jedenfalls auch, daß 1892 bei dem drückenden Mangel an Getreide bei uns ein Brot in größerem Maßstabe in den Verkehr gebracht wurde, bei dem der Mais als Helfer in der Not, ebenso wie jetzt im Kriege, als Streckmittel dienen mußte. Das Brot führte die Bezeichnung „Caprivibrot" und bestand aus 60% Roggenmehl, 40% Weizenmehl und 10% Maismehl mit 15% Kleieauszug. Der Wassergehalt war sehr niedrig (33%), der Stickstoff- und Fettgehalt hoch (9,44% bzw. 2,67%), der Kohlehydratgehalt, die Rohfaser und die Asche von mittlerer Höhe (42,73% bzw. 1,63% bzw. 1,09%)[4]). Danach resultierte ein Brot, das sich jedem Roggenbrot ebenbürtig an die Seite setzen konnte.

Später berichten Plagge und Lebbin[2]) über Backversuche mit Maismehl. Es wurden Brote hergestellt aus Roggen- und Weizen- mit Maismehl, aus Roggen- mit Maismehl und aus Weizen- mit Maismehl und zwar in Zusätzen bis zu 30% Mais. Die Analysen der Brote sind auf S. 195 ihrer Arbeit niedergelegt. Die Proteinsubstanz betrug stets über 6%, die Kohlehydrate stets über 50%. Äußerlich boten die Brote nichts Auffälliges. Auch der Geschmack war gut und ebenso die Haltbarkeit.

Die Verfasser machen auch darauf aufmerksam, daß im Winter 1891/92 in Deutschland sehr viel Maisbrot gegessen worden ist, zumal das damals aus Amerika zu uns herübergekommene Weizenmehl stark mit Maismehl vermischt gewesen ist.

Irgendwelche Schädigungen, wie sie bei der Mais essenden Bevölkerung Italiens (Pellagra) auftreten, sind nicht beobachtet worden, vielleicht, weil das amerikanische Maismehl aus dem „weißen Pferdezahnmais" gewonnen wird, von welchem Erkrankungen nie ausgegangen zu sein scheinen, während der „gemeine große Mais", die ungarischen und die italienischen Sorten Pignoletto, Rancetto u. a. m. verdächtiger erscheinen. In der Verfügung vom

---

[1]) Bei Maurizio, Getreide, Mehl und Brot. Paul Parey, Berlin 1903, S. 365.

[2]) Plagge und Lebbin, Untersuchungen über Soldatenbrot. Aug. Hirschwald, Berlin 1897, S. 32.

[3]) E. Sell, Beiträge zur Brotfrage. Arb. a. d. Kais. Ges.-Amte 1893, 8, 639.

[4]) König, Chemie der menschlichen Nahrungs- und Genußmittel 1903, 1, 690.

16. Mai 1916 wurde bei uns der Mais als Streckmittel für Roggenbrot zugelassen, allerdings zu einer Zeit, in der so große Mengen, wie für die gesamte Bevölkerung nötig gewesen wäre, gar nicht mehr zur Verfügung standen. Zwar lagerte noch eine Menge Mais in Deutschland, auch stand uns später die Zufuhr von Rumänien offen, aber trotz alledem scheint die Menge doch noch sehr gering gewesen zu sein, denn es stiegen alsbald die Maispreise so enorm (hier in Bonn kostete 1917 der Zentner 30 Mark), daß an die Verwendung des Maises zu Brot wohl kaum zu denken gewesen wäre.

Aus jener späteren Periode ist mir auch nichts von Maisbroten bekannt geworden. Ich habe nur ein Kriegsbrot mit Mais kennen gelernt, und zwar das sog. „Kölner Brot", welches etwa vom Herbst 1914 bis Sommer 1915 im Handel war (vgl. in Abschnitt „Reisbrot", S. 206).

In Österreich-Ungarn lagen die Verhältnisse offenbar günstiger, denn eine Verordnung vom 6. Mai 1916 besagte, daß bei der gewerbsmäßigen Herstellung von Brot 20% Maismehl zugesetzt werden mußten. Ungarn verfügt bekanntlich über große Maismengen und daher konnte auch die notwendige Menge freigemacht werden. Wo bereits eine Verwendung von Kartoffelmehl oder Kartoffelbrei vorgeschrieben war, verminderte sich die beizumengende Maismenge entsprechend.

Um die Backfähigkeit auch bei größeren Zusätzen als 20% zu prüfen, wurden von Stoklasa[1]) in Prag Versuche ausgeführt, bei denen man dem Roggenmehl 30, 40 und 50% Maismehl zusetzte. Bei 30% Maismehlzusatz war die Porenbildung der Krume noch gleichmäßig und gut verteilt, bei 50% dagegen nicht mehr. Es trat dann auch, wie schon oben bemerkt, der unangenehm bittere Geschmack in den Vordergrund. Um diesen Brotfehler zu vermeiden, macht Stoklasa darauf aufmerksam, daß das Maiskorn bzw. das Maismehl absolut trocken verarbeitet und vor der Teigbereitung sterilisiert (— es sollen die Maiskörner auf 100—180° erhitzt werden) werden müsse, um alle Bakterien, die an der leichten Zersetzbarkeit — und damit an der Bitterkeit — des Maises schuld seien, abzutöten. Es kommt also im wesentlichen darauf an, das Brot haltbarer und genußfähiger zu machen.

Weitere Versuche in dieser Richtung sind bereits viel beschrieben worden. Man hat die Körner mit Wasser ausgelaugt, mit Salzlösungen behandelt, Wasserdämpfen ausgesetzt, gedarrt und gemälzt. Nach M. P. Neumann sind aber alle diese Verfahren nicht vielversprechend, denn wo einmal ein bitterer Geschmack vorhanden ist, kann er kaum beseitigt werden. Simons[2]) schlägt vor, den Mais 5 Stunden lang mit Dampf von 85° C zu behandeln und die sich bildenden Schleim- und Schlammassen zu entfernen. Der nunmehr leicht zerdrückbare Mais wird getrocknet und vermahlen. Das Mehl sei einwandfrei und von schönem weißen Aussehen. Ein besonders wohlschmeckendes Brot erhalte man, wenn $\frac{1}{3}$ Roggenmalzteig und $\frac{2}{3}$ Maisteig, etwas Hefe und Salz verwendet werden und die Masse 12—13 Stunden lang im dichten Ofen unter Einfluß von Hitze und Wasserdampf gebacken wird.

Wahrscheinlich trägt zur Verbesserung des Geschmackes die Verwendung

---

[1]) Stoklasa, Das Brot der Zukunft. S. 67.

[2]) Ernst Simons, Verfahren zur Herstellung von Maismehl für Brot und Backwaren. Zeitschr. f. d. ges. Getreidewesen 1914, Nr. 7, S. 152.

von Malz wesentlich bei, ein Verfahren, das auch von Stoklasa empfohlen wird und wir bei der Bereitung des Gerstenbrotes ebenfalls kennen lernten.

In seiner Zusammensetzung sind im Vergleich zum Roggen- und Weizenmehl wesentliche Unterschiede nicht vorhanden. Nur der Fettgehalt ist sehr hoch. Der Gehalt an Stärkemehl, Eiweiß, Mineralbestandteilen und Wasser ist ziemlich derselbe.

Wenn auch die Maiskörner von dem fetthaltigen Keimling vor der Brotmehlbereitung befreit werden, so braucht dennoch die Ausnützung des Maismehles voraussichtlich nicht schlechter zu sein, als die des Roggen- und Weizenmehles.

Über die Verwertung von Mais im Organismus hat Rubner[1]) schon vor langer Zeit Untersuchungen mit Polenta (geschrotenem Mais), die mit Butter übergossen und mit Parmesankäse bestreut war, angestellt und gefunden, daß von der Trockensubstanz 6,7%, vom Eiweiß 15,5%, von den Kohlehydraten 3,2% und von der Asche 30,0% verloren gehen. Die Verdauung muß also als eine gute bezeichnet werden.

Von demselben stammen auch neuere Versuche über die Ausnützung mit maishaltigem Brot[2]). Ergebnisse über reines Maisbrot liegen dagegen noch nicht vor.

Rubner gab 2 Versuchspersonen Maisbrot aus einer Mischung von 90 Teilen Roggenmehl (zu 94% ausgemahlen) und 10% Maismehl. Daneben zum Vergleich reines Roggenbrot mit demselben Ausmahlungsgrad des Mehles.

Das Maisbrot enthielt in der Trockensubstanz: Asche 0,77%, Organisches 99,23%, N 1,22%, Pentosan 3,34%, Zellmembran 2,08%, Pentosan in der Zellmembran 0,66%, Kalorien 424,90.

Es ergab sich ein Verlust im Mittel von (in Prozenten):

```
N . . . . . . . . . . . . . . .   39,68
Protein . . . . . . . . . . . .   20,99
Kalorien . . . . . . . . . . .   15,00
Zellmembran . . . . . . . . .   60,94
Zellulose . . . . . . . . . . .   75,86
Unverdautes . . . . . . . . .    9,26
Stärke . . . . . . . . . . . .    2,56
Gesamtpentosan . . . . . . . .   23,08
```

Gegenüber dem Vergleichsroggenbrot waren die Verluste kaum verändert. N und Kalorienverluste blieben dieselben. Nur die Zellmembran wurde besser verdaut.

Wenn der Zusatz von 10% Maismehl auch nur gering war, so zeigten doch die sehr geringen Unterschiede, daß dasselbe im Brot gleich gut verwertet wurde. Eine schlechtere Ausnützung bei irgendeiner Substanz war nicht zu beobachten.

Das Maisroggenbrot war vom gewöhnlichen Roggenbrot im Aussehen und Geschmack nicht zu unterscheiden.

Stoklasa äußert sich über die Verdaulichkeit des Maisroggenbrotes in

---

[1]) Rubner, Über die Ausnützung einiger Nahrungsmittel im Darmkanal des Menschen. Zeitschr. f. Biol. 1879, **15**, 115.

[2]) Rubner, Untersuchungen über Vollkornbrot. Archiv f. Anat. u. Physiol. (physiol. Abt.) 1917, S. 284.

demselben günstigen Sinne. Zahlen, die einen Einblick in seine diesbezüglichen Versuche gestatten würden, sind aber nicht angegeben.

13. „Bonner Brot" (Gerste, Mais, Tapioka).

Als Kuriosum zur Frage der Maisbrote teile ich noch mit, daß hier in Bonn als „Bonner Brot" Ende 1915 ein markenfreies Brot im Handel kurze Zeit auftauchte, welches aus Gersten-, Mais- und Tapiokamehl hergestellt war, aber noch Zusätze von Spelzstreu und „Fasermehl" (Abfallmehl) enthielt. Wegen letzterer Zusätze verurteilte aber die Strafkammer den Bäcker wegen Vergehens gegen § 10, 2 des Nahrungsmittelgesetzes zu 1200 Mark. Damit verschwand auch das neue Brot, ohne daß es weitere Ausbreitung gefunden hätte.

Unbekannt ist auch geblieben, mit welchen Hilfsmitteln der Bäcker eine Bindung des Teiges erzielt hat, da der Kleberanteil der Gerste zur Fertigung des Teiges wohl nicht ausgereicht haben wird. Vielleicht hat hier das „Fasermehl" mit geholfen (?).

14. Reisbrot.

Reismehl war in Deutschland nach der Verordnung vom 5. Januar 1915 als Brotstreckmittel zugelassen. Soweit ich mich orientieren konnte, ist aber nur einmal in größerem Maßstabe vom Reismehl zur Brotbereitung Gebrauch gemacht worden, und zwar im Frühjahr 1915 beim sog. Kölner Brot. Schon nach kurzer Zeit verschwand das Brot aus dem Handel, aus dem einfachen Grunde, weil der Reis bei uns immer kostbarer wurde und er später nicht einmal mehr für Kochzwecke zur Verfügung stand. Nur noch im Schleichhandel war das Pfund für 8 Mark (in Bonn) zu haben. Auch in Italien schlug man zu Anfang 1915 vor, Reismehl zum Brot als Streckmittel zuzusetzen, und es sind in der Versuchsanstalt für Reisbau in Vercelli derartige Brote mit 20% Reismehl gebacken worden[1]). Als Grundmehl diente Weizenmehl, das Reismehl bestand aus entspelztem Korn, war jedoch von dem Silberhäutchen befreit. Nach Novelli (zit. bei Maurizio) enthielten die Reisbrote in Prozenten:

	Feines Weizenmehl mit 20% Reismehl	Gröberes Weizenmehl für Soldatenbrot mit 20% Reismehl
Wasser	27,70	35,20
Roheiweiß (1,6% N)	9,87	10,12
Rohfett	0,25	0,58
Rohfaser	0,32	1,18
Kohlehydrate	60,96	51,82
Asche	0,90	1,10

Wie Maurizio mitteilt, hat das Brot bei der italienischen Stadtkundschaft keinen Anklang gefunden und auch ein italienischer Fachmann ist der Meinung, daß das Brot wegen seiner dunkleren Farbe sich nicht einbürgern würde.

An sich ist gegen Reisbrot natürlich gar nichts einzuwenden, da durch das leichtverdauliche Reisstärkemehl das zu streckende Brot nur gewinnen kann. Die Farbe mochte in Italien eine Rolle spielen, weil die Bevölkerung an rein weißes Weizenbrot gewöhnt ist, doch würde bei uns im dunklen Roggenbrot der Zusatz gar nicht bemerkt werden. Auch verändert ein Zusatz von

---

[1]) Maurizio, Die Getreidenahrung im Wandel der Zeiten. Orelli Füssli, Zürich 1916, S. 31.

[2]) Maurizio, Nahrungsmittel aus Getreide. II. Bd., S. 91. Paul Parey, Berlin 1919.

10—15% Reismehl die Beschaffenheit des Teiges nicht. Nach Stoklasa setzt ein Prozentgehalt von 10% Reismehl zwar die Zähigkeit der Brotkrume herab, wodurch das Brot mehr bröcklig wird, doch wäre das in Kauf zu nehmen.

In kleineren Mengen von 3—5% ist das Reismehl für die Brotherstellung als Backhilfsmittel seit langem geschätzt, das beweisen die viel verwendeten Reisbackmehle Risofarin und Panifarin. Die Reisstärke gibt das Wasser schwer ab, wodurch eine gleichmäßige Verkleisterung die Folge ist. In seiner Wirkung ist das Reismehl dem Kartoffelmehl sogar noch überlegen. Nur auf einen gefährlichen Punkt macht M. P. Neumann aufmerksam. Das ist das fast regelmäßige Auftreten des sog. „Fadenziehens" des Brotes, wenn Reismehl mit Weizenmehl gemischt und mit Hefe gebacken wird. Geringere Reismehlsorten, auf denen offenbar die das Fadenziehen bewirkenden sporentragenden Bakterien wuchern, geben dazu Veranlassung. Aus reinem Reismehl Brot zu backen verbietet sich von selbst, da mangels genügendem Klebers der Teig nicht bindet.

Die Ausnützung des Reises ist als eine sehr gute anzusehen. Nach Rubner[1]), der in einem zweitägigen Versuch 125 g Reis als „Risotto" zubereitet nehmen ließ, gehen nur 4,1% Trockensubstanz, 20,4% Stickstoff und 15% Asche verloren. Die Kohlehydrate werden fast vollständig, bis auf 0,5%, resorbiert. Die Verdaulichkeit ist also dem feinen Weizenmehl gleich. Auch die Pentosen, die nicht an die Zellhüllen gebunden sind, müssen als leicht resorbierbar angesehen werden[2]). Was der Reis an sich als Volksnahrungsmittel bedeutet ist allgemein bekannt[3]).

Hiernach konnte ein Zusatz zum Brot dasselbe in seiner Ausnützung wahrscheinlich nicht verschlechtern. Ergebnisse aus Untersuchungen mit Roggen- oder Weizenbrot als Vergleichsbrot und solchem aus demselben Material plus Reismehl besitzen wir noch nicht. Die einzigen Versuche über reishaltiges Brot scheinen die zu sein, die ich selbst mit dem sog. „Kölner" Brot anstellte.[4])

15. „Kölner" Brot (Mais, Gerste, Reis).

Die Kölner Stadtverwaltung hatte sich (Kölnische Zeitung, 9. April 1915, Nr. 603, Abendausgabe) um die Herstellung einer neuen Brotsorte, die ohne Roggen- und Weizenmehl gebacken wird, bemüht, um dem Teile der Bevölkerung entgegenzukommen, welcher mit der festgesetzten Brotmenge von 250 g nicht auskommen konnte.

Solches Brot wurde unter dem Namen „Stadtbrot" oder „Kölner Brot" vertrieben und von der „Rheinischen Brotfabrik Köln-Hohenheim", Schulstraße 5, gebacken. Nach den Mitteilungen des dortigen Direktors bestand es aus 50% Mais, 30% Gerste und 20% Reis.

Genaueres über die Zusammensetzung, Zubereitung, Backprozeß usw. mir mitzuteilen, lehnte er ab.

Nach meinen Analysen enthielten die mir übersandten zwei Tage alten Brote:

---

[1]) Rubner, bereits zit. auf S. 205, Anm. 1.

[2]) Rubner, Über die Pentosen und Zellhüllen des Brotgetreides. Archiv f. Anat. u. Physiol. (physiol. Abt.) 1915, S. 133.

[3]) Dazu die kleine Schrift: Ed. Büsing, Der Reis in seiner Bedeutung für die Volksernährung. Frese, Bremen.

[4]) R. O. Neumann, Brotarbeit I.

	Frisch:	Trockensubstanz:
Wassergehalt	44,1	—
Trockensubstanz	55,9	—
Stickstoff	1,048	1,876
Eiweiß	6,55	11,72
Fett	0,26	0,47
Kohlehydrate	46,63	83,4
Rohfaser	1,21	2,17
Asche	1,25	2,24

Säure in 100 g Brot 6,5 ccm Normalsäure.

Das „Kölner" Brot hat etwa das Aussehen von Roggenbrot. Das Mehl ist sehr fein gemahlen, so daß die Krume eine homogene Masse bildet. Es schneidet sich gut und ist gut ausgebacken. (Vermutlich wird noch ein Bindemittel zugesetzt [Kleie?].) Geruch nicht besonders, „neutral". Der Geschmack ist nicht abstoßend, aber etwas fremdartig; es tritt der Maisgeschmack hervor, der immer eine Spur von etwas Dumpfigem hat. Die Mischung aus Mais, Gerste und Reis gibt keine richtige Krume, infolgedessen fällt die Masse beim Kauen pulverig auseinander und klebt ziemlich an den Zähnen.

Es ist viel Speichel notwendig, um die Bissen einzuhüllen. Auffällig scheint mir, daß die Zähne schon beim Kauen einer winzigen Schnitte „stumpf", rauh werden. Das Brot trocknet bald aus und ist dann sandig.

Hinsichtlich seiner Zusammensetzung steht es dem K-Brot (Schwarzbrot) und dem Schrotbrot nahe.

Im Organismus wird es jedoch besser verwertet. Die Verluste betrugen bei meinen fünftägigen Versuchen in Prozenten:

	beim Kölner Brot	beim K-Brot (Schwarzbrot)	beim Weizenbrot zu 80% Ausmahlung
an Trockensubstanz	11,40	16,48	8,70
„ Eiweiß	15,77	34,16	17,34
„ Rohfaser	68,61	79,54	66,34
„ Asche	55,51	64,64	58,84

Wie hieraus hervorgeht, sind die Verhältnisse beim Kölner Brot sogar wesentlich günstiger als beim K-Brot (Schwarzbrot), denn die Ausnützung ist bei allen angeführten Substanzen um viele Prozent besser. Das Kölner Brot kommt dem Weizenbrot aus Mehl zu 80% ausgemahlen ganz nahe, und dieses Verhalten entspricht durchaus der guten Resorption des Reises, des Maises und der Gerste.

Demnach war das Kölner Brot ein Brotersatz, der alle Beachtung verdiente. Über den ungewohnten Geschmack setzte man sich bald hinweg. Das Brot wurde in Köln ohne Brotkarte (3 Pfund für 85 Pfennig) abgegeben und unter denselben Bedingungen auch in Bonn verkauft. Nach Mitteilung des Direktors der Brotfabrik soll es auch in größeren Mengen in andere Orte der Provinz versandt worden sein. Leider hörte die „angenehme Zugabe" zum Kartenbrot, wie gesagt, bald auf, da sich die Hoffnung der Stadt Köln, „daß die Rohmaterialien für diese Brotsorte der Stadt bis zur neuen Ernte (1916) in ausreichendem Umfange vorhanden sein würden", nicht erfüllte.

Ebenso wie für den Reis, kann der Versuch auch als Beleg für die gute Ausnützung eines Maisbrotes und eines Gerstenbrotes gelten, da vom Mais- und Gerstenmehl eine noch größere Menge darin vorhanden war, wie vom Reismehl.

II. Brote aus Hülsenfrüchten.

Bei der zunehmenden Knappheit des Brotgetreides im Kriege tauchte auch der Gedanke wieder auf, Leguminosen als Streckmittel für das Brot zu verwenden, wie sie bereits in den Mißernten 1890 und 1891 benützt worden waren. Damals gebrauchte man vornehmlich Erbsen und Bohnen[1]). Es handelte sich aber immer nur um geringere Zusätze von 10—15%. Aus reinem Leguminosenmehl Brot zu backen gelingt nicht, da der Kleber fehlt, aber es sollen auch sogar mit 30% Erbsen- und Bohnenmehl lockere und poröse Brote hergestellt werden können, wenn man dem Mehl (auf 100 kg) 3 kg Salz zusetzt.

Bei den Verhältnissen, wie sie in diesem Kriege lagen, war aber an den Zusatz von Erbsen und Bohnen nicht zu denken, wenn auch nach der Verordnung vom 26. Mai 1916 ausdrücklich Bohnen-, Erbsen- und Sojabohnenmehl zur Brotstreckung zugelassen war. Die Menge an Bohnen und Erbsen, die uns in Deutschland überhaupt zur Verfügung stand, mußte unbedingt zurückgehalten werden, damit in Ermangelung des Fleisches eine eiweißreiche Ersatznahrung gewährleistet werden konnte. Und schließlich war es auch damit schlecht bestellt, denn die Hülsenfrüchte wurden immer rarer und mit Preisen bezahlt, die alles Maß überstiegen. Erbsen und Bohnen kosteten vor dem Kriege etwa 30 Pfennig das Pfund. Im Winter 1917/18 wurden hier in Bonn für 1 Pfund Erbsen 4,70, für 1 Pfund Bohnen 4,00 Mark bezahlt (Setzbohnen im Frühjahr 1919 mit 6,50 Mark). Damit war natürlich auch eine etwaige Verwendung zur Streckung des Brotes ausgeschlossen.

So blieben schließlich von den Leguminosen nur die seit längerer Zeit bei uns eingeführten Sojabohnen, die Lupinen und vielleicht die Wicken noch als Aushilfsmittel übrig.

Vorschläge zu derartigen Broten sind tatsächlich auch gemacht worden, und daher soll das Bekannte auch hier mit einigen Worten skizziert werden.

Aus den Erfahrungen, die man mit der Brotbereitung aus leguminosenhaltigem Mehle gemacht hatte, geht hervor, daß man grobgeschrotene Mehle nicht verwenden kann. Nur aus den geschälten Körnern gemahlenes Mehl ist brauchbar, und auch dieses muß erst einem Quellungsprozeß unterworfen werden. Nach Maurizio wird das Mehl der Pferdebohne, dicken Bohne oder Saubohne (Vicia Faba) in Belgien, Frankreich und Süddeutschland vielfach zu Brot verwandt. Als „Kastormehl" kommt es in den Handel, um als Backhilfsmittel zu dienen.

Vom ernährungsphysiologischen Standpunkte aus ist gegen die Verwendung von Erbsen- und Bohnenmehl, auch von anderen Hülsenfrüchtenmehlen, wenn sie einwandfrei gewonnen wurden, nichts einzuwenden. Nach

---

[1]) Auch in historischer Zeit haben Bohnen und Linsen schon einmal in Zeiten der Not eine Rolle gespielt. An den Auftrag des Propheten Ezechiel, dem Volke Israel den Untergang von Jerusalem zu verkündigen, schließt sich der Befehl: „Nimm dir Weizen, Gerste, Bohnen und Linsen, Hirsen und Spelz und fülle damit ein Gefäß an und backe dir Brot." Wie dazu in der „Frankfurter Ztg." vom 30. VI. 1917, Abendblatt Nr. 178, mitgeteilt wird, hat der Schrifterklärer Kimichi im 13. Jahrhundert erklärt, daß dieser Befehl ergangen sei, um bei der Belagerung von Jerusalem die Bevölkerung vor der Hungersnot zu schützen, da man reinen Weizen nicht mehr haben würde und dafür die Surrogate Bohnen und Linsen benützen müßte, die sonst nur in der äußersten Not verwendet worden wären. So hätte es also schon vor mehr als 2000 Jahren ein Kriegsbrot gegeben.

älteren Untersuchungen von Rubner[1]) beträgt der Ausnützungsverlust der Erbsen 9,1% in der Trockensubstanz, 17,5% im Eiweißgehalt und 3,6% bei den Kohlehydraten. Die Ausnützung des Eiweißes steht wegen des schwerer verdaulichen Legumins dem des Fleischeiweißes allerdings nach, doch ist sie immerhin noch gut zu nennen. Wurden jedoch sehr viel Erbsen eingeführt (über 800—900 g), dann nahm die Verdaulichkeit ziemlich bedeutend ab, so daß der Verlust an Eiweiß nunmehr 27,8%, der Trockensubstanzverlust 14,5% betrug.

Grüne, also unreife Bohnen werden nach Rubner schlecht ausgenützt, weil sie sehr reich an Zellulose sind, dagegen ist das Mehl reifer Bohnen, wie Prausnitz'[2]) Zahlen zeigen, besser resorbierbar. Immerhin ist der Verlust noch erheblich. An Trockensubstanz gehen 18,32%, an Eiweiß 30,25% verloren.

Ausnützungsversuche über Erbsen- und Bohnenbrote liegen nicht vor.

1. Sojabohnenmehlbrot.

Die Sojabohne (Soja hispida), eine der wichtigsten Kulturpflanzen Ostasiens, hat in China, Japan, Java, der Mongolei, Indien und Transkaukasien seit jeher bei der Bevölkerung die vielseitigste Verwendung gefunden. Wegen ihres großen Fett- und Eiweißgehaltes dient sie als Nahrungsmittel für Menschen und Tiere und findet ebenso zu gewerblichen Zwecken mehrfache Anwendung. Auch das Sojabohnenheu wird als Viehfutter verwandt und die Abfallstoffe benützt man als Düngemittel. Für menschliche Ernährungs- und Genußzwecke scheint die Sojabohne geradezu unerschöpflich ausgebeutet werden zu können, denn außer Mehl zu Suppen, Breien und verschiedenen Gebäcken bereitet man aus ihr Öle, Saucen, Gewürzextrakte, Käse und auch Brot.

Bekannt und vielfach untersucht[3]) sind die Bohnenerzeugnisse, die in Japan als Miso (vegetabilischer Käse), Tao-tjiung (Bohnenbrei), Natto (Pflanzenkäse) und Shoyu (Sojasauce) verwendet werden. Auch die bei uns häufig benutzte und in England hergestellte Worcestersauce ist ein Produkt der Sojabohne.

Wie König angibt, wurden Sojabohnen zum erstenmal in Europa auf der Weltausstellung in Wien 1873 ausgestellt und damals von Haberlandt (Die Sojabohne, 1878) untersucht. Bald darauf führte man die Bohnen in England und auf dem Kontinent ein. Da die Pflanze ein sehr großes Anpassungs-

---

[1]) Rubner, Zeitschr. f. Biol. 1880, **16**, 119.

[2]) Prausnitz, Zeitschr. f. Biol. 1890, **26**, 227.

[3]) König, Chemie der menschlichen Nahrungs- und Genußmittel, I. Bd., 1903, S. 598, 638, 651; II. Bd., 1904, S. 788. Dortselbst auch viel Literatur. Außerdem seien von neueren Abhandlungen über die Sojabohne noch genannt: C. Fruwirth, Die Sojabohne. Fühlings landwirtschaftl. Ztg. 1915, 64. Jahrg., S. 65. — Maurice Fürstenberg, Die Soja, eine Kulturpflanze der Zukunft und ihre Verwertungsmöglichkeiten. Paul Parey, Berlin 1917. — Li-Yu-Ying, Die Sojapflanze. Hygiene u. Industrie 1911, Nr. 4. — W. Schieber, Die Sojabohne und deren volkswirtschaftliche Bedeutung als Nahrungsmittel. Österr. Chem.-Ztg. 1915, **18**, 85. — Hermann Neumann, Die Einführung der Soja, eine Umwälzung der Volksernährung. Deutsche landwirtschaftl. Presse 1916, Nr. 92, S. 744. — J. Wiese, Die Sojabohne und ihre Verwertung. Blätter f. Gesundheitspflege 1916, **16**, 17. — E. Wein, Die Sojabohne als Feldfrucht. Ergänzungsheft zu dem Journ. f. Landwirtschaft 1881, **29**.

vermögen hat, auf jedem Boden gedeiht und äußerst widerstandsfähig gegen klimatische Einflüsse und gegen Pflanzen- und tierische Schädlinge ist, versuchte man auch den Anbau in den europäischen Ländern, und zwar schon seit 1881 in Italien, Südfrankreich, Ungarn und Südrußland. Die in Norddeutschland seit 1911 akklimatisierten Pflanzen brachten bereits 1914 150fache Erträge[1]).

Die Sojabohne kommt in den Ursprungsländern in sehr vielen Variationen vor (vgl. König, Bd. II, S. 788), für deutsche Verhältnisse scheint sich die gelbe Sojabohne am besten zu eignen.

Alle die vielen Analysen, die von den verschiedensten Sojabohnenarten gemacht sind, zeigen den großen Unterschied der Sojabohne gegenüber den anderen Leguminosen in ihrem Fettgehalt und im Gehalt der Kohlehydrate. Ich lasse einige Durchschnittsanalysen folgen (nach einer Zusammenstellung von Wiese):

	Sojabohnen	Erbsen	Bohnen	Lupinen	Linsen
Wasser	11,3	14,0	14,8	12,2	12,5
Stickstoffhaltige Stoffe	37,8	23,0	24,0	28,3	25,0
Fett	20,9	1,7	1,6	5,0	1,8
Extraktivfreie Stoffe	24,0	53,8	49,5	36,4	54,6
Rohfaser	2,2	5,0	7,0	14,1	3,6
Asche	3,8	2,5	3,1	4,0	2,5

Danach enthält die Sojabohne etwa zehnmal soviel Fett wie Erbsen, Bohnen und Linsen, und zeigt die höchste Menge Eiweiß. Dagegen beträgt der Kohlehydratgehalt nur etwa die Hälfte der Bohnen, Erbsen und Linsen. Die Sojabohne nähert sich der Lupine, die ebenfalls mehr Eiweiß, mehr Fett und weniger Kohlehydrate enthält als wie Erbse, Bohne und Linse.

Auf die Erfahrungen hin, die in Ostasien mit den Sojapräparaten gemacht worden sind, hat man, besonders in Frankreich, schon vor längerer Zeit ganz ähnliche Produkte hergestellt. So konnte man z. B. auf der Dresdener Hygieneausstellung 1911, von einer „Caséo-Sojaïne"-Gesellschaft aus Vallées in Frankreich, Sojamilch, Sojakäse, Sojasauce, Sojaöl, Sojabisquittes, Sojakaffee, Soja als Eingemachtes, Sojakeime[2]) für Salat, Sojamehl und Sojabrot ausgestellt sehen. Außerdem ist nach einem Verfahren von Fr. Gössel und A. Sauer ein Kautschukersatzstoff aus dem Öl hergestellt worden[3]).

Alle Mehle, die für die menschliche Nahrung in Aussicht genommen sind, müssen selbstverständlich entfettet werden. Dabei steigt der Stickstoffgehalt erheblich, so daß das Eiweiß bis über 50% betragen kann. Nach einer in der Versuchsstation Münster ausgeführten Analyse[4]) enthielt ein von Timpe in Magdeburg entfettetes Mehl 11,64% Wasser, 51,61% Eiweiß, 0,51% Fett, 29,12% stickstoffreie Extraktivstoffe, 2,10% Rohfaser und 5,02% Asche.

Hiernach wäre der Fettgehalt aufs äußerste herabgedrückt. Es scheint dies aber auch notwendig zu sein, weil sonst, ähnlich wie beim Maismehl, bei

---

[1]) Einladung zur Beteiligung an der zu errichtenden „Deutschen Sojapflanzungs-Gesellschaft". Magdeburg 1917.

[2]) P. Molliex, Über die Zusammensetzung und den Nährwert der frischen Keime von Soja hispida. Zeitschr. f. Unters. d. Nahr.- u. Genußm. 1916, **32**, 281.

[3]) K. Ruegg, Was die Technik bringt. Hygiene u. Industrie 1911, Nr. 7, S. 5.

[4]) König, Bd. I, S. 638.

längerer Lagerung eine Zersetzung des Fettes und mit ihr ein Bitterschmecken des Mehles auftritt. Ob der Bitterstoff durch Auslaugen mit warmem Wasser evtl. unter Zusatz von Natrium bikarbonicum zu entfernen geht, muß dahingestellt bleiben.

Als wohlschmeckendes Mehl wird das von der Hull Oil Engineering Company in Stoneferry hergestellte Präparat[1]) empfohlen, welches als Homco - Soja - mehl in den Handel kommt.

Es scheint jedoch, daß nicht alle Sojabohnenmehle, die für den Hausgebrauch zubereitet sind, soweit entfettet werden wie das obengenannte aus der Magdeburger Fabrik. Ich hatte ein Mehl, welches unter dem Namen Augumamehl verkauft wurde, in den Händen, daß neben 10,02% Wasser, 5,2% Asche und 38,4% Eiweiß noch 7,22% Fett enthielt. Von Kafemann[2]) ist ein Nährmehl „Aguman" empfohlen, das er sehr optimistisch für alle möglichen Zwecke geeignet findet. Ob dasselbe mit dem Augumamehl identisch ist, kann ich nicht angeben. Es soll jedenfalls „in vollendeter Form in Erscheinung" getreten sein.

Um die Sojabohnen „aufzuschließen bzw. leichter verdaulich zu machen", wird von David Brainin[3]) ein Verfahren angewendet, bei dem die Bohnen geröstet werden; die Röstung wird aber nur bis zur „Halbröstung" getrieben und das daraus gewonnene Mehl mit ausgereiftem, geschrotetem Roggen und zweckmäßig gedämpftem Hafer gemischt.

Die ersten Versuche, aus dem Sojabohnenmehl Brote zu backen, reichen offenbar schon weit zurück. Etwas Vollkommenes scheint man aber wenigstens früher nicht erreicht zu haben. Nach einer Analyse von Vilon[4]) aus dem Jahre 1894, der ein „asiatisches Brot" aus der „chinesischen Bohne" (gemeint ist die Sojabohne) untersuchte, fand darin 32,7% Wasser, 16,16% Eiweiß, 32,36% Fett, 15,45% Kohlehydrate und 3,53% Asche. Solches Brot, wie auch andere Gebäcke aus dem Mehl, waren in erster Linie für Diabetiker gedacht, wegen des geringen Kohlehydrat- und des hohen Eiweißgehaltes. Allgemeine Verbreitung fanden sie aber wohl nicht.

Sobald man sich aber in Deutschland mit dem Anbau der Sojabohne befaßte, schien eine Änderung eintreten zu sollen, denn nach einer persönlichen Mitteilung seitens der deutschen Soja-Pflanzungs-Gesellschaft vom 7. Februar 1917 sind vor dem Kriege in Hamburg pro Tag nicht weniger als 2000 kg Sojabohnenmehl zu Brot verbacken worden.

Über Herstellung, Zusammensetzung und sonstige näheren Verhältnisse bin ich nicht weiter unterrichtet, habe auch kein solches Brot selbst untersuchen können, da der Betrieb aus Mangel an Material eingestellt war.

Irgendwelche Untersuchungen über Verwertung im Organismus und Ausnützung des Sojabrotes liegen bisher nicht vor, ebenso fehlen genauere derartige Versuche über das Mehl. M. P. Neumann[5]) bemerkt in einer Diskussion,

---

[1]) Zeitschr. f. d. ges. Getreidewesen 1913, Nr. 4, S. 134.
[2]) R. Kafemann, „Aguman". Ein neues Nährmehl aus der Sojabohne. Umschau 1913, 17, 1041 und Chem. Centralbl. 1914, 1, 412.
[3]) Zeitschr. f. d. ges. Getreidewesen 1914, Nr. 3, S. 66.
[4]) Bei König, Bd. I, S. 691.
[5]) M. P. Neumann, Chem.-Ztg. 1915, Nr. 30, S. 189.

daß Sojabohnenmehl — offenbar das nicht entfettete — nicht empfehlenswert sei, da der Geschmack litte, dagegen ließe sich ein Zusatz von 7—10% zu anderem Mehle anstandslos verarbeiten, ohne daß der Geruch, Geschmack und die „Bekömmlichkeit" sich änderte.

Wir müssen abwarten, ob nach dem Kriege das Sojabohnenmehl als Brotstreckmittel sich einführen wird. M. P. Neumann ist allerdings der Meinung, daß das Mehl zweckmäßiger eine Verwendung in Nährpräparaten und in Gebäcken für Zuckerkranke fände.

2. Lupinenmehlbrot.

Will man Lupinen zur menschlichen Nahrung verwenden, so müssen sie vor allen Dingen entbittert werden. Das geschieht entweder durch Darren oder Rösten oder noch besser durch Extraktion mit Wasser bzw. mit schwefelsäurehaltigem Wasser. Im allgemeinen verfährt man nach den Kellerschen Angaben, wonach die Körner $1—1\frac{1}{2}$ Stunden in Wasser gekocht und wiederholt mit kaltem Wasser ausgewaschen werden. Dabei gehen 93—95% der Alkaloide heraus, allerdings auch von den stickstoffhaltigen Körpern 11%, während von dem Reineiweiß nur 3—4% verloren gehen[1]). Es entsteht dann ein Mehl, das nach Gerlach und Kudraß, ebenso wie nach den Angaben von Backhaus[2]), ein einwandfreies Produkt darstellt und auch für Brotstreckungszwecke geeignet ist.

M. P. Neumann[3]) betont freilich, daß bei der Mehrzahl Mehle, die er geprüft hat, das Entbitterungsverfahren sein Ziel nicht ganz erreicht habe, denn schon beim Zusatz von 5% Lupinenmehl sei noch ein stark bitterer Geschmack hervorgetreten.

Welche von den drei angebauten Lupinenarten, ob die gelbe (Lupinus luteus) oder die blaue (Lupinus augustifolius) oder die weiße (Lupinus albus), für die Mehl- und Brotbereitung die beste sei, ist unentschieden. Die chemische Zusammensetzung ist etwas verschieden und ergibt als Mittel aus zahlreichen Analysen nach König[4]) folgende Werte:

	Wasser	Stickstoffsubstanz	Fett	Kohlehydrate	Rohfaser	Asche
Gelbe Lupinen . . .	14,71	37,79	4,25	25,48	14,23	3,54
Blaue „ . . .	14,28	29,74	5,31	35,55	12,20	2,92
Weiße „ . . .	15,90	28,78	6,79	33,65	11,92	2,96

Danach würde wegen ihres höheren Stickstoffgehaltes die gelbe Lupine (oder auch die schwarze Lupine, die 38,82% Stickstoffsubstanz enthält) vorzuziehen sein, die anderen Sorten enthalten aber mehr Kohlehydrate.

Über die Ausnützung des Lupinenmehles beim Menschen liegen spezielle Untersuchungen nicht vor, wenigstens habe ich keine vorgefunden.

Ist das Lupinenmehl einwandfrei entbittert, dann besteht über die Verwendbarkeit als Brotstreckmittel kein Zweifel. In reinem Zustande läßt es sich nicht verbacken, weil der Kleber fehlt, dagegen verändern Zusätze von 10% das Brot nicht.

---

[1]) Gerlach und Kudraß, Entbitterte Lupinen als Nahrungsmittel für Tiere und Menschen. Illustr. Landwirtschaftl. Ztg. 1917, S. 66.

[2]) Backhaus, Fett- und Eiweißgewinnung aus Lupinen. Landwirtschaftl. Wochenschrift f. d. Provinz Sachsen 1917, Nr. 39.

[3]) M. P. Neumann, Unser Kriegsbrot. B. Ollech, Steglitz 1917, S. 51.

[4]) König, Chemie der menschlichen Nahrungs- und Genußmittel. II. Bd. 1904, S. 791.

Im Kriege ist der Zusatz zum Brot von mehreren Seiten empfohlen worden, ausreichende Verwendung hat es aber nicht gefunden.

Die ersten Lupinenbrotbackversuche scheint längst vor dem Kriege 1894 Weiske[1]) gemacht zu haben, der Roggenmehl mit Kartoffelstärke und Lupinenmehl zu Brot verarbeitete und zwar $^1/_6-^1/_3$ Lupinenmehl der Gesamtmenge zusetzte. Die Brote hatten infolge der gelben Farbe des Lupinenmehles ebenfalls eine gelbe Verfärbung.

Während des Krieges haben dann Gerlach und Kudraß Lupinenbrote gebacken, die 5—10% Lupinenmehl enthielten. Als Gärungsmittel wurde Sauerteig benützt.

Die Brote waren von „guter Beschaffenheit und einwandfreiem Geschmack". In jüngster Zeit ist Pohl[2]) für das Lupinenbrot sehr energisch eingetreten, da er in weiterer allgemeiner Verbreitung desselben die Möglichkeit sieht, die derzeitigen Ernährungsverhältnisse zu verbessern. Er ließ in Breslau Brote backen, die aus 20% Lupinenmehl und 80% Roggenmehl bestanden. Nach seinen Angaben waren sie bis auf einen „leichten spezifischen Geruch" von reinem Roggen- oder Weizenbrot nicht unterscheidbar und in „allen sonstigen Qualitäten als tadellos zu betrachten". Über die Zusammensetzung wird in diesem Bericht nichts Genaueres mitgeteilt. Der Eiweißgehalt soll von 5,25% auf 9,4% gestiegen sein. Nebenbei erfahren wir, daß mit diesem Lupinenbrot unter Forschbach ein Ausnützungsversuch am Menschen angestellt worden ist.

In einer Vorperiode wurde erst reines Roggenbrot gereicht und dann in einer viertägigen zweiten Periode Lupinenbrot neben der sonstigen Nahrung, wie im Vorversuch. Da das Zahlenmaterial fehlt, läßt sich kein voller Einblick in den Versuch gewinnen; doch soll in der Lupinenbrotperiode ein doppelt so hoher Stickstoffansatz erfolgt sein, als in der Vorperiode; daraus schließt Pohl, daß der gesamte zugeführte Stickstoff resorbiert worden ist.

Selbst wenn das wirklich der Fall gewesen sein sollte und auch das Publikum über den spezifischen Geschmack hinwegkommt, so ist es doch sehr fraglich, ob das Lupinenbrot die Bedeutung gewinnt, die Pohl in sehr optimistischer Weise anzunehmen geneigt ist. Er sagt, daß „ganz kolossale Eiweißmassen in der Form der Lupine zur Verfügung ständen und der notorisch bestehende Eiweißhunger dadurch leichthin und reichlich befriedigt werden könne". Ein Fachmann auf dem Brotgebiet, wie M. P. Neumann, ist aber der Meinung, daß die zur Brotbereitung vorhandene Lupinenmenge nicht einmal ausreicht, um Brote mit 10% Lupinenmehl zu strecken. Es würde außerdem das entbitterte Lupinenmehl nicht billig sein.

3. Wickenmehlbrot.

Ackerwickenmehlbrot wurde im Kriege nicht hergestellt, wohl aber ist die Frage angeregt worden, ob sich nicht die Vogelwicke als Streckmittel zu Brot eigne[3]).

---

[1]) Bei König, ebenda Bd. I, S. 691.

[2]) Pohl, Über Lupinenbrot. Schlesische Ztg. Breslau, 1919, Nr. 190. 6. Bogen.

[3]) Rubner, Der Nährwert der Vogelwicken und Wicken. Archiv f. Anat. u. Physiol. (physiol. Abt.) 1917, S. 1.

Im Hinblick darauf sind von R u b n e r Untersuchungen über die V o g e l -
w i c k e n und die Ackerwicken vorgenommen worden. Es handelt sich
um ein Gemisch von Mehlen aus Vicia hirsuta und Vicia tetraspora,
der sog. Zitterlinse und der viersamigen Wicke. Das Mehl enthielt in der
Trockensubstanz 5,64% Asche und 23,25% Protein, ist also sehr protein-
und aschereich. Der Zellmembrangehalt zeigt eine mittlere Höhe von 6,26%.
Der Zellulosegehalt übertrifft mit 3,17% den der Kleiearten. Die Zellmembran ist zwar reich an Pentosen, aber erreicht darin nicht die Kleie.

Als Versuchsobjekt diente ein Hund, der neben 1000 g Pferdefleisch 70 g
Wickenmehl verkleistert erhielt. Sein Befinden war während des Versuches
nicht gestört.

Der Verlust betrug an Protein 22,18%, an Stärke nur 1,02%, an Zellmembran 49,4%.

Hiernach könnte das Wickenmischmehl als nicht ungeeignet für die menschliche Nahrung betrachtet werden, denn die Eiweißresorption ist leidlich gut,
die der Stärke ausgezeichnet und auch die Zellmembran wird etwa verdaut
wie ein Korn von 70 proz. Ausmahlung. Auch für Brote wäre das Vogelwicken-
mehl als Streckmittel dann zu empfehlen.

Einen weiteren Versuch führte R u b n e r an einem Hund mit Vicia sativa,
der größeren Ackerwicke, aus. Der Hund bekam 250 g Substanz, die dann
gekocht und ohne Fleisch als Beifutter verarbeitet wurde.

Die Verdaulichkeit dieser Wickenart war ungünstiger, da jedoch die chemische Zusammensetzung fast genau dieselbe wie die der zuerst benutzten
Wicke war, so kann nach R u b n e r die Wirkung nur auf die schlechte Zubereitung zu schieben sein.

Jedenfalls ist aber die Zellmembran der Vicia sativa schlechter ausnützbar
als die der Vogelwicke. Wahrscheinlich würden bei feinerer Vermahlung
günstigere Verhältnisse zu erwarten sein und es muß der Versuch gemacht
werden, die Wickenschalen durch Siebe abzuscheiden, was bisher nicht
geschehen ist.

III. Brote aus Körnerfrüchten.[1]

1. Buchweizenmehlbrot.

Der B u c h w e i z e n ist eine alte Kulturpflanze, die aller Wahrscheinlichkeit
nach aus dem Osten zu uns herübergekommen ist, denn Rußland ist noch
jetzt das „Land des Buchweizens". In Europa faßte sie beinahe in allen Ländern
Fuß und auch in Nordamerika, wo die Mehlpräparate überall geschätzte Nahrungsmittel darstellen, hat sie sich eingebürgert.

Es gibt zwei verwendbare Arten: der gewöhnliche Buchweizen: P o l y -
g o n u m f a g o p y r u m und der türkische Buchweizen, P o l y g o n u m t a t a r i -
c u m. Letzterer wurde erst im 18. Jahrhundert aus Sibirien über Petersburg

---

[1] Die Früchte der P o l y g o n a c e e n, zu denen der Buchweizen gehört, sind im rein
botanischen Sinne keine Körnerfrüchte. Die Bezeichnung wurde nur gewählt, um sie
von den anderen Fruchtformen in geeigneter Weise abzutrennen.

zu uns gebracht[1]), ist aber weniger geeignet, weil er ein bitteres und schwärzeres Mehl liefert. Daher wird er zumeist für Grünfutter angebaut.

Beide Arten sind in ihren Ansprüchen an Bodenverhältnisse sehr genügsam. Sie wachsen auf dürrem Sandboden, auf Neuland und Moorboden und werden dort gepflanzt, wo Weizen nicht mehr gedeiht. Daher hatte man auch am Anfang des Krieges den Plan ins Auge gefaßt, die Moorkulturen Deutschlands mit Buchweizen zu bebauen und sich gute Ausbeute versprochen, auch schon deshalb, weil man jedes Jahr dasselbe Land wieder mit Buchweizen bepflanzen könnte, da die Fruchtfolge bei ihm keine Rolle spielt. Kühl[2]) berechnete damals, daß wir damit 3000 Tonnen, die bisher aus Nordamerika, Kanada, Rußland und Frankreich eingeführt wurden, bei uns selbst erzeugen könnten. Leider hat die Zeit gelehrt, daß sich die Hoffnungen nicht erfüllen ließen.

Im wesentlichen ist der Buchweizen eine „Breipflanze“, d. h. die Mahlprodukte werden zu Suppen, Pfannkuchen, als Grütze, „Plenten“ (in Tyrol), Puddings u. a. m. verarbeitet, hier und da allerdings auch zu Brot, wenn auch seltener. Das im Handel käufliche Buchweizenmehl ist entweder ein Produkt, das nach Entfernen der äußeren starken Schale des Kornes als Grieß gewonnen wird, oder dann entsteht, wenn man das Korn im ganzen zerkleinert. Über die Unterschiede in der Bezeichnung Buchweizenmehl und Grützenmehl herrscht keine volle Einigkeit, da der Sprachgebrauch in den verschiedenen Gegenden Deutschlands verschieden ist. Hierzu siehe Lehnkering und die Diskussion seines Vortrages[3]).

Will man Buchweizenmehl zur Brotbereitung verwenden, so kann es sich nur um das beste Mehl handeln, d. h. solches, welches nach Entfernung aller Schalen gewonnen wurde, denn die gröberen Abfallmehle enthalten soviel Zellmembran, daß die Verdaulichkeit des Brotes dadurch nur ungünstig beeinflußt werden würde. Nach König[4]) ist feines Buchweizenmehl folgendermaßen zusammengesetzt:

	Buchweizenmehl	Roggenmehl	Weizenmehl, fein
Wasser	13,84%	12,58%	12,63%
N-Substanz	8,28%	9,62%	10,68%
Fett	1,49%	1,44%	1,13%
N-freie Substanz	74,58%	73,84%	74,69%
Rohfaser	0,70%	1,35%	0,30%
Asche	1,11%	1,17%	0,52%

Gröberes Mehl (noch mit Schalenteilen behaftet) hatte dagegen einen Rohfasergehalt von 6,03%! Buchweizenbrote sind, abgesehen von denen, die in den Buchweizen essenden Gegenden gebacken werden (Lüneburg, Brandenburg, Holstein, Spessart), zu Versuchs- und Untersuchungszwecken mehrfach hergestellt worden, aber wohl zunächst nicht mit der ausgesprochenen Absicht, für die Einführung des Buchweizenbrotes Propaganda zu machen.

---

[1]) Siebert, Der Buchweizen, eine beachtenswerte Getreidefrucht und seine wirtschaftliche Verwendung. Blätter f. Gesundheitspflege 1915, Nr. 6, S. 121.

[2]) Hugo Kühl, Buchweizen als Brotkorn. Soziale Kultur 1915, 35. Jahrg., S. 14, 382.

[3]) Lehnkering, Über Buchweizenmehl und Grützenmehl. Zeitschr. f. Unters. d. Nahr.- u. Genußm. 1909, 18, Heft 1—2, S. 155.

[4]) König, Chemie der Nahrungs- und Genußmittel. I. Bd. 1903, S. 635.

So hat u. a. auch Sell[1]) bei seinen vielen Versuchen mit Brotstreckmitteln auch Buchweizenmehl verbacken und zwar einmal $^1/_3$ Buchweizenmehl und $^2/_3$ Roggenmehl, das andere Mal $^1/_4$ Buchweizenmehl und $^3/_4$ Roggenmehl. Die Brote enthielten in der Trockensubstanz in Prozenten:

	N-Substanz	Fett	Kohlehydrate	Rohfaser	Asche	Wasser
Brot mit $^1/_4$ Buchweizenmehl	8,69	1,21	86,88	0,53	2,69	36,5
„ „ $^1/_3$ „	8,38	1,16	87,00	0,72	2,54	36,4

Nach den Mitteilungen Sells waren die Brote von sehr guter Beschaffenheit, ohne besonderen hervortretenden Geschmack, nur vielleicht etwas „trockener". Wenn auch der Stickstoffgehalt etwas geringer wäre als im Weizen- und Roggenmehl, so sei doch das Buchweizenmehl für derartige Zwecke keinesfalls zu unterschätzen.

Weiterhin hat Stoklasa[2]) Backversuche mit Buchweizenmehl gemacht, wobei 20% desselben mit Roggenmehl gemischt wurden. Das fertige Produkt zeigte ebenfalls einen angenehmen Geschmack. Höhere Zusätze an Buchweizenmehl werden nicht für zweckmäßig gehalten, weil dadurch das Brot zäher würde.

In größerem Maßstabe ist das Buchweizenbrot zu Ernährungszwecken einmal verwendet worden und zwar im Beginn der neunziger Jahre bei Krupp, wo es als Paderborner Brot abgegeben wurde[3]). Allerdings enthielt das aus Roggen- und Weizenmehl hergestellte Brot nur ca. 0,5% Buchweizenmehl, so daß von einem „Spezial-Buchweizenbrot" eigentlich nicht gesprochen werden kann.

Einen energischen Hinweis, das Buchweizenmehl als Brotkorn für die Ernährung während des Krieges zu benützen, gab Kühl 1915, als damals die Kartoffeln als Streckmittel für Brot eingeführt wurden. Er empfahl den Anbau des Buchweizens sofort eifrigst zu betreiben, um den Ausfall an Kartoffeln wett zu machen, die für die Streckung des Brotes nötig seien.

Die Brote, die er aus Buchweizenmehl backen ließ, hatten folgende Zusammensetzung in der Trockensubstanz:

	Buchweizenbrot	Roggenbrot	Weizenbrot
Eiweiß	8,69%	11,69%	14,38%
Fett	1,21%	1,36%	1,24%
N-freie Extraktivstoffe .	86,88%	84,29%	81,61%
Rohfaser	0,53%	0,34%	0,30%

Demnach ist die Zusammensetzung des Mehles und des Brotes aus Buchweizen wenig verschieden vom Roggen- und Weizenmehl bzw. vom Roggen- und Weizenbrot. Nur im Eiweißgehalt steht der Buchweizen den Getreidefrüchten etwas nach.

Die Backfähigkeit des Buchweizenmehles ließ nichts zu wünschen übrig. Sowohl ein Zusatz von 20%, wie auch von 40% Buchweizenmehl zum Weizenmehl lieferte nach Kühl „einen elastischen backfähigen Teig und ein wohlschmeckendes kräftiges Brot".

[1]) E. Sell, Beiträge zur Brotfrage. Arbeiten a. d. Kaiserl. Gesundheitsamte 1893, 8, 639.

[2]) Stoklasa, Das Brot der Zukunft. G. Fischer, Jena 1917, S. 93.

[3]) König, Die Brotfrage. Zeitschr. d. landwirtschaft,. Centralvereins f. d. Provinz Sachsen 1892, Nr. 6, S. 190.

Ausnützungsversuche über das Buchweizenmehl liegen nicht vor. Kühl teilt zwar mit, daß die Verdaulichkeit des Weizens und des Buchweizens „nicht sehr" voneinander verschieden seien, doch läßt sich ohne nähere Zahlenangaben damit nichts zeigen. Nach älteren russischen Angaben[1]) soll der Stickstoff der Buchweizengrütze zu 78,2% ausgenützt werden.

Aus dem Gesagten kann entnommen werden, daß zwar das Buchweizenmehl als Brotstreckmittel durchaus empfehlenswert, die allgemeine Verwendung aber von der verfügbaren Menge abhängig ist. Und die Menge hat wohl auch im Kriege nicht ausgereicht.

2. Reismeldemehlbrot.

Meldenarten, also Vertreter der Gattungen Atriplex und Chenopodium, haben in Hungersnöten[2]) schon oft eine Rolle in der Ernährung der Bevölkerung gespielt, und so war es nicht verwunderlich, wenn auch in der drückenden Zeit dieses Krieges daran gedacht wurde, die Samen derartiger Pflanzen zu verwenden oder wenigstens zu empfehlen.

Hier kam aber nicht die bei uns allgemein bekannte Melde, Chenopodium album oder Chenopodium murale in Frage, sondern man lenkte die Aufmerksamkeit auf Chenopodium Quinoa Willd, eine Pflanze, die seit uralter Zeit in Peru und Chile als Brotfrucht angebaut wird. Sie ist, wie Hausanek[3]) mitteilt, auch im Mittelmeergebiet angepflanzt und dient in einigen Gegenden Deutschlands, der Schweiz und Frankreich als Futterpflanze. Über ihre Anbaufähigkeit, Ausbeute und Verwertung hat sich schon eine ansehnliche Literatur entwickelt, die zu besprechen hier aber zu weit führen würde. Ich verweise auf zwei wichtige Abhandlungen, die von Gisevius[4]) und Remy[5]).

Der Wert der Pflanze für die menschliche Ernährung kann natürlich nur in einer reichlichen Gewinnung von Samen liegen, die als Ersatz- und Streckmittel für andere Nahrungsmittel dienen könnten.

Hierum hat sich während des Krieges besonders Ißleib[6]) sehr bemüht und viel dazu beigetragen, daß jetzt in Deutschland an mehr als 1000 Orten Anpflanzungsversuche mit der Reismelde gemacht worden sind. Sie gedeiht sehr gut, wie alle Chenopodiaceen auf salzhaltigem Boden, liebt viel Sonne, ist sonst aber wenig anspruchslos. Die Erträge sollen sich bis auf das 75 000 fache steigern lassen (Remy).

In der chemischen Zusammensetzung nähert sich der Quinoasamen mehr dem Mais und dem entspelzten Hafer als den Hülsenfrüchten, was aus einer von Remy angegebenen Analyse hervorgeht.

---

[1]) Bei Maurizio, Getreide, Mehl und Brot. P. Parey, Berlin 1903, S. 366.

[2]) Vgl. bei König, Chemie der Nahrungs- und Genußmittel Bd. I 1903, S. 692 die Analysen der Hungersnotbrote Nr. 1 aus Chenopodium murale. S. 693 Nr. 7 aus Chenopodium viride; auch Nr. 8, 9, 10.

[3]) Hausanek, Über die Samen von Chenopodium album. Zeitschr. f. Unters. d. Nahr.- u. Genußm. 1915, **29**, 17.

[4]) Gisevius, Die Reismelde. Chenopodium Quinoa. Schlesische Ztg. v. 13. Mai 1917.

[5]) Th. Remy, Einiges über die Reismelde. Illustr. landwirtschaftl. Ztg. v. 4. Aug. 1917, Nr. 27.

[6]) M. Ißleib, Die Reismelde (Chenopodium Quinoa) als deutsche Getreidepflanze. Illustr. landwirtschaftl. Ztg. v. 1. Nov. 1916, Nr. 88.

In der Trockensubstanz sind enthalten in Prozent:

	bei der Reismelde	beim Mais	beim entspelzten Hafer	bei Erbsen
Roheiweiß	14,3	11,4	15,2	26,2
Rohfett	5,6	5,1	7,1	1,9
Stickstoffreie Extraktivstoffe . . .	72,9	79,5	71,7	62,4
Rohfaser	3,4	2,5	3,3	6,3
Rohasche	3,9	1,5	2,7	3,2

Wie sich die Ausnützung des Reismeldemehles bzw. eines daraus hergestellten Brotes im menschlichen Organismus verhalten wird, weiß man noch nicht. Der hohe Rohfasergehalt, der auf die wegen der Kleinheit der Samen relativ große Menge Schalensubstanz zurückzuführen ist, dürfte vielleicht störend einwirken, es sei denn, daß man das Mehl schalenfrei gewinnen kann.

Die große Verbreitung und jahrhundertelange Verwendung der Reismelde in Peru und Chile läßt gewiß darauf schließen, daß sie als ein recht begehrtes Nahrungsmittel gilt. Daraus kann man aber noch nicht folgern, daß die Verwertung im Organismus gut ist und die Verwendung bei uns als Brotstreckmittel rationell sein würde. Die chemische Zusammensetzung gibt darüber keinen sicheren Aufschluß und ohne spezielle Ausnützungsversuche läßt sich ein Urteil darüber nicht fällen.

Mein Assistent Dr. Bach, der sich mit der Reismeldefrage eingehend beschäftigt hat und selbst auch Anbauversuche machte, beabsichtigte bereits die Frage der Verdaulichkeit der Quinoapräparate und des Brotes im Stoffwechselversuch zu lösen. Bisher scheiterte aber die Angelegenheit an der zu geringen vorhandenen Menge.

Da auch anderweitig keine größeren Quantitäten zu beziehen waren, so mußten wir annehmen, daß trotz der gutgemeinten Propaganda für die Reismelde nennenswerte Erfolge mit dem Ertrage noch nicht erzielt sind. Aus diesem Grunde konnte auch noch nicht daran gedacht werden, das Quinoamehl als Streckmittel für Brot im größeren Maßstabe zu verwenden.

Backversuche liegen aber bereits vor. M. P. Neumann[1]) berichtet darüber, daß bis zu einer Menge von 15% Feinschrot oder feinerem Mehl die Teig- und Brotbeschaffenheit nicht beeinflußt wird und bei vollständiger Entbitterung der Körner auch der Geschmack nicht leidet. Dagegen macht sich schon bei 5% Reismelde in nicht entbittertem Zustande ein deutlicher und nachhaltender Geschmack bemerkbar.

Die Entbitterung der Körner, die also dann vorweggehen muß, läßt sich nach Remy vollständig erreichen, wenn die Körner am Abend mit kaltem Wasser angesetzt werden. Am nächsten Morgen gießt man das Wasser ab, und erneuert den Aufguß noch 4—5 mal, nachdem das Wasser bis fast zur Kochtemperatur erhitzt wurde.

Alles, was bisher über die Quinoapflanze bekannt geworden ist, hat Bach in einer ausführlicheren Publikation zusammengefaßt[2]), worauf hier verwiesen werden soll.

---

[1]) M. P. Neumann, Unser Kriegsbrot. Ollech, Steglitz 1917, S. 65.

[2]) F. W. Bach, Über Chenopodiaceen als Nahrungsmittel, besonders über die als Melden bekannten Arten von Chenopodium und Atriplex. Ein Beitrag zur Frage der Verwendung der peruanischen Reismelde Chenopodium Quinoa Willd. Landwirtschaftl. Jahrbücher **52**, 387.

IV. Brote aus Schalenfrüchten.

1. Brot aus Roßkastanienmehl.

Es wird ohne weiteres verständlich erscheinen, wenn man auch an die Verwertung der Kastanien als Brotstreckungsmittel dachte. Einmal hatte es sich bereits erwiesen, daß sie als Viehfutter einen willkommenen Nahrungszusatz bilden und zweitens mußte es bei der Größe der Früchte und der relativ großen Menge von Kastanienbäumen den Anschein erwecken, als ob reichliche Mengen Nährmaterial zusammenzubringen seien, wenn man nur in zweckmäßiger Weise die Samen sammeln würde.

W. Herter[1]), der sich lebhaft für die Verwendung der Kastanien zur menschlichen Ernährung während des Krieges einsetzte, berechnete, daß Deutschland tausende von Doppelzentnern Kastanienmehl hervorbringen könne. Wenngleich diese Rechnung richtig sein mag, so ist der Gedanke, die Früchte nutzbar zu machen, nur wieder ein Beispiel dafür —, wie wir es im Kriege bei Empfehlung von Brotstreckmitteln so oft sehen, daß die Empfehlung leichter ist als die Ausführung, und daß es selbst beim besten Willen doch nicht gelingt, so große Mengen, die für eine längere Notperiode ausreichen würden, zusammenzubringen. So hat denn auch die Brotstreckung mit Kastanienmehl keine Bedeutung erlangt. Auch ein zweiter Punkt schiebt sich beim Kastanienmehl erschwerend dazwischen. Das ist der Gehalt an Bitterstoffen. Es ist durchaus richtig, daß die Roßkastanien schon seit langer Zeit als Futter für das Wild (Hirsche, Rehe und Wildschweine) gedient haben, daß auch Ziegen und Schafe die Früchte ohne weiteres annehmen; aber schon bei Verfütterung an Rinder und Pferde, mehr noch aber bei Schweinen und Geflügel stellten sich Schwierigkeiten wegen des bitteren Geschmackes ein. Hier mußte man bereits zur Entbitterung der Samen schreiten, und für die menschliche Ernährung ist sie unbedingt notwendig.

Die zu den Gerbsäuren gehörigen Bitterstoffe sind nach Laves[2]) in dem mit Äther extrahierten Rohfett enthalten. Sie lassen sich aber durch bequemere Mittel ebenso leicht herausziehen. Das einfachste ist das Auslaugen mit Wasser, wie es schon 1796 Murray tat, oder auch das Rösten. Wiederholtes Dämpfen oder Kochen führt ebenfalls zum Ziel[3]). Auch Sodalösung ist nach Preckel[4]) geeignet. H. Serger[5]) empfiehlt die stufenweise Extraktion

---

[1]) W. Herter, Die Verwendung der Roßkastanie in der Kriegszeit. Zeitschr. f. d. ges. Getreidewesen 1916, Nr. 7/8, S. 119. Er sagt: „Eine Straße sei vierreihig mit Kastanienbäumen bepflanzt. Die noch jungen Bäume mögen etwa in Abständen von 5 m stehen und durchschnittlich 100 Stück = 1 kg Samen hervorbringen. 1 km solcher Straßen liefert dann 80 000 Stück = 800 kg = 8 dz Kastanien. Die Ausbeute an Mehl dürfte etwa 25%, also 2 dz betragen. — Eine Allee mit zwei Reihen älterer Kastanienbäume, die in Abständen von 10 m stehen und durchschnittlich 1000 Stück = 10 kg Samen tragen, liefert bei 1 km Länge 200 000 Stück = 2000 kg = 20 dz = 5 dz Mehl. Deutschland besitzt wohl weit mehr als 1000 km solcher Kastanienreihen, kann also Tausende von Doppelzentnern Kastanienmehl hervorbringen.‟

[2]) Laves, Über Untersuchung und Verwertung der Samen von Roßkastanien. Apotheker-Ztg. 1903, Nr. 34/35.

[3]) Ludwig Weil und K. Löffel, Chemiker-Ztg. 1916, Nr. 40/41, S. 296.

[4]) Preckel, Verwend. v. Kastanienmehl. Zeitschr. f. Spiritus-Ind. 1915, 38. Jahrg., S. 390.

[5]) H. Serger, Die Frucht der Roßkastanie und ihre Verwendung zur menschlichen und tierischen Ernährung. Chemiker-Ztg. 1916, 40. Jahrg., Nr. 31/32.

mit Wasser und 50proz. Alkohol. Da der Alkohol mehrmals benutzt werden
bzw. wieder regeneriert werden kann, so hält Verfasser die Methode noch nicht
für zu kostspielig, um unwirtschaftlich zu sein. Demgegenüber muß aber doch
betont werden, daß bei den hohen Alkoholpreisen ein solches Verfahren unrationell ist, selbst wenn man damit gleichzeitig die Saponine mit ausziehen
kann. Gießler[1]) verwendet daher ein 20—30proz. Azetonlösung, die er auf
frische oder getrocknete und dann vermahlene Früchte 24 Stunden einwirken
läßt. Das Azeton wird danach mit Wasser ausgewaschen und das Mehl bei
einer Temperatur unter 50° getrocknet.

Das nunmehr von allen kratzenden und bitterschmeckenden Stoffen be-
freite Mehl ist rein weiß und geschmacklos. Es bestehen nur je nach dem Entbitterungsverfahren insofern Unterschiede, als das Mehl nach einem vorausgegangenen Dämpfungs- oder Kochprozeß verkleisterte Stärke enthält,
im kaltextrahierten Mehl dagegen die Stärke in ihrem Naturzustande vorhanden ist.

Diese Unterschiede haben backtechnisch ihre Bedeutung. Brote mit
Rohmehl neigen viel mehr zum Austrocknen wie Brote aus verkleistertem Mehl,
eine Erfahrung, die auch bei den Kartoffelmehlen (siehe im Abschnitt Kartoffelbrote, S. 230 u. ff.) immer wieder gemacht worden ist.

Die Zusammensetzung der Kastanienmehle wird verschieden angegeben.
Das Mehl bzw. die geschälte Frucht enthält

	nach König[2])	nach Laves	nach Serger
Wasser	10,8	—	40,0
N-Substanz	7,31	8,5	5,0
Fett	5,53	7,0	2,5
Kohlehydrate	81,25	[77,2	51,0
Rohfaser	2,95	4,7	—
Asche	2,16	2,6	1,5

Demnach ist der N-Gehalt geringer als bei den Halmgetreidefrüchten, Fett
und Rohfaser sind reichlicher vorhanden. Die Kohlehydrate treten stark
hervor und erreichen mindestens die 2—3fache Menge der Kartoffelkohlehydrate.
Als Streckmittel für Brot würde das Mehl also durchaus — schon wegen des
großen Kohlehydratgehaltes — geeignet sein.

Die bisher daraus dargestellten Brote hatten zunächst bis zu 5% Kastanien-
mehlzusatz einen Unterschied zwischen anderen Broten im Aussehen und Geschmack nicht ergeben. Auch backtechnisch entstanden keine Schwierigkeiten.

Serger berichtet, daß auch das Gebäck aus 25% Kastanienmehl und
75% Weizenmehl „sehr gut" war und Prausnitz[3]) teilt mit, daß sogar
Kastanienbrot aus gleichen Teilen entbitterten Kastanienmehls und Weizenkochmehl „ein schmackhaftes, feinporiges" Brot ergeben habe. Es wurde
in der Bäckerei von Pock in Graz mit Hefe hergestellt. Wünschenswert wäre eine Angabe darüber gewesen, in welchem Zustande die Kastanienstärke verbacken worden ist, ob verkleistert oder im rohen Zustande. Denn

---

[1]) Rudolf Gießler, Herstellung eines Nahrungs- oder Futtermittels aus Roßkastanien
durch Entfernen der Saponine aus denselben. Chemiker-Ztg. 1916, Nr. 72.

[2]) König, Chemie der Nahrungs- und Genußmittel. Bd. I, 1904, S. 620.

[3]) Prausnitz, Die Samen der Roßkastanie als Brotstreckmittel nach Untersuchungen
von H. Mohorčič. Archiv f. Hygiene 1918, 88, 49.

erfahrungsgemäß gehören die Kastanienmehle zu denjenigen, die plastische Teige nicht zu bilden vermögen, und daher würde es einigermaßen erstaunlich sein, wenn Brote mit 50% unveränderter Kastanienstärke eine feinporige Krume gehabt hätten.

Mit diesem Brot wurden an 2 Personen Ausnützungsversuche angestellt. In einer dreitägigen Periode erhielten sie je 1657 g Brot nebst Zucker, Fett und Reis. Die Verluste betragen an Trockensubstanz 1,56 bzw. 1,78%, an Asche 7,6 bzw. 8,3%, an organischer Substanz 1,43 bzw. 1,64%, an N 14 bzw. 15%, an Pentosanen 3,5 bzw. 2,2%.

Demnach wurde das Kastanienbrot bzw. die Kastanienstärke sehr gut ausgenützt. Trotz dieser guten Erfahrungen hinsichtlich der Brotherstellung, als auch der Verwertung im Organismus konnten Kastanienbrote einem größeren Bevölkerungskreise doch nicht zugänglich gemacht werden, da nicht genug Material vorhanden war. Wehner[1]) sprach 1916 diese Befürchtung schon aus, indem er anführte, daß selbst große kräftige Kastanienbäume höchstens einen Zentner Früchte lieferten, viele Jahre hindurch manchmal aber nur $1/_{10}$ davon.

2. Brot aus eßbaren Kastanien.

Über Brot aus eßbaren Kastanien liegt eine Notiz von Stoklasa[2]) vor, nach der das Mehl von Castanea vesca eine dunkle Farbe hat und süß schmeckt. Das Brot aus denselben ist dunkel und ziemlich hart. Größere Verbreitung scheint das Brot auch in Österreich nicht gefunden zu haben, wo die Backversuche gemacht wurden. Für unsere deutschen Verhältnisse kam es gar nicht in Frage, weil Kastanienbäume mit eßbaren Früchten nur recht spärlich vertreten sind.

3. Eichelmehlbrot.

Die Verhältnisse des Eichelmehlbrotes liegen etwa ebenso wie beim Brot aus Roßkastanien. Trotz der anscheinend sehr großen Menge Eicheln, die es gibt, hat man nirgends so viel zusammengebracht, daß Eichelbrot praktisch eine Bedeutung im Kriege hätte erlangen können. Die Eicheln stellen an sich ein ausgezeichnetes Wild- und Schweinefutter dar, da sie ganz ähnlich wie die Roßkastanien zusammengesetzt sind und reichlich Kohlehydrate enthalten. König[3]) gibt für geschälte Eicheln an: 34,9% Wasser, 4,67% N-Substanz, 4,03% Fett, 50,36% Kohlehydratkörper, 4,17% Rohfaser und 1,87% Asche.

Für die menschliche Ernährung kamen die Eicheln in geröstetem Zustande in Gemischen mit Getreide zur Verwendung, außerdem als Kaffeersatzmittel, in Extraktform zu sog. Eichelkakao, auch wegen des Gerbsäuregehaltes zu diätetischen Präparaten. Eichelbrote dürften in normalen Zeiten kaum gebacken worden sein, während in Hungersnöten Eichelmehl benützt wurde. Als tägliches Gebäck ist das Eichelbrot bei einigen Indianerstämmen bekannt. Die Eicheln werden mit einem runden Stein zermahlen; dem Absieben der Schalenteile folgt die Bereitung des Teiges, der in einem geflochtenen

---

[1]) C. Wehner, Chemiker-Ztg. 1916, Nr. 40/41, S. 296.
[2]) Stoklasa, Das Brot der Zukunft. Fischer, Jena 1917, S. 94.
[3]) König, Chemie der Nahrungs- und Genußmittel. I. Bd. 1903, S. 623.

Körbchen auf dem Feuer quasi gekocht und dann erst in kleinen Gefäßen geformt und gebacken wird. Vor dem Backprozeß setzt man den Teig in fließendes Wasser, was wahrscheinlich den Zweck hat, die Bitterstoffe bis zu einem gewissen Grade zu entfernen.

Während der Kriegszeit sind von Stoklasa[1]) und in der Versuchsbäckerei in Berlin Eichelbrote gebacken worden. M. P. Neumann[2]) teilt mit, daß das Brot einen fremden Geschmack zeige, auch wenn es entbittert ist. Bis 5% Eichelmehl könne man aber unbedenklich zusetzen. Stoklasa findet das Brot dagegen bei einem Zusatz von 10—15% noch „ganz gut genießbar".

Verdauungsversuche über das Eichelbrot am Menschen liegen nicht vor. Hier gilt dasselbe, was beim Roßkastanienbrot gesagt wurde.

4. Haselnußmehlbrot.

Das Haselnußmehl im Kriege zur Brotstreckung zu verwenden ist ernstlich nicht empfohlen worden, nur Stoklasa[1]) meint, es „könnte" benützt werden, um den Fettgehalt des Brotes zu erhöhen. Eine Herbeischaffung so vieler Haselnüsse wäre aber ein Ding der Unmöglichkeit gewesen und die Brote hätten einen ungeheuren Preisaufschlag erfahren müssen, denn die Haselnüsse kosteten hier in Bonn im Winter 1917/18 pro Pfund schon 1,90, im Schleichhandel 5,00 Mark und im Juni 1919 gar 9,60 Mark. Außerdem sind Haselnußbrote überhaupt nicht zu empfehlen, da schon bei einem Gehalt von 10% Haselnußmehl ein unangenehm bitterer Geschmack mit anhaltendem kratzigen Nachgeschmack auftritt.

Wir sind über die Eigenschaften derartiger Haselnußbrote sehr gut unterrichtet durch die Versuche von Plagge und Lebbin[3]), die auf einen Vorschlag von Fromm - Dresden solche Gebäcke anfertigten. Die Brote wurden hergestellt aus $^2/_3$ Roggenmehl und $^1/_3$ Weizenmehl und aus $^2/_3$ Roggenkunstmehl und $^1/_3$ gewöhnlichem Roggenmehl nebst einem Zusatz von 10% Haselnußmehl, welches 2,76% Wasser, 11,72% Protein und 65,57% Fett enthielt. In allen Fällen waren die Gebäcke sehr fettig und als tägliches Brot ungeeignet. Manchmal trat geradezu ein widerlicher Geschmack hervor. Bei zwiebackartiger Herstellung mit 10—15% Haselnußmehl trat der unangenehme Geschmack zurück.

Ausnützungsversuche über diese Brote liegen nicht vor. Neuerdings hat aber Rubner[4]) über die Zusammensetzung der Haselnüsse und auch über die Verdaulichkeit der Haselnußkerne Untersuchungen angestellt, die sehr günstig ausgefallen sind. Fett und Kalorien werden ausgezeichnet ausgenützt. Da die Resultate für die Haselnußbrote, die praktisch doch keine Bedeutung haben, nicht ins Gewicht fallen, so sehe ich von den genaueren Angaben ab und verweise auf die Originalarbeiten.

---

[1]) Stoklasa S. 94, bereits zit. auf S. 222.

[2]) M. P. Neumann S. 66, bereits zit. auf S. 219.

[3]) Plagge und Lebbin, Untersuchungen über das Soldatenbrot. Hirschwald, Berlin 1897, S. 68.

[4]) Rubner, Die Zusammensetzung der Haselnußkerne. Archiv f. Anat. u. Physiol. (physiol. Abt.) 1915, S. 249. — Derselbe, Die Zusammensetzung der Nußschalen. Ebenda S. 255. — Derselbe, Die Verdaulichkeit der Haselnußkerne. Ebenda S. 272. — Derselbe, Versuche über die Verdaulichkeit der Haselnußschalen. Ebenda S. 281.

V. Brote aus Kernobst.

1. Birnen- und Äpfelbrot.

Äpfel, Birnen und andere Früchte sind zu Brot schon häufig verwendet worden, konnten aber nur als eine örtliche Spezialität aufgefaßt werden wie z. B. das Kletzenbrot in Steiermark[1]). Allgemeine Bedeutung haben diese Art Brote nicht erlangt.

Neuerdings hat nun Mohorčič[1]) der Meinung Ausdruck gegeben, daß das Obst zu einer Streckung des Brotes geeignet sei; außerdem würde dadurch unsere einförmige, genußmittelarme Nahrung bedeutend gebessert werden.

Seine Empfehlung solcher Brote gründete er auf Untersuchungen, die er mit nach dem Puglschen[2]) patentamtlich geschützten Verfahren bereiteten Äpfel- und Birnenbroten ausführte. Über die Verwertung der Früchtebrote im Organismus war bisher noch nichts bekannt. Nur über die Ausnützung von Äpfeln liegen einige Untersuchungen vor.

Mohorčič[1]) erwähnt drei amerikanische Arbeiten, deren Resultate aber voneinander ziemlich abweichen. Das Protein wurde dort zu 75%, 85% und 28%, die stickstofffreien Extraktivstoffe zu 95%, 90% und 99%, die Rohfaser zu 79% und 96%, die Asche zu 55% und 100% ausgenützt.

Eingehendere Versuche finden wir bei Rubner. Er behandelte zunächst die Zusammensetzung von Birnen und Äpfeln[3]) und prüfte später die Äpfel im Ausnützungsversuch[4])[5]).

In der Trockensubstanz wurde gefunden:	bei Äpfeln	bei Birnen	
Asche	1,57	2,11	
Organisches	98,43	97,89	
Gesamtpentosan	7,84	12,30	
asche- und pentosanfreie Zellulose	6,25	7,21	
asche- und proteinfreie Zellmembran mit			
3,62 g Pentosen = 3,20 g Pentosan	15,49	24,35	mit 9,62 g Pentosen
N = 1,92 Protein	0,31	—	= 8,49 g Pentosan
Rohfett	0,75	—	

In der Zellmembran	I. Sorte	II. Sorte	
Reinzellulose	58,68	40,35	29,61
Pentosan	21,70	20,66	34,86
Rest	21,62	38,99	35,53

Rubner macht zunächst darauf aufmerksam, daß sowohl bei Äpfeln wie bei Birnen je nach Herkunft, Reife und Sorte erhebliche Differenzen in der Zusammensetzung auftreten. Daher sind auch diese Zahlen nur der Ausdruck für zwei beliebig gewählte Sorten. Besonders scheint die Zellmembran sehr verschieden zu sein, was sich schon aus Analysen von Äpfeln besserer und schlechterer Qualität ergibt. Auch der Stärkegehalt ist wechselnd. In

---

[1]) H. Mohorčič, Die Verwendung von Äpfeln und Birnen zur Streckung des Brotes. Archiv f. Hygiene 1918, 88, Heft 1 u. 2.

[2]) Gutsbesitzer Andreas Pugl aus Gösting bei Graz.

[3]) Rubner, Die Verdaulichkeit der Äpfel. Archiv f. Anat. u. Physiol. (physiol. Abt.) 1916, S. 247.

[4]) Derselbe, Untersuchungen über die Zusammensetzung einiger Obstarten. Ebenda 1915, S. 240.

[5]) Derselbe, Die Verdaulichkeit der Vegetabilien. Obst. Ebenda 1918, S. 68.

reiferen wird mehr Zucker gefunden. Die Zellmembran der Äpfel ist sehr zellulosereich und kommt dem Zellulosegehalt der Kartoffelmembran sehr nahe. Während bei den Wurzelgewächsen und Blattgewächsen der Pentosengehalt von der Zellmembran abhängt, ist das bei den Äpfeln gerade nicht der Fall, denn 63,1% Pentosen finden sich nicht an die Membran gebunden. Bemerkenswert ist der niedrige Proteingehalt. Er beträgt in der Trockensubstanz nur 1,92%.

Die Birnen unterscheiden sich von den Äpfeln von vornherein im Aufbau, durch die Masse von Steinzellen, die um das Gehäuse gelagert sind. Damit steigt die Trockensubstanz erheblich an. Der Zellulosegehalt ist nicht wesentlich verschieden, dafür wurde aber der Pentosengehalt der Zellulose auffällig hoch gefunden. Wahrscheinlich sind die Pentosen als Bestandteile der Steinzellen anzusehen. In diesem Punkte weichen die Birnen von den Äpfeln wesentlich ab. Bei Birnen feinerer Qualität, bei denen die Steinzellen wesentlich geringer sind, nimmt auch die Zellmembran eine andere Zusammensetzung an. Die Zellulose tritt dann mehr zurück, ist aber immer noch reichlicher als wie bei den Äpfeln vorhanden.

Die Ausnützungsversuche, die Rubner anstellte, wurden an zwei Personen mit ausschließlicher Äpfelkost durchgeführt. Es wurden pro Tag 4—5 Pfund Äpfel aufgenommen.

Es gingen zu Verlust:

an Trockensubstanz	an Organischen	an Kalorien	an Protein
9,01%	8,07%	11,70	67,3%

Abgesehen vom Eiweiß ist die Ausnützung an sich nicht ungünstig. Die Frage der N-Ausnützung kann hier ganz unerörtert bleiben, da viel mehr N ausgeschieden wurde als eingenommen war. Es handelt sich also zum allergrößten Teil um nur Stoffwechselprodukte. Im übrigen ist die eingenommene Menge N trotz der großen Quantität Äpfel so gering (nur 0,2 g), daß sie als Nahrungseiweiß bei etwaiger Äpfelkost gar keine Rolle spielt. Daß der berechnete Verlust an Äpfeleiweiß trotzdem noch sehr hoch ist, hängt mit der festeren Verbindung mit der Zellmembran zusammen, denn sie schloß im Kot noch Protein ein. Die Zellmembran ist an sich gut resorbierbar, besonders auch die Pentosen, die zum größten Teil frei im Saft der Äpfel vorliegen. Es gingen zu Verlust:

Gesamtpentosan	Zellmembran	Zellulose	Pentosan d. Zellmembran	Restsubstanz	freies Pentosan
7,28%	22,0%	22,26%	34,11%	20,63%	3,40%

Zu den Ausnützungsversuchen von Mohorčič dienten 3 Versuchspersonen. Sie erhielten als Vergleichsbrot „Normalbrot", alsdann „Apfelbrot" und später Birnenbrot, welches von Pugl nach dessen Verfahren frisch hergestellt war. Die Brote waren alle drei aus demselben Roggenmehl (der Ausmahlungsgrad ist leider nicht angegeben) gebacken. Sie hatten einen guten Geschmack, etwas süßlich. Beim Birnenbrot machte sich der hohe Steinzellengehalt der Birnen beim Kauen bemerkbar, störte aber den Geschmack nicht. Die Brote hielten sich lange Zeit frisch, zeigten auch keine Neigung zur Schimmelbildung.

Als Zusatznahrung im Versuch erhielten die Versuchspersonen noch Graupen. Die Brotmenge schwankte etwa um 1000 g herum. Die Versuche dauerten je drei Tage. Nach den endgültigen Berechnungen ergaben sich folgende Verluste:

Es gingen verloren in Prozenten in	der Apfelsubstanz	der Birnensubstanz
Trockensubstanz	32,7	44,2
Organische Substanz	31,8	42,9
Zellulose.	74,5	52,8
Pentosane	10,0	41,4

	im Normalbrot	im Apfelbrot	im Birnenbrot
Trockensubstanz	8,2	11,0	17,3
Organische Substanz	7,6	11,5	15,0
Zellulose.	72,8	76,4	56,2
Pentosane	15,2	14,5	23,0
Stickstoff	26,6	33,6	42,7

Interessant ist zunächst die auch bei diesen Versuchen konstatierte verschiedene Ausnützung ein und desselben Nahrungsmittels durch verschiedene Personen, eine Beobachtung, auf die Rubner oft aufmerksam gemacht hat und die auch von mir wiederholt erwähnt wurde. So betrug z. B. der „Ausnützungskoeffizient“ der Apfelsubstanz bei Versuchsperson BN 78,13, bei PR 56,4, der Birnensubstanz bei BN 61,64, bei PR 51,34. Bei PR ist also der Verlust ein viel größerer. Es geht hieraus hervor, wie vorsichtig man bei der Beurteilung von Resultaten sein muß, wenn nur ein Einzelversuch an einer Person vorliegt, deren Verdauungsgröße man noch gar nicht kennt.

Vergleicht man die Ergebnisse der Apfel- und Birnenversuche, so ergeben sich bei den Birnenbrotversuchen wesentlich ungünstigere Zahlen als bei den Äpfelbroten. Dies bezieht sich auf die Trockensubstanz, die organische Substanz, das Eiweiß. Im Gegensatz dazu ist aber die Zellulose bei dem Birnenbrot besser ausgenützt worden.

Daher wird eine Herstellung von Apfelbrot mehr zu empfehlen sein als die von Birnenbrot.

Eine Gegenüberstellung der Apfel- und der Birnenbrotversuche mit dem Normalbrot zeigten aber auch Differenzen. Die Ausnützbarkeit in der Trockensubstanz und in der organischen Substanz ist im Apfelbrot um etwa 25%, im Birnenbrot etwa 50% geringer als im „Normalbrot“. Und beim Eiweiß bewegen sich die Zahlen auch um 30 bzw. 20%.

Das Puglsche Apfelbrot entspricht daher nach den Berechnungen von Mohorčić in seiner Ausnützung etwa einem Brot aus gleichen Teilen Weizen- und Roggenmehl grober Sorte und das Birnenbrot einem norddeutschen Pumpernickelbrot.

Nach dem, was wir über die Ausnützung derartiger grober Brotsorten und des Pumpernickels wissen, gehören diese aber zu denen, die nur schlecht im Organismus verwertet werden und so kann auch den Obstbroten keine viel bessere Stelle eingeräumt werden.

Nun ist freilich zu beachten, daß durch den Zusatz von Äpfeln eine Streckung des Mehles von 15,28% und durch Zusatz von Birnen eine solche von 27,07% erreicht wird. Das ist zweifellos in Zeiten der Mehlknappheit und der Not unter Umständen von Bedeutung, aber man muß zur Herstellung dieser Art Kriegsbrote auch genügend Obst und zu billigen Preisen zur Verfügung haben. Leider war jedenfalls bei uns in Deutschland das an keinem Ort der Fall.

Ob in Friedenszeiten sich das Apfelbrot — (Birnenbrot ist wirtschaftlich nach Mohorčič eigener Auffassung unrationell) — durchsetzen wird, muß die Zukunft lehren.

Der angenehm süßliche Geschmack wird ja gewiß viele dazu veranlassen, derartiges Obstbrot als abwechslungsreiche Kost zu genießen, ob aber auch andere nicht noch lieber einen frischen Apfel oder eine saftige Birne zu einem Stück Brot anstatt im Brot verspeisen möchten, will ich nicht entscheiden. Vielleicht ist dies ernährungsphysiologisch auch noch richtiger, da die Äpfel und das Brot jedes für sich besser ausgenützt wird, wie die Kombination von beiden.

2. Kürbisbrot.

Nach den Angaben von Alpers[1]) sollen in der Mark schon seit langer Zeit Kürbisse zum Brotbacken Verwendung gefunden haben. Er macht daher auf dieses Brotstreckmittel aufmerksam, um es evtl. an Stelle von Kohlrüben oder Steckrüben, die sich nach seiner Meinung nicht eignen, verwerten zu können. An sich ist der Kürbis so wasserreich (92,8%), daß er sich direkt nicht zum Verbacken eignet. Bei 20% Zusatz ging der Teig nicht auf und das Brot wurde klitschig, trotzdem 40% Weizenmehl zur Bindung zugemischt waren. Aus diesem Grunde wurden die von der Schale und den Samen befreiten Kürbisstücke zu einem etwa 70% Wasser enthaltenden Brei eingekocht. Verfasser stellte nun Brote her aus Roggen- und Weizenmehl mit 10% Kürbis und solche mit 20% Kürbis, die mit Sauerteig verbacken wurden. Sie enthielten in Prozenten:

	Wasser	Stickstoffsubstanz	Rohfaser	Mineralstoffe	Kochsalz
1. Brot mit 10% Kürbis	36,23	9,12	2,18	1,92	0,20
2. Brot mit 20% Kürbis	35,62	9,22	2,23	2,25	1,10

In ihrer Zusammensetzung ähneln sie dem Roggenbrot, nur ist der Eiweißgehalt etwas niedriger. Die Brote sahen gut aus, waren gut aufgegangen und die Krume war locker. Der Geschmack war angenehm säuerlich und erinnerte nicht an Kürbis. Jedenfalls war das Gebäck dem Rübenbrot vorzuziehen. Alpers läßt es dahingestellt, ob sich Kürbisbrot im großen durchführen ließe. Wahrscheinlich würde das, wie bei so vielen anderen Vorschlägen, an der vorhandenen Menge scheitern, besonders da Kürbisse nur im Herbst vorhanden sind.

VI. Brote aus Knollen.

1. Kartoffelbrot (K-Brot).

Wie im 1. Kapitel des 1. Teiles näher ausgeführt wurde, bestimmte eine Bekanntmachung vom 28. Oktober 1914 bereits, das zum Roggenbrot ein Pflichtzusatz von 5% Kartoffeln zu machen sei und im Anschluß daran eine Verfügung vom 15. Januar 1915, daß der Kartoffelzusatz 10% betragen müsse. Die Brote

---

[1]) Ernst Alpers, Kürbis als Brotstreckungsmittel. Zeitschr. f. Unters. d. Nahr.- u. Genußm. 1918, **36**, 281.

mit 10—20% Zusatz erhielten die Bezeichnung „K", diejenigen mit über 20% Zusatz die Bezeichnung „KK"

Trotz der anfänglich wenig günstigen Aufnahme, die die Verordnungen bei Herstellern und Konsumenten fanden, muß man doch nach vierjähriger Erfahrung dem Kartoffelbrot insofern Gerechtigkeit widerfahren lassen, als es sich als lebensfähig erwiesen hat. Die Streckung des Brotes, die der Not gehorchend eingeführt worden war, wird in normalen Zeiten wahrscheinlich wieder aufhören, doch hat sie uns über manche Fährlichkeit hinweggeholfen und zweifellos ihr Gutes gehabt.

Die Benützung der Kartoffeln zum Brot war übrigens nichts Neues. E. Parow[1])[2]) teilt mit, daß schon ein Prof. Titius in Wittenberg 1758 mit der Frage beschäftigt war, „ob man aus ‚Tartüffeln' ein gesundes und auf etliche Wochen haltbares Brot backen könne". Auch wurde zu Berliner Semmeln bereits vor 1890 Kartoffelstärkemehl benützt, 1903 Kartoffelwalzmehl für Brot verwendet und 1911 von Livonius und Rehfeld Kartoffeĺflocken zugesetzt. Auch sonst wurden vor dem Kriege vielfach auf dem Lande, wie ich selbst öfter zu sehen Gelegenheit hatte, Kartoffeln mit zum Brot verarbeitet und zwar gekochte, aber auch rohe Kartoffeln[3])[4]).

Diese eben angedeuteten 4 oder 5 verschiedenen Kartoffelpräparate, vielleicht abgesehen von der Kartoffelpülpe, erscheinen auch bei der Bereitung des Kriegsbrotes wieder, doch nehmen sie wegen ihrer verschiedenen Beschaffenheit auch verschiedene Stellungen ein und sind nicht in ganz gleicher Weise verwendbar.

Bekanntlich ist die Kartoffel als solche nicht zum Brotbacken geeignet. Sie enthält zwar neben (rund) 75% Wasser 2% Stickstoff, 1% Asche und 21% Stärke, also qualitativ dieselben Bestandteile wie die Zerealien, aber es fehlt ihr der für die Teigbildung und Lockerung so wichtige Kleber. Infolgedessen ist es backtechnisch auch nur möglich, einen gewissen Teil der Kohlehydrate der Brotgetreidefrüchte durch die Kartoffel zu ersetzen. Im allgemeinen wird man als Höchstgrenze 30% eines Kartoffelpräparates, das man dem Getreidemehl zusetzen darf, rechnen können, doch ist das nach der Art des Präparates recht verschieden. Es kommt ganz darauf an, ob das Streckmittel seinen Ausgangspunkt in der rohen Kartoffel oder in der gekochten Kartoffel gehabt hat.

Über diese Verhältnisse sind in der Versuchsanstalt für Getreideverarbeitung in Berlin und vom Kaiserlichen Gesundheitsamte in verschiedenen Bäckereien ausgedehnte Versuche angestellt worden, über die

---

[1]) E. Parow, Das „K"-Brot, seine Entstehung, Herstellung und Bedeutung. Zeitschr. f. Spiritus-Ind. 1914, **37**, 511.

[2]) Derselbe, unter demselben Titel. Fühlings landwirtschaftl. Ztg. 1915, S. 60.

[3]) Das Verfahren findet man in Ostpreußen ziemlich verbreitet, um das Brot längere Zeit frisch zu erhalten. Durch die verkleisterte Kartoffelstärke, die viel Wasser bindet, wird dasselbe länger zurückgehalten und das Brot trocknet deshalb nicht so schnell aus. — Auch wird in Ungarn zur Weizenbrotbereitung stets ein Kartoffelzusatz genommen (Pettera, Zeitschr. f. d. ges. Getreidewesen 1915, S. 43, Nr. 2).

[4]) Backversuche mit roher und gekochter Kartoffel sind auch 1893 im Kaiserl. Gesundheitsamte ausgeführt worden. Vgl. Sell, Arbeiten a. d. Kaiserl. Gesundheitsamte 8, 650.

M. P. Neumann und Fornet[1]), M. P. Neumann[2])[3]) und ein Gutachten des Kaiserlichen Gesundheitsamtes[4]) eingehend berichten.

Da es weder technisch möglich noch praktisch rationell ist, die Gesamtmenge der Kartoffeln im ungekochten Zustande, also roh zu Brot zu verarbeiten, so war die erste Vorbedingung, die Kartoffeln zu konservieren, d. h. sie ihres Wassergehaltes bis auf 10—12% zu berauben. Bei der ungeheueren zu bewältigenden Menge von Kartoffeln, die sich im Jahre 1915 auf 1 079 585 165 Zentner = 52 276 075 Tonnen auf 3 572 416 Hektar belief[5]) (die größte Ernte bisher in Deutschland), entstanden daher während des Krieges eine große Anzahl Trocknereien, die nach verschiedenen Systemen arbeiteten.

Es war zunächst zu begrüßen, daß durch die Einführung der Trockenverfahren, die sich wahrscheinlich auch über den Krieg hinaus erhalten werden, dem außerordentlich großen Verlust vorgebeugt wurde, den die Gesamtmenge der Kartoffeln durch Veratmung und durch Verderben erleidet. Es sind das nach Strebel[6]) nicht weniger als 56 Millionen Zentner. Andererseits erzielte man durch fortlaufende Verbesserung der Einrichtungen immer einwandfreiere Präparate, die der Brotbereitung zugute kommen mußten.

Auch vor dem Kriege befaßte man sich schon mit dem Kartoffeltrocknen im großen Maßstabe, jedoch wohl nur mit dem ausgesprochenen Zweck, ein haltbares und brauchbares Viehfutter zu gewinnen. Man ging von der gekochten Kartoffel aus und erzeugte daraus die Kartoffelflocken und das Kartoffelwalzmehl.

Der Vorgang spielt sich kurz folgendermaßen ab: Nach genügender Reinigung in Waschapparaten werden die Kartoffeln etwa $^1/_2$ Stunde lang mit überhitztem Wasserdampf gekocht und gelangen dann auf einen Walzenstuhl, zwei Walzen, durch die die Kartoffeln hindurchgepreßt werden. Bei der auf 120—140° erhöhten Temperatur (die Walzen werden mit überhitztem

---

[1]) M. P. Neumann und A. Fornet, Die Verwendung der Kartoffel und ihre Erzeugnisse (Flocken, Walzmehl, Stärke) bei der Brotbereitung. Zeitschr. f. d. ges. Getreidewesen 1914, Heft 10/11, S. 193.

[2]) M. P. Neumann, Unser Kriegsbrot. Ollech, Steglitz 1917, S. 52.

[3]) Derselbe, Die Verwendung der Kartoffel bei der Brotbereitung. Chemiker-Ztg. 1915, Nr. 30, S. 189.

[4]) Gutachten des Kaiserl. Gesundheitsamtes über die Verwertbarkeit von Kartoffelerzeugnissen zur Brotbereitung. Arbeiten a. d. Kaiserl. Gesundheitsamte 1915, 48, 595.

[5]) Die Kartoffelernte 1915 und die Versorgung der Städte mit Kartoffeln. Kieler Volkszeitung vom 15. III. 1916.

[6]) Strebel (Der Krieg und die deutsche Landwirtschaft) gibt unter Annahme einer Ernte von 940 Mill. Ztr. folgende Verwendung der Kartoffel an:

    1. Für menschliche Ernährung, Speisekartoffeln 342,0 Mill. Ztr.
    2. Zum Ersatz für fehlendes Getreide . . . . 164,4 „   „
    3. Für Futter, frisch und trocken. . . . . . . 115,6 „   „
    4. Für Saatgut . . . . 202,0 „   „
    5. Für Brennerei, einschl. Stärkefabrikation . .   60,0 „   „
    6. Verlust durch Atmung und Fäulnis . . . .   56,0 „   „

Nach Hasterlik (Blätter f. Gesundheitspflege 1915, S. 32) werden andere Zahlen angegeben. Der Verlust wird auf 46 Mill. Doppelzentner berechnet. In der Zeitschr. deutscher Ingenieure 1912, Nr. 38 ist der Verlust auf 100 Mill. Ztr. angegeben.

Wasserdampf geheizt) trocknet die Kartoffelmasse zu einem papierdünnen Häutchen sofort zusammen und dieses wird dann mittels Messer von den Walzen abgestreift. Das Produkt sind die Kartoffelflocken.

Werden die Kartoffelflocken gemahlen, dann erhält man das Kartoffelwalzmehl.

Die Kartoffelflocken und das Kartoffelwalzmehl enthalten hiernach die gesamte Kartoffel mit der Schale, die Präparate werden aber dadurch unansehnlich und wurden daher vor dem Kriege auch zu menschlichen Genußzwecken kaum verwendet.

Um die Präparate für die menschliche Nahrung geeigneter zu machen, braucht man nur vor dem Walzprozeß die Schalen zu entfernen. Das geschieht durch die sog. Zweiwalztrockner oder durch vorheriges Schälen oder durch das Sichtverfahren. Die Schälmethode gibt freilich die besten Resultate, das Material wird aber naturgemäß verteuert. Eine Methode, die die Trockenkartoffel speziell für Speisezwecke herrichtet, wird u. a. in Köln geübt und ist von E. Küster und Hünseler[1]) beschrieben.

Die Trocknungsverfahren beschränken sich aber nicht nur auf die gekochten Kartoffeln; es lassen sich auch aus rohen Kartoffeln selbstverständlich Trockenpräparate anfertigen. Zu ihrer Herstellung benützt man Darren oder Schachttrockner und erzeugt damit Präparate in Scheiben oder Schnitzelform, die ihrerseits wieder gemahlen werden können. Je nachdem man die Kartoffeln vorher schält oder nicht, erhält man hellere oder dunklere Produkte.

Kennzeichnend für dieses Verfahren ist, daß die Stärke der Kartoffeln nicht verkleistert wird, jedenfalls nicht verkleistert werden soll. Das scheint aber unter Umständen nicht ganz ausgeschlossen zu sein und zwar dann, wenn beim Trocknen mit zu hohen Temperaturen gearbeitet wird. Klopfer[2]) empfiehlt daher eine Trocknungsmethode, bei der nur eine Temperatur von 60° benützt wird und die geschnitzelten Kartoffeln durch Aufblasen mit warmer Luft mürbe gemacht werden. Das so gewonnene Präparat ist dann von natürlicher gelblicher Farbe und läßt sich leicht mahlen.

Neben diesen Präparaten kommen endlich noch in Frage das sog. Kartoffelmehl, d. h. Kartoffelstärkemehl und die frisch zerriebenen oder gekochten und gestampften Kartoffeln[3]). Wir haben es also bei der Streckung des Kriegsbrotes mit zwei prinzipiell verschiedenen Kategorien von Kartoffelpräparaten zu tun:

1. Solchen, bei denen die Stärke verkleistert ist (gekochte Kartoffeln, Kartoffelflocken und Kartoffelwalzmehl) und
2. solchen, bei denen die Stärke nicht verkleistert ist (rohe Kartoffeln, Kartoffelmehl aus Schnitzeln, Scheiben usw. und Kartoffelstärkemehl).

---

[1]) E. Küster und Hünseler, Die Bedeutung der Kartoffel für unsere Ernährung und die Errichtung von Kartoffeltrocknungsanlagen, eine Kriegsaufgabe der Gemeinden. Kommunalpolitische Blätter Köln, J. P. Bachem, 1915, S. 6.

[2]) V. Klopfer, Die Verbesserung des Brotes. Bibliothek f. Volks- u. Weltwirtschaft. Dresden, „Globus" 1918, Heft 54, S. 23.

[3]) Arbeiten a. d. Kaiserl. Gesundheitsamte 1915, 48, 597.

Infolge ihrer Aufbereitung weichen sie in der Zusammensetzung etwas voneinander ab, was aus der folgenden Zusammenstellung hervorgeht[1] (in Prozenten):

	Wasser	Eiweiß	Kohle-hydrate	Rohfaser	Asche	
Weizenmehl zu 75% ausgemahlen	9—15	14,6	82,7	0,22	0,82	
Roggenmehl zu 70% ausgemahlen	9—15	9,8	84,3	0,36	0,87	Gehalt
Kartoffeln	68—83	7,9	83,2	3,9	4,4	der
Kartoffelflocken	9,55	6,6	86,3	2,88	3,71	Trocken-
Kartoffelwalzmehl	9,34	6,5	86,7	2,57	3,75	masse
Kartoffelstärke	15—20	1,0	98,2	0,07	0,69	

Hiernach ist der Unterschied in den Kohlehydraten recht gering, abgesehen von dem Kartoffelstärkemehl, was fast ausschließlich aus Stärke besteht. Wesentlich verschiedener ist die Menge des Eiweißes, da die Flocken und das Walzmehl etwa nur $\frac{1}{3}$ bis die Hälfte so viel enthalten als die Getreidefrüchte. Rohfaser und Asche steigen dagegen in den Kartoffelpräparaten stark an. Der hohe Wassergehalt der rohen bzw. gekochten Kartoffeln kann für den Backprozeß natürlich auch nicht gleichgiltig sein.

Immerhin ergibt die chemische Analyse nichts, was gegen eine Verwendung als Brotstreckmittel spräche.

In backtechnischer Beziehung verhalten sich die Kartoffelflocken und das Kartoffelwalzmehl etwa gleich, auch die gekochten Kartoffeln müssen in demselben Sinne beurteilt werden, da sie alle drei als Backhilfsmittel zu verwenden sind. Nur ist dabei zu berücksichtigen, daß die gekochten Kartoffeln den hohen Wassergehalt aufweisen. Dementsprechend werden etwa 10 bis 15 Teile Kartoffeln, 3—4 Teilen Walzmehl bzw. Flocken gleich sein.

Der beim Zusatz von diesen Kartoffelpräparaten gesteigerte Gehalt an verkleisterter Stärke erhöht die Standfestigkeit des Teiges, was bei Zusatz von ungekochten Präparaten nicht der Fall ist.

Fügt man nur 5% des Walzmehles zu, so wird die Ausbackung überhaupt nicht beeinflußt, bei 10% ist die Teigbereitung wegen des höheren Wassergehaltes schon schwieriger, bei 20% scheint das Maximum für eine sachgemäße Bearbeitung erreicht zu sein. Der Wassergehalt der Brotkrume steigt von 44,1% beim Roggenmehl auf 44,8% bei 5% Walzmehlzusatz, auf 46,4% bei 10% Zusatz und auf 48,8% bei 20% Zusatz. Ein Wassergehalt des Brotes von fast 49%, geht aber weit über die Norm hinaus und ist zu vermeiden.

Die Verarbeitung der Kartoffelflocken hat einige Schwierigkeit, da sich die Flocken vor der Teigbereitung nicht sieben lassen, auch sehr voluminös sind. Sie werden daher zweckmäßig mit dem Teigwasser erst angerührt.

Noch unbequemer ist der Zusatz von gekochten Kartoffeln, da dieselben eine erhebliche Wassermenge von vornherein gebunden haben.

Bei Verwendung aller drei Präparate steigert sich die Teigausbeute bis auf 160. Über 165 Teigausbeute muß vermieden werden.

---

[1] Möglicherweise kommt später auch noch ein Kartoffelprodukt in Frage, welches nach dem Koehlmannschen Verfahren dadurch gewonnen wird, daß die Kartoffeln von ihrem Wassergehalt durch Pressen befreit werden. Wahrscheinlich würde damit eine weitgehende Verbilligung des kohlehydratreichen Rückstandes zu erzielen sein. — Auch ist von C. Warth (Herstellung einer Kartoffelkonserve in ununterbrochenem Betriebe. Zeitschr. f. d. ges. Getreidewesen 1916, Nr. 1/2, S. 21) ein neues Verfahren mitgeteilt worden.

Nach den Erfahrungen, die in der Versuchsbäckerei in Berlin gemacht sind, ist die Verwendung von rohen ungekochten Kartoffeln nicht zu empfehlen, da einmal beim Schälen bis zu 20% Abfälle in Frage kommen und bei höherem Zusatz auch ein Kartoffelgeschmack bestehen bleibt, ganz abgesehen von der Verfärbung, die die Kartoffeln durch oxydatische Enzyme beim Verkleinerungsprozeß erleiden.

Vorteilhafter sind als Streckmittel die aus der rohen ungekochten Kartoffel hergestellten Präparate: das Trockenkartoffelmehl und das Kartoffelstärkemehl, doch erreichen auch sie nicht die Verwendungsmöglichkeit wie das Kartoffelwalzmehl.

Ein Zusatz von 5% beeinflußt das Gebäck nicht. 10% und auch 20% Stärke oder das Trockenkartoffelmehl lassen sich gut verarbeiten, aber schon bei 10% Zusatz wird der Teig viel trockner und spröder. Es fehlt ihm das Plastische. Obwohl die Brote ein gutes Aussehen haben, wird die Krume leicht rissig, das Brot trocknet sehr schnell aus. Wichtig ist hierbei, daß beim Backprozeß der Teig weich gehalten werden muß, da die Stärke, die vorher nicht verkleistert war, nun sehr viel Wasser aufnimmt. Bei mehr als 10% Stärkemehlzusatz wird das Brot auffallend heller, beim Zusatz von Kartoffeltrockenmehl ist dies jedoch nicht der Fall, da dasselbe an sich dunkler ist.

Die Ausbeute ist bei den Broten mit Präparaten aus ungekochten Kartoffeln kaum größer als bei ungestreckten Broten, während sie bei den erstgenannten etwa 6—10% beträgt[1].

Die letztere Tatsache könnte nun dazu führen, daß — weil das vermehrte Gewicht nur durch die größere Wassermenge in der Krume bedingt ist — der Verbraucher geschädigt wird bzw. der Hersteller Vorteile aus dem Kartoffelbrot herauszieht. Aus einem in dem Gutachten des Kaiserlichen Gesundheitsamtes angegebenen Falle ist solches Gebäck tatsächlich auch des Gewinnes wegen vertrieben worden, aber es läßt sich durch geeignete Leitung des Backverfahrens und durch entsprechende spätere Kontrolle durch die Nahrungsmitteluntersuchungsämter ein zu hoher Wassergehalt hintanhalten. Untersuchungen, die H. Schellbach[2] bei 50 Kriegsbroten anstellte, zeigten denn auch nur einen Wassergehalt, der im Durchschnitt 45% nicht überschreitet.

Bei den Vorteilen und Nachteilen, die die verschiedenen Zusatzpräparate an sich tragen, konnte es, um einen Ausgleich zu schaffen, zweckmäßig sein, sie in bestimmten Mischverhältnissen dem Roggenmehl zuzugeben. Um für praktische Maßnahmen Unterlagen zu schaffen, wurden daher im Kaiserlichen Gesundheitsamte Backversuche in größerem Umfange angestellt.

Es handelte sich um Roggenbrot, das mit verschiedenen Prozenten Kartoffelflocken, Walzmehl und Kartoffelstärke verbacken wurde. Da-

---

[1] Im Institut für Getreideverarbeitung in Berlin ergaben Versuche:
100 kg Roggenmehl . . . . 135 kg Brot
95 „   „   + 5 kg Kartoffelwalzmehl   139 „   „
90 „   „   + 10 „   „   145 „   „
80 „   „   + 20 „   „   151 „   „

[2] H. Schellbach, Über den Wassergehalt im Kriegsbrot. Zeitschr. f. Unters. d. Nahr.- u. Genußm. 1918, **36**, Heft 7/8, S. 167.

bei ergab sich, daß diejenigen Brote den besten Eindruck machten, bei deren Herstellung Mischungen aus gleichen Teilen **Walzmehl** und **Stärke** oder von **Flocken** und **Stärke** dem Roggenmehl zugesetzt waren, während der Zusatzvon Kartoffelstärke allein sich weniger bewährte.

Ähnlich sind die Beobachtungen aus anderen Anstalten und Bäckereien. Auch Parow[1]) empfiehlt als geeigneten Zusatz 10—20% Kartoffelstärke und Kartoffelflocken zu gleichen Teilen oder Kartoffelwalzmehl. Das Backverfahren bleibt dann dasselbe. Der Backprozeß spielt sich innerhalb 1 Stunde bei 220—250° ab.

Später hat Stoklasa[2]) in Prag in Anlehnung an die deutschen Versuche ebenfalls eine größere Reihe Untersuchungen über Mischbrote mit Kartoffelwalzmehl und einen mit Stärkemehl ausgeführt, die aber mit den obengenannten nicht direkt verglichen werden können, da bei allen Broten noch andere Zusätze, wie Mais, Gerste, Weizen, gemacht worden sind. Immerhin zeigen auch sie, daß sich bis zu einem Zusatz von etwa 25% Walzmehl einwandfreie Brote erbacken lassen. Das Brot aus 70% Roggenmehl und 30% Kartoffelstärkemehl war geschmacklich nicht befriedigend. Seinen Erfahrungen gemäß würde er ein Gemisch von 50% Roggenmehl, 25% Gerstenmehl oder Maismehl und 25% Kartoffelwalzmehl am meisten empfehlen.

Trotz der günstigen Erfolge, die man in größeren Betrieben erzielte, blieben zunächst gewisse Schwierigkeiten für kleine Bäckereien bestehen und jeder weiß, wie besonders zu Beginn der Kartoffelbrotperiode die Brote bei den einzelnen Bäckern verschieden ausgefallen sind. Bald fand man sie zu naß, bald zu trocken, bald waren sie zu mangelhaft ausgebacken, bald waren sie zu fest. Besonders fiel die mangelhafte **Porosität** auf, die man auch jetzt noch sehr häufig beobachten kann.

Dem spezifischen Gewicht des K-Brotes mit 10% Kartoffelflockenzusatz von 0,400—0,500 soll ein „Lockerungsgrad" von 200—250 entsprechen. Unter 200 darf dieser aber nicht heruntergehen[3]). Freilich sind den Bäckern diese Fehler nicht alle in die Schuhe zu schieben, da sie vielfach gar nicht in der Lage waren, die besten Mischungsverhältnisse zu benützen, denn sie mußten verbacken, was ihnen zugewiesen wurde. Ich habe, als ich mir für meine eigenen Versuchszwecke hier in Bonn K-Brote backen ließ, oft genug die Schwierigkeiten gesehen, mit denen die Bäcker zu kämpfen hatten.

Das traf auch ganz besonders auf die Verarbeitung des hier üblichen **groben Schrotbrotmehles** mit den Kartoffeln zu. Da das hoch ausgemahlene Mehl bis 94% sowieso schon zu klitschigem Brot mit Wasserstreifen neigt, so war die Verwendung von frischen Kartoffeln, wie es zu Anfang gefordert wurde, ganz ungeeignet. Daher auch die damaligen Anträge aus Bäckereikreisen, die Benützung von Kartoffelpräparaten zuzulassen. Am besten eigneten sich dann später die **Kartoffeltrockenpulver** und das **Stärkemehl**,

---

[1]) E. Parow, Die Bereitung des Brotteiges mit Kartoffelfabrikaten. Zeitschr. f. Spiritus-Ind. 1914, **37**, 511.

[2]) J. Stoklasa, Das Brot der Zukunft. Fischer, Jena 1917, S. 80.

[3]) Haupt, Die Auflockerung des Brotes und die Bestimmung des Lockerungsgrades. Zeitschr. f. öffentl. Chemie 1917, **23**, 369 und Zeitschr. f. Unters. d. Nahr.- u. Genußm. 1918, **36**, 213.

welches von Parow[1]) übrigens auch zur Streckung der Vollkornbrote, z. B. des Growittbrotes, empfohlen wurde.

Es steht nun noch die Frage offen, ob die Verminderung des Eiweißgehaltes, der mit Zusatz der Kartoffelpräparate im K-Brot sinkt, so bedeutend ist, daß dieserhalb von dem Kartoffelbrot abgesehen werden müßte. Die Frage kann im allgemeinen verneint werden. Die Zahlenunterlagen sind allerdings nicht ganz einheitlich.

Im Gesundheitsamt[2]) wurde z. B. ermittelt:

Bei kleiereichem Roggen (in der Trockensubstanz):

Im Roggenbrot	12,0%	11,6%	11,7% Eiweiß
„ „ + 20% Flocken	9,8%		
„ „ + 20% Walzmehl	9,7%	10,0%	
„ „ + 10% „ + 10% Stärke . .	8,2%		

Bei kleiearmem Roggen:

Im Roggenbrot	9,2%	7,3%
„ „ + 20% Walzmehl	8,6%	
„ „ + 20% Stärke	8,0%	
„ „ + 5% Flocken + 5% Stärke . . .	7,0%	
„ „ + 5% Walzmehl + 5% „ . . .	7,2%	
„ „ + 10% Flocken + 10% „ . . .	6,7%	
„ „ + 10% Walzmehl + 10% „ . . .	6,7%	

W. Völtz[3]) fand:

im Weizenbrot	7,7% (ob Trockensubstanz?)
„ „ + 10% Kartoffel	7,5%
„ „ + 20% „	7,4%
„ Roggenbrot	7,2%
„ „ + 10% Kartoffel	7,1%
„ „ + 20% „	7,0%

Bei J. F. Hoffmann[4]) treffen wir im Roggenbrot + 20% Kartoffelflocken 7,2% (in der Trockensubstanz). Ein Gutachten der Medizinaldeputation[5]) gibt an (in der Trockensubstanz):

im Gefängnisbrot aus 80% Roggenmehl + 20% Weizenmehl . .	10,70%
„ „ „ 80% „ + 20% Flocken	8,81%
„ „ „ 80% „ + 20% Walzmehl . . .	8,94%
„ Kommißbrot „ 80% Kommißmehl + 20% Stärkemehl . .	6,49%
„ „ „ 70% „ + 30% „ . .	6,15%

Übereinstimmend zeigen die Brote aus reinem Roggen oder Weizen und Roggen den höchsten Eiweißgehalt, nur bei Völtz ist er viel niedriger. Anscheinend handelt es sich hier um Werte aus der natürlichen Substanz, doch wäre dann die Abnahme bei den Mischbroten auffällig gering. Augenfälliger sind die Zahlen des Gesundheitsamtes. Sowohl im kleiereichen als

---

[1]) Parow, Über die günstige Mitverwendung der Kartoffelfabrikate bei dem „Großschen“ Teigbereitungsverfahren. Zeitschr. f. Spiritus-Ind. 1918, Nr. 2.

[2]) Arbeiten a. d. Kaiserl. Gesundheitsamte 1915, **48**, 595.

[3]) W. Völtz, Die Verwendung der Kartoffel zur Brotbereitung. Zeitschr. f. Spiritus-Ind. 1914, **37**, 436.

[4]) J. F. Hoffmann, Der Nährwert des Kartoffelbrotes. Zeitschr. f. Spiritus-Ind. 1914, **37**, 491.

[5]) Verwendung von Kartoffelbrot bei der Gefangenenernährung. Gutachten der Kgl. wissenschaftl. Deputation f. d. Medizinalwesen vom 11. Nov. 1914.

auch im kleiearmen Brot erniedrigt sich der Eiweißgehalt bei Zusatz von Walzmehl bis auf etwa 15—20%, bei Zusatz von Stärkemehl bis auf 25—30%, wenn 20% Streckmittel benutzt werden.

Dasselbe sehen wir auch bei den Gefängnisbroten, die mit Walzmehl und Flocken und bei dem Kommißbrot, das mit Stärkemehl verbacken wurde.

Nun spielte es freilich bei der im Kriege zugebilligten täglichen Brotmenge von 250 g = ca. 135 g Trockensubstanz keine wesentliche Rolle, ob wir im Brot dann noch 1—2 g Eiweiß mehr oder weniger aufnahmen, da die im Walzmehl und den Flocken, besonders aber im Stärkemehl vorhandenen Kohlehydrate die durch die Verminderung des Eiweißgehaltes verlorengegangenen Kalorien wieder kompensierten[1]). Auch war das Brot bei der Ernährung ja nicht als alleiniger Eiweißspender anzusehen.

Immerhin mußte in den Fällen, in denen das Brot als Hauptteil der Nahrung anzusehen war, wie z. B. in Gefängnissen, wo 550 g Brot verabfolgt wurden, das dann fehlende Eiweiß sich doch empfindlich bemerkbar machen. Es konnte dann der tägliche Verlust bei hohem Stärkemehlzusatz bis auf 7 g pro Tag heranreichen und das war doch — falls nicht eiweißreiche Tagesbeilagen gewährleistet werden konnten — immerhin sehr zu berücksichtigen. Daher hat auch die wissenschaftliche Deputation Bedenken getragen, das obengenannte Brot mit 30% Stärkemehl zur Einführung in Gefängnissen zu empfehlen. Zusätze bis zu 20% Walzmehl und Flocken wurden dagegen unter Berücksichtigung der Verhältnisse, auch für die Zivilbevölkerung, trotz einer gewissen Eiweißverminderung für zulässig erklärt.

Auch Flügge[2]) kommt in seinem Gutachten zu dem Schluß, daß das Minus an Eiweiß keine große Rolle spielen kann und daher vom hygienischen Standpunkte gegen das K-Brot nichts einzuwenden sei. Ebenso Hofmeister[3]).

Demnach konnte man den Ausführungen des Kaiserlichen Gesundheitsamtes im allgemeinen beipflichten, wenn es das K-Brot kurz folgendermaßen charakterisierte: Gegen die Beimengung von Kartoffelflocken, Kartoffelwalzmehl und Kartoffelstärke in mäßigen Mengen zum Brot sind vom nahrungsmittelchemischen Standpunkte wesentliche Bedenken nicht zu erheben. Es gelingt bei geeignetem Backverfahren, bis zu einem Zusatz von 20% Brote herzustellen, die nach Aussehen, Farbe, Konsistenz, Geruch und Geschmack dem Roggenbrote nicht nachstehen. Am besten bewährt sich ein gleichteiliges Gemisch von Flocken und Stärke oder von Walzmehl und Stärke. Der Gesamtnährwert der Kartoffelbrote ist dem Kalorienwerte nach ausgedrückt unerheblich geringer als der des Roggenbrotes. Der Stickstoffgehalt ist zwar etwas geringer, doch fällt er bei Zusätzen von 5% der Kartoffelpräparate nicht ins Gewicht und ist auch bei 20% Zusatz nur erheblicher, wenn kleiearmes Roggenmehl verarbeitet wird. Falls der Gesamtgehalt an Kartoffelerzeugnissen nicht mehr als 20% beträgt, ist das Kartoffelbrot als ein nicht

---

[1]) Der Verlust an Wärmeeinheiten betrug in den Kartoffelbroten gegenüber dem Roggenbrot im ungünstigsten Falle nur 2%.

[2]) Flügge, Gutachten. Zeitschr. f. Spiritus-Ind. 1914, **37**, 491.

[3]) Hofmeister, Nährwert des Brotes. Deutsche med. Wochenschr. 1915, Nr. 28, S. 844.

nur notdürftiger, sondern fast vollwertiger Ersatz für reines Roggenbrot anzusehen.

Die Beobachtungen, die über den Geschmack und die „Bekömmlichkeit" des K-Brotes bei Gesunden und Kranken gemacht worden sind, gehen weit auseinander. Es ließen sich darüber außerordentlich viele Angaben machen, doch dürfen wir über das meiste hinweggehen, weil bei den Klagen über das K-Brot in letzter Linie nicht das Brot, sondern vielfach die Individualität des Konsumenten hätte verantwortlich gemacht werden müssen. (Vgl. auch das Kapitel „Ausstellungen am Kriegsbrot", S. 74, 75).

Das große Publikum, welches der Einführung des K-Brotes zunächst wenig sympathisch gegenüberstand, hatte sich nach nicht zu langer Zeit damit abgefunden, da in der Tat — nachdem von den Bäckern die Schwierigkeiten erst überwunden waren — das Brot nach Aussehen, Farbe, Konsistenz, Geruch und Geschmack dem Roggenbrote (wie das Gesundheitsamt sagt) nicht nachstand.

Die Berichte aus Anstalten und Einrichtungen mit Massenversorgungen, ebenso die Stimmen aus der Bevölkerung lauteten daher auch im allgemeinen günstig. Nur dort wurde die Änderung begreiflicherweise mehr empfunden, wo das frühere Weißbrot zur täglichen Hauptnahrung gedient hatte[1].

Gewisse Schwierigkeiten sind eigentlich nur da aufgetreten, wo es sich um die Ernährung von Kranken handelte. Die Empfindlichkeit der Patienten, besonders Magen- und Darmleidender, war verschiedentlich recht groß, und es finden sich viele Literaturangaben in den medizinischen Zeitschriften, die das bestätigen. Besonders machten sich Belästigung des Darmes, Blähungen, Aufstoßen und Magendrücken bemerkbar. Aber auch über Hyperazidität, Durchfall und Verstopfung wird berichtet[2][3], ebenso über schlechte Verdauung.

Andererseits muß aber auch wieder konstatiert werden, daß, wie Schwalbe[3], Ewald[3] und Klemperer[3] mitteilen, von vielen Ärzten irgendwelche Schädigungen überhaupt nicht gesehen worden sind. Klemperer berichtet, daß von keinem seiner Patienten über Beschwerden geklagt worden ist, der den Angaben gemäß das Brot genossen hat, und daß in der Hauptsache Neurastheniker Ausstände machten. In richtiger Erkenntnis der Verhältnisse sagt er zutreffend: „Wenn Weißbrot ausgegeben wird, so wird dies von Millionen mißbraucht werden aus keinem anderen Grunde, als weil vielen Leuten jedes Opfer verhaßt ist."

Und wenn man noch einen Schritt weitergehen will, so sieht man sogar, daß das neu eingeführte K-Brot auch aus Prinzip abgelehnt wurde, weil es für die Verbreitung eines früher empfohlenen Brotes Unbequemlichkeiten schaffen konnte. Daher ist Steinmetz[4] Gegner des Kartoffelbrotes.

---

[1] Diskussionsbemerkung von A. Cahn und E. Meyer, Deutsche med. Wochenschr. 1915, Nr. 28, S. 844, in der auf die elsässische Bevölkerung hingewiesen wurde, die sich sehr schwer an das Kriegskartoffelbrot gewöhnte, obwohl es an sich einen ausgezeichneten Geschmack besaß.

[2] Vgl. C. v. Noorden, Über die Verdauungsbeschwerden nach dem Genuß von Kriegsbrot und ihre Behandlung. Berl. klin. Wochenschr. 1915, Nr. 14, S. 348.

[3] Diskussion in der Vereinigten ärztl. Gesellschaft Berlin vom 3. II. 1915. Deutsche med. Wochenschr. 1915, Nr. 8, S. 237. Bemerkungen von Albu, Zadek, Schwalbe, Ewald, Klemperer.

[4] Steinmetz, Kartoffelbrot. Deutsche Müllerei-Ztg. 1914, 34. Jahrg., Nr. 40.

Im übrigen hat die Bekömmlichkeit mit der Verdaulichkeit der Brote direkt nichts zu tun. Das sind, wie ich bereits weiter oben in den betreffenden Abschnitten S. 83 u. 86 näher ausgeführt habe, zwei ganz getrennte Begriffe, die aber leider immer durcheinandergeworfen werden. Über die Verdaulichkeit des K-Brotes wurden erst später genauere Unterlagen geschaffen.

Wie bei allen Broten, so war es notwendig, auch beim K-Brot darüber Klarheit zu gewinnen, wie sich die Ausnützung bzw. die Verdaulichkeit der Kartoffel im Brot verhalten würde. Wenn man die Ausnützung des zum Kartoffelbrot verwendeten Roggenbrotes kennt und die Ausnützung der Kartoffel, so müßte es anscheinend möglich sein, die Ausnützung des Kartoffelbrotes daraus zu berechnen. Das wäre aber ein Trugschluß, denn wir wissen aus den Untersuchungen Rubners, daß Nahrungsmittel in Gemischen sich ganz anders verhalten können, als wenn sie einzeln gegeben werden.

Über die Ausnützung der Kartoffeln haben Rubner[1]) und Constantinidi[2]) die ersten Angaben gemacht. Rubner fand einen Eiweißverlust von 32,2%[3]), Constantinidi einen solchen von 19,5%. Daß der Eiweißverlust bei Rubners Versuchsperson so hoch war, ist darauf zurückzuführen, daß pro Tag die sehr erhebliche Menge von 3078 g Kartoffeln verzehrt wurde. Infolgedessen konnten sie nicht genügend resorbiert werden.

Rubner[4]) macht in einer neueren Arbeit darauf aufmerksam, daß für mäßige Zufuhren von etwa 2000—2500 Kalorien die Resorptionsfähigkeit des Organismus ausreicht und die Ausnützung der Kartoffeln mit nur 5,61% Verlust an Kalorien als günstig bezeichnet werden muß. Dagegen steigt der Verlust auf etwa 14% der Kalorien, wenn die Grenze der Verdaulichkeit — was in dem damaligen Falle zutraf — mit 3300 Kalorien bereits überschritten war. Bemerkenswert ist jedenfalls, daß aber gleich große Mengen Weizenmehl noch ausgezeichnet resorbiert werden, was in der Eigenart der Stärke begründet zu sein scheint.

Weiterhin hat Rubner auf Grund neuer Studien über die Zusammensetzung der Kartoffel, der Kartoffelschalen und der Korksubstanz[5]) Ausnützungsversuche am Hunde angestellt[6]), bei denen nur Kartoffeln allein in Mengen von 900 und 600 g verabfolgt wurden.

Die Verluste betrugen in Prozenten: an organischer Substanz 9,29, an Kalorien 10,60, an Stickstoft 23,59, an Pentosan 10,75, an Zellmembran 34,75, an Rest 24,77, an Stärke 1,88.

Wiewohl beim Hunde die Verdaulichkeit der Zellmembran geringer als beim Menschen war, so muß sie mit 34,75% Verlust als sehr günstig angesehen werden. Auch der Kalorienverlust mit etwa 11% ist relativ gering und entspricht dem des Kriegsbrotes.

---

[1]) Über die Ausnützung einiger Nahrungsmittel im Darmkanal des Menschen. Zeitschrift f. Biol. 1879, **15**, 150.

[2]) Ebenda 1886, **22**, 433.

[3]) Der Verlust an Trockensubstanz betrug 9,4%, der Asche 15,8%, der Kohlehydrate 7,6%.

[4]) Rubner, Über die Verwertung einiger Nebenprodukte der Stärkeindustrie für die Ernährung. Archiv f. Anat. u. Physiol. (physiol. Abt.) 1917, S. 7.

[5]) Derselbe, Untersuchungen über die Zusammensetzung einiger Wurzelgewächse (Kartoffel). Ebenda 1915, S. 201.

[6]) Derselbe, Über die Verdaulichkeit von Nahrungsgemischen. Ebenda 1918, S. 141.

Kombinationen der Kartoffel mit Fleisch bzw. mit Brot (und mit Fleisch und Brot) verhielten sich „bald wie die Summierung, bald wichen sie von der Berechnung weit ab“. Die entschälte Kartoffel ist vermöge ihrer geringen Menge Zellmembran gut resorbierbar, dagegen setzt die Schale infolge des hohen Zellulosegehaltes und der bedeutenden Verkorkung der Haut der Verdauung erhebliche Schwierigkeiten entgegen. Hiernach muß es auch bei der Herstellung des Kartoffelbrotes natürlich einen Unterschied machen, ob zum Brot z. B. Kartoffelwalzmehl (mit der Schale) oder geschälte gekochte Kartoffeln benützt werden. Sehr ähnliche Zahlen, wie bei Constantinidi, wenigstens in bezug auf das Eiweiß, ergaben sich in Versuchen, die Hindhede[1]) an seiner Versuchsperson Madsen anstellte. Der Versuch dauerte in 4 Perioden 40 Tage. Madsen nahm pro Tag etwa 2300 g Kartoffeln und 120 g Butter. Die Versuchsergebnisse der 4 Einzelperioden stimmen gut untereinander überein. Im Mittel belief sich der Verlust auf: 2,8% Trockensubstanz, 19,0% Eiweißsubstanz, 11,9% Asche und 3,1% Kalorien.

Hindhede berechnet aus der Trockensubstanz- und der Kalorienausnützung eine Gesamtausnützung der Kartoffel von 97%. Besonders betont er die geringe Menge des entleerten Kotes. Bei Rubners Versuchsperson betrug der Kot im dreitägigen Versuch 2116 g, bei Madsen innerhalb 40 Tagen nur 3161, also dort 700 g, hier nur 79 g pro Tag. Selbst wenn man annimmt, daß Rubners Person $^1/_3$ mehr Kartoffel pro Tag zu sich nahm und sich dadurch die Kotmenge notwendigerweise erhöhen mußte, so ist doch die Menge bei Madsen sehr gering zu nennen. Hindhede schließt daraus auch: „daß die Kartoffeln vollständig verdaulich sind, es geht faktisch nichts verloren“.

Daß „faktisch nichts verlorengeht“, trifft allerdings nicht ganz zu, wenn der Verlust an „Eiweiß“ noch 19% beträgt. (Vgl. auch die letzten Ausnützungsversuche Rubners.)

Was wir in der Kartoffel als Stickstoff bestimmen, ist freilich kein Eiweiß im Sinne des Fleischeiweißes. Es sind nur 63% davon eiweißartig, 37% dagegen Amidoverbindungen und von diesen wiederum 20,67% Asparagin. Wie diese in der Kartoffel enthaltenen Stickstoffkörper im Organismus verwertet werden, wissen wir leider noch nicht genau, unmöglich scheint es aber nicht, daß sie alle als Bausteine dienen können. Dann würde auch die frühere Annahme von der Wertlosigkeit eines Teiles des Kartoffelstickstoffs für die menschliche Ernährung fallengelassen werden müssen.

Wie groß die Bedeutung dieser Frage für die Ernährung mit Kartoffeln auch sein mag, bei der Verwendung des Kartoffelbrotes, des K-Brotes, tritt sie doch sehr zurück, da es sich, wie wir sahen, bei diesem nur immer um kleine Zusätze von 5—10%, seltener um 20% handelt. Die Ausschläge, die bei solchen Brotuntersuchungen zutage treten, können nicht bedeutend sein und sie treten, wenn nicht ganz genaue Kontrollversuche mit Broten aus den gleichen Mehlsorten ohne Kartoffelpräparate zugleich angestellt werden, wenig hervor.

---

[1]) Hindhede, Untersuchungen über die Verdaulichkeit der Kartoffeln. Zeitschr. f. physikal. u. diätet. Therapie 1912, **16**, 657. Derselbe Abdruck in Skand. Archiv f. Physiol. 1913, **28**, 175.

Die Versuche, die bisher in dieser Richtung vorliegen, sind von Erismann[1]), O. von Hellens[2]), R. O. Neumann[3]) und Rubner[4]) ausgeführt. Nur die letzteren entsprechen den Anforderungen, die man jetzt an derartige Versuche stellen muß, da sie den wichtigen Punkt der Zellmembranuntersuchung mit berücksichtigen und genaue Vergleichsuntersuchungen ausgeführt sind.

Erismann fand bei einem Brot aus 30% Roggenmehl und 70% „Kartoffeln" einen Verlust von 13,38% in der Trockensubstanz, 32,71% in der Stickstoffsubstanz und 30,19% in der Asche, O. v. Hellens, welcher Roggenbrot mit der Hälfte „Kartoffeln" verbuk, an zwei Personen im Mittel: 17,0% Trockensubstanz, 38,6% Stickstoff, 9,8% Kohlehydrat, 61,5% Asche und 23,1% Kalorienverlust.

Ich selbst stellte Versuche mit K-Brot (sog. Schwarzbrot) und mit K-Brot (sog. Feinbrot hiesiger Gegend) an. Das Schwarzbrot enthielt 58,8% Roggenschrot, 29,4% Roggenmehl zu 80% ausgemahlen und 11,8% Kartoffelwalzmehl. Das Feinbrot bestand aus 27% Roggenmehl zu 80% ausgemahlen, 63% Weizenmehl zu 80% ausgemahlen und 10% Kartoffelwalzmehl.

Der Verlust betrug in Prozent:

	i. d. Trockensubstanz	im Stickstoff	i. d. Rohfaser	i. d. Asche
Schwarzbrot . . .	16,48	34,16	79,54	64,64
Feinbrot	8,18	15,77	68,61	55,51

Die Versuche aller drei Untersucher stimmen in manchen Punkten ziemlich überein. Der Trockensubstanzverlust beträgt bei Erismann 13,38%, bei O. v. Hellens 17,0% und bei mir (Schwarzbrot) 16,48%, der Stickstoffverlust bei Erismann 32,71%, bei O. v. Hellens 38,6% und bei mir (Schwarzbrot) 34,16%.

Wie man sieht, sind die Verluste recht hoch. Sie sind aber keineswegs dem Zusatz der Kartoffeln zur Last zu legen, sondern sind allein der Ausdruck für die Ausnützung des Brotmehles, denn die Zahlen entsprechen ungefähr der Verdaulichkeit eines Roggenbrotes von 80—85% Ausmahlungsgrad.

Die Erismannschen Werte fielen zwar etwas niedriger aus, wohl infolge des hohen Kartoffelgehaltes, aber die Verluste bei dem Brot von v. Hellens, das doch auch 50% Kartoffeln enthielt, sprechen wieder nicht zugunsten der Kartoffel, da sie noch höher sind als die bei meinem Schwarzbrot gefundenen, was nur 10% Kartoffelmehl enthielt. Außerdem kennt man bei Erismann und v. Hellens nicht den Rohfasergehalt des Roggenmehles, um danach die Verluste beurteilen zu können.

Wie groß übrigens die Rolle ist, die das zu den Broten verwendete Getreidemehl bei der Ausnützung gespielt hat, sieht man auch bei meinem Feinbrot, welches aus 27% Roggenmehl und 63% Weizenmehl be

---

[1]) Erismann, Zeitschr. f. Biol. 1901, **42**, 700.
[2]) O. von Hellens, Untersuchungen über den Nährwert finnischen Roggenbrotes. Skand. Archiv f. Physiol. 1913, **30**, 252.
[3]) R. O. Neumann, Brotarbeit I.
[4]) Rubner, Die Verdaulichkeit des Roggens bei verschiedener Vermahlung. Archiv f. Anat. u. Physiol. (physiol. Abt.) 1916, S. 178.

stand. Der Verlust der Trockensubstanz und des Stickstoffs fällt fast auf die Hälfte.

Das ist gewiß zum Teil darin begründet, daß das Weizenmehl besser ausgenützt wird als das Roggenmehl, auch mag zu der großen Differenz die besonders schlechte Ausnützbarkeit des Roggenschrotbrotes mit beitragen. Aber damit ist doch der Unterschied nicht aufgeklärt. Es ist hier immerhin, wenn es sich auch nicht sicher beweisen läßt, möglich, daß die Ausnützung der Kartoffel im Feinbrot eine bessere ist als im groben Brot. Hier würden geeignete Vergleichsversuche wohl aufklärend gewirkt haben. Ich führte zwar Untersuchungen an Roggenschrotbrot, Roggenbrot und Weizenbrot (Brotarbeit I) auch allein für sich aus, aber nicht in den Mischungsverhältnissen, wie sie im Kartoffelbrot benützt wurden.

Nach allem darf man sagen, daß die bisherigen Versuche irgendwelche Anhaltspunkte, die eine Verbesserung des Brotes durch Kartoffelzusatz hätten erkennen lassen, nicht ergeben haben. Allerdings fehlten die geeigneten Vergleichsversuche.

Diese Lücke füllen die Rubnerschen Versuche aus.

Rubner stellte seine Untersuchungen an zwei Personen an, die im ersten Versuch Roggenbrot aus Roggen mit 65% Ausmahlung bekamen und dann Brote aus demselben Mehl, aber mit 20% „Kartoffelmehl"[1]), und im zweiten Versuch zuerst Roggenbrote mit 82 proz. ausgemahlenem Mehl und dann Brote aus demselben Mehl mit 20% Kartoffelmehl.

Ich teile zunächst in einer Zusammenstellung die Analysenzahlen der verwendeten Brote mit, um zu zeigen, welche Unterschiede der Kartoffelzusatz bedingt.

In der Trockensubstanz sind enthalten in Prozent:

	Roggenbrot (65%)	Dasselbe + 20% Kartoffeln	Roggenbrot (82%)	Dasselbe + 20% Kartoffeln
Asche	0,85	1,31	2,08	2,24
Organisches	99,15	98,69	97,92	97,76
N	1,03	1,03	1,61	1,47
Pentosan	4,16	4,06	8,25	7,54
Zellmembran	3,14	3,22	6,69	6,77
Zellulose	1,36	1,81	1,89	3,62
Rest	1,17	0,90	2,44	1,48
Kalorien	414,4	418,1	432,80	402,0
In 100 Teilen Zellmembran sind				
Zellulose	43,36	56,21	28,25	53,47
Pentosan	19,42	15,98	35,33	24,67
Rest	37,22	27,81	36,42	21,86

Hieraus geht hervor, daß durch den Kartoffelzusatz die Asche vermehrt wird, die Zellmembran steigt etwas an, ebenso die Zellulose. Das Zellmembrangemisch ist zellulosereich und pentosanarm geworden, was der Zusammensetzung der Zellmembran der Kartoffel entspricht.

Aus den Versuchen ergeben sich folgende Verlustzahlen in Prozent (Mittelwerte der 2 Personen):

---

[1]) Ob Walzmehl oder Flockenmehl oder Trockenkartoffelmehl, ist nicht angegeben.

	Roggenbrot (65%)	Dasselbe + 20% Kartoffeln	Roggenbrot (82%)	Dasselbe + 20% Kartoffeln
Trockensubstanz	7,6	7,9	11,6	15,3
Asche	51,6	53,1	48,0	32,5
Organische Substanz . .	7,1	7,7	10,9	14,4
Stärke	1,3	1,2	1,3	2,6
N	37,3	42,5	40,3	47,6
Gesamtpentosan	25,0	20,1	23,1	26,4
Kalorien	9,35	9,8	13,8	17,5
Zellmembran	48,1	63,3	55,7	67,7
Zellulose	48,3	57,4	69,5	64,6
Pentosan in Zellmembran	63,0	87,9	41,7	47,1
Restsubstanz	39,8	61,5	57,8	91,7
Freies Pentosan	18,6	10,6	15,0	20,1

Die Unterschiede treten deutlich hervor. Fast sämtliche Zahlen sind in den Kartoffelbroten erhöht, d. h. fast in allen Teilen wird dasselbe schlechter ausgenützt. Trockensubstanz und Eiweißverlust steigen an, besonders bei dem gröberen Brot, auch der Kalorienverlust wird größer. Beträchtlich ist die schlechtere Verdauung der Zellmembran und auch der Pentosen in den Zellmembranen. Am auffälligsten ist aber der große Unterschied in den Restsubstanzen, d. h. Ligninen usw.

Im ganzen wirkt die Mischung aus hochausgemahlenem Getreide (82%) + Kartoffel ungünstiger als eine Kombination von 65 proz. Mehl + Kartoffel, wiewohl man gerade eine bessere Ausnützung beim groben Brot hätte erwarten können, da die Kartoffel an sich besser ausgenützt wird wie ein 82 proz. ausgemahlenes Mehl.

Daß gerade in der groben Brotmischung größere Verluste gefunden wurden, hängt zweifellos mit der wenig guten Resorption der Zellmembran der Kartoffel zusammen. Sie beeinträchtigt dann weiterhin die Verdaulichkeit der Trockensubstanz, des Eiweißes und der Stärke, so daß wir hier prozentual einen viel höheren Verlust sehen wie beim Brot mit Mehl von 65% Ausmahlung. Beim Stickstoff steigt der N-Verlust von 40,3 auf 47,6% der Zufuhr!

Im Hinblick auf die ungünstigere Ausnützung des groben Kartoffelbrotes, die Rubner fand, würden sich dann auch meine Kartoffelbrotversuche dazu in Parallele setzen lassen, welche beim verwendeten Roggenschrotbrot eine erheblich schlechtere Verdaulichkeit zeigten als wie die Versuche mit dem Weizenroggenbrot, und die oben ausgesprochene Vermutung hätte dann ihre Stütze gefunden.

Rubner hebt übrigens hervor, daß bei dem Kartoffelbrot aus 82 proz. Mehl der würzige Geschmack des reinen Roggenbrotes verschwunden war und das Gebäck wenig zusagte.

Wenn nun auch die eingehenden Untersuchungen ergeben haben, daß das Kartoffelbrot in seinem Resorptionsverhältnissen den Roggenbroten mit gleichem Ausmahlungsgrad nicht ganz gleichkommt, so darf es doch seine Stellung als ein brauchbares Aushilfsbrot für die Zeiten der Bedrängnis mit Recht behalten.

Stoklasa gibt in seinem Buche (S. 86) an, daß er auch Verdaulichkeitsversuche über die Trockensubstanz angestellt habe, es sind jedoch keine Zahlen mitgeteilt. „Der Nährwert eines Brotes aus 50% Roggenmehl, 25% Gerstenmehl und 25% Kartoffelwalzmehl sei gleich dem des reinen Roggenbrotes" und „der Trockensubstanzverlust eines Brotes aus 25% Roggenmehl, 25% Gerstenmehl, 10% Weizenmehl, 10% Maismehl und 20% Kartoffelwalzmehl betrage 7,5%“. Mit diesen Zahlen ist aber nicht viel anzufangen, da ohne nähere Angaben jeder Einblick in die Ausnützungverhältnisse fehlt.

Im Anschluß hieran mögen noch einige Backwaren und Präparate Platz finden, die auch für den Krieg empfohlen worden sind und mit dem Kartoffelbrot bzw. mit der Kartoffel im Zusammenhang stehen.

2. Zusätze zum Kartoffelbrot (Kartoffelbrot mit Möhren).

Das von Kühl[1]) vorgeschlagene Kriegsbrot aus Kartoffeln und Möhren wird folgendermaßen bereitet: 50 Teile geriebene rohe Kartoffeln, 50 Teile gekochte Kartoffeln, 30 Teile Möhren (Daucus carota), etwas Salz und 5% Zucker werden mit Milch und Hefe angerührt, nach 6 Stunden Stehen mit 10 Teilen Magermilch und soviel Kriegsmehl (?) vermischt, daß ein fester Teig entsteht. Der Teig wird zu Brot geformt und gebacken. Das Brot soll „locker und bekömmlich“ sein. Bedeutung hat dies Brot nicht erlangt.

3. Brote aus Kartoffelpräparaten.
a) Pülpebrot.

Zu den Produkten, die aus der Kartoffel hervorgehen, ist noch die Pülpe zu rechnen, ein Präparat, welches bei der Kartoffelstärkefabrikation abfällt. Es wird als ungefärbtes, geschmack- und geruchloses Material nach dem Abschwemmen der Stärke gewonnen und enthält reichlich Zellmembran aus der Kartoffel und Stärke. In gewöhnlichen Zeiten dient die Pülpe als Viehfutter; während des Krieges wurde sie als Streckmittel zum Brot empfohlen, doch sind derartige Brote nicht hergestellt worden.

Genaue Untersuchungen, ob die Kartoffelpülpe als Brotstreckmittel wirklich brauchbar ist, wurden von Rubner[2]) ausgeführt. Die Pülpe enthielt (als trockenes Pulver) 44,7% Stärke und 43,92 Zellmembran; der Gehalt an letzterer war also so hoch wie in keinem pflanzlichen Nahrungsmittel, was für Menschen benützt wird.

Zur Feststellung der Verdaulichkeit bekam ein Hund einmal 1000 g Fleisch + 100 g trockenes Pülpemehl, ein anderes Mal 1000 g Fleisch + 70 g gekochte Pülpe.

Die Ausnützung der Kalorien war in der rohen Pülpe sehr ungünstig. Es gingen 47,43% verloren, ebenso ist die N-Resorption schlecht, weil das N in den Zellmembranen eingeschlossen ist und diese auch zu 44,26% zu Verlust gehen. Besonders mangelhaft gestaltet sich die Verdaulichkeit der Stärke. Während sie sonst bekanntlich immer bis zu einigen 90% resorbiert wird, ging bei der ungekochten Pülpe 37,83% verloren.

Selbst aber auch im gekochten Zustande ermäßigte sich der Verlust nur bis auf 21,16%. Wahrscheinlich ist die Stärke hier in die Zellmembran eingeschlossen. Der Kalorienverlust fiel ebenfalls nur auf 38,8%.

---

[1]) Kühl, Kriegsbrot. Zeitschr. f. öffentl. Chemie 1915, Nr. 21, S. 97.

[2]) Rubner, Über die Verwertung einiger Nebenprodukte der Stärkeindustrie für die Ernährung. Archiv f. Anat. und Physiol. (physiol. Abt.) 1917, S. 12.

Die Pülpe ist daher zur Brotstreckung nicht brauchbar. Auch nur bei einem Zusatz von 10% zu 90% Mehl von 80% Ausmahlung würde der Zellmembrangehalt so steigen, daß er dem Gehalt eines Vollkornbrotes gleichkäme. Die Pülpe wäre also noch minderwertiger als Kleie.

b) Geröstete Kartoffeln alz Brotersatz.

Es handelt sich bei dieser Empfehlung[1]) um nichts anderes als um das jedem bekannte leichte Anrösten von Kartoffelstücken: Man schält die Kartoffel, schneidet sie in zwei, je nachdem auch in 3 Stücke, wäscht sie und bäckt im heißen Rohr, so daß die Scheiben außen etwas geröstet erscheinen, ohne jedoch zu hart zu werden. Bei Brotmangel sollten Bäcker in größerem Maßstabe solche Kartoffelscheiben anfertigen und sie so der Bevölkerung leichter zugänglich machen. Verfasser verspricht sich davon sehr viel, denn er sagt: „Auf jeden Fall, in Scheiben geröstet oder nicht, wird die Kartoffel eines der vielen wichtigen Hilfsmittel sein, die feige Aushungerungspolitik der Feinde im wahren Sinne des Wortes zuschanden zu machen." Wie man jetzt sieht, konnten auch Raabes geröstete Kartoffelscheiben den Erfolg des Feindes nicht verhindern.

c) Getreidemehlloses Brot aus Kartoffelstärke und Tapiokastärke.

Fornet[2]) machte zuerst Angaben, daß man in der Versuchsanstalt für Getreideverwertung Brote aus Kartoffelstärke (an sich war es gleichgültig, was für Stärke benützt wurde) gebacken habe, und zwar unter Zuhilfenahme von den „Kleber ersetzenden Bestandteilen". Die Brote enthielten 39,25% Wasser, 3,43% Asche, 4,35% Fett, 0,32% Rohfaser, 2,28% Protein und 50,37% Stärke. Es fehlte ihnen aber die Lockerheit; sie waren sehr zähe. Schließlich war es aber doch gelungen, ein Gebäck herzustellen, was wie Getreidebrot aussah und „fast so schmeckte".

Im Verfolg dieser ersten Versuche haben dann Wa. Ostwald und A. Riedel[3]) auch noch andere Brote aus Kartoffelstärkemehl gebacken. Den fehlenden Kleber ersetzten sie durch Kartoffelkleister. Zuerst wurde dicker Kleister angefertigt und davon 10—20% in das Kartoffelstärkemehl hineingearbeitet. Auf diese Weise gebackene Brötchen hatten Poren und „sahen sehr gut aus".

Weiterhin benutzten sie:

a) Tapiokamehl ,Zucker und Salz. Dies Gebäck schmeckte angenehmer (was verständlich erscheint);

b) Kartoffelstärkemehl, Milch (Kleister, Preßhefe und Sauerteig). Der Geschmack war „sehr gut";

c) Tapiokamehl und Hefe. Das Brot war nicht gegangen und daher „klitschig";

d) Kartoffelstärkemehl und Tapiokamehl zu gleichen Teilen, Zucker, Fett und zur Unterstützung der Kleisterwirkung 2 Eier. Dieser „Aschkuchen" soll „sehr gut" gewesen sein.

---

[1]) O. Raab, Zur Frage des Brotersatzes. Münch. med. Wochenschr. 1915, Nr. 27, S. 912.

[2]) Fornet, Getreidemehlloses Gebäck. Chemiker-Ztg. 1915, Nr. 61/62, S. 588.

[3]) Wa. Ostwald und A. Riedel, Getreidemehlloses Gebäck. Chemiker-Ztg. 1915, Nr. 85/86, S. 537.

d) Stärkeblutbrot.

Endlich machten sie noch den Vorschlag, an Stelle des Kleisters Blut zu verwenden, wodurch ein Stärkeblutbrot zustande käme.

Diese Brotherstellungsversuche mochten wohl ganz interessant sein, praktische Bedeutung konnten sie kaum gewinnen und haben sie auch nicht gehabt. Die Versuche sind bisher Versuche geblieben und haben auch keine Nachahmung mehr gefunden.

VII. Brote aus Wurzeln.

1. Rübenbrote.

Nachdem uns die trübe Winterperiode 1916/17 mit ihrer Kartoffelnot hatte erkennen lassen, daß auch die Kartoffeln als Streckmittel des Brotes nicht ausreichten, suchte man nach weiteren Ersatzstoffen und glaubte sie in der Rübe gefunden zu haben. Am 5. Februar 1917 wurde durch eine Verfügung bekanntgegeben, daß zur Herstellung von Brot Rüben, mit Ausnahme der Zuckerrübe, verwendet werden dürften, und zwar in der Weise, daß 100 Teile Trockenrüben 100 Teilen Kartoffelflocken und 10 Teile frische Rüben 50 Teilen gequetschten oder geriebenen Kartoffeln entsprächen.

Damit begann die Zeit des Rübenbrotes, die aber glücklicherweise nicht zu lange gewährt hat. Da die Kommunalverbände von der Reichsgetreidestelle an Stelle der unzureichenden Kartoffelflocken aushilfsweise auch Gerstenmehl und Weizenschrot geliefert bekamen, so ließ man, wo es irgend ging, das Rübenbrot zurücktreten, da man im Winter vorher von den Rüben allein schon übergenug gekostet hatte.

Als Rübensorten für die Brotstreckung kamen die Runkelrübe (Futterrübe, Dickrübe, Knolle, Beta vulgaris var. Rapa); die Kohlrübe (Erdkohlrabi, Steckrübe, Wrucke, Brassica napus var. napobrassica) und die Stoppelrübe (Weißrübe, Wasserrübe, Brassica rapa var. rapifera) in Betracht.

Erlaubt war zwar nicht die Zuckerrübe (Beta vulgaris var. crassa), wiewohl sie sich ebenso gut und ebenso schlecht wie andere Sorten eignet. Aber es mußte von ihrer Verwendung zu Brot abgesehen werden, da die Zuckerfabrikation nicht verringert werden durfte.

Die ersten Versuche, inwieweit überhaupt Rüben als Brotstreckmittel verwendbar seien, wurden 1915 in der Versuchsanstalt für Getreideverwertung in Berlin angestellt[1]). M. P. Neumann und Fornet[2]) benützten dazu die Zuckerrübe, außerdem Zuckerschnitzel, Sirup und Zucker. Die Erfahrungen, die sie machten, gipfelten etwa in folgendem:

Frische, gequetschte oder geriebene Zuckerrüben eigneten sich nicht zur Brotbereitung. Auch im gekochten Zustande zugegeben erschien

---

[1]) Nach einer Angabe von Rubner (Die Verdaulichkeit der Kohlrüben beim Menschen. Archiv f. Anat. u. Physiol. [physiol. Abt.] 1916, S. 228) sollen bereits am Anfang des vorigen Jahrhunderts Kohlrüben aus Getreidemangel zum Brotbacken verwendet worden sein. Man schnitt sie in Scheiben und vermischte sie mit Kohlrabischeiben, die man zusammen preßte, dann trocknete und mit 2 Teilen Mehl verbuck. Das Brot wurde als nahrhaft und wohlschmeckend bezeichnet.

[2]) M. P. Neumann und Fornet, Die Zuckerrübe und die Erzeugnisse ihrer Aufarbeitung (Zuckerschnitzel, Sirupe, Zucker) als Rohstoffe für die Brotbereitung. Zeitschr. f. d. ges. Getreidewesen 1915, Nr. 4, S. 89.

das fertige Brot kleinporig, ziemlich fest und feucht. Der Geschmack war süßlich fade, der Rübengeschmack trat jedoch nicht besonders hervor. Im Gegensatz hierzu lieferten Brote aus Zuckerrübenmehl und auch aus Zuckerrübenschnitzeln bessere Ergebnisse. Ein Zusatz von 5% ergab ganz normale Gebäcke, bei 10% trat der Rübengeschmack deutlich hervor. Im übrigen war aber das Gebäck an sich einwandfrei. Wird der Rübengeschmack nicht etwa störend empfunden, dann gelingt es sogar, bis 30% Rübenmehl im Brot unterzubringen. Das Brot schmeckt dann allerdings sehr süß.

Weiterhin sind von Buchwald[1]) Versuche mit Futterrüben und Kohlrüben angestellt worden. Sowohl der gekochte Rübenbrei der Kohlrübe wie auch der der Futterrübe ergibt viel zu feuchtes Brot und ein häufiges Abbacken der Kruste, außerdem kommt bei der Kohlrübe ein recht unangenehm hervortretender Rübengeschmack zum Vorschein. Es wird daher empfohlen, den Rübenbrei vorher abzupressen, was aber für viele Bäckereibetriebe sehr umständlich ist.

Nimmt man auf 90 Teile Roggenmehl nicht 100 Teile Rübenbrei, sondern nur 50, so wird das Gebäck einwandfrei, wobei allerdings auch die Krume ziemlich feucht bleibt. Der Kohlrübengeschmack bleibt, beim Futterrübenbrot tritt er sehr zurück.

Die Ergebnisse sind also mit den beim Zuckerrübenbrot gewonnenen etwa auf die gleiche Stufe zu stellen.

Kohlrübenmehl verwendete K. Mohs[2]). Er verarbeitete Mengen von $2^1/_2$, 5, $7^1/_2$ und 9% zu Roggenmehl und konnte zeigen, daß bis zu $7^1/_2$% Zusatz ein ausgezeichnetes Brot erzielt werden kann. Der Kohlrübengeschmack ist allerdings nicht wegzubringen, er soll aber bei Versuchen in größerem Maßstabe in München nicht unangenehm empfunden worden sein, es wäre sogar das Rübenmehlbrot dem reinen Roggenbrot wegen des angenehm kräftigen Geschmackes vorgezogen worden.

Versuche mit Runkelrüben liegen auch noch vor von Stern und Röhling[3]). Die Ergebnisse decken sich etwa mit denen, die Buchwald bei seinem Futterrübenbrot machte. Der Geschmack nach Rüben trat sehr zurück. Die Brote hatten ein gutes Aussehen und waren einwandfrei, wenn der Zusatz nicht zu hoch stieg.

Im Bonner Bezirk ist eine Zeitlang Rübenbrot gebacken worden, was das Publikum jedesmal mit Klagen nach dem hervortretenden Rübengeschmack quittierte. Eine genaue Kontrolle, was für Rüben und ob rohes, gekochtes, gequetschtes Material oder Rübenmehl verwendet worden war, ließ sich im Einzelfalle nicht nachweisen.

Meine eigenen Erfahrungen mit Rübenbrot stützen sich außerdem auf Proben aus Westphalen. Das Brot bestand aus $^1/_3$—$^2/_5$ Gewichtsteilen aus Runkelrüben, die teils roh gerieben, teils gekocht, gequetscht unter das Mehl gemischt worden waren. Es war auf dem Lande in einem Bauernbackofen (mit

---

[1]) Buchwald, Die Verwendung von Rüben bei der Bereitung von Roggenbrot. Der Brotfabrikant 1917, Nr. 10, S. 75.

[2]) K. Mohs, Rübenmehl als Streckungsmittel für die Brotbereitung. Zeitschr. f. d. ges. Getreidewesen 1918, Nr. 1 u. 2, S. 3.

[3]) Stern und Röhling, Chemiker-Ztg. 1917, 41, 169.

Holzfeuerung) gebacken und entsprach einem groben, gut durchgebackenen schwarzen Bauernbrot. Etwas feuchter wie normal, hatte es doch eine poröse Beschaffenheit und schmeckte recht gut. Rübengeschmack konnte nur herausgefunden werden, wenn man die Zusammensetzung wußte. Versuche, die ich selbst damit anstellen wollte, scheiterten, da ich größere Mengen nicht erhalten konnte. Das Brot wurde nach Ostern 1918 angefertigt.

Untersuchungen über die Ausnützung von Rübenbrot liegen noch nicht vor, dagegen hat Rubner[1]) sich eingehend mit der Verdaulichkeit der Kohlrübe beschäftigt.

Die Zusammensetzung der Kohlrüben scheint einem ziemlichen Wechsel zu unterliegen, was aus drei bei Rubner angegebenen Analysen aus verschiedenen Perioden hervorgeht.

In der Trockensubstanz war enthalten:	Analyse nach König:	Analyse nach Rubner: I	II
Asche	6,66	3,77	5,16
Organisches	93,34	96,23	94,84
N-Substanz	12,46	7,12 $(= 1{,}14\,g\,N)$	8,49 $(= 1{,}36\,g\,N)$
N-freie Extrakte	66,28 (inkl. Zucker)	—	—
Zucker	27,16	—	—
Reinprotein	—	3,19	—
Fett	1,62	1,50	1,49
Rohfaser	12,94	—	—
Kalorien	—	396,3	408,5
Pentosan	—	—	7,41
Zellmembran	—	—	22,19 mit 4,59 Pentosan
Zellulose	—	—	12,21
Restsubstanz	—	—	6,01

Der Wassergehalt ist sehr hoch und beträgt 88,9% bzw. 90,7%. Von dem N sind 35—55% nicht proteinartige Substanzen. Der Zellmembrangehalt ist groß und beträgt das Zwei- bis Dreifache des Zellmembrangehaltes des Brotgetreides. Dementsprechend ist auch viel Zellulose vorhanden. Die Hälfte des Pentosans ist in der Zellmembran enthalten.

Die 2 Versuchspersonen erhielten 5 bzw. 7 Tage lang die Rübenkost mit etwa 1500—2000 g Rüben. Trotz der großen Mengen wurde der tägliche Nahrungsbedarf doch nur zu $^1/_4$ gedeckt, da die Trockensubstanz ja nur ca. 10% betrug.

Die Ausnützung konnte im allgemeinen nicht als günstig bezeichnet werden und muß bei verholzten Rüben noch schlechter sein, da der Verlust der ganzen Substanzmenge im Kot etwa $^1/_5$ beträgt. Es gingen im Mittel unresorbiert verloren:

von der organischen Substanz	16,1 %
vom N	66,2 %
von Pentosen	11,7 %
„ den Kalorien	21,95%
Der Verlust an Zellmembran betrug	17,4 %
„ Zellulose	17,4 %
„ Pentosan der Zellmembran	9,4 %
„ Restsubstanz	31,2 %
„ freiem Pentosan	14,7 %

---

[1]) Rubner, bereits zit. auf S. 244, Anm. 1.

Im Gegensatz zur Zellmembran der Kleie des Brotgetreides ist die Verdaulichkeit der Zellmembran der Kohlrübe günstig, auch die Zellulose und das Pentosan wird reichlich verdaut. Nur die Restsubstanzen stehen ziemlich nach. Außerordentlich ungünstig verhält sich die Verdaulichkeit des N. Da 66,2% verlorengehen, so kann man von einem Nutzeffekt des Eiweißes praktisch überhaupt kaum reden. Das Protein-N wird in den Zellmembranen sehr festgehalten und es scheint, daß um so mehr N zurückbleibt, je proteinärmer die Zellen sind.

Nach diesen Erfahrungen ist nicht anzunehmen, daß sich die Rübenbrotverdauung in irgendeiner Beziehung besser stellen sollte, und man wird daher vom ernährungsphysiologischen Standpunkte das Rübenbrot nur gelten lassen können, wenn keine besseren Streckmittel mehr vorhanden sind.

2. Brote aus Rübenbestandteilen: Zucker, Sirup und Melasse.

Bei ihren Versuchen mit frischen Zuckerrüben und Zuckerrübenmehl haben M. P. Neumann und Fornet[1]) auch den Zucker, den Sirup und die Melasse mit einbezogen. Es wurden Roggenbrote mit Rohzucker und Weizenbrote mit Raffinade gebacken. In einer Versuchsreihe erhielt das Roggenbrot außer 5% Zucker noch 10% Kartoffelmehl.

Sämtliche Brote waren nach Aussehen und in backtechnischer Beziehung einwandfrei. Sehr ansprechend, wie bei allen zuckerhaltigen Gebäcken war die Kruste geraten, Porenbildung, Krume und Geruch ließ nichts zu wünschen übrig. Der Geschmack wurde bei einem Versuch in größerem Maßstabe an einigen hundert Personen als süß bezeichnet, allerdings mit der Einschränkung, daß bei dunklen Mehlen durch die immer stärkere Säuerung das Süße fast vollkommen verdeckt befunden wurde. Bei Zusatz von Kartoffelstärkemehl zum Zuckerbrot tritt ein schnelleres Altbackenwerden der Brotkrume ein.

Weizenmehlgebäcke mit einem Zusatz bis zu 5% verhielten sich wie Roggenzuckerbrote. Bei einem Zusatz von etwa 7% fiel das Brot zäher und pappiger aus. Dann trat auch ein unangenehm süßer Geschmack auf.

Mit flüssiger Raffinade wurden die gleichen Resultate erzielt, dagegen zeigten sich Zusätze von dunklen Speisesirupen und Melassen weniger geeignet. Sie geben den Broten einen eigenartigen Geruch und Geschmack und könnten nur empfohlen werden, wenn es die Lage dringend erfordert. In jedem Falle darf die Menge 3—5% nicht übersteigen.

Jelinek[2]) hat in Anbetracht dessen, daß in Österreich der Zucker der Steuer unterlag, der Invertzucker aber nicht, versucht letzteren zur Brotstreckung zu verwenden. Er stellte Brote her aus Roggen-Weizenmehl mit 5% Rohzucker und zum Vergleich Brote mit einem Zusatz von 6,25% eines 80proz. Invertzuckersirup. Die Brote fielen sehr gut aus auch in geschmacklicher Beziehung. Das Invertzuckerbrot wurde noch angenehmer gefunden, weil der süße Geschmack mehr zurücktrat. Bei Invertzuckerzusatz muß der Salzgehalt wesentlich erhöht werden, da der Zucker den Salzgeschmack zurückdrängt.

---

[1]) M. P. Neumann und Fornet, bereits zit. auf S. 244, Anm. 2.
[2]) Jelinek, Zuckerzusatz beim Brotbacken. Böhm. Zeitschr. f. Zuckerindustrie 1915, **39**, 281. Mitgeteilt von Stoklasa, Das Brot der Zukunft. Fischer, Jena 1917, S. 90.

Die Zuckerarten können als eigentliche „Streckmittel" des Brotes natürlich nicht angesehen werden, sondern eher als Backhilfsmittel, wozu der Zucker früher auch schon gedient hat; trotzdem wird man — vorausgesetzt, daß in den Zeiten der Not genügend Zucker vorhanden ist — den Zusatz billigen können, da die Zuckerarten als leicht resorbierbare Kohlehydrate den kalorischen Wert des Brotes erhöhen. Man darf aber den Wert dieses Zusatzes nicht überschätzen und glauben wollen, daß das Zuckerbrot alles andere in den Schatten stelle.

Solche überschwenglichen Angaben sind im Kriege bei der Empfehlung von Zuckerbrot aber auch gemacht worden.

In einem Artikel der Kölner Zeitung vom 1. September 1915, Nr. 885, konnte man lesen, daß die Kgl. Regierung zu Koblenz mit einer „neuen Art Brot", einem mit Zucker versetzten Roggenbrot, habe Versuche anstellen lassen, die nach einer Zuschrift des Regierungspräsidenten vom 17. August 1915 bestätigt hätten, „daß das Roggenzuckerbrot als ein schätzenswertes Volksnahrungsmittel zu begrüßen sei". Hiergegen kann nicht viel eingewendet werden, obwohl ein süßes Brot kaum von allen Volksschichten dauernd gern genommen werden würde und daher der Begriff des „Volksnahrungsmittels" wohl zu weit gefaßt ist.

Im Anschluß daran wurde aber die Bemerkung geknüpft — der Autor dieser Bemerkung ist nicht genannt — „daß das Zuckerroggenbrot nahrhafter, nachhaltiger im Kräftespenden als gewöhnliches Roggenbrot sei, es eigne sich für manche Zwecke vorzüglich, auch für angestrengt beschäftigte schwerarbeitende Leute, denen sonst ein Zumaß an Brot zugebilligt werden muß".

Hier liegt aber ein arger Trugschluß vor. Es fehlt das quantitative Denken.

Man muß im Auge behalten, daß die zum Brot zugesetzte Zuckermenge doch relativ klein ist. Die zu jener Zeit ergangene Bundesratsverordnung gestattete nur 5% des Teiggewichtes durch Zucker zu ersetzen, und so erhielt jede Person — bei der Rationierung des Brotes auf 250 g — 14 g Zucker[1]) pro Tag, gleichsam als Zulage. 14 g Zucker sind aber nur = drei Stück Würfelzucker und ergeben bei der Verbrennung im Organismus 57,4 Kalorien. Es dürfte auch jedem Nichtfachmann einleuchten, daß drei Stück Zucker pro Tag die „Kräftespendung" kaum „nachhaltig" zu beeinflussen vermögen, und daß gar für angestrengt beschäftigte schwerarbeitende Leute 57 Kalorien so gut wie nichts sind. Denn ein Schwerarbeiter bedarf an Stelle von ca. 3000 Kalorien (für den leichtbeschäftigten Mann) mindestens 4000 Wärmeeinheiten pro Tag und demgegenüber sind 57 Kalroien nur eine Bagatelle.

Wie wertvoll der Zucker als Nahrungsquelle auch ist, so darf man doch von so kleinen Mengen nicht zuviel verlangen.

Im übrigen hat das Zuckerbrot gar keine größere Verbreitung gefunden und auch nicht finden können, da die Zuckermengen schon Ende 1915 immer geringer wurden und die Bevölkerung froh war, wenn sie auf Karten überhaupt noch ein wenig Zucker für den Haushalt bekam.

---

[1]) 280 g Teig entsprechen 250 g Brot.

VIII. Brote aus Rhizomen.

1. Queckenbrot.

Die Quecke, Triticum repens, ist bekanntlich eines der lästigsten und kaum ausrottbaren Unkräuter. Die Ausläufer, Rhizoma graminis, waren früher offizinell und wurden für Tee und zur Bereitung eines Extraktes gebraucht. Abgesehen von der technischen Bearbeitung zu Bürsten gab man sie als Futtermittel den Schafen zum „Durchfressen", weil darin gute Nährstoffe vorhanden sein sollten. Für die menschliche Ernährung war die Quecke nur zu Zeiten der Hungersnot herangezogen worden und hatte als Brotstreckmittel gedient. Als man im Kriege auf die Suche nach neuen Streckmitteln ging, wurde nunmehr auch auf die Quecke wieder aufmerksam gemacht.

In einem Artikel in der illustrierten Landwirtschaftlichen Zeitung[1]) teilt Strecker die Verfahren mit, nach denen in Leipzig - Lindenau nach dem System von v. Fehrentheil die Quecken in gewaltigen Mengen verarbeitet werden. Man befreit zunächst die Wurzelstöcke von der Erde durch Schütteln, darauf werden die Ausläufer gedroschen und dann getrocknet. In diesem Zustande dient das „Queckenheu" als Futtermittel. Der Gehalt an Eiweiß soll 10,37%, an verdaulichem Eiweiß 4,93%, an Fett 1,36% betragen (wohl in der Trockensubstanz?), also einem guten Wiesenheu ähnlich sein.

Für die menschliche Ernährung, für die es nach Strecker auch in Frage käme, wird das Material gehäckselt, auf Darren getrocknet, dann gemahlen und das Mehl durch Sichtmaschinen in verschiedene Mehlsorten geteilt, die dann zu Gebäcken aller Art und Brot Verwendung finden können. Über die Brotbearbeitung und praktische Verwendung von Queckenbrot ist nichts mitgeteilt. Auch über die Ausnützung ist nichts angegeben. Es wird nur darauf hingewiesen, daß beim Queckenmehl durch die feine Zerkleinerung „die Nährstoffe für die Verdauungssäfte freigelegt" würden. Darüber darf man sich aber nicht allzu großen Hoffnungen hingeben, denn wir wissen aus der Besprechung über die Kleie, daß auch eine weitgehende Pulverisierung nicht viel leistet, wenn der Rohfaser- bzw. Zellmembrangehalt des vegetabilischen Materials sehr hoch ist, was bei der Quecke zweifellos der Fall ist.

Ein wirkliches Queckenbrot habe ich selbst in der Hand gehabt und probiert. Es wurde mir von Herrn Prof. P. Schmidt - Halle zugesandt. Es bestand aus 70% Roggenmehl, 10% Gerstenmehl und 20% Queckenmehl, hatte das Aussehen eines dunklen Roggenbrotes und zeigte keinen besonders hervortretenden Geschmack. Um Versuche damit anzustellen, war die Probe zu klein. Ob Ausnützungsversuche und Analysen mit diesem Brot von anderer Seite angestellt und ausgeführt worden sind, ist mir nicht bekannt geworden. Ich habe aber auch andererseits nichts davon gehört, daß Queckenbrot eine weitere Verbreitung gefunden hätte.

Von anderen Wurzelstöcken haben auch die Rhizome des Adlerfarnes, Pteridium aquilinum Kuhn, Verwendung zu Brot gefunden, und als aus-

---

[1]) Strecker, Ein Unkraut — als Nahrungsmittel. Illustr. landwirtschaftl. Ztg. 1917, Nr. 83/84, S. 517.

sichtsreich für diesen Zweck sind auch die Rhizome vom Rohrkolben, Typha latifolia Linné genannt worden.

Beim Adlerfarn handelt es sich allerdings nicht um Brotherstellung in Deutschland. Da das Material aber doch für Kriegsbrote in Betracht kam, so soll die Tatsache hier, wenn auch mehr als Kuriosum, mitgeteilt werden. L. Kofler in Wien[1]) berichtet, daß die Wurzelstöcke vom Adlerfarn in Bosnien für die Brotbereitung verarbeitet wurden und daß auf den Genuß dieses Brotes, das wahrscheinlich reichlich Material davon enthielt, einige Fälle von tödlichen Vergiftungen zurückgeführt werden mußten.

Die Rohrkolbengewächse enthalten in ihren Rhizomen, besonders im Herbst und Winter reichlich Stärke, die wie Leunis[1]) mitteilt, schon von jeher von den Kalmücken zur Nahrung verwendet wurde und ebenso in Asien, Neuseeland und Nordamerika benützt wird. Dinter (bei Kofler)[2]) nimmt nun an, daß sich besonders aus den in der sächsischen Oberlausitz befindlichen großen Teichen hunderttausende von Zentnern gedörrter Typha-Rhizome gewinnen ließen. Loges (bei Thoms)[3]) fand in den getrockneten Wurzelstöcken, die im Winter gesammelt wurden 46,06% Stärke, so daß die Ausbeutung wohl lohnen könnte, besonders da die Stöcke zu nichts anderem verwendbar sind.

IX. Brote aus fruchtlosen Pflanzenteilen.

1. Holzmehlbrote.

Die Frage nach der Verwendung von Holz zur Brotbereitung ist immer wieder akut geworden, wenn es sich um Zeiten handelte, in denen die Beschaffung von Getreidebrot in äußerstem Maße erschwert war, d. h. in Hungersnöten und zu Kriegszeiten. So wissen wir z. B. sicher durch F. Autenrieth[4]), daß in den Hungerjahren 1816—1817 in Deutschland und 1834 bei der herrschenden Hungersnot in Rußland Sägemehl im Brot verbacken wurde.

Die Verwendung des Holzes als menschliches Nahrungsmittel lag insofern nahe, als bekanntlich manche Holzstoffe als Futter für Tiere benützt werden. Ich erinnere hier nur an die sog. Reisigfütterung im Frühjahr, durch die viele Waldtiere ihre Nahrung finden, ebenso wie auch jetzt noch Ziegen, Schafen, auch Pferden an manchen Orten frisches Reisig zum Futter beigegeben wird. Besonders verwendet man gern junge Zweige von Linden, Ahorn, Buche, Erle, Birke, Haselnuß u. a. m.

Irgendwelche sichere Anhaltspunkte, bis zu welchem Grade diese Stoffe im tierischen Organismus ausgenützt werden, hatte man freilich damals nicht, und es ist erst späteren Fütterungsversuchen vorbehalten geblieben, zu zeigen, daß in manchen Hölzern nicht unbeträchtliche Nahrungsstoffe schlummern.

---

[1]) Leunis, Synopsis des Pflanzenreiches. II. Bd. 1885, S. 901.

[2]) Ludwig Kofler, Typha als Stärkepflanze. Zeitschr. f. Unters. d. Nahr.- u. Genußmittel 1918, **35**, 266.

[3]) Thoms, Die Wurzelstöcke der Typhaarten (Rohrkolben) als Viehfutter. Berliner deutsche pharmazeut. Gesellschaft 1916, **26**, 179.

[4]) J. H. F. Autenrieth, Gründliche Anleitung zur Brotbereitung aus Holz. 1. Aufl. 1816, 2. Aufl. 1834.

In neuester Zeit warf der Krieg diese Frage nach dem Nährwert des Holzes wiederum auf, und es hat namentlich G. Haberlandt[1]) in einem Vortrage am 11. März 1915 sehr interessante Mitteilungen darüber gemacht, welche Nährstoffe die verschiedenen Bäume aufweisen[2]). Das Hauptreservoir dieser Stoffe und zwar von Stärke, Zucker, Fett bzw. Öl ist der Splint, von welchem im Frühjahr unter Bildung von Zucker aus der Stärke die jungen Zweige mit ihren Blatt- und Blütenknospen versorgt werden. Im Winter sind einzelne Baumarten, z. B. Ahorn, Eichen, Pappeln, Buchen, Ulmen reich an Stärke, andere wieder, z. B. Erlen, Linden und Birken enthalten im Winter etwas Öl, welches aber Ende des Winters in Stärke zurückverwandelt wird.

Am wertvollsten würden demnach die Hölzer von Bäumen sein, denen das nährstofflose Kernholz fehlt und die nur Splintholz enthalten, wie z. B. die Birken, die Ahornarten, die Pappeln usw. Dagegen würden alle Hölzer, welche Harze und Bitterstoffe führen, etwa wie die Nadelhölzer, von vornherein von einer Verwendung ausgeschlossen werden müssen.

Es war nun die Frage, ob im konkreten Falle das Holz geeigneter Bäume für die menschliche Ernährung herangezogen werden sollte. Man wußte zwar, daß die holzigen Bestandteile der Pflanzen von pflanzenfressenden Tieren genügend gut im Organismus verwertet werden, aber daß Fleischfresser Rohfaser verdauen könnten, wurde bisher, so z. B. von Voit, Hoffmann, Knieriem (zit. bei Rubner) abgelehnt.

Nach Rubner[3]) ist diese Anschauung aber nunmehr unhaltbar. Rubner hat in letzter Zeit in einer Reihe von Untersuchungen nachgewiesen, daß vom Organismus des Hundes Holz nicht unerheblich aufgelöst wird.

Seine Versuche befaßten sich im wesentlichen mit Birkenholz, das in sehr feingeschliffener Form zur Verwendung kam.

Es enthält 7,32% Wasser. In der Trockensubstanz finden sich:

N-Gehalt	0,36%
Rohprotein	2,25%
Fett	0,4 %
Asche	8,3 %
Weender Zellulose	58,1 %
asche- und pentosanfreie Zellulose	33,16%
Pentosen	32,7 %
N-freie Extrakte	30,2 %

Der Hund bekam 1000 g Fleisch unter Beifügung von 75 g Birkenholzmehl, das er anstandslos vertrug. Die Resultate waren nun insofern überraschend, als nicht weniger als 40,5% Zellulose verdaut wurden. Die einzelnen

---

[1]) G. Haberlandt, Der Nährwert des Holzes. Vossische Ztg. Nr. 146 v. 20. III. 1915.

[2]) Walter Rasch, Der Nährwert des Holzes. Zusammenfassende Übersicht mit Literatur nach Haberlandt. Zeitschr. f. d. ges. Getreidewesen 1915, Nr. 5, S. 130.

[3]) M. Rubner, I. Die Zusammensetzung des Birkenholzes. Archiv f. Anat. u. Physiol. (physiol. Abt.) 1915, S. 72—83. — II. Untersuchungen über die Resorbierbarkeit des Birkenholzes. Ebenda 1915, S. 84—104. — III. Die Verdaulichkeit des Birkenholzes bei wechselnden Mengen der Zufuhr. Ebenda 1915, S. 104—119. — IV. Weitere Untersuchungen über die Resorbierbarkeit des Birkenholzes. Ebenda 1915, S. 152—160. — V. Die Verdaulichkeit des durch Säure aufgeschlossenen Holzmehles von Koniferen. Ebenda 1916, S. 41—60. — VI. Weitere Untersuchungen zur Verdaulichkeit des mit Säuren aufgeschlossenen Holzmehles. Ebenda 1917, S. 20.

Komponenten des Holzes, die Pentosen und die Zellulose wurden aber nicht in gleichem Maße angegriffen. Von den Pentosen waren 43,2% resorbiert worden. Eine Stickstoffvermehrung im Kot konnte nicht nachgewiesen werden.

Im Hinblick auf dieses Ergebnis könnte man unter Umständen geneigt sein, Birkenholz im Notfalle auch dem Menschen zuzuführen, doch hielt es schon Rubner aus einem anderen Grunde für zweckmäßig, dasselbe vorläufig nicht zum Genuß zu empfehlen. Bei Verfütterung von Holzmehl (schon 50 g zu 1000 g Fleisch) neigt die unverdaute, aus verfilzten Holzfasern bestehende Masse im Darm zu Knollenbildungen, sie ist knochenähnlich hart und offenbar imstande, den Darm zu reizen[1]), denn es trat bei einem Versuch beim Hunde Blut im Kote auf, woraus Rubner mit Recht schloß, daß die Grenze des Ertragbaren erreicht war. Er bezeichnet es infolgedessen auch geradezu als untunlich, Versuche am Menschen anzustellen.

Rubner prüfte dann weiterhin die Frage, wie sich sogenanntes „aufgeschlossenes" Holz beim Fleischfresser verhielt. Es ist bekannt, daß die Holzfaser mittels Alkalien und Säuren bis zu einem gewissen Grade verändert wird. Durch Einwirkung von Salzsäure entsteht die Hydrozellulose, die technisch weiter verwendet wird. Möglicherweise konnten nun durch diesen Eingriff die Holzzellen so „aufgeschlossen" werden, daß die darin eingebetteten Nährstoffe der Verdauung leichter zugänglich wurden oder wenn der Effekt ausblieb, konnte auch unter Umständen die Verdaulichkeit der Zellulose selbst leiden. Jedenfalls hatte man keine Kenntnis, wie sich derart behandeltes Birkenholz beim Fleischfresser verhielt.

Das von Rubner verwendete Holz war folgendermaßen zusammengesetzt (in 100 Teilen Trockensubstanz):

	mit HCl behandeltes Birkenholz	unbehandeltes Birkenholz
Asche	2,62%	8,3 %
N-Gehalt	0,27%	0,36%
Rohprotein	1,68%	2,25%
asche- und proteinfreie Zellulose	24,35%	33,16%
Pentosen	10,88%	32,7 %

Man sieht, daß das Birkenholz bei der Einwirkung von Salzsäure eine nicht unwesentliche Veränderung erlitten hat, denn gegenüber dem nicht behandelten Birkenholz haben alle Werte abgenommen. Pentosen sind in erheblicher Menge zerstört worden.

Der Versuchshund erhielt pro Tag 70 g aufgeschlossenes Holz + 1000 g Pferdefleisch. Die Wirkung war im ganzen ungünstig. Die N-Ausscheidung zeigte sich vermehrt, von Pentosen gingen 68,07% zu Verlust (im normalen Holz nur 55,4%), die Zellulose blieb fast ganz unversehrt = 100% (im normalen Holz nur 60,78%). Außerdem waren Reizungen im Darm vorhanden, so daß mit der Aufschließung irgendein Vorteil nicht verbunden schien.

a) Brote aus Fichtenholz.

Rubner stellte endlich noch Versuche mit Fichtenholz an, welches mit etwas Kiefernholz vermischt und ebenfalls einer Salzsäurebehandlung unterzogen worden war.

---

[1]) Vgl. auch meine Erfahrungen mit Strohmehlbrot im Abschnitt „Strohmehlbrot" S. 256 u. ff.

Aber auch hier traten dieselben Erscheinungen auf, wie bei dem mit Salzsäure behandelten Birkenholz. Die Kotmassen waren ebenso hart, der Kot enthielt sehr viel Zellulose und Zellmembran und unterschied sich nicht sehr viel von der eingeführten Substanz, auch übte das Holzmehl eine störende Reizung auf den Darm aus. Die Säurebehandlung hatte also den Nutzeffekt ebenfalls herabgesetzt.

Damit dürfte, so lange man die Zellulose nicht in andere Form überführen kann, die Ernährung mit Holz für den Menschen als untauglich abzulehnen sein.

Nichtsdestoweniger sind in neuerer Zeit auch einige Versuche mit Holzbrot am Menschen gemacht worden. Abgesehen von der Probe, von welcher Haberlandt (l. c.) berichtet, bei der er aus gleichen Teilen Roggen- und Weizenmehl (50 und 25 g) und 75 g grobem Birkenholz mit etwas Milch und Hefe ein „lockeres Brot" herstellte, daß ihm „gut mundete", ist mir zunächst noch ein Fall durch Zuschrift bekannt geworden, wo von G. Kayser in Kasimirsburg Holzbrot gebacken wurde. Kayser berichtete, daß in seiner Gegend 1815—1817 ganz allgemein Buchenrinde und Buchenholz zerkleinert verbacken worden ist, aber nur um das Brot zu „verlängern". „Ob es Nährwert hatte oder nicht, spielte keine Rolle, denn man brauchte es nur zur Füllung des Magens, zur Stillung des Hungers und man griff zu allem, so auch zu getrockneter Quecke."

Sein neuerdings gebackenes Brot bestand aus 5—10% Holzmehl, ca. 20% Kartoffelmehl und 70% Roggenschrot. Die Probe, die ich erhielt, war zu klein, um Versuche damit anzustellen. Das Holzmehl, das ich gesandt bekam, war einem groben Sägemehl gleich. Auf Grund der üblen Erfahrungen, die ich bei den später zu besprechenden Versuchen mit Strohmehlbrot gemacht hatte, sah ich jedoch von Versuchen mit dem Sägemehl ab.

In jüngster Zeit haben Heinrich Mohorčič und Wilh. Prausnitz[1] über die Verwendung des Holzes zur Herstellung von Kriegsbrot berichtet. Es handelte sich um Brot, welches auf Veranlassung des Oberforstrates Dr. Iugovitz mit einem Zusatz von 20—30% „Holzschliff" hergestellt worden war und in Bruck in Steiermark als „Brucker Brot" verkauft wurde. Der Holzschliff wurde in der in Bruck befindlichen Papier- und Zellulosefabrik angefertigt und stammte von Fichtenholz.

Der Holzschliff enthielt:

Wasser	92,5 %
N-Substanz	0,016%
Pentosane	0,82 %
Organische Substanz	7,41 %
Zellulose	3,96 %
Asche	0,087%

5 kg feuchter Holzschliff, 5 kg Roggenmehl, 1,5 kg Maismehl, 0,15 kg Salz und 5 kg „Dampfe" (Sauerteig aus Weizenmehl) ergaben beim Backen 10 Brote zu 1,6 kg und 1 Brot zu $\frac{1}{2}$ kg, so daß das fertige Brot

---

[1] H. Mohorčič und W. Prausnitz, Die Verwendung des Holzes zur Herstellung von Kriegsbrot. Archiv f. Hygiene 86, 220.

43,81% Wasser
1,00% N-Substanz
4,11% Pentosane
54,36% Organische Substanz
1,69% Zellulose
und 1,83% Asche

enthielt. Holzschliff war darin 23,72% in feuchtem Zustande = 1,78% Trockensubstanz. Nach den Angaben von Mohorčič und Prausnitz hatte das Brot ein tadelloses Aussehen, war „sättigend" und schmackhaft, wenngleich ihm ein spezifischer und ungewohnter Geschmack anhaftete. Weniger empfindliche Personen schmeckten das Holz überhaupt nicht heraus.

In Bruck sollen eine zeitlang 50 Kriegsgefangene mit „Brucker Brot" verköstigt worden sein, von denen einer Magenbeschwerden verspürt haben soll. Andere haben das Brot aber einige Tage lang ohne Störung genossen.

Die Untersuchungen über die Ausnützung am Menschen wurden an drei Männern ausgeführt, von denen einer 1818 g, die beiden anderen 2500 g Holzbrot je 3 Tage lang erhielten. Zum Vergleich bekamen sie in der folgenden Periode „normales" Brot ohne Holzzusatz.

Es zeigte sich, daß in der Holzbrotperiode 57 bzw. 67% mehr Kottrockensubstanz ausgeschieden wurde als in der Normalbrotperiode. Die Folge war auch eine vermehrte Darmsaftausscheidung, wobei N-Verlust eintreten mußte.

Die Verf. kommen daher ganz zu demselben Schluß wie Rubner, daß der Zusatz von Holz zum Brot als unzweckmäßig abzulehnen sei.

Auffallenderweise findet sich keine Mitteilung darüber, wie die Beschaffenheit des Kotes gewesen ist. Es ist aber anzunehmen, daß die Verhältnisse hier ebenso gelegen haben, wie bei dem Holzbrotkot in Rubners Hundeversuch.

Da Holzmehl als Streumehl für Brote zugelassen ist, so ist nicht zu verwundern, daß hier und da aus „Übereilung" auch „etwas" ins Backmehl gerät und damit eine Verfälschung des Brotes begangen wird. Rubner[1]) erwähnt einen Fall, in dem er Holzmehl als Verfälschung in einem Honigkuchen fand.

b) Brote aus Buchenholz.

Dieses neue Brot wurde am 7. April 1915 im wissenschaftlichen Verein der Ärzte Stettins von Gehrke[2]) vorgeführt und empfehlend besprochen. Als Ausgangsmaterial diente Buchenholz, dessen Sägemehl noch auf einem Mahlgang in technisch höchstmöglichster Feinheit pulverisiert worden war. Das Brot bestand aus 70% „Kommißmehl" (wahrscheinlich ein zu 85% ausgemahlenes Roggenmehl), 10% Kartoffelstärke, 10% Kartoffelflocken und 10% Buchenholzmehl.

Wie berichtet wird, ergab sich ein „außerordentlich schmackhaftes Brot", daß von verschiedener Seite vorzüglich beurteilt und von Gehrke selbst lange Zeit ausschließlich genossen wurde. „Ernährungsversuche" sollten die Brauch-

---

[1]) M. Rubner, Archiv f. Anat. u. Physiol. (physiol. Abt.) 1916, S. 53.
[2]) Gehrke, Demonstration von Brot, das mit Zusatz von 10% Buchenholzmehl hergestellt ist. Berl. klin. Wochenschr. 1915, Nr. 36, S. 931.

barkeit des Brotes erbringen. Man stellte sie in der Weise an, daß 30 Personen neben ihrer sonstigen Nahrung noch 400 g Brot mit Holzmehl bekamen, andere 30 Personen dagegen zu ihrer gewöhnlichen Nahrung 400 g des „üblichen" Brotes (Angaben über die Zusammensetzung fehlen!) genossen. Am Ende der Versuchszeit nach 11 Tagen hatte der „größte Teil" der mit Buchenholzbrot genährten Leute 0,2—3,1 kg zugenommen, die übrigen hatten 0,1—1,4 kg an Gewicht verloren. Diejenigen, welche das übliche Brot aßen, nahmen z. T. 0,1—0,6 kg zu, andere 0,1—2,2 kg ab. Demnach hätte das Buchenholzbrot im ganzen eine Zunahme des Körpergewichtes bewirkt.

Ganz abgesehen davon, daß wir hier nichts über den Gehalt der dem Brot beigegebenen „gewöhnlichen" Nahrung, die vielleicht allein schon die Körpergewichtsunterschiede erklären läßt, wissen, beweisen derartige „Ernährungsversuche" für die Brauchbarkeit des Buchholzmehles als Streckmittel gar nichts. Nur die Tatsache, wie das Buchenholzmehl selbst ausgenützt wird bzw. wie es die Ausnützung des Brotes beeinflußt, kann uns Auskunft über die Zweckmäßigkeit seiner Verwendung geben. Darüber wird aber nichts mitgeteilt. Es erscheint ganz ausgeschlossen, daß 40 g Holzmehl pro Tag eine Körpergewichtszunahme innerhalb 11 Tagen veranlassen könnten, selbst wenn das Holz bis zu einem gewissen Grade im Organismus verwertet würde.

Die vorgeschlagene Streckung des Brotes mit derartigem Zellulosematerial hat denn auch bei der Diskussion in der damaligen Sitzung Bedenken erregt. Es wurde nebenbei errechnet, daß bei Benützung eines solchen Brotes täglich 3 g Eiweiß und 32 g Kohlehydrate weniger (= 135 Kalorien) aufgenommen würden, ohne entsprechende Verbilligung des Brotes. Das könne von ärztlicher Seite aber nicht befürwortet werden. Es war vom Vortragenden zwar in Aussicht gestellt worden, durch Versuche zu zeigen, „inwieweit das für die Backzwecke verwendete Holzmehl wirklich verdaut" wird, doch stehen dieselben bis heute noch aus.

In erneuter Auflage wurde das Buchenholzbrot noch einmal 1918 von Salomon[1]) versucht. Man setzte dem Brot 10 und auch 20% feingemahlenes Buchenholzmehl zu und erhielt damit angeblich ein gutes Brot. Es sollte sogar, wenn es nicht in zu großer Menge genossen würde, zur Bekämpfung hartnäckiger Verstopfung dienen können. Die beim Genuß derartiger zellulosereicher Materialien gemachten Beobachtungen, daß die Kotmassen knollig hart und verfilzt werden, konnte Verf. wohl auch bestätigen, doch traten sie auch bei 20% Zusatz noch nicht in „beängstigendem" Maße auf. Daß die Ausnützung der übrigen Nahrung und der Brotbestandteile unter dem Einfluß des Buchenholzmehles gelitten hätte, konnte er in nennenswertem Umfange nicht beobachten. Das Gesamturteil lautete schließlich dahin, daß das Buchenholzmehl ein brauchbarer Brotmehlersatz nicht sei.

Man würde aber auch dringend davor warnen müssen, dieses Brot, welches zweifellos sehr unangenehme Darmreizungen hervorbringt, auch nur als Medikament gegen Verstopfung zu verwenden.

Bei allen Berichten über das Holzfaserbrot ist wiederum auffällig, daß das Brot angeblich stets „gut" war, „vorzüglich" mundete und trotzdem

---

[1]) Salomon, Über Holzbrot und seine Verdaulichkeit. Die Mühle 1918, Nr. 5. Nach einem Referat in der Zeitschr. f. d. ges. Getreidewesen 1918, Nr. 3, S. 40.

keine dauernde Verwendung fand. Es ist eben etwas ganz anderes, ob man von derartig frischgebackenem Brot nur eine kleine Probe kostet und vielfach dabei auch unter einer gewissen Suggestivwirkung steht, oder ob man in sehr realer Weise gezwungen ist, längere Zeit hindurch große Mengen pro Tag verzehren zu müssen.

2. Strohmehlbrote.

a) Friedenthals Strohmehlbrot.

Von den in der Kriegszeit verwendeten Brotstreckmitteln hat wohl keines so viel von sich reden gemacht, wie das Strohmehl.

Wenn man Stroh auch in früherer Zeit der Bedrängnis schon zu Brot verwandte, so geschah dies doch in der ursprünglichen — grob zerkleinerten — Form, während es sich im vorliegenden Falle um ein aus Stroh hergestelltes Pulver handelte. Insbesondere wurde von Hans Friedenthal in nachdrücklichster Weise auf dieses Strohmehl als Brotstreckmittel hingewiesen und dasselbe zum Gegenstande einer eifrigen Besprechung in vielen Schriften, Tageszeitungen und Vorträgen gemacht, von denen ich einige anführe[1-8].

Da seine Ansichten über das Strohmehl auch in wissenschaftlichen Kreisen und zwar mit zielbewußter Sicherheit vorgetragen wurden, so durfte angenommen werden, daß sie das Resultat gründlicher Untersuchungen und genügender Versuchsreihen mit dem neuen Strohmehlbrot wären. Traf das, was Friedenthal vom Strohmehl und Strohmehlbrot angeführt hat, in ernährungsphysiologischer Beziehung zu, so wäre dies in der Tat eine Frage von großer Tragweite geworden, nicht nur für die Ernährungslehre, sondern auch für die gesamte Volksernährung.

Friedenthal empfiehlt das Stroh bzw. das Strohmehl zur Kriegsbrotbereitung nicht nur wegen seines Gehaltes an Nährstoffen, sondern es spielen für ihn auch die unverdaulichen Anteile eine Rolle, da sie als ausgezeichnetes Streckmittel dienen und dadurch andere brauchbare Streckmittel, wie z. B. Kartoffeln ersetzen könnten.

In bezug auf die Nährstoffe sagt er (S. 29)[1]: „Wie zahlreiche Veröffentlichungen in den Tageszeitungen beweisen, ist die Tatsache des hohen Nährgehaltes von Heu und Stroh bisher selbst bis in die Gelehrtenkreise hinein unbekannt geblieben." Ferner S. 15: „Kein Stoff, den der Mensch oder irgend ein Säugetier in der Nahrung nötig hat, fehlt daher im Heu und Stroh." In

---

[1] Hans Friedenthal, Die Nährwerterschließung im Heu und Stroh und Pflanzenteilen aller Art. Reichenbachsche Verlagshandlung, Leipzig 1915.

[2] Derselbe, Über den Nährwert von Heu und Stroh und seine Erschließung für die Ernährung des Menschen und der Haustiere. Die Woche 1915, Nr. 11.

[3] Derselbe, Das Strohmehl und seine Verwendung. Berliner Lokalanzeiger vom 29. IV. 1915, 1. Beiblatt.

[4] Derselbe, Über Strohmehl und seine Verwendung für Backzwecke. Zeitschr. f. ärztl. Fortbildung 1915, Nr. 17 (Vortrag im „Kriegsärztlichen Abend").

[5] Eine neue Quelle der Volksernährung. Berliner Lokalanzeiger vom 26. II. 1915, 1. Beiblatt.

[6] Die Strohtorte. Berliner Tageblatt Nr. 188 vom 14. IV. 1915.

[7] Deutsche Tageszeitung Nr. 102 vom 25. II. 1915.

[8] Berl. klin. Wochenschr. 1915, Nr. 17, S. 451.

der „Woche" l. c. heißt es: „Suppen solcher Mischung — d. h. aus gleichen Teilen Heu- und Strohpulver und Backmehl — haben einen sehr angenehmen Geschmack neben ihrem hohen Nährwert." Und im Berliner Lokalanzeiger vom 26. Februar 1915 1. Beiblatt steht: „Das Stroh steckt voller Nährsubstanzen."

Aber nicht genug damit, es wird sogar dem Publikum klarzumachen versucht (die Woche l. c. S. 366), daß die Kartoffel eine „Armut an Nährstoffen gegenüber auch den ärmsten Stroharten" zeige.

Zum Beweise dafür führt Friedenthal folgende Tabelle an („Die Nährwerterschließung" S. 18):

In %	Eiweiß	Fett	Extraktivstoffe	Zellulose
Maisstroh	5	1,7	34,8	39
Haferstroh	3,8	1,5	36	29
Erbsenstroh	9	1,5	34	36
Linsenstroh	14	2	27	34
Sommerhalmstroh . . .	4—6	1,5—2	37	38
Wiesenheu	9,5	2,5	42	25
Kartoffel	2,1	0,1	21	0,7
Magermilch	4	0,2	4	0

Hiernach würde — betrachtet man die nackten Analysenzahlen — tatsächlich die Kartoffel nur die Hälfte des Strohmehleiweißes, den 10. Teil des Strohmehlfettes, etwa die Hälfte der Extraktivstoffe und den etwa 50. Teil der Strohmehlzellulose enthalten und sie damit nach Friedenthal tatsächlich ärmer an Nährstoffen als das Strohmehl sein.

Diese Art der Auslegung ist aber hier ganz unzulässig und direkt irreführend, da es bei der Beurteilung darauf ankommt, wie sich die Stoffe im Organismus verhalten. So bestehen z. B. die Extraktivstoffe bei den Kartoffeln zum allergrößten Teil aus leicht resorbierbaren Kohlehydraten, während dieselben aus dem Strohmehl nur zum dritten Teil sich chemisch-physiologisch wie Kohlehydrate verhalten. Die Zellulose aber, die im Strohmehl so bedeutende Mengen ausmacht, ist, wie noch weiter unten erörtert werden wird, für den Stoffwechsel ganz wertlos, sogar störend und schädlich.

Nach den Untersuchungen von Juckenack[1]) ergeben sich in der Trockensubstanz von Strohmehl, Roggenmehl und in der Kartoffel folgende Zahlen in Prozent:

	Strohmehl	Roggenmehl	Kartoffel
Mineralstoffe	9,33	1,33	4,36
Rohfaser	38,93	1,54	3,92
Stickstoffsubstanzen	2,27	11,00	7,94
Rohfett	2,12	1,65	0,60
Stickstoffreie Extraktivstoffe	47,25	84,46	83,16
davon Kohlehydrate	16,43	ca. 84,00	72,16

Daraus geht hervor, daß von den für die Ernährung wichtigen Stoffen, dem Stickstoff, im Strohmehl nur 2,27%, in der Kartoffel aber 7,94%, also mehr als dreimal so viel enthalten sind. Von den resorbierbaren Kohlehydraten finden sich im Strohmehl nur 16,43%, in der Kartoffel aber 72,16%, also $4^{1}/_{2}$ mal mehr. Und von den geringwertigen Stoffen, die unverdaulich sind, der Rohfaser, enthält das Strohmehl fast die zehnfache Menge (38,93% im Strohmehl

---

¹) Juckenack, nach einem unveröffentlichten Gutachten.

und 3,92% in der Kartoffel). Von den Mineralstoffen besteht über die Hälfte beim Strohmehl aus unlöslicher Kieselsäure, die also nutzlos den Körper wieder verläßt.

Danach treffen die Angaben Friedenthals über die Nährstoffe im Strohmehl im Vergleich zu den Kartoffeln jedenfalls nicht zu.

Die Beweggründe, die Friedenthal dazu veranlaßten, das Strohmehl als reines Streckmittel zu empfehlen, ergeben sich aus folgenden Bemerkungen (Die Nährwerterschließung, S. 9): „Strecken wir das benutzte Mehl um nur 15% mit feinst verteilter Füllmasse, so werden Hunderttausende von Zentnern Kartoffeln für anderweitige Küchenzwecke frei, ohne daß der Nährwert des Brotes erheblich litte." — „Was den Zusatz selbst angeht," heißt es dann in einer Notiz über den Vortrag Friedenthals im kriegsärztlichen Abend in Berlin (im Bonner Generalanzeiger), „so ist es eine über allen Zweifel festgestellte Tatsache, daß ein solcher aus nicht resorbierbaren Stoffen bestehender Zusatz zur Nahrung sehr nützlich ist" — — — „der normale Verdauungsgang verlangt als Beigabe eine gewisse Menge von Füll- und Ballaststoffen". — — „Auf diesem Grundsatz ist das Friedenthalsche Strohmehlgebäck aufgebaut." — Und im Berliner Tageblatt vom 14. April 1915 steht: „Im wesentlichen kommt es (das Strohmehl) aber nur als Begleitstoff in Betracht, der die Bekömmlichkeit, Schmackhaftigkeit und Verdaulichkeit der mit ihm hergestellten Backware nicht schädigt."

Es wird sich später zeigen, ob diese Angaben über die „günstige" Beschaffenheit des Strohmehles als Streckmittel nicht ebenso irrtümlich sind, wie seine Mitteilungen über den Nährwert derselben.

Auch die Äußerungen über die gute Ausnützung des Strohmehls erregen viele Zweifel. Friedenthal geht dabei von der Tatsache aus, daß die Ausnützung um so besser wird, je feiner das Material gemahlen ist und sagt (Die Nährwerterschließung S. 10): „Wenn wir Heu und Stroh nicht nur als Füllmasse beim Brotverbacken verwenden wollen, sondern die darin enthaltenen Nährstoffe vom Menschen verwerten lassen wollen, muß die Vermahlung der Teilchen viel weiter getrieben werden, als bisher geschehen ist."

Bei der Herstellung seiner Gemüsepulver konnte mit Hilfe geeigneter Maschinen die Zerkleinerung soweit getrieben werden, daß nach seiner Mitteilung (S. 11) die einzelnen Teilchen nur noch eine Länge von 0,09 mm hatten. von Bergmann und Strauch[1]) stellten mit derartigem Material eine Reihe von Ausnützungs- und Stoffwechselversuchen an, die ergaben, daß der „größte Teil des Stickstoffs zur Resorption kam". Die Zellulose des Gemüsepulvers (Bohnen) wurde dreimal so gut ausgenützt wie das frische Gemüse. Auch bei großen Gaben zeigte sich „keinerlei nachteiliger Einfluß auf den Darm".

Da nun, wie Friedenthal angibt (S. 11), „das Heu- und Strohpulver für die Mehrzahl der Teilchen weit kleinere Korngröße als das Gemüsepulver zeigt", so stand für ihn fest, daß das Heu- und Strohpulver mindestens ebenso gut oder noch besser ausgenützt werden würde, denn er sagt (S. 13): „Wir können erwarten, daß Brot mit Zusatz von Heu- und Strohpulver selbst dann besser ausgenützt werden wird bei genügender Feinmahlung, als das

---

[1]) Zit. nach Friedenthal (Die Nährwerterschließung S. 11).

gewöhnliche Kommißbrot mit seinen groben Kleiebrocken, wenn aus dem Strohpulver so gut wie gar nichts resorbiert werden würde."

Das war aber ein Trugschluß! Und wenn Friedenthal mit seinem Strohpulver vorher auch nur einen einwandfreien Versuch am Menschen gemacht hätte — er hat davon nirgendwo etwas berichtet —, so würde er sich haben überzeugen können, daß die Verhältnisse beim Strohmehl ganz anders liegen. Besteht doch schon ein großer Unterschied in der chemischen Zusammensetzung junger Gemüsepflanzen gegenüber den verholzten und verkieselten Teilen des Strohes. Trotzdem werden seine unsicheren Schlüsse verallgemeinert und zugunsten des Strohmehles ins Feld geführt.

So lesen wir (S. 8): „Bei feinster Vermahlung dagegen beeinflußt die Anwesenheit von zerteilten Zellwänden die Aufsaugung der Nährbestandteile nicht." — „Der Zusatz von feinst verteiltem Füllmaterial ohne Nährwert wird daher die Bereitung von Brot ermöglichen, welches besser ausgenützt wird als Brot, bereitet aus hochwertiger Kleie." Sodann steht S. 9: „Bei Darreichung von Strohpulver und feinster Kleie zu anderer Nahrung steigt (beim Hunde) die Verwertung der eigentlichen Eiweißkörper der Nahrung." — „Da der Mensch den Pflanzenfressern in seiner Organisation näher steht als den Fleischfressern, können wir nach diesen Versuchen gar nicht zweifeln, daß feinstverteiltes Strohpulver und feinstverteilte Kleie, gemahlen nach dem Verfahren des Verf. (Friedenthal), die Verwertung des Nahrungseiweißes auch beim Menschen begünstigen würde, und damit Eiweiß sparen ohne Vermehrung der Eiweißzufuhr."

Diese unbewiesene Voraussetzung — es werden übrigens auch für die Hundversuche keine Zahlen angegeben — findet sich noch einmal auf S. 20, und auf S. 34 begegnen wir zum dritten Male der Behauptung, daß „sich der Ansatz beim Menschen nicht anders verhalte wie beim Hunde"[1].

Den Höhepunkt seiner optimistischen Auffassung über den Wert des Strohmehles erreicht aber ein Passus im Berliner Lokalanzeiger vom 26. Februar 1915, 1. Beiblatt. Es heißt: „Das Strohmehl hat schon nichts mehr mit dem Begriff Stroh zu schaffen. Eben dadurch, daß es gemahlen wurde, sind alle Bestandteile, die gerade das Stroh ausmachten, nämlich die harten, unverdaulichen und ungenießbaren Zellhäute, gründlich zerstört. Das sogenannte Strohmehl ist nun nichts anderes mehr als richtiges Getreidenährmehl" (!!).

Es wird nicht überraschen, wenn die Wissenschaft dazu Stellung nahm und die Kritik hier einsetzte. Friedenthal selbst gibt die Auffassung der Gegner in dem Vorwort[2] zu seiner Schrift in folgender Weise wieder: „Gelehrte von Beruf haben Aussprüche öffentlich drucken lassen, daß Stroh keinen Nährwert besitzt oder daß die Nährwerte von Heu und Stroh schon aus physiologischen Gründen für die Menschenernährung nicht in Betracht kämen. Pro-

---

[1] Auch in der „Woche" 1915, Nr. 11, S. 366 steht: „Ernährungsversuche am Hunde (Literatur aber fehlt auch hier!) zeigten, daß die biologische Wertigkeit des pflanzlichen Eiweißes steigt, wenn man der Nahrung Strohpulver hinzufügt. Dies ist gewiß ein unerwartetes Ergebnis der Strohpulverdarreichung bei Hunden, erklärt sich aber aus dem Gehalt der Pflanzenzellen an wichtigen Eiweißbaustoffen."

[2] Die Nährwerterschließung. Reichenbachsche Verlagsbuchhdlg., Leipzig 1915.

fessoren haben sich dahin geäußert, daß die Zermahlung von Kieselsteinen und die Fütterung von Schweinen mit Kohle auf gleicher Höhe ständen mit den Versuchen, die Nährstoffe von Heu und Stroh durch Feinmahlung erschließen zu wollen."

Trotz der gewiß nicht schmeichelhaften Kritik hielt es Friedenthal dennoch für zweckentsprechend, auch über die Backart, den Geschmack und die Bekömmlichkeit des Strohbrots Angaben zu machen, die aber ebenso den lebhaftesten Widerspruch herausfordern mußten.

Er berichtet (S. 8), daß „ein Zusatz von 10—15% feinstvermahlenem Strohmehl zum Brot demselben einen würzigen Geschmack" verliehen habe, auch „könne (S. 13) noch bei Zusatz von 33% Strohpulver zu Kriegsmehl der Geschmack als angenehm bezeichnet werden".

Den bitteren unangenehmen Geschmack, den schon ein 10% Strohmehl enthaltendes Brot zeigt, hat Friedenthal übersehen, wiewohl er selbst (S. 33) — als er aus Strohmehl ein „perlendes" Getränk zu bereiten empfiehlt, „dem man nach Aussehen und Geschmack sehr wohl den Namen ‚Futterbier' erteilen könnte" —, angibt, daß das Strohmehl „genügend Bitterstoffe" enthielte. (Es sei „der Hopfenextrakt daher entbehrlich").

Ferner teilt er mit (S. 32), daß „Haferstrohmehl mit gleichen Teilen Weizen- oder Roggenmehl in Suppenform genossen, ein sehr kräftig und angenehm nach Grünkern schmeckendes Gericht" ergibt. Ebenso soll der Brei, den er seinen Zuhörern vorgesetzt hat und der „nur mit Zusatz von Salz und Fett bereitet war"[1], „das höchste Erstaunen jedes Feinschmeckers erregt" haben.

Im Berliner Lokalanzeiger vom 21. April 1915 ist zu lesen, daß — hier handelte es sich offenbar um einen Versuch „größeren Stiles" — „mehrere Kilogramm solcher Präparate (gebackenes Strohmehl) an viele Dutzende von gesunden Personen" verteilt und wochenlang ohne jede schädliche Nachwirkung mit „gutem Appetit" genossen wurden.

Leider ist hier nichts mitgeteilt wie das Gebäck zusammengesetzt war und wie viel pro Tag genossen wurde, so daß der Versuch keine sicheren Schlüsse zuläßt.

Dasselbe gilt auch von der „trefflichen Schichttorte", die an dem Kriegsärztlichen Abend im Langenbeckhause in Berlin (Berliner Tageblatt vom 14. April 1915, Nr. 188) herumgereicht wurde und die zu einem „gut Teil" (wieviel?) aus Haferstrohmehl bestand. Auch sie hatte keine Beschwerden hervorgerufen.

Wurde sie etwa nach einem von Friedenthal angegebenen Rezept (S. 31 seiner „Nährwerterschließung") hergestellt, die Butter, Zucker, Eier, Mandeln, Schokolade usw. und außerdem ein wenig Strohmehl enthielten, so wird man glauben können, daß sie „gar nicht so übel" geschmeckt hat.

Ein gewöhnliches Roggenbrot mit auch nur 15% Strohmehl wird niemand trefflich finden, selbst wenn auch Friedenthal sogar ein Brot aus gleichen Teilen Strohpulver und Brotmehl „für sehr wohl genießbar" hält (Die Woche 1915, Nr. 11)[2].

---

[1] Berliner Lokalanzeiger vom 26. II. 1915, 1. Beiblatt.

[2] Strohmehlbrot aus gleichen Teilen Strohmehl und Brotmehl läßt sich backtechnisch überhaupt nicht herstellen. Schon 30% Strohmehl in das Brot hereinzubringen macht, wie wir später noch sehen werden, die größten Schwierigkeiten.

Nach Angabe dieser Beobachtungen von Friedenthal, die sich in ähnlicher Weise noch vermehren ließen, scheint es mir notwendig, auch die Resultate mitzuteilen, die von anderer Seite auf Grund einwandfreier Untersuchungen über das Strohmehl und Strohbrot gewonnen wurden.

Betrachten wir zunächst die Wertigkeit und die Nährstoffe des Strohes.

Nach König[1]) enthält das Stroh nur 2,5—4% Protein und 1—2% Fett. „Von einem Gehalt an Zucker, Stärke oder sonst leicht löslichen bzw. leicht hydrolysierbaren Kohlehydraten als Zellinhalt kann kaum die Rede sein." „Das Strohmehl besteht neben etwa 20—30% Hemizellulose aus rund 50% (der Hälfte) verholzter und verkieselter Zellmembran."

König ist der Meinung, daß wegen geringen Gehaltes an Eiweißstoffen und hydrolisierbaren Kohlehydraten das Strohmehl auch für die Ernährung der Tiere kaum in Betracht kommt. Wenn es dennoch zu Futterzwecken verwandt wird, so geschieht dies wegen des hohen Gehaltes an Hemizellulose und Zellulose. Die letztere ist aber infolge der Verholzung und Verkieselung der Zellwände nur sehr schwer verdaulich und so können nur Wiederkäuer, das Rind, die Ziege und das Schaf sie nutzbringend verwerten.

Die Auffassung Friedenthals, daß der durch die nach seiner Methode empfohlene Zerkleinerung eine Verbesserung der Verdauung herbeizuführen imstande wäre, ist nach König ebenfalls irrig, da mittels mechanischer Zerstäubung die Trennung der mit der Kieselsäure und den Ligninen (Holzstoffe) aufs innigste verwachsenen Zellulose nicht möglich ist.

Kerp, Schröder und Pfyl[2]) sind diesen Fragen in experimentellen Versuchen nähergetreten und haben zu ermitteln versucht, ob Stroh in frischer und feiner Vermahlung an Lösungsmittel, wie sie der menschliche und tierische Organismus bei der Verdauung zur Verfügung hat, erheblich mehr Stickstoff abgibt, als in grob zerkleinertem Zustande.

Sie stellen zunächst fest, daß im Friedenthalschen Pulver keineswegs alle Zellen durch seine Aufschließungsmethode gesprengt, sondern daß — wie die wiedergegebene Photographie beweist — noch viele grobe Partikelchen darin enthalten sind. In eigenen Mahlversuchen mittels Exzelsior-Schlagmühlen und Porzellankugelmühlen zerkleinerten sie sodann Hafer-, Roggen-, Weizen- und Gerstenstroh in fünf verschiedenen Abstufungen und benützten dann die dritte und fünfte Mahlung, also ein gröberes und ein sehr feines Mahlgut, das in seiner letzten Ausmahlung das Friedenthalsche Mehl an Feinheit übertraf. Die chemischen Analysen, die vom Wassergehalt, Stickstoffverbindungen, ätherlöslichen Stoffen, Rohfaser, Asche und stickstofffreien Extraktivstoffen, sowohl von gröberem wie von feinerem Strohmehl ausgeführt wurden, zeigten keine wesentlichen Unterschiede. Auch waren die Differenzen in den durch Lösungsmittel enthaltenen Extrakten aus Grob- und Feinmehl so gering, daß sie praktisch gar keine Rolle spielen.

Als Extraktionsflüssigkeiten wurden verwendet: Wasser, $^1/_{10}$ Normal-

---

[1]) König, Das Strohmehl und sein wahrer Wert. Münsterscher Anzeiger Nr. 207 vom 18. III. 1915.

[2]) W. Kerp, Franz Schröder und B. Pfyl; Chemische Untersuchungen zur Beurteilung des Strohmehles als Futter- und Nahrungsmittel. Arbeiten a. d. Kaiserl. Gesundheitsamte 1915, **50**, Heft 2, S. 232.

salzsäure, $^1/_{10}$ Normalalkalilösung und Diastaselösung. Die Menge der gelösten Stoffe aus dem Stroh betrug im Höchstfalle 10%, von denen noch mindestens $^1/_3$ aus Mineralstoffen bestand. Auch selbst die Einwirkung der Diastaselösung bei 60° förderte nur sehr wenig zuckerartige Stoffe, so daß damit bewiesen ist, daß die untersuchten Stroharten keine durch Diastase verzuckerbaren Kohlehydrate, insbesondere Stärke enthalten. Der Zuckergehalt des Strohmehles kann insgesamt höchstens zu 1% angenommen werden.

Die Verf. äußern sich daher auch dahin, daß durch das Feinvermahlen keine Verbesserung für die ausnutzbaren Stoffe erreicht wird und daß es deshalb eine zwecklose Maßnahme sei, die nebenbei noch sehr kostspielig ist.

Gerade der letzte Punkt ist nicht unwesentlich. Von fachmännischer Seite[1]) wird darauf hingewiesen, daß das Mahlen des Strohes, das übrigens vor Friedenthals Versuchen (vgl. Patentschrift 56 982, 145 146, 192 263) bekannt war, beträchtliche Schwierigkeiten bereitet und viel kostspieliger ist, als Friedenthal angibt. Die Mahlversuche auf den Mühlen der Armeekonservenfabrik in Spandau führten besonders in pekuniärer Hinsicht zu unbefriedigenden Ergebnissen und auch bei der Firma Toepfer, Trockenmilchwerke in Böhlen bei Rötha stellte sich der Mahllohn pro Zentner auf 2,50 Mark, bei einer Leistung von 6—8 Zentner Mehl in 24 Stunden. Solche Mehle sind aber dann, wenn sie als Futtermehle benutzt werden sollen, zu teuer und an eine praktische Einführung ist nicht zu denken.

Wie wir sahen, zeigt die chemische Analyse, daß die Nährstoffe im Stroh recht gering sind. Immerhin könnten sie doch eine Rolle spielen, wenn große Mengen von Stroh an Tiere verfüttert werden, und es wird von Friedenthal ja auch behauptet, daß eine Mast der Schweine mit Strohmehl möglich sei. Freilich gibt aber die chemische Analyse darüber keinen Aufschluß, da nur Ausnützungsversuche einwandfreie Unterlagen zu schaffen vermögen.

Für die Beantwortung dieser Fragen liegen eine Reihe von Untersuchungen vor, die jedoch die Friedenthalschen Behauptungen nicht stützen können.

Zuntz, v. der Heide und Brahm[2]) verfütterten zunächst an ein Schwein in einem fünftägigen Versuch 1971 g „nicht ganz fein vermahlenes Stroh", 85 g Kleber, 315 g Zucker,und 50 g Melasse. Das Tier gab 17,3 g Protein = 3,46 g pro Tag ab. In einem zweiten Versuch erhielt ein anderes Schwein „staubfein gemahlenes Stroh" und zwar in einer sechstägigen Periode 3705 g Strohmehl, 30 g Kleber, 4 l Magermilch und 540 g Zucker. Hier gingen pro Tag 3,6 g Protein zu Verlust. Ein Unterschied zwischen dem feineren und dem gröberen Mehl war also nicht zu beobachten und es ging sowohl in dem einen wie in dem anderen Falle Stickstoff verloren. Die Verf. schließen daher auch: „Das Strohmehl bedingt einen so großen Verlust an stickstoffhaltigen Verdauungssäften, daß dadurch das etwa daraus resorbierte Protein überkompensiert wird" — und „es erscheint einstweilen die Verfütterung von Strohmehl an Schweine unrationell." Außerdem äußert sich Zuntz[3]): „Die größte Menge Strohmehl, die wir dem

---

[1]) In „Der Drogen- u. Farbenhändler" Nr. 24 vom 26. VIII. 1915.

[2]) Brahm, v. d. Heide und Zuntz, Untersuchungen über Strohmehl als Schweinefutter. Mitteil. d. deutsch. landwirtschaftl. Gesellschaft 1915.

[3]) Zuntz, Der Nährwert des Strohmehles. Bonner Ztg. Nr. 117 vom 29. IV. 1915.

Schwein durch Vermischen mit Milch, Zucker und anderen wohlschmeckenden Stoffen beibringen konnten, deckt etwa ein Fünftel des Erhaltungsbedarfs, macht es aber durch ihr Volumen fast unmöglich, dem Tiere noch so viel Kartoffeln, Kleie und ähnliche Nährstoffe zuzuführen, daß der Körperbestand erhalten bleibt, geschweige ein Wachstum eintritt. Die Absonderung der Verdauungssäfte wird durch die Füllung des Darmes mit Stroh so gesteigert, daß der Körper sogar erhebliche Mengen von Eiweiß mit dem Kote verliert. Das Schwein gewinnt aus feinst gemahlenem Stroh kaum ein sechstel so viel Nahrung als aus dem gleichen Gewicht Roggenmehl.‘‘

Ähnlich unbefriedigend lauten auch die Angaben über Strohmehlfütterung beim Schwein nach Fingerling und Neuberg[1]).

Versuche am Menschen lagen bisher nur von v. Bergmann[2]) vor. Er gab in drei aufeinanderfolgenden Tagen Strohmehlbrot — ein Teil Strohmehl + vier Teile Kriegsmehl —, außerdem Strohmehl in Form von Pfannkuchen. Aus den mitgeteilten Zahlen geht hervor, daß die Zellulose fast restlos wieder erscheint. In der folgenden strohmehlfreien Nachperiode wird sogar noch Zellulose mehr ausgeschieden als eingenommen, so daß auch die noch im Darm verbliebene keine Veränderung erfahren hat. v. Bergmann schließt daraus, daß die Zellulose des Strohmehles auch bei gemischter Kost, auch wenn das Strohmehl nur einen geringen Teil der Kost ausgemacht hat, vom Menschen nicht ausgenützt werden kann. Inwieweit die übrigen Bestandteile des Strohmehls verwertet werden, läßt sich an der Hand der Versuche leider nicht beantworten.

Über die Frage der sog. „Bekömmlichkeit“ des Strohmehles bzw. Strohbrotes beim Menschen, d. h. ob irgendwelche unangenehmen Erscheinungen von seiten des Magen-Darmkanals aufgetreten seien, liegen außer den von Friedenthal gemachten Angaben, nach denen Personen wochenlang Strohmehlpräparate ohne schädliche Nachwirkung genossen hätten, auch noch andere Erfahrungen vor, die sich aber mit den Friedenthalschen nicht decken.

So berichtet Juckenack[3]), daß bei einer Anzahl Gefangener, die das Brot längere Zeit erhielten, in sämtlichen Fällen Verdauungsstörungen eintraten und lebhaft Klage über das Brot geführt wurde. Es handelte sich um ein Brot mit einem Zusatz von 14% und 20% Strohmehl. Es wird auch noch weiter unten zu berichten sein, daß in meinen eigenen Versuchen ganz dieselben Beobachtungen gemacht wurden.

Rost[4]) fand bei orientierenden Versuchen an Hunden, denen er bei 8—10 kg Gewicht täglich 30—40 g Haferstrohmehl neben dem gewöhnlichen Futter verabreichte, keine Reizung des Darmes, läßt es aber dahingestellt, ob sich der Mensch nicht anders verhält.

Nicht unwidersprochen geblieben ist auch der sog. „gute Geschmack“ des Strohbrotes. Das eben erwähnte Brot mit 14 und 20% Strohmehl hatte

---

[1]) Fingerling und Neuberg, Berliner Tageblatt Nr. 235 vom 9. V. 1915.

[2]) von Bergmann, Unveröffentlichter Bericht vom 20. Juni 1915 aus der inneren Abteilung des städtischen Krankenhauses Altona.

[3]) Juckenack, in einem ungedruckten Bericht vom 17. August 1915 aus der staatl. Nahrungsmitteluntersuchungsanstalt Berlin.

[4]) Rost, zit. bei Kerp, Schröder und Pfyl, l. c. S. 258.

nach Juckenack einen „unangenehm widerlichen Geschmack", und in der Versuchsanstalt für Getreideverarbeitung in Berlin wurde festgestellt[1]), daß ein mit 15% Strohmehlzusatz (auf das Mehl berechnet) erbackenes Brot vollkommen ungenießbar war. Ebenso „war dieses Brot für Menschen mit normalem Geschmacksempfinden aus verschiedenen Kreisen der Bevölkerung nicht genießbar"[2]). Auch Kerp, Schröder und Pfyl (l. c. S. 260) berichten, daß der Geschmack des mittels Haferstrohmehl hergestellten Gebäckes einen bitteren Nachgeschmack gehabt habe und unangenehm strohig gewesen sei. „Das Gebäck mit einem Gehalt von 20% Strohmehl rief ein starkes Kratzen im Schlunde hervor, das längere Zeit hindurch anhielt."

Endlich zeigten sich die Backversuche in einem anderen Lichte, als wie es Friedenthal schilderte. Nach den Angaben auf S. 31 seiner Schrift (Nährwerterschließung) sollen Versuche „zu dem überraschenden" Ergebnisse geführt haben, daß es bei Zuckerbäckerwaren sogar gelingt, alles Getreidemehl fortzulassen und statt dessen reines Strohmehl zu verwenden. Ein Zuckerbäcker aus Semlin habe aus reinem Strohmehl ohne anderen Mehlzusatz (dagegen „mit sonstigen Zutaten") (!) eine „köstliche" Nußtorte gebacken, und Versuche mehrerer Damen in Nikolassee, die Zuckerbäckerwaren aus gleichen Teilen Strohmehl und anderen Mehlen herstellten, hätten „vollen Erfolg" gehabt.

Derartige günstige Ergebnisse konnten von anderer Seite nicht erzielt werden. Versuche, die Juckenack zunächst in kleinem Maßstabe ausführte, ergaben die Tatsache, daß es technisch unmöglich ist, ein Brot aus gleichen Teilen Brotmehl und Strohmehl herzustellen. Auch die im großen ausgeführten Backversuche in der Strafanstalt Moabit zeitigten kein anderes Resultat, da infolge des außerordentlich großen Wasserbindnngsvermögens des Strohmehls ein Brotteig von normaler Beschaffenheit nicht zustande kam. Es gelang nur etwa 20% Strohmehl, und auch dann nur, wenn es in eisernen Kästen gebacken wurde, in dem Brot unterzubringen.

Kerp, Schröder und Pfyl, die bei der Herstellung von Strohmehlbrot mit denselben Schwierigkeiten zu kämpfen hatten, stellten nebenbei noch fest, daß das Gebäckvolumen durch den Zusatz von Strohmehl ungünstig beeinflußt wird. Die Volumabnahme beträgt bei einem Zusatz von 20% Haferstrohmehl bereits 33%, eine Erscheinung, die wahrscheinlich auf den völligen Mangel an Stärke im Haferstrohmehl zurückzuführen ist. Auch die Farbe leidet. Bei 20% Strohmehlzusatz ist sie als schwarzbraun zu bezeichnen.

Ich lasse nunmehr die Resultate meiner eigenen Untersuchungen über das Strohmehlbrot, die auf Veranlassung des Ministeriums des Innern im Sommer 1915 angestellt worden sind, folgen, und verweise dabei auf die im ersten Teil S. 59—72 mitgeteilten Zahlen.

Die Versuchsbrote waren in der Zentralbäckerei der Strafanstalt Moabit gebacken und enthielten in dem einen Falle 14%, im anderen Falle 20% Frie-

---

[1]) Juckenack, Über Strohmehl und seine Verwendung für Backzwecke. Zeitschr. f. ärztl. Fortbildung 1915, 12. Jahrg., Nr. 17, S. 3.

[2]) Allgem. Deutsche Bäcker- u. Konditor-Ztg. Nr. 26 vom 23. VI. 1915.

denthalsches Strohmehl. Um mich über die Backfähigkeit des Strohmehles selbst zu unterrichten, ließ ich hier in Bonn von einem sachkundigen
Bäckermeister mit dem mir von Herrn Geh.-Rat Prof. Dr. Juckenack übersandten Strohmehl Brote herstellen. Trotz aller Bemühungen gelang es nicht,
50% Strohmehl im Roggenbrotteig unterzubringen. Das Mehl verbrauchte
eine Unmasse Wasser, die Vergärung des Brotes — d. h. natürlich nur die
Vergärung des Roggenmehles — ging leidlich vonstatten, aber der Teig wollte
nicht binden. Die in Kastenform gebrachte Masse bröckelte alsbald auseinander
und trocknete zu lehmartigen harten Klumpen zusammen. Gebacken sah das
Brot wie ein an der Sonne getrockneter Lehmziegel aus, der nur an der Ober-
fläche braun erschien. Auch mit 30% Strohmehlzusatz erging es nicht
besser.

So bestätigten auch diese Backversuche die oben erwähnten schlechten
Erfahrungen, die man in Moabit gemacht hatte. Es blieb daher nichts übrig,
als mit den Broten mit 14% bzw. 20% Strohmehlzusatz, die sowieso auch nur
unter besonderen Kunstgriffen backtechnisch gelungen waren, die Stoffwechselversuche anzustellen. Der Bäcker in Semlin, der nach Friedenthals Angaben aus reinem Strohmehl ohne anderen Mehlzusatz eine „köstliche" Nußtorte hat backen können, muß in der Tat ein besonderer Künstler auf seinem
Gebiet gewesen sein.

Die größeren 3 kg schweren in Formen gebackenen Brote waren fest in
ihrer Bestandmasse, bei den kleinen 1 kg schweren Broten hatte sich die Kruste
von der Brotkrume gelöst. Zwischen beiden befand sich ein Hohlraum. Die
Brotmasse war sehr naß, was auch durchaus der hier ermittelten Feuchtigkeit
von 49,7 und 44,3% entspricht.

Eine genügende Lockerung konnte nicht beobachtet werden. Der Krume
fehlte jede Porösität. Die Randpartien waren trocken, eine eigentliche Rinde,
wie beim normal ausgebackenen Roggenbrot, war jedoch nicht vorhanden.
Auf dem Schnitt klebte die Masse an dem Messer. Später schnitt es sich gut.

Der Geruch war nicht unangenehm (frischer Brotgeruch), der Geruch des
zugesetzten Kümmels trat deutlich hervor.

Abgesehen von dem Kümmelgeschmack schmeckte das Brot ziemlich
sauer (der Säuregehalt wurde, wie aus Tabelle I, S. 54 hervorgeht, in den
Strohbroten am höchsten gefunden. Er betrug 9,8 ccm Normalsäure in 100 g
beim Brot mit 20% Strohmehl und 11,2 ccm bei Brot mit 14% Strohmehl).
Außerdem machte sich, zwar nicht so sehr beim ersten Versuchsbissen des
frischen Brotes, als vielmehr bei größeren Mengen, ein für die normale
Geschmacksempfindung höchst unangenehmer bitterlicher Geschmack bemerkbar, der mir bei dem längeren Gebrauch des Brotes (10 Tage à 500 g = 5 Kilo)
den Genuß desselben gründlich verleidete.

Es wirkte dabei nicht nur der oben bezeichnete Geschmack so fatal, sondern
auch die Tatsache, daß eigentlich keine rechte Krume vorhanden war und das
Brot mehr als eine pulverige sandige Masse beim Kauen unter den Zähnen
verlief. Auch die Zugaben von Schweinefett und Salz konnten den Genuß
nicht verbessern.

Unter diesen Umständen ist mir ganz unverständlich, wie Friedenthal
davon erzählen kann, daß das Strohbrot „das höchste Erstaunen jeden Fein-

schmeckers“ errege, nach „jungen Schoten“ schmecke und „einen würzigen Geschmack von Grünkern“ habe.

Die Versuche mit dem Strohmehlbrot, die ich an mir selbst ausführte, dauerten 10 Tage, und zwar nahm ich 5 Tage lang 500 g vom Strohmehlbrot mit 14% Strohmehl und 5 Tage lang 500 g vom Strohmehlbrot mit 20% Strohmehl nebst der im ersten Teil der Arbeit näher bezeichneten Zukost. Um gute Ausschläge und einen sichtbaren Unterschied zwischen dem Strohmehlbrot und anderen Broten zu erzielen, schaltete ich eine fünftägige Periode mit einem zu 80% ausgemahlenen Weizenmehlbrot zwischen die beiden Strohmehlbrotperioden ein und ließ vor der ersten Strohmehlbrotperiode eine fünftägige Periode mit Roggenmehlbrot vorausgehen, dessen Mehl zu 80% ausgemahlen war.

Wenn auch die chemische Zusammensetzung der Brote allein nichts über die Verdaulichkeit derselben aussagen kann, so gab sie in diesem Falle schon einen sehr deutlichen Fingerzeig, wie sich das Strohmehlbrot im Organismus verhalten würde. Ich gebe zur Orientierung die Analysen der Strohmehlbrote und die der Vergleichsbrote wieder (in Prozenten):

	Strohmehlbrot mit 14% Strohmehl	Strohmehlbrot mit 20% Strohmehl	Roggenbrot (80%)	Weizenbrot (80%)
Wasser	44,30	49,70	37,90	41,6
Trockensubstanz . .	55,70	50,30	62,10	58,4
Eiweiß	4,48	3,87	6,19	7,46
Fett	0,32	0,28	0,37	0,37
Kohlehydrate	45,92	40,95	53,49	48,99
Rohfaser	3,65	3,82	0,91	0,60
Asche	1,33	1,38	1,14	0,98
Kalorien	209,61	186,36	248,13	234,89
Säure	11,20	9,80	10,00	4,6

Gleichzeitig verweise ich auf die Zusammenstellung der Zusammensetzung zwölf verschiedener von mir untersuchter Brote auf S. 56 (Tabelle II).

Hieraus geht hervor, daß der Wassergehalt und Säuregehalt der Strohbrote reichlich höher als der des Roggen- und Weizenbrotes ist. Besonders fällt aber die ganze kolossale Menge von Rohfaser in den Strohbroten auf. Dagegen ist der Eiweißgehalt, der Kohlehydratgehalt und die Kalorienmenge in den Strohbroten bedeutend niedriger. Der Eiweißgehalt schrumpft fast auf die Hälfte des Gehaltes beim Roggen- und Weizenmehl zusammen. Überhaupt enthält das Strohbrot von allen untersuchten Broten das meiste Wasser, die meiste Rohfaser bzw. Zellulose, fast die meiste Asche, das wenigste Eiweiß, die wenigsten Kohlehydrate und fast am wenigsten Fett und infolgedessen auch die wenigsten Kalorien. Also gerade das, was für die Ernährung des Menschen nutzbringend verwertet wird, Eiweiß, Fett und Kohlehydrate, tritt weit zurück gegenüber dem, was entweder gleichgültig ist oder sogar schädlich wirken kann.

Daß „das Stroh voller Nährsubstanzen steckt“, wie Friedenthal sagt, ist demnach unzutreffend.

Im Hinblick auf diese Befunde konnte einem solchen Brote keine gute Prognose hinsichtlich der Ausnützung im Körper gestellt werden und die Versuche haben denn auch gezeigt, wie schlecht das Brot abschneidet.

Die **Einnahmen** pro Tag in 500 g Brot nebst der Zukost betrugen in Gramm:

	bei Strohmehlbrot mit 14% Strohmehl	bei Strohmehlbrot mit 20% Strohmehl	beim Roggenbrot (80%)	beim Weizenbrot (80%)
an Trockensubstanz .	419,30	392,30	451,30	432,80
„ Eiweiß	50,34	47 29	58,89	65,24
„ Fett	88,03	87,83	88,28	88,28
„ Kohlehydraten . .	229,60	204,70	267,50	244,90
„ Rohfaser	18,25	19,10	4,55	3,00
„ Asche	9,00	9,80	8,60	7,80

Die **Ausgaben** stellten sich pro Tag auf Gramm:

im feuchten Kot . .	423,00	524,00	238,00	186,00
„ trockenen Kot . .	97,47	110,95	50,99	37,68
„ N im Kot . . .	2,84	2,92	2,33	1,81
„ Fett im Kot . .	5,86	6,12	4,79	4,49
„ Rohfaser im Kot	17,32	18,20	3,52	1,99
„ Asche im Kot . .	7,79	8,03	4,28	4,59

Die **Verluste** betragen in Prozent:

an Trockensubstanz .	23,24	28,28	11,29	8,70
„ Eiweiß	35,28	38,62	24,73	17,34
„ Fett	5,86	6,12	4,79	4,49
„ Rohfaser	94,91	95.29	77,35	66,34
„ Asche	7,79	8,03	4,28	4,59

Was zunächst als höchst überflüssige und lästige Zugabe beim Strohbrot angesehen werden muß, das ist die **enorme Kotmenge**. Es werden pro Tag bei Strohmehlbrot mit 20% Strohmehl nicht weniger als 524 g Kot ausgeschieden, während das Roggenbrot (80%) nur etwa die Hälfte (238,0) und das Weizenbrot (80%) nur etwa den dritten Teil (186 g) liefert. (Bestes Weizenbrot aus Mehl von 70% Ausmahlung ergibt gar nur 152 g.)

Die Kotausfuhr ist so bedeutend, daß die Kotmengen des **Pumpernickels** (500 g Pumpernickel + 180 Zuspeise gaben 357 g Kot), das bisher als das am meisten kotbildende Brot angesehen wurde, wesentlich dahinter zurücksteht.

Es ist aber nicht nur die **Menge** des Kotes, die fatal wirkt, sondern zur plastischen Bildung solcher großen Stuhlquantitäten ist auch **viel Wasser** nötig. Und diese Wassermengen müssen dem Körper entzogen werden. Das ist aber für den Organismus nicht gleichgültig. Physiologisch macht sich dieser Wasserverlust sofort bemerkbar dadurch, daß der Urin spärlicher wird und sehr hoch gestellt ist und seine Menge nur durch Zufuhr größerer Mengen Wasser gehoben werden kann. Die fühlbare Reaktion war stets ein nie gekanntes Durstgefühl an den Strohmehlstoffwechseltagen.

Weiterhin ist zu bemerken, daß die großen Kotmengen der direkte Ausdruck des **Unverdaulichen** sind. Während wir beim Roggenbrot (80%) eine **Gesamtausnützung der Trockensubstanz** von 88,71% und beim Weizenbrot (80%) gar von 91,30% sehen, so beträgt sie beim Strohmehlbrot mit 20% Strohmehl nur 71,72%. Der Verlust ist also bei letzterem zwei- bis dreimal so groß als bei dem Roggen- und Weizenbrot.

Fragen wir uns, was zur **Unverdaulichkeit** des Strohmehlbrotes so wesentlich beiträgt, so brauchen wir nur einen Blick auf den **Rohfasergehalt** der Strohbrote und der Vergleichsbrote zu werfen, weiterhin auf die eingenommene und ausgeschiedene Menge der Rohfaser.

An Rohfaser wurde pro Tag eingenommen beim Strohmehlbrot mit 20% Strohmehl 19,10 g, beim Roggenmehl (80%) nur 4,55 g, beim Weizenmehl (80%) nur 3,0 g. Ausgeschieden sind beim Strohmehlbrot 18,20 g, beim Roggenbrot nur 3,52, beim Weizenmehl nur 1,99%, d. h. mit anderen Worten: Während beim Weizenbrot die Ausnützung der Rohfaser 33,66% betrug und beim Roggenbrot noch 22,65%, sank sie beim Strohmehlbrot mit 20% Strohmehl auf 4,71%! Es gingen also 95,29% der Rohfaser unverdaut im Kot ab.

Diese Menge Strohzellulose, die beim Strohmehlbrot gegenüber dem Weizenbrot mit 70% Ausmahlung das Fünfzehnfache (!) beträgt, aber auch noch gegenüber dem Roggenbrot viermal so hoch ist, wird infolge der verkieselten Zellwände, trotz feinster Vermahlung, weder im Magen noch im Darm in merklicher Weise angegriffen, ausgelaugt und verdaut. Sie ist daher ein zweckloser Ballast!

Damit ist es aber noch nicht genug. Die Ballaststoffe beeinflussen auch sehr ungünstig die Verdaulichkeit des Eiweißes, der Asche, des Fettes und der Kohlehydrate. Ich greife hier einstweilen nur das Eiweiß als Beispiel heraus und verweise in betreff der anderen Substanzen auf die Zahlen im ersten Teil der Arbeit. Beim Weizenbrot (80%) ergab sich bei der Eiweißausnützung ein Verlust von 17,34%, beim Roggenbrot (80%) ein solcher von 24,73% und beim Strohmehlbrot mit 20% Strohmehl finden wir sogar einen Verlust von 38,62%. Die Ausnützung geht also herunter bis auf 61,38% und nähert sich dabei den niedrigsten Werten, die wir überhaupt bei Broten antreffen. Der Verlust ist dreimal größer wie bei einem feinen Weizenbrot und erscheint um so bedeutungsvoller, als bei den Strohmehlbroten überhaupt nur wenig Eiweiß (etwa die Hälfte vom Roggen- und Weizenbrot) eingeführt wird.

Wie ungünstig im übrigen die Gesamtausnützung des Strohmehlbrotes war, geht auch aus der Stickstoffbilanz hervor. Während die Bilanz in der Strohmehlbrotzwischenperiode (Tabelle 6, S. 63) + 0,51 und in der der zweiten Strohmehlperiode folgenden Periode + 0,22 beträgt, sinkt sie in der ersten Strohmehlbrotperiode auf − 2,90 und in der zweiten Strohmehlbrotperiode auf − 2,93. Der Körper verlor also pro Tag in der Strohmehlbrotperiode mehr als das Doppelte an Eigeneiweiß als in der Roggenbrotperiode.

In Anbetracht dieser erdrückenden Beweise für die höchst ungünstige Verwertung des Strohmehlbrotes im Organismus nehmen sich die vielen oben zitierten Aussprüche Friedenthals sehr sonderbar aus. Wo ist z. B. ein Beleg für die „über allen Zweifel festgestellte Tatsache, daß ein aus nicht resorbierbaren Stoffen bestehender Zusatz zur Nahrung sehr nützlich ist"? Wie kann z. B. behauptet werden, daß „die Tatsache des hohen Nährgehaltes von Stroh bisher selbst bis in die Gelehrtenkreise hinein unbekannt geblieben ist", wenn dieser hohe Nährgehalt gar nicht besteht und eine Fabel ist? Wo sind z. B. die Unterlagen für die Behauptung, daß „bei Darreichung von Strohpulver zu anderer Nahrung die Verwertung der eigentlichen Eiweißkörper der Nahrung steigt, und daß das feinstverteilte Strohpulver ohne Vermehrung der Eiweißzufuhr Eiweiß spart"?

Solche und ähnliche Fragen ließen sich noch viele stellen. Wir können aber gern darauf verzichten, da sie Friedenthal durch das Experiment doch nicht beantworten und beweisen kann, denn er hat seinen vielversprechenden Aussagen, Behauptungen und Empfehlungen auch nicht einen einzigen Ausnützungs- oder Stoffwechselversuch am Menschen voraufgehen lassen. Das ist um so bedauerlicher, weil durch die optimistisch gefärbten Berichte in den wissenschaftlichen und Tageszeitungen die Leser geradezu irregeführt worden sind und Hoffnungen erweckt wurden, die sich nie erfüllen ließen.

Und selbst wenn, wie Friedenthal an anderer Stelle sagt, „das Strohmehl nur als „Begleitstoff im wesentlichen in Betracht käme" — nachdem er aber doch sonst überall den hohen Nährwert des Strohmehles gepriesen hat —, so stände die Behauptung, daß „er (der Begleitstoff) die Bekömmlichkeit, Schmackhaftigkeit und Verdaulichkeit der mit ihm hergestellten Backware nicht schädigt"[1]), ebenfalls völlig in der Luft.

Über die Bekömmlichkeit und Verdaulichkeit von Strohmehlbrot, welches als tägliches Nahrungsmittel für die Bevölkerung empfohlen wird, kann man nicht urteilen, wenn man z. B. nur die „treffliche Schichttorte" aus einem „gut Teil" Haferstroh, die an dem Kriegsärztlichen Abend im Langenbeckhause herumgereicht wurde, gekostet hat. Dazu gehört ein längerer Versuch mit größeren Mengen, den Friedenthal vorher an sich selbst hätte ausführen müssen. Es würde dann eines besseren belehrt worden sein.

Wie ich aus meinen eigenen Versuchen berichten kann, führen größere Mengen sowohl des Strohmehlbrotes mit 14% als auch mit 20% Strohmehl zu schweren gesundheitlichen Störungen. Beim Backversuch war bereits festzustellen, daß das Strohmehl sehr viel Wasser aufnimmt. Dasselbe ist auch im Darm der Fall, wenn das Roggenmehl des Brotes der Verdauung anheimgefallen ist und das Strohmehl als unverdauliche Masse den Darm anfüllt. In dieser Phase treten, abgesehen von dem Durstgefühl infolge des großen Wasserentzuges aus der Umgebung des Darmes, noch keine subjektiven Beschwerden auf. Sie setzen erst ein, wenn der Übertritt des breiigen Kotes in den Dickdarm erfolgt und die Wasserverarmung des Kotes beginnt.

Die Fäzes des Strohmehles nehmen infolgedessen dort sehr bald eine trockene Beschaffenheit an und es bilden sich lehmähnliche, feste, harte und knollige Massen, die die Darmschleimhaut reizen und bereits lebhaft fühlbare Schmerzen verursachen. Eine spontane Entleerung der erhärteten Massen geht nicht mehr vor sich, und selbst mit Hilfe der Bauchpresse gelingt es auch unter den schmerzhaftesten Anstrengungen nicht, den Kot abzusetzen.

Da erweichende Einläufe oder Abführmittel bei Stoffwechselversuchen nicht erlaubt sind, so konnte der Stuhl nur mechanisch entfernt werden, wobei Verletzungen des Darmes unvermeidlich waren.

Nebenher traten durch die viele Tage hindurch sich immer wiederholenden Ansammlungen der zellulosereichen Kotmassen und die fortdauernden Reize offenbar Entzündungen der Darmschleimhaut ein, die so qualvolle Sensationen auslösten, daß zeitweilig Gehen, Stehen, Liegen und Sitzen kaum möglich war.

Der Beweis, daß nur die Schuld am Strohbrot lag, war darin zu sehen, daß sich in der anschließenden Periode mit dem wenig kotbildenden Weizen-

---

[1]) Berliner Tageblatt Nr. 188 vom 14. April 1915.

brot die Beschwerden nach etwa 3 Tagen verringerten und nach 5 Tagen fast verschwunden waren, dagegen sofort wieder einsetzten, als die zweite Periode mit Strohbrot mit 14% Strohmehlbrot begann. Das traurige Spiel wiederholte sich dann, wie geschildert, von neuem.

Nach diesen Erfahrungen muß das Urteil über das Strohmehlbrot vernichtend lauten.

Es wäre geradezu vermessen, solche Streckmittel wie Strohmehl empfehlen zu wollen, da dasselbe für den Menschen nicht nur nicht verdaulich ist, sondern auch die Resorption der im Brot vorhandenen Nährstoffe vermindert und als höchst unnützer Ballaststoff gefährliche Gesundheitsstörungen veranlassen kann.

Die Verhältnisse liegen beim Strohmehl ganz ähnlich wie beim Spelzmehl (siehe Abschnitt Spelzmehlbrot S. 274), bei dem auch Rubner[1)][2)] an Tier- und Menschenversuchen den Beweis erbrachte, daß es ganz ungeeignet für die menschliche Ernährung ist und dieselben bedenklichen Erscheinungen im Darmkanal zeitigt.

Aus diesen Gründen ist das Strohmehlbrot behördlicherseits mit Recht verboten worden. Es war dies aber auch ein dringendes Erfordernis, da es bereits von einigen Stellen in den Handel gebracht worden war, so z. B. in Leipzig[3)].

Nebenbei wurde auch damals bereits viel Mißbrauch mit Strohmehl in den Bäckereien getrieben, die dasselbe eigentlich nur als Streumehl, um das Aneinanderkleben der Brote zu verhindern, verwenden durften. Ein Prozeß vor der Düsseldorfer Strafkammer gab darüber Aufschluß[4)], daß während der Kriegszeit der Verbrauch an Strohmehl auf das Dreifache gestiegen war und daß dasselbe nicht nur zu Streuzwecken verwendet worden ist, sondern auch mit verbacken wurde.

Auch Röhrig teilt mit, daß der Zusatz von Streumehl zum Brot derart überhand genommen habe, daß es oft schwer zu unterscheiden sei, ob die Brote nur verunreinigt oder verfälscht seien.

Damit bei allem Mißlichen, was das Strohmehlbrot an sich hat, aber auch die Komik nicht zu kurz kommt, hat ein Poet unter dem Pseudonym „Altro“[5)] ein sehr hübsches Gedicht auf das Friedenthalsche Strohmehlbrot verfaßt, in welchem in satyrischer Weise das Strohmehlbrot bzw. das Stroh als das, was es eigentlich ist, als Pferdefutter, besungen wird. Für den Abdruck ist das Gedicht leider zu lang.

b) Eckhoffbrot (Strohmehlblutbrot).

In den Tageszeitungen machte eine Mitteilung die Runde[6)], daß eine Firma, Eckhoff - Kommandit - Gesellschaft in Berlin versuchte, Back- und

---

[1)] Rubner, Die Verdaulichkeit des Spelzmehles beim Hunde. Archiv f. Anat. u. Physiol. (Physiol. Abt.) 1916, S. 92.

[2)] Rubner und Kohlrausch, Die Verdaulichkeit des Spelzmehles beim Menschen. Ebenda 1916, S. 102.

[3)] Armin Röhrig, Haferstrohmehl. Bericht der Chem. Untersuchungsanstalt Leipzig 1915, S. 32.

[4)] Kölner Ztg. vom 14. I. 1917.

[5)] Die Welt am Montag Nr. 12 vom 22. III. 1915, Beilage.

[6)] Allensteiner Ztg. vom 12. II. 1916.

Vertriebsrechte für ihr sog. „Eckhoffbrot" an Bäckermeister zwecks Herstellung von freiverkäuflichem Brot zu erlangen.

Das Backverfahren besteht im wesentlichen im folgenden: Frisches Tierblut wird mit gleichen Mengen Wasser verdünnt, auf 70° erhitzt und mit Kochsalz, Chlorkalzium und Gewürzen versetzt. Hierauf vermischt man die Masse, die den Namen „Globin" trägt, mit derselben oder der $1\frac{1}{2}$fachen Menge „Pflanzenmehl" und verarbeitet die so entstandene Gesamtmasse mit einem Teig, der aus Roggenmehl, Kartoffeln und Sauerteig hergestellt ist.

Wie sich herausstellte, bestand das „Eckhoff-Pflanzenmehl" aus gemahlenem Stroh und wurde den Bäckern für 12,50 Mark (!) pro Zentner geliefert.

Wir haben es hier also mit einer Kombination von Blut und Strohmehl zu tun, die dem Publikum als Brot angeboten wurde. Es fand auch an einigen Stellen Eingang, da die Einführung begünstigt wurde durch Verabfolgung größerer Brotmengen entsprechend der größeren Streckung. Der Blutzusatz verringerte sich zunächst, wurde aber später ganz weggelassen, weil der Geruch und Geschmack der Brote fremdartig und vielen nicht zusagend war[1]).

Das Brot weiteren Kreisen zugänglich zu machen, wurde sehr bald verhindert durch einen Runderlaß des Ministers für Handel und Gewerbe und des Innern mit dem Hinweise, daß gemahlenes Stroh „für die menschliche Ernährung unbrauchbar und wertlos, unter Umständen sogar geeignet sei, bedenkliche Verdauungsstörungen hervorzurufen". „Brot, das unter Zusatz von Strohmehl zum Brotteig hergestellt und unter Verschweigung dieses Zusatzes feilgehalten wird, ist ein verfälschtes Nahrungsmittel, und es ist der Herstellung von strohmehlhaltigem Brot in geeigneter Weise entgegenzuwirken."

Da später von dem Eckhoffbrot nichts mehr verlautete, scheint der weitere Vertrieb desselben unterblieben zu sein.

c) Brot aus aufgeschlossenem Stroh.

Im Herbst 1916 wurden mir Brote mit angeblich 20% Strohzusatz vorgelegt, die in einer bayrischen Stadt angefertigt und vertrieben werden sollten. Es handelte sich dabei um sog. aufgeschlossenes Stroh. Das Verfahren wurde aber geheimgehalten. Trotz der üblen Erfahrungen mit dem Friedenthalschen Strohmehlbrot hätte ich mich zu einem neuen Versuch bereit erklärt; es blieb jedoch die zugesagte Belieferung mit dem Rohmaterial und dem neuen Strohbrot aus, so daß die Untersuchung unterbleiben mußte. Da ich weiterhin von diesem neuen Verfahren nichts mehr vernommen habe, ist die Annahme berechtigt, daß es zu praktischen Ergebnissen nicht geführt hat.

Unterdessen sind aber von Rubner[2])[3]) genaue Untersuchungen vorgenommen worden, die sich auf die Prüfung von aufgeschlossenem Stroh

---

[1]) Wilhelm Theopold, Blutbrot. Jahresbericht der Nahrungsmitteluntersuchungsanstalt Bromberg 1916, S. 28; zit. in Zeitschr. f. Unters. d. Nahr.- u. Genußm. 1917, **34,** 177.

[2]) Rubner, Nährwert des durch Alkali aufgeschlossenen Strohes beim Hunde. Archiv f. Anat. u. Physiol. (physiol. Abt.) 1917, S. 50.

[3]) Derselbe, Die Verwertung aufgeschlossenen Strohes für die Ernährung des Menschen. Ebenda 1917, S. 74.

beim Hunde und von aus diesem Material hergestelltem Brot beim Menschen erstrecken.

Nach früheren Angaben von Lehmann, Fingerling und Zuntz (zit. bei Rubner) kann derartiges Stroh mit 90% Nutzeffekt an Rindvieh und Pferde verfüttert werden[1]). Für Schweine ist es unbrauchbar. Über die Verwertung beim Fleischfresser lagen noch keine Erfahrungen vor. Rubner benützte Stroh, das durch Kochen mit Natron behandelt war, und stellte nach einigen Vorversuchen Vergleiche an mit a): gepulvertem Stroh, b) mit Stroh, welches bei 4 Atmosphären Druck mit 10% Natron aufgeschlossen war, und c) mit Stroh, dessen Aufschließung ohne Druck bewerkstelligt wurde. Seine Ergebnisse bei der warmen Aufschließung faßt er folgendermaßen zusammen: Die Aufschließung verändert den eigentlichen Zellulosegehalt nicht, beseitigt einen Teil der Pentosane, das Lignin und einige andere Bestandteile der Zellmembran. Das aufgeschlossene Material hat pro Gramm Trockensubstanz weniger Brennwert als das Urstroh. Die Aufschließung unter Druck macht nur um weniges mehr Produkte auflöslich, d. h. auswaschbar, wie die Methode ohne Druck.

Von 100 Kalorien im Urstroh werden als verfütterbare Produkte gewonnen:

bei Aufschließen unter Druck   60,3 Kalorien

„   „   ohne   „   62,3   „

Der Unterschied erscheint praktisch nebensächlich. Der gleichzeitig berechnete Verlust bei der Verfütterung am Hunde war (angegeben in Kalorien der Zufuhr):

beim Urstroh . . . . 68,6%, also verdaut 31,4%

bei Aufschluß unter Druck . 70,9%,   „   „   29,1%

„   „   ohne   „   69,4%,   „   „   30,6%

Für den Hund ist es also gleichgültig, ob man feingepulvertes Urstroh oder aufgeschlossenes Material gibt. Die Aufschließung bringt für den Darm des Hundes keinen Gewinn.

Wird das Stroh mit Alkali bei gewöhnlicher Temperatur aufgeschlossen, so ist in den Resultaten der Verdaulichkeit kein wesentlicher Unterschied zu beobachten.

Für die Versuche am Menschen wählte Rubner Brot, welches aus 90 Teilen feinstem Weizenmehl und 10 Teilen Strohmehl bestand, das bei 4 Atmosphären und mit 10% Natron aufgeschlossen war.

Derartiges Brot hatte eine bräunliche Farbe, war zwar ausgezeichnet ausgebacken, hatte aber seinen würzigen Brotgeschmack verloren. Beim Trocknen wurde es übermäßig hart.

Die chemische Analyse ergab folgende Zusammensetzung: In 100 g Brot fanden sich:

Asche	1,75 g	Zellulose der Zellmembran	4,97 g
Organische Substanz .	98,25 g	Pentosan	1,82 g
Stickstoff	1,53 g	Rest	1,20 g
Pentosan	13,04 g	Stärke	74,40 g
Zellmembran	7,99 g	Kalorien	416,1

Der Wassergehalt betrug 38,26%, also die Trockensubstanz 61,74%.

---

[1]) Vgl. auch: Fütterung mit aufgeschlossenem Stroh. Der Müller 1917, 39. Jahrg., Nr. 2, S. 8.

Als Versuchspersonen dienten zwei Soldaten, die 6 Tage lang, neben Zucker und Fett, Brot nach freier Wahl (etwa 900—1200 g pro Tag) zu sich nahmen.

Die Ausscheidungen waren sehr reichlich, der Kot massig, aber nicht allzu fest, zeigte jedoch eine relativ hohe Trockensubstanz. Gase wurden reichlich gebildet.

An Verlusten ergaben sich im Mittel:

an Gesamtkalorien	12,78%	an Zellulose der Zellmembran	92,27%
„ Stickstoff	19,18%	„ Pentosan	90,85%
„ Stärke	0,78%	„ Restsubstanz	68,82%
„ Zellmembran	88,41%	„ Pentosan im ganzen	28,70%

Hier fällt vor allen Dingen der sehr hohe Verlust der Zellmembran bzw. Zellulose auf, was als Beweis dafür gelten muß, daß die Aufschließung derselben, gleich wie beim Hunde, auch für die Verdauung im Menschendarm keine Verbesserung gebracht hat.

Daß Zellmembranen an sich sehr wohl vom Menschendarm verwertet werden können, geht aus der Rubnerschen Zusammenstellung hervor, die er über Weizenbrot- und Roggenbrotkleie und Spelzmehl gibt:

Es geht verloren von 100 Teilen:

	im aufgeschlossenen Stroh	im Weizenbrot (Kleie)	im Roggenbrot (Kleie)	im Spelzmehl (fein)
Zellmembran	88,41	53,04	55,50	66,00
Zellulose	92,27	97,58	61,40	59,50
Pentosan	90,85	38,73	59,10	66,10
Rest	68,82	44,18	52,10	59,50

Hieraus ersieht man, daß von den dem Stroh ähnlichen Zellmembranen das Stroh am schlechtesten resorbiert wird.

Das ist aber nicht der einzige Nachteil. Versetzt man reines Weizenmehlbrot — wie im vorliegenden Versuch — auch nur mit 10% Strohmehl, so tritt außerdem eine bedeutende Vermehrung der Ausscheidungen an Asche, organischer Substanz, Stickstoff und Stärke auf:

	Asche	Organ. Substanz	N	Stärke
In den Ausscheidungen bei Strohbrot fanden sich täglich	5,26	58,44	1,97	3,23
519 g feinstes Weizenmehl lieferten	1,77	16,95	1,03	1,36
Durch das Stroh bedingte Mehrausscheidung	3,49	41,49	0,94	1,87

Das sind so große Mengen, daß „der Mehrverlust an allen wichtigen Bestandteilen durch den gesamten Brennwert des zugesetzten Strohes nicht gedeckt werden kann; es erhöht sich im Gegenteil noch die tägliche Stickstoffausscheidung und der Verlust der Kalorien".

Eine sparende Wirkung, die man bei der Empfehlung des Strohmehles als Brotstreckmittel im Auge hatte, ist danach nicht vorhanden; an ihre Stelle treten vielmehr Verluste.

So haben die Rubnerschen Versuche gleich meinen Untersuchungen gezeigt, daß eine Ernährung mit Strohmehlbrot nicht nur nicht ganz unzweckmäßig ist, sondern daß sogar davor gewarnt werden muß, solches Brot zu genießen, weil es für den Körper Nachteile bringt und direkt gefährlich werden kann.

Die optimistischen Auffassungen verschiedener interessierter Kreise[1]), daß „die aufgeschlossene Zellulose unmittelbar für die menschliche Ernährung nutzbar gemacht werden könnte, und daß man im Notfalle den bisherigen Kartoffelzusatz im Brot durch entsprechend behandelte Zellulose ersetzen könnte", werden sich also vorläufig nicht verwirklichen lassen.

d) Spelzmehlbrot.

Im wesentlichen ist das Spelzmehl nichts anderes als ein „Strohmehl".

Es wird hergestellt aus den ausgedroschenen Ähren des Spelzweizens (Dinkel), Triticum spelta L., ist aber nicht immer ganz rein, da wahrscheinlich auch einige Prozent Strohhalmabfälle derselben oder anderer Getreidearten mit darunter gemischt sind und wohl auch Körner mit in das Mehl hineingeraten (nach Rubner unter Umständen 11—16%).

Nachdem Getreidemehl als Streumehl im Kriege verboten wurde, gelangte das Spelzmehl als solches zu hohen Ehren, ebenso wie Holz- und Strohmehl, und es ist nicht nur aus Versehen, sondern auch — wie mehrere Gerichtsverhandlungen bewiesen haben — wissentlich als Zusatz zum Brot verwendet worden[2]). Rubner[3]) teilt mit, daß sogar bis zu 30% Spelzmehl im Brot gefunden worden ist.

Bisher war über die Verdaulichkeit und die Verwertung im Organismus noch nichts bekannt. Rubner[3])[4]) hat, wie auch beim Holzmehl, die ersten Untersuchungen sowohl am Hund wie am Menschen ausgeführt.

Für die Hundeversuche diente ihm ein feineres und gröberes Spelzmehl, von dem der Hund 70 g + 1000 g Fleischmehl erhielt. Der Geschmack ist bitter.

Die Zusammensetzung der beiden Sorten war folgende (in der Trockensubstanz):

	Feines Spelzmehl	Gröberes Spelzmehl
N-Gehalt	0,72%	0,41%
Rohprotein	4,39%	2,56%
Fett	1,66%	1,23%
Asche	9,23%	8,08%
Weender-Zellulose . .	31,76%	34,73%
Zellmembran	65,64% mit 24,09% Pentosan	74,36% mit 27,05% Pentosan
Pentosen	31,74%	33,13% = 29,25% Pentosan
Stärke	18,1 %	14,0 %

Entsprechend dem hohen Zellulosegehalt, der $^2/_3$ der gesamten Trockensubstanz ausmachte, zeigte sich eine sehr bedeutende Menge Kot (63,1 g pro Tag bei 100° getrocknet). An Zellulose ist etwa so viel verdaut worden wie beim Birkenholzmehl. Die Stickstoffausscheidung ist nicht besonders erhöht. Von der Gesamtmasse sind nur 24,83% resorbiert worden, während von der Kleie doch wenigstens 39,56% verdaut wurden. Das gröbere Spelzmehl war infolge des größeren Zellulosegehaltes und des Zellmembrangehaltes minderwertiger.

---

[1]) Finanz- und Handelsblatt der Vossischen Ztg. Nr. 14 vom 9. I. 1917, 2. Beilage.

[2]) Vgl. den Abschnitt „Strohmehlbrot" S. 270.

[3]) M. Rubner, Die Verdaulichkeit von Spelzmehl beim Hunde. Archiv f. Anat. u. Physiol. (physiol. Abt.) 1916, S. 93—100.

[4]) M. Rubner und Arnt Kohlrausch, Die Verdaulichkeit der Spelzen beim Menschen. Ebenda 1916, S. 102—122.

Dies machte sich auch im Kot sofort bemerkbar, denn die Trockensubstanz desselben betrug 68,48 g, gegenüber 63,1 g bei feinem Spelzmehl. Dagegen sah man von einer Steigerung der Stoffwechselprodukte nur sehr wenig. Rubner erklärt dies damit, daß die den Darm reizenden spitzen und stechenden Reste der Ähren mit ins feine Mehl übergehen und das gröbere Mehl daran verarmt.

Im allgemeinen kann gesagt werden, daß die Spelzen praktisch so gut wie gar keinen Nährwert haben. Ein gewisser kleiner Teil wird natürlich resorbiert, ebenso wie bei Verfütterung reiner Zellulose, Birkenholz oder Haselnußschalen, jedoch sind die Mengen so gering, daß der Nährwert illusorisch gemacht wird durch den Mehrverlust, der durch Steigerung der Stoffwechselprodukte bedingt ist.

Nebenbei tritt aber, besonders bei den feinen Sorten dieselbe bedenkliche Erscheinung auf, wie wir sie bereits beim Strohmehlbrot sahen. Einmal vermehren diese holzigen Massen durch die Reizung des Darmes die Sekretion und führen dadurch große Verluste herbei und außerdem ballen sich die ausgeschiedenen Massen aus dem Spelzmehl zu so festen Knollen zusammen, daß der Kot nur unter den heftigsten Beschwerden und Schmerzen entleert werden kann.

Die Menschenversuche wurden an 2 Soldaten ausgeführt. Sie bekamen Brot verabreicht, das 10% Spelzmehl enthielt. Rubner gab in einer Versuchsreihe feines Spelzmehl, in der anderen gröberes Mehl und in einer dritten zum Vergleich Brot aus „Mischmehl", bestehend aus 50% Roggenmehl, 25% Maismehl, $12^1/_2$% Kartoffelstärke und $12^1/_2$% Kartoffelwalzmehl.

Das Brot wurde mit Sauerteig gebacken. Es zeigte eine etwas hellere Farbe als gewöhnliches Brot, so daß ein Zusatz von 20% wohl erkannt werden müßte.

In der Ausnützung stand das feinere Mehl über dem gröberen. Das Mischmehl hielt etwa die Mitte. Besondere Unterschiede zwischen der Ausnützung beim Hunde und der beim Menschen konnten nicht gefunden werden, dagegen zeigte Rubner durch die sehr eingehenden Untersuchungen von neuem, daß durch Zusatz eines schlecht ausnützbaren Nahrungsmittels zu einem gut resorbierbaren, infolge Reizung des Darmes eine Verminderung der Resorption der sonst gut resorbierbaren Anteile der Kost, oder eine Vermehrung der Darmsekretion mit Mehrung von Stoffwechselprodukten eintreten kann.

Er kommt daher für das Spelzmehl zu dem Schluß[1]), daß der Zusatz desselben zum Brot vom Standpunkte des Stoffwechsels und der Nährstoffbeschaffung eine zwecklose Maßregel bedeutet, die in diätetischer Hinsicht die Qualität des Brotes herabdrückt, in hygienischer Hinsicht beim Gesunden durch die Kotmasse und Gärung belästigt und den Kreis der Personen, die derartiges Brot ohne Schädigungen für den Darm ertragen können, sehr einschränkt.

Ganz im gleichen Sinne müssen aber auch alle anderen stark zellulosereichen Streckmittel für das Brot beurteilt werden. Daraus ergibt sich aber auch die Forderung und Notwendigkeit, daß dieselben insgesamt verboten werden und von seiten der Behörde auch nur so viel Streumehl an die Bäckereien

---

[1]) Rubner, Die Verwertung aufgeschlossenen Strohes für die Ernährung des Menschen. Archiv f. Anat. u. Physiol. (physiol. Abt.) 1917, S. 75.

abgegeben werden darf, wie sie zum „Streuen" wirklich benötigen, um unlauteren Manipulationen vorzubeugen.

e) Lupinenstrohmehlbrot.

Trotz der wenig günstigen Aufnahme, die das Haferstroh-, Roggenstroh- und Spelzmehlbrot bisher gefunden hatten, wurde im Finanz- und Handelsblatt der Vossischen Zeitung vom 9. Januar 1917, Nr. 4 (Morgenblatt) neuerdings darauf aufmerksam gemacht, daß Lupinenstroh, ebenso wie Getreidestroh, auch der menschlichen Ernährung nutzbar gemacht werden könne.

„Mehl- und Backversuche mit einem Zusatz von 10—20% aufgeschlossener Zellulose sollten ein sehr wohlschmeckendes und bekömmliches Brot ergeben haben. Zur Zeit wird die Zellulose noch benutzt, um bei der Verfütterung Kartoffeln und Getreide zu ersetzen. Im Notfall könne man aber den bisherigen Kartoffelzusatz im Brot durch entsprechend behandelte Zellulose ersetzen, denn von diesem Material ständen bei Ausnützung aller Möglichkeiten Mengen zur Verfügung, die für die Ernährungsfrage ausschlaggebend sein könnten."

Bei diesem Vorschlage scheint es geblieben zu sein. Man hat von dem Lupinenstrohmehlbrot später nichts wieder gehört. Sein Wert würde auch nicht besser zu beurteilen gewesen sein, wie die oben besprochenen anderen Strohmehlbrote.

3. Pflanzenmehlbrote.

Unter Pflanzenmehlbroten sind Gebäcke zu verstehen, die aus Roggenmehlteig hergestellt sind und in die die krautigen Teile von Gräsern, Unkraut oder Saatpflanzen in getrocknetem und gemahlenem Zustande hineinverarbeitet werden.

So weit mir bekannt geworden ist, wurden solche Brote im Kriege mit Grasmehl, Saradellaheumehl, Luzernenheumehl, Kleeheumehl und Gänsefuß bzw. Meldemehl hergestellt. Besonders hat mit Nachdruck Ökonomierat Ötken in Oldenburg[1][2] darauf hingewiesen und landwirtschaftliche Kreise in erster Linie dafür zu interessieren gesucht. Seine ersten Versuche betrafen das Grasbrot.

Das Material (in der Hauptsache **Raygras**) stammte von einer Sportplatzwiese. Es wurde 10—12 cm lang geschnitten und alsdann auf einer Zimmermannschen Expreßdarre getrocknet. Beim Mahlprozeß ergaben sich aus 450 kg Frischgras ca. 100 kg verwertbares Mehl, das in seiner Feinheit etwa einem Roggengrobmehl entsprach und nebst ausgesprochenem Heuaroma eine schöne grüne Farbe aufwies.

Die Backversuche wurden in der Zentralgenossenschaftsbäckerei in Oldenburg ausgeführt. Das Roggenmehl erhielt einen Zusatz von 6 bzw. 7% Grasmehl. In dem einen Falle kam das Mehl in trockenem Zustande, im anderen Falle mit heißem Wasser angerührt zur Verwendung. Der Unterschied zwischen beiden Broten war unbedeutend, das mit trockenem Pulver hergestellte vielleicht etwas lockerer. Es hatte das Aussehen eines Roggenschwarzbrotes mit

---

[1] Oetken, Back- und Kochversuche mit Grasmehl. Illustr. landwirtschaftl. Ztg. 1917, Nr. 49, S. 319.

[2] Derselbe, Back- und Kochversuche mit Pflanzenmehl. Ebenda 1917, Nr. 71, S. 451.

einem Schimmer ins Grünliche. „Nach Geruch und Geschmack soll es in jeder Hinsicht befriedigt haben."

Weitere Versuche ergaben, daß es zweckmäßig ist, bei Schwarzbrotherstellung nur 7%, bei Graubrotbereitung nur 5% Grasmehl zuzugeben, da die Brote bei höheren Zusätzen nicht so gut gelingen, aber auch dieser bescheidene Zusatz „würde schon einen ganz gewaltigen Gewinn für unsere Volksernährung bedeuten."

Über die „Bekömmlichkeit" des Brotes wird mitgeteilt, daß es mit „echt deutscher Gründlichkeit gekostet wurde", und obwohl noch etwas frisch und schwer, doch keine Störungen oder Beschwerden veranlaßt habe.

Nachdem Ötken so „als erwiesen ansehen zu dürfen glaubte, daß gemahlenes Gras ein schätzenswertes Mittel zur Streckung unserer Kornvorräte bietet", ging er auch zu Backversuchen mit **Luzernenheumehl** über.

Die Brote mit diesem Mehl fielen ebenso „gut" aus, wie die Grasmehlbrote, im Durchschnitt erschien das Luzernenheumehlbrot sogar noch etwas lockerer. Ötken macht darauf aufmerksam, daß nur solche Luzernensorten in Frage kommen können, die süß und von gutem Geschmack sind. Außerdem dürften es nur junge Pflanzen sein.

Weiterhin wurde auch Mehl von Chenopodium album, dem **Gänsefuß**, einer Meldeart, zu Brot verbacken. Es kamen zur Verwendung teils die jungen Pflanzen, teils von älteren Pflanzen die jungen Sprosse nebst Blütenköpfen, die vielfach schon in der Samenbildung begriffen waren. Die mit 5% Meldemehl hergestellten Brote sollen „eine vorzügliche Beschaffenheit in Aussehen und Geschmack" gehabt haben. Endlich gelangte noch **Seradellaheumehl** von Ornithopus sativus zum Verbacken, doch ist über den Ausfall dieser Brote nichts mitgeteilt.

In ähnlicher Weise wird auch im „Brotfabrikant"[1] Brot aus Grasmehl und Melde empfohlen, weil es „überdies wertvolle Nährstoffe enthielte, so daß es nicht nur ein wertloser Ballast, sondern ein brauchbarer Brotmehlersatz sei". Nach O. Thyen[2] soll das Grasbrot nicht nur wohlschmeckend, sondern „äußerst gesund" sein.

Außer den genannten Pflanzenmehlen ist zur Bereitung von Brot noch **Kleeheu** angegeben worden, welches „mit Vorteil als teilweiser Mehlersatz benutzt werden könnte". Nach Rosam[3] wird das Mehl mit Wasser gemischt, gekocht und durch Malzmehl hydrolisiert. Die erhaltene Flüssigkeit wird zum Anmachen des Teiges verwendet; das Brot, mit diesem Ersatzmittel versetzt, ist sehr porös, sehr leicht und bleibt ziemlich lange weich. „Der Geschmack ist ganz gut und erinnert nicht im geringsten an Heu."

Kleeheubrot, welches in Berlin gebacken wurde, habe ich selbst in den Händen gehabt und wenigstens kosten können. Zu eingehenden Versuchen war die Menge leider zu klein. Das Brot war grünlichgrau, wenig porös, ziemlich zäh und verriet einen deutlichen Geschmack nach Gras. Mit einem gut gebackenem Kriegskartoffelbrot war es jedenfalls nicht zu vergleichen.

---

[1] Pflanzenmehl in der Bäckerei. Der Brotfabrikant 1917, Nr, 38.

[2] O. Thyen, Der Ackerboden der Wälder. Frankfurter Nachrichten u. Intelligenzblatt 1917, Nr. 204a, S. 3.

[3] Bei Stoklasa, Das Brot der Zukunft. Fischer, Jena 1917, S. 95.

Alle diese Angaben über die Güte der Pflanzenmehlbrote entsprechen einem sehr weitgehenden Optimismus der „Erfinder". Leider entsprechen die Brote aber nicht den an sie gestellten Anforderungen und können demnach als Nahrungsmittel nicht ernstlich in Frage kommen.

Wenn die Brote „in jeder Hinsicht befriedigt haben" oder „einen ganz gewaltigen Gewinn für die Volksernährung bedeuten" oder „äußerst gesund" sind, oder „wertvolle Nährstoffe enthalten", oder wenn die „Bekömmlichkeit" durch eine „echt deutsche gründliche Kostprobe" ermittelt worden ist, so sind das noch keine wissenschaftlichen Unterlagen, auf die hin diese Pflanzenmehlbrote als Volksnahrungsmittel empfohlen werden können. Es wird, wie wir das bei der Empfehlung so vieler Brotersatzmittel bereits gesehen haben, immer zu viel behauptet und zu wenig bewiesen. Denn schließlich soll doch auch ein „Kriegsbrot" nicht nur wertlose Ballaststoffe führen, sondern auch nähren. Wie es aber mit dem Nährwert der Pflanzenmehlbrote steht, darüber sind zuverlässige Angaben nicht gemacht worden. Es werden zwar von Ötken Analysenzahlen der Versuchsstation der Oldenburger Landwirtschaftskammer mitgeteilt, welche zeigen, daß die Pflanzenmehle in ihrer Trockensubstanz ziemlich große Mengen von Rohprotein enthalten, aber daraus ist bekanntlich noch nicht zu entnehmen, wie sie im menschlichen Organismus verwertet werden. Es enthielt:

	Wasser	Fett	Rohprotein
Meldenmehl I (junge Pflanzen) . .	13,14	2,94	29,97
Meldenmehl II (ältere Pflanzen) . .	12,30	3,00	30,41
Grasmehl	12,77	4,81	19,91
Luzernenheu vor der Blüte	—	2,40	16,20
Gutes Wiesenheu	—	2,50	9,70

Da Pflanzenmehlbrote in bezug auf ihre Ausnützung noch gar nicht untersucht sind, so läßt sich darüber auch noch nichts Sicheres sagen.

Über die Verdaulichkeit von Pflanzenmehlen liegen zwar Untersuchungen von G. von Bergmann und W. Strauch[1]) vor, deren Resultate aber nicht ohne weiteres auf die Pflanzenmehle Ötkens übertragen werden können, denn es handelt sich hier um Pflanzenpulver, die nach der Methode von Friedenthal[2]) äußerst fein vermahlen und nur für therapeutische Zwecke gedacht waren.

Strauch[3]) erreichte damit — er untersuchte Spinatpulver und Bohnenpulver aus Bohnen mit Schale (Bohnengemüse) — eine sehr gute Ausnützung und auch die Zellulose wurde dreimal so gut verdaut wie im frischen Gemüse. Aber von gröberen zellulosehaltigen Substanzen, wie sie etwa die Ötkenschen Pulver darstellen, wissen wir, daß die Ausnützung entsprechend schlechter sein muß. Ich verweise in dieser Hinsicht auf die Rubnerschen Untersuchungen über die Verdaulichkeit der Vegetabilien[4]).

<hr>

[1]) G. von Bergmann und Fr. W. Strauch, Die Bedeutung physikalisch fein verteilter Gemüse für die Therapie. Therapeut. Monatshefte 1913, Januarheft, 27. Jahrg.

[2]) Hans Friedenthal, Über Gemüsepulverdarreichung bei Kranken und Säuglingen. Zeitschr. f. physikal. u. diätet. Therapie 1915, **19**, 97.

[3]) Friedrich Wilhelm Strauch, Fein zerteilte Pflanzennahrung in ihrer Bedeutung für den Stoffhaushalt. Zeitschr. f. experim. Pathol. u. Therapie 1913, **14**.

[4]) Rubner, Die Verdaulichkeit der Vegetabilien. Archiv f. Anat. u. Physiol. (physiol. Abt.) 1915, S. 53.

Von einer weiteren Verbreitung der Pflanzenmehlbrote hat man nichts mehr gehört.

X. Brote aus Flechten.

Isländisches Moosbrot und Renntierflechtenbrot.

Auf die Verwendung von isländischem Moos und der Renntierflechte hat C. Jacobj[1] während des Krieges die Aufmerksamkeit gelenkt. Nach seiner Meinung kommen vor allen Dingen das isländische Moos, Cetraria islandica, und die Renntierflechte, Cladonia rangiferina, in Betracht. Aber auch Cladonia silvatica, resp. alpestris, portentosa, tenuis, laxiuscula und contensata in Betracht; vielleicht auch das Schlehdornmoos, Evernia pernastri. Die genannten Arten finden sich nicht nur in den nordischen Ländern, sondern auch bei uns in moorigen Gegenden, Heideflächen und Ödländern. Die Renntierflechte ist häufiger als das isländische Moos und überzieht, wie sich Jacobj z. B. im schwäbischen Algäu überzeugen konnte, große Gebiete.

Alle diese Flechten enthalten aber Bitterstoffe, die jedoch leicht mit Wasser bzw. mit einem geringen Pottaschezusatz entfernt werden können.

Die Empfehlung Jacobjs, die Flechten in großer Menge einzusammeln, stützt sich auf die Erfahrungen, die besonders in Skandinavien schon seit langer Zeit gemacht wurden, wo man die Moose als Viehfutter und auch für die menschliche Ernährung, vielfach auch für das Brot benützte. Zur Herstellung des letzteren scheint sich das isländische Moos am besten zu eignen.

Schon von Bayrhammer wird 1817 eine Vorschrift für Brot aus isländischem Moos gegeben, ebenso 1844 von Ersch und Gruber. 1860 empfiehlt J. F. A. Dehne das Moosbrot und erst neuerdings wieder hat Paulsson in Kristiania[2] ein Rezept Jacobj zur Verfügung gestellt, welches ein einwandfreies Brot liefern soll[3].

Nach einer Anmerkung von Paulsson enthält das isländische Moos

---

[1] C. Jacobj, I. Die Flechten Deutschlands und Österreichs als Nähr- und Futtermittel. 1915. — II. Die Lager von Renntierflechten und ihre Verwertung als Futter. 1915. — III. Weitere Beiträge zur Verwertung der Flechten. 1916. Verlag von J. C. B. Mohr (Paul Siebeck), Tübingen.

[2] Bayrhammer, Ersch und Gruber, Dehne, Paulsson, zit. bei Jacobj, Die Flechten. Heft I.

[3] Die Herstellung geschieht auf folgende Weise: Die Flechten werden in offenen Bottichen mit $1/2$—1 proz. Pottaschelösung überschichtet und die Lösung nach 24—48 Std. abgelassen. Man wiederholt diese Prozedur verschiedene Male, bis die bittere und sehr unangenehm schmeckende Cetrarsäure entfernt ist, was sich aus einer scharf getrockneten Probe durch den Geschmack leicht ermitteln läßt. Dann wird das ausgelaugte Material abgepreßt, erst bei gewöhnlicher Temperatur, später bei 50—60° getrocknet und grob gepulvert. Das Flechtenmehl vermischt man mit gleichen Teilen Mehl und behandelt den Teig in der üblichen Weise. — Jacobj verfährt folgendermaßen: $1/2$ Pfd. Flechtenmehl wird mit 3 l Wasser $1/2$ Stunde auf offenem Feuer und dann noch eine ganze Stunde im Wasserbade gekocht. Darauf wird die Masse abgekühlt, mit $1/2$ Pfd. Roggenmehl und Sauerteig zur Säuerung angesetzt, zum Gären über Nacht stehen gelassen, nun mit weiteren $2^{1}/_{2}$ Pfd. Roggenmehl verknetet, noch 4 Stunden stehen gelassen und gebacken. Der Teig reicht für 12 Brote. Das Brot schmeckte am nächsten Tage sehr gut und hielt sich 8 Tage frisch und feucht. $1/2$ Pfd. Flechtenmehl nebst 3 Pfd. Roggenmehl mit Sauerteig lieferten eine Teigmasse von 8 Pfd.

in gewöhnlichem lufttrockenen Zustande 13—14% Wasser und etwa 80% Kohlehydrate, von denen rund 50% resorbiert werden sollen.

König[1]) gibt an (in der natürlichen Substanz): Wasser 15,96, Stickstoffsubstanz 2,19, Fett 1,41, stickstoffreie Substanz 76,12, Rohfaser 2,91, Asche 1,41.

Die Renntierflechte verhält sich in ihrer Zusammensetzung nach einer älteren Analyse, die von Morgan (zit. bei Jacobj) mitgeteilt wird, ähnlich. Sie enthält in „einfach getrocknetem" Zustande: Wasser 10%, stickstofffreie Extraktivstoffe 62%, stickstoffhaltige Stoffe 3,2%, Fett 1,7% und Holzfaser 19,5%. Auffallend ist der enorm hohe Holzfasergehalt. Jacobj schätzt nach ausgeführten Inversionsversuchen, daß die von ihm gesammelten „frischfeuchten" Flechten nur etwa 6% Holzfaser enthielten, dagegen 70% Wasser, mehr als 20% stickstofffreie Substanz, 1,1% Eiweißstoffe und 6% Fett. Danach würde die Zusammensetzung etwa der der Kartoffeln entsprechen mit Ausnahme der Holzfaser.

Jacobj ist nun der Ansicht, daß das isländische Moos bei uns als „Volksnährmittel", die Renntierflechte aber als Viehfutter (Heft I) von „nicht zu unterschätzender Bedeutung" sei. Das gewonnene isländische Moos „könnte auch zur Verköstigung der Kriegsgefangenen, die es beim Umgraben der Ödländer der Heideflächen finden, mitverwandt werden, wodurch für unsere deutsche Bevölkerung eine nicht unerhebliche Menge an Getreidemehl gespart würde". Die Renntierflechte sei dagegen geeignet, „um als Kohlehydratfutter zum Ersatz der Kartoffeln und des Futtermehles" (Heft II) zu dienen.

Es ist klar, daß man sich bei solch weittragenden Problemen, die für die Volksernährung eine Rolle spielen sollen, zuerst vergewissern mußte, wie die Flechtenstoffe im Organismus der Tiere und der Menschen verwertet würden. In dieser Beziehung lag aber erst wenig wissenschaftliches Material vor. Nur Tschirsch[2]) berichtet, daß „die Flechte, Cetraria islandica, verbacken, zu 50% verdaut, in den Körper vom Darm aus aufgenommen und wie unsere übrigen Stärkearten als Nahrung verwendet wird." Von der Renntierflechte war in bezug auf Verdaulichkeit noch nichts bekannt.

Jacobj versuchte diese Lücke auszufüllen, indem er selbst Fütterungsversuche mit Renntierflechten an Schweinen vornahm, und außerdem auf sein Ersuchen von den Versuchsstationen in Hohenheim und Möckern derartige Versuche angestellt wurden.

Die letzteren ergeben aber kein befriedigendes Resultat. Die Tiere verweigerten bei größeren Mengen Flechten die Aufnahme und ihr Gewicht nahm ab. Da Jacobj die unerwarteten Ergebnisse auf die Wirkung der Flechtensäuren, die Verdauungsstörungen hervorzurufen imstande sind, zurückführte, wurden noch einmal Versuche angestellt mit Renntierflechte, die mit kohlensaurem Kali behandelt war. Aber auch jetzt, nach weitgehendster Entfernung der Säuren, wurde die Flechte nur wenig ausgenützt. Die Berichte[3]) besagen in beiden Fällen, daß das Material „schlecht verdaut wird und das Resultat kein günstiges" gewesen ist, so daß nach Ansicht von Fingerling,

---

[1]) König, 4. Aufl., Bd. I, S. 808.
[2]) Zit. bei Jacobj (Heft I, S. 6).
[3]) Vgl. Jacobj, Heft III, S. 9.

der in Möckern die Versuche anstellte, „sich ein Sammeln der Flechten nicht
bezahlt mache". Im Gegensatz hierzu verzeichnet Jacobj bei seinen eigenen
Versuchen etwas bessere Resultate (Heft III, S. 10). Es machte sich eine Zunahme des Körpergewichtes des Versuchsschweines in den Perioden, in denen
entbitterte Flechten gefüttert wurden, bemerkbar, die seiner Meinung nach
nur auf dieses Material zu beziehen war. Eine Erklärung für die bessere Verwertung in seinen Versuchen findet er darin, daß er ein junges Tier benützte,
welches sich an die neue Kost besser gewöhnte und daß der Rohfasergehalt
der von ihm verfütterten Flechten, die wohl mehr junge Triebe enthalten haben
mochten, geringer gewesen ist. Auch wurde das Flechtenmaterial zu grobem
Pulver vermahlen und gekocht verabreicht.

Mit diesen Untersuchungen ist das wissenschaftliche Unterlagenmaterial
erschöpft. Weitere Tierversuche liegen nicht vor und Ausnützungsversuche von
Renntierflechte beim Menschen sind, so weit ich sehe, nicht vorgenommen
worden. Es läßt sich daher vorläufig darüber nichts aussagen. Ob derartige
Ausnützungsversuche beim Menschen bessere Resultate ergeben würden, erscheint äußerst zweifelhaft, denn die große Menge holziger Substanz in
den Flechten, die schon beim Tier die Verdaulichkeit herabgesetzt hat, muß
beim Menschen, dessen Organismus auf die Verdauung der Zellulose nur sehr
unvollkommen eingerichtet ist, sehr ungünstig wirken.

Eine gute Prognose in bezug auf Ausnützung könnte daher weder dem
isländischen Moosbrot nach dem Renntierflechtenbrot gestellt werden.

Außer der wohlgemeinten Anregung durch Jacobj haben wir von einer
weiteren Verbreitung des Flechtenbrotes nichts mehr vernommen. Möglicherweise waren die Schwierigkeiten größere Mengen Flechten herbeizuschaffen
bedeutender, als wie sie Jacobj angenommen hat, obwohl er berechnete,
daß sich allein im Moor bei Eisenharz von einer 2–3 Quadratkilometer aus-
gedehnten Fläche 50 000 kg, d. h. 500 Doppelzentner Futtermaterial einbringen
lassen würden. Ob im übrigen die Kosten des Sammelns, des Transportes von
den Hochmooren, der Entbitterung, der Trocknung und der Vermahlung im
Verhältnis zu dem ausnützungsfähigen Material nicht viel zu hohe werden
würden, will ich dahingestellt sein lassen. Das Brot würde jedenfalls nicht billiger
geworden und einem Kartoffelkriegsbrot nicht gleichgekommen sein.

XI. Brote aus Pilzen.

Bei der Suche nach brauchbaren Streckmitteln für Brot lag es nahe,
auch an die Pilze zu denken, die unter der Bevölkerung bekanntlich in dem
Rufe stehen, besonders nahrhaft zu sein. Man glaubte auch, daß die Menge —
wenigstens in pilzreichen Jahren — ausreichen würde. Denn wenn es berechtigt
ist, Schlüsse aus den in manchen Städten auf den Markt gebrachten Pilzen
auf die Gesamtproduktion in Deutschland zu ziehen, so muß die von der Natur
jährlich hervorgebrachte Menge ganz außerordentlich sein. So wurde z. B.
1902 von Giesenhagen[1] in München festgestellt, daß für den Sommer
und Herbst über 8000 Zentner Pilze zum Verkauf kamen, daß andererseits

---

[1] K. Giesenhagen, Bemerkungen zur Überwachung des Verkehrs mit Speise-
pilzen. Zeitschr. f. Unters. d. Nahr.- u. Genußm. 1903, S. 942.

in der Lausitz nach J. Röll[1]) jährlich 400 Zentner getrocknete Pilze, meist Steinpilze, angeliefert werden und daß z. B. in Wien im Herbst täglich 600 bis 1000 Zentner auf dem Markt vorhanden sind. Auch in den Wäldern Schlesiens, wie der Markt in Breslau zeigt, wachsen gewaltige Mengen von Pilzen. Wir müssen ebenso aus dem großen Verbrauch an Pilzen in Ungarn, Rußland, Frankreich und Italien entnehmen, daß diese Mycelpflanzen vielfach in Massen vorhanden sind.

Trotzdem muß aber der Verbrauch der Pilze für die Ernährung gegenüber dem Gemüseverbrauch nur als recht unbedeutend bezeichnet werden. Einmal haben gewisse Kreise ein Vorurteil gegen Pilze überhaupt oder der Pilzgenuß ist vielfach nicht Sitte oder es besteht eine Abneigung dagegen wegen der Vergiftungsgefahr.

Wie berechtigt letztere auch sein mag[2]), so ist die Ursache des Mißtrauens hierfür nur darin zu suchen, daß das Volk die Pilze viel zu wenig kennt und sie nicht zu unterscheiden weiß.

Es gibt in Deutschland allein über 200 eßbare Pilzarten, von denen nach Gramberg etwa ein Viertel gute, ein weiteres Viertel mittelgute und der Rest minderwertige Vertreter darstellen, während für unsere deutschen Verhältnisse die Kenntnis von nur etwa 10 „Giftpilzen“ — mehr kommen überhaupt nicht in Frage —, genügt, um jede Gefahr auszuschließen.

Da trotzdem jeder unkundige Käufer bei jedem Pilz, den er noch nicht gesehen hat, Gefahr wittert, so werden naturgemäß im allgemeinen auch nur wenige Spezies[3]) auf den Markt gebracht und damit im Verhältnis zu ihrem Vorhandensein wenige Pilze überhaupt.

Es ist daher doch sehr fraglich, ob ohne vorhergehende großzügige Werbung genügend Material für eine allgemeine Verwendung als Brotstreckmittel zusammenzubringen sein würde.

Sodann spielt der Nährwert der Pilze die nächstwichtigste Rolle.

Beim Volk besteht immer noch die sehr verbreitete Anschauung, daß die Pilze einen „bedeutenden“ Nährwert hätten, der dem Fleisch nicht viel nachstünde. Davon kann aber schon deshalb keine Rede sein, weil die Pilze — ganz ähnlich wie die Gemüse — aus 90% Wasser und nur 10% Trockensubstanz bestehen. Nach König[4]) sind z. B. Champignons (Mittel 20 Analysen) zusammengesetzt aus 89,7% Wasser, 4,88% Gesamtstickstoffsubstanz; 0,2% Fett; 3,57% stickstofffreier Substanz; 0,83% Rohfaser und 0,82% Asche.

Nun wird freilich vielfach darauf hingewiesen, daß die Stickstoffsubstanz in den Pilzen höher sei als in den Gemüsen, und wenn man getrocknetes Pilzmaterial mit einem unserer eiweißreichsten Nahrungsmittel, dem Fleisch vergliche, wären die Pilze noch wesentlich gehaltvoller an Eiweiß als wie das Fleisch. Noch neuerdings findet sich in einer Arbeit von Schmidt, Kloster-

---

[1]) Zit. bei Eugen Gramberg, Die Pilze der Heimat. Quelle & Meyer, Leipzig 1913, S. 69.

[2]) Vgl. die Mitteilungen von Dittrich über Pilzvergiftungen im Jahre 1915 und 1916. Münch. med. Wochenschr. 1917, Nr. 13.

[3]) Ausnahmen sind auf den Märkten zu finden, in deren Umgegend viele Pilze von der Bevölkerung genossen werden. So kann man z. B. in Bautzen i. S. 10—15 Arten, in Breslau 20—25, in München 30—40 Arten antreffen.

[4]) König, Chemie der Nahrungs- und Genußmittel. I. Bd., S. 810.

mann und Scholta[1]) der Satz: daß „trockenes Pilzpulver mehr N-Substanz als Fleisch und die meisten übrigen Lebensmittel" enthielte.

Lufttrockene Steinpilze enthalten nach König (l. c. S. 812) 12,81% Wasser; 36,66% Gesamtstickstoffsubstanz; 2,7% Fett; 34,51% stickstofffreie Substanz; 6,87% Rohfaser und 6,45% Asche. Danach ist allerdings hier der Eiweißgehalt höher wie beim Fleisch mit ca. 21% und die Angabe Schmidts usw. trifft „buchstäblich" zu. Bei sachlicher Würdigung der Zahlen ist dieser Vergleich aber doch nicht berechtigt, denn man müßte dann auch getrocknetes Fleisch oder lufttrocknes Fleischpulver zum Vergleich heranziehen. Dieses enthält aber (König l. c. S. 72) bei fast gleichem Wassergehalt (10,99% im Fleisch, 12,81% in den Pilzen) nicht nur 36,66% Eiweiß, sondern 69,50%. Die getrockneten Pilze stehen also noch sehr weit hinter getrocknetem Fleisch zurück.

Dazu kommt noch folgendes: Wenn auch trockenes Pilzpulver 36,66% Eiweiß enthält, so wird doch das Pilzpulver nie im trockenen Zustande genossen, sondern bei der gewöhnlichen Zubereitung in Suppen oder anderen Gerichten so weit mit Wasser verdünnt, daß der Eiweißgehalt fast wieder auf das Niveau der frischen Pilze herabsinkt und dementsprechend der hohe Eiweißgehalt der Trockenpilze seine Bedeutung verliert. Das frische Fleisch behält dagegen auch bei seiner Zubereitung seinen Eiweißgehalt von ca. 21%.

Endlich ist zu berücksichtigen, daß die in den Pilzen analytisch gefundene Gesamtstickstoffmenge nur zum Teil aus resorbierbarem Eiweiß besteht, während das Eiweiß des Fleisches fast restlos verdaut wird.

Schon in Arbeiten, welche längere Zeit zurückliegen, bei Saltet[2]), Böhmer[3]), Mörner[4]), Uffelmann[5]) und Strohmer[6]) finden sich Angaben hierüber.

Es zeigte sich, daß etwa vom Gesamtstickstoff drei Viertel aus Eiweißstickstoff bestand, das übrige N sich aber aus Amidosäuren, Säureamiden, Ammoniak zusammensetzte (z. B. bei Strohmer 71,5% im Hut, 75,09% im Stiel und 72,26% Eiweiß-N im ganzen Schwamm; bei Böhmer 71,4% im ganzen Pilz). Die 36,66% Gesamtstickstoff in den oben erwähnten trocknen Steinpilzen schrumpfen somit auf ca. 27% Eiweißstickstoff zusammen.

Nach diesen Feststellungen mußte leider auch erwartet werden, daß die Ausnützung der Gesamtstoffe im Organismus nicht dem des Fleisches gleich sein und Verluste nach sich ziehen würde.

Saltet nahm während zweier Tage Champignonkonserven ohne andere Nahrungsmittel zu sich und fand eine Ausnützung des Trockenrück-

---

[1]) P. Schmidt, M. Klostermann und K. Scholta, Über den Wert der Pilze als Nahrungsmittel. Deutsche med. Wochenschr. 1917, Nr. 39, S. 1221.

[2]) R. H. Saltet, Über die Bedeutung der eßbaren Schwämme als Nahrungsmittel für den Menschen. Archiv f. Hygiene 1885, **3**, 443.

[3]) Böhmer, zit. bei Strohmer und Uffelmann, Landwirtschaftl. Versuchsstation Münster **28**, 248.

[4]) Mörner, Beiträge zur Kenntnis des Nährwertes einiger eßbarer Pilze. Zeitschr. f. physiol. Chemie 1886, **10**, 6.

[5]) Uffelmann, Über den Eiweißgehalt und die Verdaulichkeit der eßbaren Pilze. Archiv f. Hygiene 1887, **6**, 105.

[6]) F. Strohmer, Ein Beitrag zur Kenntnis der eßbaren Schwämme. Archiv f. Hygiene 1886, **5**, 322.

standes zu 74,23%, des Eiweißes zu 66,24%. Uffelmann benützte ebenfalls Champignons, aber in zubereiteter Form, wobei er in drei Selbstversuchen eine Ausnützung des Stickstoffs erzielte:

  a) von 64% bei frischen Pilzen in Butter gesotten,
  b) von 61% bei lufttrocknen Pilzen, die aufgeweicht und mit Mehl und Butter ge-
     gesotten wurden,
  c) von 71,2% bei gepulverten Pilzen in Fleischbrühe gekocht.

Weitere Untersuchungen stellten Löwy und von der Heide an[1]). Letzterer genoß als Versuchsperson frische Steinpilze und Steinpilzpulver. Es gelangten 100 g Pilzmaterial mit gemischter Nahrung aus Fleisch, Keks, Kartoffeln und Butter zur Aufnahme. In den ersten 4 Tagen wurden frische Pilze, in den nächsten 3 Tagen Pilzpulver gereicht. Die Ausnützung des Pilzstickstoffs betrug bei frischen Pilzen 54,4%, bei Pilzpulver 57%.

Hieraus geht hervor, daß tatsächlich etwa 30—40% des Gesamtstickstoffs der Pilze im Organismus nicht ausgenützt werden.

Wenn man daher über den Nahrungswert der Pilze ein Urteil abgeben will, so wird es stets nötig sein, mindestens ein Drittel von dem analytisch gefundenen Gesamtstickstoff abzuziehen, und auch den übrig bleibenden Anteil des Eiweiß-N nicht ganz in Rechnung zu setzen, da auch er im Organismus nicht vollkommen assimilierbar erscheint.

Löwy und von der Heide berechnen auf Grund der von Mörner[2]) in künstlichen Verdauungsversuchen gefundenen Zahlen die Ausnützung des resorptionsfähigen Stickstoffanteiles der Pilze bei frischen Steinpilzen auf 81%, bei Steinpilzpulver auf 85%. Künstliche Verdauungsversuche beweisen allerdings nichts für die Verdaulichkeit im Organismus.

Aus neuerer Zeit liegen Untersuchungen von Rubner[3]) vor, der unter Einbeziehung der Frage der Zellmembranverdauung die Ausnützung der Pilze prüfte.

Die Analysen der zum Versuch verwendeten Pilze ergaben — es waren schon getrocknete Steinpilze — einen Trockenrückstand von nur 39%, also sehr wenig. In 100 g dieser Trockensubstanz waren enthalten in Prozent:

  7,94 Asche
  92,06 Organisches
  2,51 Pentosen = 2,21% Pentosane
  7,26 asche- und pentosanfreie Zellulose
  12,13 asche- und proteinfreie Zellmembran mit 0,4 g Pentose = 0,36 g
        Pentosane
  4,86 N = 30,41% Protein
  4,05 Fett.

Auffällig ist der geringe Gehalt an Pentosan, von dem wiederum nur ein kleiner Teil ($^1/_6$) in der Zellmembran nachweisbar ist. Die Zellmembran ist sehr zellulosereich, denn es finden sich in 100 Teilen Zellmembran 57,19% Zellulose und nur 4,51% Pentosan. Schwierig gestaltete sich die Darstellung

---

[1]) A. Löwy und von der Heide, Über die Verdaulichkeit der Pilze. Berl. klin. Wochenschr. 1915, Nr. 23, S. 600.

[2]) Mörner fand vom Gesamtstickstoff 26% Extraktivstoffe, 33% unverdauliches Eiweiß und 41% verdauliches Eiweiß.

[3]) Rubner, Die Zusammensetzung der Steinpilze und ihre Verdaulichkeit. Archiv f. Anat. u. Physiol. (physiol. Abt.) 1915, S. 286.

der Zellmembran im Gegensatz zu den Gemüsen, da sie bei den Pilzen ein sehr lockeres Gewirr darstellt. Bemerkenswert ist ferner das Festhaften des Protein-stickstoffs an den Zellen, ein Umstand, der für die Ausnützung desselben nicht günstig ist.

Um die Verdaulichkeit zu prüfen, gab Rubner seinem Versuchshund 1000 g Fleisch und 70 g lufttrockene Steinpilze. Die organische Sub-stanz wurde mit einem Gesamtverlust von 35,75% ausgenützt, also sehr schlecht verwertet. Die unverdaut abgehenden Pilzbestandteile drückten damit auch die Kalorien des Kotes herunter. Fast ebenso hoch wie bei der organischen Substanz belief sich auch der Verlust der N - Substanzen, der 35,35% be-trug. Es ist hier ebenso wie bei der Kleie, bei der die Unverdaulichkeit der Nahrungsbestandteile eine Folge der unverdaulichen Zellhülle ist, die die an sich verdaulichen Substanzen fest umschließt. Von der Zellulose gingen 68,65%, von der Zellmembran überhaupt 74,28%, von der Restsubstanz der Zellmembran 73,71%, von den Pentosen 70,43% und von den Pentosen, die in der Zellmem-bran enthalten sind, gar 100% verloren.

Die Zellulose ist also so ungünstig ausgenützt worden, als wenn Holz vorgelegen hätte und die schlechte Resorption der Pentosen zeigt, daß hier eine Zellmembran vorliegt, die im Gegensatz zu anderen Zellmembranen die Pentosen zäh zurückhält. Auch das Fett wurde schlechter aufgenommen.

Hiernach ist die Ausnützung der Steinpilze, so wie sie der Hund be-kam, als eine wenig günstige anzusprechen.

Zu wesentlich besseren Resultaten sind Schmidt, Klostermann und Scholta gekommen. Sie bringen Beweise dafür, daß die Ausnützung des Pilzstoffes wesentlich besser wird, wenn sie eine andere Form der Pilzzu-bereitung wählten und konnten zeigen, daß dann eine Ausnützung von 80 bis 90% zustande kam.

Sie stellten — Scholta war die Versuchsperson — 2 Versuche an und zwar mit gemischter Kost. Im ersten Versuch betrug die Nahrung 2432 Kalorien, im zweiten Versuch 3000 Kalorien. Nach einer Vorversuchsperiode aus Keks, Wurst und Butterfett schloß sich im ersten Versuch eine Hauptperiode an, in der die Hälfte des Gesamtstickstoffs durch Pilzstickstoff ersetzt wurde. Unter Berücksichtigung der Verdaulichkeit des Mehl- und Wurstanteils ließ sich eine Ausnützung der Gesamt-N-Substanz der Pilze auf 89,10% be-rechnen.

Im zweiten Versuch, dem eine Vorperiode aus Kartoffelgrieß, Käse und Butter vorausging und in welchem ebenfalls etwa 50% des Gesamtstickstoffs durch Pilzstickstoff ersetzt wurde, ergab sich eine Verdaulichkeit des Pilz-stickstoffs von 79,75%.

Die gute Ausnützung führen die Verff. auf die sehr feine Vermahlung der Pilze zurück. Dem steht zwar gegenüber, daß Löwy und von der Heide zwischen frischen Steinpilzen und Steinpilzpulver nur einen Unterschied von etwa 3% fanden und der Versuch von Uffelmann mit gepulverten Cham-pignons nur eine Ausnützung von 71,2% ergab, trotzdem ist nicht von der Hand zu weisen, daß der Vermahlungsgrad hier scheinbar doch eine aus-schlaggebende Rolle gespielt hat. Schmidt, Klostermann und Scholta geben an, daß die restlos feine Mahlung der Pilze nicht ganz einfach durchzuführen ist, und so könnten bei Löwy und von der Heide und bei Uffelmann gröbere Pilzpulver vorgelegen haben.

Immerhin lassen sich die großen Unterschiede bei den früheren Untersuchern und in den jüngsten Versuchen damit nicht ganz überbrücken und es müßte dann angenommen werden, daß auch noch andere Punkte, z. B. das Alter der Pilze, die mehr oder weniger verholzte Substanz, die eingenommene Menge, die Zurichtung der Pilze, der verschiedene N-Gehalt bzw. die chemische Zusammensetzung der Eiweißkörper, die Verwendung des Pilzmaterials in gemischter Nahrung oder allein, vielleicht auch die Verdauung des einzelnen Untersuchers eine Rolle gespielt haben. Weitere Untersuchungen in dieser Richtung sind daher noch notwendig, um völlige Klarheit zu schaffen, doch fürs erste zwingen uns die Versuche von Schmidt, Klostermann und Scholta anzunehmen, daß der Eiweißstickstoff der Pilze, wenn nur die richtige Form gewählt ist, besser als gewöhnlich ausnützbar ist.

Besonders günstig liegen die Verhältnisse bei den Stoffen, die aus Gummi, Schleim, Zucker und Stärke bestehen und als Kohlehydrate zusammengefaßt werden. Hier fanden Schmidt, Klostermann und Scholta eine Ausnützung von 94,6%. Die Versuche, die diese Autoren anstellten, sind aber auch noch in anderer Weise interessant. Sie gingen erstmalig dazu über, das hochwertigere trockene Pilzpulver in Gebäckform unterzubringen und auf diese Weise mehr Pilzeiweiß in den Organismus einzuführen, als bei suppenähnlicher Zubereitung möglich ist.

Sie verfertigten Keks, die aus 50 Teilen 64proz. Roggenmehl und aus je 25 Teilen Zucker und feingemahlenen Steinpilzen bestanden. Wie die Resultate aus dem ersten Versuche zeigten, konnte man mit der Ausnützung wohl zufrieden sein. Da sich aber diese Keks von einem „Pilzbrot“ schließlich nur dadurch unterscheiden, daß dort Zucker beigegeben wird und hier nicht, so wäre zu erwarten, daß auch ein reines Pilzbrot mit etwa 20—25% Pilzmehl sich in seiner Ausnützung nicht viel schlechter oder vielleicht ebenso gut verhalten würde wie die Pilzkeks.

Schmidt hat jedenfalls, wie ich mich durch eine Probe, die er mir zusandte, überzeugen konnte, auch Pilzbrot hergestellt. Es sieht aus wie ein „schwarzes Bauernbrot“, die Krume ist ziemlich fest und der Geschmack erinnert, ebenso der Geruch, lebhaft an Pilze. Versuche mit derartigem Brot stehen aber aus, so daß hier darüber noch nichts mitgeteilt werden kann.

Ob es bei der Bevölkerung Anklang und Eingang finden würde, läßt sich nicht voraussagen. Sollte sich wirklich die nötige Menge von Pilzmaterial beschaffen lassen, so sind für die Einführung des Brotes noch nicht alle Hindernisse aus dem Wege geräumt. Störend wirken jedenfalls die hohen Preise, die heutzutage für Pilze angelegt werden müssen. (1917 kostete 1 Pfund Pfifferlinge, Cantharellus cibarius 1,90 Mark und 1 Pfund Steinpilze, Boletus edulis 2,60 Mark.) Das sind Sätze, die das Brot ungemein verteuern müßten. Außerdem fragt sich, ob das Publikum den Pilzgeschmack im Brote liebt und nicht eher vorzieht, eine gute Pilzsuppe oder gebratene Pilze zum Brot zu essen als die Pilze im Brot.

Hier liegen die Verhältnisse ähnlich wie beim Apfelbrot und Blutbrot. (Siehe den Abschnitt Apfelbrot S. 224 und Blutbrot S. 291.)

XII. Brote mit Nährhefezusatz.

Nachdem es der Versuchs- und Lehrbrauerei in Berlin gelungen war[1]), von der in den Brauereien im Überfluß erzeugten Hefe in sehr großem Maßstabe Futterhefe herzustellen, die z. Z. als Kraftfuttermittel für Tiere dient, ist man auch dazu übergegangen, aus dieser Futterhefe ein für den Menschen geeignetes Präparat, die sog. Nährhefe anzufertigen.

Trotzdem die Futterhefe bitter schmeckt, wird sie gleichwohl von Tieren gern genommen. Für die allgemeine Einführung als menschliches Nahrungsmittel war der bittere Geschmack aber ein Hindernis. Die Entbitterung gelingt jedoch bis zu einem gewissen Grade leicht durch Behandlung mit kohlensaurem Natron in der Kälte. Das daraus hergestellte Präparat hat einen charakteristischen Geruch und Geschmack, der zwar nicht direkt abstoßend ist, aber doch bei Einnahmen von größeren Mengen auf die Dauer von manchem als wenig ansprechend gefunden zu werden scheint. Man zieht deshalb auch vor, diese „Nährhefe" vorläufig noch nur in küchenmäßiger Zubereitung mit anderen Speisen vermischt zu genießen.

Die chemische Analyse der Hefe ergab in Prozenten:

	Futterhefe[1])	Nährhefe[2])	Nährhefe[3])
Wasser	9,1	8,0	6,8
Rohprotein	54,2	54,0	53,4
Rohfett	2,1	3,0	3,1
Stickstofffreie Extraktivstoffe	25,5	28,0	28,1
Rohfaser	1,7	?	1,4
Asche	7,3	7,0	7,0

Demnach sind die Produkte außerordentlich eiweißreich und es lag nahe, sie für die menschliche Ernährung, besonders in der eiweißarmen Kriegszeit heranzuziehen.

Über die Verwertung im Organismus des Menschen haben zuerst Völtz und Baudrexel[3]) Stoffwechselversuche angestellt. Nach ihrer Ansicht „ließen sich innerhalb 1—2 Stunden 100 g ohne Schwierigkeiten nach einfachem Aufkochen nehmen". Resorbiert wurden 86% des Hefeeiweißes.

Weiterhin berichtet Schottelius[4]) über Versuche bei Gefangenen in der Strafanstalt Freiburg, die Mengen von 30—100 g steigend vier Wochen lang erhielten. Außerdem hatte er in seiner Familie, bei Bekannten, in Volksküchen und anderen Anstalten Hefe verbrauchen lassen. Sein Urteil lautet im allgemeinen recht günstig. Es sei weder der Geschmack der mit der Nährhefe zubereiteten Speisen irgendwie ungünstig beeinflußt, noch seien Bedenken in bezug auf Geschmack und Bekömmlichkeit geäußert worden. Die Gefangenen hätten sich sehr zufrieden ausgesprochen, sie nähmen das Präparat gern und hätten keinerlei Beschwerden empfunden. Es wurde auch bei einigen Insassen eine Gewichtszunahme konstatiert.

---

[1]) Fritz Hayduck, Die Verwendung der von den Brauereien im Überschuß erzeugten Hefe, des Trubs und des ausgebrauten Hopfens. Veröffentl. d. deutsch. Brauereibundes E. V., Heft VIII (Sonderabdruck).

[2]) Nach einem Prospekt des Institutes für Gärungsgewerbe, Berlin.

[3]) Völtz und Baudrexel, Die Verwertung der Hefe im menschlichen Organismus. Biochem. Zeitschr. 1910, **30**, 458; **31**, 356.

[4]) Schottelius, Untersuchungen über Nährhefe. Deutsche med. Wochenschr. 1915, Nr. 28, S. 817.

Von diesen günstigen Ergebnissen weichen die Erfahrungen von P. Schrumpf[1]) wesentlich ab. Er selbst versuchte einen Stoffwechselversuch an sich auszuführen, bei dem er 200 g Fleisch = 44 g Fleischeiweiß durch rund 80 g Hefe ersetzen wollte. 30 g davon ließ er mit 300 g Mehl zu Brot verbacken. Nachdem er die Speisen mit großer Mühe zum Teil zu sich genommen hatte, mußte er sich mehrfach übergeben und bekam kurzdauernde Magen- und Darmstörungen. Auch die Versuche an 10 Soldaten, die sich als Rekonvaleszenten in der ersten inneren Abteilung des Charlottenburg-Westend-Krankenhauses befanden, fielen nicht sehr ermutigend aus.

Die Leute erhielten, ohne es zu wissen, etwa 20 g Hefe der Nahrung (Suppe) beigefügt. Drei lehnten das Gericht von vornherein ab, fünf konnten die Hälfte aufessen und nur drei verzehrten die ganze Menge. Einige Soldaten, bei denen die Wirkung einer dauernden Verabreichung studiert werden sollte, nahmen 20 g pro Tag auf zwei Mahlzeiten, aber nach 6 Tagen mußte der Versuch abgebrochen werden.

Verf. führt das ungünstige Resultat auf den spezifischen Geschmack und den Geruch des Präparates zurück, der auch durch Beigabe und Vermischen mit Gewürzen nicht zu verwischen war. Es sei nach seiner Meinung kaum möglich, fortgesetzt große Dosen zu verabreichen, allenfalls könne man 20 g pro Tag zu sich nehmen.

Während die ebengenannten Versuche nur ein gewisses Bild über die „Bekömmlichkeit" der Hefe beim Menschen geben, bringt Rubner[2]) genauere Zahlen über die Ausnützung. Er gab einem Hunde täglich 1000 g Fleisch + 150 g lufttrockene Nährhefe.

In der Trockensubstanz waren enthalten in Prozenten:

     8,60 Asche
   91,40 Organisches
     3,32 Pentosen = 2,93% Pentosan
     0,00 Zellulose
   19,99 in Alkohol, Äther und Chloralhydrat.
        Unlösliches mit 1,5 g Pentose = 0,93 g Pentosan.
     9,79 N = 61,19 Protein
     0,88 Fett
     8,09 Glykogen.

Die Hefe enthält demnach, wie schon aus den eben mitgeteilten Anyalsen hervorgeht, sehr viel Eiweißstoffe, kleine Mengen Fett und mäßig viel Pentosen. Zellulose konnte Rubner nicht nachweisen. Die Ausnützung der Pentosen war sehr gut, denn nur 9,04% gingen verloren, ebenso befriedigte sehr die N-Ausnützung. Der Verlust betrug nur 1,61 g. Allerdings würden bei reiner Hefefütterung die Zahlen etwas ungünstiger werden, da die Resorption des Fleisches fördernd auf die Verdaulichkeit der Hefe eingewirkt hat. Die Untersuchungen des Harnstickstoffes ergaben einen N-Ansatz. Man wird also die Hefe in bezug auf ihre Verdaulichkeit im Organismus als ein vorteilhaftes Nährmittel bezeichnen müssen.

---

[1]) P. Schrumpf, Die Nährhefe als Nahrungsmittel. Münch. med. Wochenschr. 1916, Nr. 8, S. 269.

[2]) Rubner, Die Resorbierbarkeit der Nährhefe. Münch. med. Wochenschr. 1916, Nr. 18, S. 630.

Der Gedanke, die Hefe auch im Brot für den Menschen nutzbar zu machen, wurde zuerst in einem Prospekt vom 8. Januar 1915 ausgesprochen, der vom Institut für Gärungsgewerbe und Stärkefabrikation versandt wurde. Es heißt dort: „Insbesondere ist darauf hinzuweisen, daß die Nährhefe sich gut als Zusatz (nicht als Backmittel) zu Backwaren eignet, so daß man in der Lage ist, bei der Herstellung von K-Brot den Zusatz von Kartoffelstärke oder Kartoffelwalzmehl noch beträchtlich zu erhöhen, wenn man gleichzeitig durch Mitverarbeitung der über 50% Eiweiß enthaltenden Nährhefe für den Ersatz des fehlenden Getreideeiweißes sorgt." Praktisch verwendet wurde damals allerdings nach Hayduck nur die Hefe bei der Herstellung von Zwieback und Keks, und erst Schrumpf fertigte ein wirkliches Hefebrot an, welches 30 g Hefe auf 300 g Mehl, also 10% enthielt.

Schrumpf war von diesem Brot aber nicht ganz befriedigt, da auch der Zusatz von 10% Hefe noch immer einen unangenehmen Geruch nach Hefe und einen nachhaltigen bitteren Geschmack aufwies.

Um mich selbst von dieser Tatsache zu überzeugen, habe ich systematische Mengen von 5—50 g Nährhefe in allerlei Suppen aus Hafergrütze, Buttermilch, Fleischbrühe, Leguminosen, Mehl, alsdann in Gemüsegerichten aus Rüben, Möhren, Spinat, Kohl usw., auch in Gerstenkaffee und Kakao gegeben und konnte dabei feststellen, daß auch schon bei kleinen Mengen von 5 g pro Suppen- oder Gemüseteller der Geschmack deutlich hervortrat. Die Geschmackveränderung der Speisen war aber noch keineswegs so bedeutend, daß sie nicht noch hätten genossen werden können. Bei größeren Hefemengen aber — besonders wenn sie über 20 g hinausgingen — war man berechtigt, die Speisen geschmacklich abzulehnen.

Ich ging dann weiter zur Bereitung von Brot über und verarbeitete Nährhefe in kleinen und größeren Mengen zu Weizen- und Roggenbrötchen, die teils mit Hefe, teils mit Sauerteig gebacken wurden. Beim Versuch ergab sich, ebenso wie es Schrumpf gefunden hatte, ein deutlicher Geschmack nach Hefe bei 10% Nährhefezusatz auf 100 g Teig. Bei 5% wurde er zum größten Teil im Brot verdeckt.

Man wird also, so lange der bittere nachhaltige Geschmack aus der Hefe nicht beseitigt werden kann, viel mehr als 5% nicht im Brot verbacken können, will man nicht den Konsumenten das Hefebrot verleiden.

An sich wäre es gewiß willkommen zu heißen, wenn durch Zusatz des sehr gut ausnützbaren Hefeeiweißes der Nährwert des Brotes vergrößert werden könnte, doch müßte man dazu, um Erfolge zu sehen, erhebliche Mengen hineinverarbeiten. Es entspricht den Tatsachen nicht, Brote als „Kraftbrote" usw. zu bezeichnen, wenn der Gehalt an Hefe unverhältnismäßig gering ist.

So haben z. B. während des Krieges Roßmann und Mayer[1]) unter dem Namen **N-Brot, ein Kraftbrot,** ein Brot empfohlen, welches ein Kartoffelbrot darstellt, dem noch 2,5% Nährhefe zugesetzt worden war. Nach Roßmann[2]) enthielt das Brot sogar noch weniger Nährhefe. Es wurden 217 g Roggen-

---

[1]) Roßmann und Mayer, N-Brot, ein Kraftbrot. Nährhefebrot — eiweißreiches Brot. Zeitschr. f. Spiritus-Ind. 1915, 38. Jahrg., Nr. 37.

[2]) Roßmann, N-Brot, ein Kraftbrot. Chemiker-Ztg. 1916, **40**, Nr. 18, S. 135.

oder Weizenmehl mit 56 g Kartoffelwalzmehl oder Kartoffelflocken gemischt. Dann wurden in 200 ccm Wasser 7 g Nährhefe, 8 g Chlornatrium + 4 bis 5 g Hefe (als Triebmittel) aufgelöst und mit dem Mehl verbacken. Die Ausbeute betrug 457 g Brot, der Gehalt an Nährhefe betrug demnach 1,52%! Die Zusammensetzung des Kraftbrotes war folgende: Wasser 44,31%, Asche 1,31%, Fett 0,20%, Rohfaser 0,02 (?! für ein Roggen-Weizenbrot kaum möglich, da schon ein reinstes Weizenmehl mit 70% Ausmahlung 0,24% Rohfaser enthält). Eiweißstoffe 5,87%, N-freie Extraktivstoffe 48,28%.

Durch diesen Zusatz von 1,52% Nährhefe sollte der Nährwert des Brotes „bedeutend" erhöht werden. Davon kann aber gar keine Rede sein. Schon die Analyse zeigt, daß der übliche Eiweißgehalt des Brotes durch diesen Zusatz kaum beeinflußt wird. Dann ergibt aber noch folgende Rechnung, daß so geringe Mengen für den täglichen Bedarf an Eiweiß gar keine Rolle spielen, dagegen eine gewaltige Überschätzung des Kraftbrotes vorliegt. In der Kriegszeit erhielt die Person pro Tag rund 250 g Brot, demnach 3,83 g Nährhefe. Die Nährhefe wird nach Völtz und Baudrexel zu 86% ausgenützt, also wurde nur 3,29 g verdauliches Eiweiß pro Tag mehr eingeführt. Es ist das zwar besser als nichts, aber von einer „bedeutenden" Verbesserung kann man nicht sprechen. Außerdem muß in Rücksicht gezogen werden, daß die Nährhefe bisher noch nicht sehr niedrig im Preise steht und daher mit einer Verteuerung der Brotes gerechnet werden müßte, die praktisch den Vorteil des Zusatzes nicht aufhebt. Im übrigen trat nach den Angaben der Verff. der Hefegeschmack nicht hervor, was auch natürlich bei der geringen zugesetzten Menge ohne weiteres glaubhaft ist.

Über ein anderes **N-Brot** (Formenbrot) berichtet Jalowetz[1]). Das Brot bestand aus 92% Mehl und 8% Nährhefe (Trockenhefe). Es soll weder im Geruch noch im Geschmack an Hefe erinnert haben. Die Ausnützung war ebenso gut wie die des gewöhnlichen Brotes. Jalowetz meint aber durch die ausgedehnte Verwendung von Hefebrot würde die Harnsäureausscheidung im Körper stark erhöht, da 10 g Nährhefe die Harnsäureausfuhr in demselben Maße vergrößert wie etwa 100 g Fleisch. Gichtiker dürften davon also keinen Gebrauch machen. Der Name „Formenbrot" wurde dem Gebäck beigelegt, weil es wegen der Weichheit des Teiges nur in Formen gebacken wurde.

Bedeutung haben die Hefebrote bisher nicht erlangt. Bevor nicht die Nährhefe sehr billig dargestellt werden kann und die Bitterstoffe vollständig zu entfernen sind, dürften diese „Kraftbrote" kaum viel Eingang finden.

XIII. Brote aus tierischem Material.

1. Brote aus Molkereiprodukten.

Am Anfang des Krieges, besonders als das Kartoffelbrot seinen Einzug hielt, sind Stimmen laut geworden, zur Erhöhung der Nährwerte des Brotes demselben Molkereiprodukte beizubacken[2]). Man wußte ja von der Herstellung der Milchbrötchen und anderer Gebäcke her, daß dieses Material tech-

---

[1]) Jalowetz, N-Brot. Chemiker-Ztg. 1916, **40**, 617.
[2]) z. B. M. Winckel, Kriegsbuch der Volksernährung. Carl Gerber, München 1916, S. 75.

nisch sich sehr gut verwenden ließ. So dachte man an die Verwendung von
Magermilch, Buttermilch und weißem Käse (Quark).

Der Gedanke war gut und wohlgemeint, allein die Möglichkeit, ihn in die
Wirklichkeit umzusetzen, fehlte. Wie unzureichend die Milch mitsamt ihren
Produkten alsbald wurde, ist allbekannt und daher mußte jeder Versuch sie
zum Brot zuzusetzen unterbleiben. Es wurde sogar direkt verboten, Brot aus
Magermilch anzufertigen. Zudem würde man vom Ernährungsstandpunkte,
selbst wenn große Mengen davon vorhanden sein sollten, dazu kaum raten
können, da es viel rationeller ist, die Milch und andere Molkereiprodukte für
sich allein zu essen oder mit ihnen andere Speisen schmackhafter und wertvoller zu machen, als die Produkte in das Brot zu verbacken.

2. Blutbrote.

Wie uns die geschichtliche Überlieferung zeigt, ist Blut bereits in den
ältesten Zeiten zur menschlichen Nahrung benützt worden. Es haben zwar
aus ästhetischen und wohl besonders aus religiösen Gründen die Anschauungen
über den Blutgenuß gewechselt, er ist zeitweilig sogar verboten worden, aber
trotzdem hat sich der Gebrauch bis auf unsere Tage erhalten. Wir finden
gegenwärtig das Blut in einigen Nahrungsmitteln weit verbreitet vor; z. B.
in der Blutwurst, im „Schwarzsauer“, im „Gänseweißsauer“. Auch
zu anderen Speisen wird es verwendet, wie Suppen, Mehlspeisen, Gemüsen,
Klößen, Süßigkeiten[1]) usw. und außerdem zu Medikamenten. Freilich sind die
Blutgerichte nicht so allgemein bekannt wie die überall erhältliche Blutwurst.
Es sind vielmehr nur Spezialitäten, die sich bei einzelnen Volks-
stämmen in einzelnen Gegenden und einzelnen Familien erhalten haben und fortpflanzen.

Ganz ähnlich liegen die Verhältnisse bei der Verarbeitung des Blutes zu
Brot. Wenn auch gar kein Zweifel darüber besteht, daß brotähnliche
Blutpräparate und wirkliche Blutbrote seit langen Zeiten dauernd ge-
nossen werden, so trifft das eben auch nur für gewisse Gegenden zu, wo der
Volksgebrauch und die Überlieferung in konservativer Weise daran festhalten.

Ein solches brotähnliches Blutpräparat ist z. B. das sog. Wurste-
brot, auch Punkebrot genannt, welches in Norddeutschland (im Hannover-
schen, im Münsterlande und im Emserland) angetroffen wird.

Geschlagenes Blut verknetet man unter Zugabe von Speckwürfeln mit
Roggenschrot und Salz, alsdann füllt man den Teig in längliche Beutel und
und kocht. Das Gebäck wird endlich in Scheiben geschnitten und gebraten
oder in einigen Gegenden auch, nachdem es gekocht war, geräuchert.

Hierher gehört auch das in Westfalen gebräuchliche Wöppchenbrot[2]).
Nach Rammstedt gibt man zu 2 l defibriniertem Blut 3 l der Fleischbrühe,
in der das Fleisch und der Speck für Leberwurst und die Sülze gekocht wurden.
In die Blut-Fleischbrühemischungen kommen dann Speckwürfel, Zwieback,
Majoran, Thymian, Pfeffer, Salz, Nelken und einige Löffel Wurstbrühefett.

---

[1]) Das in Neapel zur Fastenzeit bereitete „Sanguinaccio“ aus Schweineblut und
Schokolade. Vgl. Röder, Chemiker-Ztg. 1915, **39**, Nr. 42, S. 216.

[2]) Otto Rammstedt, Wöppchenbrot, das westfälische Blutbrot. Zeitschr. f. angew.
Chemie 1915, **28**, Aufsatzteil S. 236.

Das Ganze vermischt man mit Roggenschrotmehl, bis ein zäher Teig entsteht. Aus dem Teige formt man Brote in Handgröße und kocht sie eine Stunde lang, Die Zusammensetzung gibt Rammstedt, wie folgt an (in Prozenten):

Wasser 46,77, Ätherextrakt 6,41, Gesamt-N-Substanz 10,27, unverdauliches N 0,61, Verdauliches N 9,66, von der Gesamtsubstanz verdaulich 94,06, Asche 2,23, Rohfaser 2,04.

Eine kompliziertere Zusammensetzung weist der in Skandinavien bekannte Blutpudding auf, der im wesentlichen aus Roggenmehl, Blut, Fett, Sirup und Gewürzen (Pfeffer, Majoran, Nelken, Ingwer) besteht. Es kommen aber auch gelegentlich noch andere Zutaten wie Milch, Eier, Bier, Rosinen, Zwiebeln usw. hinzu. Der Teig wird entweder gekocht oder sofort gegessen oder gebacken.

Ein ähnliches Gebäck sind die in den Ostseeprovinzen gebräuchlichen Blutklöße und Palten[1]).

Als reines Blutbrot kann das in den baltischen Provinzen seit langer Zeit verwendete estnische Blutbrot angesehen werden, das aus Roggenschrotmehl gebacken wird und einen Blutzusatz von 10—30% erhält[2]).

In Anlehnung an diese Brotart hat J. Block in Bonn vor längeren Jahren ein Blutbrot unter dem Namen „Globulinbrot" herstellen lassen, das, wie er mir 1908 mitteilte, aus Roggenmehl, dem die Kleie nicht entzogen war, gebacken worden ist. Inwieweit es sich damals in Bonn und Umgebung eingeführt hat, entzieht sich meiner Beurteilung; jedenfalls aber blieb es auf bestimmte Interessenten als Verbraucher beschränkt.

Die Kriegszeit hat nun von neuem die Frage nach dem Blutbrot aufleben lassen, und so ist von seiten Blocks in einer kleinen Schrift[3]) und außerdem in vielen Tageszeiten[4]) mit Nachdruck auf das Blutbrot von Block, das den Namen „Blockbrot" erhielt, hingewiesen worden. Auch trat Kobert[5]) für dasselbe — wie überhaupt für alle bluthaltigen Speisen — sehr nachhaltig ein.

Wie ich einem an mich gerichteten Schreiben von Fräulein Dr. Spreckels aus Dresden entnehme, ist auf ihre Veranlassung auch dort von mehreren Bäckern Blutbrot gebacken worden, das pro Kilo Brot $\frac{1}{4}$ l Blut enthielt. Man gab dem Brot, um das Wort „Blut" zu vermeiden, den Namen Spartanerbrot. Zunächst wurde anscheinend davon lebhaft Gebrauch gemacht, später mußte das Backverfahren jedoch eingestellt werden, da Blut nicht mehr zur Verfügung stand.

Endlich mag als Ergänzung zu den eigentlichen Blutbroten noch erwähnt werden, daß Salkowski[6]) den Zusatz des Blutes in getrocknetem und womöglich gebleichtem Zustande zum Brot für zweckmäßiger hält als

---

[1]) Wa. Ostwald, Chemiker-Ztg. 1915, **39**, Nr. 24, S. 154.

[2]) Kobert, Chemiker-Ztg. 1915, **39**, 69.

[3]) J. Block, Blut als Nahrungsmittel. Naturwissenschaftl. Verlag in Godesberg 1915.

[4]) z. B. Bonner Ztg. vom 11. III. 1915; Göttinger Ztg. vom 29. VI. 1915; Der Brotfabrikant 1915, Nr. 27; Kölnische Volkszeitung vom 18. III. 1915; F. A. Günthers Bäcker- u. Konditor-Ztg. vom 22. V. 1915.

[5]) R. Kobert, Über die Benützung von Blut als Zusatz zu Nahrungsmitteln. Ein Mahnwort zur Kriegszeit. 4. Aufl., Ferd. Encke, Stuttgart 1917.

[6]) E. Salkowski, Über die Verwendung des Blutes der Schlachttiere als Nahrungsmittel. Berl. klin. Wochenschr. 1915, Nr. 23.

frisches Blut, und daß Hofmeister[1]) in Verfolg der Salkowskischen Arbeiten Brot backen ließ aus Roggenmehl mit einem Zusatz von 20 Teilen
eines nach eigenem Verfahren entfärbten Blutes (Sanol) auf 100 Teile
Mehl. Das Brot erhielt den Namen „Sanolbrot". Größere praktische Erfahrungen über dieses Gebäck liegen indessen noch nicht vor.

R. Droste[2]) verfertigte Brot aus Blutserum. Er ersetzt im gewöhnlichen
Brotteig einen Teil des Wassers durch Blutserum und gibt Wasserstoffsuperoxyd an Stelle der Hefe hinzu. Durch die Einwirkung des letzteren auf das
Eiweiß soll so viel Sauerstoff frei werden, daß das Treibmittel entbehrlich wird.
Seine Backversuche beschränkten sich aber offenbar nur auf Proben im Hause,
denn er erwähnt, daß er für einen Betrieb im großen noch keine „Finanz-
leute" gefunden hätte.

Mit diesen Beispielen von Blutbroten und brotähnlichen Blutpräparaten
ist aber die Liste derselben bei weitem nicht erschöpft. Ich verweise auf die
Kobertsche Zusammenstellung, in der noch andere Gebäcke und Blutspeisen
angegeben sind.

Von größerem Interesse ist der Nährwert und die Ausnützung der
Blutpräparate im menschlichen Körper.

Das Blut enthält nach Hofmeister[1]):

an Eiweißkörpern 17,3%
„ ätherlöslichen Substanzen. 0,5%
„ Kohlehydraten. 0,1%
„ Salzen 0,8%

und steht infolgedessen dem Fleisch mit seinem Gehalt an:

20,6% Eiweiß,
1,7% ätherlösliche Substanzen,
0,3% Kohlehydraten und
1,2% Salzen

nur wenig nach.

Auch die Ausnützung des tierischen Bluteiweißes kommt dem des
Fleischeiweißes nahe. Soweit bekannt, wird letzteres zu etwa 97% resorbiert.
Für das Blut und das Bluteiweiß liegen bereits eine Reihe von Untersuchungen
vor, bei denen im wesentlichen Verdaulichkeit von 86—95% ermittelt werden
konnte. Salkowski[3]) fand beim Hunde im Versuch mit koaguliertem Rinder-
blut 95%, Beck[4]) mit koaguliertem Hammelblut beim Hunde 96,5%. Von
den Eiweißkörpern des oben erwähnten Sanols, welches 85% davon enthält,
waren 84% verdaulich.

Durch F. Blum[5]) wurde folgendes ermittelt: Blut wirkte stark abführend.
Ratten, mit roten Blutkörperchen gefüttert, gingen bald an Diarrhöe ein. Aus-
nützungsversuche, die Verf. an sich selbst ausführte, zeigten, daß bei roten
Blutkörperchen 25—30% des Stickstoffs verlorengingen, Fibrin und

---

[1]) Franz Hofmeister, Über die Verwendung von Schlachtblut zur menschlichen
Nahrung. Münch. med. Wochenschr. 1915, Nr. 33, S. 1105 und Nr. 34, S. 1147.

[2]) R. Droste, Kraftgebäcke. Chemiker-Ztg. 1915, **39**, Nr. 100/101, S. 634.

[3]) Salkowski, Biochem. Zeitschr. 1909, S. 83.

[4]) Beck, Zeitschr. f. Unters. d. Nahr.- u. Genußm. 1910, S. 455.

[5]) F. Blum, Med. Klinik 1915, Nr. 24, S. 683. Leider fehlen in diesem Sitzungs-
bericht genauere Zahlen. Die Angaben sind nur allgemein gehalten.

Blutserum wurden dagegen ebenso gut wie Fleischeiweiß ausgenützt. Gesamtblut und defibriniertes Blut werden weniger gut ausgenützt. Die Ausnützung defibrinierten Blutes allein ist mittelgut.

Das Blut in Form von Blutwurst untersuchte Otter[1]). Es wurden, wie v. Noorden berichtet, Brot, Butter und Kartoffeln in gleichen Mengen gereicht und dazu steigende Mengen von Blut in Form von Blutwurst gegeben. Die Ausnützung des Blutes in dieser Verbindung war bei ca. 5 g Blutstickstoffeinnahme zunächst nicht wesentlich schlechter als in anderer gemischter Nahrung, mit steigender Blutzugabe verschlechterte sich jedoch die Ausnützung, so daß der Verlust bei 12—15 g Blutstickstoffzufuhr 25—30% betrug.

Imabuchi[2]), der die Versuche Salkowskis wiederholte, fand nur 85% Ausnützung. Er glaubt die geringe Resorption auf die gröbere Beschaffenheit seines verfütterten Blutpulvers zurückführen zu müssen.

Vergleichen wir hier die von Blum gemachten Beobachtungen mit den übrigen Erfahrungen, so geht daraus hervor, daß die Frage der Ausnützung des Blutes noch keineswegs einheitlich beantwortet werden kann, daß aber die Verschiedenheit des Blutpräparates und die Mischung, in der dasselbe gereicht wird, einen wesentlichen Einfluß auf die Resorption auszuüben vermögen.

Daher wird man, wenn es sich um die Verdaulichkeit des Blutbrotes handelt, auch nicht ohne weiteres den Maßstab der Verdaulichkeit des frischen Blutes, wie es zum Brot verwandt wird, anlegen dürfen, sondern erst durch Sonderuntersuchungen ein richtiges Urteil gewinnen können.

Merkwürdigerweise lagen Ausnützungsversuche oder Stoffwechselversuche über das Blutbrot am Menschen bis 1915 überhaupt noch nicht vor.

Rammstedt gibt zwar die in seinen Wöppchenbroten enthaltene Menge verdaulichen Eiweißes an, allein die Zahlen sind nur dadurch gewonnen, daß er von dem Brot einige Bissen kaute und die eingespeichelte Masse der künstlichen Verdauung mit Pepsin und Salzsäure unterwarf. Diese Methode ist aber für die Beurteilung der Verdaulichkeit eines Brotes völlig unzulänglich und die Ergebnisse daher nicht verwertbar.

Ferner hat Hagemann[3]) auf Veranlassung Blocks das „Globulinbrot“ am Tier geprüft. Als Versuchsobjekt dienten zwei Hammel. Das erste Tier erhielt 8 Tage lang 600 g Heu, 200 g Blutbrot, das zweite 9 Tage lang 700 g Heu und 300 g Blutbrot. Der Stickstoff des Blutbrotes wurde im ersten Falle zu 66,1%, die stickstoffreien Extraktivstoffe zu 94%, der Ätherextrakt zu 33,8% verdaut. Beim zweiten Hammel findet sich eine Verdaulichkeit des Stickstoffes im Blutbrot zu 67%, der stickstoffreien Extraktivstoffe zu 81,8% und des Ätherextraktes zu 61%. Danach gingen vom Stickstoff des Blutbrotes 33,9 bzw. 33% zu Verlust.

Gegenüber den oben angeführten Zahlen, die eine Verdaulichkeit des Blutes von 85—96% beim Menschen zeigten, bedeutet der Verlust im

---

[1]) v. Noorden, Sitzung des ärztl. Vereins Frankfurt a. M. am 17. V. 1915. Münch. med. Wochenschr. 1915, Nr. 42, S. 43.

[2]) Imabuchi, Zeitschr. f. physiol. Chemie 1910, **64**, 1.

[3]) Hagemann, Archiv f. d. ges. Physiol. 1909, **128**, 587.

Tierexperiment beim Blutbrot mit etwa 33% einen nicht unbeträchtlichen Unterschied. Nun lassen sich die Ergebnisse, die mit Blutbrot bei Heufütterung an Tieren gewonnen sind, mit den an Menschen gefundenen Resultaten von reinem Blut freilich nicht ohne weiteres vergleichen, aber der Grund für eine so große Differenz läßt sich doch erraten. Aller Wahrscheinlichkeit nach hat die im Heu und vielleicht auch im Brot vorhandene Zellulose die Ausnützung verschlechtert. Beweise für diese Tatsache haben wir im Verlauf unserer Besprechungen bereits genügend kennengelernt.

Als ich 1915 an die Untersuchung einiger Kriegsbrote herantrat, wurde auch Blutbrot in die Versuchsreihe mit einbezogen. Ich ließ mir dasselbe von dem hiesigen Bäckermeister Schraut, der früher schon nach Blocks Vorschrift derartiges Brot gebacken hatte, herstellen.

Die Vorschrift, die Block in Nr. 27 der Zeitschrift „Der Brotfabrikant“ 1915 gibt, lautet: 20 l frisches flüssiges Blut werden mit 10 l Wasser und 400 g Kochsalz gemischt. Diese Flüssigkeit wird nun mit 60 Kilo eines aus Roggenschrotmehl und ca. 15% Kartoffelstärkemehl bestehenden Gemenges unter Zuführung von 150 g Hefe und der erforderlichen Menge Sauerteig in einen Teig verwandelt. Das Kartoffelmehl kann auch durch gekochte, geriebene Kartoffeln und das Roggenschrotmehl durch feineres Roggenmehl ersetzt werden.

Die Brote, die ich von Schraut erhielt, waren hergestellt aus:

Roggenschrot 3250 g   = 83,3% Schrot
Weizenmehl zu 80% ausgemahlen 250,0 = 6,4% Weizenmehl
Roggenmehl „ 80% „ 400,0 = 10,3% Roggenmehl
Blut 2 Liter
Wasser 1 Liter.

Die Verwendung von Schrotmehl vom Roggen wurde deshalb bevorzugt, weil sich damit eine bessere backfähige Masse erzielen läßt, nur mit Weizen- und Roggenmehl hergestellte Brote lassen den Teig weich und schwammig erscheinen. Schon 1908 teilte mir Block brieflich mit, daß „das mit Weizenmehl oder Weizenschrot bereitete Blutbrot sich weniger gut in Bonn eingeführt habe“.

Die Brote stellten längliche harte Laibe dar, von braun-schwärzlicher Farbe und mit einer ziemlich dicken harten Kruste, die schwer schneidbar war.

Beim frisch aus dem Ofen gebrachten Brot entwickelte die Rinde einen angenehmen Geruch, die Krume roch etwas nach Blut; der Blutgeruch verschwand bei längerem Liegen, aber auch der spezifische Brotgeruch ließ nach.

Die Farbe der Krume war aschgrau, nicht aber, wie es in den Veröffentlichungen heißt, „dunkler wie Pumpernickel“. Das schöne Dunkelbraun des Pumpernickels ist etwas ganz anderes. Ich habe allerdings auch später Proben von mehr brauner Farbe gesehen, die waren aber nicht mit Roggenschrot gebacken, denn sie enthielten keine Schrotkörnchen, während das Originalschrotbrot ohne weiteres an den von der grauen Umgebung sich abhebenden weißen Bröckelchen erkannt werden konnte.

Die Krume selbst war homogen, ohne Porenbildung, wenig gelockert und schnitt sich anfangs leicht, bei längerer Aufbewahrung wurde die Krume aber äußerst derb und hart, so daß sie sich kaum schneiden ließ. Diese Zähigkeit ist leicht erklärlich, wenn man bedenkt, daß das Blutserum beim Eintrocknen schließlich eine feste Masse ergibt, die der Bakteriologe von eingetrockneten Blutserumplatten her kennt. Block hat — sich dieser Tatsache bewußt — auch empfohlen, dem Brot 10—11% Kartoffelbrei zum Teige zuzusetzen, den der Bäcker Schraut aber vermieden hatte. Im Wasser gab das Brot keine Farbe ab. Der Blutfarbstoff war also durch den Backprozeß vollkommen verändert. Beim Zerpflücken war die Krume zäh.

Das Brot schmeckte weder nach Blut noch hatte es einen „Brotgeschmack". Das Behagen, das man beim Genuß eines frischgebackenen Brotes empfindet, konnte es nicht auslösen.

Die frische Rinde schmeckte dagegen wegen des reichlich gebildeten „Rindenbitters" sehr angenehm. Auf die Dauer wirkte das Brot im Geschmack „langweilig". Auffällig war mir auch die Beobachtung, die ich noch bei keinem Brot gemacht habe, daß der Geschmack des Brotbelages (Fett, Butter, Käse, sogar Wurst) beim Kauen immer mehr verschwand. Vielleicht übte hier das Blut dieselbe Wirkung aus, wie wir sie bei Blutkohle kennen, die den Geruch absorbiert. Das Kauen des Brotes erforderte viel Speichel, bevor die Bissen schluckbar wurden. Der Säuregehalt betrug, trotzdem das Brot mit Sauerteig gebacken war, nur 2,8 ccm Normalsäure in 100 g Brot (Schwarzbrot erfordert 8—10 ccm). Daher auch der fade neutrale Geschmack.

Die Zusammensetzung des Blutbrotes mußte sich gegenüber gewöhnlichen Broten ändern, da ja ²/₃ des sonst zum Teige zugefügten Wassers aus Blut bestand.

Ich gebe hier die Analyse von 2 Tage altem Blutbrot, mit dem die Versuche angestellt sind, und füge noch zum Vergleich die Zusammensetzung eines Weizenbrotes mit 70% Ausmahlung, des K-Brotes (Schwarzbrotes) und des Rheinischen Schrotbrotes bei:

In 100 g Brot sind enthalten:

	Blutbrot	Rheinisches Schrotbrot	K-Brot (Schwarzbrot)	Weizenbrot (70%)
Wasser	34,50	41,90	40,4	39,30
Trockensubstanz	65,50	58,10	59,6	60,70
Stickstoff	1,54	0,97	0,96	1,29
Eiweiß	9,63	6,10	6,05	8,07
Fett	0,57	0,54	0,36	0,28
Kohlehydrate	52,96	49,54	49,99	51,22
Rohfaser	1,06	0,85	1,74	0,24
Asche	1,28	1,07	1,36	0,89
Kalorien	261,92	233,15	233,11	245,69

Die Unterschiede lassen sich am besten zeigen beim Vergleich mit dem Rheinischen Schrotbrot, weil dieses genau so zusammengesetzt war wie das Blutbrot (nur wurde bei letzterem das Wasser zum Teil durch Blut ersetzt).

Der Wassergehalt nimmt beim Blutbrot stark ab, der Eiweißgehalt steigt bedeutend an, ein wenig nehmen auch die Kohlehydrate zu und ebenso werden die Kalorien vermehrt. Der Eiweißgehalt ist auch gegenüber dem eiweißreichen Weizenbrot von 70% Ausmahlung noch um 1,56 g erhöht.

Das Blutbrot nimmt also im Vergleich zu den damals untersuchten zwölf anderen Broten (vgl. I. Teil S. 54 und Tabelle 2 S. 56) in bezug auf Eiweißgehalt und Wasserarmut die erste Stelle ein. An Kohlehydrat- und Fettgehalt steht es an zweiter Stelle, an Rohfaser- und Aschegehalt etwa in der Mitte der Brote.

Auf Grund der chemischen Analyse würde man demnach geneigt sein können, dem Blutbrot in seiner Ausnützung eine gute Prognose zu stellen. Aber leider trifft diese Annahme auch hier — wie so oft — nicht zu, da es eben sehr darauf ankommt, mit welchen Ingredienzien zusammen das Blut eingeführt wird. Beim Blutbrot handelt es sich, wie schon erwähnt, um die Vermischung des Blutes mit Schrotmehl, und vom Schrotbrot wissen wir, daß nicht nur seine Rohfaser schlecht ausgenützt wird, sondern daß darunter auch die Verdaulichkeit der sonst gut ausnützbaren Bestandteile, wie des Eiweißes, der Kohlehydrate usw. leidet.

Die Stoffwechselversuche führte ich an mir selbst aus. Ich nahm 5 Tage lang hintereinander 500 g Blutbrot neben einer gemischten Nahrung (vgl. I. Teil), nachdem ein fünftägiger Stoffwechselversuch mit Schrotbrot vorausgegangen war. Es mußte auf diese Weise durch eine vermehrte oder verringerte Ausscheidung des Kotes und seiner Bestandteile in der Blutbrotperiode sichtbar werden, ob die Ausnützung des Blutbrotes besser oder schlechter war als das aus denselben Bestandteilen zusammengesetzte Schrotbrot.

Es wurden ausgeschieden beim:

	Blutbrot	Schrotbrot	K-Brot	Weizenbrot (70%)
Kot frisch	312,0 [1])	301,0	343,0	152,0
Kot trocken	67,09	51,71	72,32	25,82
N im Kot	3,42	2,54	3,18	1,52
Fett im Kot	7,77	6,44	4,78	2,93
Rohfaser im Kot	4,52	3,69	6,92	0,78
Asche im Kot	7,22	5,09	6,27	3,01

Hieraus ergibt sich ein Verlust und eine Ausnützung (in Prozenten) von:

	Blutbrot		Schrotbrot		K-Brot		Weizenbrot (70%)	
	Verlust	Ausnützung	Verlust	Ausnützung	Verlust	Ausnützung	Verlust	Ausnützung
Trockensubstanz	14,32	85,68	11,99	88,01	16,48	83,52	5,81	94,19
N.	28,10	71,90	27,17	72,83	34,16	65,84	13,91	86,09
Fett.	8,70	91,30	7,22	92,78	5,42	94,58	3,33	96,67
Rohfaser. . . .	85,29	14,71	86,82	13,18	79,54	20,46	65,00	35,00
Asche	77,63	22,37	61,69	38,31	64,64	35,36	40,95	59,05

Für die Beurteilung des Blutbrotes ist zunächst notwendig, 'daß wir das Schrotbrot dem Weizenbrot, zu 70% ausgemahlen, gegenüberstellen. Hierbei finden sich sehr erhebliche Unterschiede. Beim Schrotbrot hat der frische und trockene Kot und seine einzelnen Bestandteile gegenüber dem Weizenbrot ganz erheblich zugenommen. Die Ausscheidungen betragen im Schrotbrot beim Kot selbst, bei dem N im Kot und bei der Asche im Kot das Doppelte, bei dem Fett im Kot weit mehr als das Doppelte und bei der Rohfaser sogar mehr als das Vierfache.

Wie mannigfache Ermittelungen ergeben haben, ist dies auf den hohen schwerverdaulichen Kleiegehalt im Schrotbrot zurückzuführen, der im Weizenbrot fast fehlt.

Aus dem unverdauten reichlich abgegangenen Material berechnet sich im Schrotbrot naturgemäß auch ein hoher Verlust, der bei der Trockensubstanz,

---

[1]) Der Blutbrotkot war weich, schokoladenbraun mit einem Ton ins Schwarzgraue; der Geruch war fäkulent und erinnerte an faules Blut.

dem Stickstoff und dem Fett mehr als die Hälfte beträgt, bei der Asche und der Rohfaser etwa 30% gegenüber dem Weizenbrot.

Die Ausnützung ist also bei dem schwerverdaulichem Schrotbrot bedenklich gesunken.

Wenn nun zum Blutbrot ganz dasselbe Grundmaterial benutzt wurde wie zum Schrotbrot, so war für das Blutbrot keine bessere Ausnützung zu erwarten, es sei denn, daß der Blutzusatz einen günstigen Einfluß auf die Ausnützung würde haben ausüben können. Das traf jedoch nicht zu. Man sah die Ausnützung im Gegenteil noch schlechter werden.

Sehr anschaulich sprach sich das in obigen Zahlen aus:

Danach wurden pro Tag in der Blutperiode mehr als in der Schrotbrotperiode ausgeschieden:

an trockenem Kot	15,56 g
„ N im Kot	0,88 g
„ Fett im Kot	1,33 g
„ Asche im Kot	1,05 g

so daß ein täglicher Mehrverlust beim Blutbrot zustande kam von:

2,33% in der Trockensubstanz
0,93% in der Stickstoffsubstanz
0,48% in dem Fett
5,94% in der Asche.

Der Blutzusatz· hat also die Ausnützung noch verringert. Sie beträgt im ganzen für das Blutbrot nur:

in der Trockensubstanz 85,68%
in der Stickstoffsubstanz 71,90%
im Fett 91,30%
in der Rohfaser 14,71%
in der Asche 22,37%

Die Resultate sind insofern bemerkenswert, als gerade das Blut von den Blutbrotverehrern als Zusatz empfohlen worden ist, um den Nährwert des Brotes zu erhöhen.

Die Eiweißausnützung, auf die es besonders ankommt, sinkt aber hier auf 71,90%, während die Verdaulichkeit des Blutes bzw. des Bluteiweißes, wie wir oben sahen, zu 85—95% angenommen werden konnte, also nur ein Verlust von 5—15% konstatiert worden war, während beim Blutbrot 28,10% Verlust vorhanden ist.

Der Zusatz von Blut zu einem Brot, welches an sich so schlecht ausnützbar ist wie das Schrotbrot, ist vom ernährungsphysiologischen Standpunkte aus mithin eine Verschwendung! Das tritt besonders auch deutlich hervor, wenn wir die Einnahmen und die Ausgaben an Eiweiß bzw. an Stickstoff im Blutbrot gegenüber dem Schrotbrot betrachten. In der Schrotbrotperiode wurden pro Tag 9,35 g Stickstoff aufgenommen, in der Blutbrotperiode aber 12,17 g Stickstoff, also 23,3% mehr. In der Schrotbrotperiode schied der Körper pro Tag 2,54 g Stickstoff aus, dagegen in der Blutbrotperiode 3,42 g, also 25,4% Stickstoff mehr. Es wurde demnach von dem im Blutbrot enthaltenen Mehr an Eiweiß (9,63% gegenüber dem Schrotbrot mit 6,10%) nicht nur nichts im Körper

verwertet, sondern alles wieder ausgeschieden, ja es ging sogar noch 2,1%
Körpereiweiß zu Verlust.

Worauf diese ungünstige Ausnützung zurückzuführen ist, bedarf weiter
keiner Erörterung. Sie ist zu suchen in dem schon erwähnten hohen Kleiegehalt des Schrotes, mit dem das Blutbrot verbacken wurde. Wir wissen
daß die große Menge Rohfaser bzw. Zellmembran die Verdaulichkeit auch der
übrigen gut ausnützbaren Brotbestandteile ungünstig beeinflußt.

So können wir nun auch die Hagemannschen Ergebnisse, der Blutbrot
an Hammel neben Heu verfütterte, verstehen, die in dem einen Falle 33,9,
in dem anderen Falle 33% Verlust an Stickstoff ergaben. Hier war der Verlust noch größer wie bei meinen Versuchen (nur 28,10%), weil die Zellulose
des Heues noch ungünstiger wirkte als die Kleie des Brotes allein.

Das Blutbrot, welches mit Roggenschrot erbacken wird, rangiert in ernährungsphysiologischer Beziehung daher nur etwa mit dem K-Brot (Schwarzbrot) und mit dem Schrotbrot.

Natürlich ist es wohl möglich, daß die Verwertung des Blutes eine bessere
sein würde, wenn man dasselbe mit feinem Weizenmehl zu Brot verbacken
könnte. Das scheint aber, wie die Erfahrung gelehrt hat, backtechnisch sehr
schwierig zu sein.

Kobert hat in seiner Blutbrot-Propagandaschrift, in der bezeichnender-
weise von vornherein jede andere Meinung abgelehnt und leidenschaftlich be-
kämpft wird, auch meine Untersuchungen „berücksichtigt" und die ungünstigen Resultate darauf zurückgeführt, daß ich das „mißratenste" Brot in der
Hand gehabt hätte, von dem er je gehört hätte. Diese Kritik ist aber hin-
fällig, weil die Ergebnisse nicht durch ein mißratenes Brot bedingt sind (denn
die Brote waren ausgezeichnet „geraten"), sondern, wie wir sehen, durch die
unglückliche Verbindung des Blutes mit dem groben Schrotmehl.

Im übrigen möchte ich mir versagen, auf die Ausfälle gegenüber Meinungen Anderer in der Streitschrift, die in wissenschaftlichen Diskussionen
sonst nicht üblich sind, hier weiter einzugehen.

Es steht nun noch die Frage offen, ob es überhaupt zweckmäßig
ist, Blut zu Brot zu verbacken. Die Antwort hierauf kann nach ernährungsphysiologischen, nach ästhetischen und nach hygienischen Gesichts-
punkten erörtert werden, doch greifen die Erwägungen so ineinander über,
daß eine genaue Trennung kaum möglich ist.

Es bedarf keines Beweises, daß Blut als hochwertiges Eiweißpräparat für
die menschliche Ernährung bedeutungsvoll ist. Da das Blut aber nur einer
Quelle entspringt und die Menge von der Zahl der geschlachteten Tiere abhängt, so ist sie natürlich begrenzt. Wie sehr wir mit dieser Tatsache zu rechnen
haben, hat uns der Krieg zur Genüge bewiesen. Es reichten sehr bald die
Schlachttiere für das notwendige Fleisch nicht mehr aus, dementsprechend
auch das Blut nicht für Nahrungszwecke und die vielen anderen Verwendungs-
möglichkeiten, und schon gar nicht für das Blutbrot. Es nutzte daher auch
die lebhafteste Propaganda für das Blutbrot nichts, wenn die Quelle für das
Blut versiegt war.

Aber auch in Friedenszeiten sind die Blutmengen nicht unerschöpflich,

Die zur Verfügung stehende Quantität wird meist sehr überschätzt. Ein großer Teil, besonders des Schweineblutes, wird zu Nahrungszwecken, Blutwürsten, verwendet, der andere Teil findet in der Technik, Industrie und Landwirtschaft Anwendung und ein Teil fließt in den Schlachthäusern mit dem Abwasser ab oder geht als zersetztes und unbrauchbar gewordenes Material verloren. Gerade dieser letzte Anteil soll nach Kobert sehr erheblich sein. Nach einer Berechnung von Rubner[1]) ist dagegen die Menge nicht sehr groß. Die ganze Masse, welche wahrscheinlich nicht zur Ernährung benützt wird, schätzt Rubner pro Kopf und Jahr nur auf 0,866 kg = 2,4 g pro Tag = 0,98 Kalorien und 0,42% Eiweiß, das macht $3/_{1000}$ unseres Bedarfs an Kalorien und ungefähr $4/_{1000}$ des täglichen notwendigen Eiweißes. Demnach wäre der Verlust wohl zu verschmerzen, denn er beträgt noch nicht einmal an Kalorien $1/_2$ g Brot pro Tag.

Soll das Blut physiologisch ausreichend im Organismus verwertet werden, dann muß auch die richtige Anwendungsform gewählt werden, d. h. also eine Form, in der die beste Ausnützung garantiert ist. Das dürfte im Fleisch selbst oder in der Blutwurst oder in Blutsuppen, Schwarzsauer u. dgl. der Fall sein, aber nicht im Brot, das aus groben Roggen- oder Weizenbestandteilen gebacken ist. Die fast erzwungene Einführung des Blutbrotes, wie sie sich Kobert denkt, und dessen Streben dahin ging, die Bäckereianlagen in die Schlachthäuser[2]) zu verlegen, ist daher nicht zu billigen. Wenn auch gewisse Bevölkerungskreise Blutbrot seit langem genießen und dasselbe einen Teil ihrer Nahrung ausmacht, so ist damit natürlich keineswegs gesagt, daß es rationell im Organismus verwertet wird.

Im übrigen ist die Menge an Nährstoffen, die man sich mittels des Blutbrotes einverleiben kann, nicht so übermäßig groß, daß man nicht auch darauf verzichten könnte. Wenn selbst im Blutbrot mit rund 9% Eiweiß, 3 g davon mehr enthalten ist als im gewöhnlichen Brot (rund 6%), so muß man bedenken, daß, auch wenn das Blut mit dem besten Weizenmehl verbacken werden könnte und dadurch eine bessere Ausnützung erzielt würde, doch ein erheblicher Teil von Eiweiß wieder verlorengeht. Bei einer täglichen Einnahme von ca. 250 g Brot hätte man etwa 6—7 g Eiweiß mehr zu sich genommen. Die Menge spielte in der Friedenszeit keine Rolle, weil genug ebenso billige und viel schmackhaftere Eiweißkörper, Quark, Käse, Mager- und Buttermilch, zur Verfügung standen. In der Kriegszeit war die Frage eher diskutabel, aber sie wurde ganz bedeutungslos, weil es kein Blut mehr gab oder nur mit solchen Preisen (hier in Bonn kostete das Liter Blut 1 Mark) bezahlt werden mußte, daß das Blutbrot hätte unerschwinglich teuer werden müssen.

Die Verwendung des Blutbrotes wird nun aber nicht nur durch eine etwaige Erhöhung des Brotwertes entschieden, sondern sie ist auch eine Frage des ästhetischen Gefühls. Wir essen nicht nur, um auf dem Körpergleichgewicht zu bleiben, sondern wir essen auch des Genusses willen. Vieles hängt infolgedessen davon ab, ob ein Nahrungsmittel normal und appetitlich aussieht und ist. Das wird man von einem Blutbrot nicht immer behaupten können, denn das Aussehen ist nicht das eines normalen Brotes. Ob es appetitlich ist, mag

---

[1]) Rubner, Blut und Blutbrot. Dresdner Anzeiger vom 22. IV. 1915, S. 7.
[2]) Kobert S. 6.

jeder für sich entscheiden. Die Blutverehrer finden nichts Unappetitliches daran, bei anderen ruft der Gedanke an das Blut „im Brot" sehr unangenehme Sensationen hervor. Nun wird von seiten der ersteren der Einwand gemacht, die Abneigung gegen das Blutbrot sei nur Einbildung (Kobert nennt sie sinnlos), denn man esse doch auch Blut in Blutwurst. Diese Argumentation ist aber nicht ganz stichhaltig.

Die Blutwurst ist ein Fleischpräparat, hat also nichts Unnormales und nichts Unnatürliches an sich, zudem ist die Bevölkerung von Jugend an an dieses Nahrungsmittel gewöhnt. Das ist beim Blutbrot nicht der Fall. Blut im Brot ist etwas Unnatürliches, und es liegt von Hause aus kein Grund vor, ein so wichtiges und an sich so ausgezeichnetes Nahrungsmittel, wie das Brot, durch einen künstlichen Zusatz zu verändern. Außerdem ist der größte Teil der Bevölkerung nicht daran gewöhnt und es fehlt jede Notwendigkeit, dem Brotkonsumenten einen Zwang aufzuerlegen.

Daraus, daß das Blutbrot auch im Frieden, trotz großer Propaganda, keine weite Verbreitung gefunden hat, geht hervor, daß gerade das gewöhnliche Volk sich solchen Neuerungen, die es nicht von Kindheit auf kennt, verschließt, und in einer Anmerkung bei Hofmeister[1]) steht sehr richtig: „Der Gebildete ißt es, aber der Bauer, der Arbeiter, der Soldat verschmäht es."

Man kennt die Abneigung des Volkes auch sehr wohl in den Kreisen derer, die Blutbrot empfehlen, und deshalb werden für die Blutpräparate Namen erfunden, die an das Blut nicht erinnern sollen. So wurde das in Dresden hergestellte Blutbrot „Spartanerbrot" genannt, Block gab seinem Blutbrot zuerst den Namen „Globulinbrot", später „Blockbrot". Ein Blutbrot nach Dr. Grotthoff heißt „Bovisanbrot", das Blutserumbrot nach Droste „Drostebrot", ein anderes „Sanolbrot".

Daß solche Namen gegeben werden, finde ich zwar begreiflich, billigen kann ich sie nicht. Salkowski[2]) meint zwar, daß „dank des Umstandes, daß der Konsument nicht zu wissen braucht, daß er Blut verzehrt, wenn man für dieses Brot eine unverfängliche Bezeichnung wählt", ein Teil der Aufgabe, das Blut als Nahrungsmittel zu verwerten, damit gelöst sei, aber dieser Ansicht kann ich mich vom hygienischen Standpunkte aus nicht anschließen. Wenn ein Zusatz zum Brot so beschaffen ist, daß der Konsument nicht wissen darf, was er vor sich hat, dann gehört der Zusatz nicht hinein. Jeder hat ein Recht darauf, zu wissen, was ihm als Nahrungsmittel angeboten wird und was in ihm enthalten ist. Wird der Zusatz aber geheimgehalten, so trägt die Unterlassung der richtigen Deklaration zur Irreführung des Konsumenten bei, und dazu darf im Nahrungsmittelgewerbe nicht die Hand geboten werden. Es wäre daher eine Verordnung nötig, die bestimmt, das „Kind beim richtigen Namen zu nennen". Jeder, dem die Bezeichnung „Blutbrot" sympathisch ist, mag es kaufen und essen, jenen, die am „Blutbrot" Anstoß nehmen und es nicht genießen wollen, soll man es nicht aufzwingen, besonders nicht durch Mittel, die im Nahrungsmittelgesetz (Vertuschung) keinen Platz haben.

---

[1]) Franz Hofmeister, Über die Verwendung von Schlachtblut zur menschlichen Ernährung. Münch. med. Wochenschr. 1915, Nr. 34, S. 24.

[2]) E. Salkowski, Über die Verwendung des Blutes der Schlachttiere als Nahrungsmittel. Berl. klin. Wochenschr. 1915, Nr. 23.

In hygienischer Beziehung könnte der Einwand gegen das Blutbrot erhoben werden, daß das Blut ein animalischer, leicht zersetzlicher Stoff sei, der nur mit Vorsicht verwendet werden dürfe und deswegen am besten nicht ins Brot gehöre. Der Einwand ist natürlich durchaus berechtigt. Es ist — was jeder Bakteriologe, der Blut in größerer Menge bei Schlachttieren entnommen hat, weiß — bekanntlich äußerst schwierig, das Blut keimfrei zu gewinnen. Bei der im Schlachthause üblichen Tätigkeit, wo rasch gearbeitet werden muß, wo keine sterilen Gefäße zur Verfügung stehen, wo bei den Metzgerburschen das Verständnis für die hier nötige Sauberkeit fehlt, ist ein Hineingelangen von Keimen in das Blut unvermeidlich und damit sofort der Grund zur Zersetzung gelegt, zumal im Sommer. Steht das Blut nur 24 Stunden, so kann es unter Umständen bereits soweit verdorben sein, daß es zum mindesten als recht unappetitlich, wenn nicht als unbrauchbar bezeichnet werden muß. Neben gewöhnlichen Fäulnisbakterien können aber auch Infektionserreger ins Blut gelangen und dasselbe zu einer sehr gefährlichen Ansteckungsquelle machen.

Es müßte also schon, um all diesen Gefahren der Zersetzung und der Infektion zu begegnen, das Blut sofort nach der Schlachtung direkt verarbeitet werden. Da das aber technisch nicht immer durchführbar sein wird, so muß von vornherein eigentlich immer mit der Verwendung eines in bakterieller Zersetzung begriffenen Blutes gerechnet werden. Das ist um so bedenklicher, als die Bakterien in erster Linie das Eiweiß des Blutes angreifen und giftige Stoffwechselprodukte bilden können.

Wenn man nun freilich ganz objektiv sein will, so muß zugegeben werden, daß sich die Gefahr einer Gesundheitsschädigung durch verbackenes Blut dadurch bedeutend vermindert, daß zunächst alle Nichtsporenträger und wohl auch alle Sporenträger bei der hohen Backtemperatur (200—300°) und der Temperatur im Brot (ca. 150°) zugrunde gehen. Die Gefahr einer Schädigung durch etwa gebildete Giftstoffe bliebe aber bestehen, falls das Gift thermostabil wäre. Wenn man theoretisch damit auch rechnen muß, so scheint die Praxis dagegen zu sprechen. Ich habe jedenfalls in der Literatur keine Angaben über Gesundheitsschädigungen gefunden, die auf zersetztes Blut im Blutbrot zurückzuführen gewesen wären. Immerhin wird vom hygienischen Standpunkte aus, der ja ein prophylaktischer sein muß, auf die Möglichkeit einer Schädigung hingewiesen werden müssen.

Der letzte Punkt über die Frage, ob es zweckmäßig ist, Blut ins Brot zu verbacken, berührt mehr die diätetisch-hygienische Seite. Man wird die Meinung vertreten müssen, daß alle Nahrungsmittel in der schmackhaftesten Form dem Menschen zuzuführen sind. Wenn das zutrifft, dann ist die schmackhafteste Form des Brotes ein reines Brot aus Roggen oder Weizen ohne jeden Zusatz. Darüber besteht gewiß nirgends ein Zweifel. Welcher Art die schmackhafteste Zubereitung des Blutes ist, darüber läßt sich streiten. Hier zu Lande dürfte es die Blutwurst sein, an anderen Orten wird vielleicht das Schwarzsauer oder ein anderes Blutgericht auf gleicher Stufe zu stellen sein. Aber das eine ist sicher, daß die schmackhafteste Form nicht das Blutbrot ist, denn dasselbe hat überhaupt keinen spezifischen Geschmack, es schmeckt weder nach Blut, noch bleibt der erfrischende Brotgeschmack

erhalten. Daran ändern auch die begeisterten Kundgebungen der Blutbrot-
verehrer nichts.

Und sollte man wirklich das Experimentum crucis machen und z. B.
100 Personen aus allen Ständen wählen lassen, ob sie zum Frühstück lieber
ein frisches Roggenbrot neben frischer Blutwurst oder ein Roggenbrot wünschen,
in dem dieselbe Menge Blut wie in der Blutwurst hineingebacken ist, so
unterliegt es gar keinem Zweifel, daß mindestens 95 zur Blutwurst und zum
Roggenbrot greifen würden. Der gesunde Sinn entscheidet hier und trifft das
Richtige.

Zudem ist es eine altbekannte, aber immer von neuem gemachte Beobachtung, daß das Publikum sich sehr wenig um den Nährwert der Nahrungsmittel
kümmert, sondern das kauft, was ihm schmeckt und dafür unter Umständen
höhere Preise anlegt, als für Nahrungsmittel von geringerem Geschmack,
auch wenn sie sehr hochwertig sind. Da die Blutbrotfrage also für die Bevölkerung schließlich eine reine Geschmacksfrage ist, so wird es
sich zeigen, ob sich das Brot nach dem Frieden allgemein einführen wird. Sehr
günstig kann die Prognose nicht gestellt werden.

Über die Fragen haben sich auch schon Rubner, M. P. Neumann,
Salkowski und andere geäußert und sind zu der gleichen Ansicht gelangt.
M. P. Neumann[1]) lehnt das Blut als Brotzusatzmittel unbedingt ab.

XIV. Brote aus chemischen Substanzen.

1. Radiumbrot.

Dieses Produkt führe ich nur als Kuriosum an, um zu zeigen, wie der
habsüchtige Spekulationsgeist des Krieges sich auch der Nahrungsmittel-
erzeugung zu bemächtigen versuchte.

Ein Inserat in der Kölner Zeitung vom 16. Januar 1917, Nr. 51, Mittags-
ausgabe, lautet: „Welcher Kliniker von Ruf und Namen ist gewillt, evtl.
gegen entsprechende Vergütung die wissenschaftliche Erprobung von Radiumbrot (enthält Spuren von Radium, im Verdauungstraktus Emanation ent-
wickelnd und einige Salze) zu übernehmen? Gefl. Angabe der Adresse unter
K. C. 3824 an Rudolf Mosse, Köln.“

Jeder Kommentar dazu ist überflüssig. Wie sich der Erfinder dieses
eigenartigen Brotes die physiologische Wirkung und den Nährwert mittels
Radium denkt, bleibt vorläufig Geheimnis. Etwas Näheres über das Brot
ist mir nicht bekannt geworden.

2. Bergmehlbrot („Infusorienerde“).

Als „Bergmehl“ wird ein Produkt bezeichnet, welches aus den Panzern
der Diatomeen (Kieselalgen) besteht, Spuren von organischer Substanz
enthält, im übrigen aber reine Kieselsäure darstellt. Diese „Infusorienerde“
kommt zum Teil in mächtigen Lagern in Sibirien, Lappland, Italien, Schweden
und auch in der Lüneburger Heide vor, wo es für technische Zwecke (Dynamit-
fabrikation, Dichtungs- und schalldämpfendes Mittel, Filter) ausgebeutet
wird.

---

[1]) M. P. Neumann, Unser Kriegsbrot. B. Ollech, Steglitz 1917, S. 71.

Als Mehlersatz soll es nach Hopffe[1]) im Jahre 1832 an der lappländischen Grenze zum Brotbacken schon benützt worden sein und so meint sie: „Kann auch das Bergmehl wegen des geringen Gehaltes an organischen Nährstoffen nicht als ein Nahrungsmittel angesehen werden, so ist es doch ein annehmbarer und wegen seines Gehaltes an Mineralsalzen nicht ganz wertloser und wie die Erfahrungen in früheren Zeiten und in gewissen Gegenden dargetan haben, ein unschädlicher bzw. nützlicher Füllstoff für den Verdauungskanal, der in Zeiten großer Not allenfalls als Mehlstreckmittel in Frage kommen kann."

Wie gut gemeint diese Anregung auch ist, wir werden aber gern darauf verzichten. In das Brot nur „Füllstoffe" hineinzuverbacken, von denen der Organismus auch ganz und gar nichts hat, ist vollständig zwecklos und daß die Kieselgur wegen ihres Gehaltes an „Mineralsalzen" nicht ganz wertlos sei, kann man auch nicht unterschreiben, denn von der Kieselsäure nimmt der Körper kaum etwas auf. Daher dürfte das Bergmehl auch in Zeiten großer Not keine Bedeutung für die Brotbereitung gewinnen.

An sich ist aber interessant, daß die jüngste Empfehlung auch schon einen historischen Vorläufer hat. Von Zaunik[2]) wird auf eine Erzählung in Karl von Webers Werk „Aus vier Jahrhunderten" (Neue Folge, I. Band, Leipzig 1861, S. 391) aufmerksam gemacht, nach der in Lattorf im Fürstentum Anhalt 1617 Mehl aus Erde zum Brotbacken benützt worden sei. Der Kurfürst Johann Georg I. sandte einen Boten dahin, der solches Mehl und daraus gebackenes Brot holen sollte. Der Kurier kam zwar mit einem „Mühlmaß" voll Mehl zurück, aber nur mit „etzlichen" Stücken Brot, weil „anfänglich zwar ein groß Geschrei davon gewesen sei", aber dann doch so wenig gefunden wurde und auch das Brot so untauglich gewesen sei, daß man davon abgelassen habe, „fürderhin Brot daraus anzufertigen".

Es ist also hier genau so gegangen, wie jetzt mit vielen Brotstreckmitteln im Kriege. Erst wird ein „groß Geschrei" davon gemacht und wenn es an die praktische Verwertung gehen soll, dann reicht das Material nicht aus und obendrein ist das Streckmittel unbrauchbar.

---

[1]) Anna Hopffe, Über Infusorienerde. Naturwissenschaftl. Rundschau 1917. Nr. 21, S. 286.

[2]) Rudolph Zaunick, Über Mehlerde im Anhaltischen 1617. Naturwissenschaftl. Rundschau 1917, Nr. 35, S. 496.